Franco Bagatti Elis Corradi
Alessandro Desco Claudia Ropa

Chimica

Seconda edizione

Dai primi modelli atomici alle molecole della vita

PER IL COMPUTER E PER IL TABLET

L'eBook multimediale

1 REGÌSTRATI
Vai su **my.zanichelli.it** e registrati come studente

2 ATTIVA IL TUO LIBRO
Una volta entrato in **myZanichelli**, inserisci la **chiave di attivazione** che trovi sul bollino argentato in questa pagina

3 CLICCA SULLA COPERTINA
Puoi:
- **scaricare l'eBook offline** sul tuo computer o sul tuo tablet
- **sfogliare un'anteprima** dell'eBook online

LOSAI? Ripassa con lo smartphone prima della verifica

1 SCARICA LA APP DA:
Scarica su App Store | Disponibile su Google Play

2 AGGIUNGI IL LIBRO
con le tue credenziali **myZanichelli** e con la **chiave di attivazione**

3 CLICCA SUL CAPITOLO
che vuoi ripassare

4 SCEGLI LA TEORIA O IL TEST
Trovi:
- **sintesi di capitolo** per rivedere la teoria
- **batterie di test** per metterti alla prova

SCIENZE ZANICHELLI

Realizzazione editoriale:
- Redazione: Paola De Simone
- Segreteria di redazione: Deborah Lorenzini, Rossella Frezzato
- Progetto grafico: Remo Boscarin
- Disegni: Bernardo Mannucci, Firenze
- Composizione: Publi&stampa, Ravenna
- Impaginazione: Remo Boscarin; Publi&Stampa, Ravenna
- Ricerca iconografica: Renata Schivardi
- Rilettura bozze e indice analitico: Il Nove, Bologna
- Foto in studio e in laboratorio: Carlo Gardini, Parma

Contributi:
- Rilettura critica e revisione: Renata Schivardi
- Revisione CLIL ed esercizi in inglese: Roger Loughney

Le fonti dettagliate delle illustrazioni sono sul sito online.scuola.zanichelli.it/bagattichimica-2ed

Copertina:
- Progetto grafico: Miguel Sal & C., Bologna
- Ideazione: Studio 8vo, Bologna
- Realizzazione: Roberto Marchetti e Francesca Ponti
- Immagine di copertina: zhang kan/Shutterstock

Prima edizione: 2012
Seconda edizione: febbraio 2017

Ristampa:
6 5 4 3 2019 2020 2021 2022

Zanichelli garantisce che le risorse digitali di questo volume sotto il suo controllo saranno accessibili, a partire dall'acquisto dell'esemplare nuovo, per tutta la durata della normale utilizzazione didattica dell'opera. Passato questo periodo, alcune o tutte le risorse potrebbero non essere più accessibili o disponibili: per maggiori informazioni, leggi my.zanichelli.it/fuoricatalogo

File per sintesi vocale
L'editore mette a disposizione degli studenti non vedenti, ipovedenti, disabili motori o con disturbi specifici di apprendimento i file pdf in cui sono memorizzate le pagine di questo libro. Il formato del file permette l'ingrandimento dei caratteri del testo e la lettura mediante software screen reader. Le informazioni su come ottenere i file sono sul sito http://www.zanichelli.it/scuola/bisogni-educativi-speciali

Grazie a chi ci segnala gli errori
Segnalate gli errori e le proposte di correzione su **www.zanichelli.it/correzioni**.
Controlleremo e inseriremo le eventuali correzioni nelle ristampe del libro.
Nello stesso sito troverete anche l'errata corrige, con l'elenco degli errori e delle correzioni.

Zanichelli editore S.p.A. opera con sistema qualità
certificato CertiCarGraf n. 477
secondo la norma UNI EN ISO 9001:2008

Questo libro è stampato su carta che rispetta le foreste.
www.zanichelli.it/chi-siamo/sostenibilita

Stampa: Grafiche Zanini s.r.l.
Via Emilia 41/E, 40011 Anzola Emilia (Bologna)
per conto di Zanichelli editore S.p.A.
Via Irnerio 34, 40126 Bologna

Realizzazione delle risorse digitali

Video:
- Coordinamento redazionale: Matteo Fornesi
- Produzione: Vertical Film/I4Gatti srl. Coordinamento a cura di Marianna De Liso
- Progetto e sceneggiature: Mauro Mennuni
- Supervisione scientifica: Franco Bagatti, Elis Corradi, Alessandro Desco, Claudia Ropa
- Regia e montaggio: Francesco Dafano
- Attori: Camilla Morello, Riccardo Sinibaldi
- Grafiche ed editing video: Gioia Riccioni per wpsmultimedia, Roma
- Post Produzione Audio: Samosound srl
- Suono di presa diretta: Stefano Sabatini
- Direttore della Fotografia: Luca Santagostino
- Aiuto Regia: Stefano Farina
- Scenografia: Giuliana Lipparini

Gli esperimenti rappresentati in questi filmati sono stati realizzati con le attrezzature dell'ITIS Einstein di Roma; le procedure descritte sono state provate dagli insegnanti tecnico-pratici e dai docenti teorici.
In ogni caso un prodotto multimediale non può sostituire il valore didattico e pedagogico di un esperimento condotto direttamente dagli studenti.

Animazioni:
- Redazione: Renata Schivardi
- Sceneggiature: Franco Bagatti, Elis Corradi, Alessandro Desco, Claudio Ropa
- Realizzazione multimediale: Arkematica, Roma
- Voce: Bruno Schirripa

Videolezioni:
- Sceneggiatura, regia e narrazione: Christian Biasco, http://biasco.ch
- Testi e supervisione scientifica: Ludovico De Padova, Giorgia Messori
- Coordinamento redazionale e redazione: Martina Mugnai

Sommario

Nell'eBook del libro trovi anche questi capitoli

Sommario in dettaglio a pagina VIII

1 La materia e le sostanze

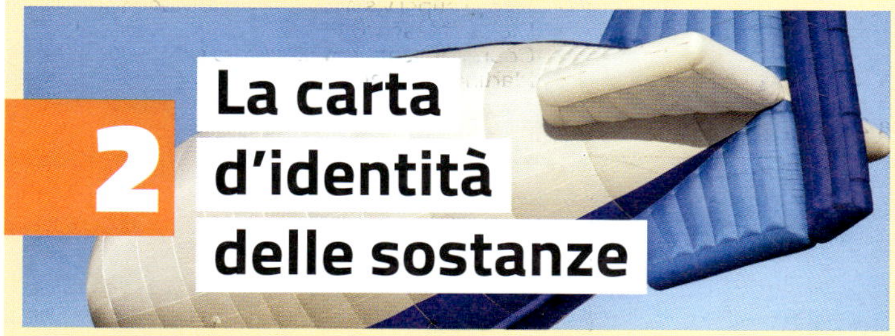

2 La carta d'identità delle sostanze

3 Le trasformazioni chimiche della materia

4 Modelli atomici e configurazione elettronica

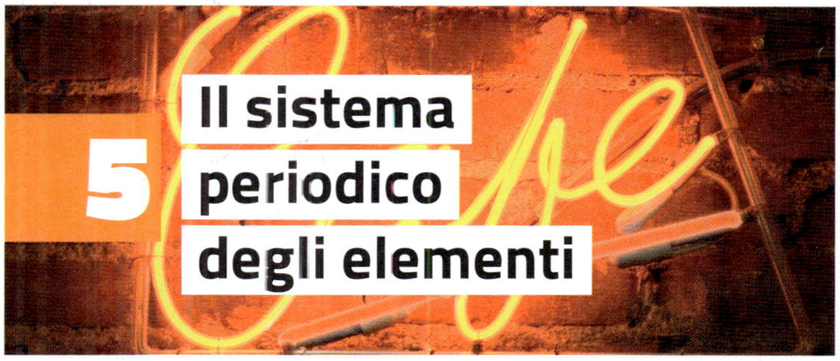

5 Il sistema periodico degli elementi

6 I legami chimici

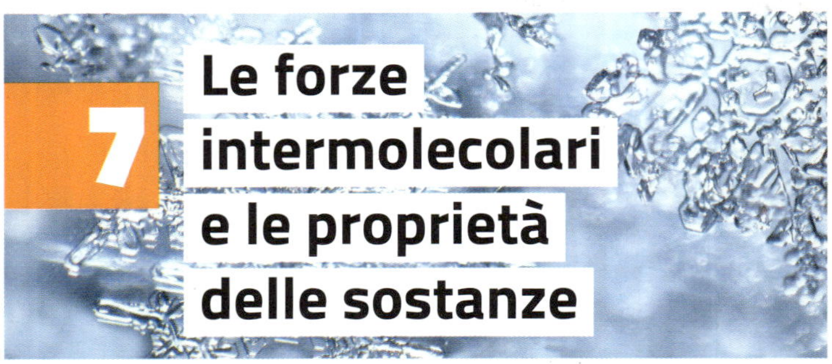

7 Le forze intermolecolari e le proprietà delle sostanze

8 Classi, formule e nomi dei composti

9 L'unità di misura dei chimici: la mole

Risorse digitali capitolo 9

Segui la mappa
Video La preparazione di una soluzione ▪ La misura del volume di un gas
Videolezione Preparare, usare e diluire una soluzione con una data concentrazione
Clip Raccolta dell'idrogeno gassoso
Pagine di scienza Il numero di Avogadro e le dimensioni delle molecole
ZTE Esercizi interattivi

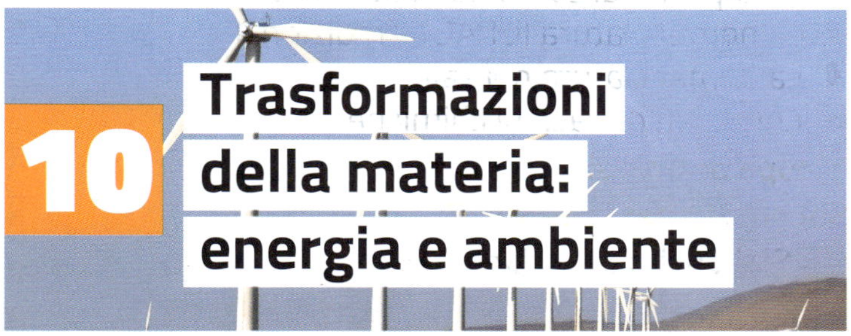

10 Trasformazioni della materia: energia e ambiente

Risorse digitali capitolo 10

Segui la mappa
Animazione I diversi tipi di movimento delle particelle
Video Reazioni esotermiche e reazioni endotermiche
Approfondimenti La cottura degli alimenti ▪ Energia di legame e ΔH di reazione ▪ Un vitello da ingrassare ▪ Freddo e caldo da un frigorifero
Tabella Entalpia di formazione standard
ZTE Esercizi interattivi

11 Velocità ed equilibrio nelle trasformazioni della materia

Risorse digitali capitolo 11

Segui la mappa
Video La velocità con cui si trasformano le sostanze
Animazioni Gli urti tra le particelle e le reazioni chimiche ▪ Lo stato di equilibrio
ZTE Esercizi interattivi

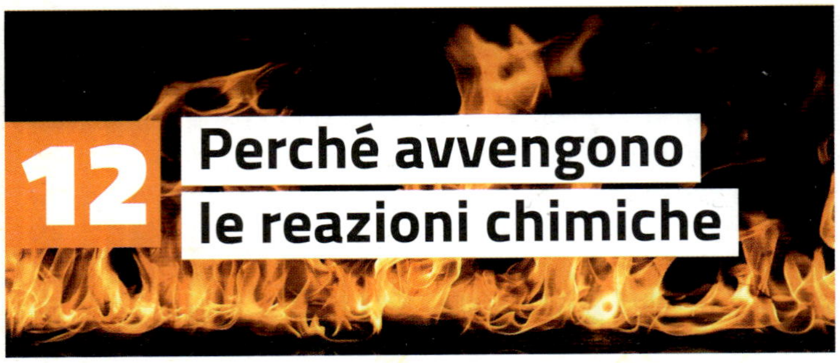

12 Perché avvengono le reazioni chimiche

13 Acidi e basi

14 Le trasformazioni elettrochimiche

15 La chimica del carbonio

Risorse digitali capitolo 15

16 Molecole per la vita

Risorse digitali capitolo 16

Appendice

Sommario dettagliato dei capitoli che si trovano solo nell'eBook del libro

1 La materia e le sostanze

Risorse digitali capitolo 1

Segui la mappa
Approfondimento I calcoli con i dati
Animazione I passaggi di stato
Video La distillazione di una soluzione
ZTE Esercizi interattivi

2 La carta d'identità delle sostanze

Risorse digitali capitolo 2

Segui la mappa
Animazioni La scala Celsius ▪ Le leggi dei gas
Video Temperatura e passaggi di stato
Clip Modello di un gas
Tabella Le masse atomiche degli elementi in ordine alfabetico
ZTE Esercizi interattivi

3 Le trasformazioni chimiche della materia

Risorse digitali capitolo 3

Segui la mappa
Video La preparazione di un composto: la legge di Proust
Approfondimento Il triangolo del fuoco
Animazione Il bilanciamento di un'equazione chimica
ZTE Esercizi interattivi

4 Modelli atomici e configurazione elettronica

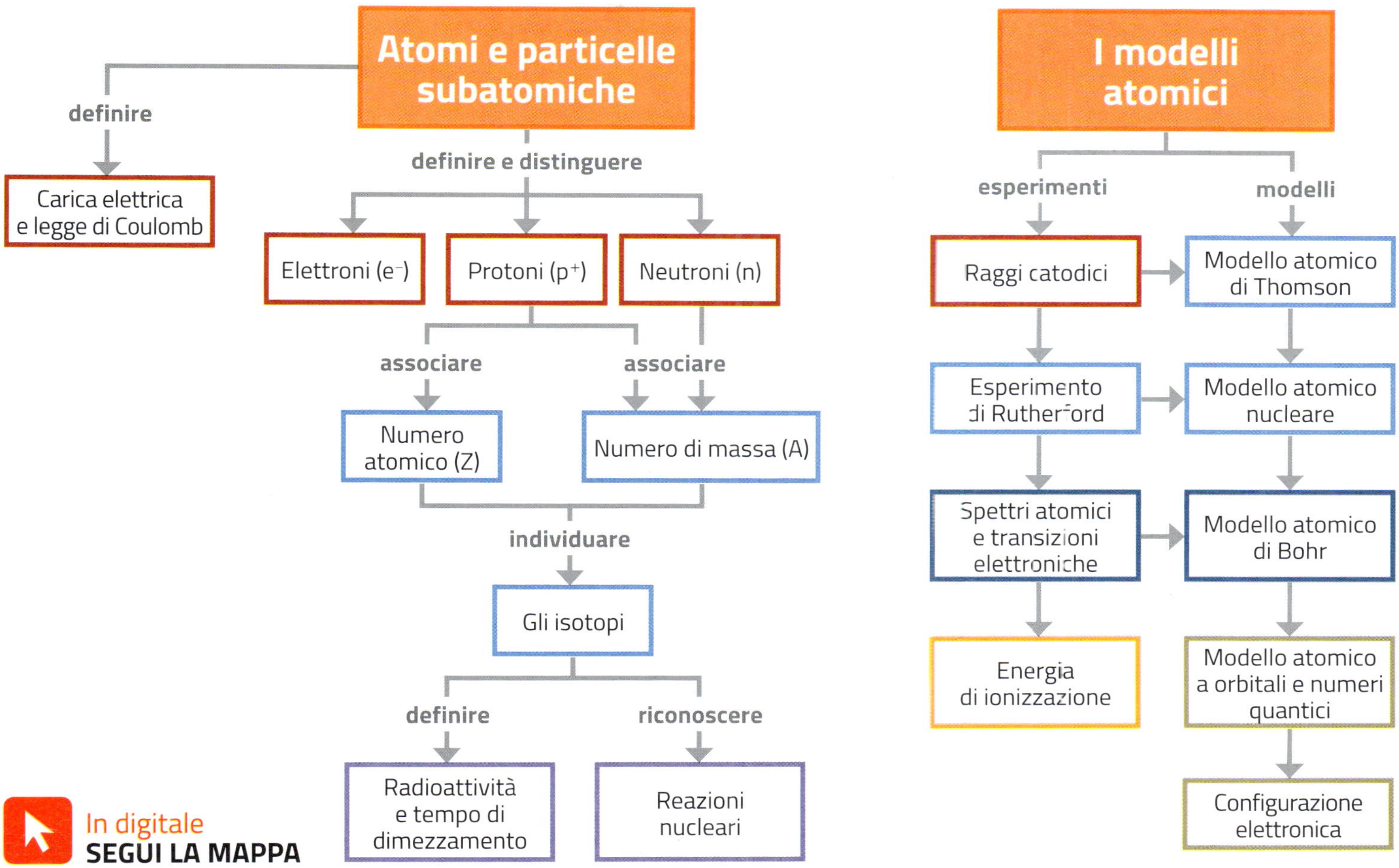

In digitale
SEGUI LA MAPPA

1 Elettroni, protoni e neutroni

Gli atomi sono costituiti da particelle ancora più piccole e con caratteristiche diverse: gli elettroni, i protoni e i neutroni

Le cariche elettriche e la legge di Coulomb

Per approfondire la conoscenza della struttura degli atomi furono decisivi i contributi che vennero dagli studi sulle proprietà elettriche della materia.

Fin dall'antichità furono osservati fenomeni elettrici; per esempio, era noto che un materiale come l'ambra, opportunamente strofinato, attraeva piccoli corpi leggeri (▶ Figura 1). Ma solo a partire dal ventesimo secolo l'elettricità è entrata prepotentemente nella nostra vita: in casa, nei luoghi di lavoro, nei momenti di svago utilizziamo spesso apparecchiature che funzionano grazie all'elettricità.

Alla base di tutti i fenomeni elettrici c'è una proprietà della materia che si chiama *carica elettrica*. Essa non è di solito immediatamente percepita dai nostri sensi e, diversamente da altre proprietà della materia, presenta due «facce» a cui sono stati attribuiti convenzionalmente termini e simboli molto semplici: *carica elettrica positiva* (+) e *carica elettrica negativa* (−).

Strofinando una bacchetta di plastica oppure di vetro si provoca un trasferimento di particelle dotate di carica; ciò conferisce temporaneamente ad alcuni materiali (come il vetro) una carica elettrica positiva e ad altri (come la plastica) una carica elettrica negativa.

Ciò che possiamo osservare è che tra corpi dotati di carica elettrica si manifestano forze di attrazione (cariche opposte) o forze di repulsione (cariche uguali). Si può anche notare che queste forze elettriche si manifestano a distanza, cioè senza che i corpi vengano a contatto (▶ Figura 2).

Le forze tra **cariche elettriche** dello stesso tipo (positive o negative) sono repulsive; le forze tra cariche elettriche di tipo contrario sono attrattive.

Un contributo fondamentale alle conoscenze sulla carica elettrica venne nella seconda metà del diciottesimo secolo per opera dello scienziato francese C. Coulomb; egli condusse numerosi esperimenti per stabilire la relazione tra le cariche elettriche e le forze che si manifestano tra esse. Coulomb pervenne così a una legge, chiamata in suo onore *legge di Coulomb*, che è espressa dalla seguente relazione:

$$F = k \frac{Q_1 \cdot Q_2}{d^2}$$

carica in coulomb (C)

forza in newton (N)

distanza in metri (m)

La **legge di Coulomb** afferma che l'intensità della forza che si manifesta tra due cariche elettriche è direttamente proporzionale alle loro quantità e inversamente proporzionale al quadrato della distanza che le separa.

Nel Sistema Internazionale la grandezza **carica elettrica** (**Q**) si misura in **coulomb** (**C**). Il valore della costante **k** che compare nella relazione cambia a seconda del materiale che si interpone tra le cariche e nel vuoto vale $9{,}0 \cdot 10^9\ N \cdot m^2/C^2$. Nell'aria secca il suo valore si può approssimare a quello che è stato determinato nel vuoto.

Numerosi dati sperimentali mostrano che particelle dotate di carica elettrica sono presenti in tutti i corpi, anche in quelli che non si possono elettrizzare per strofinio. Il motivo per cui normalmente i corpi non manifestano gli effetti delle cariche elettriche è dovuto al fatto che la materia contiene una quantità di carica negativa uguale alla quantità di carica positiva e che gli effetti delle cariche opposte si annullano reciprocamente: *di norma ogni corpo è elettricamente neutro*.

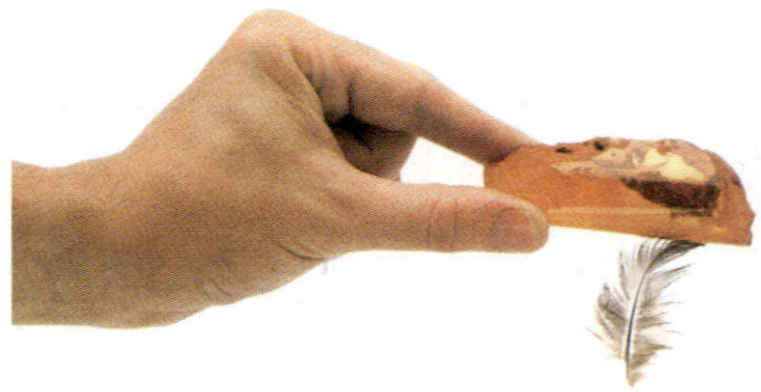

▶ **Figura 1** Pare che l'elettricità sia stata scoperta nell'antico Oriente probabilmente quando qualcuno, sfregando un pezzo di *ambra*, osservò che questo materiale era in grado di attrarre oggetti molto leggeri, come per esempio le piume.

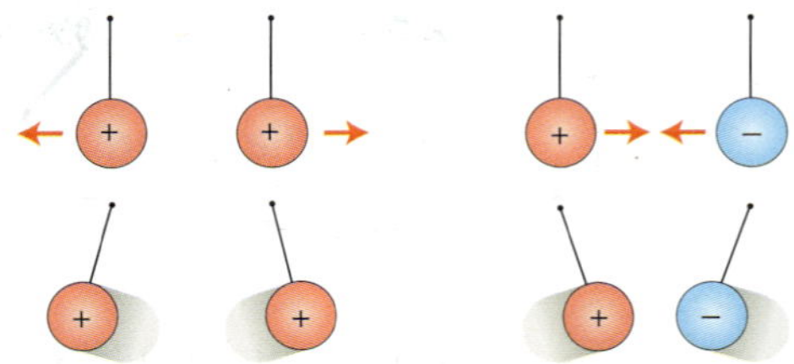

▶ **Figura 2** Avvicinando due palline elettricamente cariche, queste si attirano o si respingono, a seconda del segno.

Animazione in digitale
La legge di Coulomb

Approfondimento in digitale
Il fulmine
Le interazioni elettriche possono portare a fenomeni spettacolari

Prova tu 1

Due cariche elettriche $Q_1 = -3{,}5 \cdot 10^{-19}$ C e $Q_2 = -1{,}8 \cdot 10^{-19}$ C si trovano alla distanza di $1{,}4 \cdot 10^{-10}$ m.

Calcola l'intensità della forza e indica se si tratta di una forza attrattiva o repulsiva.

....

Gli elettroni

Alla fine del diciannovesimo secolo gli scienziati cercavano di ottenere in laboratorio maggiori informazioni sulla struttura degli atomi. In particolare il fisico inglese J.J. Thomson studiava gli effetti delle scariche elettriche sui gas rarefatti contenuti in particolari tubi di vetro. In questi tubi, chiamati anche *tubi catodici*, sono inseriti due elettrodi sui quali, per mezzo di un generatore elettrico, vengono accumulate cariche elettriche di segno contrario. Riducendo la pressione del gas a un milionesimo di bar e aumentando la carica elettrica accumulata sugli elettrodi fino a raggiungere valori sufficientemente elevati, Thomson poté verificare che dall'elettrodo negativo (catodo) venivano emessi fasci di particelle che egli chiamò **raggi catodici**.

La presenza di questi raggi veniva evidenziata da una debole luminosità dovuta all'impatto di questi raggi su una parte di tubo ricoperta di solfuro di zinco (▶ Figura 3).

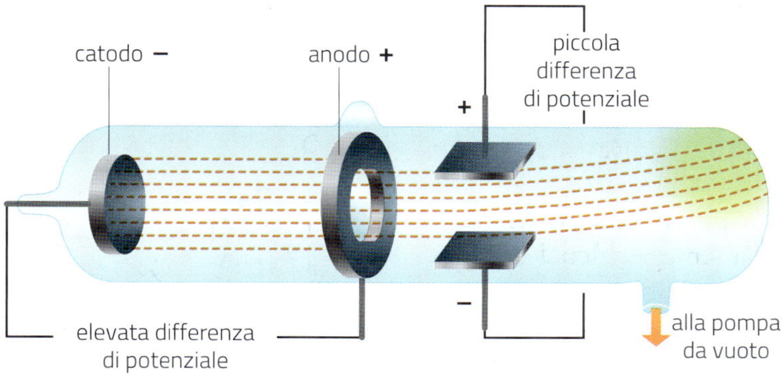

I PROTAGONISTI DELLA SCIENZA

JOSEPH JOHN THOMSON (1856-1940)
Thomson's scientific ability was recognized early with his appointment as professor of physics in the Cavendish Laboratory at Cambridge University when he was not quite 28 years old. Soon after this appointment, Thomson began research on the discharge of electricity through gases.
This work culminated in 1897 with the discovery of the electron. Thomson was awarded the Nobel Prize in physics in 1906.

▶ **Figura 3** Disponendo opportunamente altri due elettrodi, si può osservare che i raggi catodici vengono deviati verso l'elettrodo positivo e quindi devono essere costituiti da particelle cariche negativamente.

A seguito anche di altri esperimenti, si è potuto verificare che:

- le particelle emesse dal catodo hanno carica negativa e la loro massa è sempre molto più piccola della massa dell'atomo più leggero, quello di idrogeno;
- le caratteristiche delle particelle emesse dal catodo non cambiano anche se si cambia il metallo costituente l'elettrodo oppure il gas contenuto nel tubo.

Alle particelle che costituiscono i raggi catodici fu dato il nome di *elettroni*.

Gli **elettroni** **(e^-)** sono le più piccole particelle con carica elettrica negativa che sono stabilmente presenti in tutti gli atomi.

Per questo motivo la carica dell'elettrone è detta anche carica elementare e convenzionalmente vale −1. La carica dell'elettrone secondo l'unità di misura del Sistema Internazionale vale, arrotondata a quattro cifre significative, $1{,}602 \cdot 10^{-19}$ C.

Prova tu 2

Una bacchetta di plastica presenta una carica elettrica $Q = -1{,}45 \cdot 10^{-10}$ C.
Quanti elettroni sono stati trasferiti dal panno di lana alla bacchetta?

....

PER SAPERNE DI PIÙ

La carica dell'elettrone
La carica elettrica dell'elettrone fu determinata per la prima volta dal fisico statunitense R.A. Millikan tra il 1909 e il 1912. Nell'ingegnoso apparato da lui stesso messo a punto, un po' di olio nebulizzato veniva introdotto sopra una piastra provvista di un forellino: le minutissime gocce d'olio che attraversavano il forellino si venivano a trovare in uno spazio tra due piastre metalliche con carica elettrica di segno contrario. Questo spazio veniva fatto attraversare da raggi X, particolari radiazioni in grado di estrarre elettroni dalle molecole di azoto e di ossigeno presenti nell'aria: di conseguenza alcune gocce di olio, colpite a loro volta dagli elettroni, si caricavano con carica elettrica negativa. La caduta delle gocce causata dalla forza di gravità poteva essere contrastata attraverso l'azione della forza elettrica creata dalle due placche. Millikan, osservando al microscopio il moto delle gocce e modificando opportunamente l'intensità delle cariche sulle piastre, era in grado di bilanciare esattamente la forza di gravità e in questo modo le gocce rimanevano sospese. Conoscendo la quantità di carica sulle piastre e applicando la legge di Coulomb, Millikan riuscì a calcolare la carica elettrica sulla goccia. Ripetendo l'esperimento molte volte trovò che la carica di ogni goccia era sempre $-1{,}7 \cdot 10^{-19}$ C o un suo multiplo intero. Millikan dedusse che le gocce d'olio potevano assorbire uno o più elettroni assumendone quindi la carica corrispondente: il valore più piccolo così trovato doveva perciò corrispondere alla carica elettrica negativa di un singolo elettrone.

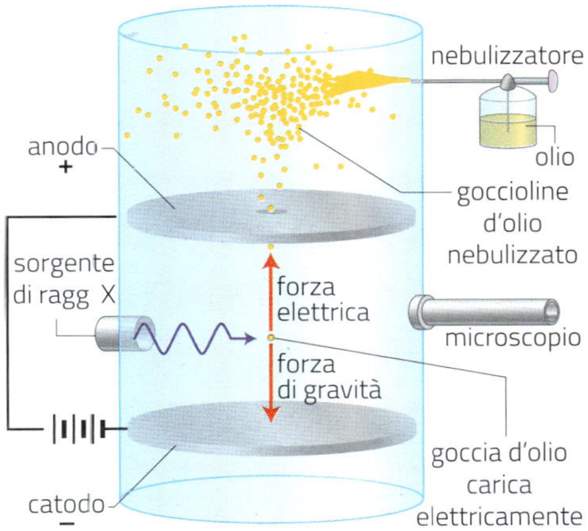

I protoni

La materia è di solito elettricamente neutra pertanto è ragionevole pensare che anche gli atomi di cui essa è formata siano neutri; di conseguenza si deve ammettere che negli atomi siano presenti anche particelle con carica elettrica positiva.

In effetti la presenza di queste particelle venne rilevata sperimentalmente utilizzando apparecchiature simili ai tubi catodici (▶ Figura 4): queste particelle costituiscono i cosiddetti *raggi canale* e sono state individuate immettendo nel tubo un catodo opportunamente forato.

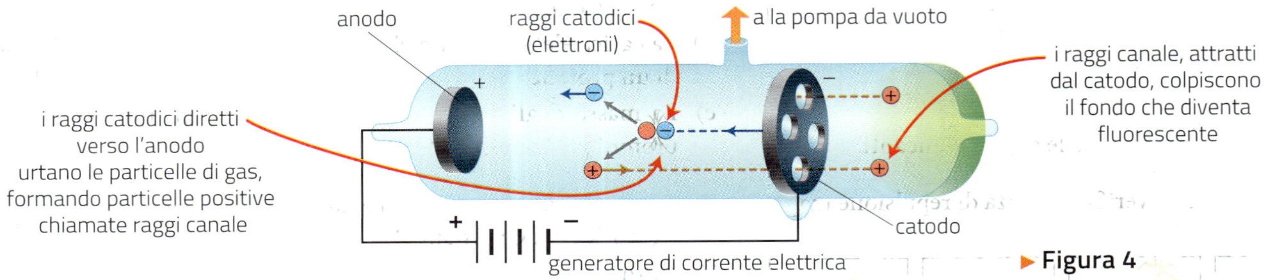

▶ **Figura 4**

La luminosità che compare dietro al catodo forato indica la presenza di particelle con carica positiva. Si è potuto verificare che queste particelle:

- hanno una massa molto più grande di quella degli elettroni;
- sono diverse a seconda del tipo di gas presente nel tubo;
- possiedono una carica positiva che è sempre un multiplo intero del valore della carica dell'elettrone.

Alla più piccola di queste particelle positive fu dato il nome di *protone*.

I **protoni** (p^+) sono le più piccole particelle con carica elettrica positiva che sono stabilmente presenti in tutti gli atomi.

A seguito anche di altri esperimenti, possiamo affermare che:

- la massa del protone è molto più grande di quella dell'elettrone, ma la carica elettrica positiva del protone ha lo stesso valore di quella negativa dell'elettrone;
- in ogni atomo il numero dei protoni è uguale al numero degli elettroni: in questo modo l'atomo è elettricamente neutro.

I neutroni

Nel 1932 il fisico inglese J. Chadwick dimostrò che negli atomi è presente anche un altro tipo di particella, alla quale fu dato il nome di *neutrone*.

I **neutroni** (**n**) sono particelle presenti negli atomi, hanno massa quasi uguale a quella dei protoni ma non presentano carica elettrica.

Negli atomi sono stati individuati altri tipi di particelle, tuttavia quelle che abbiamo presentato (elettroni, protoni e neutroni) sono le più importanti per il lavoro dei chimici. Queste particelle si chiamano **particelle subatomiche** e sono presenti negli atomi di tutti gli elementi a esclusione dell'idrogeno, i cui atomi non hanno neutroni.

Le caratteristiche di queste particelle non dipendono dal tipo di atomo: gli elettroni del ferro sono assolutamente identici a quelli dell'oro; altrettanto si può dire dei protoni e dei neutroni.

Le principali proprietà delle particelle subatomiche sono riassunte nella ▶ Tabella 1.

▶ **Tabella 1** Valori di massa e carica delle particelle subatomiche, approssimati a quattro cifre significative.

	Massa		Carica	
	(kg)	(u)	(C)	convenzionale
elettrone (e^-)	$9{,}109 \cdot 10^{-31}$	0,0005486	$-1{,}602 \cdot 10^{-19}$	–1
protone (p^+)	$1{,}673 \cdot 10^{-27}$	1,007	$1{,}602 \cdot 10^{-19}$	+1
neutrone (n)	$1{,}675 \cdot 10^{-27}$	1,009	0	0

Prova tu 3

Determina il numero che esprime di quante volte la massa del protone è più grande di quella dell'elettrone.

....

Esercizi 1 Elettroni, protoni e neutroni

1 La figura mostra come varia la forza elettrica al variare della distanza nel caso di due corpi con carica elettrica uguale ma di segno opposto:

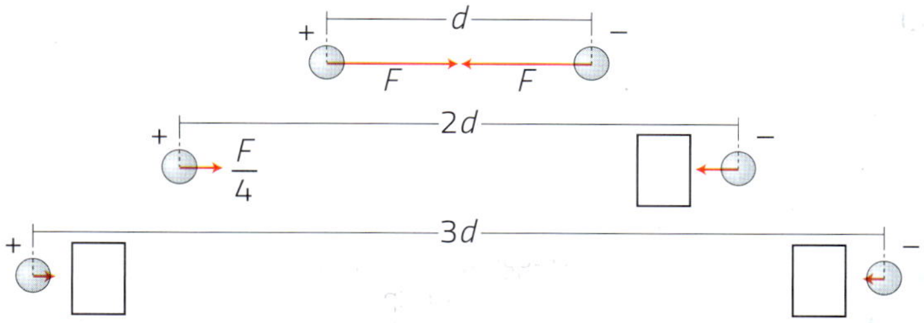

Completa l'immagine aggiungendo le scritte mancanti.

2 In quale situazione si verifica la forza di repulsione maggiore?

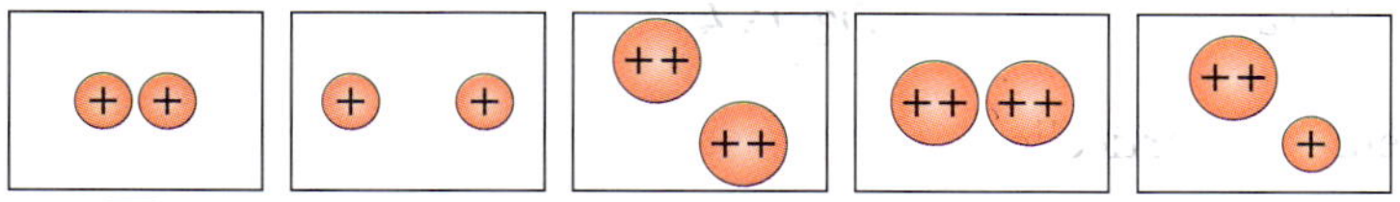

A B C D E

3 Quale caratteristica peculiare differenzia la carica elettrica da altre proprietà della materia come la massa e il volume?

....

4 Associa a ogni descrizione relativa alle particelle subatomiche il numero corrispondente:

a) Hanno la massa minore ....
b) Non hanno carica elettrica ....
c) Hanno carica elettrica positiva ....
d) Hanno massa maggiore dei protoni ....
e) Costituiscono i raggi catodici ....

1) elettroni
2) protoni
3) neutroni

5 In relazione alla forza che si crea tra due cariche elettriche indica l'unica affermazione *sbagliata*:

A è proporzionale al valore delle cariche stesse
B dipende dal materiale interposto tra le cariche
C è inversamente proporzionale al quadrato della distanza tra le cariche
D non dipende dalla massa dei corpi carichi
E è attrattiva o repulsiva a seconda della distanza tra le cariche

6 In relazione alle esperienze effettuate con i tubi catodici, indica per ogni affermazione se è vera o falsa.

a) I raggi emessi dal catodo sono particelle che possiedono carica elettrica V F
b) L'intensità della carica delle particelle emesse dal catodo non dipende dal metallo impiegato V F
c) Le particelle di carica positiva vengono emesse dall'anodo V F
d) La massa delle particelle di carica positiva non dipende dal tipo di gas presente nel tubo V F
e) La carica delle particelle emesse dal catodo dipende dal tipo di gas V F

7 Confrontando le proprietà dei protoni e degli elettroni, indica per ogni affermazione se è vera o falsa.

a) Gli elettroni sono uguali in tutti gli atomi mentre i neutroni sono diversi a seconda dell'atomo considerato V F
b) La massa di un protone è molto più grande di quella di un elettrone V F
c) La carica elettrica di un protone è di segno opposto a quella di un elettrone V F
d) La carica elettrica di un elettrone è molto più piccola di quella di un protone V F
e) La massa degli elettroni è sempre uguale, mentre quella dei protoni può cambiare V F

8 Calcola il valore della forza nel vuoto tra due cariche uguali ($Q = 2$ C) distanti 3 m.

A $9 \cdot 10^9$ N
B $4 \cdot 10^9$ N
C $6 \cdot 10^9$ N
D $2 \cdot 10^9$ N
E $12 \cdot 10^9$ N

9 Considera le due sfere rappresentate in figura:

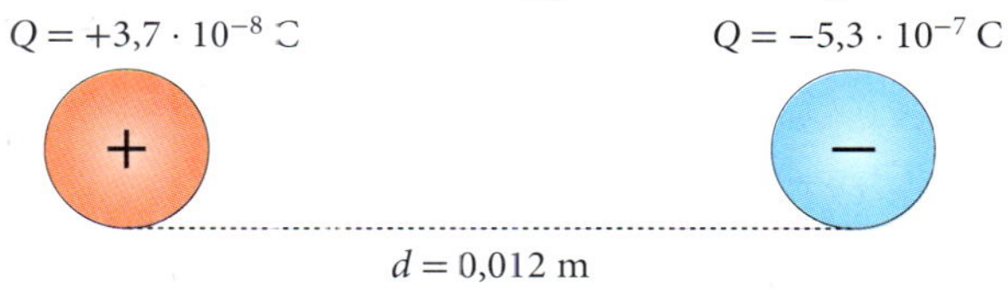

a) Tra le due sfere si ha una forza di attrazione o di repulsione?

....

b) Qual è l'intensità della forza?

....

10 Determina a quale distanza due cariche elettriche, di valore $Q_1 = 2{,}5 \cdot 10^{-5}$ C e $Q_2 = -6{,}4 \cdot 10^{-6}$ C, si attraggono con una forza di 11 N. ....

11 Determina il valore di una carica elettrica che, posta a una distanza di 1,2 cm da una carica uguale, la respinge con una forza $F = 6{,}5 \cdot 10^{-2}$ N. ....

12 Tra due cariche Q_1 e Q_2 poste a una certa distanza si manifesta una forza attrattiva con intensità F. Se si raddoppia sia la quantità di entrambe le cariche sia la distanza tra esse, come cambia l'intensità di F? ....

13 As a glass rod is rubbed lightly with a silk cloth, the glass rod acquires a positive charge. In this process, the silk cloth:

A acquires a positive charge
B does not acquire a charge
C acquires a negative charge
D You cannot tell from the information given

14 An electric force of 12 N exists between 2 electric charges. If one of the charges is doubled, the force will become:

A 6 N
B 3 N
C 12 N
D 24 N
E 48 N

2 Il modello atomico nucleare

Il modello atomico nucleare spiega la disposizione delle particelle subatomiche e l'identità chimica degli atomi

L'esperimento di Rutherford e il modello atomico nucleare

All'inizio del 1900 gli scienziati non disponevano ancora di un modello convalidato da solide prove sperimentali che descrivesse la collocazione reciproca delle cariche presenti nell'atomo. A seguito dei suoi esperimenti con i tubi a raggi catodici, Thomson propose uno dei primi modelli atomici: il *modello di Thomson* descrive l'atomo come una specie di nuvola sferica in cui è diffusa la carica positiva con corpuscoli di carica negativa immersi in essa in modo casuale e in numero tale da far risultare l'atomo elettricamente neutro.

Il modello di Thomson fu ben presto abbandonato a seguito di un esperimento compiuto in un laboratorio dell'università di Cambridge, in Gran Bretagna, dallo scienziato neozelandese E. Rutherford nel 1911. In particolare i suoi collaboratori (il chimico tedesco H. Geiger e il fisico australiano E. Marsden) studiarono il comportamento delle particelle α lanciate contro una sottilissima lamina di oro. Le particelle α possono essere considerate come piccolissimi proiettili dotati di carica positiva: la loro carica positiva è il doppio di quella del protone e la loro massa è circa quattro volte quella del protone.

La ▸ Figura 1 mostra lo schema dell'apparecchiatura utilizzata dall'*équipe* di Rutherford. Lo schermo fluorescente disposto intorno alla lamina d'oro registra l'impatto delle particelle α e quindi rivela che cosa succede a queste particelle quando sono lanciate contro la lamina di oro.

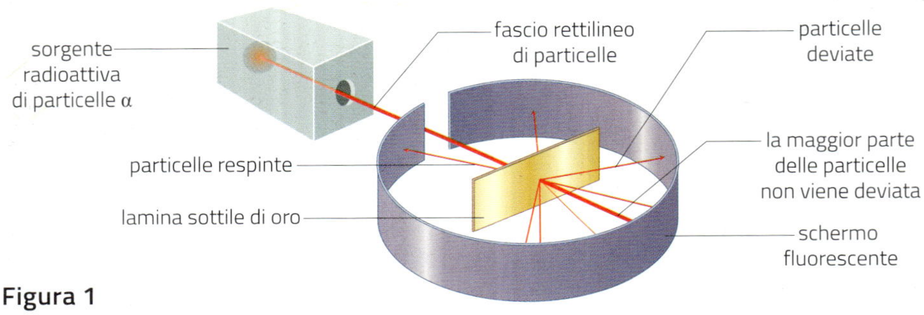

▸ **Figura 1**

I PROTAGONISTI DELLA SCIENZA

ERNEST RUTHERFORD (1871-1937)
Il fisico neozelandese Rutherford riuscì ad accedere nel 1895 ai laboratori di ricerca di Cambridge in Inghilterra solo perché il vincitore della borsa di studio decise di rimanere a casa per sposarsi. Rutherford diede un grande contributo ai primi studi sulla radioattività. Egli scoprì fra l'altro due tipi di particelle cariche che vengono emesse dagli atomi radioattivi: le particelle α e β. La scoperta che in seguito a queste emissioni l'atomo di un elemento si trasmuta nell'atomo di un altro elemento gli valse il premio Nobel per la Chimica nel1908.

L'esperimento di Rutherford diede i seguenti risultati:

- la maggior parte delle particelle α attraversava la lamina metallica come se essa non costituisse alcun ostacolo;
- alcune particelle subivano una deviazione più o meno grande rispetto alla linea immaginaria perpendicolare alla lamina;
- alcune particelle non riuscivano neppure ad attraversare la lamina e «rimbalzavano» indietro.

Per spiegare questi risultati, Rutherford cercò di immaginare ciò che incontravano le particelle α nell'attraversare la lamina. Come mostra la ▸ Figura 2 quasi tutte le particelle α attraversano la lamina senza trovare ostacoli in grado di fermarle e la loro traiettoria non è deviata. Le pochissime particelle che ritornano indietro trovano un ostacolo insormontabile, un nòcciolo in cui è addensata tutta la carica positiva che è capace quindi di esercitare una grande forza elettrica di repulsione sulle particelle α che hanno anch'esse carica positiva. Le particelle α che venivano deviate dovevano essere quelle la cui traiettoria passava vicino alla carica positiva centrale.

Il *modello di Rutherford* descrive quindi l'atomo come una sfera al cui centro è posto un piccolo nòcciolo dotato di carica positiva attorno al quale si muovono le particelle negative.

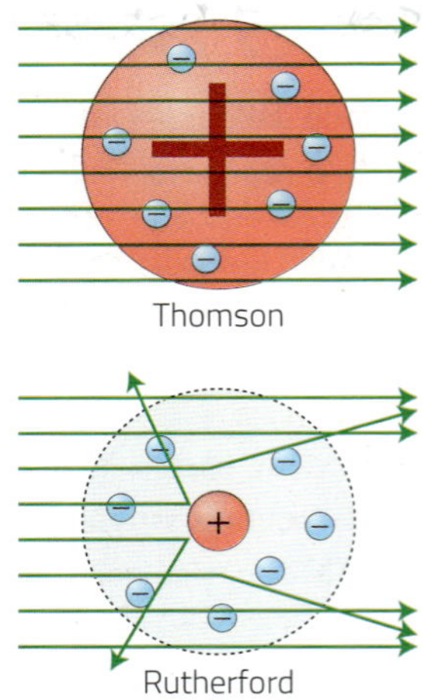

▸ **Figura 2** Secondo il modello di Thomson le particelle α non dovrebbero essere deviate poiché la carica positiva diffusa è più debole. Invece, secondo il modello di Rutherford, la stessa carica è concentrata in un volume piccolissimo e crea un campo di forza molto più intenso.

L'individuazione delle tre particelle subatomiche e i risultati dell'esperimento di Rutherford hanno consentito di elaborare un nuovo modello atomico (▶ Figura 3).

Gli aspetti fondamentali del cosiddetto **modello atomico nucleare** possono essere così riassunti:

- l'atomo può essere immaginato come una sfera al cui centro è posto il **nucleo**;
- il nucleo dell'atomo è formato dai neutroni e dai protoni (queste particelle sono dette *nucleoni*);
- il nucleo ha una carica elettrica positiva convenzionalmente uguale al numero dei protoni presenti;
- la massa dell'atomo è quasi totalmente concentrata nel nucleo;
- gli elettroni si muovono a grandissima velocità descrivendo orbite intorno al nucleo;
- il volume dell'atomo è stabilito dalla nuvola di carica negativa degli elettroni in movimento; il volume dell'atomo è circa un milione di miliardi di volte più grande di quello del nucleo, perciò l'atomo ha un diametro che vale circa 100 000 volte quello del suo nucleo;
- la maggior parte del volume dell'atomo è costituita dallo *spazio vuoto* occupato dagli elettroni in continuo movimento (▶ Figura 4).

Il movimento degli elettroni determina il volume dell'atomo. All'interno del nucleo vi sono altri tipi di forze tra le particelle subatomiche: per esempio agisce la cosiddetta *interazione nucleare forte* che consente ai protoni, pur essendo carichi tutti positivamente, di restare uniti nel nucleo.

▶ **Figura 3** Rappresentazione del modello atomico nucleare.

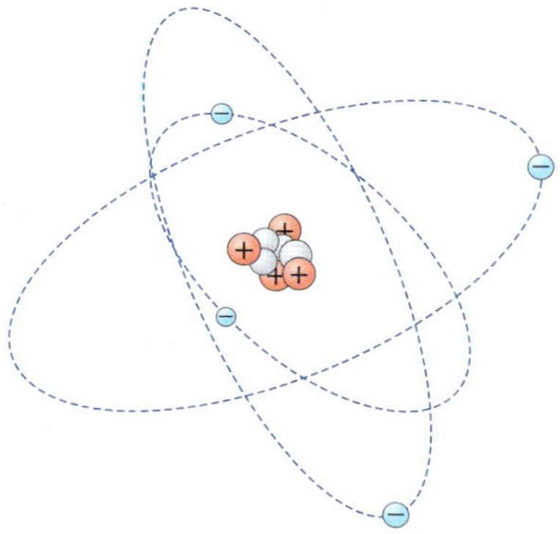

▶ **Figura 4** Se si potesse comprimere la Luna in modo da far accostare tutte le particelle subatomiche, essa diventerebbe piccola come una sfera del diametro di circa 5 cm, pur conservandone tutta la massa. Possiamo così affermare un po' paradossalmente che gli atomi sono... sfere vuote!

Il numero atomico

Uno dei punti fondamentali della teoria atomica della materia di Dalton afferma che nelle trasformazioni chimiche gli atomi si conservano.

Ora possiamo interpretare questo fatto riferendoci proprio al modello atomico nucleare: *nelle trasformazioni chimiche, i nuclei degli atomi che costituiscono le sostanze reagenti non vengono coinvolti e perciò rimangono sempre inalterati.*

Si può pertanto affermare che nel nucleo risiede l'identità chimica dell'atomo stesso e più precisamente per identificare un elemento si fa riferimento al numero di protoni presenti nel nucleo.

Il numero di protoni presenti nel nucleo degli atomi di un elemento ne rappresenta l'identità chimica e si chiama **numero atomico (Z)**.

Tutti gli atomi di idrogeno contengono un unico protone, quelli di elio due protoni e aggiungendo un protone alla volta si arriva a identificare tutti gli elementi finora noti.

Il numero di massa e gli isotopi

Come abbiamo detto, nel nucleo dell'atomo oltre ai protoni ci sono i neutroni, particelle che non hanno rilevanza nel definire le proprietà chimiche dell'atomo; tuttavia la loro presenza e il loro numero in rapporto a quello dei protoni sono fattori decisivi ai fini di determinare la stabilità del nucleo. Per questo è importante caratterizzare il nucleo di ogni atomo indicando il numero di nucleoni di cui è costituito.

Il numero totale di neutroni e di protoni presenti nel nucleo di ogni atomo si chiama **numero di massa (A)**.

Se si vuole conoscere il numero di neutroni in un atomo è sufficiente sottrarre al numero di massa il numero atomico. Cioè: numero di neutroni = A − Z.

Occorre fare attenzione a non confondere il numero di massa, che è un numero intero, con la massa atomica che invece è un dato che presenta cifre decimali.

Mentre il numero atomico Z caratterizza ciascun elemento, non è detto che tutti gli atomi di un elemento abbiano lo stesso numero di massa A. Anzi, gli scienziati hanno scoperto che ogni elemento è costituito da atomi con lo stesso numero di protoni che però quasi sempre possono avere un diverso numero di neutroni.

Vengono chiamati **isotopi** gli atomi di uno stesso elemento (uguale numero atomico) che contengono un diverso numero di neutroni (diverso numero di massa).

Tabella in digitale
Numero atomico degli elementi in ordine alfabetico
Il numero atomico di tutti gli elementi lo si ritrova nella tavola periodica in fondo al libro e più facilmente in questa tabella.

Per distinguere gli isotopi si utilizza una semplice simbologia (▶ Figura 5). Per esempio, se vogliamo rappresentare due isotopi del magnesio scriviamo a sinistra del simbolo in alto A e in basso Z, i numeri che identificano il nucleo: $^{24}_{12}Mg$ e $^{25}_{12}Mg$.

Per indicare gli isotopi si può usare anche la notazione costituita dal nome dell'elemento seguito dal numero di massa; per esempio: magnesio-24 e magnesio-25. In questo caso non è indicato il numero atomico, ma a esso si può risalire in base al nome dell'elemento.

Tutti gli isotopi dello stesso elemento possono essere accomunati con l'espressione *famiglia isotopica*. Per esempio, la famiglia isotopica del cloro è costituita per il 75,77% dall'isotopo cloro-35 e per il restante 24,23% dal cloro-37.

Dato che gli isotopi dello stesso elemento hanno massa diversa, è necessaria una precisazione di carattere generale: la massa atomica assegnata a ciascun elemento è il risultato della media ponderata, cioè viene ricavata in base alla massa di ciascun isotopo e alla relativa percentuale.

▶ Figura 5 Rappresentazione simbolica dell'isotopo del carbonio con 6 neutroni.

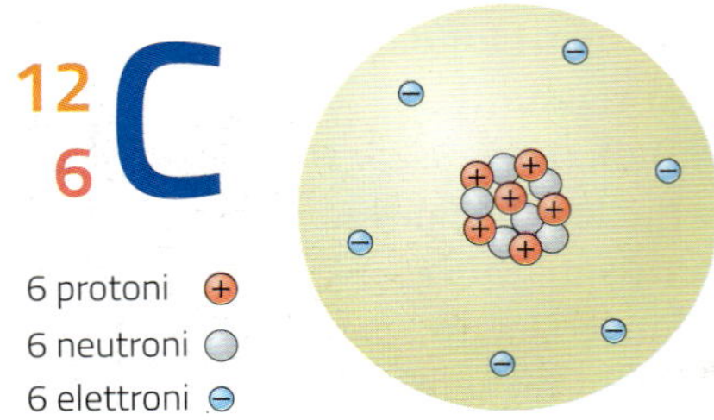

Esercizi 2 Il modello atomico nucleare

1 Completa la seguente tabella seguendo l'esempio della prima riga:

Simbolo elemento	Z	A	Numero protoni	Numero neutroni	Numero elettroni
C	6	14	6	8	6
Zr	40	91	40	51	40
Ba	56	137	56	81	56
Br	35	79	35	46	35

2 Nell'esperimento di Rutherford, alcune particelle α sono deviate quando attraversano la lamina d'oro; questo perché:

A risentono della forza di attrazione tra cariche di segno contrario

B sono soggette a una forza elettrica causata da una carica elettrica dello stesso segno

C urtano gli atomi di oro che hanno una massa molto più grande

D sono deviate dagli elettroni degli atomi di oro che hanno cariche di segno opposto

E nessuna delle argomentazioni precedenti spiega il comportamento descritto

3 Indica l'affermazione *sbagliata* sul modello atomico nucleare.

A La maggior parte del volume di un atomo è vuota

B Il volume dell'atomo è la somma del volume di tutte le particelle subatomiche presenti

C Gli elettroni si muovono sempre a grande velocità

D La massa dell'atomo è dovuta quasi totalmente alle particelle presenti nel nucleo

E La carica elettrica del nucleo di un atomo è sempre positiva

4 Indica l'unica affermazione *sbagliata*.

A Negli atomi il numero di protoni e quello degli elettroni è uguale

B Si chiamano protoni le particelle con carica elettrica positiva

C Il numero di massa di un atomo viene indicato con A

D Il numero di elettroni di un atomo si ha dalla differenza A – Z

E Il numero atomico di un atomo viene indicato con la lettera Z

5 I due isotopi più diffusi del cloro hanno rispettivamente numero di massa A = 35 e A = 37. È vero che l'isotopo con A = 37 ha anche più elettroni? Argomenta la risposta.

No, perché sono atomi dello stesso elemento

6 Perché nelle trasformazioni chimiche l'identità chimica degli atomi non cambia?

Perché il nucleo non si modifica

7 Considera il simbolo $^{90}_{38}Sr$ e indica per ogni affermazione se è vera o falsa.

a) La notazione riguarda un isotopo dello stronzio V F

b) I nucleoni presenti nel nucleo dell'atomo sono 38 V F

c) I neutroni presenti nel nucleo sono 128 V F

d) La massa dell'atomo è 90 u V F

8 Completa la seguente tabella.

Nome elemento	Simbolo isotopo	Numero atomico	Numero neutroni
piombo	$^{208}_{82}Pb$	82	126
rame	$^{63}_{29}Cu$	29	34
Iodio	$^{131}_{53}I$	53	78

9 Immagina di ingrandire il nucleo di un atomo di idrogeno fino a farlo diventare grande come un pallone che ha il diametro di 20 cm. A quanti kilometri si muoverebbe l'elettrone?

....

10 Which of the following always has the same value?

A Protons, neutrons, electrons

B Protons, neutrons, mass number

C Mass number, protons, neutrons

D Atomic number, protons, electrons

11 Isotopes of the same element do not have:

A the same number of electrons

B the same atomic number

C the same mass number

D the same electron configuration

Pagine di scienza Stephen Hawking e il modello standard delle particelle elementari

Stephen W. Hawking

Esiste un certo numero di varietà diverse di quark: si pensa che ce ne siano almeno sei «sapori», che chiamiamo, su, giù, strano, incantato, fondo e cima. Ogni sapore può presentare tre diversi «colori»: rosso, verde e blu.

(Stephen W. Hawking, *Dal Big Bang ai buchi neri*, 1988, trad. It. BUR, 2000)

Molti fisici in tutto il mondo sono oggi impegnati in ricerche che riguardano la fisica delle particelle. Essi lavorano per scoprire i «mattoni» che stanno alla base di tutta la materia: si interessano cioè dell'infinitamente piccolo, dei componenti ultimi delle particelle subatomiche.

Di questi argomenti si è occupato anche l'astrofisico britannico Stephen W. Hawking, noto soprattutto per i suoi studi sui buchi neri. Nonostante sia condannato all'immobilità dall'atrofia muscolare progressiva, Hawking (nato nel 1942) è uno dei cosmologi viventi più autorevoli ed è stato titolare della cattedra di matematica a Cambridge (la stessa che fu di Newton) per trent'anni.

Riportiamo di seguito un brano tratto da *Dal Big Bang ai buchi neri*.

«Fino a una ventina di anni fa circa si pensava che protoni e neutroni fossero particelle "elementari", ma esperimenti condotti con i grandi acceleratori di particelle, nel corso dei quali furono prodotte collisioni ad alte velocità fra protoni e altri protoni o fra protoni ed elettroni, indicarono che essi sono in realtà composti da altre particelle più piccole. Queste particelle furono chiamate *quark* dal fisico del California Institute of Technology (Caltech) Murray Gell-Mann, che nel 1969 vinse il premio Nobel proprio per la sua ricerca su di essi. L'origine del nome si trova in un brano enigmatico di *Finnegans Wake* di James Joyce: "Three quarks for Muster Mark!" La parola *quark* dovrebbe essere pronunciata come *quart* (*quo:t*), con una *k* in fondo invece di una *t*; ma di solito è pronunciata in modo da rimare con *lark* (*la:k*).

Esiste un certo numero di varietà diverse di quark: si pensa che ce ne siano almeno sei "sapori", che chiamiamo su, giù, strano, incantato, fondo e cima. Ogni sapore può presentare tre diversi "colori": rosso, verde e blu. (È opportuno sottolineare che questi termini non sono altro che etichette di comodo; i quark sono molto più piccoli della lunghezza d'onda della luce visibile e non hanno quindi alcun colore nel senso normale del termine.)

[...] Un protone o un neutrone è composto da tre quark, uno di ciascun colore. Un protone contiene due quark su e un quark giù; un neutrone contiene due quark giù e un quark su. Possiamo creare particelle composte con gli altri quark (strani, incantati, fondo e cima), ma questi hanno una massa molto maggiore e decadono molto rapidamente in protoni e neutroni.

Oggi sappiamo che né gli atomi né i protoni e i neutroni nel loro nucleo sono indivisibili. La domanda è quindi: quali sono le particelle veramente elementari, i mattoni fondamentali da cui è composta ogni cosa? Poiché la lunghezza d'onda della luce è molto maggiore delle dimensioni dell'atomo, non è lecito sperare di poter "vedere" le parti di un atomo nel senso comune della parola "vedere". Abbiamo bisogno di usare qualcosa di lunghezza d'onda molto minore.

[...] La meccanica quantistica ci dice che tutte le particelle sono in realtà onde e che, quanto maggiore è l'energia di una particella, tanto minore è la lunghezza d'onda dell'onda corrispondente. Così la risposta migliore che possiamo dare alla nostra domanda dipende dal livello dell'energia delle particelle a nostra disposizione, giacché è questa a determinare a quale scala di grandezza possiamo osservare (quanto maggiore è l'energia, o la frequenza, tanto minore sarà la scala di grandezza a cui potremo estendere la nostra osservazione).

Queste energie delle particelle vengono misurate di solito in unità chiamate elettronvolt. (Negli esperimenti di Thomson con elettroni, abbiamo visto che per accelerare gli elettroni Thomson si servì di un campo elettrico. L'energia che un elettrone riceve da un campo elettrico di un volt è di un elettronvolt.)

Nell'Ottocento, quando le uniche energie di particelle che si sapevano usare erano le basse energie di pochi elettronvolt generate da reazioni chimiche come la combustione, si pensava che gli atomi fossero l'unità più piccola. Nell'esperimento di Rutherford, le particelle α avevano energie di milioni di elettronvolt. Più recentemente abbiamo imparato a usare campi elettromagnetici per impartire alle particelle energie dapprima di milioni e poi di miliardi di elettronvolt. Così sappiamo che particelle che venti anni fa venivano considerate "elementari" sono composte in realtà da particelle più piccole. È possibile che, passando in futuro a energie ancora maggiori, anche queste possano risultare composte da particelle ancora più piccole? Una tale evenienza è senza dubbio possibile, ma abbiamo qualche ragione teorica per pensare di possedere oggi – o di essere molto vicini a possedere – una conoscenza dei mattoni ultimi della natura.»

Le particelle elementari della materia

Le parole di Hawking servono a sottolineare che con il progredire della scienza e della tecnica si è arrivati a elaborare, attorno al 1968, una teoria unificante chiamata *modello standard delle particelle elementari e delle interazioni fondamentali*.

Questo modello individua i costituenti della materia che oggi riteniamo fondamentali: i *fermioni*, che compongono il cosiddetto *settore materia*, e quelli responsabili delle reciproche interazioni, i *bosoni*, che costituiscono il cosiddetto *settore forza* (▶ Figura A).

Il modello standard

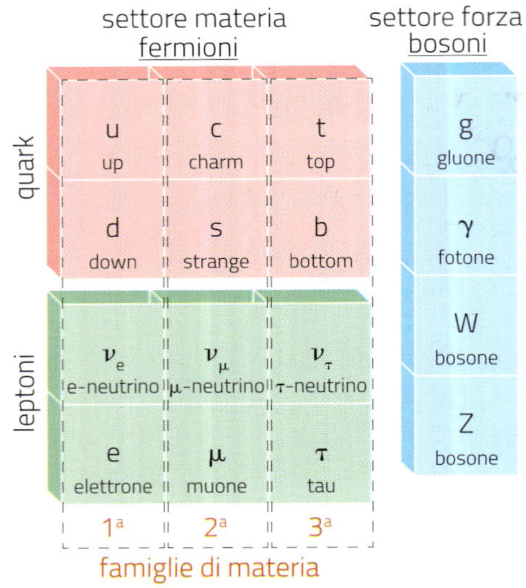

▶ Figura A

I fermioni si dividono in *quark* e *leptoni*. I leptoni sono 6 (elettrone, muone e tau con carica elettrica negativa e tre particelle senza carica elettrica, i neutrini).

Anche i quark sono 6 e hanno carica elettrica frazionaria $\left(\textit{up}\text{ con carica } +\frac{2}{3} \text{ e } \textit{down} \text{ con carica } -\frac{1}{3}\right)$ e sono sempre raggruppati in insiemi di 2 o 3 unità per formare particelle con carica elettrica intera come il protone o il neutrone (▶ Figura B).

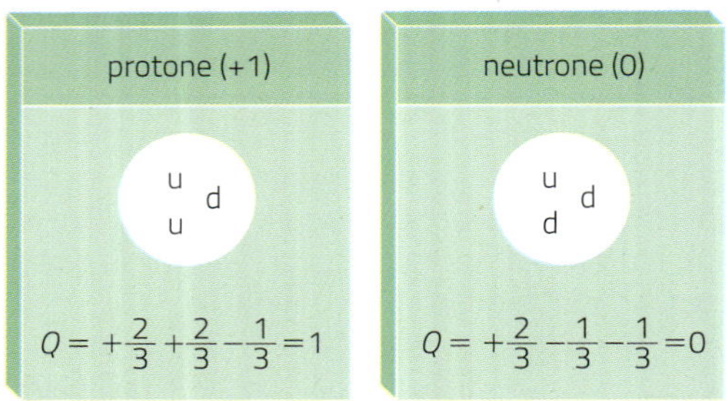

▶ Figura B

Il settore materia è diviso in tre famiglie di particelle identiche per proprietà che differiscono soltanto per le loro masse. I componenti della prima famiglia sono più leggeri e costituiscono la totalità della materia che ci circonda. I quark up e down, come abbiamo visto, compongono i protoni e i neutroni che costituiscono i nuclei degli atomi; gli elettroni completano la struttura fondamentale degli atomi mentre i neutrini sono prodotti nei processi di decadimento radioattivo di metalli pesanti.

I componenti della seconda e della terza famiglia sono assai instabili e vengono prodotti soltanto in seguito a interazioni di alta energia (per esempio, negli acceleratori di particelle o nei raggi cosmici).

Il settore forza è composto da una serie di particelle, i *bosoni*, che fungono da mediatori nelle interazioni tra le particelle del settore materia. Ciascuno di questi mediatori caratterizza un tipo di interazione.

I mediatori della forza che tiene insieme le particelle del nucleo (la cosiddetta «forza forte») sono i *gluoni*, che tengono confinati i quark all'interno di protoni e neutroni; quelli della «forza elettromagnetica» sono i *fotoni* e quelli della «forza debole» sono i bosoni W e Z, responsabili dei processi di decadimento dei nuclei radioattivi.

Questi «bosoni deboli» furono individuati da parte del fisico italiano Carlo Rubbia e dai suoi collaboratori utilizzando tecniche particolari sviluppate nel più grande laboratorio di fisica delle particelle esistente al mondo, il CERN (European Organization for Nuclear Research) di Ginevra. Per questa scoperta, resa nota nel 1983, già nel 1984 fu assegnato a Rubbia il premio Nobel.

Un bosone che ha un ruolo fondamentale all'interno del modello standard è il cosiddetto *bosone di Higgs*, dal nome del fisico inglese Peter Ware Higgs che ne ipotizzò l'esistenza nel 1964. La conferma dell'esistenza di questa particella si è avuta attraverso gli esperimenti ATLAS (A Toroidal LHC ApparatuS) (▶ Figura C) e CMS (Compact Muon Solenoid) condotti con gli acceleratori di particelle del CERN.

Il 4 luglio 2012 i due coordinatori degli esperimenti, la fisica italiana Fabiola Gianotti e il fisico statunitense Joseph Incandela, annunciarono la scoperta di una particella compatibile con il bosone di Higgs, alla presenza dello stesso Higgs.

Anche sulla base di questi risultati a Higgs e al fisico belga François Englert fu assegnato il premio Nobel per la fisica del 2013, per la scoperta dei meccanismi che danno origine alla massa delle particelle.

In un articolo sul *Journal of High Energy Physics*, un team italiano composto da quattro giovani fisici teorici, Francesco Sannino (University of Southern Denmark), Alessandro Strumia (CERN), Andrea Tesi (Istituto Fermi di Chicago) ed Elena Vigiani (dipartimento di Fisica dell'Università di Pisa e dell'istituto Nazionale di Fisica Nucleare), avrebbe ipotizzato che il bosone di Higgs non sarebbe affatto una particella elementare, e quindi indivisibile, ma un insieme di particelle unite da una nuova forza. La ricerca scientifica continua.

▶ Figura C

3 La radioattività

La scoperta della radioattività naturale ha aperto la strada alla possibilità di modificare il nucleo attraverso reazioni nucleari

Isotopi instabili: la radioattività

L'identità chimica di un elemento è depositata nel cuore dei suoi atomi, cioè nel nucleo; pertanto nella stabilità del nucleo risiede la stabilità dell'elemento.

Negli ultimi anni del XIX secolo per opera degli scienziati francesi A.H. Becquerel e i coniugi Marie e Pierre Curie, si scoprì che alcuni minerali contenenti uranio avevano la proprietà di emettere radiazioni alfa, beta e gamma (▶ Tabella 1).

Nome	Simbolo	Massa (u)	Carica elettrica convenzionale	Identità
Alfa (α)	$^{4}_{2}He$	4,002603	+2	Nucleo elio-4
Beta (β)	$^{0}_{-1}e$	0,00055	–1	Elettrone
Gamma (γ)	$^{0}_{0}\gamma$	Nessuna	Nessuna	Fotone

▶ **Tabella 1** Le radiazioni β sono costituite da elettroni, che vengono rappresentati indicando la carica e la massa. In modo analogo possono essere rappresentati anche i protoni ($^{1}_{1}p$) e i neutroni ($^{1}_{0}n$).

Approfondimento in digitale
Marie Sklodowska Curie e la scoperta della radioattività
In relazione ai fenomeni radioattivi fondamentale è stato il lavoro di una scienziata

Queste radiazioni sono il risultato di trasformazioni della materia che interessano il nucleo degli isotopi instabili di alcuni elementi, detti *radioisotopi*.

Si chiama **radioattività** il fenomeno per cui i nuclei dei radioisotopi emettono radiazioni trasformandosi in nuclei di atomi diversi.

I nuclei si trasformano: il tempo di dimezzamento

Il processo di trasformazione dei nuclei atomici instabili è detto *decadimento radioattivo*: si tratta di un fenomeno naturale inarrestabile nei confronti del quale non abbiamo altra possibilità che quella di difenderci dalle radiazioni emesse. Le radiazioni γ sono certamente le più pericolose perché possono attraversare l'epidermide e provocare lesioni alle strutture cellulari degli organismi viventi (▶ Figura 1).

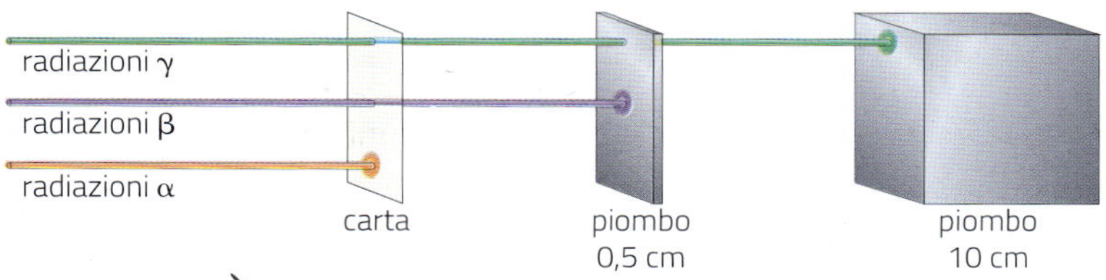

▶ **Figura 1**

Per proteggerci dalle radiazioni è importante conoscere la durata del decadimento. Per esprimere la velocità di trasformazione di un radioisotopo ci si riferisce al *tempo di dimezzamento* (o *emivita*).

Il **tempo di dimezzamento** indica il tempo necessario affinché una data massa di radioisotopo si dimezzi.

Il cesio-137, per esempio, ha un tempo di dimezzamento di 30 anni. Questo significa che se un certo quantitativo di materia contiene 10 g di cesio-137 occorrerà attendere trent'anni perché la massa diventi 5 g e altri trent'anni perché ne rimangano 2,5 g (▶ Figura 2).

Spesso il decadimento di un isotopo non crea subito un isotopo stabile, ma un altro che è ancora instabile e tende a sua volta a decadere. Si crea così una successione di decadimenti che continua fino a che non si forma un isotopo stabile.

Queste trasformazioni che si susseguono spontaneamente sono vere e proprie reazioni che coinvolgono il nucleo e perciò sono dette *reazioni nucleari*.

Gli studi compiuti sulle reazioni nucleari hanno portato a progettare e realizzare *reazioni nucleari artificiali*; con queste sono stati preparati isotopi artificiali che hanno grande importanza sia nella ricerca sia nelle applicazioni in campo industriale, medico e farmaceutico.

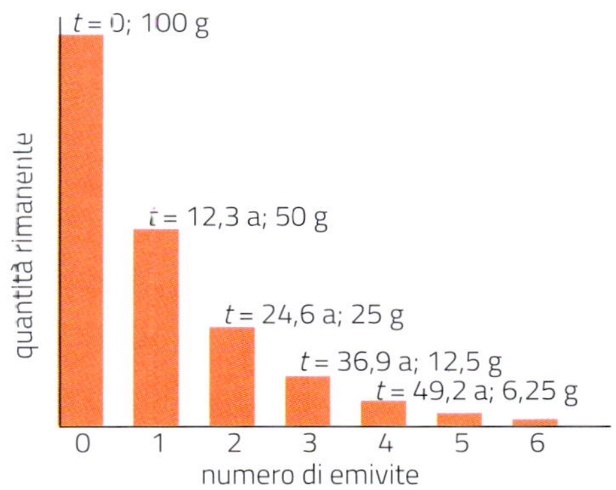

▶ **Figura 2** Il grafico mostra il decadimento del trizio, un isotopo dell'idrogeno la cui massa dimezza ogni 12,3 anni.

Prova tu 1

In un contenitore ci sono 24 g di un isotopo radioattivo il cui tempo di dimezzamento vale 10 anni.

Quanti grammi dell'isotopo radioattivo rimarranno dopo 40 anni? ....

Reazioni nucleari ed energia: fusione e fissione

Le reazioni nucleari hanno la caratteristica di produrre quantità enormi di energia e questo fatto trova spiegazione nella teoria della relatività ristretta enunciata da Einstein nel 1905. Considerando un nucleo e misurandone la massa si trova che essa è inferiore al valore teorico, cioè quello che si otterrebbe sommando le masse dei nucleoni. Questa differenza viene chiamata *difetto di massa*.

La massa mancante si trasforma in energia, proprio l'energia necessaria per tenere vicini i protoni nonostante abbiano la stessa carica elettrica. Questa trasformazione di massa in energia avviene secondo la famosa equazione di Einstein.

$$E = m \cdot c^2$$

massa (kg)

energia (J)

velocità della luce nel vuoto (3,0 · 10⁸ m/s)

Nelle reazioni nucleari, in cui gli atomi non si conservano, la formazione di nuovi nuclei è accompagnata da una diminuzione della massa. Anche se la variazione risulta molto piccola, il suo valore moltiplicato per il quadrato della velocità della luce dà sempre un valore molto elevato di energia.

Consideriamo per esempio la reazione nucleare per noi più importante: si tratta della reazione di fusione che accende le stelle, come il nostro Sole.

In generale nelle **reazioni di fusione nucleare** i nuclei di due o più isotopi si uniscono per formare il nucleo di un altro isotopo con numero di massa maggiore.

Nel Sole avviene la reazione di fusione tra deuterio (D) e trizio (T), due dei tre isotopi naturali dell'idrogeno (▶ Figura 3).

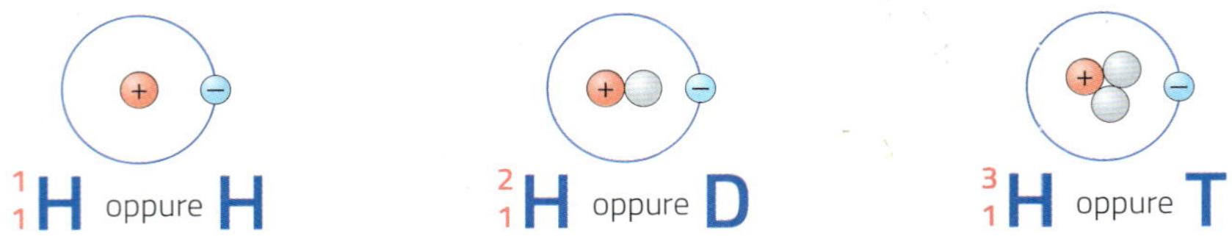

▶ **Figura 3**

La reazione produce l'elio e può essere rappresentata nel seguente modo:

$$^2_1H + ^3_1H \rightarrow ^4_2He + ^1_0n + E$$

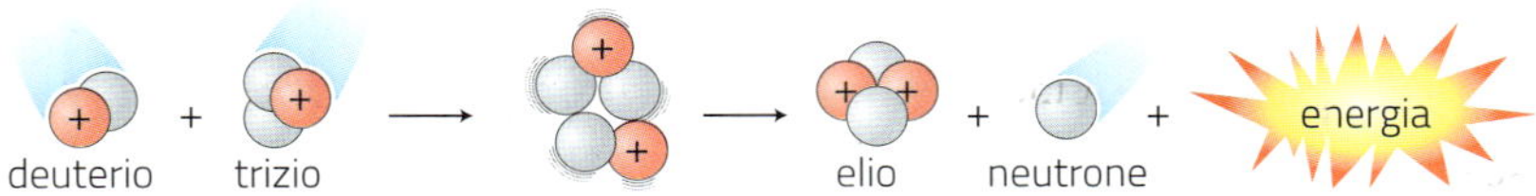

▶ **Figura 4**

Si può notare (▶ Figura 4) che il nuovo elemento prodotto ha un nucleo diverso da quello dei due reagenti, anche se il numero complessivo di nucleoni non cambia considerando il fatto che si libera anche un neutrone.

Purtroppo la reazione di fusione nucleare ha trovato realizzazione anche sulla Terra: infatti, a partire dalla seconda metà del ventesimo secolo sono state costruite le cosiddette bombe termonucleari o bombe H.

Un'altra trasformazione che riguarda il nucleo degli atomi è la reazione di fissione.

In generale nelle **reazioni di fissione nucleare** un nucleo molto grande viene spezzato in nuclei più piccoli e si liberano uno o più neutroni.

Un esempio di reazione di fissione è quella che si realizza bombardando con neutroni l'uranio-235; la reazione può essere così rappresentata:

$$^{235}_{92}U + ^1_0n \rightarrow ^{94}_{36}Kr + ^{139}_{56}Ba + 3\,^1_0n + E$$

I PROTAGONISTI DELLA SCIENZA

ALBERT EINSTEIN (1879-1955)

Il fisico e matematico tedesco Einstein è forse lo scienziato più famoso al mondo. Egli diede contributi innovativi nei settori più disparati della fisica, ma il suo studio più profondamente originale è stato quello sulla relatività generale. A causa delle persecuzioni razziali da parte dei nazisti (Einstein era di famiglia ebrea) nel 1933 lasciò la Germania rifugiandosi infine negli Stati Uniti, dove ottenne una cattedra di fisica teorica presso *l'Institute for Advanced Study* di Princeton. Di fronte alla minaccia rappresentata dal regime nazista, nel 1939 scrisse assieme a molti altri fisici una famosa lettera indirizzata al presidente degli Stati Uniti F.D. Roosevelt, in cui si teorizzava l'uso militare dell'energia atomica e ciò segnò l'inizio dei piani per la costruzione della bomba atomica. Dopo la guerra Einstein si impegnò attivamente per la pace e per la messa al bando delle armi nucleari.

Animazione in digitale
Le reazioni di fissione e di fusione

Si può notare che anche in questa reazione si conserva il numero di particelle subatomiche nucleari: 236 cioè (235 + 1) a sinistra e 236 cioè (94 + 139 + 3) a destra.

La particolarità di questa reazione è che può procedere «a catena»: i neutroni liberati possono infatti colpire altri nuclei e poi altri ancora.

Se questa reazione viene controllata, si ha la possibilità di regolare anche l'enorme quantità di energia prodotta e di utilizzarla per scopi pacifici, come accade nelle centrali nucleari dove viene trasformata in energia elettrica. La fissione di un solo kilogrammo di uranio-235 sviluppa la stessa energia che si può ottenere bruciando circa due milioni di kilogrammi di carbone. Altrimenti si produce un effetto distruttivo spaventoso: la bomba atomica, come quella sganciata in Giappone alla fine della seconda guerra mondiale.

Approfondimento in digitale
La datazione con radioisotopi
I radioisotopi vengono utilizzati per determinare l'età di reperti archeologici e geologici

Prova tu 2

Perché nelle reazioni nucleari non si può effettuare il bilanciamento degli atomi?

....

Esercizi 3 La radioattività

1 Le radiazioni emesse da un minerale di uranio, alfa (α), beta (β) e gamma (γ), possono essere separate se fatte passare attraverso un campo elettrico.
Scrivi i simboli delle particelle delle tre radiazioni negli spazi a destra.

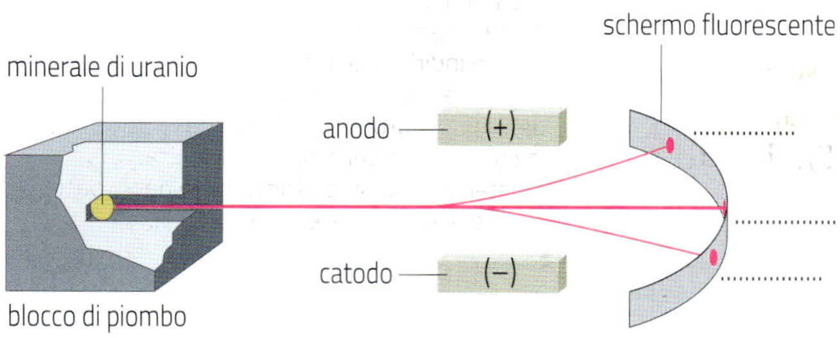

2 Completa la seguente frase.
Il tempo di .... indica il tempo necessario affinché una data .... di radioisotopo si dimezzi.

3 Che cosa sono i radioisotopi?

....

4 Spiega che cosa sono le reazioni di decadimento.

....

5 *Quali* delle seguenti coppie di isotopi appartengono ciascuna alla stessa famiglia isotopica?

A $^{23}_{11}$Na e $^{24}_{11}$Na
B $^{23}_{11}$Na e $^{23}_{12}$Mg
C $^{23}_{12}$Mg e $^{24}_{12}$Mg
D $^{23}_{11}$Na e $^{79}_{34}$Se
E $^{74}_{32}$Ge e $^{74}_{34}$Se

6 In una reazione nucleare che cosa si conserva?

A Il numero di massa degli isotopi coinvolti
B Il numero delle particelle subatomiche
C La massa delle sostanze
D L'energia nucleare delle sostanze
E Nulla di quanto detto nelle affermazioni precedenti

7 L'isotopo del carbonio con 8 neutroni è radioattivo e decade formando l'isotopo stabile azoto-14 con l'emissione di radiazioni β. Scrivi l'equazione della reazione in modo da verificare la conservazione delle particelle subatomiche.

....

8 Se il nucleo del californio-251 decade emettendo una sola particella α quale isotopo si forma? ....

9 Completa le seguenti equazioni nucleari scrivendo le notazioni delle particelle subatomiche mancanti.

a) $^{43}_{19}$K + ... → $^{44}_{20}$Ca
b) $^{210}_{84}$Po → $^{206}_{82}$Pb + ... + ...

10 Il tempo di dimezzamento del ^{226}Ra è di 2000 anni. Se all'epoca della fondazione di Roma antica (753 a.C.) in un minerale ci fossero stati 10 g di ^{226}Ra, nell'anno 2050 ne resterebbe ancora più di un grammo?

....

....

11 La massa del nucleo dell'elio-4 vale 4,001506 u. Se alla massa di due protoni aggiungiamo quella di due neutroni otteniamo 4,031884 u.

a) Come si chiama questa differenza spiegata da Einstein?

....

b) Quanta energia nucleare corrisponde a questa differenza di massa? (Ti serve il fattore di conversione di u in kg.)

....

12 Which term refers to the combining of two atomic nuclei?

A Nuclear decay
B Nuclear fission
C Nuclear fusion
D Chain reaction

13 Write the nuclear equation for the radioactive decay of radium-226 by alpha decay to give radon-222. A radium-226 nucleus emits one alpha particle, leaving behind a radon-222 nucleus. ....

4 Il modello atomico di Bohr

Il modello di Bohr descrive la disposizione degli elettroni e nasce dagli studi sulle radiazioni elettromagnetiche e sulla quantizzazione dell'energia

Le radiazioni elettromagnetiche

Il modello di Rutherford costituisce una pietra miliare nel processo di elaborazione dei modelli atomici: nessuno dei modelli successivi infatti smentisce la sua idea di atomo costituito da un nucleo centrale con gli elettroni che ruotano intorno. Tuttavia questo modello non riesce a spiegare la stabilità degli atomi.

Infatti, secondo le leggi dell'elettrodinamica, cariche elettriche in movimento, come sono gli elettroni, dovrebbero emettere in continuazione radiazioni perdendo rapidamente energia: è stato calcolato che gli elettroni dovrebbero cadere a spirale sul nucleo in un tempo di 10^{-8} s!

Per comprendere le successive evoluzioni dei modelli atomici è necessario presentare alcuni aspetti della *teoria ondulatoria della luce* e delle *radiazioni elettromagnetiche*.

Quando un ristretto fascio di luce proveniente dal Sole attraversa un prisma di vetro si ottiene il cosiddetto *spettro della luce bianca*. Per spiegare questa e altre proprietà della luce occorre considerare che essa è un insieme di radiazioni elettromagnetiche di diversa lunghezza d'onda: un prisma, rifrangendo per due volte le radiazioni con angoli diversi, riesce a scomporle dando origine a una immagine in cui si succedono senza discontinuità i colori caratteristici delle singole radiazioni (▶ Figura 1).

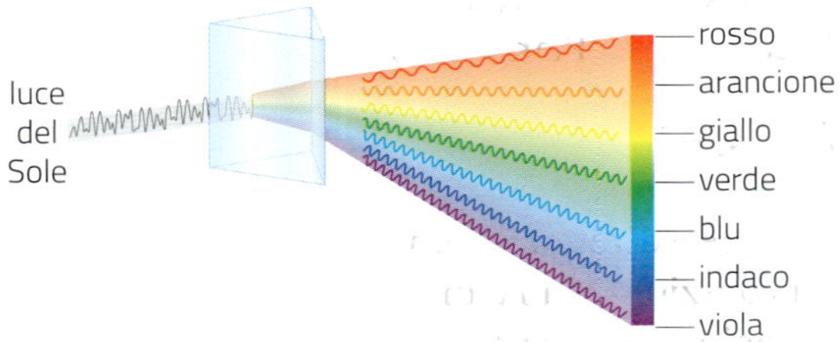

▶ **Figura 1**

I PROTAGONISTI DELLA SCIENZA

NIELS BOHR (1885-1962)
Lo scienziato danese Bohr, a destra nella foto con il fisico tedesco Heisenberg, era noto perché da giovane interrompeva frequentemente le conferenze per chiedere spiegazioni all'oratore. Questa abitudine gli consentiva di capire a fondo le argomentazioni così da riuscire a proporre idee originali e innovative. Nel 1921 Bohr aveva aperto a Copenaghen l'Istituto di fisica teorica dove lavorarono i più importanti fisici dell'epoca. Nella sua équipe lavorò anche la scienziata austriaca Lise Meitner (1878-1968), che contribuì notevolmente ai risultati ottenuti da Bohr. Con un riconoscimento tardivo al suo lavoro, è stato attribuito il nome *meitnerio* (Mt) all'elemento con numero atomico 109. Anche a Bohr, che ottenne il premio Nobel per la fisica nel 1922, fu dedicato il nome di un elemento, il bohrio (Bh).

Oltre alla luce del Sole anche i raggi X e le microonde sono esempi di radiazioni elettromagnetiche, uno dei modi in cui l'energia si diffonde nello spazio.

Le **radiazioni elettromagnetiche** sono una forma di energia radiante che si può propagare anche nel vuoto e che può essere interpretata come un fenomeno ondulatorio.

Le radiazioni elettromagnetiche, come tutte le onde, sono caratterizzate da una **lunghezza d'onda** (λ) e da una **frequenza** (f) (▶ Figura 2).

La lunghezza d'onda corrisponde alla distanza fra un massimo e quello consecutivo o tra un minimo e quello consecutivo; essa pertanto si misura in metri o, nel caso delle radiazioni luminose, in miliardesimi di metro, cioè in nanometri (1 nm = 10^{-9} m).

La frequenza corrisponde al numero di oscillazioni al secondo, vale a dire al numero di onde che passano per un punto in un secondo. Questa grandezza ha pertanto le dimensioni del reciproco del tempo e la sua unità di misura è s^{-1}, a cui è stato assegnato il nome **hertz** (**Hz**).

Per tutte le onde, lunghezza d'onda e frequenza sono grandezze inversamente proporzionali, cioè il loro prodotto è costante.

$$\lambda \cdot f = c$$

Per le radiazioni elettromagnetiche la costante c corrisponde alla velocità della luce, che nel vuoto vale 2,99792458 · 10^8 m/s. Tutte le radiazioni elettromagnetiche, indipendentemente dalla loro frequenza, si muovono nel vuoto con la stessa velocità.

Quando la radiazione attraversa un materiale la sua velocità diminuisce e dato che la frequenza non varia, diminuisce anche la sua lunghezza d'onda.

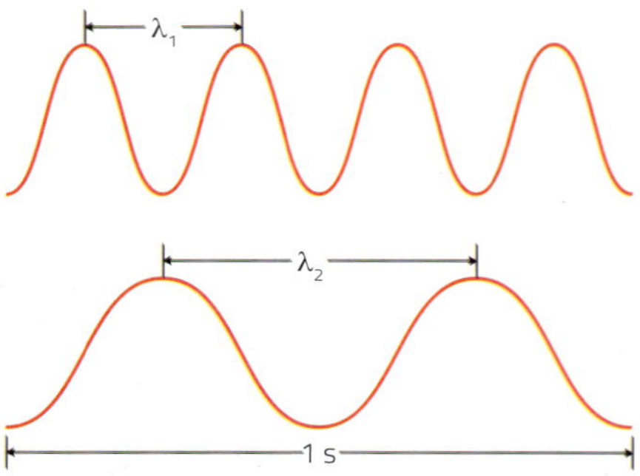

▶ **Figura 2** In figura sono rappresentate due diverse radiazioni: quella in basso ha una lunghezza d'onda doppia e dimezzata frequenza rispetto all'altra.

Dobbiamo sapere inoltre che alcuni comportamenti della luce non si possono interpretare riferendosi esclusivamente alle proprietà delle onde. Consideriamo per esempio l'*effetto fotoelettrico*, cioè il fenomeno che consiste nell'emissione di elettroni da parte di un metallo soltanto quando è investito da radiazioni elettromagnetiche di idonea lunghezza d'onda (▶ Figura 3).

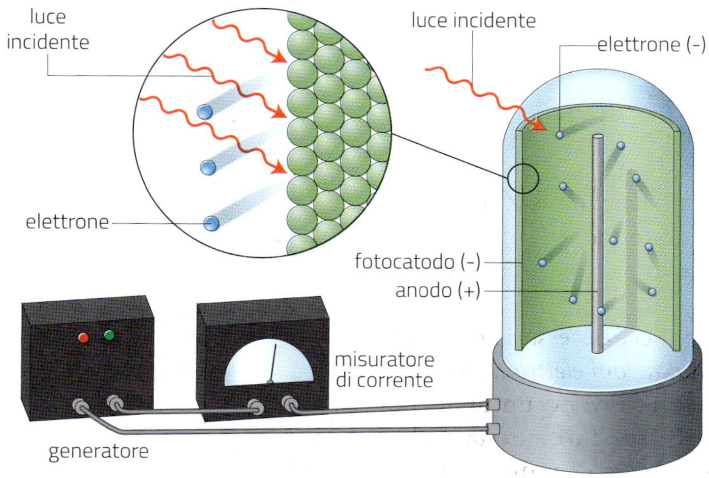

▶ **Figura 3** L'effetto fotoelettrico fu scoperto dal fisico tedesco H.R. Hertz. Nel 1905 Einstein formulò una teoria relativa allo scambio di energia tra radiazione elettromagnetica e materia che fornì una spiegazione del fenomeno.

Approfondimento in digitale
La luce e i colori
Soltanto se colpiti da radiazioni luminose i corpi ci appaiono colorati

Questo comportamento si spiega sapendo che quando la radiazione luminosa cede energia alla materia, essa si comporta come se fosse formata da tanti piccoli corpuscoli chiamati *fotoni*. In base a questa *teoria corpuscolare della luce*, la dimensione del «pacchetto di energia», cioè l'energia associata a ciascun fotone, si ricava moltiplicando la frequenza per h, una costante chiamata costante di Planck ($6{,}6 \cdot 10^{-34}$ J · s):

$$E = \mathrm{h} \cdot f \quad \text{da cui si ricava} \quad E = \mathrm{h} \cdot \frac{c}{\lambda}$$

Da questa relazione emerge che l'energia di un fotone è direttamente proporzionale alla frequenza della radiazione e inversamente proporzionale alla lunghezza d'onda. Ebbene, soltanto se il fotone ha una frequenza maggiore di un certo livello (*frequenza di soglia*) può riuscire a liberare l'elettrone del metallo che costituisce il catodo.

La ▶ Figura 4 rappresenta l'insieme di tutte le radiazioni elettromagnetiche e mostra come molte di esse trovino applicazioni in importanti settori della vita quotidiana; le radiazioni sono ordinate secondo la frequenza crescente.

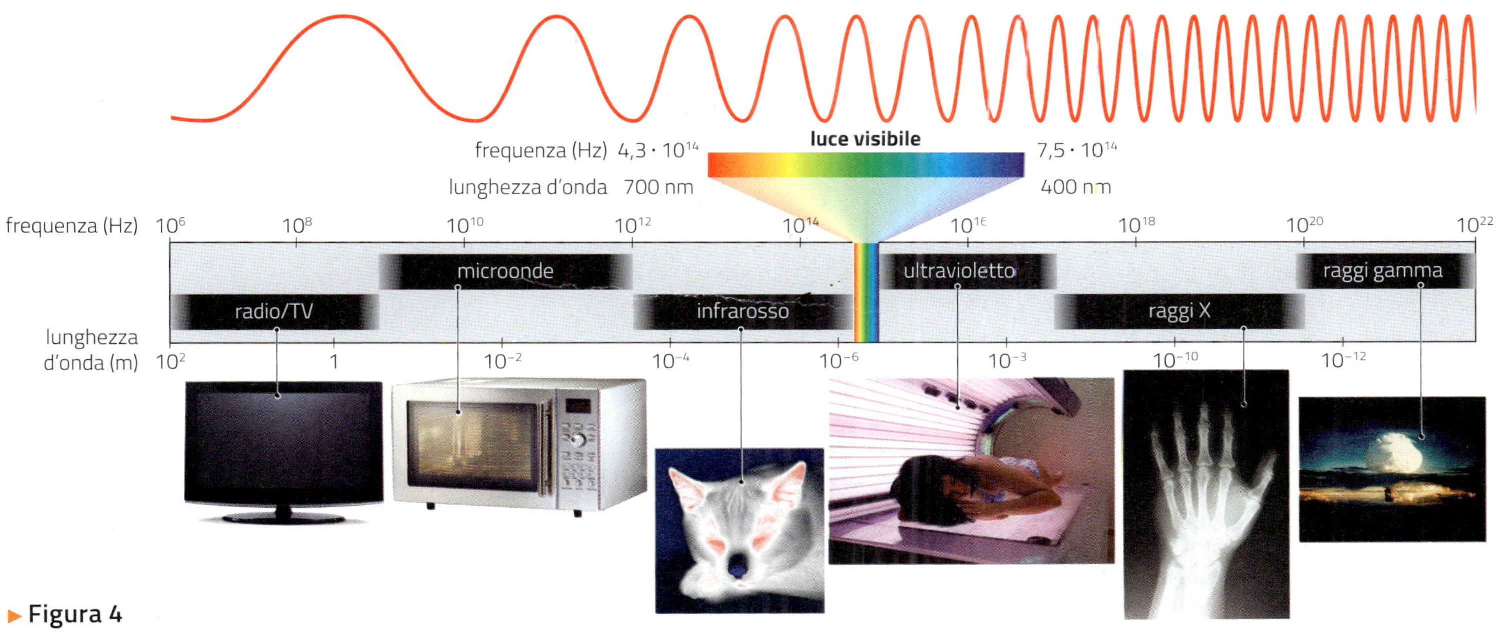

▶ **Figura 4**

Le orbite quantizzate di Bohr

Gli studi sull'effetto fotoelettrico (che valsero nel 1921 a Einstein il premio Nobel per la fisica) sono alla base della *teoria quantistica*. Secondo questa fondamentale teoria, proposta nel 1900 dal fisico tedesco M. Planck, quando ci si riferisce a particelle atomiche e subatomiche l'energia non viene emessa o assorbita con continuità ma aumenta o diminuisce soltanto per piccole quantità, comunque definite, dette *quanti*.

Il fisico danese N. Bohr nel 1913 ebbe l'idea di applicare i principi della teoria quantistica per interpretare la disposizione degli elettroni nello spazio intorno al nucleo, dando vita quindi a un modello atomico che prende il suo nome.

Secondo il modello atomico di Bohr gli elettroni si distribuiscono su orbite circolari quantizzate, cioè caratterizzate da precisi valori di energia, in accordo con la teoria di Planck.

Dal numero infinito di orbite descritte dagli elettroni nel loro moto previsto dal modello di Rutherford si passa così a un numero definito di orbite sulle quali gli elettroni si muovono senza perdere energia e che sono chiamate «orbite stazionarie».

L'idea fondamentale che caratterizza il modello di Bohr ebbe un iniziale successo perché spiegava i cosiddetti *spettri atomici*.

Se un atomo assorbe un'adeguata quantità di energia si verifica che uno o più elettroni passano a un'orbita con energia maggiore, più distante dal nucleo. Questa situazione è instabile e si dice che l'atomo si trova in uno *stato eccitato*. Successivamente l'elettrone ritorna nell'orbita di partenza: in questo modo l'atomo si trova nello *stato fondamentale*. Questo fatto è accompagnato dall'emissione di una radiazione elettromagnetica con una frequenza caratteristica il cui quanto di energia corrisponde alla differenza di energia tra l'orbita di partenza e quella di arrivo, fino a raggiungere lo stato fondamentale (▶ Figura 5).

I passaggi di elettroni da un'orbita a un'altra prendono il nome di *transizioni elettroniche*; l'insieme di tutte le radiazioni emesse a seguito delle transizioni elettroniche costituisce lo *spettro di emissione*, caratteristico per ciascun elemento.

Se la radiazione viene fatta passare attraverso un prisma di vetro si ottengono spettri caratterizzati da un insieme di righe colorate, più o meno intense, su uno sfondo scuro; ciascuna riga corrisponde a una ben determinata lunghezza d'onda.

Nella ▶ Figura 6 si vede la radiazione luminosa che si ottiene fornendo energia agli atomi di sodio.

Pagine di scienze in digitale
I quanti
L'energia delle radiazioni luminose viene emessa non in quantità variabili ma a «pacchetti» di ben definita entità, chiamati quanti

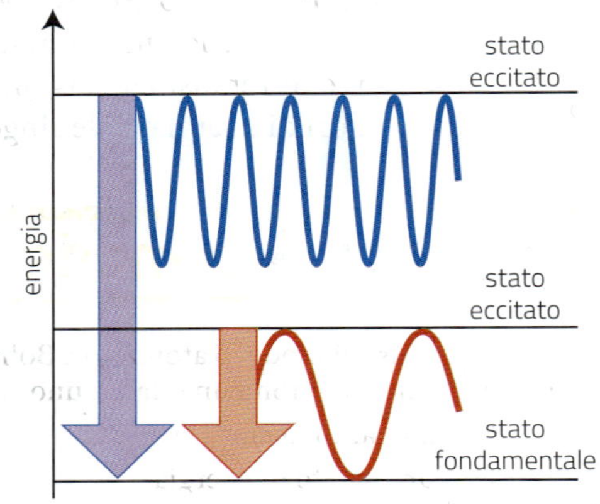

▶ **Figura 5** Lo schema evidenzia che la radiazione emessa a seguito della transizione ha una frequenza tanto maggiore quanto più grande è la differenza di energia tra l'orbita a più alta energia e quella corrispondente allo stato fondamentale.

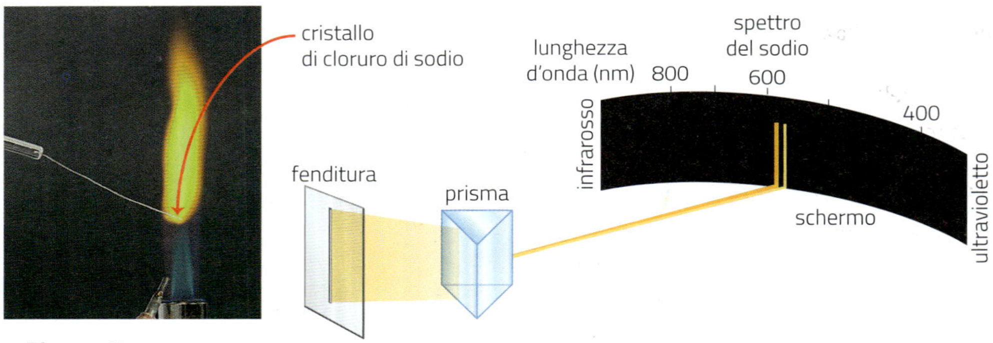

▶ **Figura 6**

Video in digitale
Le sostanze che colorano la fiamma

Dato che le orbite degli elettroni di un elemento hanno valori di energia diversi da quelli di un altro elemento, anche le transizioni elettroniche hanno diversi valori di energia. Questo spiega perché lo spettro a righe costituisce una sorta di impronta digitale di un elemento tale da consentirne la identificazione.

Le radiazioni che si trovano nella zona dell'infrarosso hanno una lunghezza d'onda maggiore di 800 nm e il nostro occhio non riesce a vederle. Lo stesso accade per le radiazioni che hanno lunghezza d'onda minore di 400 nm e sono perciò classificate come ultraviolette. Solo alcune righe corrispondono a una frequenza tale da cadere nella zona visibile dello spettro.

I punti fondamentali del **modello atomico di Bohr** possono essere così riassunti:

- ogni elettrone si muove attorno al nucleo percorrendo un'orbita circolare a una precisa distanza dal nucleo caratterizzata da un preciso valore di energia;
- nella rotazione attorno al nucleo l'elettrone non assorbe e non emette energia: le orbite sono dette stazionarie;
- un elettrone, assorbendo un'adeguata quantità di energia, può passare a un'orbita più distante dal nucleo a cui corrisponde un'energia maggiore;
- quando l'elettrone torna a un'orbita con energia minore si ha emissione di radiazioni elettromagnetiche;
- il quanto di energia della radiazione emessa è uguale alla differenza di energia delle due orbite (▶ Figura 7).

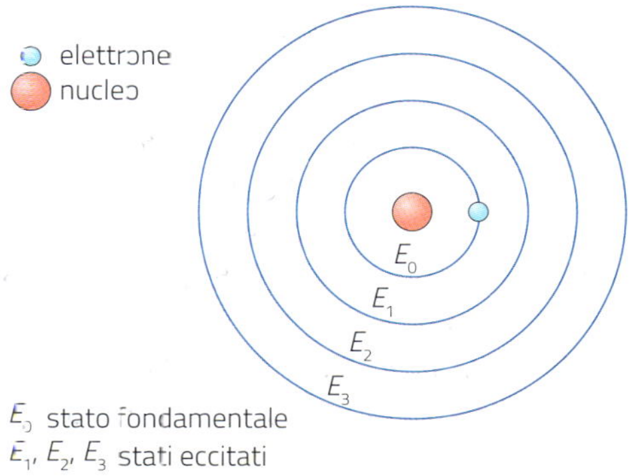

▶ **Figura 7** Rappresentazione schematica del modello di Bohr.

Il modello atomico di Bohr è il primo che fornisce un'interpretazione degli spettri di emissione a righe degli atomi. Le energie delle orbite stazionarie calcolate secondo il modello di Bohr hanno trovato perfetta corrispondenza con le frequenze dello spettro di emissione dell'idrogeno. Purtroppo questa conferma sperimentale si è riscontrata soltanto per l'idrogeno: gli atomi di questo elemento hanno un solo elettrone e l'assenza di forze di repulsione con altri elettroni rende più semplici i calcoli per determinare i valori di energia delle singole orbite.

Esercizi 4 Il modello atomico di Bohr

1 In base al modello atomico di Bohr, quando un elettrone passa da uno stato fondamentale a uno stato eccitato, l'atomo:

A emette un quanto di energia
B acquista un quanto di energia
C emette una radiazione luminosa
D perde un protone
E perde un neutrone

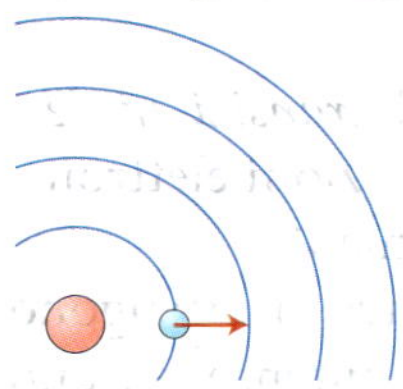

2 Secondo il modello di Bohr che cosa si intende per orbita stazionaria?

....

3 Che cosa è la frequenza di un'onda?

A L'intervallo di tempo in cui l'onda compie una oscillazione completa
B La distanza che percorre un'oscillazione completa dell'onda
C Il numero di oscillazioni complete che l'onda compie nel tempo di un periodo
D Il numero di oscillazioni complete effettuate in 1 s
E Il numero di secondi che l'onda impiega a compiere un'oscillazione completa

4 L'energia di un fotone è direttamente proporzionale alla .... della radiazione elettromagnetica.

5 Che cosa si intende per spettro delle radiazioni elettromagnetiche?

....

....

6 Hanno maggiore frequenza le microonde o i raggi infrarossi? ....

7 Che colore ha la radiazione visibile con la frequenza più alta? ....

8 Quale affermazione relativa al modello di Bohr *non* è corretta?

A L'elettrone percorre orbite circolari quantizzate
B L'elettrone che percorre un'orbita stazionaria emette energia
C L'elettrone, assorbendo un'adeguata quantità di energia, può passare a un'orbita più distante dal nucleo
D Quando l'elettrone torna a un livello di energia minore si ha emissione di radiazioni elettromagnetiche
E L'energia della radiazione elettromagnetica emessa è uguale alla differenza di energia delle due orbite

9 I segnali radar sono radiazioni che si trovano nella zona delle microonde dello spettro elettromagnetico. Un tipico segnale radar ha una lunghezza d'onda di 3,19 cm. Qual è la sua frequenza in hertz? ....

10 Calcola l'energia del fotone associato a una radiazione la cui lunghezza d'onda vale 350 nm. ....

11 The characteristic bright-line spectrum of an element is produced when electrons:

A fall back to lower energy levels
B are gained by a neutral atom
C are emitted by the nucleus as beta particles
D move to higher energy levels

12 The planetary model of an atom, with the nucleus playing the role of the Sun and the electrons playing the role of planets, is unacceptable because:

A the electrical attraction between a proton and an electron is too weak
B the nuclear attraction between a proton and an electron is too strong
C an electron is accelerating and would lose energy
D none of these because the planetary model is acceptable

5 L'energia di ionizzazione

I valori dell'energia di ionizzazione richiesta per allontanare gli elettroni dagli atomi sono una conferma del modello atomico a livelli

L'energia di ionizzazione e il modello atomico a livelli

La teoria sulla quantizzazione dell'energia suggerì a Bohr di elaborare un modello atomico in base al quale gli elettroni che ruotano intorno al nucleo possiedono solo determinati valori di energia.

Come vedremo il modello a orbite di Bohr è stato abbandonato, ma l'idea secondo cui gli elettroni si muovono attorno al nucleo disponendosi in diversi e definiti livelli di energia è suffragato da altri dati sperimentali.

Un modo per ottenere informazioni sulla disposizione degli elettroni è quello di determinare l'energia necessaria per strappare uno dopo l'altro gli elettroni di un atomo libero.

Si chiama **energia di ionizzazione** (***Ei***) la minima energia sufficiente per sottrarre un elettrone a un atomo libero.

Occorre tener presente che negli atomi il numero di elettroni è uguale a quello dei protoni e quindi, sottraendo elettroni, si creano particelle con carica elettrica positiva chiamate **cationi** (▸ Figura 1). Per esempio:

$$N(g) + Ei \rightarrow e^- + N^+(g)$$

Aumentando via via l'energia si possono togliere all'atomo tutti i suoi elettroni.

Più precisamente, l'energia necessaria per sottrarre il primo elettrone a un atomo neutro si chiama *energia di prima ionizzazione* (Ei'); quella per togliere un secondo elettrone si chiama *energia di seconda ionizzazione* (Ei'') e così via. Per esempio:

$$\text{prima ionizzazione:} \quad C(g) + Ei' \rightarrow e^- + C^+(g)$$

$$\text{seconda ionizzazione:} \quad C^+(g) + Ei'' \rightarrow e^- + C^{2+}(g)$$

È importante sottolineare che l'energia di ionizzazione dipende dalla forza con cui ogni elettrone è attratto dal nucleo e la forza dipende a sua volta dalla distanza media che c'è tra ciascun elettrone e il nucleo e dalla carica positiva del nucleo.

Infatti, in base alla legge di Coulomb, se la distanza dell'elettrone dal nucleo diminuisce la forza di attrazione nucleo-elettrone aumenta. Anche se la distanza resta uguale ma aumenta la carica del nucleo, la forza di attrazione nucleo-elettrone aumenta (▸ Figura 2).

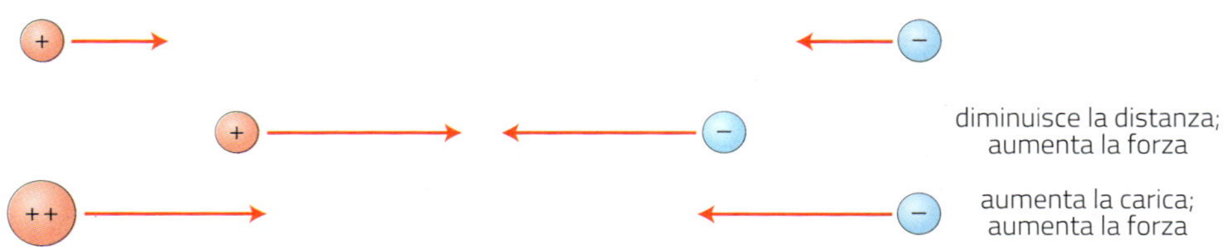

In un istogramma mettiamo a confronto i valori delle energie di prima ionizzazione dei primi 20 elementi, dall'idrogeno (Z = 1) al calcio (Z = 20) (▸ Figura 3).

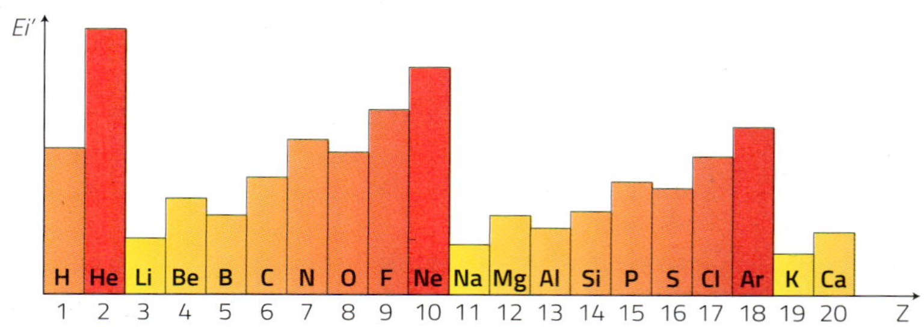

Animazione in digitale
Energia di ionizzazione e livelli energetici

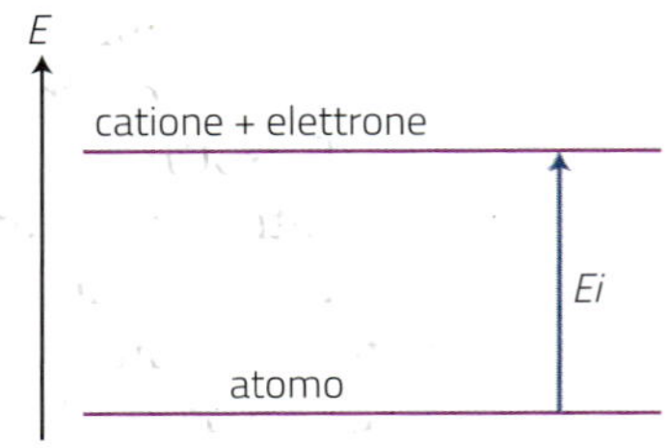

▸ **Figura 1** Per ionizzare un atomo occorre fornire l'energia sufficiente per vincere la forza di attrazione nucleo-elettrone.

Prova tu 1

Il berillio è un atomo con numero atomico Z = 4.

Scrivi le espressioni relative alla ionizzazione completa dell'atomo di berillio.

....

....

....

....

▸ **Figura 2** La diversa lunghezza delle frecce suggerisce la diversa intensità della forza di attrazione elettrone-nucleo.

▸ **Figura 3** I tre raggruppamenti nei quali si raggiunge un valore massimo, in corrispondenza dei numeri atomici 2, 10 e 18, sono sempre seguiti da un valore minimo.

I valori di energia di prima ionizzazione dei primi venti elementi mostrano un andamento significativo. Risultano evidenti 3 raggruppamenti, ciascuno dei quali si conclude con un elemento che presenta un valore massimo di energia (He, Ne, Ar). In ogni raggruppamento l'energia di ionizzazione cresce tendenzialmente con il crescere della carica positiva del nucleo, in accordo con la legge di Coulomb.

Si nota però che gli elementi Li, Na e K, pur avendo nel nucleo una carica positiva maggiore di quella degli elementi immediatamente precedenti (He, Ne e Ar), presentano un'energia di ionizzazione decisamente inferiore. Questo dato si può capire solo se consideriamo l'altro fattore che influisce sulla forza di attrazione elettrica, cioè la distanza tra nucleo ed elettrone: per esempio, l'elettrone strappato al litio deve essere più lontano dal proprio nucleo di quanto non lo sia l'elettrone tolto all'elio.

Possiamo cioè dire che l'elettrone sottratto all'elio si trova in un livello vicino al nucleo, mentre quello sottratto al litio si trova in un secondo livello, più distante. Anche per gli elementi che seguono, fino al neon, l'elettrone da sottrarre si trova sempre in questo secondo livello. Di conseguenza il progressivo aumento dei valori di *Ei'* è determinato solamente dall'aumento della carica del nucleo.

Allo stesso modo possiamo dire che per gli elementi del 3° raggruppamento (da Na ad Ar) l'elettrone sottratto a ciascun atomo si colloca in un terzo livello.

Per confermare questa disposizione degli elettroni a livelli e per capire dove si collocano anche i rimanenti elettroni di ciascun atomo, riprendiamo in considerazione il litio (Z = 3) e consideriamo le energie di ionizzazione successive (*Ei''* ed *Ei'''*), che risultano molto più alte (▸ Figura 4). Si può concludere che il secondo e il terzo elettrone estratti dai suoi atomi si trovano molto più vicini al nucleo, cioè si trovano nel primo livello.

I ragionamenti che abbiamo fatto per il litio possono essere estesi agli altri elementi come si evince dal grafico di ▸ Figura 5.

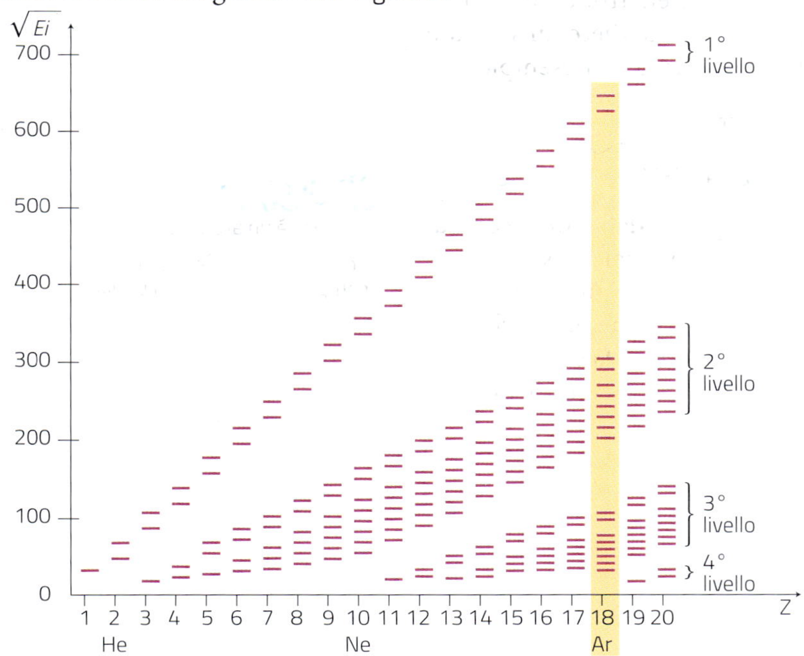

▸ **Figura 5**

Il grafico è stato ottenuto elaborando le energie di ionizzazione relative a tutti gli elettroni degli atomi degli elementi dall'idrogeno (Z = 1) al calcio (Z = 20).

La serie di trattini su ciascuna linea verticale si riferisce alle energie di ionizzazione di tutti gli elettroni di un elemento. I due trattini più in alto corrispondono a valori di *Ei* maggiori e quindi si riferiscono agli elettroni più vicini al nucleo.

Considerando l'elemento con numero atomico 18 (Ar), si nota che i 18 trattini relativi ai 18 elettroni sono divisi in tre raggruppamenti: i due trattini in alto corrispondono ai due elettroni che occupano il livello più vicino al nucleo (1° livello) e infatti a loro corrispondono i valori più alti di energia di ionizzazione; scendendo troviamo due raggruppamenti di otto valori, che si riferiscono quindi a elettroni del 2° e 3° livello.

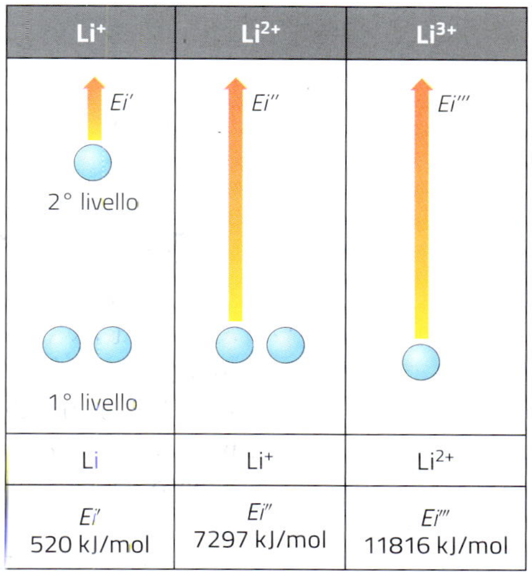

▸ **Figura 4** Il confronto tra i valori di *Ei* suggerisce che i tre elettroni del litio si trovano in due diversi livelli energetici. Il livello che contiene due elettroni è quello più vicino al nucleo.

Prova tu 2

Considera il grafico della figura 5.

Perché i trattini relativi alle energie di ionizzazione del boro (Z = 5) sono divisi in due gruppi?

....

....

....

L'analisi dei valori di tutte le energie di ionizzazione di tutti gli atomi conferma la validità del *modello atomico a livelli*.

Nel **modello atomico a livelli** gli elettroni occupano lo spazio attorno al nucleo disponendosi in livelli di energia che si trovano a precise e diverse distanze dal nucleo.

Presentiamo gli aspetti fondamentali che caratterizzano questo modello.

- Gli elettroni in movimento si dispongono intorno al nucleo soltanto in ben precisi livelli di energia disposti a distanza crescente dal nucleo.
- I livelli di energia sono 7; ogni livello può contenere un numero massimo di elettroni come si vede nella ▶ Tabella 1.
- Gli elettroni di un atomo occupano i livelli energetici a partire dal primo e vanno nel livello successivo solo se i precedenti sono completi.

▶ **Tabella 1**

Livello	Numero massimo di elettroni
1°	2
2°	8
3°	8
4°	18
5°	18
6°	32
7°	32

Esercizi 5 L'energia di ionizzazione

1 Completa la seguente frase.
L'energia di prima ionizzazione è l'energia .... necessaria per sottrarre un .... a un atomo libero.

2 L'energia di prima ionizzazione del berillio è 899 kJ/mol. Correggi la seguente espressione relativa al processo:
$Be^{2+} + e^- \rightarrow Be^+ + 899$ kJ/mol

....

3 Associa a ogni equazione quello che potrebbe essere il corretto valore di energia di ionizzazione.

a) $Na^+ \rightarrow Na^{2+} + e^-$ ....
b) $Na^{2+} \rightarrow Na^{3+} + e^-$ ....
c) $Na \rightarrow Na^+ + e^-$ ....

1) $Ei = 496$ kJ/mol
2) $Ei = 4562$ kJ/mol
3) $Ei = 6910$ kJ/mol

4 L'energia di prima ionizzazione del potassio è minore di quella del calcio. Ciò si spiega perché:
A il calcio ha massa atomica maggiore
B nel nucleo del potassio ci sono meno neutroni
C la forza attrattiva del nucleo del calcio è maggiore
D l'elettrone del potassio è più lontano dal nucleo
E il potassio ha un elettrone di meno

5 L'atomo di potassio (Z = 19) e l'atomo di sodio (Z = 11) hanno entrambi un solo elettrone nell'ultimo livello occupato; tuttavia l'energia di prima ionizzazione del potassio è minore dell'energia di prima ionizzazione del sodio. Come si può spiegare questo fatto?
A L'elettrone da sottrarre al sodio si trova in un livello con energia maggiore di quello del potassio
B L'elettrone da sottrarre al potassio è attratto da un nucleo che ha una carica positiva maggiore
C L'elettrone da sottrarre al sodio è attratto da un nucleo che ha una massa minore
D L'elettrone da sottrarre al sodio è in un livello più vicino al nucleo dell'elettrone del potassio
E L'elettrone da sottrarre al potassio è respinto dagli elettroni che si muovono nello stesso livello

6 Completa l'espressione che descrive un processo di ionizzazione del ferro: $Fe^{2+} + Ei''' \rightarrow$ .... + e^-

7 Le terne riportano in ordine i valori di prima, seconda e terza energia di ionizzazione (kJ/mol). Quale terna si può riferire a un elemento con due elettroni nel livello più esterno?
A 800 2426 3658
B 900 1756 14841
C 1086 2352 4618
D 520 7294 11809
E 1000 1000 1000

8 Relativamente alla descrizione del modello atomico a livelli, qual è l'unica affermazione *sbagliata*?
A I protoni e i neutroni costituiscono un nucleo centrale piccolissimo rispetto al volume dell'atomo
B Gli elettroni compiono il loro movimento intorno al nucleo disponendosi su determinati livelli
C I livelli si trovano a distanze diverse dal nucleo alle quali corrispondono precisi valori di energia
D L'energia di ionizzazione consente di individuare che gli elettroni si dispongono attorno al nucleo in livelli energetici
E I neutroni costituiscono il nucleo, i protoni occupano il livello più interno mentre gli elettroni si dispongono via via negli altri livelli

9 In relazione al modello a livelli, indica per ogni affermazione se è vera o falsa.
a) I livelli di energia sono posti a una distanza che dipende dal numero di massa del nucleo V F
b) Gli elettroni ruotano intorno al nucleo disponendosi su determinati livelli di energia V F
c) L'energia di un livello aumenta al crescere della sua distanza dal nucleo V F
d) Ogni livello energetico può contenere un numero massimo di elettroni V F

10 Which of the following shows the correct order of the ionization energy?
A Cl > Si > Na
B Na < Si = Cl
C Cl < Si < Na
D Cl < Si > Na

11 What is the maximum number of electrons that can be contained in the 4th principal energy level?
A 8
B 18
C 32
D 50

6 Il modello atomico a orbitali

Gli orbitali, definiti in un modello matematico, individuano zone nello spazio in cui è massima la probabilità di trovare gli elettroni attorno al nucleo

Gli orbitali

Il modello atomico di Bohr aveva il grosso limite di non riuscire a interpretare gli spettri degli atomi che contengono più di un elettrone.

In seguito si svilupparono ricerche che hanno contribuito a elaborare nuovi modelli atomici. Questi studi sono stati compiuti da numerosi scienziati tra cui principalmente L. De Broglie, W. Heinsenberg ed E. Schrödinger.

Al fisico francese De Broglie si deve l'idea di associare a ciascun elettrone un'onda che lo guida nel suo orbitare attorno al nucleo; così come era stata riconosciuta la natura dualistica della luce, anche per una particella elementare come l'elettrone fu prospettata per la prima volta una natura ondulatoria. Pertanto lo stato di quantizzazione energetica dell'elettrone nell'atomo corrisponde al fatto che sono permesse all'elettrone solo le orbite che possono contenere un numero intero di onde elettromagnetiche, come si può capire dal seguente esempio.

In una corda di lunghezza l e fissata alle due estremità, le vibrazioni sono «quantizzate» (▶ Figura 1). Ciò significa che sono consentite solo alcune vibrazioni, quelle stabilite dalla seguente relazione:

$$l = n \cdot \frac{\lambda}{2} \quad (n \text{ è un numero intero})$$

Questo esempio può essere utile per intuire che la quantizzazione dell'energia degli elettroni nell'atomo porta alla conclusione che a essi sono permesse soltanto alcune e ben precise orbite.

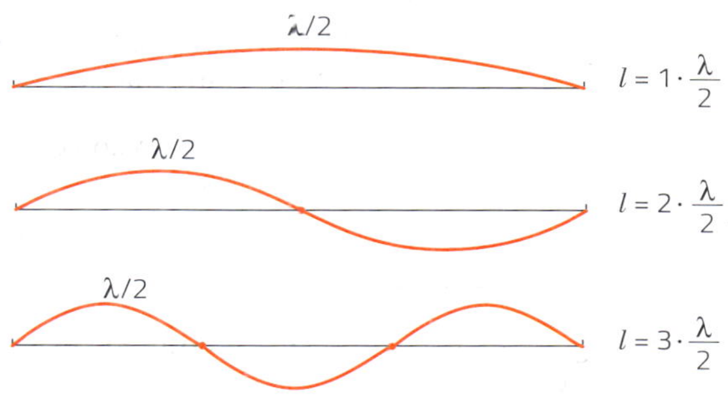

▶ Figura 1

Contemporaneamente, attorno alla metà degli anni Venti del secolo scorso, lo scienziato tedesco Heisenberg enunciò il *principio di indeterminazione*: in base a esso, a livello atomico e subatomico si deve rinunciare al tradizionale concetto di traiettoria intesa come linea matematica infinitamente sottile; il **principio di indeterminazione** afferma che c'è una limitazione alle nostre possibilità di indagare sugli elettroni poiché è impossibile determinare contemporaneamente e con uguale precisione la loro velocità e la loro posizione. Infatti qualunque dispositivo che venga posto in atto per determinare la posizione degli elettroni finisce per alterarne la velocità e ciò rende appunto impossibile stabilire precise traiettorie per il loro movimento.

Anche sulla base di questo principio, nel 1926 il fisico austriaco Schrödinger elaborò quella che è diventata una delle equazioni più importanti della scienza, l'*equazione di Schrödinger*:

$$-\frac{\hbar^2}{2m}\frac{d^2\psi}{dx^2} + V(x)\psi = E\psi$$ NO

L'equazione di Schrödinger è alla base del moderno modello atomico, il *modello quantomeccanico su base ondulatoria* o, più semplicemente, il *modello atomico a orbitali*.

Gli orbitali sono entità matematiche astratte, più precisamente sono le soluzioni simboleggiate con la lettera greca ψ (psi) delle equazioni d'onda, cioè delle funzioni assai complesse e di difficile manipolazione che esprimono la «condizione energetica» di ogni elettrone-onda presente.

Inoltre occorre tener presente che l'equazione di Schrödinger, essendo una funzione delle coordinate di un singolo elettrone, può essere risolta esattamente solo per sistemi monoelettronici, come l'atomo di idrogeno; in altre parole gli orbitali hanno sempre un carattere approssimativo perché è molto difficile tener conto delle forze di repulsione dovute alla presenza degli altri elettroni presenti nell'atomo.

La funzione d'onda che descrive la «condizione» di ogni elettrone atomico può essere «manipolata» in modo da renderla meno astratta. Il quadrato dell'ampiezza della funzione d'onda è proporzionale alla probabilità di trovare l'elettrone nei diversi punti dello spazio intorno al nucleo: pertanto si possono disegnare le superfici tridimensionali costituite da punti a uguale probabilità. Se si decide di scegliere tra le superfici suddette quella che delimita una zona nello spazio in cui la probabilità di trovare l'elettrone sia molto alta (per esempio il 95%) si può affermare che il volume racchiuso da quella superficie rappresenta con buona approssimazione lo spazio in cui si muove l'elettrone. Anche a questa superficie così definita viene dato impropriamente il nome di orbitale.

Il **modello atomico a orbitali** individua le zone (*orbitali*) in cui è alta la probabilità di trovare l'elettrone in movimento.

La ▶ Figura 2 mostra alcune superfici che racchiudono le zone di massima probabilità per l'unico elettrone dell'idrogeno, in funzione dei diversi livelli energetici quando passa dallo stato fondamentale (prima immagine a sinistra) a uno eccitato.

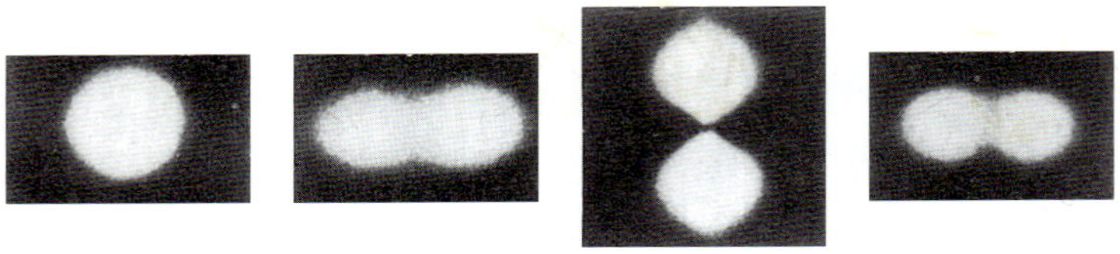

▶ **Figura 2**

n	*l*	Tipo di orbitale
1	0	*s*
2	0 1	*s* *p*
3	0 1 2	*s* *p* *d*
4	0 1 2 3	*s* *p* *d* *f*

▶ **Tabella 1** La tabella mostra che il numero quantico *l* individua i tipi di orbitali presenti in ogni livello, indicati con una lettera.

I numeri quantici e il principio di esclusione di Pauli

In base al modello atomico a orbitali, lo stato energetico di ciascun elettrone è individuato da **quattro numeri quantici**.

Il **numero quantico principale (*n*)** è associato alla dimensione dell'orbitale; al crescere di *n* aumenta la distanza media dell'elettrone dal nucleo e il suo livello di energia. In teoria *n* può assumere valori interi positivi da 1 all'infinito, ma di fatto, quando un atomo è nel suo stato fondamentale, il valore di *n* può arrivare solo fino a 7.

Il **numero quantico secondario (*l*)** è in relazione con la forma degli orbitali; esso è strettamente legato al numero quantico principale, infatti può assumere solo i valori interi compresi tra 0 e $n - 1$. Nella ▶ Tabella 1 sono mostrati i valori assunti dal numero quantico *l* in riferimento ai primi quattro valori di *n*. Il numero quantico *l* individua i tipi di orbitali presenti in ogni livello, detti anche *sottolivelli*. I tipi di orbitali sono di solito indicati con le lettere *s*, *p*, *d*, *f*.

Nella ▶ Figura 3 si vuole sottolineare che gli orbitali dello stesso tipo (cioè con lo stesso valore di *l*) hanno la stessa forma, quale che sia il livello *n* in cui si trovano. Inoltre l'energia degli elettroni cresce al crescere del numero quantico principale *n*: un elettrone nell'orbitale 1*s* ha meno energia di un elettrone nell'orbitale 2*s*.

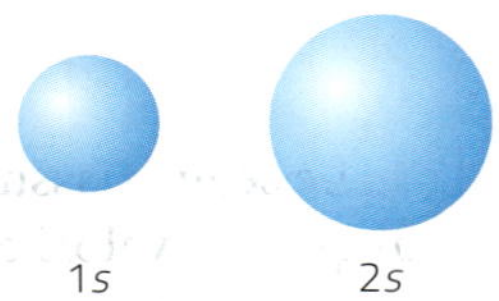

▶ **Figura 3** La forma dell'orbitale 2*s* è sferica così come quella dell'orbitale 1*s*, ma il suo volume è maggiore perché si trova in un livello *n* più lontano dal nucleo.

A parità di numero quantico *n* l'energia aumenta all'aumentare del numero quantico secondario *l*. Così, per esempio, l'energia di un orbitale 3*d* è maggiore di quella di un orbitale 3*p* perché l'orbitale 3*d* è caratterizzato da $l = 2$ mentre l'orbitale 3*p* ha $l = 1$.

Il **numero quantico magnetico (*m*)** descrive l'orientazione nello spazio degli orbitali che appartengono allo stesso sottolivello (▶ Figura 4). I valori che può assumere *m* sono i numeri interi che vanno da $- l$ a $+ l$, compreso lo 0. Nella ▶ Tabella 2 sono mostrati i valori di *m* al variare del numero quantico secondario *l* da 0 a 3 e di conseguenza il numero totale di orbitali che corrispondono a ogni sottolivello.

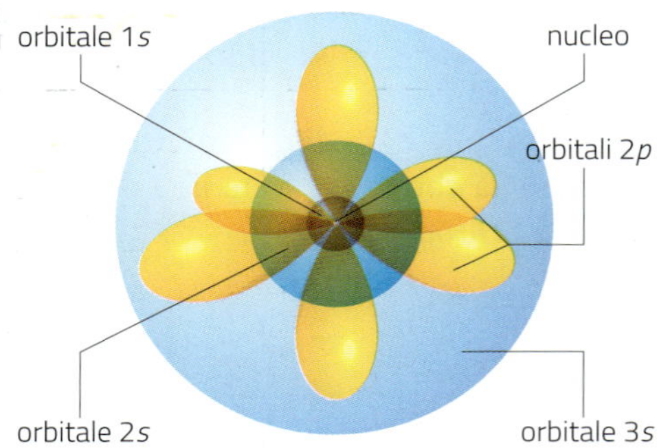

▶ **Figura 4** La figura rappresenta i 6 orbitali più vicini al nucleo di un atomo.

l	Tipo di orbitale	*m*	Numero di orbitali
0	*s*	0	1
1	*p*	−1 0 +1	3
2	*d*	−2 −1 0 +1 +2	5
3	*f*	−3 −2 −1 0 +1 +2 +3	7

▶ **Tabella 2** Nel conteggiare il numero di orbitali presenti in ogni sottolivello non si deve dimenticare il valore 0 compreso tra −*l* e +*l*.

Con il numero quantico *m* si precisa quanti sono gli orbitali dello stesso tipo presenti in ogni sottolivello. In tutti i livelli è sempre presente un solo orbitale di tipo *s* ($m = 0$), nel secondo livello ci sono anche tre orbitali di tipo *p*, nel terzo livello si aggiungono anche cinque orbitali di tipo *d*.

La ▸ Figura 5 mostra la forma e la relativa orientazione nello spazio dei tre orbitali *p*, dei cinque orbitali *d* e dei sette orbitali *f*.

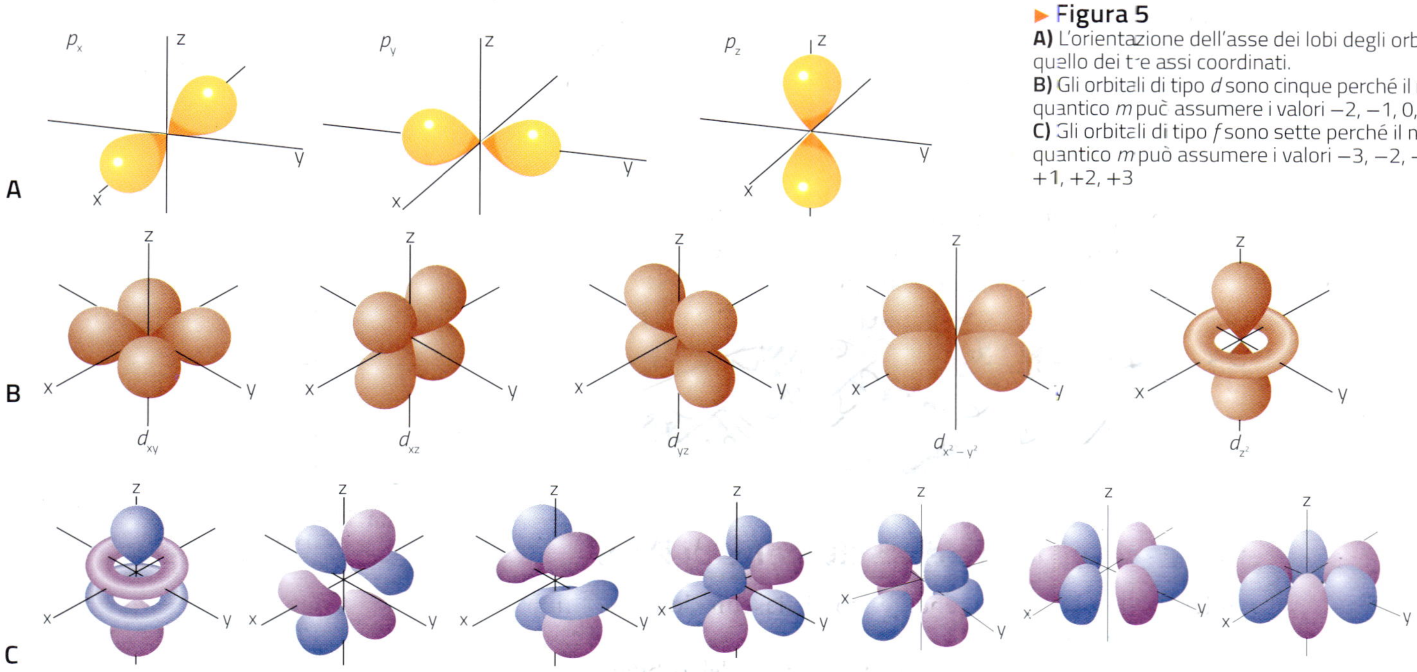

▸ **Figura 5**
A) L'orientazione dell'asse dei lobi degli orbitali *p* è quello dei tre assi coordinati.
B) Gli orbitali di tipo *d* sono cinque perché il numero quantico *m* può assumere i valori −2, −1, 0, +1, +2.
C) Gli orbitali di tipo *f* sono sette perché il numero quantico *m* può assumere i valori −3, −2, −1, 0, +1, +2, +3

La ▸ Tabella 3 che segue riassume e illustra la relazione tra i primi tre numeri quantici per i primi quattro valori di *n*.

▸ **Tabella 3**

n	*l*	*m*	*l*	*m*	*l*	*m*	*l*	*m*
1	0	0						
2	0	0	1	+1, 0, −1				
3	0	0	1	+1, 0, −1	2	+2, +1, 0, −1, −2		
4	0	0	1	+1, 0, −1	2	+2, +1, 0, −1, −2	3	+3, +2, +1, 0, −1, −2, −3
	s		*p*		*d*		*f*	

Prova tu 1

Per ognuno dei sette orbitali di tipo *f* che si trovano nel 4° livello, scrivi tutti i numeri quantici che lo caratterizzano.

....

....

Disponendo gli orbitali in base al valore di energia otteniamo lo schema riportato nella ▶ Figura 6. Ogni orbitale è rappresentato con un quadratino che porta accanto l'espressione che lo identifica.

▶ **Figura 6** Lo schema mostra a livello qualitativo la distribuzione degli orbitali a energia e distanza crescenti dal nucleo.

Lo schema evidenzia che gli orbitali *p* di uno stesso livello hanno la stessa energia. E questo vale anche per gli orbitali *d* e *f*. Inoltre gli orbitali che appartengono allo stesso livello *n* ma hanno diverso *l* hanno valori di energia differenti. Occorre osservare un altro aspetto importante: al crescere di *n*, la differenza di energia tra i livelli diminuisce e questo porta a una sorta di «mescolamento delle carte». Si osserva infatti, per esempio, che l'energia degli orbitali 3*d* è maggiore di quella dell'orbitale 4*s* nonostante quest'ultimo abbia il numero quantico principale maggiore. Questa situazione si verifica anche in altri casi; addirittura l'energia degli orbitali 5*f* è, sia pure di poco, superiore a quella dell'orbitale 7*s*.

A seguito di ciò nella figura 6 si possono distinguere i *sette livelli energetici*, cioè i raggruppamenti di orbitali con energia simile; si può notare che dal quarto raggruppamento in poi i livelli energetici contengono sottolivelli che non hanno tutti lo stesso numero quantico principale *n*. Considerando per esempio il sesto raggruppamento, si individuano, oltre all'orbitale 6*s* e ai tre orbitali 6*p*, anche i cinque orbitali 5*d* e i sette orbitali 4*f*.

Il **quarto numero quantico (m_s)** o *numero quantico magnetico di spin* fu individuato a seguito di un esperimento condotto nel 1921 dagli scienziati tedeschi O. Stern e W. Gerlach.

Nella ▶ Figura 7 viene rappresentato un fascio di atomi che, attraverso una fenditura, entra in un campo magnetico disomogeneo, come quello che si forma tra due poli di un magnete di forma irregolare: all'uscita il fascio di atomi risulta diviso in due raggi. Questo fatto dimostra che gli atomi si comportano come altrettanti microscopici magneti di orientazione opposta .

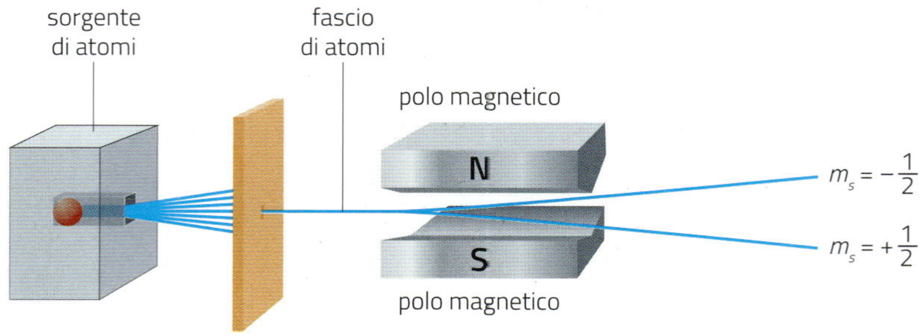

▶ **Figura 7**

Nel 1925, per interpretare i risultati dell'esperimento appena descritto, gli scienziati olandesi G.E. Uhlenbeck e S.A. Goudsmit fecero l'ipotesi secondo la quale le proprietà magnetiche degli atomi sono dovute agli elettroni. Ogni elettrone dell'atomo è dotato di un momento angolare intrinseco al quale è associato un piccolissimo campo magnetico: a esso venne in seguito dato il nome di *spin* (trottola).

L'orientazione dell'elettrone nel campo magnetico può assumere solo due posizioni, quella parallela al campo magnetico esterno (poli magnetici corrispondenti) o quella antiparallela (poli magnetici opposti); alla prima corrisponde il minimo valore di energia. Questo dimostra che quando l'elettrone si trova in un campo magnetico può esistere su due diversi livelli di energia: ognuna di queste due situazioni corrisponde a un diverso numero quantico a cui è stato attribuito convenzionalmente il valore $+\frac{1}{2}$ e $-\frac{1}{2}$ (▶ Figura 8).

Sempre nel 1925 il fisico austriaco W. Pauli chiarì tutta l'importanza dello *spin* con un principio ordinatore della distribuzione degli elettroni attorno al nucleo.

In base al **principio di esclusione di Pauli** in un atomo non possono esistere due elettroni che abbiano uguali tutti e quattro i numeri quantici.

Questo principio può essere paragonato al diritto commerciale che indica che non ci possono essere due biglietti per il teatro identici (▶ Figura 9).

La conseguenza immediata di questo enunciato è che gli elettroni di un orbitale, avendo i primi tre numeri quantici uguali, devono avere lo *spin* opposto e ne consegue che in ogni orbitale possono trovare posto al massimo 2 elettroni. Per esempio, nei tre orbitali di tipo *p* dello stesso livello possono trovare posto al massimo 6 elettroni.

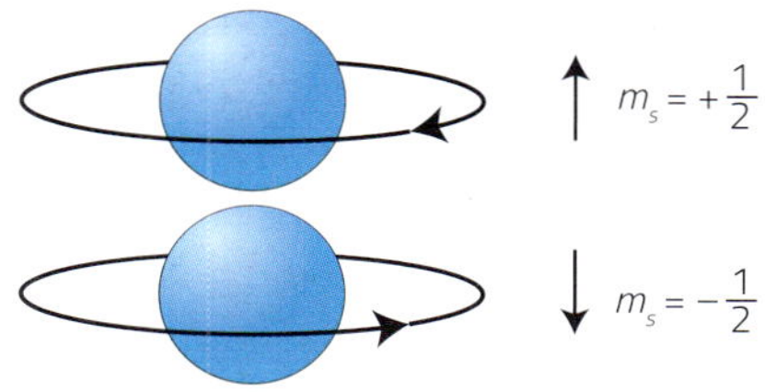

▶ **Figura 8** I due stati di *spin* si riferiscono alla rotazione oraria e antioraria dell'elettrone. Sono identificati da una freccia di verso opposto.

▶ **Figura 9** Ticket per un ingresso al Teatro alla Scala di Milano. Non può esistere un altro biglietto che riporti gli stessi dati: palco, ordine, posto, data e ora.

Prova tu 2

Qual è il numero massimo di elettroni che possono trovare posto negli orbitali del quarto livello?

....

La configurazione elettronica

Per affrontare il problema di come «distribuire» gli elettroni di un atomo negli orbitali occorre ancora tener conto di due regole. La prima regola si riferisce al *principio di Aufbau* (costruzione, in tedesco).

In base al **principio di Aufbau** gli elettroni si distribuiscono negli orbitali partendo da quello a energia minore.

La ▶ Figura 10 mostra uno schema che riassume la sequenza di riempimento degli orbitali. Per collocare gli elettroni negli orbitali si segue l'andamento della freccia partendo dal basso, dall'orbitale 1*s* fino all'esaurimento degli elettroni stessi.

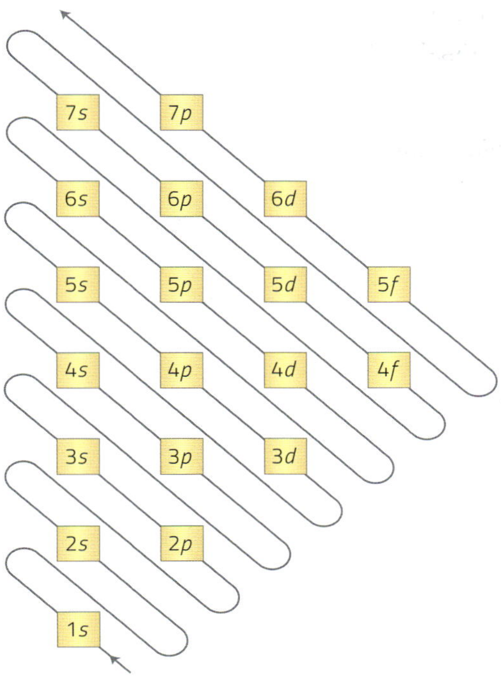

▶ **Figura 10**

I PROTAGONISTI DELLA SCIENZA

WOLFGANG PAULI (1900-1958)

Il fisico austriaco Pauli era ancora studente quando nel 1920 pubblicò i suoi primi studi sul momento magnetico dell'elettrone; solo cinque anni dopo enunciava il suo famoso «principio di esclusione». Pauli lavorò prevalentemente in Svizzera, anche se dal 1940 al 1946, gli anni della seconda guerra mondiale, si trasferì negli Stati Uniti. Pauli era un fisico teorico, di corporatura massiccia e piuttosto impacciato nelle attività pratiche. Incarnava perfettamente lo stereotipo dello scienziato capace di pensieri profondi ma in grado di provocare danni in laboratorio anche con la sua sola presenza. Come per avvalorare questo luogo comune, accadde un giorno che alcuni strumenti del laboratorio dell'Istituto di fisica a Gottinga andassero senza ragione in mille pezzi, proprio nel momento in cui il treno su cui si trovava Pauli aveva fatto sosta alla stazione ferroviaria di quella città.

Vediamo alcuni esempi. Gli atomi di idrogeno possiedono un solo elettrone e quando un atomo di idrogeno è nello stato fondamentale il suo elettrone si trova nell'orbitale 1*s*. Gli atomi di sodio hanno undici elettroni e possiamo mostrare la loro distribuzione nei diversi livelli con una rappresentazione in cui ogni freccia rappresenta un elettrone. Le due frecce-elettrone di verso opposto nello stesso quadratino-orbitale simboleggiano gli opposti valori di *spin* (▶ Figura 11).

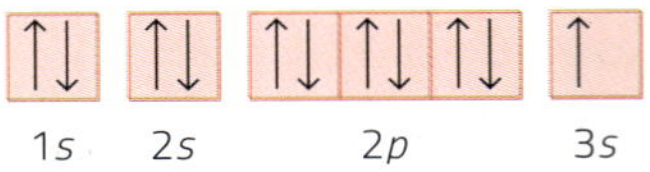

▶ **Figura 11** Distribuzione degli elettroni (frecce) dell'atomo di sodio nei diversi orbitali (quadratini).

Nel primo livello si trovano due elettroni nell'orbitale 1*s*, nel secondo livello trovano posto otto elettroni (2 nell'orbitale 2*s* e 6 nei tre orbitali 2*p*) e infine nel terzo livello si ha un solo elettrone nell'orbitale 3*s*. In ogni orbitale del 1° e del 2° livello ci sono sempre due elettroni che hanno *spin* opposto (elettroni appaiati); nell'orbitale 3*s* c'è un solo elettrone (elettrone spaiato).

Il fisico tedesco F. Hund ha legato il suo nome alla seconda regola.

In base alla **regola di Hund** gli elettroni che si dispongono in orbitali con la stessa energia tendono a occuparne il maggior numero in modo da avere il maggior numero di elettroni spaiati.

Per applicare questa regola consideriamo, per esempio, la distribuzione degli elettroni nell'atomo di carbonio (▶ Figura 12); dato che esso possiede sei elettroni, due si collocano nell'orbitale 1*s*, due nell'orbitale 2*s* e altri due nei tre orbitali 2*p*; dato che i tre orbitali *p* hanno la stessa energia, in base alla regola di Hund, i due elettroni si dispongono in due orbitali *p* differenti:

▶ **Figura 12**

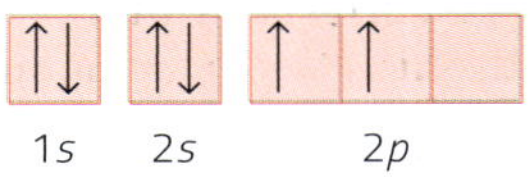

Come si vede i due elettroni negli orbitali 2*p* sono spaiati e hanno lo stesso *spin*.

Prova tu 3

In quale orbitale si trova l'ultimo elettrone dell'ittrio?

....

Prova tu 4

Rappresenta la distribuzione degli elettroni nell'atomo di fosforo, utilizzando la simbologia con i quadratini e le freccette.

....

La struttura elettronica o *configurazione elettronica*, cioè il modo con cui gli elettroni si dispongono attorno al nucleo, può essere dunque descritta rappresentando gli orbitali (con un quadratino o un cerchietto) e gli elettroni (con le freccette).

Di solito si usa però una diversa notazione: per rappresentare schematicamente la **struttura elettronica** o **configurazione elettronica** di un elemento si riporta dopo il simbolo la successione degli orbitali con il relativo numero di elettroni.

Consideriamo per esempio l'atomo più semplice, quello di idrogeno: per indicare la sua struttura elettronica scriviamo: $H \rightarrow 1s^1$.

Quando l'atomo ha un numero maggiore di elettroni si devono riportare gli orbitali partendo dall'1*s* e seguendo l'ordine di riempimento, così come viene presentato nella figura della pagina precedente fino a esaurire il numero di elettroni. Per esempio, per lo zinco (Z = 30) si scrive:

$$\mathbf{Zn \rightarrow 1s^2\ 2s^2\ 2p^6\ 3s^2\ 3p^6\ 4s^2\ 3d^{10}}$$

Prova tu 5

Scrivi la struttura elettronica dello stagno (Z = 50).

....

1 Completa la tabella indicando, in base ai numeri quantici n ed l, i tipi di orbitali:

n	l	Tipo di orbitale
1	0	
2	0 1	
3	0 1 2	
4	0 1 2 3	

2 Quanti elettroni possono essere contenuti al massimo in un orbitale?

- A dipende dal tipo di orbitale
- B 2
- C 8
- D 18
- E 32

3 Gli orbitali atomici sono:

- A orbite ellittiche descritte dagli elettroni nel loro movimento
- B superfici di tre tipi diversi che descrivono gli elettroni
- C spazi in cui vi è alta probabilità di trovare gli elettroni
- D spazi in cui gli elettroni hanno *spin* con rotazione oraria
- E superfici di spazi che hanno tutti la forma di un geoide

4 Che cosa afferma il principio di indeterminazione di Heisenberg?

....

....

5 Qual è la differenza tra gli orbitali $3p$ e gli orbitali $4p$?

....

6 Due orbitali hanno lo stesso valore di n e diverso l. Quale affermazione è corretta?

- A Appartengono allo stesso livello e hanno la stessa forma
- B Appartengono allo stesso sottolivello e hanno forma diversa
- C Hanno la stessa forma e appartengono allo stesso sottolivello
- D Appartengono allo stesso livello e hanno forma diversa
- E Appartengono allo stesso sottolivello

7 Quale delle seguenti rappresentazioni descrive correttamente la struttura elettronica di un atomo?

- A [↑] [↑↓][↑↓][↑↓]
- B [↑↓] [↑↓] [↑][↑][ ]
- C [↑↓] [↑↓][ ][ ]
- D [↑] [↑][↑][↑]
- E [ ] [↑][↑][↑]

8 Qual è il numero massimo di elettroni che possono essere contenuti in tutti gli orbitali $4d$ di un atomo?

- A 4
- B 8
- C 10
- D 12
- E Non esiste un numero massimo

9 Quale sottolivello è identificato con $n = 4$ e $l = 3$?

....

10 Qual è il numero quantico secondario di un elettrone che occupa un orbitale $3p$?

- A 2
- B 1
- C può assumere tutti i valori interi compresi tra 0 e 2
- D 3
- E può assumere tutti i valori interi (zero compreso) tra –3 e +3

11 Quanti elettroni spaiati si trovano nello stato fondamentale degli atomi di calcio e in quelli di fosforo?

....

12 Quale transizione elettronica provoca una emissione di energia?

- A da $6s$ a $7s$
- B da $3s$ a $3p$
- C da $3f$ a $4d$
- D da $2p$ a $3p$
- E da $4p$ a $4s$

13 In quali orbitali si trovano gli elettroni a più alta energia dello stagno?

....

14 Scrivi la struttura elettronica del piombo e indica quanti elettroni di tipo p hanno in tutto gli atomi di questo elemento.

....

....

15 Utilizzando la simbologia dei quadratini e delle freccette, descrivi la disposizione degli elettroni negli atomi di silicio e in quelli dell'azoto.

$_{14}Si$ ....

$_{7}N$ ....

16 Quali serie di numeri quantici (n, l, m, m_s) sono possibili?

- A $\left(3, -1, 0, +\frac{1}{2}\right)$
- B $\left(3, 2, 1, +\frac{1}{2}\right)$
- C $\left(3, 1, 0, -\frac{1}{2}\right)$
- D $(4, 2, -2, 1)$
- E $\left(2, 2, 0, -\frac{1}{2}\right)$

17 Quale tra le seguenti rappresenta la distribuzione degli elettroni dello iodio ($Z = 53$) nell'ultimo livello occupato?

- A $4s^{13}\ d^5$
- B $4s^2\ 3d^4\ 4p^3$
- C $5s^2\ 4d^{10}\ 5p^5$
- D $6s^2\ 4f^7$
- E $6s^2\ 4f^{14}\ 5d^{10}\ 6p^5$

18 Which electron configuration represents an element having the highest first ionization energy?

- A $1s^1$
- B $1s^2$
- C $1s^2\ 2s^1$
- D $1s^2\ 2s^2$

19 Wich one of the following sets of quantum numbers is permissible for an electron in an atom?

- A $n = 1, l = 1, m = 0, m_s = +\frac{1}{2}$
- B $n = 3, l = 1, m = -2, m_s = -\frac{1}{2}$
- C $n = 2, l = 1, m = 0, m_s = +\frac{1}{2}$
- D $n = 2, l = 0, m = 0, m_s = 1$

Mappa di sintesi

LOSAI?

Atomi e particelle subatomiche

Carica elettrica e legge di Coulomb: $F = k \frac{Q_1 \cdot Q_2}{d^2}$

Elettroni e^-	
Carica	**Massa**
–1	0,0005486 u
$-1{,}602 \cdot 10^{-19}$ C	

Protoni p^+	
Carica	**Massa**
+ 1	1,007 u
$1{,}602 \cdot 10^{-19}$ C	

Neutroni n	
Carica	**Massa**
0	1,009 u
0	

Il **numero atomico** (**Z**) rappresenta l'identità chimica di un atomo.

Il **numero di massa** (**A**) è il numero totale di *nucleoni*.

Sono **isotopi** gli atomi che hanno lo stesso valore di Z ma un diverso A
$^{24}_{12}Mg$ e $^{25}_{12}Mg$

La **radioattività** è l'emissione di radiazione da parte di radioisotopi.

Il **tempo di dimezzamento** è il tempo necessario affinché la massa di un radioisotopo dimezzi.

Le **reazioni nucleari** sono trasformazioni che coinvolgono il nucleo.

Nelle **reazioni di fusione** due o più nuclei si uniscono per formare un nucleo più grande
$^{2}_{1}H + ^{3}_{1}H \rightarrow ^{4}_{2}He + ^{1}_{0}n + E$

Nelle **reazioni di fissione** un nucleo grande viene spezzato in nuclei più piccoli
$^{235}_{92}U + ^{1}_{0}n \rightarrow ^{94}_{36}Kr + ^{139}_{56}Ba + 3^{1}_{0}n + E$

I modelli atomici

I **raggi catodici** hanno permesso la scoperta degli elettroni.

Il modello atomico di **Thomson**

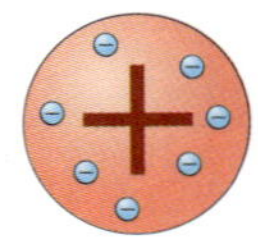

L'esperimento di **Rutherford** ha consentito di individuare il nucleo.

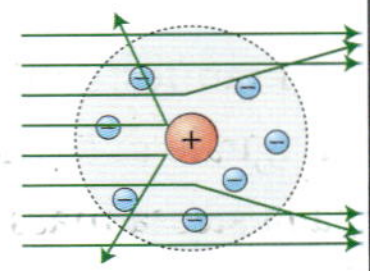

Il modello atomico **nucleare**

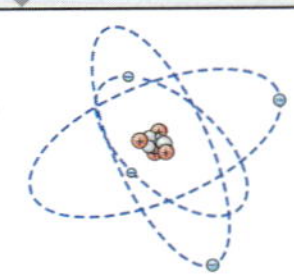

Spettri atomici e transizioni elettroniche

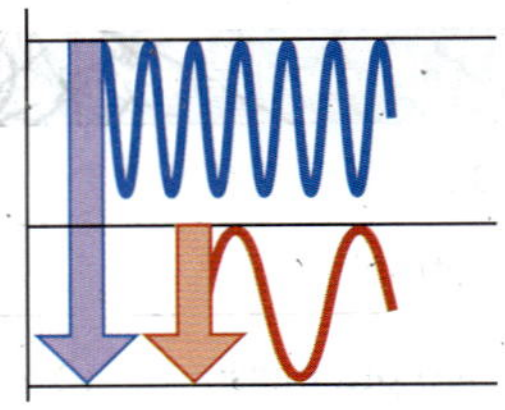

Il modello atomico di **Bohr**

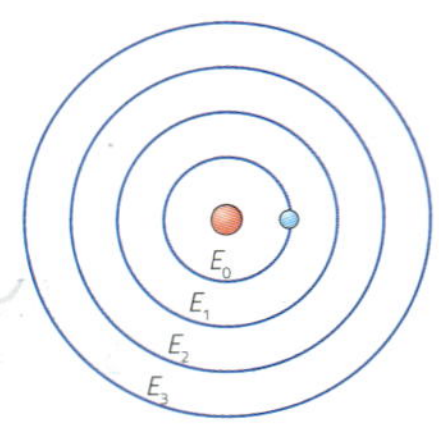

L'**energia di ionizzazione** è l'energia minima necessaria per sottrarre un elettrone a un atomo libero:
$C + Ei' \rightarrow e^- + C^+$

Modello atomico **a orbitali** e **numeri quantici**

numero quantico principale (***n***)
numero quantico secondario (***l***)
numero quantico magnetico (***m***)
numero quantico di *spin* (m_s)

La **configurazione elettronica** indica la disposizione degli elettroni attorno al nucleo
$Zn \rightarrow 1s^2 2s^2 2p^6 3s^2 3p^6 4s^2 3d^{10}$

SEI PRONTO PER LA VERIFICA?

In 1 ora
Totale 100 punti

1 Il nucleo di un atomo di oro contiene 79 protoni. Calcola la forza di repulsione elettrica che si stabilisce tra un nucleo di un atomo di oro e una particella α se la distanza è di 1,0 nm. **[6 punti]**

....

2 Una bacchetta elettrizzata A attira una bacchetta elettrizzata B. La bacchetta B attrae una bacchetta elettrizzata C. Che cosa si osserva quando si avvicinano le bacchette A e C? **[5 punti]**

....

3 Due cariche elettriche si trovano alla distanza di 2,1 nm e si attirano con una forza di intensità $4{,}7 \cdot 10^{-8}$ N.
Dato che $Q_1 = +6{,}4 \cdot 10^{-19}$ C, calcola il valore della carica Q_2. **[6 punti]**

....

4 In relazione alle particelle subatomiche, indica l'unica affermazione *sbagliata*. **[5 punti]**

- [A] I neutroni sono particelle che non manifestano carica elettrica
- [B] Protoni ed elettroni hanno carica uguale di segno contrario
- [C] Neutroni ed elettroni hanno circa la stessa massa
- [D] Protoni e neutroni hanno circa la stessa massa
- [E] Gli elettroni hanno una massa trascurabile rispetto a quella di protoni e neutroni

5 Considera la tabella e indica per ogni affermazione se è vera o falsa. **[6 punti]**

Primo atomo	Secondo atomo
35 protoni	A = 82
46 neutroni	45 neutroni

a) Il primo atomo ha un numero atomico più basso [V] [F]
b) I due atomi sono isotopi dello stesso elemento [V] [F]
c) I due atomi hanno la stessa massa [V] [F]
d) Il secondo atomo contiene un minore numero di nucleoni [V] [F]
e) Il secondo atomo contiene 37 elettroni [V] [F]
f) Il numero di massa del primo atomo è 81 [V] [F]

6 Completa la seguente tabella: **[6 punti]**

Simbolo isotopo	A	Z	Numero neutroni	Numero elettroni
$^{29}_{14}Si$	29	14	15	14
$^{80}_{35}Br$	80	35	45	35
	19	9	10	9

7 Considera la figura che descrive una possibile reazione nucleare dell'uranio-235. **[5 punti]**

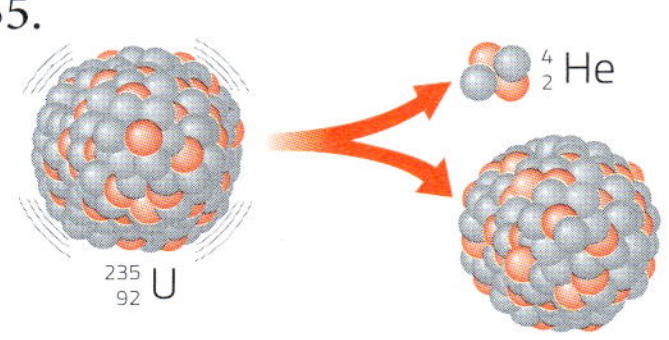

Scrivi il simbolo dell'altro isotopo prodotto. ....

8 Un atomo di un elemento colloca 11 elettroni nel 5° livello energetico. Qual è il numero atomico dell'elemento? .... **[5 punti]**

9 Che colore ha la radiazione visibile con la frequenza più bassa?
.... **[5 punti]**

10 Le prime tre energie di ionizzazione di un elemento sono:
$Ei' = 403$ kJ/mol
$Ei'' = 2660$ kJ/mol
$Ei''' = 3830$ kJ/mol
Che cosa puoi affermare con certezza? **[6 punti]**

- [A] Il nucleo è costituito da tre protoni
- [B] Nel livello più lontano dal nucleo ci sono tre elettroni
- [C] Ogni elettrone si colloca in un diverso livello
- [D] Nel livello più esterno occupato c'è un solo elettrone
- [E] Sono presenti un elettrone nel primo livello e due nel secondo

11 In quale orbitale si trovano i due elettroni del calcio (Z = 20) che presentano i valori di energia di ionizzazione più bassi? **[6 punti]**

[A] 3*s* [B] 2*s* [C] 5*s* [D] 6*s* [E] 4*s*

12 Completa le seguenti equazioni nucleari scrivendo i simboli mancanti: **[6 punti]**

a) ^{43}K + ... → ^{44}Ca
b) $^{210}Po \rightarrow {}^{206}Pb$ + ...

13 L'atomo di selenio (Z = 34) ha 16 elettroni nel livello più esterno. Quanti sono i livelli di energia occupati dagli elettroni del selenio? .... **[5 punti]**

14 Il tempo di dimezzamento del cesio-137 vale 30 anni. Di un campione che inizialmente pesa 100 g, quanti grammi ne rimarranno dopo 300 anni? .... **[6 punti]**

15 Considera l'elemento arsenico (Z = 33). **[6 punti]**

a) Scrivi la struttura elettronica
....
b) Quanti sono e dove si collocano gli elettroni spaiati?
....

16 Uranium isotopes have different: **[5 punti]**

- [A] atomic numbers
- [B] atomic masses
- [C] numbers of protons
- [D] numbers of electrons

17 An atom of hydrogen emits a photon when its electron: **[6 punti]**

- [A] jumps from a lower-energy orbit to a higher-energy orbit
- [B] jumps from a higher-energy orbit to a lower-energy orbit
- [C] combines with a proton
- [D] combines with a neutron

18 The element caesium was discovered in 1860 by Robert Bunsen and Gustav Kirchhoff, who found two bright blue lines in the spectrum of a substance isolated from a mineral water. One of the spectral lines of caesium has a wavelength of 456 nm. What is its frequency? **[5 punti]**

....

Two centuries after Avogadro

1. Match each word with its definition

1. Protons ....
2. Isotopes ....
3. Electrons ....
4. Mass number ....
5. Atomic number ....

a. The number of protons in the nucleus. It represents the chemical identity of each atom.
b. The smallest negatively charged particles in atoms.
c. Atoms of the same element with the same number of protons but with a different number of neutrons.
d. The smallest stable particles with positive charge in atoms.
e. The total number of protons and neutrons in the nucleus of an atom.

2. Read the text and fill in the gaps with the words given

negative grid – electrons – element – isotopes – atoms

Neon gas enters an evacuated chamber, where neon atoms form positive ions when they collide with .... Positively charged neon atoms, Ne^+, are accelerated from this region by the .... and pass between the poles of a magnet. The beam of positively charged atoms is split into three beams by the magnetic field according to the respective mass-to-charge ratios. The three beams then travel to a detector at the end of the tube. (The detector is shown

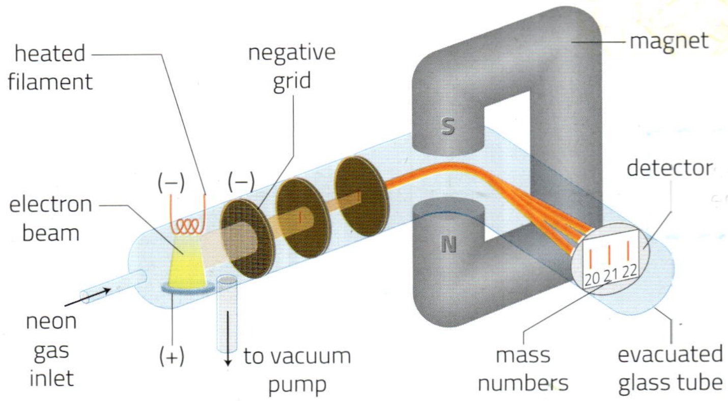

here as a photographic plate; in modern spectrometers, the detector is electronic and the mass positions are recorded on a computer.)

[...] The figure shows a simplified sketch of a mass spectrometer running a neon sample.

Mass spectrometers produce a *mass spectrum*, which shows the relative numbers of .... for various masses. This mass spectrum gives us all of the information we need to calculate the atomic mass of neon: the masses of all of the .... (neon-20, neon-21, and neon-22) and the relative number, or fractional abundance, of each isotope. The **fractional abundance** of an isotope is *the fraction of the total number of atoms that is composed of a particular isotope*. The fractional abundances of the neon isotopes in naturally occurring neon are neon-20, 0.9051; neon-21, 0.0027; and neon-22, 0.0922.

You calculate the atomic mass of an .... by multiplying each isotopic mass by its fractional abundance and summing the values. If you do that for neon using the data given here, you obtain 20,179 amu.

[Tratto da: *Darrell Ebbing, Steven Gammon, General Chemistry, 11th ed., Cengage Learning, 2007*]

3. Now listen and check

4. Answer the following questions

a. On what does the radius of curvature of the ions depend?

....

....

b. What part of the apparatus accelerates the positive neon ions?

....

....

c. Which neon isotope is the most abundant?

....

....

YOUR GLOSSARY

beam = fascio

grid = griglia

....

....

....

....

....

....

....

....

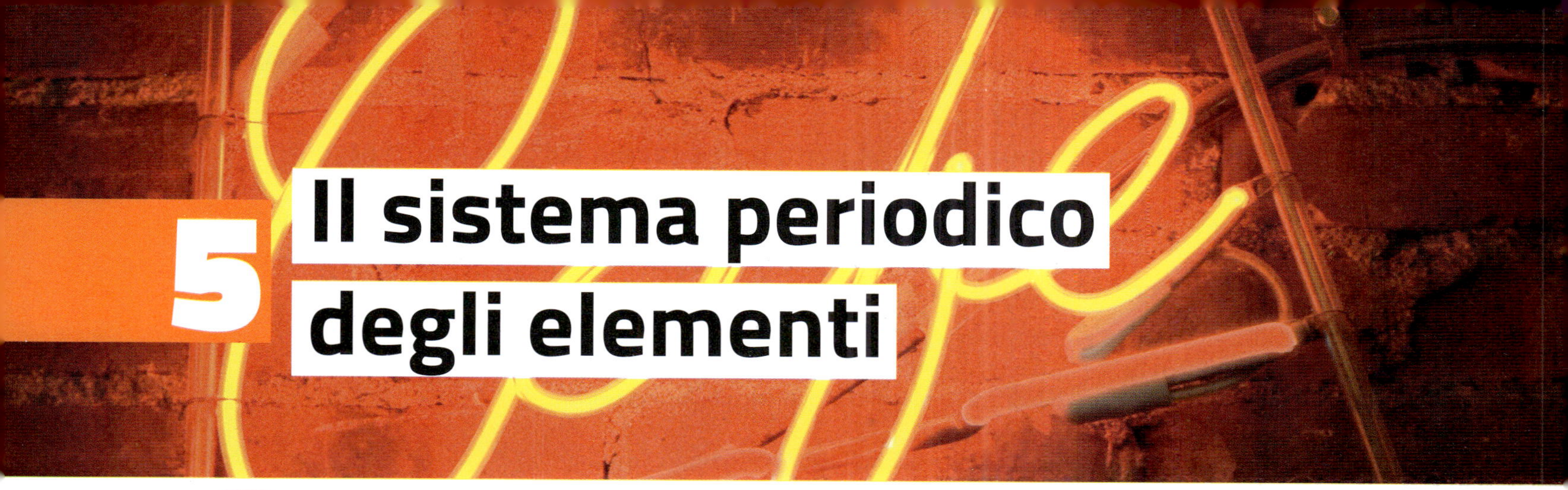

5 Il sistema periodico degli elementi

1 Il sistema periodico
2 La classificazione degli elementi
3 La periodicità delle proprietà

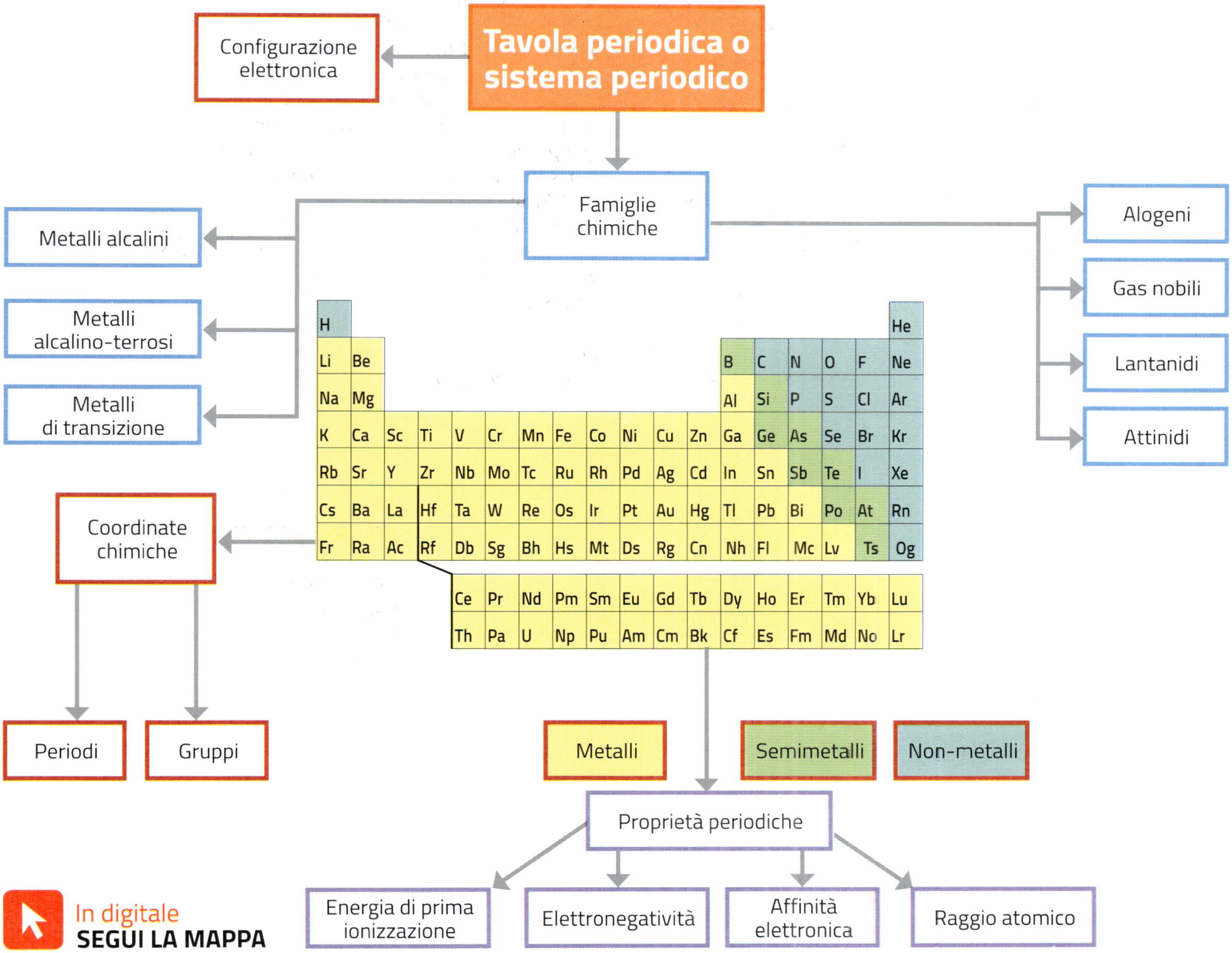

In digitale
SEGUI LA MAPPA

1 Il sistema periodico

Il sistema periodico raccoglie e ordina in un'unica tavola tutti gli elementi elencati secondo il numero atomico crescente

La tavola periodica di Mendeleev

Già agli inizi dell'ottocento alcuni chimici avevano proposto diversi modi di ordinare e classificare gli elementi in base alle loro proprietà. Questo lavoro raggiunse la sua forma più definita per merito del chimico russo D. Mendeleev che nel 1870 pubblicò la sua celebre tavola periodica.

Nella **tavola periodica di Mendeleev** gli elementi sono disposti secondo l'ordine crescente della massa atomica e tenendo conto delle loro proprietà chimico-fisiche.

Nella tavola periodica riprodotta nella ▸ Figura 1 gli elementi risultano suddivisi in 8 gruppi, sulla base della somiglianza delle proprietà chimiche e fisiche. Come si può notare dall'intestazione, gli elementi di ciascun gruppo formano composti con l'idrogeno e con l'ossigeno con formule chimiche analoghe. Il numero a fianco del simbolo degli elementi indica la massa atomica.

TABELLE II

REIHEN	GRUPPE I. — R^2O	GRUPPE II. — RO	GRUPPE III. — R^2O^3	GRUPPE IV. RH^4 RO^2	GRUPPE V. RH^3 R^2O^5	GRUPPE VI. RH^2 RO^3	GRUPPE VII. RH R^2O^7	GRUPPE VIII. — RO^4
1	H = 1							
2	Li = 7	Be = 9,4	B = 11	C = 12	N = 14	O = 16	F = 19	
3	Na = 23	Mg = 24	Al = 27,3	Si = 28	P = 31	S = 32	Cl = 35,5	
4	K = 39	Ca = 40	— = 44	Ti = 48	V = 51	Cr = 52	Mn = 55	Fe = 56, Co = 59, Ni = 59, Cu = 63.
5	(Cu = 63)	Zn = 65	— = 68	— = 72	As = 75	Se = 78	Br = 80	
6	Rb = 85	Sr = 87	?Yt = 88	Zr = 90	Nb = 94	Mo = 96	— = 100	Ru = 104, Rh = 104, Pd = 106, Ag = 108
7	(Ag = 108)	Cd = 112	In = 113	Sn = 118	Sb = 122	Te = 125	J = 127	
8	Cs = 133	Ba = 137	?Di = 138	?Ce = 140	—	—	—	— — — —
9	(—)	—	—	—	—	—	—	
10	—	—	?Er = 178	?La = 180	Ta = 182	W = 184	—	Os = 195, Ir = 197, Pt = 198, Au = 199
11	(Au = 199)	Hg = 200	Tl = 204	Pb = 207	Bi = 208	—	—	
12	—	—	—	Th = 231	—	U = 240	—	— — — —

▸ **Figura 1** Tavola periodica di Mendeleev pubblicata dalla rivista scientifica *Annalen der Chemie und Pharmacie.*

Un aspetto molto importante del lavoro di Mendeleev riguarda più in generale il modo di procedere tipico della scienza:

- si raccolgono molti dati sperimentali (in questo caso le proprietà chimiche e fisiche delle sostanze elementari e le masse atomiche);
- si elabora una spiegazione unitaria delle eventuali regolarità riscontrate (in questo caso una tavola periodica);
- si apre spesso la strada per successive scoperte (in questo caso la previsione di elementi ancora sconosciuti).

Mendeleev era così convinto della validità del suo sistema di classificazione che non solo ebbe l'intuizione di lasciare alcuni spazi vuoti nella sua tavola ipotizzando l'esistenza di elementi ancora da scoprire, ma riuscì anche a prevederne, con sorprendente precisione, alcune proprietà.

Infatti, già nel giro di pochi anni, furono scoperti lo scandio (indicato con un trattino nella quarta riga della tavola di Mendeleev), il gallio e il germanio (indicati con un trattino nella quinta riga).

Nella ▸ Figura 2 sono riportate le masse atomiche attuali di questi elementi, molto simili a quelle previste da Mendeleev nella sua tavola, e le date della loro scoperta.

Sc scandio	Ga gallio	Ge germanio
44,96 (1876)	69,72 (1875)	72,63 (1886)

▸ **Figura 2**

I PROTAGONISTI DELLA SCIENZA

DMITRIJ IVANOVIČ MENDELEEV (1834-1907)
Mendeleev era un uomo dagli interessi enciclopedici, amante della musica e molto amico di Aleksandr Borodin, chimico anch'esso ma ben più famoso come musicista: entrambi rappresentarono la Russia al congresso internazionale dei chimici organizzato nel 1860 a Karlsruhe (Germania). Mendeleev collaborò alla risoluzione di numerosi problemi legati all'utilizzo di importanti risorse naturali della Russia, come carbone, sale e metalli. I suoi interessi spaziavano anche dall'astronomia alla meteorologia: nel 1887 salì su un pallone aerostatico per studiare un'eclissi totale di Sole. Il francobollo russo è stato emesso per ricordare il centenario della prima pubblicazione del lavoro di Mendeleev, *La legge periodica degli elementi chimici.*

Il criterio ordinatore della tavola periodica attuale: il numero atomico

Sulla base del lavoro di Mendeleev i chimici del ventesimo secolo hanno elaborato una nuova versione della tavola periodica. Nel frattempo infatti sono state scoperte le particelle subatomiche e sono stati elaborati modelli sulla configurazione elettronica degli atomi in grado di interpretare le proprietà chimiche degli elementi.

Nella **tavola periodica attuale** gli elementi sono ordinati secondo il dato che identifica ciascun elemento, il **numero atomico** (Z).

La rappresentazione della tavola periodica riportata nella ▶ Figura 3 fa capire immediatamente la corrispondenza tra il numero di elementi di ciascuna riga e il numero di elettroni che riempiono via via gli orbitali di ciascun livello energetico (▶ Tabella 1).

Tutte le volte che si completa il riempimento di un livello energetico si va a capo iniziando una nuova riga: si ottengono 7 righe di elementi che corrispondono ai 7 livelli energetici degli elettroni.

▶ **Tabella 1** La tabella mostra quanti elementi corrispondono al riempimento di ciascun livello energetico.

Livello	Orbitali		Elementi
1°	1*s*	1	2
2°	2*s* e 2*p*	4	8
3°	3*s* e 3*p*	4	8
4°	4*s*, 3*d* e 4*p*	9	18
5°	5*s*, 4*d* e 5*p*	9	18
6°	6*s*, 4*f*, 5*d* e 6*p*	16	32
7°	7*s*, 5*f*, 6*d* e 7*p*	16	32

▶ **Figura 3**

1 H																															2 He
3 Li	4 Be																									5 B	6 C	7 N	8 O	9 F	10 Ne
11 Na	12 Mg																									13 Al	14 Si	15 P	16 S	17 Cl	18 Ar
19 K	20 Ca	21 Sc															22 Ti	23 V	24 Cr	25 Mn	26 Fe	27 Co	28 Ni	29 Cu	30 Zn	31 Ga	32 Ge	33 As	34 Se	35 Br	36 Kr
37 Rb	38 Sr	39 Y															40 Zr	41 Nb	42 Mo	43 Tc	44 Ru	45 Rh	46 Pd	47 Ag	48 Cd	49 In	50 Sn	51 Sb	52 Te	53 I	54 Xe
55 Cs	56 Ba	57 La	58 Ce	59 Pr	60 Nd	61 Pm	62 Sm	63 Eu	64 Gd	65 Tb	66 Dy	67 Ho	68 Er	69 Tm	70 Yb	71 Lu	72 Hf	73 Ta	74 W	75 Re	76 Os	77 Ir	78 Pt	79 Au	80 Hg	81 Tl	82 Pb	83 Bi	84 Po	85 At	86 Rn
87 Fr	88 Ra	89 Ac	90 Th	91 Pa	92 U	93 Np	94 Pu	95 Am	96 Cm	97 Bk	98 Cf	99 Es	100 Fm	101 Md	102 No	103 Lr	104 Rf	105 Db	106 Sg	107 Bh	108 Hs	109 Mt	110 Ds	111 Rg	112 Cn	113 Nh	114 Fl	115 Mc	116 Lv	117 Ts	118 Og

Di solito la tavola periodica viene rappresentata in una forma più compatta. In quella che segue, sono evidenziati con colori differenti i tipi di orbitali presenti nel corrispondente livello. Come si vede, il blocco corrispondente agli orbitali *f* viene staccato e rappresentato in basso (▶ Figura 4).

▶ **Figura 4**

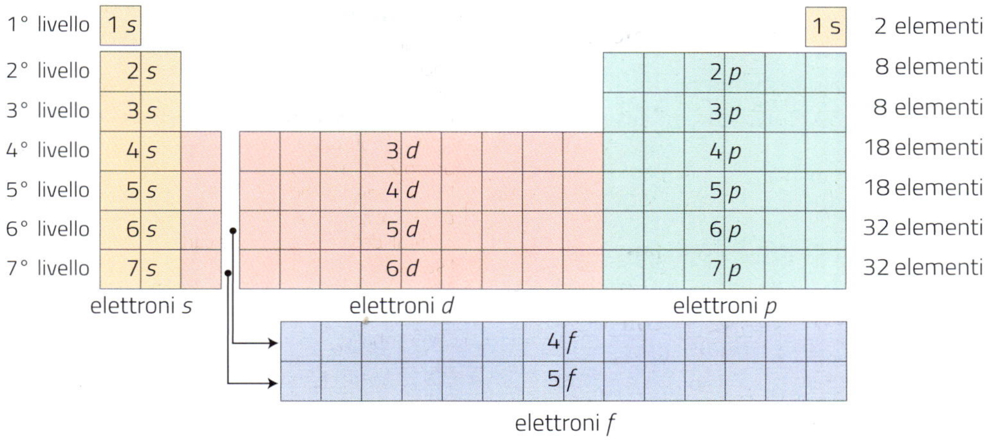

Anche in questa rappresentazione a ogni riga corrisponde un livello energetico. Questo significa che, per esempio, gli atomi degli elementi della quarta riga dispongono i loro elettroni fino a occupare il quarto livello energetico.

Più precisamente l'elemento che chiude la quarta riga, in base all'ordine di riempimento degli orbitali secondo il principio di Aufbau, completa i seguenti orbitali: 4*s*, 3*d*, 4*p*.

Animazione in digitale
La tavola periodica

Gruppi e periodi nella tavola periodica

Gli elementi che si trovano nella tavola periodica sono 118. Tutti gli elementi fino all'uranio (Z = 92) sono presenti in natura come tali o nei loro composti, a eccezione del tecnezio (Z = 43) e del promezio (Z = 61). Questi due elementi e quelli dal nettunio (Z = 93) in poi sono *elementi artificiali*, cioè sono stati preparati per mezzo di reazioni nucleari.

Per spiegare le informazioni che possono essere dedotte dalla tavola periodica consideriamo la ▸ Figura 5 dove sono riportati, in ogni casella, simbolo e numero atomico dell'elemento.

▸ Figura 5

GRUPPI

PERIODI	1	2	3	4	5	6	7	8	9	10	11	12	13	14	15	16	17	18
1°	1 H																	2 He
2°	3 Li	4 Be											5 B	6 C	7 N	8 O	9 F	10 Ne
3°	11 Na	12 Mg											13 Al	14 Si	15 P	16 S	17 Cl	18 Ar
4°	19 K	20 Ca	21 Sc	22 Ti	23 V	24 Cr	25 Mn	26 Fe	27 Co	28 Ni	29 Cu	30 Zn	31 Ga	32 Ge	33 As	34 Se	35 Br	36 Kr
5°	37 Rb	38 Sr	39 Y	40 Zr	41 Nb	42 Mo	43 Tc	44 Ru	45 Rh	46 Pd	47 Ag	48 Cd	49 In	50 Sn	51 Sb	52 Te	53 I	54 Xe
6°	55 Cs	56 Ba	57 La	72 Hf	73 Ta	74 W	75 Re	76 Os	77 Ir	78 Pt	79 Au	80 Hg	81 Tl	82 Pb	83 Bi	84 Po	85 At	86 Rn
7°	87 Fr	88 Ra	89 Ac	104 Rf	105 Db	106 Sg	107 Bh	108 Hs	109 Mt	110 Ds	111 Rg	112 Cn	113 Nh	114 Fl	115 Mc	116 Lv	117 Ts	118 Og
				58 Ce	59 Pr	60 Nd	61 Pm	62 Sm	63 Eu	64 Gd	65 Tb	66 Dy	67 Ho	68 Er	69 Tm	70 Yb	71 Lu	
				90 Th	91 Pa	92 U	93 Np	94 Pu	95 Am	96 Cm	97 Bk	98 Cf	99 Es	100 Fm	101 Md	102 No	103 Lr	

La tavola è organizzata in modo da evidenziare **periodi** e **gruppi**.

- Gli elementi che fanno parte di una stessa *riga* costituiscono un *periodo*; ogni periodo è indicato con un numero ordinale dall'alto verso il basso che va dal 1° al 7°.
- Gli elementi che fanno parte di una stessa *colonna* costituiscono un *gruppo*; ogni gruppo è indicato con un numero che va da 1 a 18.

Escludendo gli elementi collocati nelle due righe disposte in basso, ogni elemento può essere associato a una coppia di *coordinate chimiche*. Se scriviamo, per esempio, «4° periodo - gruppo 15» individuiamo l'elemento con Z = 33, cioè l'arsenico.

Data la stretta relazione tra tavola periodica e struttura (o configurazione) elettronica, questa può essere ancora più facilmente ricavata considerando la posizione degli elementi nella tavola e seguendo l'ordine di riempimento degli orbitali secondo il principio di Aufbau. Spieghiamoci meglio con un esempio.

Supponiamo di voler rappresentare la struttura elettronica dell'arsenico (Z = 33), elemento che appartiene al 4° periodo; scorrendo dall'inizio la tavola periodica schematizzata nella ▸ Figura 6 collochiamo uno dopo l'altro i 33 elettroni dell'arsenico in successione negli orbitali e alla fine possiamo scrivere:

$$\textbf{As} \Rightarrow 1s^2\ 2s^2\ 2p^6\ 3s^2\ 3p^6\ 4s^2\ 3d^{10}\ 4p^3$$

Possiamo osservare che i primi 18 elettroni si collocano nei primi 3 livelli, come quelli dell'argo, elemento che chiude il 3° periodo. I restanti 15 elettroni seguono l'andamento previsto: 2 nell'orbitale 4*s*, 10 negli orbitali 3*d* e gli ultimi 3 negli orbitali 4*p*. Pertanto la struttura elettronica può essere scritta in una *forma semplificata*:

$$\textbf{As} \Rightarrow [\text{Ar}]\ 4s^2\ 3d^{10}\ 4p^3$$

Prova tu 1

Considera la tavola periodica.

a) Indica le coordinate chimiche dell'elemento cloro (Z = 17).

....

b) Scrivi il numero atomico e il nome dell'elemento individuato dalle coordinate chimiche «2° periodo – gruppo 13».

....

▸ Figura 6

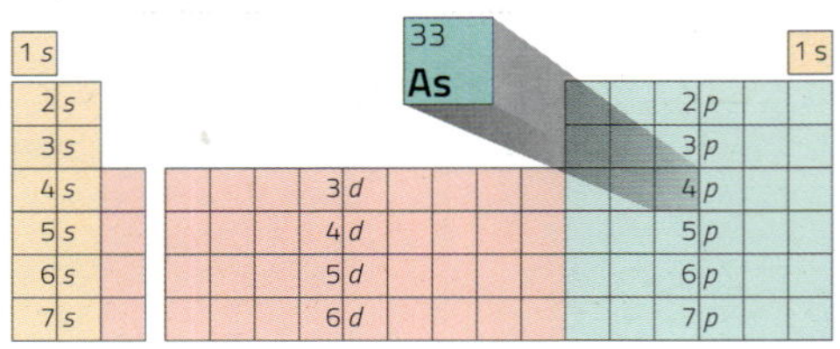

Prova tu 2

Conoscendo la struttura elettronica di un atomo, è possibile risalire all'elemento e alle sue coordinate chimiche. Considera l'atomo che presenta la seguente struttura elettronica: [Xe] $6s^2\ 4f^{14}\ 5d^8$
Scrivi il nome, il simbolo e le coordinate chimiche dell'elemento.

....

Esercizi 1 Il sistema periodico

1 Considera gli elementi evidenziati:

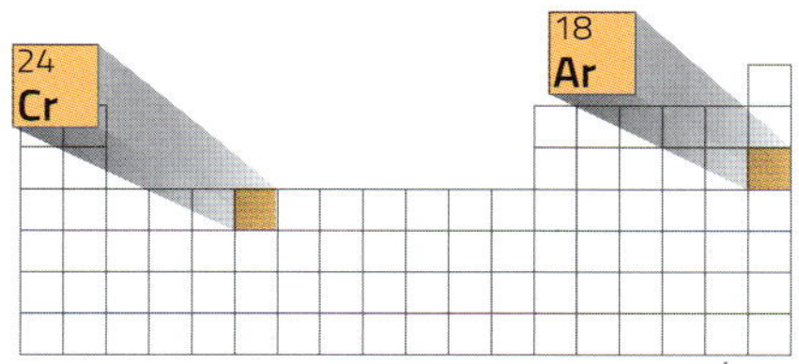

Per ogni affermazione indica se è vera o falsa.

a) Gli atomi di entrambi hanno il 4° livello completo V F
b) L'argo fa parte del 3° periodo V F
c) Il cromo fa parte del gruppo 4 V F
d) Gli atomi di cromo hanno elettroni in orbitali 3*d* V F

2 In relazione alla tavola periodica, indica i due elementi che appartengono allo stesso gruppo.

A H B Ca C Fe D Mg E B

3 In relazione alla tavola periodica attuale, indica l'affermazione *sbagliata*.

A Ogni riga viene detta periodo
B Ogni colonna prende il nome di gruppo
C I gruppi sono diciotto
D Gli elementi sono ordinati secondo la massa atomica crescente
E I periodi sono tanti quanti sono i livelli energetici

4 Scrivi le coordinate chimiche dell'elemento i cui atomi hanno tanti elettroni da completare il quinto livello energetico.

....

5 Gli atomi di tutti gli elementi del gruppo 18 hanno:

A lo stesso numero di elettroni
B lo stesso numero di elettroni nell'ultimo livello energetico
C la stessa configurazione elettronica
D lo stesso numero di protoni
E l'ultimo livello energetico completo

6 Come si chiama l'elemento individuato dalle coordinate chimiche «3° periodo, gruppo 14»?

....

7 Scrivi la struttura elettronica del piombo nella forma semplificata.

....

8 Come si chiama l'elemento che ha configurazione elettronica [Ar] $4s^1$?

....

9 Scrivi accanto a ogni elemento quali tipi di orbitali sono occupati nel livello più esterno:

a) cesio ....
b) stagno ....
c) plutonio ....
d) xeno ....
e) mercurio ....

10 Senza ricorrere alla tavola periodica individua l'elemento i cui atomi hanno più elettroni.

A Elemento con coordinate chimiche «3° periodo, gruppo 17»
B Elemento con coordinate chimiche «4° periodo, gruppo 5»
C Elemento con struttura elettronica [Ar] $4s^2$
D Elemento con Z = 18
E Elemento con struttura elettronica $1s^2 2s^2 2p^6 3s^2$

11 Quale affermazione relativa all'ossigeno è *sbagliata*?

A Gli elettroni degli atomi di ossigeno si collocano nei primi due livelli di energia
B Gli atomi di ossigeno hanno 16 elettroni nel secondo livello
C Gli atomi di ossigeno hanno tutti nel loro nucleo 8 protoni
D L'ossigeno è un elemento che si trova nel secondo periodo
E Gli elettroni degli atomi di ossigeno occupano orbitali di tipo *s* e di tipo *p*

12 Quale affermazione sulla tavola periodica è *sbagliata*?

A Gli elementi del 6° periodo possono sistemare elettroni anche in orbitali di tipo *f*
B Tutti gli elementi del gruppo 18 hanno il massimo numero di elettroni nel livello più esterno
C Tutti gli elementi che hanno due soli elettroni nel livello più esterno appartengono al gruppo 2
D Gli elementi del 4° periodo possono avere elettroni in orbitali di tipo *d*
E Tutti gli elementi con un solo elettrone nel livello più esterno appartengono al gruppo 1

13 Completa la seguente tabella:

Nome	Z	Configurazione elettronica
		[Kr] $5s^2 4d^{10} 5p^5$
	26	
bario		

14 In base al numero di elettroni che si trovano nel livello più esterno, individua il nome dei tre elementi:

a) tre nel 3° livello ....
b) due nel 4° livello ....
c) undici nel 5° livello ....

15 The rows of the periodic table are called:

A elements B periods C lines D groups

16 What does the period number indicate about the electron structure of an atom?

A The period number indicates the number of electrons in the outermost level
B The period number indicates the number of levels that have electrons
C The period number indicates the number of electrons in the innermost level
D The period number indicates the total number of electrons

2 La classificazione degli elementi

Gli elementi nella tavola periodica possono essere classificati in metalli, non-metalli, semimetalli e anche in famiglie chimiche

Metalli, non-metalli, semimetalli

In base alle proprietà fisiche delle sostanze elementari è possibile individuare nella tavola periodica tre raggruppamenti di elementi, *metalli*, *non-metalli* e *semimetalli*. (▶ Figura 1).

GRUPPI

PERIODI	1	2	3	4	5	6	7	8	9	10	11	12	13	14	15	16	17	18
1°	1 H																	2 He
2°	3 Li	4 Be											5 B	6 C	7 N	8 O	9 F	10 Ne
3°	11 Na	12 Mg											13 Al	14 Si	15 P	16 S	17 Cl	18 Ar
4°	19 K	20 Ca	21 Sc	22 Ti	23 V	24 Cr	25 Mn	26 Fe	27 Co	28 Ni	29 Cu	30 Zn	31 Ga	32 Ge	33 As	34 Se	35 Br	36 Kr
5°	37 Rb	38 Sr	39 Y	40 Zr	41 Nb	42 Mo	43 Tc	44 Ru	45 Rh	46 Pd	47 Ag	48 Cd	49 In	50 Sn	51 Sb	52 Te	53 I	54 Xe
6°	55 Cs	56 Ba	57 La	72 Hf	73 Ta	74 W	75 Re	76 Os	77 Ir	78 Pt	79 Au	80 Hg	81 Tl	82 Pb	83 Bi	84 Po	85 At	86 Rn
7°	87 Fr	88 Ra	89 Ac	104 Rf	105 Db	106 Sg	107 Bh	108 Hs	109 Mt	110 Ds	111 Rg	112 Cn	113 Nh	114 Fl	115 Mc	116 Lv	117 Ts	118 Og

58 Ce	59 Pr	60 Nd	61 Pm	62 Sm	63 Eu	64 Gd	65 Tb	66 Dy	67 Ho	68 Er	69 Tm	70 Yb	71 Lu
90 Th	91 Pa	92 U	93 Np	94 Pu	95 Am	96 Cm	97 Bk	98 Cf	99 Es	100 Fm	101 Md	102 No	103 Lr

metalli
non-metalli
semimetalli

X solidi
X liquidi
X gas

▶ **Figura 1** I diversi colori consentono di visualizzare immediatamente che i metalli sono molto più numerosi dei non-metalli.

- I **metalli** sono gli elementi che occupano la parte sinistra e la parte centrale.
- I **non-metalli** sono gli elementi che si trovano a destra, ad eccezione dell'idrogeno.
- I **semimetalli** (o *metalloidi*) sono gli elementi che si collocano tra i metalli e non-metalli.

Vediamo dunque quali sono le proprietà fisiche che caratterizzano le sostanze elementari dei tre raggruppamenti.

I **metalli** sono stati utilizzati fin dall'antichità perché alcune loro proprietà li rendono indispensabili in molti campi di applicazione.

L'aspetto dei metalli può essere diverso. Il colore, per esempio, è spesso grigio chiaro come quello dell'argento, ma può essere giallo come nel caso dell'oro, oppure rosso bruno come nel caso del rame. I metalli a temperatura ambiente sono quasi tutti solidi; il mercurio è liquido mentre il gallio può fondere facilmente (▶ Figura 2).

Tuttavia ci sono altre proprietà che, pur non essendo presenti in uguale misura in tutti i metalli, caratterizzano molte di queste sostanze elementari.

Passiamo dunque a elencare e a descrivere brevemente le proprietà più significative dei metalli.

- *Lucentezza*: descrive la capacità delle superfici levigate di riflette le radiazioni luminose.
- *Conducibilità termica*: descrive la capacità di trasferire il calore.
- *Conducibilità elettrica*: descrive la capacità di consentire il passaggio di corrente elettrica.
- *Duttilità*: descrive la capacità di poter essere ridotti in fili sottili che possono anche essere piegati senza spezzarsi.
- *Malleabilità*: descrive la capacità di poter essere ridotti in lamine sottilissime che possono anche essere piegate.

Pagine di scienza in digitale
I nomi degli elementi
Il chimico inglese Peter Atkins ha raccontato in modo originale le proprietà degli elementi chimici nel suo saggio intitolato «Il Regno periodico».

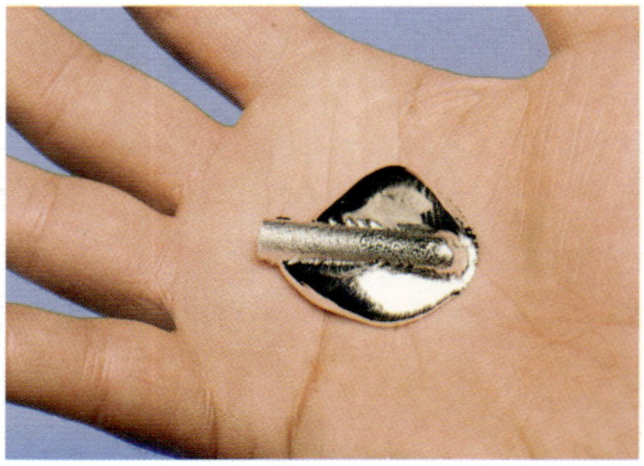

▶ **Figura 2** Il gallio è un metallo la cui temperatura di fusione è 30 °C; dunque per fonderlo è sufficiente il calore trasferito dalla mano, che si trova a temperatura maggiore.

I **non-metalli** sono stati denominati in questo modo perché hanno la caratteristica di non possedere le proprietà tipiche dei metalli.

I non-metalli si possono trovare in tutti gli stati di aggregazione a temperatura ambiente, cinque sono solidi, solo uno è liquido e gli altri undici si trovano allo stato gassoso (▶ Figura 3).

▶ **Figura 3** Gli elementi in figura sono tutti non-metalli. Il cloro è un gas di colore verde tenue. Il bromo è un liquido bruno che sviluppa facilmente vapori dello stesso colore. Lo iodio è un solido grigio con riflessi violacei. Lo zolfo è un tipico non-metallo: si sbriciola facilmente e non conduce la corrente elettrica.

I **semimetalli** o *metalloidi* sono collocati nella tavola tra i metalli e i non-metalli e presentano proprietà intermedie tra quelle dei metalli e quelle dei non-metalli. A causa della loro particolare conduttività elettrica, intermedia tra quella alta dei metalli e quella degli isolanti, alcuni semimetalli (come boro e silicio) sono utilizzati come *semiconduttori* nel campo delle tecnologie elettroniche (▶ Tabella 1).

	Conducibilità specifica a 20 °C ($\Omega^{-1} \cdot m^{-1}$)
argento	$6{,}3 \cdot 10^{7}$
rame	$6{,}0 \cdot 10^{7}$
oro	$4{,}1 \cdot 10^{7}$
alluminio	$3{,}8 \cdot 10^{7}$
ferro	$1{,}0 \cdot 10^{7}$
piombo	$4{,}8 \cdot 10^{6}$
titanio	$2{,}3 \cdot 10^{6}$
acqua di mare	circa 5
silicio	$2{,}5 \cdot 10^{-4}$
boro	$1{,}0 \cdot 10^{-4}$
zolfo	$5{,}0 \cdot 10^{-16}$

▶ **Tabella 1** Conducibilità elettrica specifica di alcuni metalli a confronto con quella di altre sostanze elementari e con quella dell'acqua di mare.

Prova tu 1

L'europio ha numero atomico 63. Quali sono le sue coordinate chimiche? Quali informazioni puoi dedurre dalla tavola periodica?

....

....

Famiglie chimiche e proprietà

La classificazione in metalli e non-metalli fa riferimento a proprietà fisiche delle sostanze elementari. Ora spostiamo l'attenzione sulle proprietà chimiche.

I raggruppamenti costituiti da elementi che presentano proprietà chimiche simili sono chiamati **famiglie chimiche**.

Nella tavola periodica che segue sono evidenziate con colori diversi le diverse *famiglie chimiche* (▶ Figura 4). La casella dell'idrogeno viene rappresentata staccata dalle altre perché questo elemento non appartiene ad alcuna famiglia.

▶ **Figura 4** In questa tavola periodica sono riportati i nomi delle principali famiglie chimiche.

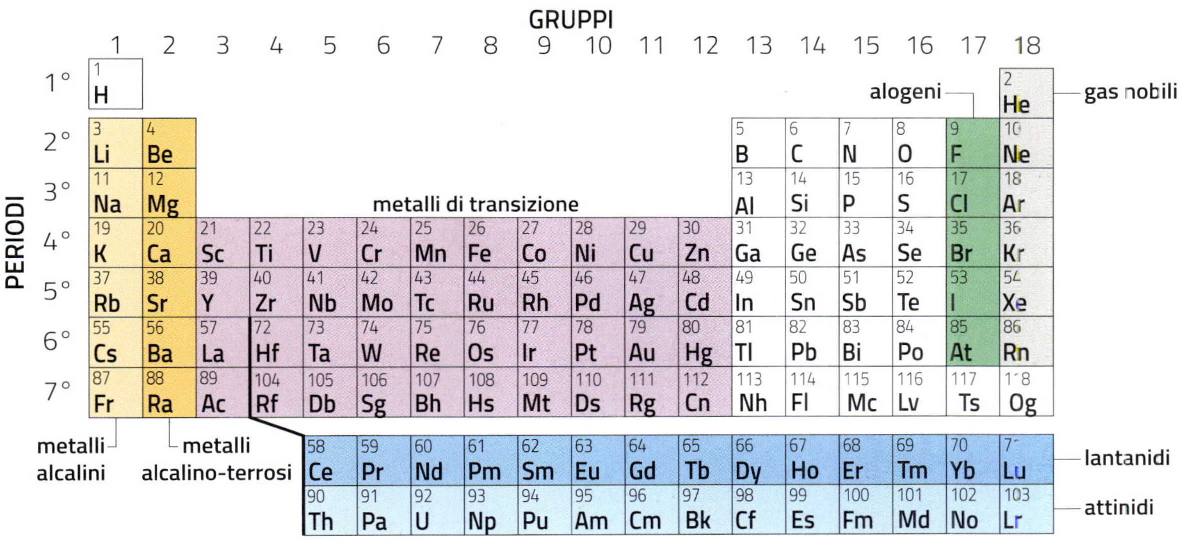

La famiglia dei **metalli alcalini** è costituita dagli elementi del gruppo 1 (a esclusione dell'idrogeno). Gli atomi di questi elementi hanno nel livello più esterno un solo elettrone in un orbitale di tipo *s*.

Il motivo della somiglianza delle proprietà chimiche di queste sostanze elementari si spiega analizzando proprio la struttura elettronica dei loro atomi (▶ Tabella 2).

▶ **Tabella 2** Struttura elettronica dei metalli alcalini (**n*s*^{1}**).

Simbolo	Struttura elettronica
Li	[He] $2s^1$
Na	[Ne] $3s^1$
K	[Ar] $4s^1$
Rb	[Kr] $5s^1$
Cs	[Xe] $6s^1$
Fr	[Rn] $7s^1$

Alcune trasformazioni chimiche comuni ai metalli alcalini, genericamente indicati (come tutti i metalli) con il simbolo Met, sono riportate nella ▶ Tabella 3.

▶ **Tabella 3**

Reazione con acqua	Reazione con ossigeno	Reazione con cloro
producono idrossidi, la cui formula è MetOH, e idrogeno	formano ossidi bianchi la cui formula è Met_2O	formano composti bianchi la cui formula è MetCl

La reattività dei metalli alcalini con l'acqua aumenta nel gruppo dall'alto verso il basso, cioè con il crescere del numero atomico. Le immagini seguenti mostrano che il litio (Z = 3) reagisce lentamente, mentre un piccolo frammento di cesio (Z = 55) reagisce in modo addirittura esplosivo. Queste reazioni liberano calore e di conseguenza l'idrogeno prodotto può incendiarsi a contatto con l'ossigeno dell'aria (▶ Figura 5).

Clip in digitale
Reazione del potassio in acqua

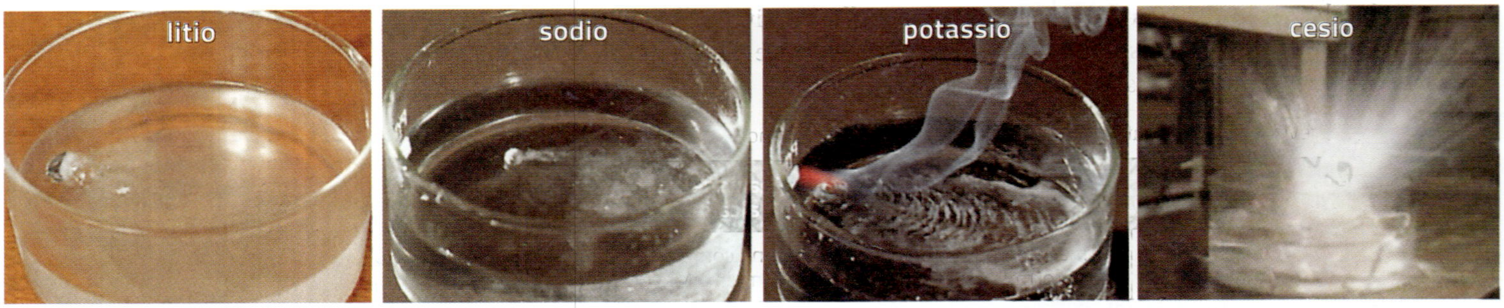

▶ **Figura 5** Immagini relative alla reattività di quattro metalli alcalini in acqua.

Prova tu 2

Il sodio esposto all'aria si ricopre rapidamente di uno strato bianco di ossido. Scrivi l'equazione della reazione.

....

La famiglia dei **metalli alcalino-terrosi** comprende tutti gli elementi che fanno parte del gruppo 2. Gli atomi di questi elementi hanno nel livello più esterno due elettroni in un orbitale di tipo *s*.

Anche queste sostanze elementari manifestano comportamenti comuni proprio per l'analogia della loro struttura elettronica (▶ Tabella 4).

▶ **Tabella 4** Struttura elettronica dei metalli alcalino-terrosi (**n*s*^{2}**).

Simbolo	Struttura elettronica
Be	[He] $2s^2$
Mg	[Ne] $3s^2$
Ca	[Ar] $4s^2$
Sr	[Kr] $5s^2$
Ba	[Xe] $6s^2$
Ra	[Rn] $7s^2$

Alcune trasformazioni chimiche comuni ai metalli alcalino-terrosi sono riportate nella ▶ Tabella 5.

▶ **Tabella 5**

Reazione con acqua	Reazione con ossigeno	Reazione con cloro
producono idrossidi, la cui formula è $Met(OH)_2$, e idrogeno	formano ossidi bianchi la cui formula è MetO	formano composti bianchi la cui formula è $MetCl_2$

Se si esclude il berillio, anche questi metalli hanno la capacità di reagire con l'acqua formando idrossidi. Per esempio, il bario reagendo con l'acqua produce idrossido di bario:

$$Ba(s) + 2\ H_2O(l) \rightarrow Ba(OH)_2(aq) + H_2(g) + E$$

Anche per i metalli di questo gruppo la reattività con l'acqua aumenta dall'alto verso il basso.

Passiamo ora a esaminare la struttura elettronica degli elementi del gruppo 17, i non-metalli chiamati *alogeni*.

Anche in questo caso osserviamo una forte analogia nella struttura elettronica di questi elementi (▶ Tabella 6).

▶ **Tabella 6** Struttura elettronica degli alogeni.

Simbolo	Periodo	Struttura elettronica	Numero elettroni negli orbitali di tipo *s* e *p*
F	2°	[He] $2s^2 2p^5$	7
Cl	3°	[Ne] $3s^2 3p^5$	7
Br	4°	[Ar] $4s^2 3d^{10} 4p^5$	7
I	5°	[Kr] $5s^2 4d^{10} 5p^5$	7
At	6°	[Xe] $6s^2 4f^{14} 5d^{10} 6p^5$	7

La famiglia degli **alogeni** comprende gli elementi che fanno parte del gruppo 17. Nel livello più esterno, i loro atomi hanno 2 elettroni in un orbitale *s* e 5 in orbitali *p*.

Le proprietà chimiche di questi elementi sono indipendenti dalla presenza di elettroni in orbitali di tipo *d* o *f* perché questi orbitali si collocano in livelli più interni.

Queste sostanze elementari sono tutte costituite da molecole biatomiche e il loro comportamento chimico è riassunto nella ▶ Tabella 7.

▶ **Tabella 7** L'abbreviazione Alg è usata per rappresentare un generico alogeno.

Reazione con idrogeno	Reazione con metalli alcalini	Reazione con metalli alcalino-terrosi
producono composti con carattere acido la cui formula è HAlg	formano composti bianchi la cui formula è MetAlg	formano composti bianchi la cui formula è $MetAlg_2$

Prova tu 3

Scrivi l'equazione della reazione tra il potassio e il cloro.

....

Esaminiamo infine un'altra importante famiglia di elementi, i *gas nobili*.

La famiglia dei **gas nobili** è costituita dagli elementi appartenenti al gruppo 18. I loro atomi, a esclusione dell'elio, hanno 8 elettroni in orbitali di tipo *s* e *p* nell'ultimo livello occupato.

Il nome di questa famiglia deriva dalla caratteristica di questi elementi di reagire con estrema difficoltà. Per questo motivo sono detti anche *gas inerti*. La spiegazione dell'inerzia chimica risiede nella loro particolare struttura elettronica: gli elettroni dei loro atomi sono tanti da completare tutti gli orbitali del livello più esterno.

Gli atomi di elio, che hanno solo 2 elettroni, hanno l'orbitale 1*s* completo. Tutti gli atomi degli altri gas nobili hanno, nell'ultimo livello occupato, 2 elettroni nell'orbitale *s* e 6 elettroni nei tre orbitali *p*.

Queste sostanze elementari sono formate da atomi singoli e sono tutte gassose a temperatura ambiente; non si conoscono in natura composti di questi elementi e proprio per questo motivo furono scoperti solo in tempi recenti, tanto che di essi non si trova traccia nella tabella di Mendeleev.

La particolarità di questi gas è che, attraversati dalla corrente elettrica e in particolari condizioni di pressione, emettono luce.

Le prime lampade (genericamente chiamate «al neon») furono presentate al pubblico in occasione della Esposizione d'arte di Parigi del 1909. Solamente dopo la prima guerra mondiale la loro diffusione si ebbe con le insegne pubblicitarie (▶ Figura 6).

▶ **Figura 6** Le insegne «al neon» possono contenere l'uno o l'altro dei gas nobili e il colore dipende dal gas nobile usato: dal bianco al rosa-violetto (elio), rosso-arancio (neon), violetto porpora (argo), violetto chiaro (cripton), dal blu al blu-verde (xeno).

Generalizzando quanto visto per le famiglie chimiche già presentate, possiamo affermare che gli elettroni che determinano le proprietà chimiche degli elementi dei gruppi 1 e 2 e di quelli dei gruppi dal 13 al 18 sono solo gli elettroni che si trovano negli orbitali di tipo *s* e *p* dell'ultimo livello occupato.

Come vedremo nel prossimo capitolo sono proprio questi elettroni che sono coinvolti nella formazione dei legami tra gli atomi e per questo sono detti *elettroni di legame*.

Gli 8 gruppi che abbiamo ora richiamato sono contrassegnati anche con un *numero romano* che indica direttamente quanti sono gli elettroni di legame degli atomi degli elementi del gruppo corrispondente (▶ Figura 7).

GRUPPI

PERIODI	1	2	3	4	5	6	7	8	9	10	11	12	13	14	15	16	17	18
	I	II											III	IV	V	VI	VII	VIII
1°	1 H																	2 He
2°	3 Li	4 Be											5 B	6 C	7 N	8 O	9 F	10 Ne
3°	11 Na	12 Mg											13 Al	14 Si	15 P	16 S	17 Cl	18 Ar
4°	19 K	20 Ca	21 Sc	22 Ti	23 V	24 Cr	25 Mn	26 Fe	27 Co	28 Ni	29 Cu	30 Zn	31 Ga	32 Ge	33 As	34 Se	35 Br	36 Kr
5°	37 Rb	38 Sr	39 Y	40 Zr	41 Nb	42 Mo	43 Tc	44 Ru	45 Rh	46 Pd	47 Ag	48 Cd	49 In	50 Sn	51 Sb	52 Te	53 I	54 Xe
6°	55 Cs	56 Ba	57 La	72 Hf	73 Ta	74 W	75 Re	76 Os	77 Ir	78 Pt	79 Au	80 Hg	81 Tl	82 Pb	83 Bi	84 Po	85 At	86 Rn
7°	87 Fr	88 Ra	89 Ac	104 Rf	105 Db	106 Sg	107 Bh	108 Hs	109 Mt	110 Ds	111 Rg	112 Cn	113 Nh	114 Fl	115 Mc	116 L	117 Ts	118 Og
					58 Ce	59 Pr	60 Nd	61 Pm	62 Sm	63 Eu	64 Gd	65 Tb	66 Dy	67 Ho	68 Er	69 Tm	70 Yb	71 Lu
					90 Th	91 Pa	92 U	93 Np	94 Pu	95 Am	96 Cm	97 Bk	98 Cf	99 Es	100 Fm	101 Md	102 No	103 Lr

▶ **Figura 7** L'elio (Z = 2) è un gas nobile e, pur appartenendo all'VIII gruppo, ha solo due elettroni.

Nella tavola periodica di ▶ Figura 8 sono evidenziati i raggruppamenti degli altri elementi: *metalli di transizione*, *lantanidi* e *attinidi*.

I metalli di transizione sono i 40 elementi, che si trovano nei gruppi che vanno dal 3 al 12, corrispondenti al blocco *d* della tavola periodica.

Gli atomi dei metalli di transizione hanno sempre nel livello più esterno occupato uno o due elettroni di tipo *s* e uno o più elettroni di tipo *d*. Per questa ragione non ci sono regole semplici che permettono di stabilire con immediatezza, in base al gruppo di appartenenza, quanti sono gli elettroni di legame.

I metalli di transizione presentano tutte le caratteristiche dei metalli, ma la loro reattività con l'acqua e con l'ossigeno è minore di quella dei metalli alcalini e alcalino-terrosi. Alcuni di queste elementi, come per esempio il titanio, il vanadio e il manganese, trovano impiego nella preparazione di acciai speciali (▶ Figura 9).

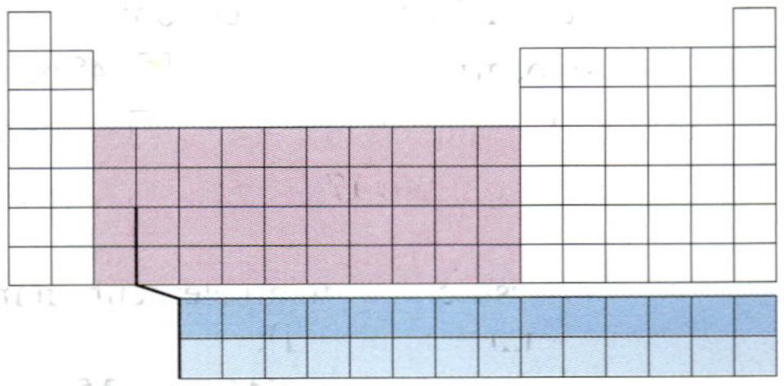

▶ **Figura 8** Il fondo viola indica i metalli di transizione, il fondo blu evidenzia i lantanidi e quello azzurro gli attinidi.

I *lantanidi* e gli *attinidi* si caratterizzano per il fatto di collocare via via i loro ultimi elettroni in orbitali di tipo *f* (più precisamente i sette orbitali 4*f* per i lantanidi e i sette orbitali 5*f* per gli attinidi) per un totale di 14 elettroni. Per effetto della collocazione energetica degli orbitali di tipo *f*, l'aggiunta progressiva di un elettrone non determina un significativo cambiamento delle proprietà chimiche dell'elemento.

▶ **Figura 9** L'acciaio inox è una lega di tre metalli di transizione (Fe, Cr e Ni) con una piccola percentuale di carbonio.

La famiglia dei **lantanidi** è costituita dai 14 elementi che seguono il lantanio (Z = 57). I loro elettroni si collocano anche negli orbitali 4*f*.

Questi elementi sono stati tutti scoperti in epoca recente; il cerio (Z = 58) è il capostipite della famiglia e fu individuato per primo, nel 1803. Soltanto nel 1945 è stato preparato l'ultimo, il promezio. I lantanidi sono metalli teneri, duttili e malleabili, e presentano proprietà ottiche e magnetiche piuttosto interessanti (▶ Figura 10).

La famiglia degli **attinidi** è costituita dai 14 elementi che vengono dopo l'attinio (Z = 89). I loro elettroni si collocano anche negli orbitali 5*f*.

La principale proprietà comune a tutti gli attinidi è quella di essere radioattivi. Alcuni di questi elementi sono detti *transuranici* poiché hanno numero atomico maggiore di 92, che è appunto il numero atomico dell'uranio. L'uranio è l'elemento presente in natura che ha il numero atomico più alto e quindi significa che gli attinidi con numero atomico compreso tra 93 e 103 sono stati prodotti artificialmente.

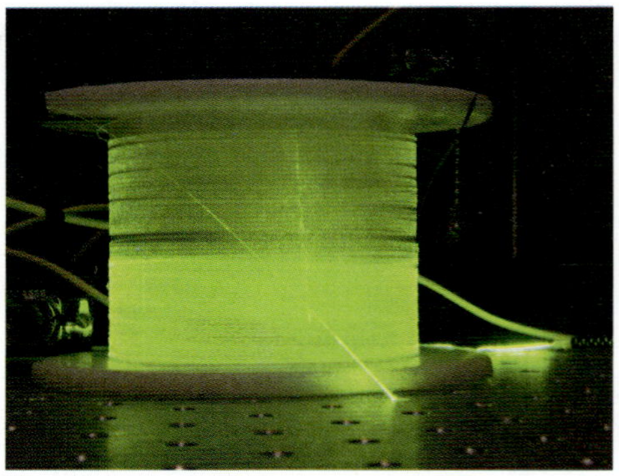

▶ **Figura 10** Tra i lantanidi, l'erbio è utilizzato nella fabbricazione delle fibre ottiche, filamenti di materiali in grado di condurre la luce.

Esercizi 2 La classificazione degli elementi

1 Metti al posto giusto nelle caselle evidenziate le lettere relative alle immagini degli elementi.

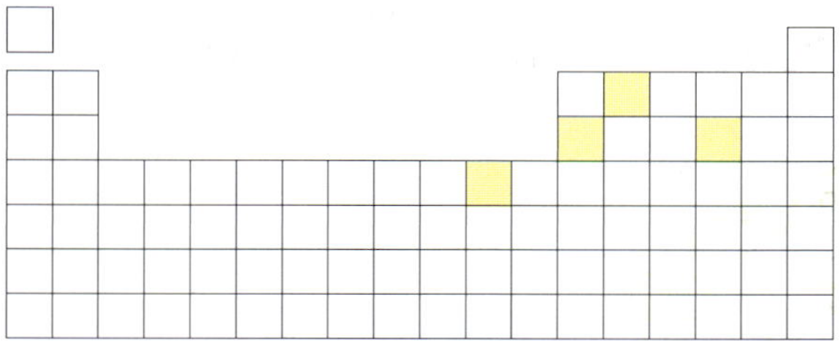

2 Senza ricorrere alla tavola periodica individua l'elemento i cui atomi hanno più elettroni:

A 3° periodo, gruppo 15
B 4° periodo, gruppo VI
C 3° periodo, gruppo 17
D 4° periodo, gruppo 5
E 2° periodo, gruppo VIII

3 Classifica i seguenti elementi in metalli (M), non-metalli (NM) e semimetalli (SM):

	M	NM	SM
a) gallio	☐	☐	☐
b) azoto	☐	☐	☐
c) idrogeno	☐	☐	☐
d) silicio	☐	☐	☐
e) radon	☐	☐	☐

4 Indica per ogni affermazione se è vera o falsa.

a) Tutti gli elementi del gruppo 14 sono non-metalli V F
b) Tutti gli elementi del gruppo 8 sono gas nobili V F
c) Tutti gli elementi del 1° periodo sono non-metalli V F
d) Tutti gli elementi del gruppo 2 sono metalli V F
e) I metalli di transizione sono 10 V F
f) I lantanidi si trovano soltanto nel 6° periodo V F

5 Che cosa hanno in comune gli elementi che appartengono alla stessa famiglia? ....

6 Scrivi i nomi delle «famiglie chimiche».

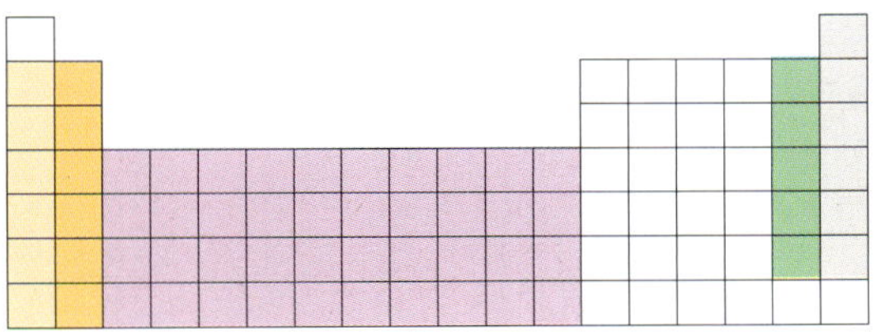

☐ .... ☐ .... ☐ ....
☐ .... ☐ ....

7 Quanti elettroni di tipo *p* hanno nell'ultimo livello occupato i metalli alcalino-terrosi? ....

8 Quale tra i seguenti elementi corrisponde a una sostanza elementare sicuramente gassosa a temperatura ambiente?

A Il metallo alcalino del 3° periodo
B L'elemento del 4° periodo e del gruppo 17
C Un metallo di transizione del gruppo 8
D Un elemento del gruppo 18
E L'elemento del 4° periodo e del gruppo 1

9 Completa il seguente cruciverba.

Orizzontali

4. Sono metalli che reagiscono vigorosamente con l'acqua
6. Contiene tutti gli elementi chimici
7. La sua tavola è la più famosa
8. Sono elementi gassosi, chimicamente inerti
9. Il capostipite della loro famiglia è il cerio
11. Le sue coordinate chimiche sono «3° periodo-gruppo 15»

Verticali

1. Famiglia di elementi con struttura elettronica ns^2 np^5
2. Righe della tavola
3. Colonne della tavola
4. Hanno la caratteristica di essere tutti radioattivi
5. I suoi metalli sono collocati in quattro periodi
10. È un metallo il cui simbolo viene dal latino *natrium*
11. È il principale costituente degli acciai

10 What is the atomic number of an alkali metal?

A 10
B 11
C 12
D 13

11 All elements whose atoms in the ground state have a total of 5 electrons in their outermost *p* sublevel are called:

A noble gases
B metalloids
C halogens
D alkaline earth metals

3 La periodicità delle proprietà

Le proprietà chimiche degli elementi nella tavola cambiano lungo ciascun periodo e questo cambiamento si ripete con periodicità

Le proprietà periodiche

Nella ▶ Tabella 1 sono riportati gli elementi che fanno parte del secondo e del terzo periodo della tavola periodica con il relativo simbolo e la struttura elettronica.

2°	Li [He]$2s^1$	Be [He]$2s^2$	B [He]$2s^22p^1$	C [He]$2s^22p^2$	N [He]$2s^22p^3$	O [He]$2s^22p^4$	F [He]$2s^22p^5$	Ne [He]$2s^22p^6$
3°	Na [Ne]$3s^1$	Mg [Ne]$3s^2$	Al [Ne]$3s^23p^1$	Si [Ne]$3s^23p^2$	P [Ne]$3s^23p^3$	S [Ne]$3s^23p^4$	Cl [Ne]$3s^23p^5$	Ar [Ne]$3s^23p^6$

▶ **Tabella 1** Strutture elettroniche degli elementi del secondo e terzo periodo.

Sappiamo già che ogni volta che cresce di un'unità il numero atomico si determina un cambiamento delle proprietà chimiche. Per esempio, nel 2° periodo si passa dalle tipiche proprietà metalliche del litio alle proprietà non-metalliche del neon. Dopo il neon però troviamo il sodio, che ha proprietà simili a quelle del litio e poi ancora, ultimato il terzo periodo con l'argo, troviamo il potassio, simile al sodio. In generale quindi le proprietà degli elementi si ripresentano a intervalli regolari, cioè con una certa periodicità. Ecco perché, fin dall'epoca di Mendeleev, la tavola degli elementi è stata chiamata tavola periodica.

Le proprietà chimiche degli elementi cambiano lungo ogni periodo della tavola periodica ma si ripropongono simili nel periodo successivo e pertanto sono **proprietà periodiche**.

Ci sono altre caratteristiche degli elementi che mettono in evidenza la stretta relazione tra periodicità delle proprietà e struttura elettronica.

Il **raggio atomico** è definito convenzionalmente come la metà della distanza tra il nucleo di un atomo di un elemento e il nucleo di un atomo adiacente dello stesso elemento: anche questa caratteristica degli atomi cambia in modo periodico; nella ▶ Figura 1 sono riportati i valori dei *raggi atomici* degli elementi dei primi 3 periodi, espressi in picometri (il prefisso pico vale 10^{-12}).

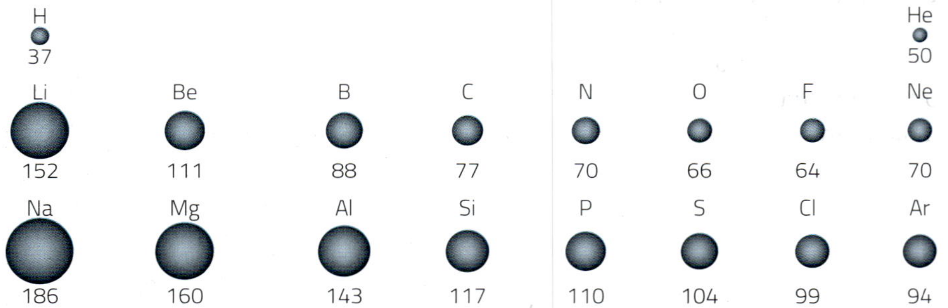

▶ **Figura 1** È noto che gli atomi sono particelle incredibilmente piccole e oggi sappiamo anche che il loro raggio varia da circa 37 a 262 pm. Per dare un'idea di queste dimensioni occorre pensare che tra le due tacche di un righello distanti un millimetro si possono mettere in fila più di sei milioni di atomi di carbonio!

I dati si spiegano considerando che gli elettroni degli elementi di uno stesso periodo sono sullo stesso livello energetico e via via che aumenta la carica positiva del nucleo sono attirati da una forza crescente che determina una riduzione delle dimensioni dell'atomo. Dopo il gas nobile che chiude il periodo abbiamo un metallo alcalino il cui raggio atomico è decisamente maggiore dato che l'elettrone in più si colloca in un livello energetico più lontano dal nucleo (▶ Figura 2).

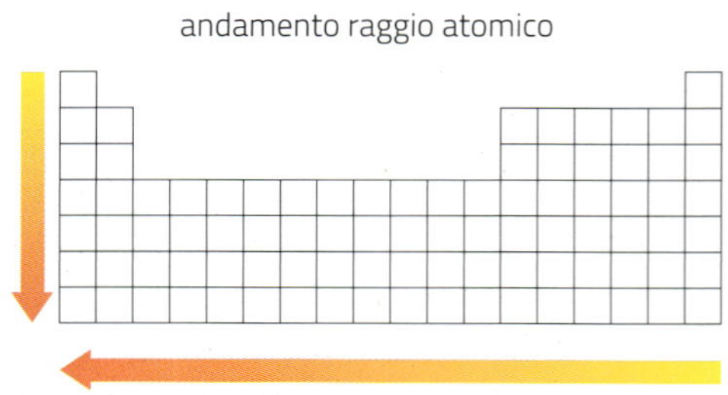

▶ **Figura 2** Il raggio atomico degli elementi aumenta da destra a sinistra e dall'alto verso il basso.

Prova tu 1

Spiega perché il raggio atomico del cloro è maggiore di quello del fluoro.

....

....

L'**energia di prima ionizzazione (*Ei'*)** degli elementi è tendenzialmente crescente nell'ambito di ciascun periodo, infatti raggiunge un massimo in corrispondenza del gas nobile per diminuire poi bruscamente in corrispondenza del metallo alcalino del periodo successivo (▸ Figura 3).

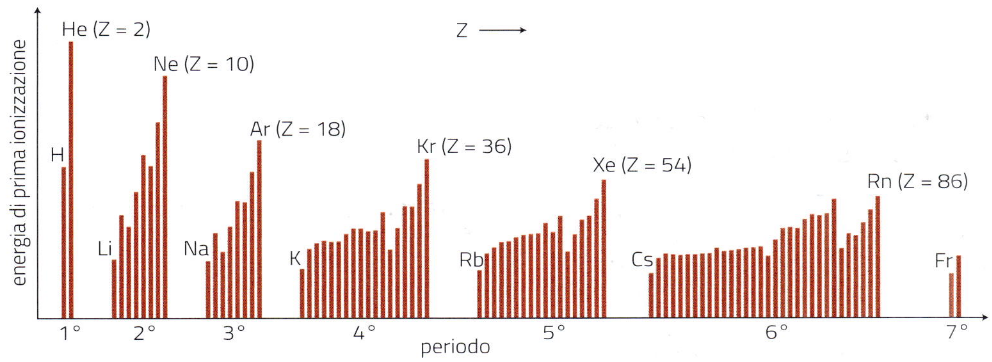

▸ **Figura 3** Il grafico evidenzia l'andamento periodico dell'energia di prima ionizzazione, infatti per ogni periodo il valore massimo si ha in corrispondenza del gas nobile.

Questo comportamento si può spiegare considerando che, nell'ambito di un periodo, gli atomi aumentano progressivamente la loro carica nucleare mentre l'elettrone da espellere si trova in orbitali dello stesso livello energetico: di conseguenza aumenta la forza di attrazione nucleo-elettrone e aumenta così anche l'energia di ionizzazione.

Considerazioni simili consentono di spiegare perché i valori di energia di prima ionizzazione dei gas nobili diminuiscono al crescere di Z: la distanza dell'elettrone dal nucleo aumenta e quindi la forza di attrazione nucleo-elettrone diminuisce anche se aumenta la carica positiva del nucleo. Anche per gli elementi degli altri gruppi l'energia di ionizzazione diminuisce tendenzialmente dall'alto in basso.

Abbiamo detto che occorre spendere energia per togliere un elettrone all'atomo ma in alcuni casi invece l'energia si libera. Ciò avviene quando un atomo acquista un elettrone formando uno ione negativo, cioè un *anione*:

$$Cl(g) + e^- \rightarrow Cl^-(g) + E$$

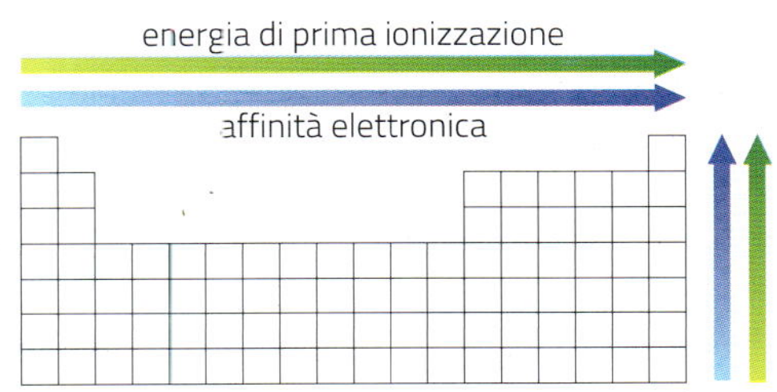

▸ **Figura 4** L'energia di prima ionizzazione e l'affinità elettronica degli elementi variano in modo analogo: aumentano da sinistra a destra e dal basso verso l'alto.

L'**affinità elettronica** è l'energia che si libera quando un atomo in fase gassosa cattura un elettrone: l'affinità elettronica degli elementi tendenzialmente aumenta in ciascun periodo da sinistra a destra e in ogni gruppo dal basso verso l'alto (▸ Figura 4).

Un'altra proprietà che varia in modo periodico fa riferimento agli elettroni responsabili del legame chimico.

L'**elettronegatività** dà un'indicazione della forza con cui un atomo riesce ad attrarre gli elettroni di legame: nella tavola periodica è visualizzato l'andamento dei valori dell'elettronegatività degli atomi calcolati dal chimico L. Pauling (▸ Figura 5).

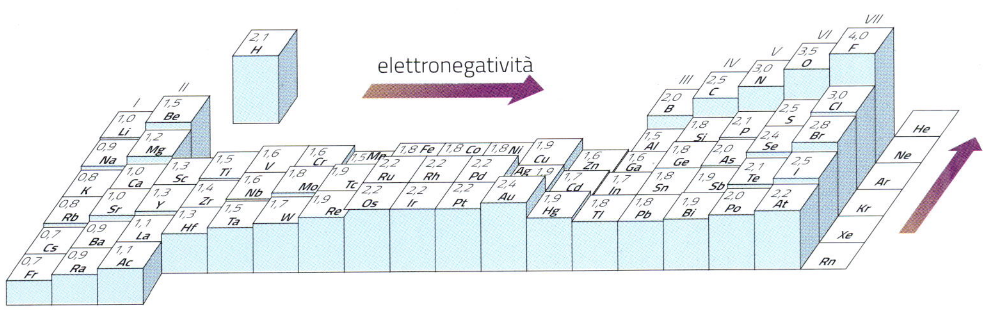

▸ **Figura 5**

La forma tridimensionale permette di visualizzare immediatamente l'andamento dei valori di elettronegatività: l'elettronegatività all'interno di ciascun gruppo aumenta dal basso verso l'alto e nei periodi aumenta da sinistra verso destra. L'elettronegatività dei gas nobili non è stata determinata, dato che normalmente questi elementi non formano composti e quindi i loro atomi non si legano con altri atomi.

Ne consegue che gli elementi più elettronegativi si trovano in alto a destra mentre quelli meno elettronegativi si trovano dalla parte opposta, in basso a sinistra.

I PROTAGONISTI DELLA SCIENZA

LINUS CARL PAULING (1901-1994)

Il chimico statunitense Pauling compì studi fondamentali sul legame chimico e in particolare sulla natura del legame covalente. Fondamentali sono stati i suoi libri, tra cui ricordiamo *The nature of the Chemical Bond and the Structure of Molecules and Crystals* (1939) e *General Chemistry* (1947). Nel 1954 gli fu assegnato il premio Nobel per la Chimica. Dopo la seconda guerra mondiale espresse pubblicamente il suo dissenso nei confronti degli esperimenti nucleari; per il suo impegno sociale e pacifista nel 1962 gli venne conferito un secondo premio Nobel, quello per la pace.

Abbiamo già detto che le caratteristiche metalliche e non-metalliche degli elementi cambiano in modo periodico. Come esempio, prendiamo in considerazione gli elementi del 3° periodo (▶ Figura 6).

Si comincia con un metallo alcalino, il sodio, si arriva al silicio, un semimetallo, e si finisce con un gas nobile, l'argo.

Questa variazione delle proprietà chimiche è correlata al numero di elettroni nell'ultimo livello occupato e determina il comportamento degli elementi quando formano composti con l'ossigeno e l'idrogeno.

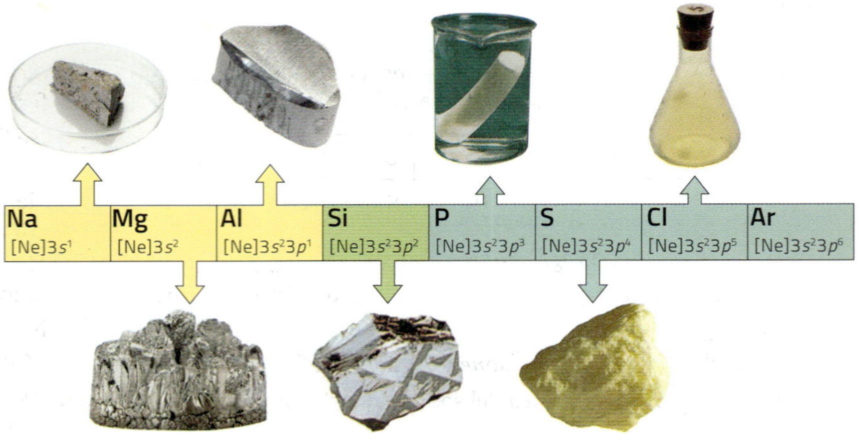

▶ **Figura 6**

Nella ▶ Tabella 2 sono riportate le formule dei composti con l'ossigeno e con l'idrogeno degli elementi del 3° periodo, a esclusione ovviamente del gas nobile. Sotto a ogni formula è riportato il valore del rapporto tra gli atomi di ossigeno (o di idrogeno) e quelli dell'altro elemento.

I	II	III	IV	V	VI	VII
Na_2O	MgO	Al_2O_3	SiO_2	P_2O_5	SO_3	Cl_2O_7
0,5	1	1,5	2	2,5	3	3,5
NaH	MgH_2	AlH_3	SiH_4	PH_3	H_2S	HCl
1	2	3	4	3	2	1

▶ **Tabella 2** Composti con l'ossigeno e con l'idrogeno degli elementi del 3° periodo della tavola periodica.

Le formule dei **composti con l'ossigeno** e dei **composti con l'idrogeno** variano nel seguente modo.

- Nelle formule dei *composti con l'ossigeno* il rapporto tra gli atomi di ossigeno e quelli dell'altro elemento aumenta in modo regolare: questo indica che lungo il periodo aumenta il numero di atomi di ossigeno che si combina con un atomo dell'altro elemento.
- Nelle formule dei *composti con l'idrogeno* il rapporto tra gli atomi di idrogeno e quelli dell'altro elemento prima aumenta e poi diminuisce in modo regolare. Si può notare che nella formula di ciascun composto compare sempre un solo atomo dell'elemento combinato con l'idrogeno.

Questo andamento regolare si riscontra anche negli altri periodi.

Se consideriamo gli elementi di ogni gruppo, si ha che essi formano composti con l'ossigeno e con l'idrogeno caratterizzati da una formula generica identica.

Nella ▶ Tabella 3 sono riportate le formule dei composti con l'ossigeno e con l'idrogeno degli elementi del gruppo 14 e del gruppo 15.

Gruppo 14 (IV)	
CO_2	CH_4
SiO_2	SiH_4
GeO_2	GeH_4
SnO_2	SnH_4
PbO_2	PbH_4

Gruppo 15 (V)	
N_2O_5	NH_3
P_2O_5	PH_3
As_2O_5	AsH_3
Sb_2O_5	SbH_3
Bi_2O_5	BiH_3

▶ **Tabella 3** Le formule analoghe dei composti confermano che gli elementi dello stesso gruppo hanno comportamento chimico simile.

Prova tu 2

Un composto ha formula H_2X. Puoi stabilire a quale gruppo appartiene l'elemento X?

....

1 Nella tabella che segue sono riportati gli elementi che fanno parte del secondo e del terzo periodo:

Li	Be	B	C	N	O	F	Ne
Na	Mg	Al	Si	P	S	Cl	Ar

a) Qual è l'elemento con *raggio atomico* minore? ....
b) Qual è l'elemento con il più basso valore di *elettronegatività*? ....
c) È più alta l'*energia di ionizzazione* del litio o del fluoro? ....
d) È più alta l'*affinità elettronica* del sodio o del cloro? ....

2 L'aumento del numero atomico in un periodo è accompagnato da:
A nessuna variazione, né del raggio atomico, né della elettronegatività
B una diminuzione dell'elettronegatività e un aumento del raggio atomico
C una diminuzione dell'elettronegatività e del raggio atomico
D un aumento dell'elettronegatività e una diminuzione del raggio atomico
E un aumento dell'elettronegatività e del raggio atomico

3 Nei composti con l'idrogeno, il rapporto tra gli atomi di idrogeno e quelli dell'altro elemento in un periodo:
A aumenta in modo regolare
B diminuisce in modo regolare
C prima diminuisce e poi aumenta in modo regolare
D prima aumenta e poi diminuisce in modo regolare
E varia in modo casuale in relazione al periodo considerato

4 Perché nel descrivere la variazione delle proprietà chimiche all'interno di un periodo non si considera la famiglia dei gas nobili?

....
....

5 Come varia il rapporto tra gli atomi di ossigeno e gli atomi di un altro elemento nell'ambito di un dato periodo?
A Aumenta poi diminuisce
B Diminuisce gradualmente da 7 a 1
C Varia in modo irregolare
D Aumenta in modo regolare da 0,5 a 3,5
E Aumenta da 1 a 4 poi diminuisce fino a 1

6 Quale frazione esprime il rapporto tra gli atomi nel composto che l'azoto forma con l'ossigeno?

....

7 In relazione al valore di *Ei'* stabilisci per ogni affermazione se è vera o falsa.
a) *Ei'* del litio è minore di quella dell'elio V F
b) *Ei'* del neon è maggiore di quella dell'elio V F
c) *Ei'* del berillio è maggiore di quella del bario V F
d) *Ei'* del fluoro è maggiore di quella del neon V F
e) *Ei'* dell'azoto è maggiore di quella del bismuto V F

8 A proposito delle proprietà periodiche, indica l'unica affermazione *sbagliata*.
A Nell'ambito di un periodo, andando da sinistra a destra diminuisce il carattere metallico
B Nell'ambito di un gruppo, andando dall'alto in basso il raggio atomico tende ad aumentare
C Nell'ambito di un periodo, andando da sinistra a destra l'energia di ionizzazione tende ad aumentare
D Nell'ambito di un gruppo, andando dall'alto in basso l'energia di prima ionizzazione tende a diminuire
E Nell'ambito di un periodo, andando da sinistra a destra il raggio atomico aumenta

9 Scrivi la formula dell'ossido dell'elemento del gruppo 13 che si trova nel quarto periodo.

....

10 Un composto ha formula XH_2. Qual è la formula dell'ossido dello stesso elemento? Sapendo che X *non* è un metallo di transizione, qual è il gruppo di appartenenza di X?

....

11 Un composto ha formula XH_4.
a) Qual è la formula dell'ossido dello stesso elemento? ....
b) Sapendo che X non è un metallo di transizione, qual è il gruppo di appartenenza di X? ....

12 In base all'esempio della prima riga, completa la seguente tabella:

Gruppo	Formula composto con l'ossigeno	Formula composto con l'idrogeno
1	Na_2O	NaH
		H_2S
	P_2O_5	
	BaO	

13 Osservando la tavola periodica indica l'elemento di ogni coppia che ha raggio atomico maggiore:
a) alluminio o sodio ....
b) fluoro o iodio ....
c) carbonio od ossigeno ....
d) berillio o bario ....

14 Considered in succession, the elements in Period 2 of the periodic table exhibit decreasing atomic radius with increasing atomic number. This may be explained by the fact that the:
A nuclear charge increases
B number of energy levels increases
C number of neutrons decreases
D number of protons decreases

15 Which of the following atoms, designated by their electron configurations, has the *highest* ionization energy?
A [Ne] $3s^2\ 3p^2$
B [Ne] $3s^2\ 3p^3$
C [Ar] $4s^2\ 3d^{10}\ 4p^3$
D [Kr] $5s^2\ 4d^{10}\ 5p^3$
E [Xe] $6s^2\ 4f^{14}\ 5d^{10}\ 6p^3$

Mappa di sintesi

LOSAI?

Tavola periodica o sistema periodico
gli elementi sono ordinati in base al numero atomico Z

Configurazione elettronica
Elettroni dell'ultimo livello
As ⇒ [Ar] $4s^2$ $3d^{10}$ $4p^3$

Famiglie chimiche
raggruppamenti di elementi con proprietà chimiche simili.

Metalli alcalino-terrosi ns^2

Metalli alcalini ns^1

Metalli di transizione
orbitali *d*

Alogeni
ns^2np^5

Gas nobili
ns^2np^6

Lantanidi
orbitali *f*

Attinidi
orbitali *f*

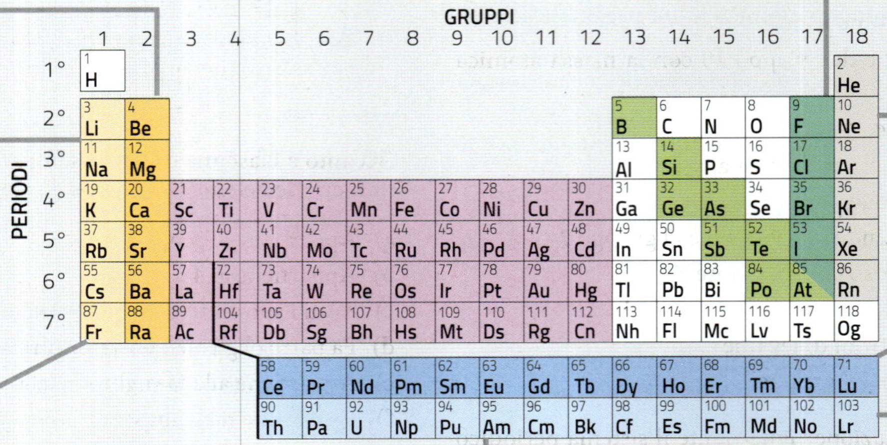

Coordinate chimiche
«7° periodo – gruppo 1» corrispondono al francio.

I periodi sono 7.

I gruppi sono 18.

I **metalli** sono a sinistra e al centro.

I **semimetalli** hanno proprietà intermedie.

I **non-metalli** sono a destra.

Proprietà periodiche

Energia di prima ionizzazione
C + *Ei* → e^- + C^+

Elettronegatività
L. Pauling

Affinità elettronica
Cl + e^- → Cl^- + *E*

Raggio atomico

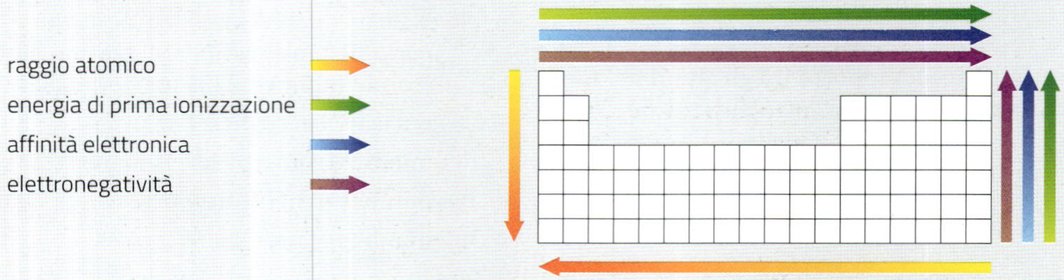

SEI PRONTO PER LA VERIFICA?

In 1 ora
Totale 100 punti

1 Nello schema che riproduce la tavola periodica, scrivi nella casella appropriata il numero corrispondente agli elementi sotto indicati. **[10 punti]**

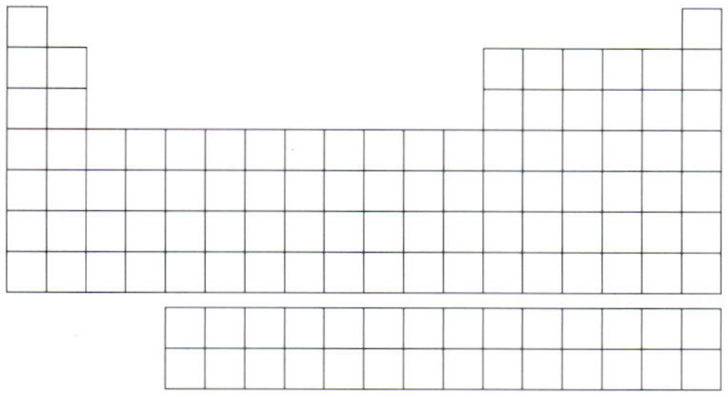

1. Il metallo alcalino del 4° periodo
2. Il metallo di transizione del gruppo 10 con la massa atomica minore
3. L'alogeno del 3° periodo
4. Il lantanide con il numero atomico maggiore
5. Il gas nobile del 1° periodo
6. L'elemento che appartiene al 3° periodo e al gruppo 2
7. Il metallo alcalino-terroso con maggiore Z
8. L'elemento con Z = 3
9. Il metalloide con 3 elettroni di legame
10. L'unico non-metallo del IV gruppo

2 Indica per ogni affermazione riguardante il sistema periodico se è vera o falsa. **[9 punti]**

a) Gli elementi che si trovano nella stessa colonna fanno parte dello stesso gruppo V F
b) Gli elementi sono ordinati secondo il numero atomico crescente V F
c) Spostandosi da sinistra a destra diminuisce il numero di protoni presenti nel nucleo V F
d) Gli elementi che si trovano nella stessa riga fanno parte dello stesso gruppo V F
e) Tutti i periodi sono costituiti dallo stesso numero di elementi V F

3 Associa a ogni famiglia chimica il numero che indica il gruppo corrispondente. **[7 punti]**

a) Metalli alcalini ....
b) Metalli alcalino-terrosi ....
c) Alogeni ....
d) Gas nobili ....

1. gruppo 17
2. gruppo 18
3. gruppo 2
4. gruppo 1

4 Un elemento metallico del 3° periodo non appartiene né alla famiglia dei metalli alcalini, né a quella dei metalli alcalino-terrosi. Di quale elemento si tratta? **[8 punti]**

....

5 Quanti elettroni di tipo *s* ha in totale il boro? **[8 punti]**

....

6 Un atomo di un elemento X si lega a due atomi di idrogeno. A quale gruppo appartiene X? **[8 punti]**

....

7 Lo ione positivo X^+ di un elemento ha struttura elettronica [Ar] s^1. A quale famiglia chimica appartiene l'elemento? **[7 punti]**

....

8 Nello schema che riproduce la tavola periodica considera solo le caselle numerate. **[10 punti]**

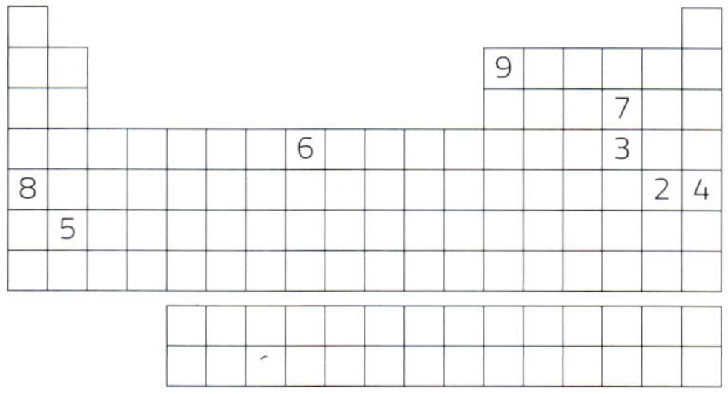

Accanto a ciascuna delle seguenti definizioni scrivi il numero (o i numeri) dell'elemento (o degli elementi).

a) Appartiene al gruppo 16 ....
b) Appartiene al 4° periodo ....
c) Tutti i suoi atomi hanno 2 elettroni di legame ....
d) Fa parte degli elementi non-metallici ....
e) Appartiene alla famiglia dei gas nobili ....
f) Quello che ha la massa atomica maggiore ....
g) Fa parte degli elementi detti semimetalli ....
h) Fa parte degli elementi detti attinidi ....
i) Ha proprietà metalliche ....

9 Completa la seguente tabella: **[8 punti]**

Nome	Z	Configurazione elettronica
		[Kr] $5s^2\ 4d^2$
	84	

10 The stability of the noble gases is the reason why they are non-reactive. Which gas has the electron configuration $1s^2\ 2s^2\ 2p^6$? **[8 punti]**

A Krypton B Xenon C Neon D Helium

11 Which element in Period 3 of the periodic table will only form chlorides with the general formula XCl_2? **[8 punti]**

A Ar B Si C Mg D Na

12 Match each set of characteristics with an element listed below. **[9 punti]**

Sodium (Na)
Antimony (Sb)
Argon (Ar)
Chlorine (Cl_2)

a) A reactive non-metal: the atom has a large negative electron affinity ....
b) A soft metal; the atom has low ionization energy ....
c) A metalloid that forms an oxide of formula R_2O_3 ....
d) A chemically unreactive gas ....

CLIL Chemistry highlights

What are Rare Earths?

1. Match each word with its definition

1. Noble gases ....
2. Non-metals ....
3. Alkali metals ....
4. Transition metals ....

a. Group 1 metals with very similar chemical properties because their atoms have got just one electron in the outer energy level.
b. Group 18 elements, whose atoms possess a full outermost energy level making them extremely stable.
c. 40 metal elements belonging to Groups 3 to 12.
d. Elements that do not exhibit metallic characteristics.

2. Read the text and fill in the gaps with the words given

rare earth – metals – periodic table – energy – lanthanides

The Japanese call them «the seeds of technology.» The US Department of Energy calls them «technology ....». They make possible the high tech world we live in today – everything from the miniaturization of electronics, to the enabling of green .... and medical technologies, to supporting a myriad of essential telecommunications and defence systems. They are the elements that have become irreplaceable to our world of technology owing to their unique magnetic, phosphorescent, and catalytic properties.

Which elements are they? Rare earth elements are a set of seventeen chemical elements in the ...., specifically the fifteen .... plus scandium and yttrium. Scandium and yttrium are considered rare earth elements since they tend to occur in the same ore deposits as the lanthanides and exhibit similar chemical properties. While named rare earths, they are in fact not that rare and are relatively abundant in the Earth's crust. What is unusual is to find them in quantities significant enough to support economic mineral development.

With rare earths, a little goes a long way. The amount of rare earths used in high tech equipment is nominal but almost always critical to the unit's performance.

For example, an iPhone uses eight rare earths – for everything from its coloured screen, to its speakers, to the miniaturization of the phone's circuitry.

While the amount of rare earths in each phone is very small, the quantity of phones sold each year is impressive. [...]

Where do they come from? China became the world's dominant producer of rare earths in the 1990s. Because China sold rare earths at very low prices, mines like Molycorp's Mountain Pass in California and others throughout the world were unable to compete. By 2000, China accounted for more than 95% of world .... production.

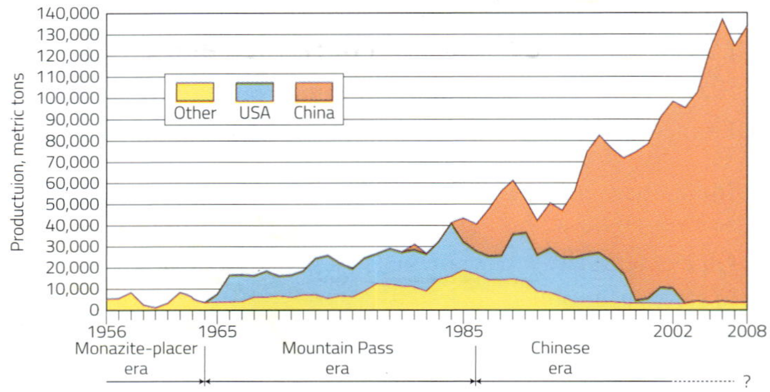

China is also the dominant consumer of rare earths, which they use mainly in the manufacture of electronics products for domestic use as well as export. Japan and the United States are the world's second and third largest consumers of rare earths. In 2010 and 2011, Chinese exports of rare earths fell, driven predominately by increasing domestic consumption.
[Tratto da: *www.rareelementresources.com*]

3. Now listen and check

4. Answer the following questions

a. What elements make up the group of rare earths?

....

b. Why are these elements referred to as «rare earths»?

....

c. What do these elements have in common?

....

d. Why has China reduced exports of these elements?

....

YOUR GLOSSARY

seeds = semi/sementi

....

6 I legami chimici

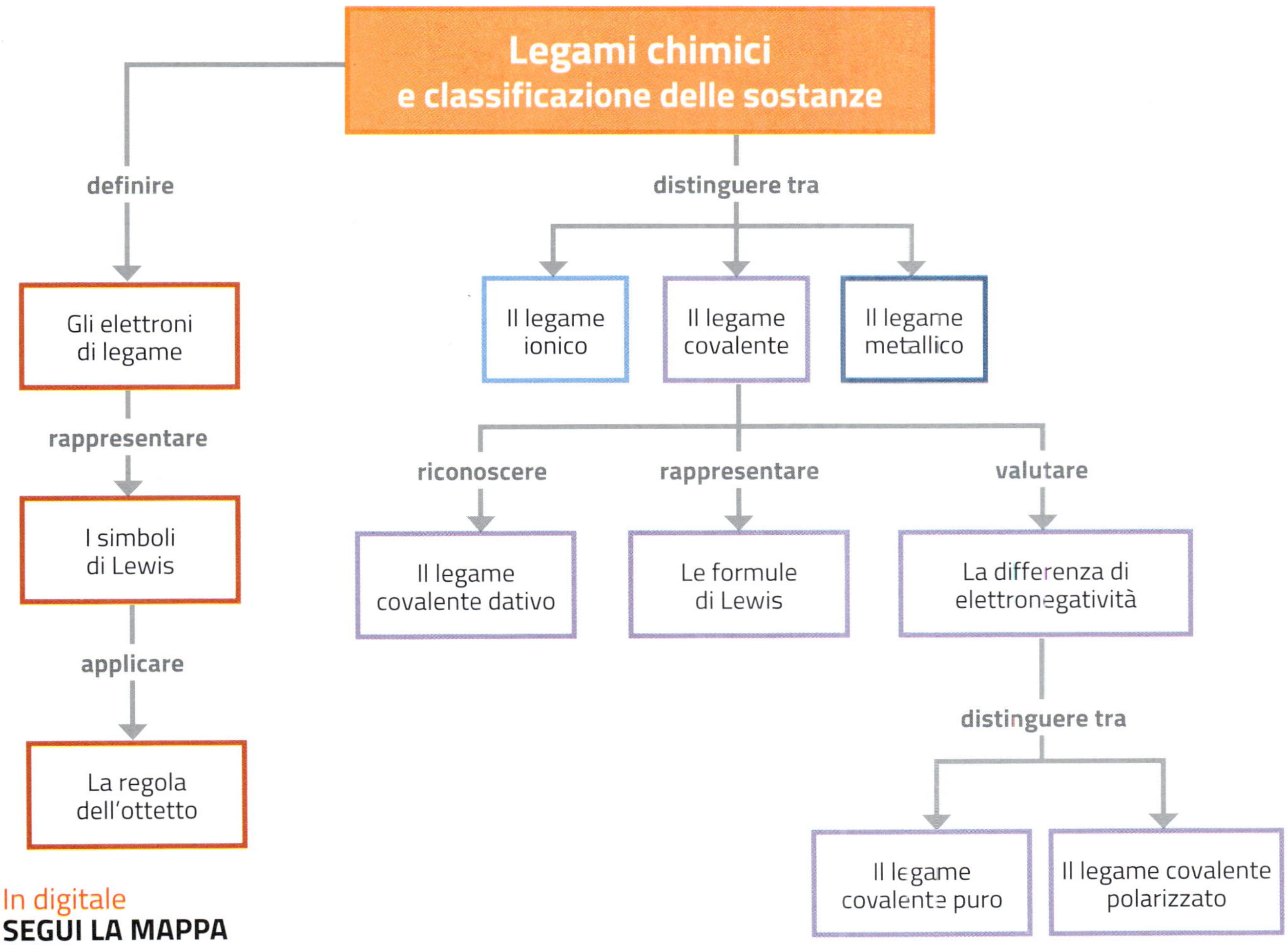

In digitale
SEGUI LA MAPPA

1 Gli elettroni di legame e la regola dell'ottetto

Gli atomi si legano formando aggregati più stabili: i simboli di Lewis e la regola dell'ottetto aiutano a prevedere il numero di legami

I legami chimici: elettroni di legame e simboli di Lewis

Sappiamo già che gli atomi ben difficilmente possono esistere isolati mentre invece si ritrovano uniti in modo permanente con altri atomi per formare aggregati più stabili: ciò che li tiene uniti sono interazioni di natura elettrica che chiamiamo in generale *legami chimici.*

I legami chimici sono il risultato di un equilibrio tra diverse forze elettriche: forze di repulsione (tra i nuclei e tra gli elettroni) e di attrazione (tra i nuclei e gli elettroni).

La conseguenza è che gli atomi si dispongono a una precisa distanza reciproca e occupano definite posizioni nello spazio (▶ Figura 1).

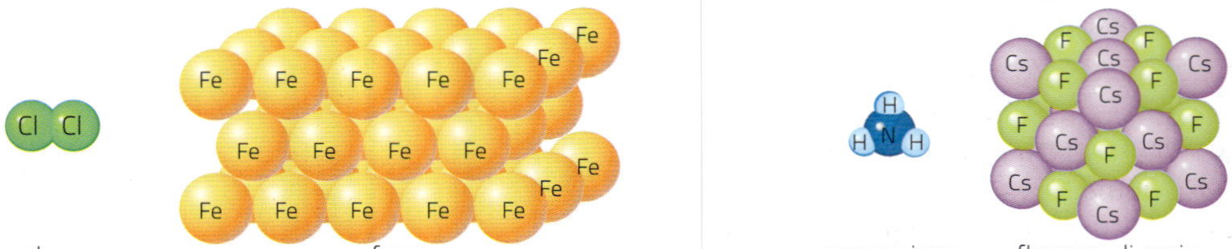

▶ **Figura 1** Rappresentazione di alcune sostanze elementari e composte.

Questa capacità di legarsi degli atomi, come sappiamo, dipende dagli elettroni che si trovano nel livello più esterno.

Gli elettroni impegnati a formare i legami tra gli atomi sono quelli che si trovano negli orbitali di tipo *s* e *p* dell'ultimo livello occupato e che vengono chiamati **elettroni di legame**.

Per rappresentare gli elettroni di legame di un elemento si possono utilizzare notazioni molto semplici, messe a punto dal chimico statunitense G.N. Lewis e per questo chiamate *simboli di Lewis.*

I simboli di Lewis consentono di rappresentare in forma sintetica con puntini gli elettroni di legame.

Nella ▶ Figura 2 sono riportati i simboli di Lewis degli elementi del 2° periodo della tavola periodica; questi consistono semplicemente nel simbolo dell'elemento circondato da tanti puntini quanti sono gli elettroni di legame.

	I	II	III	IV	V	VI	VII	VIII
	$2s^1$	$2s^2$	$2s^2\ 2p^1$	$2s^2\ 2p^2$	$2s^2\ 2p^3$	$2s^2\ 2p^4$	$2s^2\ 2p^5$	$2s^2\ 2p^6$
2°	• Li	• • Be	• • B •	• • C • •	• : N • •	• • : O • •	• • : F : •	• • : Ne : • •

▶ **Figura 2** Simboli di Lewis degli elementi del 2° periodo.

Per rappresentare il simbolo di Lewis di un elemento si scrive il simbolo e si individuano idealmente quattro zone: sinistra, sopra, destra e sotto. Si disegnano i puntini-elettrone collocandoli uno alla volta nelle diverse zone. Quando i puntini sono più di quattro, i successivi vengono disposti in modo da formare una o più coppie. In questo modo si possono distinguere elettroni singoli (o spaiati) ed elettroni accoppiati. Gli unici elementi i cui simboli di Lewis presentano soltanto coppie di elettroni sono i gas nobili.

Tale simbologia è uguale per tutti gli elementi dello stesso gruppo contrassegnato con il numero romano (▶ Figura 3).

I PROTAGONISTI DELLA SCIENZA

GILBERT NEWTON LEWIS (1876-1946)
Dal 1912 fino alla morte, Lewis ha lavorato all'Università di Berkeley in California; principalmente a lui si deve la fama raggiunta dal dipartimento di chimica. Compì fondamentali ricerche nel campo della dinamica relativistica, impostata da Einstein. Si interessò dal 1916 alla teoria elettronica della valenza, sviluppando il concetto di *electron pair bond* (coppia di legame). Fu lui a coniare, nel 1926, il termine *fotone*, adottato per indicare quelli che Einstein aveva chiamato «quanti di luce».

	II
2°	• • Be
3°	• • Mg
4°	• • Ca
5°	• • Sr
6°	• • Ba
7°	• • Ra

▶ **Figura 3** I simboli di Lewis dei metalli alcalino-terrosi sono simili perché questi elementi hanno tutti due elettroni di legame.

La regola dell'ottetto

Nella ▸ Figura 4 sono riportati i simboli di Lewis dei gas nobili. Tutti questi elementi presentano una configurazione elettronica con il livello più esterno occupato completamente, cioè hanno otto elettroni, 2 di tipo *s* e 6 di tipo *p* nel livello più esterno, a esclusione dell'elio, che completa il primo livello con due elettroni.

Sappiamo già che gli elementi di questa famiglia sono caratterizzati da una grande inerzia chimica: i loro atomi non si legano con altri atomi e neppure tra essi, tanto è vero che i gas nobili sono sempre costituiti da singoli atomi isolati. L'inerzia chimica dei gas nobili è dovuta alla loro struttura elettronica molto stabile. Basandosi su questa osservazione, Lewis ha proposto nel 1916 una guida utile e semplice per capire come gli atomi si legano tra loro: la *regola dell'ottetto*.

La **regola dell'ottetto** afferma che ogni atomo, quando si lega con altri atomi, assume una configurazione elettronica come quella dei gas nobili, cioè con otto elettroni nel livello più esterno occupato, che viene anche chiamato *guscio di valenza*.

Come vedremo nelle prossime lezioni, per raggiungere questa configurazione elettronica stabile ciascun atomo acquista, cede oppure mette in comune uno o più elettroni fino ad assumere la struttura a ottetto. Naturalmente gli elementi che si trovano vicino all'elio (il litio, per esempio) assumeranno una configurazione elettronica caratterizzata da una sola coppia di elettroni. In generale, a seguito di questa dislocazione di elettroni, un atomo raggiunge una configurazione elettronica uguale a quella del gas nobile con numero atomico più vicino.

Naturalmente, la realtà non è sempre così semplice: esistono atomi che stabiliscono un numero di legami che non si può interpretare sulla base della regola dell'ottetto.

Tuttavia occorre riconoscere che in moltissimi casi essa è utile per prevedere la formazione dei legami chimici.

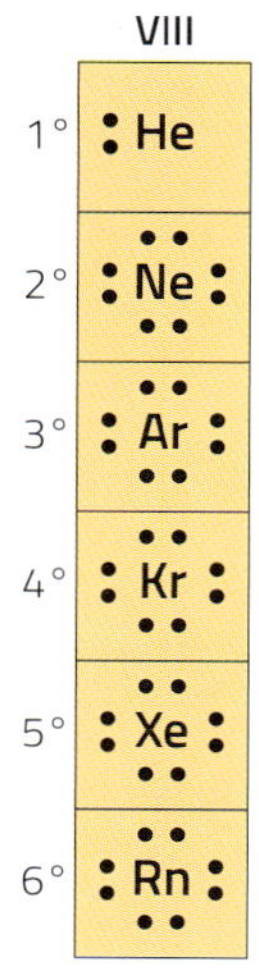

▸ **Figura 4** Nei simboli di Lewis dei gas nobili tutti gli elettroni sono sempre accoppiati.

Prova tu

Scrivi la configurazione elettronica del fosforo e quella che assume quando forma legami chimici.

....

Esercizi 1 Gli elettroni di legame e la regola dell'ottetto

1 Completa la tabella seguendo l'esempio riportato nella prima colonna.

Simbolo elemento	Na	P	Si	S	Cl
Simbolo di Lewis	•Na	P	Si	S	Cl
Elettroni di legame	1	5	4	6	7

2 La capacità e il modo con cui gli atomi possono formare legami dipendono essenzialmente:

A dai protoni presenti nel nucleo
B dagli elettroni di legame
C dagli elettroni del livello più interno
D dalla carica positiva del nucleo
E dalla carica negativa totale degli elettroni

3 Il numero atomico del piombo è 82. Quanti sono gli elettroni di legame? ....6....

4 Quanti sono gli elettroni di legame degli elementi del gruppo 16? ....7....

5 Come si chiama l'elemento del 3° periodo che ha 6 elettroni di legame? ....FOSFORO (P)....

6 Hanno più elettroni di legame gli elementi del gruppo 13 o quelli del IV gruppo?

....del gruppo IV....

7 In generale, che cosa accade a un atomo quando forma un legame chimico?

A Assume la struttura elettronica del gas nobile più vicino
B Assume la struttura elettronica del gas nobile che lo precede
C Assume la struttura elettronica del gas nobile che lo segue
D Si trasforma nel gas nobile più vicino
E Assume la struttura elettronica del gas nobile dello stesso periodo

8 Completa la seguente tabella seguendo l'esempio della prima riga:

Simbolo	Z	Configurazione elettronica	Elettroni di legame
B	5	[He] $2s^2\,2p^1$	3
Ca	20	[Ar] $4s^2$	2
S	16	[Ne] $3s^2\,3p^4$	6
Br	35	[Ar] $3d^{10}\,4s^2\,4p^5$	7

9 Che cosa hanno in comune tutti gli elementi che appartengono a un gruppo indicato con un numero romano?

....gli elettroni di legame....

10 Why are noble gases very unreactive?

A Their outermost electron shell is filled
B Noble gases have no electron shells
C They have only 1 electron in their outermost electron shell
D They have no electrons in their outermost electron shell

2 Il legame ionico

Il legame ionico è presente nei composti costituiti da ioni, particelle ottenute a seguito del passaggio di uno o più elettroni tra atomi diversi

Elettroni da un atomo a un altro: il legame ionico

Il comune sale da cucina è costituito prevalentemente da cloruro di sodio. Per capire come sodio e cloro sono legati in questo composto, applichiamo la regola dell'ottetto: il sodio (Z = 11) ha un elettrone in più rispetto al gas nobile neon (Z = 10), mentre il cloro (Z = 17) ha un elettrone in meno rispetto al gas nobile argo (Z = 18). Pertanto un atomo di sodio cede un elettrone a un atomo di cloro: in questo modo l'atomo di sodio assume una carica positiva mentre quello di cloro acquista una carica negativa. Gli ioni così ottenuti hanno la struttura elettronica del gas nobile più vicino e pertanto sono più stabili e hanno dimensioni diverse dagli atomi da cui hanno avuto origine (▶ Figura 1).

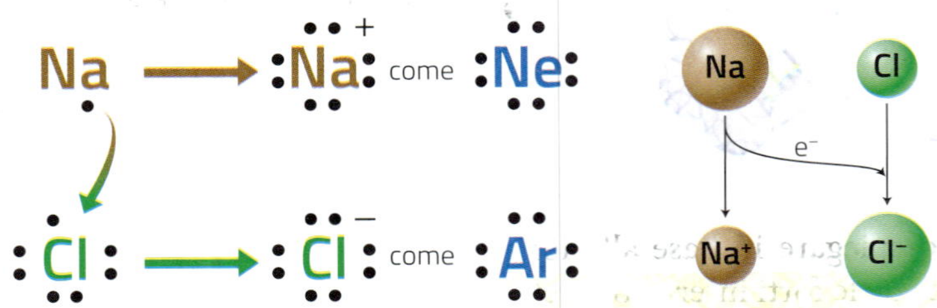

▶ **Figura 1** L'atomo di sodio ha un solo elettrone nel 3° livello. Se questo viene ceduto, si forma uno ione i cui elettroni occupano solo i primi due livelli e questo spiega le minori dimensioni. L'atomo di cloro acquistando un elettrone forma lo ione cloruro che ha 8 elettroni nel 3° livello e la carica elettrica non bilanciata determina un aumento delle dimensioni.

È logico che gli atomi coinvolti in questo trasferimento di elettroni non possono essere uguali, anzi, devono presentare proprietà chimiche molto diverse. Quindi le sostanze che si formano sono esclusivamente composti e vengono denominate *composti ionici*. Basandoci sul fatto che cariche opposte si attraggono, siamo ora in grado di presentare una definizione del modello di legame che caratterizza tutti i composti ionici.

Viene chiamato **legame ionico** l'insieme di interazioni di natura elettrica che tiene uniti ioni positivi (i cationi) con ioni negativi (gli anioni); tutti gli ioni si sono formati in seguito al trasferimento di elettroni da atomi di un elemento ad atomi di un elemento diverso.

La struttura dei composti formati da ioni

Ogni carica elettrica esercita una forza di attrazione in tutte le direzioni e quindi ogni ione è circondato da più ioni di carica elettrica opposta. Sia il numero sia la disposizione di questi ioni dipendono dalla carica e dalle dimensioni. Per esempio, nel cloruro di sodio ogni ione Na^+ è circondato da sei ioni Cl^- e contemporaneamente ogni ione Cl^- è circondato da sei ioni Na^+. Gli ioni si dispongono in modo ordinato e si sviluppano nello spazio creando strutture cristalline senza limiti precisi, dato che ciascuno ione alla periferia del cristallo può attrarre altri ioni e quindi formare altri strati e così via teoricamente all'infinito (▶ Figura 2).

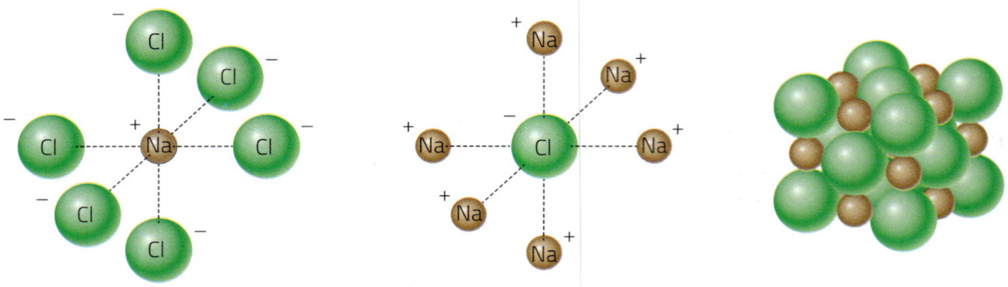

▶ **Figura 2** Le linee tratteggiate simboleggiano le forze di attrazione tra i diversi ioni; il modello a sfere ravvicinate evidenzia la struttura cubica dei cristalli di NaCl.

Non è raro infatti trovare in natura cristalli di grandi dimensioni (▶ Figura 3).

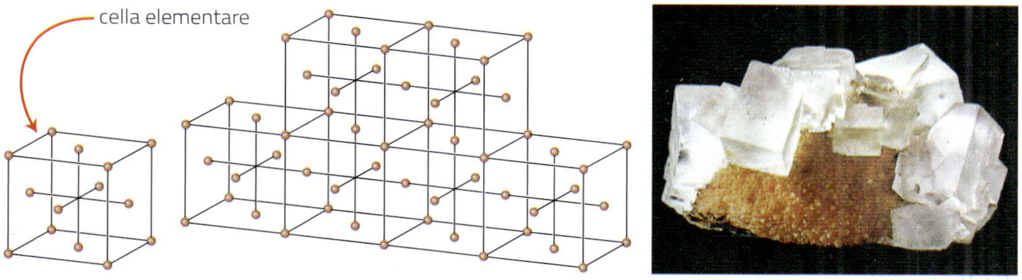

▶ **Figura 3** Le celle elementari del cloruro di sodio crescono una sull'altra dando origine a cristalli che possono essere più o meno grandi. In questo bel cristallo naturale di cloruro di sodio si osserva chiaramente che la forma assunta riproduce a livello macroscopico la forma cubica della cella elementare.

Come si è detto, il numero e la disposizione degli ioni che formano la struttura cristallina dipendono dalla loro carica e dalle loro dimensioni. Per questo i cristalli di composti ionici con formula simile possono avere struttura diversa. Per esempio, nel cloruro di cesio (CsCl) ogni ione è attorniato da otto ioni di carica opposta (▶ Figura 4).

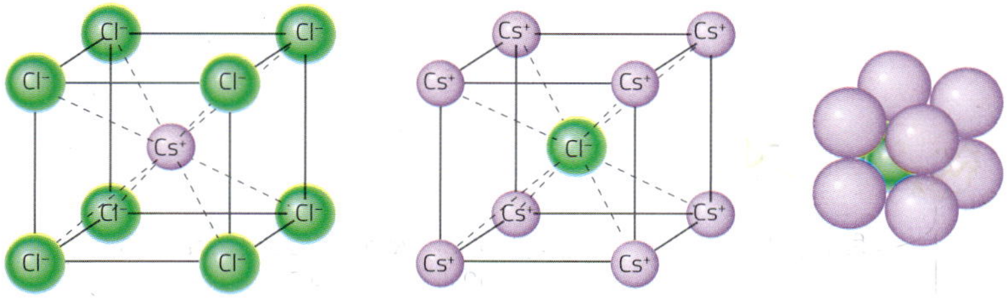

▶ **Figura 4** Anche la struttura dei cristalli di CsCl è cubica, ma gli ioni occupano posizioni reciproche diverse da quelle occupate nel reticolo di NaCl.

Molte proprietà fisiche dei composti ionici si possono spiegare in base alla loro struttura cristallina. La proprietà comune più evidente è che le forti interazioni reticolari fanno sì che i composti ionici a temperatura ambiente siano tutti solidi.

Infine occorre precisare il significato delle formule dei composti ionici. Dato che questi sono costituiti da un aggregato formato da un numero variabile e comunque grande di ioni, gli indici della formula indicano il rapporto minimo tra gli ioni di segno opposto. Per esempio, nel cloruro di sodio sappiamo che per ogni catione Na^+ c'è un anione Cl^- e che in questo modo viene garantita la neutralità elettrica del composto: il rapporto tra gli ioni è 1:1 e quindi la formula del composto è NaCl.

Numerosi composti ionici sono costituiti da cationi e anioni con carica diversa e quindi per scrivere la loro formula occorre introdurre indici che tengano conto della carica dei singoli ioni (▶ Figura 5).

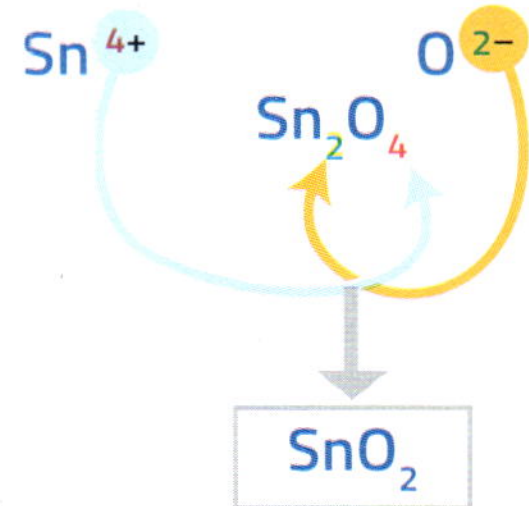

▶ **Figura 5** Gli indici che compaiono nella formula devono esprimere sempre il rapporto minimo tra gli ioni.

Esempio

Vogliamo mostrare come si può ricavare la formula di un composto ionico, costituito da magnesio e cloro.

Innanzitutto scriviamo i simboli di Lewis di questi due elementi.

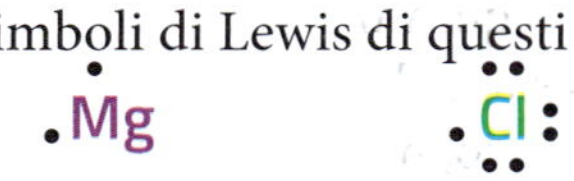

In base alla regola dell'ottetto, ogni atomo di magnesio cede due elettroni mentre ogni atomo di cloro ne può acquistare soltanto uno: pertanto con ogni atomo di magnesio devono interagire due atomi di cloro.

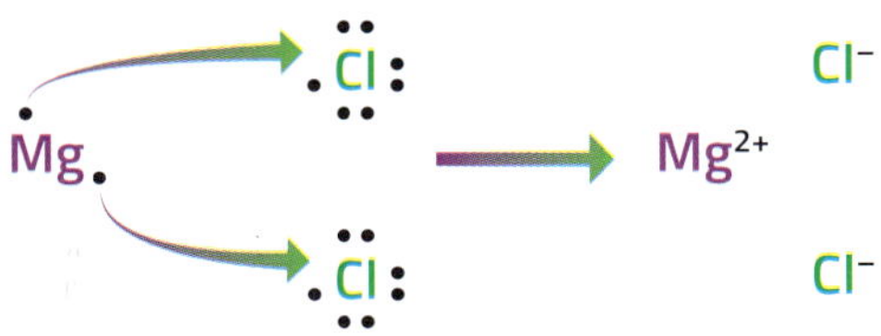

Potassio → K 1e⁻ Cede 1e⁻
Zolfo → S 6e⁻ Acquista 2e⁻

Si può quindi concludere che nel composto per ogni ione Mg^{2+} devono essere presenti due ioni Cl^-. Con questo rapporto 1:2 tra ioni positivi e ioni negativi si garantisce la neutralità elettrica del composto e pertanto la formula risulta essere la seguente:

$$MgCl_2$$

Prova tu

Scrivi la formula del composto ionico formato dagli elementi potassio e zolfo.

K_2S

PER SAPERNE DI PIÙ

Le sorprese dei composti ionici
Come sappiamo i composti ionici sono tutti solidi a temperatura ambiente e ciò è dovuto all'impaccamento degli ioni che dà origine a strutture senza limiti precisi. I chimici però utilizzando ioni di grandi dimensioni e non sferici sono riusciti a rendere più difficile l'impaccamento tenendo gli ioni a grandi distanze e quindi a provocare interazioni deboli. Hanno ottenuto così composti ionici liquidi a temperatura ambiente. In figura sono rappresentati i modellini degli ioni del nitrato di N-butilpiridinio: i cationi sono così ingombranti che non riescono a compattarsi con gli anioni. Per la maggior parte questi composti ionici liquidi sono incolori come l'acqua, e come l'acqua hanno un'azione solvente molto efficace. I liquidi ionici non sono volatili né infiammabili e possono sostituire solventi organici che sono volatili, infiammabili e spesso tossici. In questo modo si possono realizzare produzioni industriali che utilizzano metodi più rispettosi dell'ambiente, seguendo anche i *Principi della Chimica verde*.

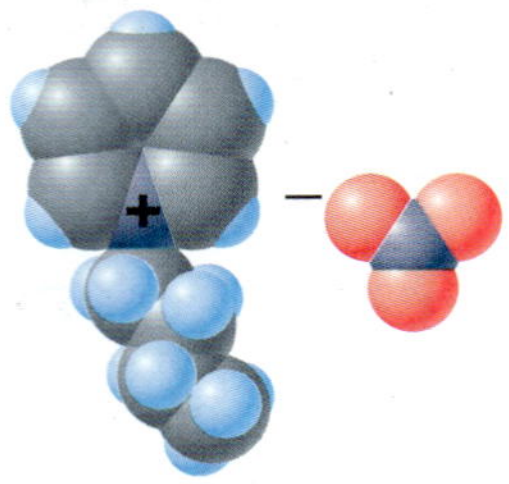

Esercizi 2 Il legame ionico

1 Se si avvicina una bacchetta elettrizzata si osserva che alcuni cristalli vengono attratti e altri respinti.

Sei in grado di spiegare questo comportamento?

....

....

2 Scegli l'alternativa corretta.
Un legame ionico si ha quando avviene un trasferimento di **elettroni/protoni** fra atomi di elementi **uguali/diversi**.

3 Un atomo di ossigeno (O) differisce da uno ione ossigeno (O^{2-}) in quanto l'atomo ha:

A meno elettroni
B più elettroni
C meno protoni
D più protoni
E più neutroni

4 La formula del composto ionico cloruro di calcio è $CaCl_2$. Essa indica:

A il numero minimo di atomi che costituiscono la molecola del composto
B il rapporto minimo tra il numero degli ioni positivi e di quelli negativi nel composto
C il numero di anioni e cationi che costituiscono ogni singola molecola del composto
D la disposizione nello spazio degli ioni costituenti il composto
E il numero di elettroni ceduti e acquistati nella formazione del legame ionico

5 Un legame ionico si forma quando:

A si ha uno scambio di protoni tra atomi di elementi diversi
B atomi di un elemento condividono elettroni con atomi dello stesso elemento
C si ha un passaggio di elettroni tra atomi dello stesso elemento
D atomi di un elemento cedono uno o più protoni ad altri atomi dello stesso elemento
E avviene un trasferimento di elettroni tra atomi di elementi diversi

6 Perché non esistono sostanze elementari che presentano il legame ionico?

....

....

7 Perché nella formazione dei legami gli atomi di bario di norma cedono due elettroni?

....

....

8 Qual è la formula del composto ionico che si forma tra bario e fluoro? ....

9 Quale ione di metallo alcalino ha la stessa configurazione elettronica dello ione I^-? ....

10 Lo ione Al^{3+} ha la stessa configurazione elettronica di un atomo di:

1 H																	2 He
3 Li	4 Be											5 B	6 C	7 N	8 O	9 F	10 Ne
11 Na	12 Mg											13 Al	14 Si	15 P	16 S	17 Cl	18 Ar
19 K	20 Ca	21 Sc	22 Ti	23 V	24 Cr	25 Mn	26 Fe	27 Co	28 Ni	29 Cu	30 Zn	31 Ga	32 Ge	33 As	34 Se	35 Br	36 Kr

A K B F C Ar D Ne E Na

11 Considera la tabella che segue:

Atomo	Raggio atomico (nm)	Ione	Raggio ionico (nm)
Na	0,157	Na^+	0,102
Mg	0,136	Mg^{2+}	0,072

a) Perché lo ione sodio è più piccolo dell'atomo di sodio?

....

b) Perché lo ione del magnesio è più piccolo di quello del sodio?

....

12 A K^+ ion is similar to a Cl^- ion in that they both have the same:

A nuclear charge
B atomic number
C number of protons
D number of electrons

13 A gallium ion has 28 electrons and 31 protons. What is the charge of a gallium ion?

A 31+ B 28– C 3– D 3+

3 Il legame covalente

Il legame covalente consiste in una coppia di elettroni condivisa tra due atomi: può essere semplice, multiplo, dativo, puro, polarizzato

Elettroni condivisi tra due atomi: il legame covalente

Animazione in digitale
Il legame covalente

Moltissime sostanze, elementari o composte, sono formate da molecole. Le molecole, come sappiamo, sono aggregati di due o più atomi che possono essere anche uguali. Pertanto la forza di attrazione che tiene uniti gli atomi in queste particelle non può essere spiegata sulla base del modello di legame ionico.

Per presentare un nuovo modello di legame prendiamo in considerazione il fluoro: questa sostanza elementare è formata da molecole biatomiche e ha quindi formula F_2. In base alla regola dell'ottetto i due atomi di fluoro ($Z = 9$), per legarsi tra loro, devono assumere la configurazione elettronica del gas nobile più vicino, cioè quella del neon ($Z = 10$); dato che gli elettroni di legame sono sette, ciascuno dei due atomi deve acquisire un elettrone. Per raggiungere la configurazione dell'ottetto, quindi, i due atomi di fluoro non possono far altro che mettere in comune un elettrone ciascuno, quello spaiato (▸ Figura 1).

▸ **Figura 1** Formazione di un legame covalente tra due atomi di fluoro.

Si forma così una coppia di elettroni condivisa, cioè che appartiene a entrambi gli atomi, detta anche *coppia di legame*.

Tutte le volte che si verifica una situazione di questo tipo diciamo che tra gli atomi si è formato un *legame covalente* (▸ Figura 2).

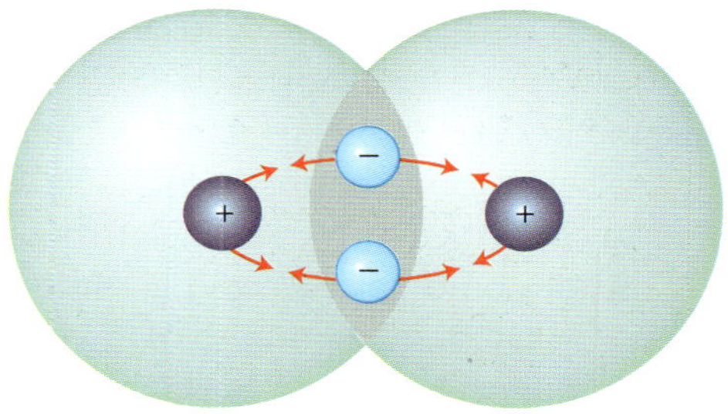

▸ **Figura 2** I due elettroni condivisi determinano la forza elettrica capace di attrarre entrambi i nuclei.

Viene chiamato **legame covalente** l'insieme delle forze di natura elettrica che unisce due atomi che mettono in comune una coppia di elettroni, coppia condivisa perché attratta da entrambi i nuclei.

Il legame covalente viene rappresentato con un trattino che unisce i simboli dei due atomi legati. Per esempio, la molecola di fluoro (F_2) può essere rappresentata in questo modo:

F — F

Prendiamo ora in considerazione un composto, formato anch'esso da molecole, l'ammoniaca. La rappresentazione riportata nella ▸ Figura 3 mostra che l'atomo di azoto mette in comune i tre elettroni spaiati, uno con ogni atomo di idrogeno, che a sua volta mette in comune il proprio elettrone con l'atomo di azoto. Si formano così tre legami covalenti.

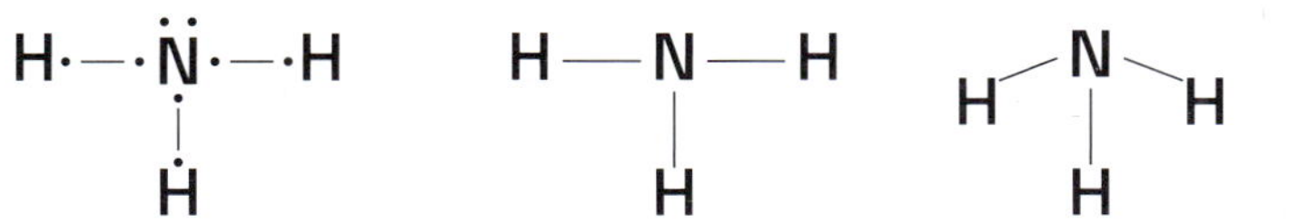

▸ **Figura 3**

Nelle formule di Lewis vengono riportati tutti gli atomi della formula, gli elettroni-puntino di ciascuno e i legami covalenti, rappresentati con un trattino.

Nelle formule di struttura vengono rappresentati solamente i legami tra gli atomi; talvolta esse rappresentano anche la disposizione degli atomi nello spazio.

A seguito della formazione di tre coppie di elettroni condivise, nella molecola di ammoniaca tutti gli atomi raggiungono la configurazione elettronica uguale a quella del gas nobile più vicino:

$H \Rightarrow 1s^2$ cioè come :He $\qquad N \Rightarrow 1s^2\ 2s^2\ 2p^6$ cioè come :Ne:

Prova tu 1

Il metano è un composto costituito da carbonio e idrogeno.
Scrivi la formula di Lewis.

....

Legami multipli: doppi e tripli legami

Il modello di legame covalente è utile per interpretare la combinazione tra gli atomi in moltissimi casi in cui le sostanze sono formate da molecole. Consideriamo per esempio un composto organico gassoso, l'etene (noto come etilene) la cui formula è C_2H_4. Tenendo presente la regola dell'ottetto, possiamo rappresentare la sua molecola nei seguenti modi:

La formula di Lewis evidenzia che ogni atomo di idrogeno condivide una coppia di elettroni: per questo ciascuno dei due atomi di carbonio deve mettere in comune con l'altro non uno ma due elettroni formando un *doppio legame*.

L'atomo di carbonio può formare anche due doppi legami, come per esempio quando si lega con due atomi di ossigeno (▶ Figura 4).

Consideriamo ora la molecola di azoto che, come sappiamo, è biatomica: N_2. Per completare il proprio ottetto, entrambi gli atomi di azoto devono mettere in comune tre elettroni ciascuno formando un triplo legame (▶ Figura 5).

Quando tra due atomi ci sono due coppie di elettroni condivise, i due legami covalenti che si formano prendono il nome di **doppio legame**. Se le coppie condivise sono tre si parla di **triplo legame**.

A questo punto, per maggiore chiarezza, il legame covalente singolo può anche essere indicato con il nome di *legame semplice*.

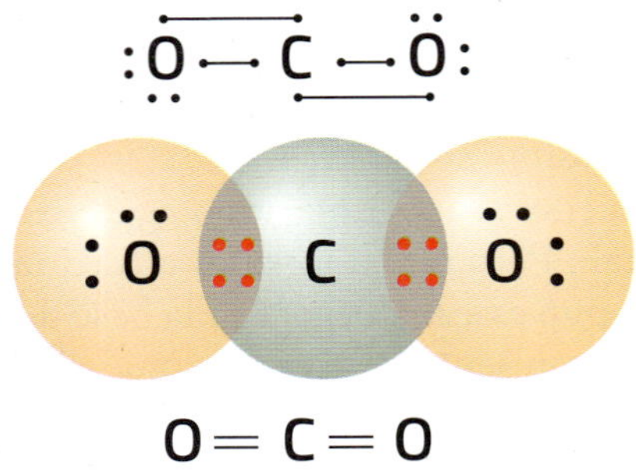

▶ **Figura 4** Nella molecola di diossido di carbonio sono presenti due doppi legami.

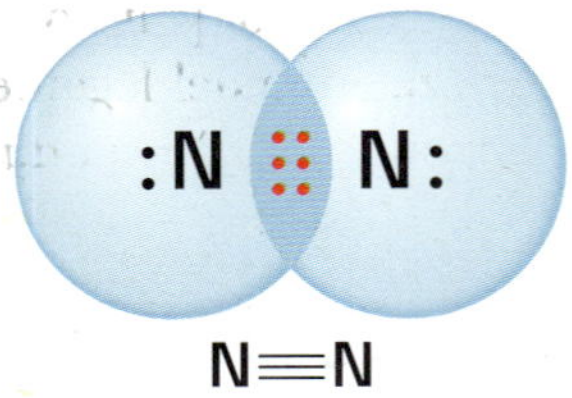

▶ **Figura 5** Nella molecola biatomica di azoto è presente un triplo legame.

Il legame covalente polarizzato

Alcune importanti proprietà delle sostanze si possono interpretare ammettendo che esistano anche legami covalenti in cui la coppia di elettroni non è ugualmente condivisa dagli atomi legati a causa della loro diversa elettronegatività, cioè della loro diversa capacità di attrarre gli elettroni di legame.

Consideriamo per esempio la molecola biatomica di un composto, il cloruro di idrogeno (HCl): tra un atomo di idrogeno e uno di cloro è presente un legame covalente semplice, in quanto entrambi gli atomi (per la regola dell'ottetto) mettono in comune un elettrone.

Dato che il cloro è più elettronegativo dell'idrogeno, la coppia di elettroni di legame è più fortemente attratta dal nucleo dell'atomo di cloro: le cariche elettriche negative risultano distribuite in modo asimmetrico rispetto al centro dei due nuclei positivi. Questo «sbilanciamento» delle cariche interne alla molecola produce sull'atomo di cloro una carica negativa e sull'atomo di idrogeno una carica di uguale intensità ma di segno contrario: i simboli $\delta-$ e $\delta+$ indicano genericamente una frazione di carica elementare, negativa o positiva (▶ Figura 6).

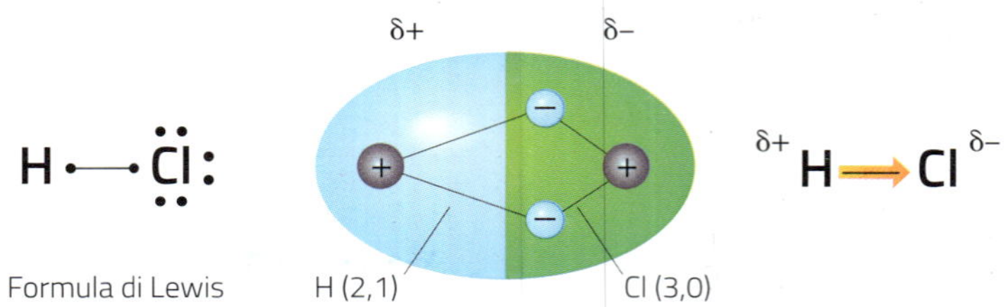

▶ **Figura 6** Rappresentazione di una molecola di HCl. Accanto ai simboli sono indicati i valori di elettronegatività.

La molecola di HCl è complessivamente neutra ma presenta una zona, quella occupata dall'atomo di cloro, in cui prevale la carica negativa e un'altra in cui prevale la carica positiva; la polarizzazione del legame può anche essere rappresentata da una freccia orientata verso l'atomo più elettronegativo.

Il tipo di legame covalente in cui gli elettroni condivisi sono disposti in modo non simmetrico tra i due atomi a causa di una differente elettronegatività prende il nome di **legame covalente polarizzato**.

Se invece i due atomi sono uguali, come per esempio nella molecola di fluoro, la differenza di elettronegatività è zero e pertanto la distribuzione delle cariche elettriche è perfettamente simmetrica (▸ Figura 7).

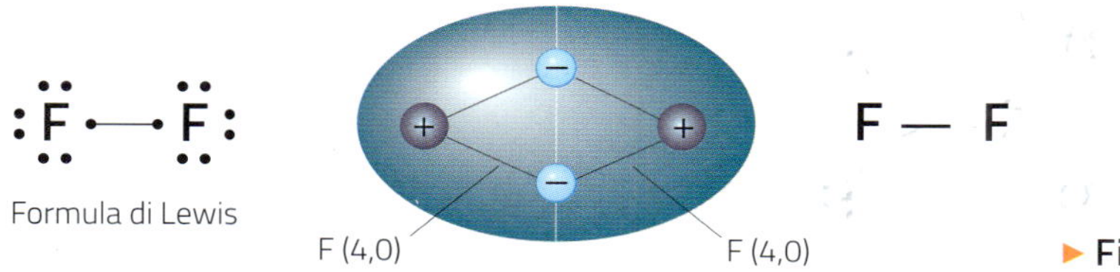

▸ **Figura 7**

Se gli atomi che si legano sono uguali il legame non è polarizzato e viene perciò anche chiamato *legame covalente apolare* o *legame covalente puro*.

Occorre tener presente che il valore di elettronegatività di un singolo atomo diventa significativo solo quando viene confrontato con quello di un altro atomo. Infatti la polarizzazione del legame è tanto più marcata quanto maggiore è la differenza di elettronegatività tra i due atomi legati. Per esempio, il legame C — F è più polarizzato del legame C — Br (▸ Figura 8).

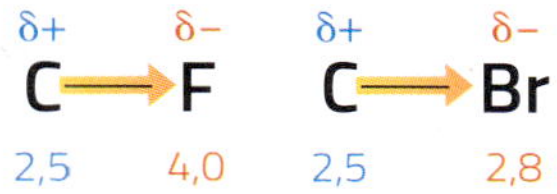

▸ **Figura 8** La differenza di elettronegatività tra il carbonio (2,5) e il bromo (2,8) è 0,3, mentre quella tra il carbonio e il fluoro è 1,5. Pertanto diciamo che gli atomi di fluoro attirano gli elettroni di legame con maggior forza di quelli di bromo.

Il legame covalente dativo

Consideriamo due acidi dell'azoto: l'acido nitroso (HNO_2) e l'acido nitrico (HNO_3). In entrambi i composti, ogni atomo, rispettando la regola dell'ottetto, raggiunge una configurazione elettronica stabile (▸ Figura 9).

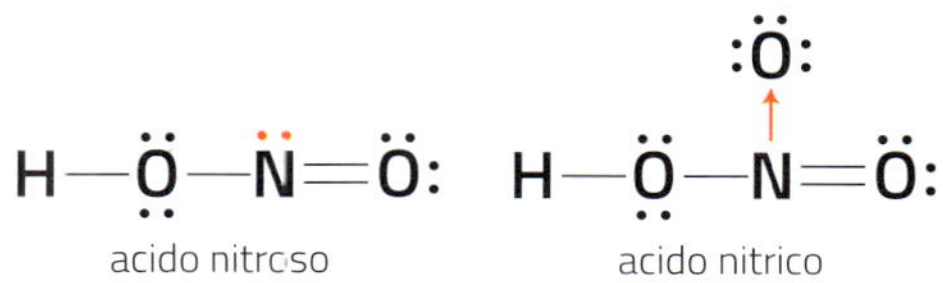

▸ **Figura 9** Formule di Lewis dell'acido nitroso e de l'acido nitrico.

Come si vede, nella formula di Lewis dell'acido nitrico compare anche un legame rappresentato con una freccia: si tratta anche in questo caso di un legame covalente, con la differenza però che i due elettroni condivisi provengono entrambi da uno solo dei due atomi, quello di azoto. La configurazione a ottetto dell'atomo di azoto non cambia, ma in questo modo anche il terzo atomo di ossigeno raggiunge una configurazione elettronica stabile. Questo particolare tipo di legame covalente prende il nome di *legame dativo*.

Si ha un **legame covalente dativo** quando la coppia di elettroni condivisa tra due atomi proviene da uno solo dei due.

Questa tipologia di legame covalente, come abbiamo visto, viene di solito rappresentata con una freccia che va dall'atomo che fornisce i due elettroni di legame (*atomo datore*) a quello che li riceve (*atomo accettore*).

Il legame covalente dativo è presente anche nelle molecole di molti altri composti, per esempio nelle molecole dell'acido perclorico (▸ Figura 10).

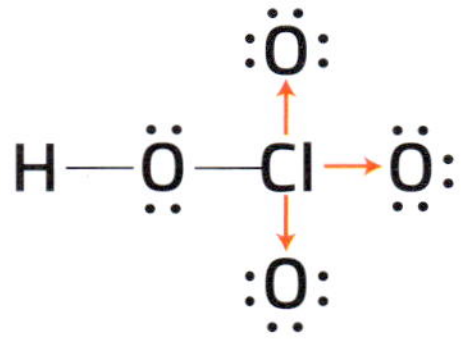

▸ **Figura 10** Nella molecola di acido perclorico il cloro utilizza tutti i suoi 7 elettroni di legame per formare legami covalenti. Di questi ben 3 coppie di elettroni servono per formare 3 legami covalenti dativi con altrettanti atomi di ossigeno.

Schema riassuntivo dei diversi tipi di legame covalente.

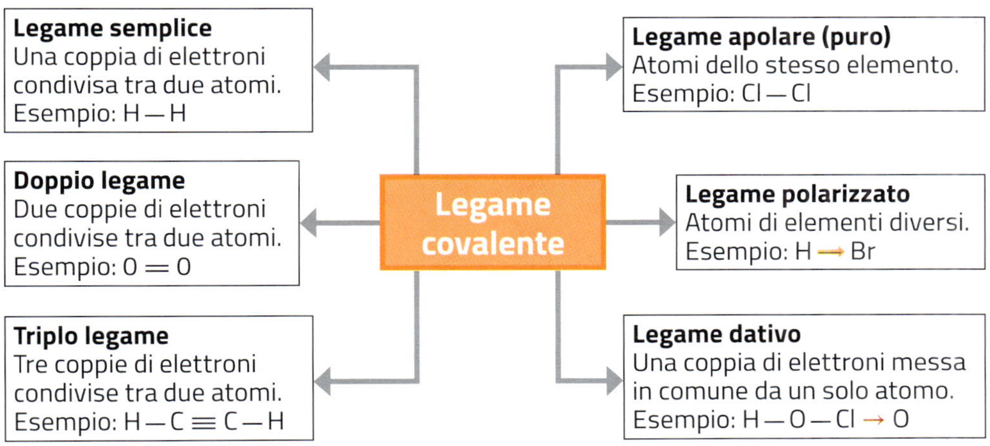

Prova tu 2

Individua, tra i seguenti legami, quello più polarizzato:

C—O N—H P—Cl

....

Le sostanze covalenti

A differenza del legame ionico, il legame covalente si può formare tra atomi uguali e tra atomi diversi, e quindi è presente sia nelle sostanze elementari sia nei composti.

Tutte le sostanze in cui sono presenti solo legami covalenti sono chiamate **sostanze covalenti**.

Le sostanze che abbiamo presentato finora sono tutte costituite da molecole. La formula di una sostanza covalente indica il tipo e il numero di atomi che costituiscono la molecola (▶ Figura 11).

Esistono molecole piccole e semplici come quelle dell'idrogeno (H_2) e altre più complesse, come quelle del saccarosio, $C_{12}H_{22}O_{11}$ (▶ Figura 12).

▶ Figura 11 **A**) CHI_3 è la formula del triiodometano, sostanza covalente gialla e solida. **B**) CCl_4 è la formula del tetracloruro di carbonio, sostanza covalente liquida e incolore.

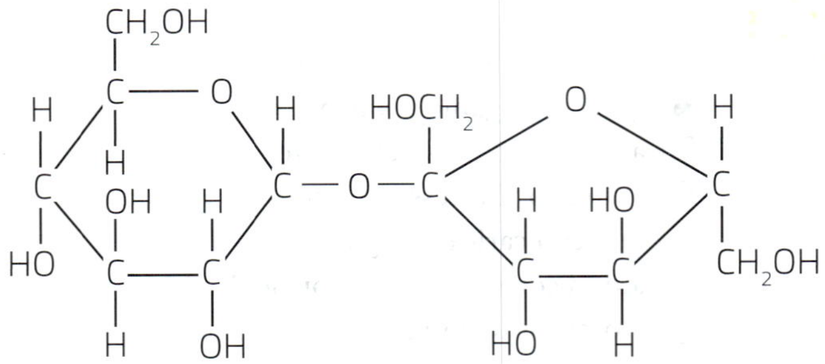

▶ Figura 12 In ogni molecola di saccarosio ci sono ben 45 atomi legati tra loro con legami covalenti.

Nelle formule di struttura delle molecole particolarmente complesse come quella del saccarosio non vengono di solito rappresentati tutti i legami.

A temperatura ambiente ci sono sostanze covalenti solide, liquide e gassose: le loro temperature di fusione variano in un campo assai ampio: per esempio l'idrogeno fonde a −259 °C mentre il saccarosio fonde a +186 °C.

Animazione in digitale
Il diamante e le altre forme allotropiche del carbonio

Esistono anche sostanze covalenti solide che non sono costituite da singole molecole ma da un numero grandissimo e imprecisato di atomi che si legano tra loro disponendosi nello spazio in strutture geometriche regolari simili a quelle dei composti ionici. Esempi di queste *sostanze covalenti reticolari* sono il grafene, il diamante e il quarzo.

Il *grafene* è costituito solo da atomi di carbonio che si dispongono su un piano formando celle esagonali con uno spessore equivalente alle dimensioni di un solo atomo (▶ Figura 13).

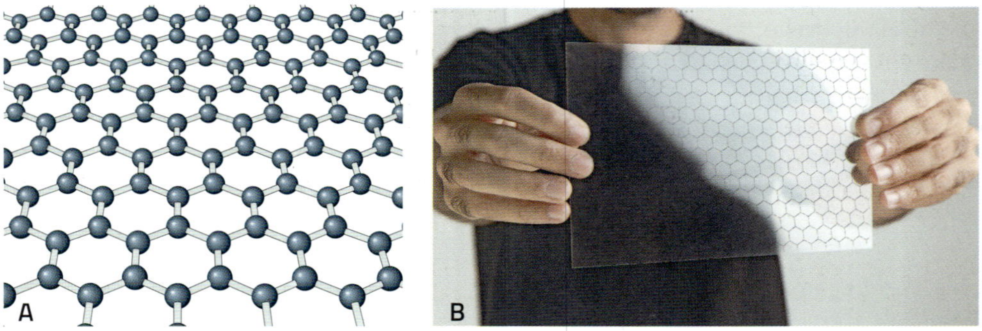

▶ Figura 13 Struttura del grafene (**A**) e foglio di grafene (**B**).

Per questa disposizione degli atomi di carbonio, il grafene ha proprietà eccezionali: presenta una notevole resistenza meccanica (100 volte più dell'acciaio), è trasparente e flessibile; inoltre presenta, a temperatura ambiente, una conducibilità elettrica superiore a qualunque altro materiale.

Il *diamante* puro contiene solo atomi di carbonio. Ciascun atomo di carbonio forma quattro legami covalenti con altrettanti atomi e questi a loro volta si legano con altri tre atomi e così via, teoricamente senza fine (▶ Figura 14).

Il *quarzo* è un composto in cui atomi di silicio e di ossigeno si legano formando una struttura simile a quella del diamante; il loro rapporto è 1 : 2, quindi la formula del composto è SiO_2 e il suo nome «chimico» è diossido di silicio.

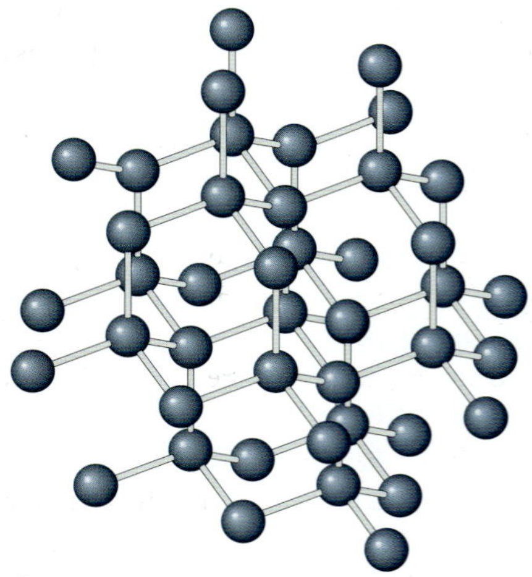

▶ Figura 14 Rappresentazione della struttura reticolare del diamante, che conferisce a questo materiale una durezza eccezionale.

Per completare il nostro sguardo sul legame covalente dobbiamo considerare i composti che contengono *ioni poliatomici*. Numerosi composti ionici, infatti, sono costituiti da ioni positivi monoatomici di un metallo e da ioni negativi poliatomici, in cui due o più atomi sono legati tra loro con legame covalente.

Nelle rocce dolomitiche, per esempio, sono presenti il carbonato di calcio e il carbonato di magnesio, composti che contengono lo ione poliatomico carbonato che ha formula CO_3^{2-} (▶ Figura 15): i due atomi di ossigeno legati con un legame semplice all'atomo di carbonio raggiungono l'ottetto acquistando un elettrone ciascuno. Pertanto lo ione che ne deriva ha due cariche negative.

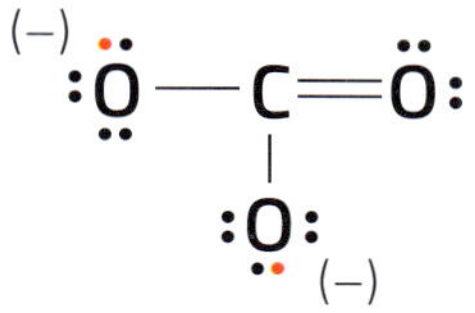

▶ **Figura 15** Formula di Lewis dello ione carbonato.

Esercizi 3 Il legame covalente

1 Osserva la formula di Lewis della nitroglicerina.

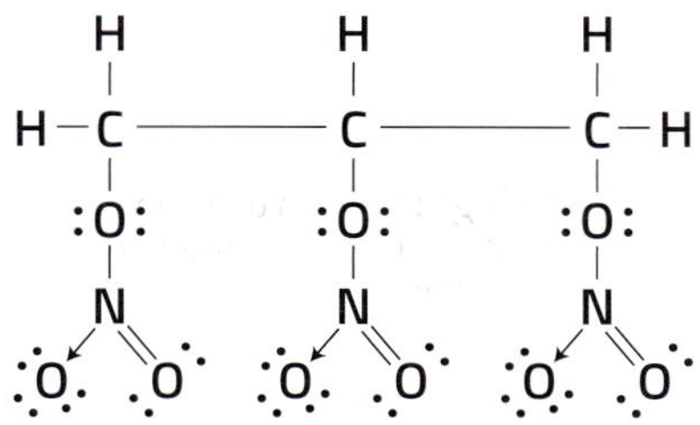

Indica i legami covalenti puri, i legami covalenti polarizzati e i legami dativi.

....

....

2 A proposito dei legami covalenti, indica se le seguenti affermazioni sono vere o false.

a) Quando tra due atomi ci sono tre coppie di elettroni in comune, il legame prende il nome di triplo legame. V F

b) Quando ci sono elettroni condivisi tra più atomi uguali, i legami prendono il nome di legami multipli. V F

c) Quando tra due atomi c'è una sola coppia di elettroni in comune, si ha un legame covalente apolare. V F

d) Quando un atomo condivide due coppie di elettroni con altri due atomi, si forma un doppio legame. V F

e) Le sostanze elementari o composte in cui sono presenti solo legami covalenti sono chiamate sostanze covalenti. V F

f) Tra atomi uguali di non-metalli possono formarsi solo legami covalenti apolari. V F

g) Nel legame covalente dativo la coppia di elettroni condivisa proviene da un solo atomo. V F

3 L'elettronegatività è una proprietà che:

A descrive la capacità degli atomi di attirare i propri elettroni di legame

B consente di prevedere il numero di atomi isolati che si legano tra loro

C indica la forza con cui un atomo attira gli elettroni di legame

D interpreta la diversa capacità degli atomi di acquistare elettroni

E spiega l'origine dell'attrazione tra i nuclei degli atomi che si legano

4 Il legame covalente polarizzato si può formare tra:

A atomi dello stesso elemento

B atomi con la stessa struttura elettronica

C ioni con carica di segno opposto

D atomi con diversa elettronegatività

E atomi che si possono scambiare elettroni

5 Qual è la formula di struttura di una molecola di azoto?

A N — N — N

B N — N

C N = N

D N ≡ N

E N → N

6 Nel legame covalente dativo quale caratteristica ha l'atomo datore?

....

7 In quale orbitale si trova l'elettrone che utilizza il bromo per formare la molecola di HBr?

....

8 Indica come si rappresenta il legame covalente polarizzato nella molecola di ioduro di idrogeno.

....

9 Indica tra i legami covalenti rappresentati quello più polarizzato.

A Cl—Cl B Cl—H C Cl—B D Cl—O E Cl—C

10 La molecola del fosforo è tetraatomica; quanti legami covalenti puri forma ogni atomo di fosforo?

....

11 La formula molecolare dell'acido silicico è H_2SiO_3. Scrivine la formula di struttura.

....

12 What is the electronegativity difference between sulphur and fluorine? ....

13 A triple bond involves the sharing of:

A 3 electrons

B 6 electrons

C 9 electrons

D no electron

4 Il legame metallico

Il legame metallico si forma tra un insieme di cationi di un metallo e i relativi elettroni di legame liberi di muoversi

Un mare di elettroni: il legame metallico

Sappiamo che la maggior parte degli elementi sono metalli e sappiamo anche che questi materiali sono buoni conduttori di elettricità.

Partiamo proprio dalla conducibilità elettrica per presentare il modello di legame che si stabilisce tra gli atomi dei metalli.

Consideriamo per esempio l'alluminio (▸ Figura 1). Per raggiungere la struttura elettronica del neon (Z = 10), un atomo di alluminio (Z = 13) deve rendere liberi i suoi tre elettroni di legame.

$$Al \Rightarrow 1s^2\,2s^2\,2p^6\,3s^2\,3p^1 \qquad Al^{3+} \Rightarrow 1s^2\,2s^2\,2p^6 \Rightarrow \text{cioè come } :\ddot{\underset{..}{Ne}}:$$

Questi elettroni, non potendo trasferirsi stabilmente su un altro atomo di alluminio, formano insieme con gli elettroni di tutti gli altri atomi una specie di nuvola elettronica: essa pervade tutta la struttura e costituisce il «collante» che tiene saldamente uniti gli ioni, tutti con carica positiva (▸ Figura 2).

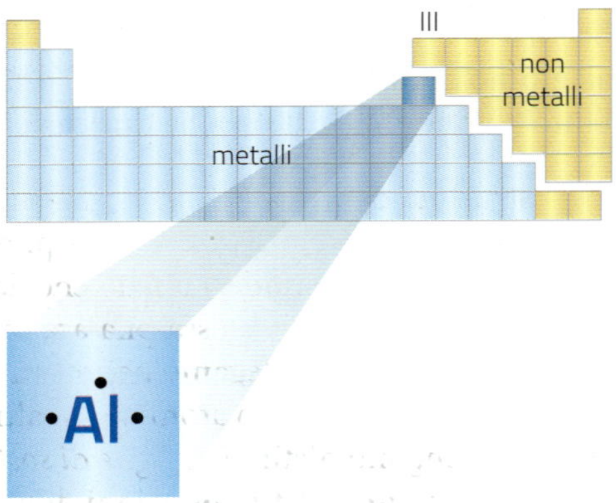

▸ **Figura 1**

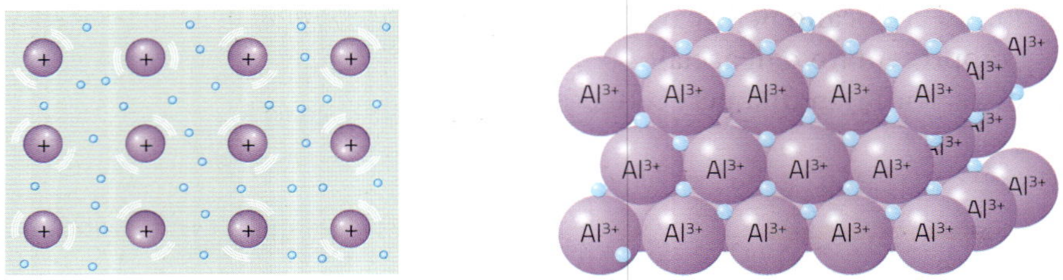

▸ **Figura 2** Rappresentazione del modello di legame metallico.

Viene chiamato **legame metallico** l'insieme di interazioni di natura elettrica che si stabilisce tra gli ioni positivi del metallo e gli elettroni di legame in cui sono immersi.

La struttura cristallina dei metalli può essere immaginata come un insieme ordinato di ioni positivi immersi in un *mare di elettroni*: le forze attrattive tra gli elettroni negativi e gli ioni positivi prevalgono su quelle repulsive tra gli ioni. Nel modello di legame metallico, a differenza degli altri modelli di legame, gli elettroni di legame non sono collocati stabilmente sugli atomi (legame ionico) o tra due atomi (legame covalente) ma sono liberi di muoversi tra tutti gli ioni: si dice cioè che sono *delocalizzati*. Per questo motivo il modello spiega molto bene la proprietà dei metalli di condurre la corrente elettrica.

Nella ▸ Figura 3 è rappresentato un filo di metallo collegato con i due poli di una pila. La forza elettrica generata dalla pila spinge gli elettroni di legame a muoversi tutti nella stessa direzione. Questo flusso di elettroni costituisce la corrente elettrica.

Inoltre, come sappiamo, i metalli sono buoni conduttori di calore. Anche questa proprietà può essere interpretata con il modello di legame metallico: gli elettroni mobili trasmettono rapidamente l'energia termica con il loro movimento.

Gli ioni del metallo sono impaccati in modo ordinato e possono dar luogo a forme geometriche differenti. Per esempio, alluminio, rame, oro e argento dispongono i loro ioni in una struttura cubica.

Infatti, se osserviamo con particolari microscopi la superficie di un metallo, essa appare suddivisa in tanti granelli che presentano ciascuno una precisa struttura cristallina teoricamente senza limiti proprio come quella dei composti ionici. Per questo motivo i metalli (escluso il mercurio) sono tutti solidi a temperatura ambiente. Tuttavia essi presentano temperature di fusione molto diverse: si va da quella del francio (27 °C) a quella del tungsteno (3410 °C).

Ricordiamo infine che per rappresentare le formule di queste sostanze elementari si usa semplicemente il simbolo del corrispondente elemento.

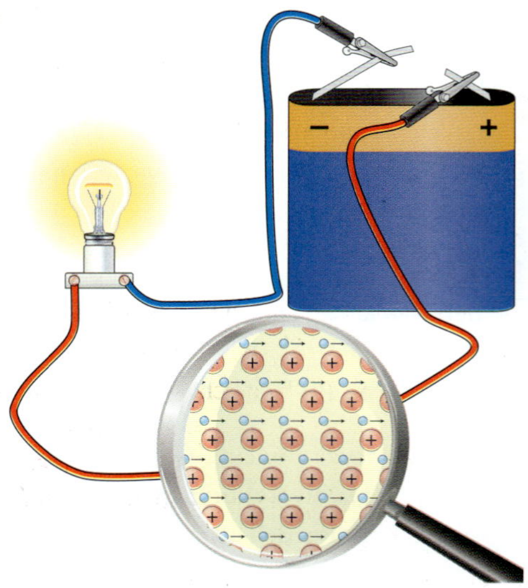

▸ **Figura 3** La lampadina accesa indica che nel filo metallico si crea un movimento di elettroni.

Le leghe metalliche

Pochi metalli si usano puri: normalmente, infatti, si utilizzano miscugli chiamati *leghe*.

Le **leghe metalliche** sono miscugli omogenei costituiti da due o più elementi, dei quali l'elemento presente in percentuale più alta è sempre un metallo.

Questi materiali mantengono le caratteristiche proprie dei metalli: lavorabilità, elevata conducibilità elettrica e termica, eccetera. Inoltre possiedono alcune caratteristiche, tra cui la principale è la resistenza meccanica, che i metalli costituiti da un singolo elemento a volte non hanno. A temperatura ambiente le leghe sono solide a eccezione degli *amalgami*, cioè le leghe con mercurio.

La struttura delle leghe è assai più complessa di quella dei metalli allo stato puro, dato che ne fanno parte due o più tipi di atomi con raggio differente. Il problema di impaccamento è simile a quello che deve affrontare un fruttivendolo che cerca di fare stare assieme nella stessa pila arance e ananas. Grazie però alla struttura e alla natura particolare del legame nei solidi metallici, è abbastanza facile introdurre in un cristallo di un metallo atomi di un altro elemento. In base alla loro struttura particellare, vengono distinte in *leghe di sostituzione* e *leghe interstiziali*.

Nelle **leghe di sostituzione**, ioni di un altro metallo sostituiscono altrettanti ioni nel reticolo cristallino del metallo principale; perché ciò accada, gli ioni dei due metalli devono avere dimensioni simili. È il caso dell'oro 600/1000, una lega di oro con il 40% di argento (▸ Figura 4).

Nelle **leghe interstiziali**, atomi di piccole dimensioni si collocano nelle cavità del reticolo del metallo principale. Un tipico esempio è rappresentato dall'acciaio, una lega in cui tra gli ioni di ferro sono presenti atomi di carbonio, in una percentuale variabile da 0,2% a 1,5% (▸ Figura 5).

▸ **Figura 4** Lega di oro e argento.

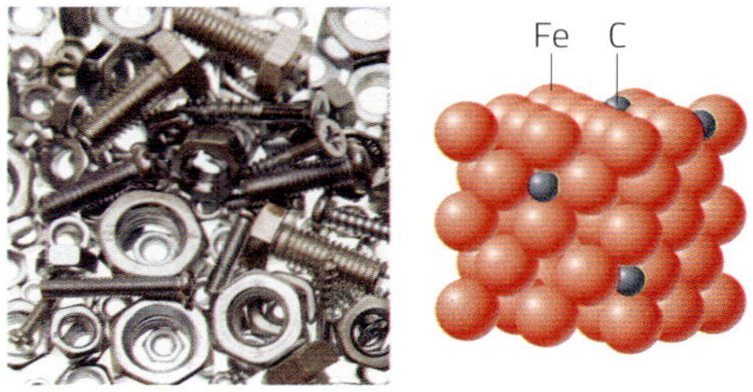

▸ **Figura 5** L'acciaio è composto da ferro e carbonio.

Esercizi 4 Il legame metallico

1 Nella barretta il legame tra gli atomi è:

A ionico
B metallico
C covalente
D apolare
E multiplo

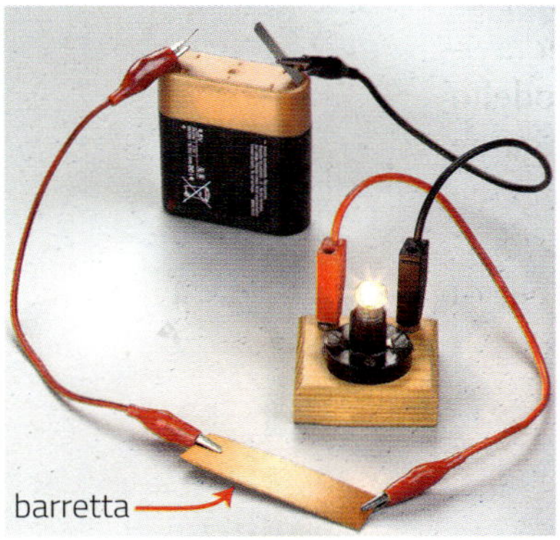

2 Qual è la descrizione corretta del tipo di legame presente nei metalli?

A Ioni positivi e negativi trattenuti insieme da un mare di elettroni
B Ioni positivi e negativi che si attraggono reciprocamente
C Atomi con deboli cariche che si attirano reciprocamente
D Ioni positivi trattenuti insieme dagli elettroni di legame delocalizzati
E Atomi neutri trattenuti insieme dagli elettroni di legame delocalizzati

3 A temperatura ambiente, qual è lo stato di aggregazione di quasi tutti i metalli? ....

4 Che cosa è una lega?

A Un composto tra atomi di due o più metalli diversi che conduce la corrente elettrica
B Un miscuglio omogeneo che conduce la corrente elettrica in cui è sempre presente almeno un metallo
C Un insieme ordinato di atomi di un metallo in un mare di ioni positivi di un altro metallo
D Una struttura di ioni positivi di un metallo uniti da legami covalenti ad atomi di altri metalli
E Nessuna delle affermazioni precedenti è corretta

5 Quale delle seguenti proprietà *non* può essere attribuita a tutti i metalli?

A Buona conducibilità elettrica
B Lucentezza
C Reticolo cristallino formato da ioni
D Buona conducibilità termica
E Temperatura di fusione elevata

6 What is the definition of the metallic bond?

A Weak electrostatic attraction between the negatively charged anions and negatively charged «sea» of electrons
B Electrostatic attraction between the positively charged anions and negatively charged cations
C Electrostatic attraction between the positively charged cations and negatively charged anions
D Electrostatic attraction between the positively charged cations and negatively charged «sea» of electrons

5 Le proprietà delle sostanze

Alcune proprietà delle sostanze (lavorabilità, durezza, conducibilità elettrica) possono essere messe in relazione con i diversi modelli di legame

Lavorabilità dei metalli e fragilità dei composti ionici

Animazione in digitale
Il legame ionico e il legame metallico

I metalli sono facilmente lavorabili perché sono duttili e malleabili. Questa caratteristica si spiega proprio considerando il modello di legame metallico. Osservando la figura, si capisce che una deformazione dei cristalli dei metalli non crea squilibri tra le forze elettriche perché la struttura del cristallo dopo la deformazione (a destra) presenta una situazione reticolare uguale a quella precedente (▸ Figura 1).

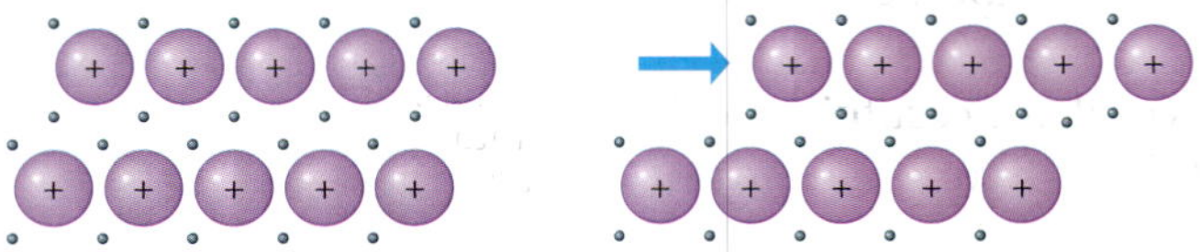

▸ **Figura 1** Il modello di legame metallico spiega la lavorabilità dei metalli.

Ecco perché un chiodo si piega ma non si spezza! (▸ Figura 2).

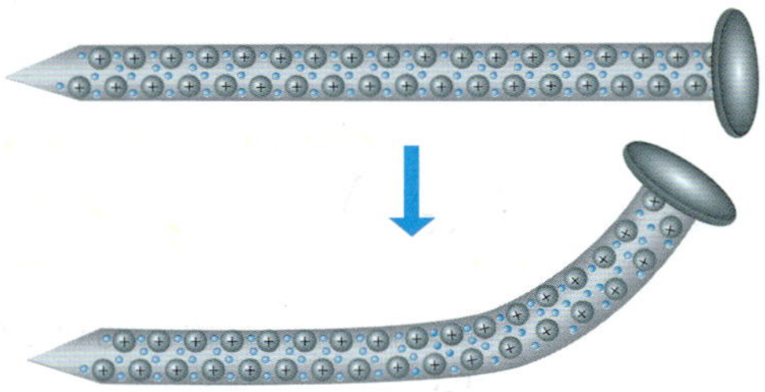

▸ **Figura 2** Le forze tra il «mare di elettroni» e gli ioni positivi non risultano alterate e il chiodo non si rompe.

Viceversa i composti ionici, pur avendo una struttura cristallina simile a quella dei metalli, sono fragili, si sbriciolano facilmente e non si riesce a deformarli senza provocarne la rottura. Questo comportamento può essere ben compreso se si considera la particolare disposizione degli ioni nel reticolo cristallino (▸ Figura 3).

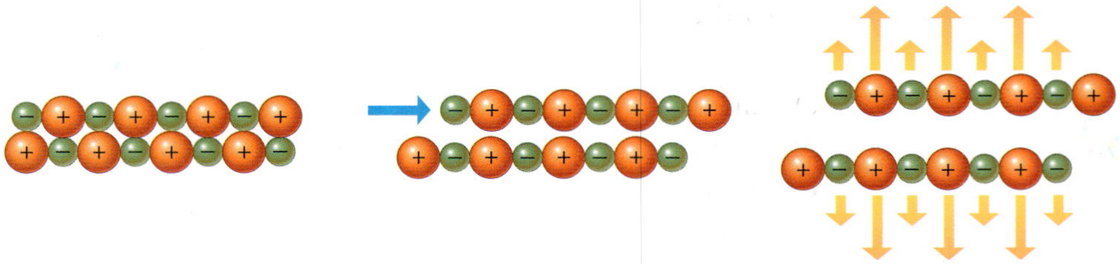

▸ **Figura 3** Il modello di legame ionico spiega la fragilità dei composti ionici.

Se si applica una forza sufficientemente intensa, si provoca lo slittamento di uno strato di ioni e di conseguenza ioni dello stesso segno vengono a trovarsi più vicini: le forze di repulsione tra ioni con carica uguale provocano la rottura del cristallo.

I diversi modelli di legame consentono di spiegare la lavorabilità dei metalli e la fragilità dei composti ionici.

La conducibilità elettrica delle sostanze

I metalli conducono la corrente elettrica sia allo stato solido sia allo stato liquido: abbiamo già detto che questa caratteristica si spiega in quanto i metalli, come sappiamo, hanno elettroni liberi di muoversi.

Anche i composti ionici conducono la corrente elettrica ma solo allo stato liquido: infatti, se un composto ionico viene riscaldato fino alla fusione, il reticolo cristallino si spezza e gli ioni di carica opposta che lo costituivano sono così liberi di muoversi. In questo caso la conducibilità elettrica non è dovuta a un flusso di elettroni ma è dovuta al movimento degli ioni (▸ Figura 4).

L'elettrodo collegato con il polo negativo (catodo) della pila attira gli ioni positivi e lì avviene una reazione chimica in cui gli ioni positivi acquistano elettroni.

Sulla superficie dell'elettrodo positivo (anodo), che attira gli ioni negativi, avviene una

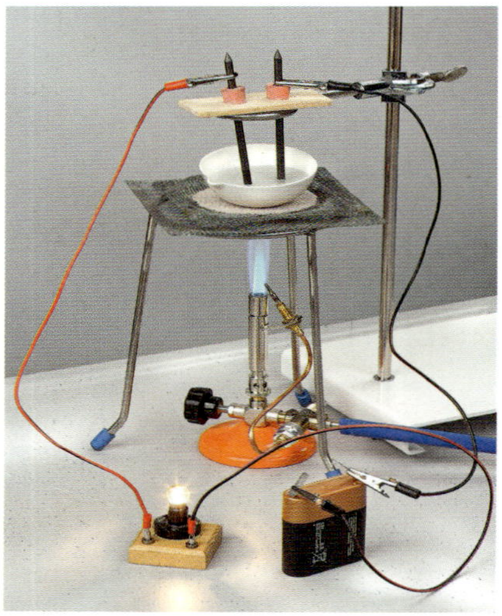

▸ **Figura 4** Due barrette conduttrici (elettrodi), collegate ai poli di una pila, sono immerse in un composto ionico reso liquido.
L'accensione della lampadina è la prova che il composto ionico liquido conduce la corrente elettrica.

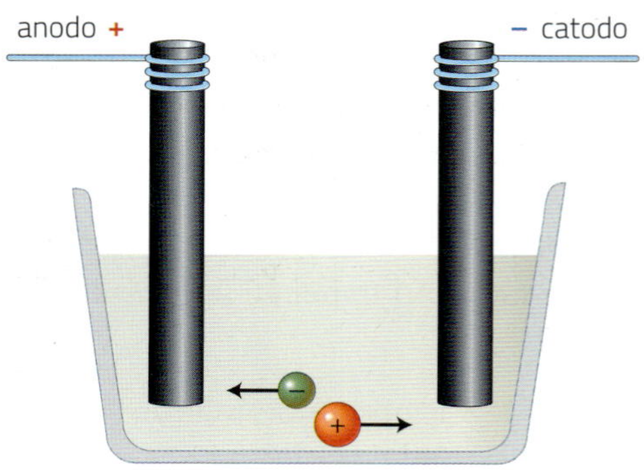

reazione chimica incui gli anioni cedono elettroni: questi vengono «risucchiati» dalla pila e vengono da questa sospinti verso l'elettrodo negativo. In questo modo il circuito è chiuso, la corrente elettrica circola e la lampadina si accende.

La **conducibilità elettrica** è una proprietà dei materiali dovuta all'esistenza di particelle elettricamente cariche e libere di muoversi, elettroni nei metalli e ioni nei composti ionici.

Le sostanze covalenti non conducono la corrente elettrica né allo stato solido né allo stato liquido: in base al modello di legame covalente, gli elettroni di legame sono localizzati tra i nuclei e non sono liberi di muoversi.

Fa eccezione il grafene che, come abbiamo detto, è un ottimo conduttore di elettricità. Ogni atomo di carbonio è legato con legame covalente ad altri tre atomi e poiché ogni atomo di carbonio impegna solo tre dei suoi quattro elettroni di legame ne resta libero uno. Questi elettroni non bloccati nei legami sono liberi di muoversi e perciò questo materiale conduce bene la corrente elettrica.

La ▶ Figura 5 mostra la struttura della grafite, una sostanza covalente costituita da più piani sovrapposti di grafene. Anche la grafite è un buon conduttore di corrente elettrica.

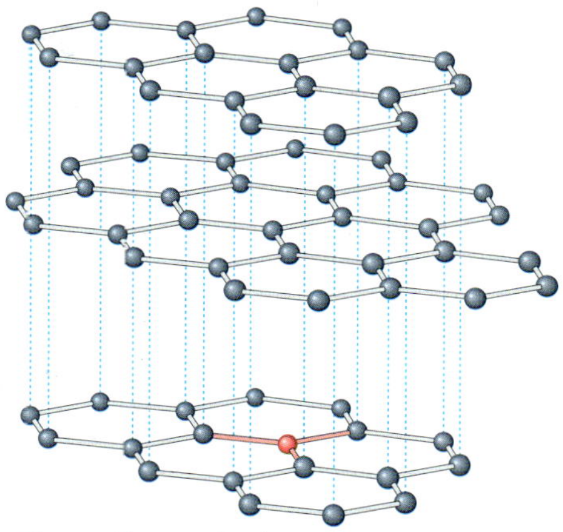

▶ **Figura 5** La grafite (utilizzata anche per preparare la mina per matite) è caratterizzata da una struttura a strati. Le deboli forze tra uno strato e l'altro fanno sì che questo materiale sia facilmente sfaldabile.

Esercizi 5 Le proprietà delle sostanze

1 Un corpo viene sollecitato da tre forze nelle direzioni indicate dalle frecce.

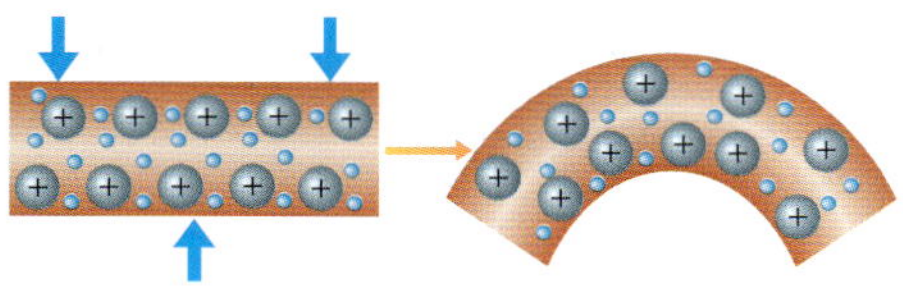

Indica:

a) il tipo di sostanza rappresentata ....

b) la proprietà descritta ....

c) il tipo di legame tra le particelle ....

2 Qual è l'unica proprietà che possiedono tutte le sostanze covalenti a eccezione del grafene e della grafite?

....

3 Quando un metallo conduce la corrente elettrica?

A Sia allo stato solido sia allo stato liquido

B Allo stato solido ma non allo stato liquido

C Allo stato liquido ma non allo stato solido

D Soltanto quando forma leghe con altri elementi

E Soltanto alle basse temperature

4 Un composto ionico conduce la corrente elettrica:

A sia allo stato solido sia allo stato liquido

B allo stato solido ma non allo stato liquido

C allo stato liquido ma non allo stato solido

D soltanto quando è mescolato con altre sostanze

E soltanto a temperature elevate

5 Quale aspetto del modello del legame metallico spiega la buona conducibilità termica dei metalli con cui sono costruite le pentole?

....

6 Considera la figura e riporta accanto ai nomi elencati i corrispondenti numeri:

a) anione ....

b) anodo ....

c) catione ....

d) catodo ....

e) generatore di corrente ....

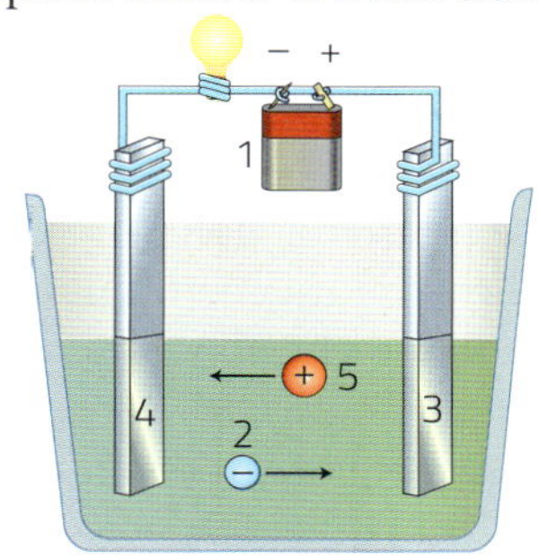

7 Sapendo che il fluoruro di litio (LiF) è un composto ionico, indica se le seguenti affermazioni sono vere o false.

a) LiF allo stato liquido è costituito da molecole V F

b) LiF solido è duro e fragile V F

c) LiF solido conduce la corrente elettrica V F

d) LiF fonde ad alta temperatura V F

e) LiF è costituito da ioni Li^- e F^+ V F

f) LiF solido ha struttura cristallina V F

8 Alla temperatura di 1000 °C il cloruro di bario è liquido. Scrivi la formula degli ioni che contribuiscono alla conducibilità elettrica spostandosi verso il catodo. ....

9 Quale trasformazione avviene all'elettrodo negativo nella prova di conducibilità elettrica del bromuro di potassio (KBr) liquido?

....

10 A solid substance is soft, has a low melting point, and is a poor conductor of electricity. The substance is most likely to be:

A an ionic solid

B a network solid

C a metallic solid

D a molecular solid

6 Dalla tavola periodica ai legami

Per prevedere il tipo di legame tra due atomi si può fare riferimento alla posizione degli elementi nella tavola periodica e alla loro elettronegatività

Dalla tavola periodica ai legami chimici

Nella seguente tavola, oltre al simbolo e al numero atomico, è riportata anche l'elettronegatività degli elementi, esclusi naturalmente i gas nobili (▶ Figura 1).

1 H 2,1																	2 He
3 Li 1,0	4 Be 1,5											5 B 2,0	6 C 2,5	7 N 3,0	8 O 3,5	9 F 4,0	10 Ne
11 Na 0,9	12 Mg 1,2											13 Al 1,5	14 Si 1,8	15 P 2,1	16 S 2,5	17 Cl 3,0	18 Ar
19 K 0,8	20 Ca 1,0	21 Sc 1,3	22 Ti 1,5	23 V 1,6	24 Cr 1,6	25 Mn 1,5	26 Fe 1,8	27 Co 1,8	28 Ni 1,8	29 Cu 1,9	30 Zn 1,6	31 Ga 1,6	32 Ge 1,8	33 As 2,0	34 Se 2,4	35 Br 2,8	36 Kr
37 Rb 0,8	38 Sr 1,0	39 Y 1,3	40 Zr 1,4	41 Nb 1,6	42 Mo 1,8	43 Tc 1,9	44 Ru 2,2	45 Rh 2,2	46 Pd 2,2	47 Ag 1,9	48 Cd 1,7	49 In 1,7	50 Sn 1,8	51 Sb 1,9	52 Te 2,1	53 I 2,5	54 Xe
55 Cs 0,7	56 Ba 0,9	57 La 1,1	72 Hf 1,3	73 Ta 1,5	74 W 1,7	75 Re 1,9	76 Os 2,2	77 Ir 2,2	78 Pt 2,2	79 Au 2,4	80 Hg 1,9	81 Tl 1,8	82 Pb 1,8	83 Bi 1,9	84 Po 2,0	85 At 2,2	86 Rn
87 Fr 0,7	88 Ra 0,9	89 Ac 1,1	104 Rf	105 Db	106 Sg	107 Bh	108 Hs	109 Mt	110 Ds	111 Rg	112 Cn	113 Nh	114 Fl	115 Mc	116 Lv	117 Ts	118 Og
				58 Ce 1,1	59 Pr 1,1	60 Nd 1,2	61 Pm	62 Sm 1,2	63 Eu	64 Gd 1,1	65 Tb 1,2	66 Dy	67 Ho 1,2	68 Er 1,2	69 Tm 1,2	70 Yb 1,1	71 Lu 1,2
				90 Th 1,3	91 Pa 1,5	92 U 1,7	93 Np 1,3	94 Pu 1,3	95 Am 1,3	96 Cm	97 Bk	98 Cf	99 Es	100 Fm	101 Md	102 No	103 Lr

▶ **Figura 1** Valori di elettronegatività secondo Pauling.

La **posizione degli elementi nella tavola periodica**, con la conoscenza dei valori di elettronegatività, consente di formulare ipotesi ragionevoli sul tipo di legame che può formarsi tra gli atomi dei diversi elementi.

Sappiamo che gli atomi dei metalli hanno pochi elettroni di legame e che presentano, nell'ambito dello stesso periodo, valori di elettronegatività più bassi di quelli dei non-metalli: quando formano legami essi, in base alla regola dell'ottetto, cedono gli elettroni di legame formando così ioni positivi.

In generale i metalli si legano con i non-metalli formando composti ionici. Questo è sempre vero per i metalli del I e del II gruppo, a eccezione del berillio: nei composti ionici che si trovano in natura e in quelli artificiali essi sono presenti rispettivamente come ioni positivi monovalenti e bivalenti (▶ Tabella 1).

▶ **Tabella 1** Formule degli ioni dei metalli alcalini e alcalino-terrosi.

I gruppo	II gruppo
Li^+	Be^{2+}
Na^+	Mg^{2+}
K^+	Ca^{2+}
Rb^+	Sr^{2+}
Cs^+	Ba^{2+}
Fr^+	Ra^{2+}

Tra gli elementi del III gruppo, l'alluminio è l'unico che nel formare composti ionici perde sempre tutti i suoi elettroni di legame, dando origine a ioni Al^{3+}.

Il comportamento chimico degli altri metalli non è altrettanto facilmente prevedibile. Gli atomi di tutti i metalli di transizione, per esempio, hanno uno o due elettroni di legame di tipo *s* e nel formare i legami possono utilizzare anche elettroni di tipo *d*.

Accade anche che uno stesso elemento dia origine a più cationi con carica diversa. Il ferro, per esempio, forma composti in cui è presente sotto forma di ione Fe^{2+} (come nel carbonato ferroso, $FeCO_3$) e altri composti in cui è presente sotto forma di ione Fe^{3+} (come nell'ossido ferrico, Fe_2O_3).

Prendiamo ora in considerazione i non-metalli. Questi elementi hanno quattro o più elettroni di legame e presentano, all'interno dello stesso periodo, valori di elettronegatività più alti di quelli dei metalli: i loro atomi acquistano elettroni e pertanto quando si legano con i metalli formano ioni negativi, dando origine a composti ionici (▶ Tabella 2). Ciò si verifica sicuramente per i non-metalli del VI e VII gruppo quando si legano con i metalli alcalini e alcalino-terrosi. Anche l'idrogeno forma ioni negativi con i metalli alcalini, mentre gli elementi del IV e V gruppo non formano ioni negativi monoatomici.

▶ **Tabella 2** Nomi e formule di ioni negativi monoatomici.

Anioni monoatomici	
bromuro	Br^-
cloruro	Cl^-
fluoruro	F^-
idruro	H^-
ioduro	I^-
ossido	O^{2-}
solfuro	S^{2-}

Quando si legano un metallo e un non-metallo si forma generalmente un composto ionico. Quando si legano due non-metalli si forma una sostanza a carattere covalente.

Infatti i non-metalli si legano con altri non-metalli con legami covalenti e danno origine alla maggioranza dei composti conosciuti, tutti costituiti da molecole, più o meno grandi.

Tuttavia, quando si formano legami covalenti polarizzati si può dire che il composto che si ottiene manifesta un certo carattere ionico, tanto più accentuato quanto maggiore è la differenza di elettronegatività.

Da questo punto di vista il legame ionico può essere considerato come un caso limite di legame covalente fortemente polarizzato. Quanto più la differenza di elettronegatività è elevata, tanto più i composti manifestano un carattere ionico (▶ Figura 2).

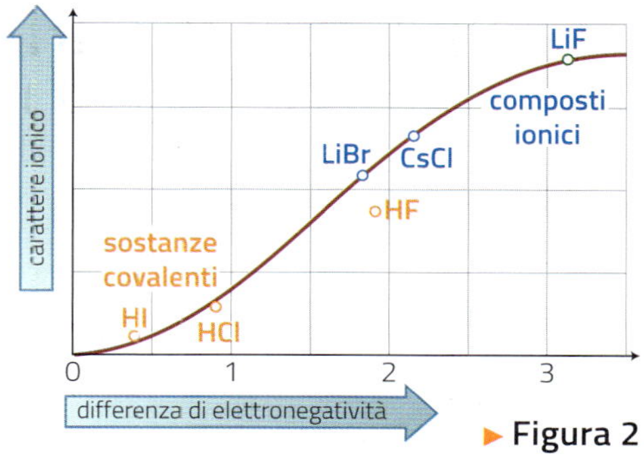

▶ Figura 2

Esercizi 6 Dalla tavola periodica ai legami

1 Dove sono collocati nella tavola periodica gli elementi con i più alti valori di elettronegatività e quelli con i valori più bassi?

....

2 Per quanto riguarda gli elettroni di legame che cosa differenzia i metalli dai non-metalli?

....

....

3 Quale tipo di composti si ottiene se si legano tra loro non-metalli?

....

4 Quale indicazione può far supporre che un composto binario sia ionico?

A I due elementi sono entrambi non-metalli
B Il composto conduce la corrente elettrica solo allo stato solido
C Un elemento appartiene al I gruppo e l'altro al VII gruppo
D I due elementi sono entrambi metalli
E I due elementi appartengono allo stesso periodo

5 Scrivi la formula del composto ionico che si ottiene da ciascuna coppia di elementi:

a) Ca e Cl ....CaCl2....
b) Na e O ....Na2O....
c) Al e S ....Al2S3....

6 Nella tavola periodica sono indicati alcuni elementi:

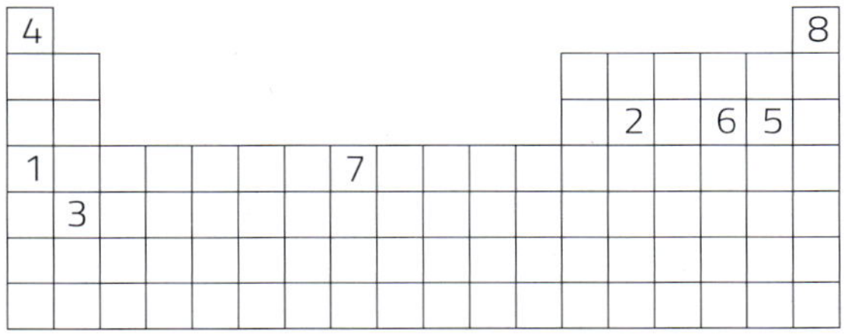

Associa a ogni coppia di elementi il tipo di legame sulla base del primo esempio.

a) 1-5 ....C....
b) 4-2 ....
c) 4-1 ....
d) 7-7 ....
e) 3-8 ....
f) 6-6 ....

A) covalente puro
B) non formano legami
C) ionico
D) covalente polarizzato
E) metallico

7 Perché si può affermare con certezza che il fluoruro di magnesio è un composto ionico?

....

....

8 Scrivi la formula del composto binario che si forma tra l'elemento che ha struttura elettronica [Ne] $3s^2$ $3p^5$ e l'elemento che ha struttura elettronica [Xe] $6s^2$ e indica se il composto è ionico o covalente

....

9 In base alla collocazione degli elementi nella tavola periodica, indica la formula dell'unico composto ionico:

A CCl_4 B CaO C CO_2 D NH_3 E H_2O_2

10 Scrivi la formula dei composti covalenti binari che si ottengono dalle seguenti coppie di non-metalli, tenendo presente che gli atomi uguali non si legano tra loro:

a) carbonio e fluoro ....
b) idrogeno e zolfo ....
c) boro e cloro ....

11 Generally speaking, when two non-metals form a chemical bond, the bond is:

A a covalent bond
B an ionic bond
C a metallic bond
D none of the above

12 Non-metals have:

A a large number of electrons in the valence shell and form negative ions
B a large number of electrons in the valence shell and do not form ions
C a small number of electrons in the valence shell and form positive ions
D a large number of electrons in the valence shell and form positive ions
E a small number of electrons in the valence shell and form negative ions

13 What do non-metal atoms do in order to gain noble-gas stability?

A They move electrons into the nucleus
B They make their electrons larger
C They lose electrons
D They gain electrons

Mappa di sintesi

LOSAI?

I legami chimici sono il risultato dell'equilibrio tra forze elettriche capaci di tenere uniti gli atomi

Gli **elettroni di legame** si trovano negli orbitali *s* e *p* dell'ultimo livello occupato.

Simbolo di Lewis

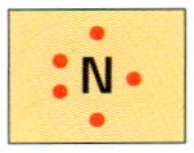

La **regola dell'ottetto** consente di prevedere quanti legami si possono formare tra gli atomi.

Legame ionico

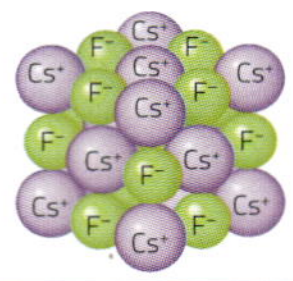

Legame covalente

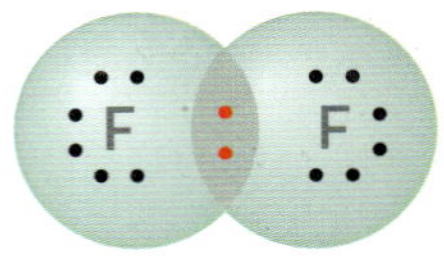

Legame metallico

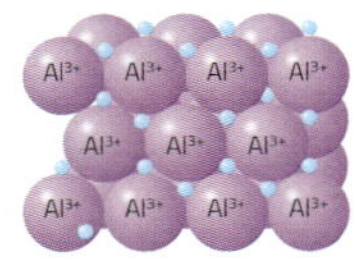

Legame covalente dativo

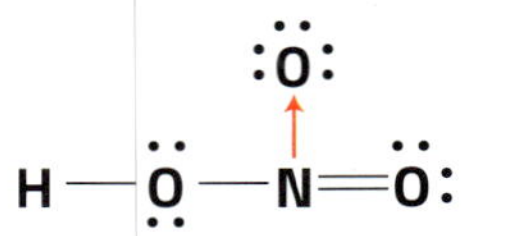

Formula di Lewis

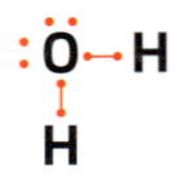

La **differenza di elettronegatività** consente di stabilire se il legame è polarizzato.

Legame covalente puro
F — F

Legame covalente polarizzato
$\overset{\delta+}{H} \longrightarrow \overset{\delta-}{Cl}$

Classificazione delle sostanze

- Sostanze elementari → Metalli (zinco); Sostanze macromolecolari; Sostanze molecolari
- Sostanze composte → Sostanze macromolecolari; Sostanze molecolari; Composti ionici

Metalli (zinco) →
- Conducono la corrente elettrica allo stato solido e allo stato liquido e sono buoni conduttori di calore.
- Sono duttili e malleabili.

Sostanze macromolecolari (diamante, silice) →
- Non conducono la corrente elettrica.
- Presentano alta temperatura di fusione.

Sostanze molecolari (ossigeno, metano) →
- Non conducono la corrente elettrica.

Composti ionici (costituiti da ioni mono o poliatomici ($NaCl$, $CaCO_3$)) →
- Presentano alta temperatura di fusione.
- Sono duri e fragili.
- Conducono la corrente elettrica allo stato liquido.

Applicazione delle conoscenze

Problema

Conoscendo la formula di un composto, vogliamo individuare il tipo di sostanza, rappresentarne la formula di Lewis e quella di struttura e poi indicare quali tipi di legame sono presenti.
Come esempio, prendiamo in considerazione il clorato di potassio, un composto con formula $KClO_3$.

Conoscenze

- Saper individuare il tipo di composto in base alla collocazione degli elementi nella tavola periodica
- Saper indicare una prova sperimentale che confermi l'ipotesi sul tipo di composto
- Saper rappresentare i simboli e le formule di Lewis
- Saper applicare la regola dell'ottetto
- Saper distinguere e rappresentare i vari tipi di legame
- Saper individuare e rappresentare un legame covalente polarizzato
- Saper rappresentare le formule di struttura

Svolgimento

1. Per individuare se il composto è ionico o covalente consideriamo gli elementi presenti nella formula. Sappiamo che il potassio, metallo alcalino, quando si lega con elementi che si trovano nella parte destra della tavola periodica forma composti ionici. Il potassio fa parte del primo gruppo e quindi forma ioni positivi K^+; l'altro ione è uno ione poliatomico negativo, ClO_3^-.

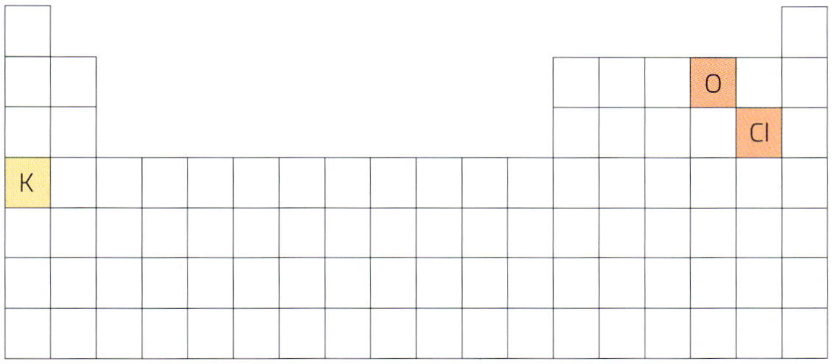

2. Il fatto che questo composto sia ionico è confermato da una prova di conducibilità elettrica su un campione di sostanza allo stato liquido: il composto conduce poiché gli ioni sono liberi di muoversi verso gli elettrodi di segno contrario.

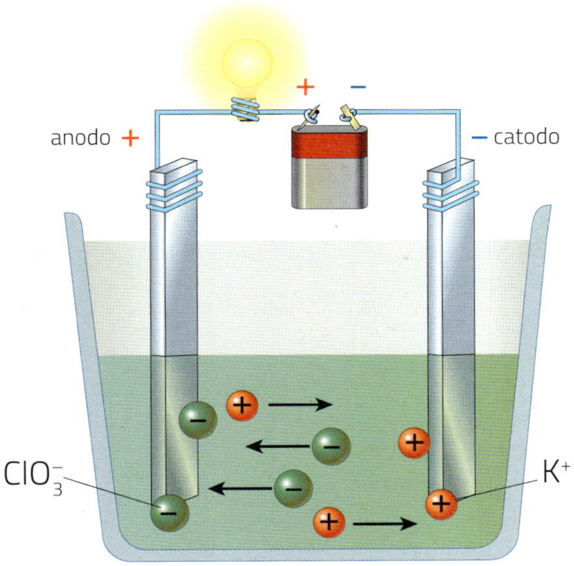

3. Per poter rappresentare le formule di Lewis degli ioni, scriviamo innanzitutto i simboli di Lewis degli elementi presenti nel composto:

4. Nella formazione del legame l'atomo di potassio cede il suo elettrone di legame, assume la struttura del gas nobile più vicino e diventa uno ione positivo K^+:

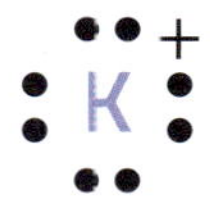

5. L'elettrone ceduto dall'atomo di potassio viene acquistato da un atomo di ossigeno legato con un legame covalente all'atomo di cloro:

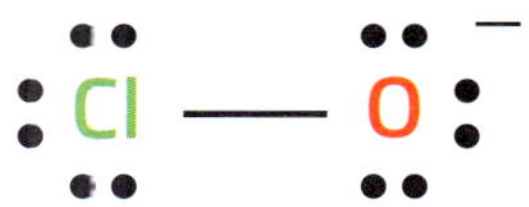

Osserviamo che in questa struttura ogni atomo ha 8 elettroni nel guscio di valenza e quindi è rispettata la regola dell'ottetto.

6. Dato che la formula dello ione negativo è ClO_3^-, dobbiamo concludere che ognuno degli altri due atomi di ossigeno è legato all'atomo di cloro con legame covalente dativo:

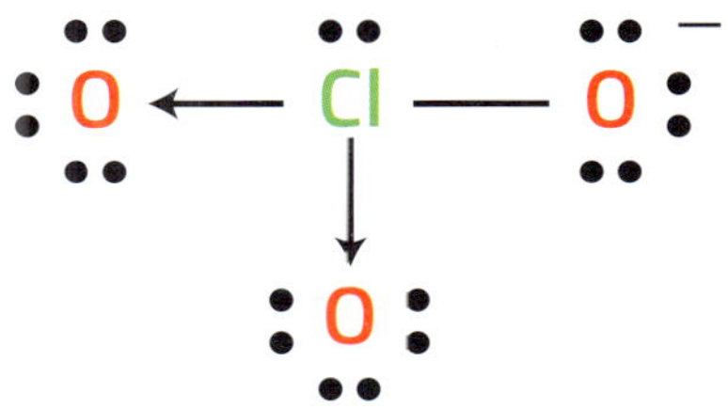

7. Considerando inoltre i valori di elettronegatività degli atomi legati [Cl (3,0) e O (3,5)] possiamo concludere che tutti i legami sono covalenti polarizzati.

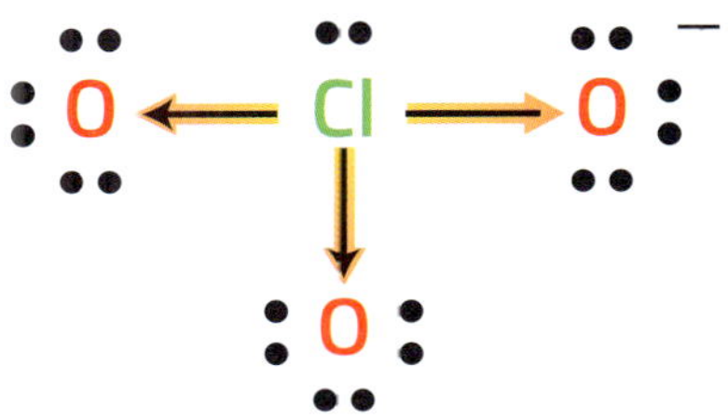

8. Infine possiamo scrivere la formula di struttura dello ione ClO_3^-:

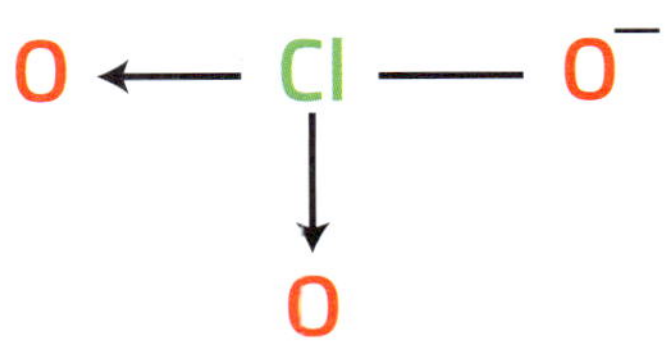

SEI PRONTO PER LA VERIFICA?

In 1 ora
Totale 100 punti

1 Individua nelle seguenti immagini i modelli di legame e, per ciascuna di essi, riporta la lettera corrispondente. **[4 punti]**

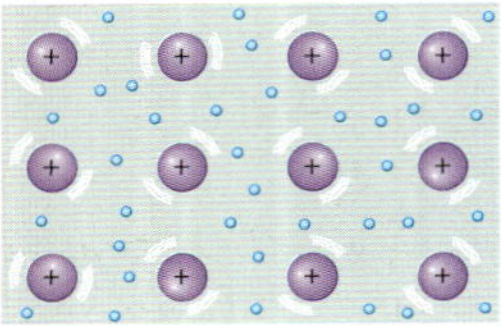
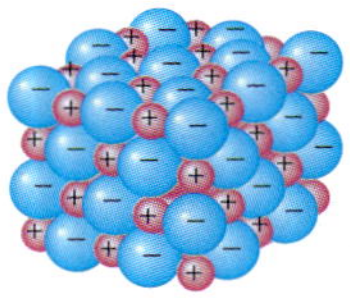
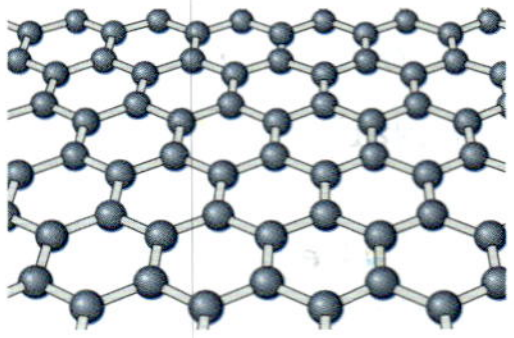

....

a) Legame covalente puro
b) Legame metallico
c) Legame covalente polarizzato
d) Legame ionico

2 Completa la seguente tabella: **[4 punti]**

Simbolo	Z	Configurazione elettronica	Elettroni di legame
Al			
		[Ar] $4s^2\ 3d^{10}\ 4p^2$	
	34		
		[Xe] $6s^2\ 5d^{10}\ 4f^{14}\ 6p^3$	

3 Considera l'elemento calcio e indica se le frasi che seguono sono vere o false. **[4 punti]**

a) Il calcio appartiene al gruppo dei metalli alcalino-terrosi V F
b) Ogni atomo di calcio ha due elettroni di legame V F
c) Nei composti ionici gli atomi di calcio assumono la configurazione elettronica del cripton, il gas nobile dello stesso periodo del calcio V F
d) Per completare il proprio ottetto, ogni atomo di calcio deve acquistare sei elettroni V F
e) Cedendo elettroni, gli atomi di calcio diventano ioni con due cariche positive V F

4 Rispondi alle domande indicando di volta in volta i numeri presenti nella tavola periodica **[5 punti]**

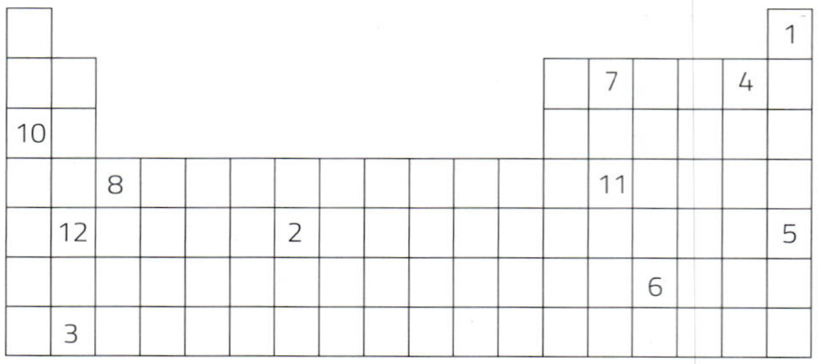

a) Quale elemento ha sette elettroni di legame? ....
b) Indica i due elementi che formano sicuramente ioni con due cariche positive. ....
c) Quale elemento ha sicuramente un solo elettrone di legame? ....
d) Quale elemento ha il maggior numero di elettroni di legame? ....
e) Quanti elettroni di legame ha l'elemento del 6° periodo? ....
f) Quanti legami covalenti può formare l'elemento 7? ....
g) Quale elemento completa il suo livello più esterno con due elettroni? ....

5 Quale gas nobile ha una configurazione elettronica uguale a quella dello ione Cs^+? .... **[4 punti]**

6 In alcuni libri l'VIII gruppo viene indicato come gruppo 0. Spiega quale può essere la ragione di questa scelta. **[4 punti]**

....

7 Quale delle seguenti formule è impossibile? **[4 punti]**

A H_2 B O_3 C N_2 D H_3 E F_2

8 Indica la formula dell'unico composto ionico. **[4 punti]**

A CS_2 B CO C CH_4 D RbBr E H_2Se

9 In relazione al cloro, rispondi alle seguenti domande. **[5 punti]**

a) Quanti elettroni di legame ha l'atomo di cloro? ....
b) Quanti elettroni di legame usa il cloro per formare la molecola di cloruro di idrogeno? ....
c) Quanti elettroni di legame usa il cloro per formare la molecola di $HClO_3$? ....

10 Quale delle seguenti trasformazioni porta a una situazione di maggiore stabilità? **[4 punti]**

A ·Ċ· + 1 elettrone ⟶ (−)
B ·N̈: − 2 elettroni ⟶ (+)
C ·Al· − 3 elettroni ⟶ (+)
D :Cl· − 1 elettrone ⟶ (+)

11 Sapendo che l'atomo di idrogeno *non* è legato all'atomo di fosforo, scrivi la formula di Lewis della molecola dell'acido metafosforico HPO_3. **[5 punti]**

12 Tra le seguenti formule di composti ionici indica quella sicuramente *sbagliata*: **[4 punti]**

A $BaCl_2$ B MgO C NaS D AlF_3 E Fe_2O_3

13 Considera la formula di Lewis del composto HPO_3. **[4 punti]**

a) Quanti elettroni di legame utilizza l'atomo di fosforo?
b) Qual è il legame più polarizzato?

....

14 La formula dell'acido iodico è HIO_3. Scrivi la formula di Lewis della molecola sapendo che l'atomo di idrogeno è legato a un atomo di ossigeno. **[5 punti]**

15 Per il composto ionico che ha formula $BaCO_3$ quale affermazione è *sbagliata*? **[4 punti]**

A A temperatura ambiente è solido
B È formato da un anione poliatomico
C È formato da molecole pentatomiche

D Il legame tra carbonio e ossigeno è covalente
E A temperatura ambiente non conduce la corrente elettrica

16 Per avere la configurazione elettronica del gas nobile più vicino, un atomo di un alogeno: **[4 punti]**

A perde un elettrone
B perde due elettroni
C acquista due elettroni
D acquista un elettrone
E acquista un protone

17 Qual è il rapporto tra gli ioni che costituiscono la struttura cristallina del composto formato da zolfo e sodio? **[4 punti]**

....

18 Un corpo viene sollecitato da una forza: **[4 punti]**

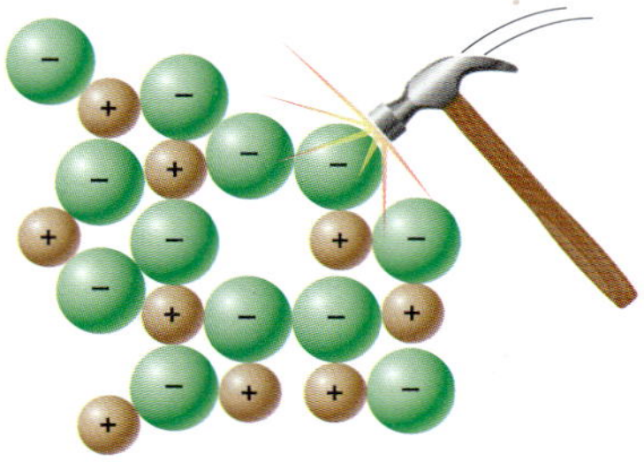

Indica:

a) il tipo di sostanza rappresentata: ....

b) la proprietà descritta: ....

c) il tipo di legame tra le particelle: ....

19 Seguendo le indicazioni riportate nella prima riga, completa la seguente tabella relativa alla formazione dei legami ionici. **[6 punti]**

20 Gli ioni che costituiscono un composto binario hanno tutti 18 elettroni. Una metà degli ioni ha carica 1– e l'altra metà ha carica 1+. Sulla base di queste informazioni, indica la formula del composto: **[4 punti]**

A NaF B KF C KCl D NaCl E LiCl

21 Read the following extract from *The Nature of the Chemical Bond and the Structure of Molecules and Crystals* by Linus Pauling (Oxford University Press, London, 1939). **[5 punti]**

"It is convenient to consider three general extreme types of chemical bonds: electrostatic bonds, covalent bonds and metallic bonds. This classification is not a rigorous one; for, although the bonds of each extreme type have well-defined properties, the transition from one extreme type to another may be gradual, permitting the existence of bonds of intermediate type."

Which property of atoms can one cite to justify the recommendation that L. Pauling makes about the three models of the bond presented?

....

22 An aluminium ion has 10 electrons and 13 protons. What is the charge of an aluminium ion? **[4 punti]**

A 13– B 23+ C 3– D 3+

23 Which of the following compounds would you expect to be ionically bonded and which covalently bonded? **[5 punti]**

a) CS_2 ....
b) K_2S ....
c) FeF_3 ....
d) PF_3 ....
e) AlF_3 ....
f) BaS ....

Simbolo	Da solo		Quando si lega		
	Elettroni di legame	Simbolo di Lewis	Cede o acquista	Configurazione assunta	Carica assunta
K	1	• K	cede 1 elettrone	:Ar: (otto punti)	+1
Li					
	7			:Ar: (otto punti)	
			cede 2 elettroni	:Kr: (otto punti)	

Molecule or football?

1. Match each word with its definition

1. Molecular substances ....
2. Macromolecular substances ....
3. Covalent bond ....
4. Dative covalent bond ....
5. Ionic bond ....

a. Covalent substances with an unspecified number of atoms arranged in regular geometrical structures.
b. Attraction force between two atoms due to a shared pair of electrons.
c. Attraction force between oppositely charged ions formed by the transfer of electrons from one atom to another.
d. Bond in which the pair of shared electrons comes from just one of the two atoms.
e. Covalent substances made of molecules, that is particles made of a specific number of atoms.

2. Read the text and fill in the gaps with the words given

graphite – carbon – molecular – molecules – atoms

Buckminsterfullerene has the formula C_{60} and a structure analogous to a typical black and white football. It is an allotrope of carbon, and distinct from diamond and graphite in being .... It was discovered in 1985 and is named after Richard Buckminster Fuller, the architect of geodesic domes. [...]

Since its discovery a whole range of carbon .... have been identified, even in candle soot; they are collectively known as fullerenes. They range from icosahedral C_{20} up to molecules with hundreds of carbon atoms. Further investigation has led to synthesis of these molecules and so-called carbon nanotubes – making use of the fact that the introduction of pentagons into planar sheets of hexagons introduces curvature. .... nanotubes have much promise as materials due to their great strength.

C_{60} has icosahedral symmetry, the highest symmetry possible for a molecule. It is a truncated icosahedron, having 12 pentagonal faces (at the sites of truncation) and 20 hexagonal faces, where none of the pentagons is in contact with any other pentagon. It is an Archimedean solid (like the cuboctahedron – see copper) and as such all the carbon .... are in equivalent positions. [...]

All carbon atoms are bonded to three other carbons, as in ...., but there is less electron delocalisation due to the curvature of the surface. It has been shown mathematically that there are 1812 isomers of C_{60}.

[Tratto da: *Buckminsterfullerene*, Chas McCaw (*Department of Chemistry, University of Cambridge, www.teach.ch.cam.ac.uk/links/crystals /web/c60.html*]

3. Now listen and check

4. Answer the following questions

a. Where can fullerene molecules be found?

....

....

b. How are the carbon atoms arranged in a C_{60} molecule?

....

....

....

....

....

....

....

c. In a C_{60} molecule, each carbon atom binds with three other atoms, as in graphite. What differentiates these two structures?

....

....

....

....

....

....

YOUR GLOSSARY

allotrope = allotropo

....

7 Le forze intermolecolari e le proprietà delle sostanze

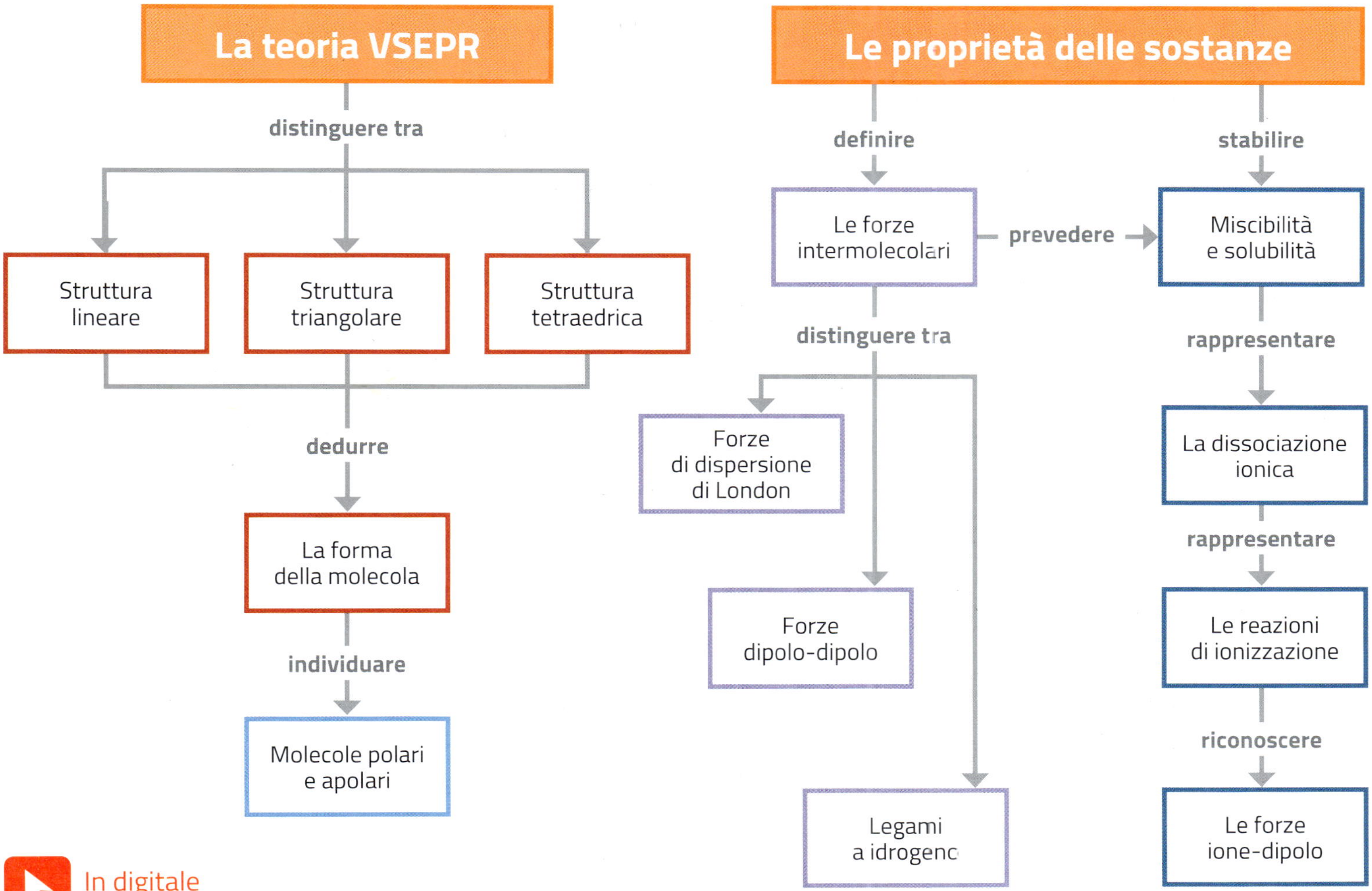

In digitale
SEGUI LA MAPPA

1 La forma delle molecole

La teoria delle repulsioni delle coppie di elettroni presenti nel guscio di valenza consente di prevedere la forma di molte molecole

La teoria VSEPR

Nel capitolo precedente abbiamo presentato i diversi modelli di legame chimico e abbiamo anche visto come essi spiegano alcune proprietà delle sostanze. In questo capitolo vogliamo spiegare come lo stato di aggregazione e altre proprietà di una sostanza siano da attribuire non solo al tipo di legame tra gli atomi ma anche alla forza di attrazione tra le molecole stesse. E tutto ciò dipende anche dalla reciproca disposizione degli atomi nello spazio, cioè dalla forma delle molecole.

Per esempio, l'acqua e l'anidride carbonica sono entrambe sostanze costituite da molecole triatomiche; tuttavia queste sostanze, a temperatura ambiente, hanno un diverso stato di aggregazione (▶ Tabella 1).

	H_2O	CO_2

t_f	0 °C	−79 °C
t_{eb}	100 °C	−57 °C

▶ **Tabella 1** La diversa forma delle molecole delle due sostanze è alla base della maggiore intensità delle forze di attrazione tra le molecole di acqua rispetto a quelle tra le molecole di anidride carbonica. A temperatura ambiente, l'acqua è liquida perché le forze di attrazione tra le sue molecole sono intense. Viceversa, la forma delle molecole di anidride carbonica consente solo deboli forze e pertanto questa sostanza, sempre a temperatura ambiente, è gassosa.

Per poter descrivere come si dispongono nello spazio gli atomi che costituiscono una molecola dobbiamo innanzitutto definire due grandezze: la *lunghezza di legame* e l'*angolo di legame*.

Per **lunghezza di legame** si intende la distanza che separa i centri dei nuclei dei due atomi legati. Per **angolo di legame** si intende l'angolo formato da due linee immaginarie ottenute congiungendo a due a due i centri dei nuclei di tre atomi legati.

Se una molecola è costituita da soli tre atomi, come appunto acqua e anidride carbonica, vi è naturalmente un solo angolo di legame. Nelle molecole con più atomi ci sono più angoli di legame, intendendo sempre con questa espressione l'angolo compreso tra due legami adiacenti (▶ Figura 1).

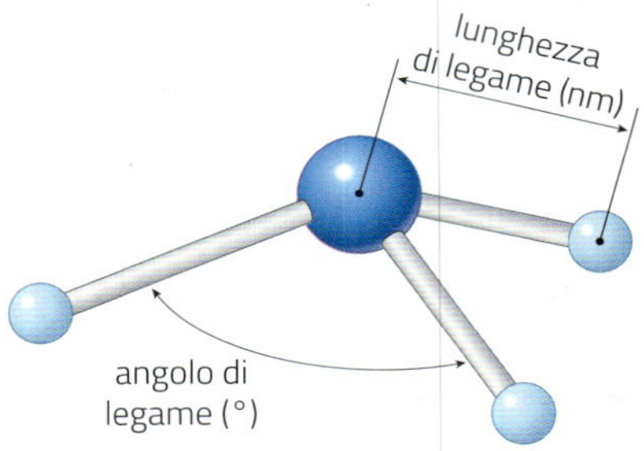

▶ **Figura 1** Rappresentazione della disposizione nello spazio degli atomi di una molecola tetraatomica.

In generale, per studiare la disposizione degli atomi nello spazio occorre fare riferimento a strumentazioni sofisticate che consentono, anche attraverso l'elaborazione al computer, di ricavare la forma delle molecole.

Tuttavia possiamo disporre anche di una teoria che consente di prevedere le direzioni in cui si sviluppano i legami covalenti tra gli atomi nelle molecole.

Già negli anni Quaranta del secolo scorso fu proposto un modello per prevedere la forma di molte molecole e ioni poliatomici. Questo modello, ripreso e perfezionato a partire dal 1957 dai chimici statunitensi R.J. Gillespie e R.S. Nyholm, fa riferimento alla teoria delle «**repulsioni delle coppie di elettroni del guscio di valenza**» Questa teoria è indicata con l'acronimo **VSEPR**, dalle iniziali delle corrispondenti parole inglesi (*Valence Shell Electron Pair Repulsion*).

Il presupposto ispiratore di questa teoria, nella sua versione semplificata, si basa su di un concetto intuitivo.

La **teoria VSEPR** afferma che quando un atomo è legato con altri atomi tutte le coppie di elettroni del suo guscio di valenza tendono a respingersi e a disporsi il più lontano possibile.

Occorre precisare che si devono considerare tutte le coppie di elettroni del guscio di valenza, sia quelle condivise nei legami sia quelle non impegnate, chiamate anche *coppie solitarie*. È utile anche immaginare il guscio di valenza come una sfera sulla cui superficie si collocano le coppie di elettroni: queste si distanziano il più possibile in modo tale da rendere minima la forza di repulsione di natura elettrica. Se gli atomi legati si legano a loro volta con altri atomi, si ottengono altri angoli di legame secondo le stesse modalità. Presentiamo ora alcuni esempi di molecole e di ioni poliatomici dei quali è possibile prevedere la forma geometrica sulla base di questa teoria.

La struttura tetraedrica

In base alla regola dell'ottetto sappiamo che la situazione che si presenta più comunemente è quella di un atomo che ha quattro coppie di elettroni nel guscio di valenza.

La sequenza di immagini visualizza come, sulla base della teoria VSEPR, si può prevedere la forma della molecola del metano (▶ Figura 2).

▶ **Figura 2**

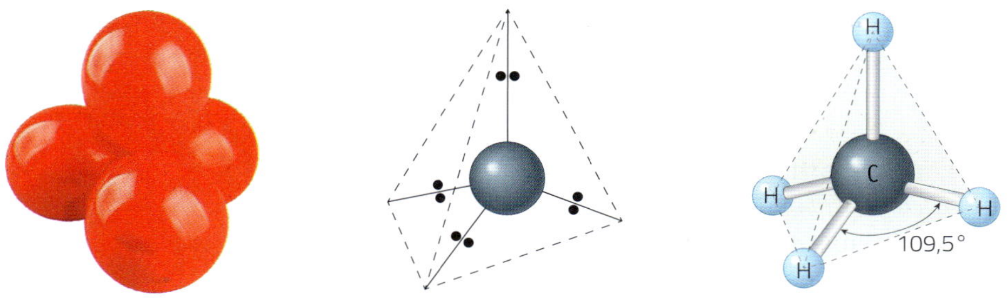

Se si legano quattro palloncini uguali, essi si dispongono nello spazio, per ragioni di ingombro, secondo una struttura tetraedrica.

La repulsione tra le quattro coppie di elettroni nel guscio di valenza di un atomo fa sì che queste si dispongano secondo una struttura tetraedrica.

Nella molecola del metano, i quattro atomi di idrogeno si dispongono attorno all'atomo di carbonio ai vertici di un immaginario tetraedro.

Nella molecola di metano l'atomo di carbonio forma quattro legami uguali con altrettanti atomi di idrogeno; anche gli angoli di legame sono tutti uguali e misurano esattamente 109,5°; anche la lunghezza dei quattro legami C—H è la stessa e vale 0,11 nm.

Quando l'atomo centrale si lega con quattro atomi uguali la molecola assume la forma di un **tetraedro regolare** (▶ Figura 3).

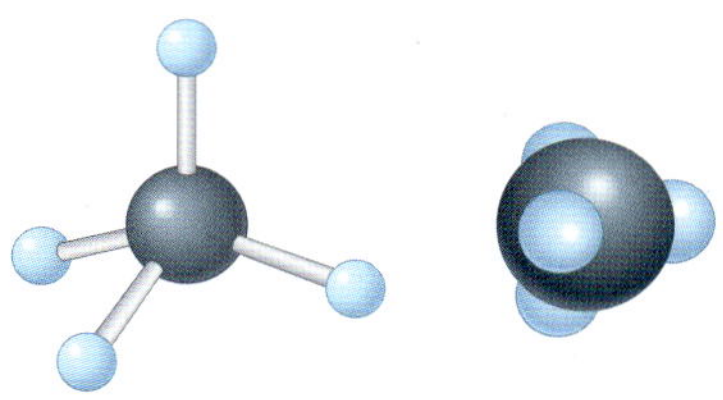

▶ **Figura 3** La molecola del metano ha la forma di un tetraedro regolare.

Quando l'atomo forma legami con quattro atomi non tutti uguali, la forma della molecola è quella di un **tetraedro non regolare**, come per esempio quella delle molecole di $POCl_3$ (▶ Figura 4).

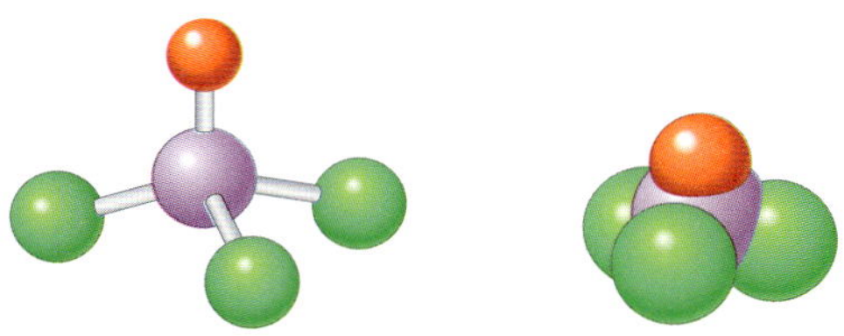

▶ **Figura 4** La molecola dell'ossicloruro di fosforo ha la forma di un tetraedro non regolare perché il legame P—O è più corto degli altri.

La struttura tetraedrica è presente in moltissime specie chimiche, da quelle semplici a quelle più complesse, e dà origine a molecole dalle forme più svariate (▶ Figura 5).

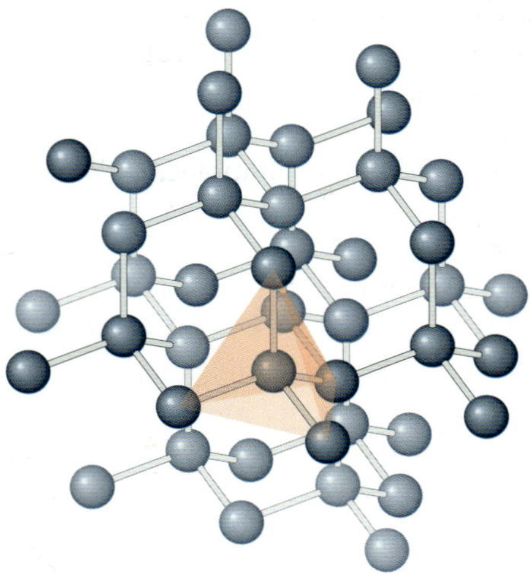

▶ **Figura 5** Nel diamante ciascun atomo di carbonio si trova al centro di un immaginario tetraedro ai cui vertici ci sono altri 4 atomi di carbonio.

Nella molecola del butano (C_4H_{10}) i quattro atomi di carbonio si trovano al centro di altrettanti immaginari tetraedri compenetrati uno nell'altro, ma la forma della molecola non è certo quella di un tetraedro (▶ Figura 6).

▶ **Figura 6**

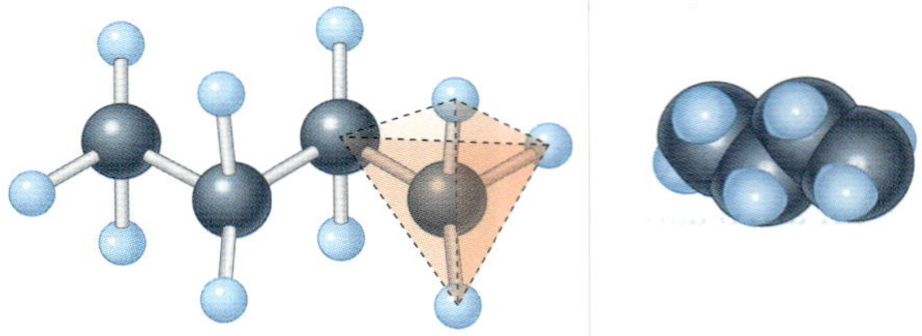

Vediamo ora due esempi di molecole in cui un atomo dispone ancora di quattro coppie di elettroni ma non forma quattro legami: in questi casi la forma della molecola non è un tetraedro anche se le quattro coppie di elettroni conservano la struttura tetraedrica (▶ Figura 7).

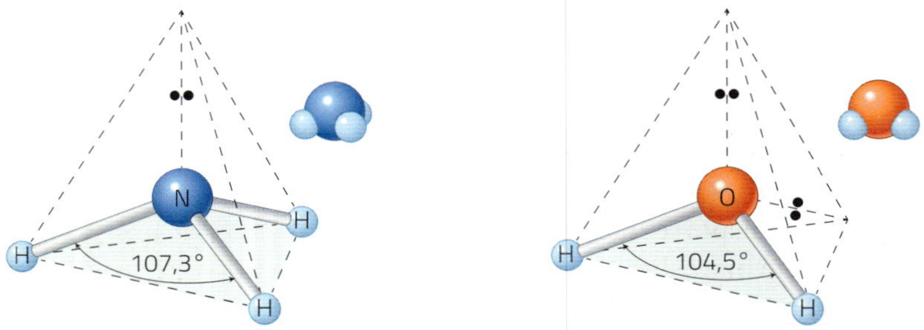

▶ **Figura 7**

Nella molecola di ammoniaca l'atomo di azoto ha struttura tetraedrica e i tre atomi di idrogeno ad esso legati occupano tre vertici dell'immaginario tetraedro; il quarto vertice è occupato invece dalla coppia di elettroni liberi. Ne consegue che la forma della molecola di ammoniaca è quella di una **piramide a base triangolare**.

Nella molecola di acqua l'atomo di ossigeno ha struttura tetraedrica e i due atomi di idrogeno a esso legati occupano due vertici dell'immaginario tetraedro; gli altri due vertici sono occupati invece dalle due coppie solitarie. Ne consegue che la molecola dell'acqua è planare ed ha una **forma angolare (a V)**.

È importante osservare che gli angoli di legame misurati sperimentalmente e riportati nelle figure risultano inferiori a 109,5°, angolo caratteristico della struttura tetraedrica. Questa differenza può essere spiegata considerando un altro aspetto della teoria VSEPR.

Le coppie di elettroni non condivise richiedono più spazio delle coppie di legame: pertanto queste vengono respinte con maggiore forza e di conseguenza gli angoli di legame diventano più piccoli; infatti nella molecola dell'acqua, in cui l'atomo di ossigeno mantiene due coppie solitarie, l'angolo di legame risulta minore rispetto a quello della molecola di ammoniaca.

Quando un atomo presenta quattro coppie di elettroni nel guscio di valenza, queste si dispongono il più lontano possibile dando origine a una **struttura tetraedrica**. Le coppie di elettroni non condivise richiedono più spazio delle coppie di legame.

Struttura lineare e struttura triangolare

Analizziamo ora molecole che contengono atomi con meno di quattro coppie di elettroni nel guscio di valenza e che pertanto non seguono la regola dell'ottetto. Distinguiamo due casi: quello in cui le coppie di elettroni sono due e l'altro in cui le coppie di elettroni sono tre.

Quando un atomo presenta due coppie di elettroni nel guscio di valenza, queste si respingono dando origine a una **struttura lineare**.

Per esempio, nella molecola di diidruro di berillio i tre atomi formano un angolo di 180° e quindi la molecola è lineare (▶ Figura 8).

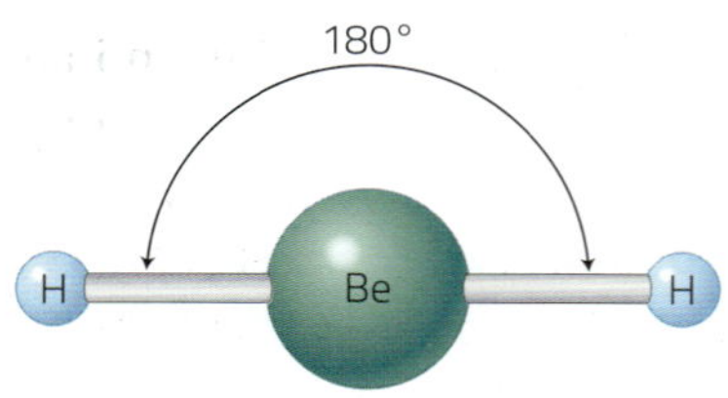

▶ **Figura 8** Nella molecola di diidruro di berillio l'atomo centrale presenta solo due coppie di elettroni impegnate nei legami.

Anche nel caso di molecole in cui un atomo presenta tre coppie di elettroni nel guscio di valenza, queste tre coppie si dispongono il più lontano possibile.

Quando un atomo presenta tre coppie di elettroni condivise nel guscio di valenza, queste si respingono dando origine a una **struttura triangolare** (o *trigonale piana*).

Per esempio, nella molecola di trifluoruro di boro i tre atomi di fluoro si dispongono ai vertici di un immaginario triangolo equilatero; gli angoli di legame F—B—F sono uguali e misurano 120° (▸ Figura 9).

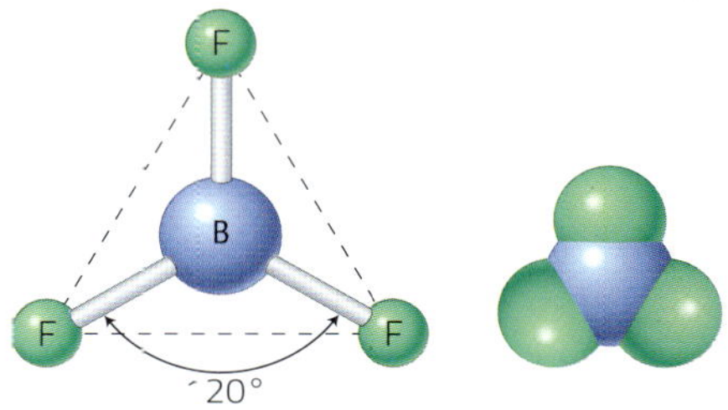

▸ **Figura 9** Rappresentazione della struttura triangolare della molecola di trifluoruro di boro. Dato che i 3 atomi legati al boro sono uguali, la molecola risulta perfettamente simmetrica con 3 legami e 3 angoli uguali.

Ci sono molecole che presentano forma lineare o triangolare anche se costituite da atomi con quattro coppie di elettroni nel guscio di valenza. Si tratta di molecole che contengono legami multipli e quindi occorre tener presente un altro aspetto del modello VSEPR.

Le coppie di elettroni che formano **doppi** e **tripli legami** vanno conteggiate come se fossero una sola coppia di elettroni.

Questo aspetto dovrebbe risultare più chiaro con alcuni esempi di molecole in cui gli atomi, pur seguendo la regola dell'ottetto, non presentano struttura tetraedrica (▸ Figura 10):

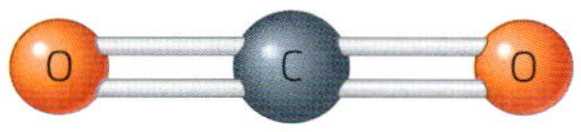

▸ **Figura 10**

L'atomo di carbonio nella molecola di *acido cianidrico* ha quattro coppie di legame; tre di queste però sono obbligate a disporsi nella stessa direzione perché formano un triplo legame. È come se questo atomo avesse due sole coppie di elettroni e pertanto la forma della molecola è lineare.

Nella molecola di *diossido di carbonio* le quattro coppie di elettroni dell'atomo di carbonio si possono disporre in due sole direzioni dovendo formare due doppi legami. È come se l'atomo centrale avesse due sole coppie di elettroni e pertanto la forma della molecola è lineare.

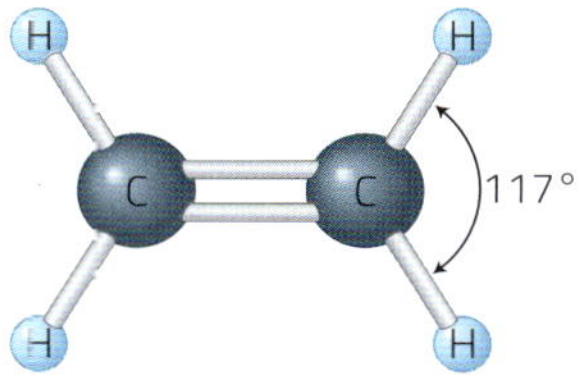

Nella molecola di *etene* le quattro coppie di elettroni di ogni atomo di carbonio si dispongono in tre direzioni perché due coppie formano un doppio legame. È come se ci fossero solo tre coppie di legame e pertanto la struttura di ciascun atomo è triangolare e la molecola risulta planare.

Prendendo infine spunto proprio dalla molecola di etene, occorre precisare che la presenza di legami multipli modifica leggermente gli angoli di legame. Come si vede, infatti, l'angolo H—C—H è di 117°, inferiore cioè all'angolo teorico di 120°.

In generale, le coppie di elettroni del doppio legame necessitano di uno spazio maggiore con l'effetto di ridurre gli altri angoli adiacenti.

Strutture più complesse

Ci sono atomi che possono formare composti mettendo in comune più di quattro coppie di elettroni. Anche in questi casi, sempre sulla base della teoria VSEPR, queste coppie si dispongono il più lontano possibile (▸ Figura 11).

▸ **Figura 11**

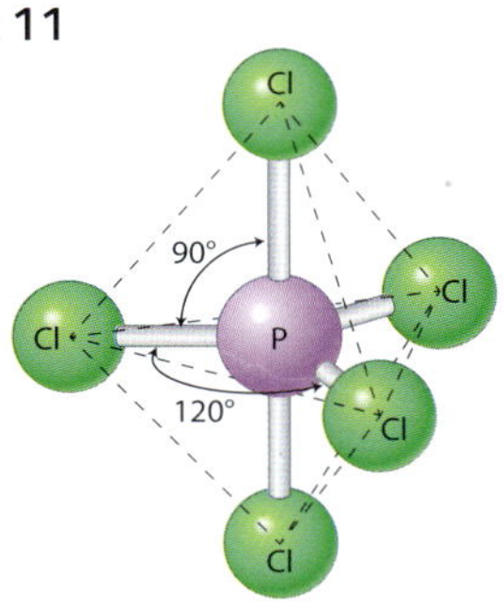

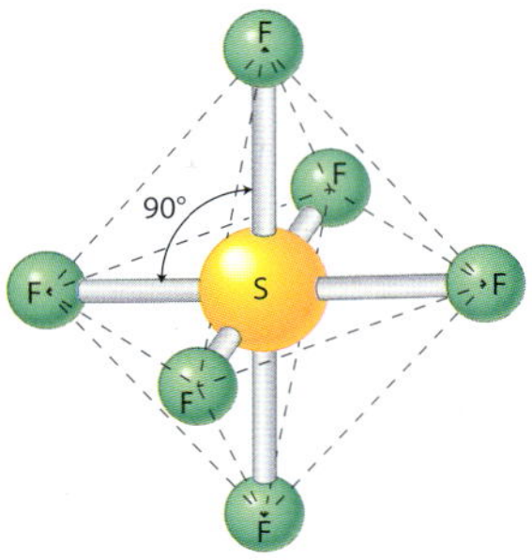

Nelle molecole di PCl_5 intorno all'atomo di fosforo ci sono cinque coppie di elettroni che per distanziarsi il più possibile danno origine alla struttura di una **bipiramide trigonale**, costituita da due piramidi con la base triangolare in comune. Gli angoli di legame Cl—P—Cl non sono tutti uguali.

Nelle molecole di SF_6 intorno all'atomo di zolfo ci sono sei coppie di elettroni che per distanziarsi il più possibile danno origine alla struttura di una **bipiramide tetragonale**, cioè due piramidi a base quadrata con la base in comune: gli angoli di legame F—S—F sono tutti uguali.

Prova tu

L'aldeide formica è una sostanza presente in molti manufatti industriali ma di cui è stata accertata la tossicità. La sua formula è CH_2O. Scrivi la sua formula di struttura indicando anche la forma geometrica delle sue molecole.

....

Pagine di scienza Gli orbitali molecolari

Giulio Natta

Anche nella trattazione quantomeccanica il legame covalente viene interpretato almeno in prima approssimazione come la compartecipazione di una coppia di elettroni fra due atomi: il problema consiste nel descrivere il movimento, la posizione o meglio la probabilità di esistenza degli elettroni nei vari punti dello spazio.

(Giulio Natta e Mario Farina, *Stereochimica: molecole in 3D*, Biblioteca della EST, Mondadori, 1968)

L'evoluzione del modello quantomeccanico su base ondulatoria ha portato al concetto di orbitale molecolare; esso è il risultato della combinazione delle funzioni d'onda orbitale degli elettroni che formano il legame, anche se nel linguaggio corrente si usa il termine «sovrapposizione».

Giulio Natta fu l'unico italiano ad aver ricevuto il premio Nobel per la chimica. Nel 1963, assieme al chimico tedesco Karl Waldemar Ziegler, fu insignito dell'alta onorificenza per i suoi studi sui catalizzatori stereospecifici nelle reazioni di polimerizzazione.

Riportiamo di seguito un brano tratto da *Stereochimica: molecole in 3D*.

«Quando due nuclei atomici sono molto vicini si può ragionevolmente pensare che la nuvola elettronica sia fortemente perturbata soprattutto negli strati più esterni: cambieranno la forma e le dimensioni degli orbitali, in particolare di quelli rivolti verso il nucleo vicino. Con la formazione di un legame gli elettroni che prima gravitavano solo su un nucleo subiscono anche l'attrazione dell'altro e il loro movimento si deforma fino a raggiungere e a conglobare il secondo nucleo. Il nuovo orbitale che descrive lo stato dell'elettrone viene detto orbitale molecolare. Prendiamo il caso più semplice, la molecola dell'idrogeno H_2. Ciascun atomo possiede nello stato fondamentale (non eccitato) la configurazione elettronica $1s^1$, con l'elettrone ruotante attorno al nucleo con una simmetria sferica. Se avviciniamo i due nuclei fino alla distanza di legame, coi metodi quantomeccanici possiamo scrivere una funzione d'onda (o orbitale) che tenga conto delle interazioni degli elettroni coi due nuclei: grosso modo il nuovo orbitale è la somma o la sovrapposizione dei due orbitali atomici 1*s*, ma la sua energia è assai inferiore a quella dei due orbitali separati. Oltre a questo orbitale la teoria ne prevede un secondo dotato di energia più alta, poiché il numero degli orbitali molecolari deve essere uguale a quello degli orbitali atomici da cui i primi prendono origine. Per il principio di Pauli sappiamo che ogni orbitale può contenere due elettroni con spin antiparalleli: nella molecola H_2 i due elettroni presenti possono essere posti nell'orbitale a bassa energia. La molecola di idrogeno ha quindi energia inferiore a quella degli atomi separati e questo aumento di stabilità corrisponde appunto all'energia del legame chimico. La presenza di due elettroni in un orbitale molecolare a bassa energia (orbitale di legame) è la traduzione quantomeccanica del doppietto condiviso della teoria di Lewis. La forza di un legame è tanto più grande quanto maggiore è la sovrapposizione degli orbitali atomici che concorrono alla sua formazione. Questo principio è particolarmente utile al nostro scopo, che è soprattutto quello di capire come mai le molecole assumono certe forme nello spazio».

Come abbiamo compreso dalle parole di Natta e Farina, la molecola di idrogeno si forma a seguito della combinazione dell'orbitale 1*s* di un atomo con l'orbitale 1*s* dell'altro atomo. Naturalmente la teoria prevede che possano combinarsi tra loro anche orbitali di tipo diverso. La molecola biatomica del cloro è un esempio di come l'orbitale molecolare si può formare dalla combinazione tra orbitali di tipo *p* (▶ Figura 1).

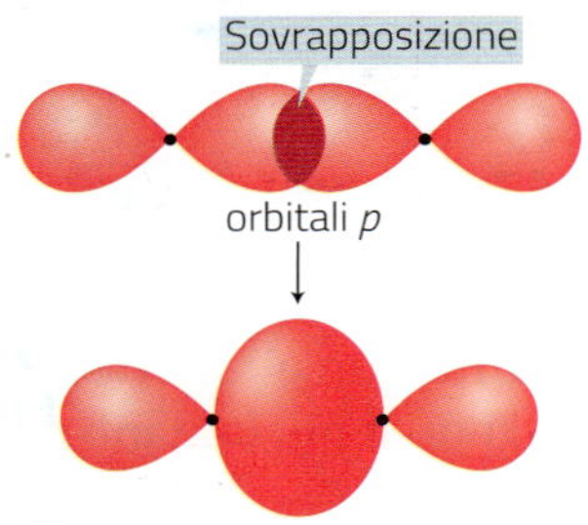

▶ **Figura 1**

La molecola di fluoruro di idrogeno rappresenta un esempio di legame costituito da un orbitale molecolare formato dall'orbitale atomico 1*s* dell'idrogeno e da un orbitale 2*p* del fluoro (▶ Figura 2).

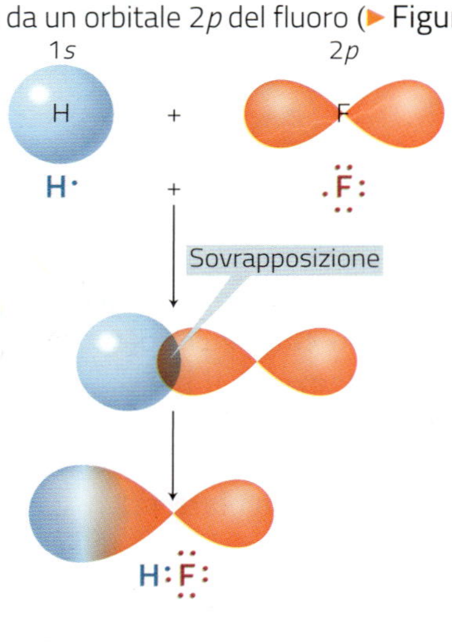

▶ **Figura 2**

Infine la molecola biatomica di azoto fornisce l'opportunità di mostrare il caso di legami multipli tra atomi: l'azoto infatti ha configurazione elettronica $1s^2 2s^2 2p_x^1\ 2p_y^1\ 2p_z^1$ e può quindi formare tre legami poiché ognuno degli orbitali *p* è solo parzialmente occupato. Secondo la teoria dell'orbitale molecolare, si ha la combinazione dei due orbitali p_x che, sovrapponendosi frontalmente, costringono gli altri orbitali, p_y e p_z, a un accostamento laterale (o su linee parallele). Nella molecola biatomica di azoto abbiamo quindi tre legami: uno di essi è detto di tipo «sigma» (σ) e gli altri due sono di tipo «pi greco» (π).

In generale sono detti legami σ quelli dovuti a orbitali molecolari ottenuti per *sovrapposizione frontale* di orbitali atomici; sono chiamati *legami* π quelli più deboli che derivano da orbitali molecolari formati dalla *sovrapposizione laterale* (o parallela) di orbitali atomici. Per spiegare la geometria di alcune molecole poliatomiche la teoria dell'orbitale molecolare ha previsto una «trasformazione» degli orbitali atomici. Spieghiamo il significato di questa affermazione considerando come esempio la molecola del metano: l'atomo di carbonio è legato a quattro atomi di idrogeno che si dispongono nello spazio secondo una struttura tetraedrica (▶ Figura 3). In base alla sua configurazione elettronica, il carbonio dovrebbe formare soltanto due legami σ, utilizzando altrettanti orbitali *p* semioccupati. Si ammette invece che l'orbitale *s* e i tre orbitali *p* si combinino (o ibridizzino) tra loro formando quattro orbitali isoenergetici (*orbitali ibridi* ***sp³***) disposti nello spazio secondo direzioni che formano tra loro angoli di 109,5° proprio come prevede la teoria VSEPR.

Anche la geometria della molecola dell'acqua viene spiegata ammettendo che si abbia un'ibridazione sp^3 degli orbitali atomici dell'ossigeno. Infatti, se l'ossigeno si legasse all'idrogeno utilizzando i due orbitali 2*p* semioccupati, l'angolo di legame H—O—H nella molecola sarebbe di 90°. L'angolo di legame formato dagli orbitali ibridi sp^3 è molto vicino all'angolo misurato sperimentalmente (104,5°) e la differenza è giustificata in base alla repulsione elettrica esercitata dagli altri due orbitali ibridi sp^3 occupati entrambi da un doppietto elettronico non impegnato in legami.

Questo modo di procedere consente di interpretare anche i legami multipli presenti in molecole come l'etene (etilene) e l'etino o acetilene (▶ Figura 4 e 5).

Nell'etene (C_2H_4) i due atomi di carbonio sono uniti tra loro con un doppio legame e ognuno è a sua volta legato a due atomi di idrogeno e tutti i sei atomi giacciono nello stesso piano. In questo caso i calcoli dell'ibridizzazione coinvolgono l'orbitale *s* e solo due dei tre orbitali *p*: con i tre *orbitali ibridi* ***sp²*** complanari ogni atomo di carbonio forma tre legami σ e l'orbitale *p* perpendicolare al piano forma il legame π con l'orbitale *p* dell'altro atomo di carbonio; in questo modo i due atomi sono uniti da un doppio legame.

Nell'etino (C_2H_2) ogni atomo di carbonio è legato soltanto a un atomo di idrogeno e perciò l'ibridazione è compiuta combinando la funzione dell'orbitale *s* con quella di un solo orbitale *p*. Si ottengono così due *orbitali ibridi* ***sp*** e i due atomi di carbonio sono uniti, oltre che dal legame σ più stabile, anche da due legami π più deboli formati dalle coppie di orbitali *p* semioccupati.

▶ **Figura 3** Metano.

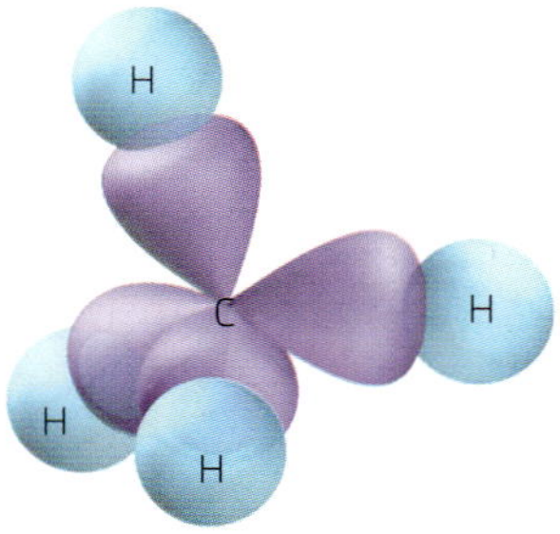

▶ **Figura 4** Etilene.

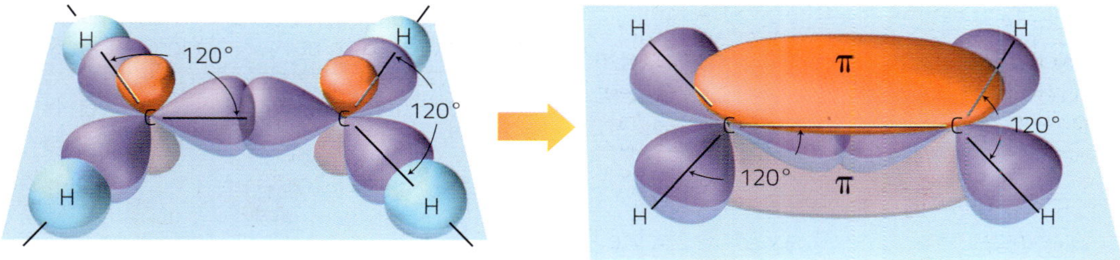

▶ **Figura 5** Etino.

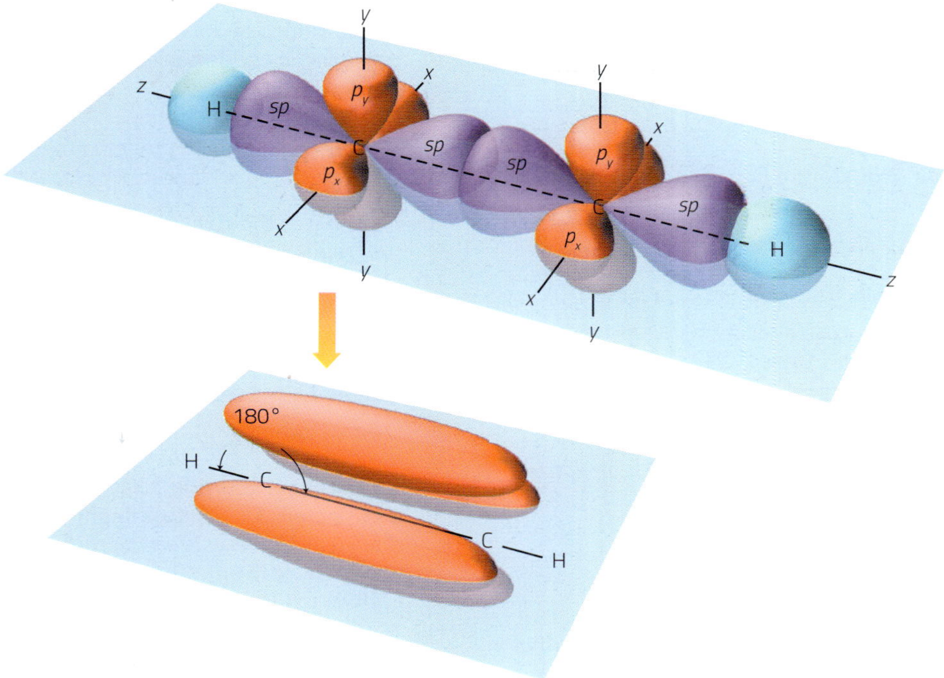

Esercizi 1 La forma delle molecole

1 I palloncini possono visualizzare le repulsioni tra gli elettroni nel guscio di valenza. Completa le indicazioni a fianco di ogni figura:

2 coppie di elettroni
struttura ....

.... coppie di elettroni
struttura ....

.... coppie di elettroni
struttura ....

.... coppie di elettroni
struttura bipiramide ....

.... coppie di elettroni
struttura bipiramide ....

2 Completa la tabella come indicato nel primo esempio.

	L'atomo evidenziato presenta
H_2S	due legami covalenti e due coppie di elettroni non condivise
CBr_4	
HF	
NCl_3	

3 È maggiore l'angolo di legame nella struttura tetraedrica o in quella triangolare?

....

4 A quali elettroni dell'atomo fa riferimento la teoria VSEPR?

....

5 Associa a ogni molecola il suo angolo di legame.

a) CCl_4	1) 104,5°
b) NH_3	2) 109,5°
c) H_2O	3) 107,3°
d) BH_3	4) 180°
e) CO_2	5) 120°

6 Un idrocarburo ha formula $CH_2{=}CH{-}CH_3$. Quale atomo di carbonio ha una struttura tetraedrica?

....

7 A proposito della teoria VSEPR indica se le seguenti affermazioni sono vere o false.

a) Un legame multiplo occupa uno spazio maggiore di un legame semplice V F
b) Per stabilire la struttura della molecola si considera ogni legame multiplo come una sola coppia V F
c) Le coppie di elettroni non condivisi richiedono più spazio delle coppie di elettroni di legame V F
d) Se nel guscio di valenza ci sono quattro coppie di elettroni si ha sempre una struttura tetraedrica V F
e) Le molecole in cui tutti gli atomi seguono la regola dell'ottetto hanno sempre una forma tetraedrica V F

8 La formula di struttura della molecola dell'acetone è la seguente:

$$CH_3{-}\underset{\underset{O}{\|}}{C}{-}CH_3$$

Qual è la struttura dell'atomo di carbonio legato all'atomo di ossigeno? ....

9 Nello ione carbonato (CO_3^{2-}) l'atomo di carbonio è legato con un doppio legame a un atomo di ossigeno. Qual è la forma dello ione? ....

10 Il diossido di zolfo ha la seguente formula di Lewis:

$$:\ddot{O}{=}\dot{\dot{S}}{=}\ddot{O}:$$

Qual è la forma di questa molecola? ....

11 Nella molecola del propino (C_3H_4) ci sono due atomi di carbonio legati con un triplo legame. Qual è la struttura dell'atomo di carbonio centrale? ....

12 Nella fosfina (PH_3) l'angolo di legame vale 93,7°. Qual è la forma della molecola?

....

13 Indica la sola formula a cui corrisponde una molecola con struttura tridimensionale:

A $CH_2{=}CH_2$
B $CH{\equiv}CH$
C BCl_3
D HF
E $CH_3{-}CH_3$

14 What is the structure around the central atom in phosphorus trichloride (PCl_3)?

A Linear
B Trigonal planar
C Tetrahedral
D Trigonal bipyramid
E Octahedral

15 Carbonyl chloride ($COCl_2$) is also called phosgene: a colourless, chemically reactive, highly toxic gas having an odour like that of musty hay. It was used during World War I against troops. What is the number of the electron pairs around the central C atom in $O{=}CCl_2$?

A 1
B 2
C 3
D 4
E 0

2 Sostanze polari e apolari

La forma delle molecole influisce sulla distribuzione delle cariche elettriche nelle molecole stesse dando origine a sostanze polari e apolari

Le molecole polari

Gli studi condotti sulla forma delle molecole hanno consentito di evidenziare che le molecole di acqua hanno una forma geometrica a V con un angolo di 104,5°.

Inoltre, sappiamo che il valore di elettronegatività dell'ossigeno (3,5) è assai superiore a quello dell'idrogeno (2,1), motivo per cui i due legami covalenti sono polarizzati.

Si determinano quindi una frazione di carica elementare negativa (δ−) sull'atomo di ossigeno e una frazione di carica elementare positiva (δ+) su ciascun atomo di idrogeno. Queste cariche si distribuiscono in modo asimmetrico per cui si creano nella molecola due polarità: un polo negativo dalla parte dell'atomo di ossigeno e un polo positivo dalla parte degli atomi di idrogeno (▶ Figura 1).

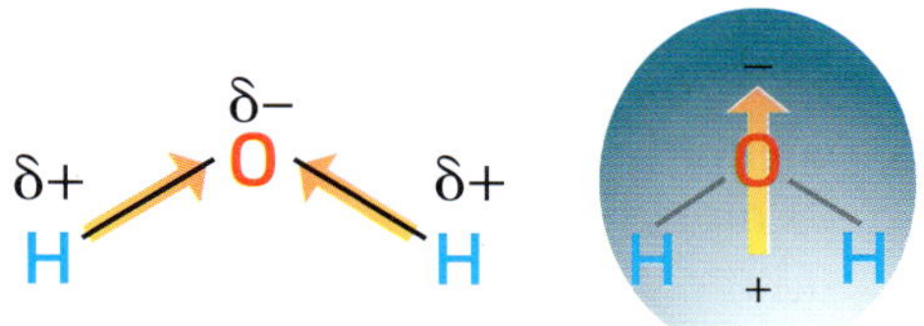

▶ **Figura 1** Il carattere dipolare di una molecola deriva dai legami polarizzati e dalla forma della molecola.

Le molecole che, a causa di una distribuzione asimmetrica della carica elettrica, presentano due distinte polarità sono chiamate **molecole polari**.

Le molecole polari sono anche dette *dipoli* e possono essere genericamente rappresentate come nella ▶ Figura 2.

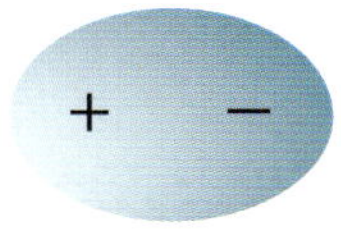

▶ **Figura 2** Rappresentazione semplificata e generica di una qualunque molecola polare. Ogni molecola presenta due zone distinte, in una delle quali prevale la carica positiva e nell'altra la carica negativa.

La diversa polarità delle molecole è espressa da una grandezza chiamata **momento dipolare**, definita dalla seguente relazione:

$$\mu = Q \cdot d$$

momento dipolare ← μ; d → distanza tra i centri di carica (m); Q → carica elettrica dei poli (C)

Il momento dipolare viene misurato sperimentalmente e viene espresso in debye (D) (1 D corrisponde a $3{,}34 \cdot 10^{-30}$ C · m). I momenti dipolari di alcune molecole sono riportati in ▶ Tabella 1. In ogni caso, qualunque sia il momento dipolare, le frazioni di carica si bilanciano e ogni molecola è elettricamente neutra.

Le sostanze costituite da molecole polari sono chiamate **sostanze polari**.

▶ **Tabella 1** Momenti dipolari (μ) di alcune molecole.

Molecola	μ (D)
HI	0,42
HBr	0,80
HCl	1,08
NH_3	1,47
H_2O	1,86

Queste possono risentire dell'azione di un corpo elettricamente carico.

Per esempio, avvicinando una bacchetta elettrizzata a un sottile filo di acqua si osserva che il flusso viene deviato e ciò si spiega in quanto le molecole polari dell'acqua si orientano in modo da volgere verso la bacchetta il polo di segno opposto (▶ Figura 3).

Lo spostamento del filo di liquido avviene per tutte le sostanze polari, indipendentemente dal segno della bacchetta elettrizzata. Lo spostamento è tanto più accentuato quanto più è grande la carica elettrica accumulata con lo strofinio.

▶ **Figura 3** Una bacchetta di plastica, elettrizzata per strofinio, è sufficiente a determinare una forza elettrica capace di attrarre il filo di acqua dalla verticale di caduta.

Le molecole apolari

Prendiamo ora in considerazione le molecole di diossido di carbonio. Tra l'atomo di carbonio e i due atomi di ossigeno si stabiliscono legami covalenti polarizzati: l'elettronegatività dell'ossigeno (3,5) infatti è maggiore di quella del carbonio (2,5).

Le molecole del diossido di carbonio però, a differenza di quelle dell'acqua, sono lineari ed è proprio per questo motivo che si annullano gli effetti della polarizzazione di ciascun legame. Possiamo anche dire che la distribuzione delle cariche in queste molecole è simmetrica (▶ Figura 4).

Le molecole caratterizzate da una distribuzione simmetrica della carica elettrica non presentano distinte polarità e si chiamano **molecole apolari**.

Ovviamente, una molecola che contiene soltanto legami covalenti puri risulta sempre apolare, indipendentemente dalla sua forma. In tutti i casi le molecole apolari possono essere rappresentate genericamente come nella ▶ Figura 5.

Anche le molecole in cui un atomo è legato ad altri quattro atomi diversi ma uguali tra loro sono apolari, in quanto gli effetti delle polarizzazioni dei legami si annullano a vicenda: queste molecole, anche se contengono legami covalenti polarizzati, non presentano polarità, come accade per esempio nelle molecole di tetracloruro di carbonio (CCl_4) (▶ Figura 6).

Le sostanze costituite da molecole apolari sono chiamate **sostanze apolari**.

Nella ▶ Tabella 2 vengono riassunte le conoscenze sul legame covalente e sulla forma delle molecole che consentono di prevedere se una data sostanza molecolare è polare oppure apolare.

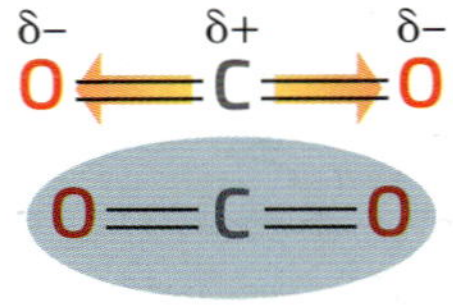

▶ **Figura 4** Nonostante la polarizzazione dei legami la molecola risulta apolare.

▶ **Figura 5** Rappresentazione semplificata e generica di una qualunque molecola apolare.

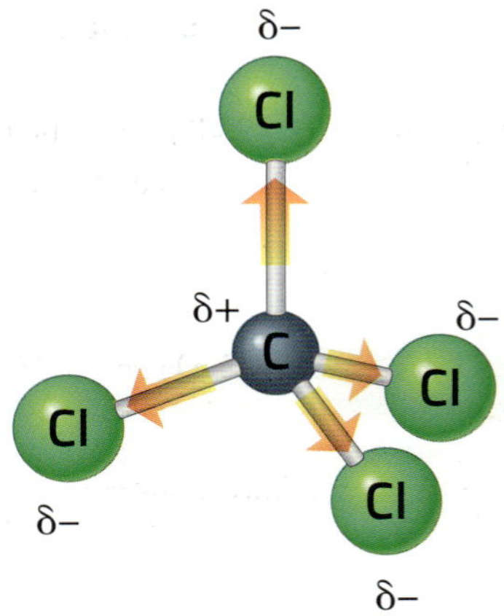

▶ **Figura 6** La struttura regolare della molecola provoca una distribuzione simmetrica delle cariche i cui effetti si annullano.

▶ **Tabella 2** Polarità delle molecole di elementi e composti.

	Molecola	Spiegazione a livello particellare	Tipo di sostanza
Sostanze elementari	biatomica (esempio: H_2) poliatomica (esempio: S_8)	Tra atomi uguali si stabiliscono sempre legami covalenti puri e quindi la molecola, qualunque sia la sua forma, presenta sempre una distribuzione simmetrica delle cariche.	apolare
Composti	biatomica (esempio: HI)	La differenza di elettronegatività tra gli atomi porta sempre a una distribuzione asimmetrica delle cariche. A seconda della differenza di elettronegatività si avranno molecole più o meno fortemente polari.	polare
	poliatomica non simmetrica (esempio: H_2S)	La differenza di elettronegatività tra gli atomi che si legano determina la polarizzazione dei legami. A causa della disposizione non simmetrica delle cariche la molecola risulta polare.	polare
	poliatomica simmetrica (esempio: CH_4)	La differenza di elettronegatività tra gli atomi che si legano determina la polarizzazione dei legami. Nonostante ciò la molecola risulta apolare, a causa della disposizione simmetrica delle cariche.	apolare

Prova tu

Il triidruro di boro è un composto che ha formula BH_3. Stabilisci se le sue molecole sono polari o apolari e motiva la risposta.

....

....

....

....

Gli esempi riportati nella tabella si riferiscono tutti a molecole di piccole dimensioni.

Se invece le molecole sono costituite da molti atomi non è sempre facile prevedere a priori se sono polari o apolari. Molto spesso all'interno della stessa molecola c'è una parte polare e una parte apolare, come per esempio nel caso del butanolo C_4H_9OH (▶ Figura 7).

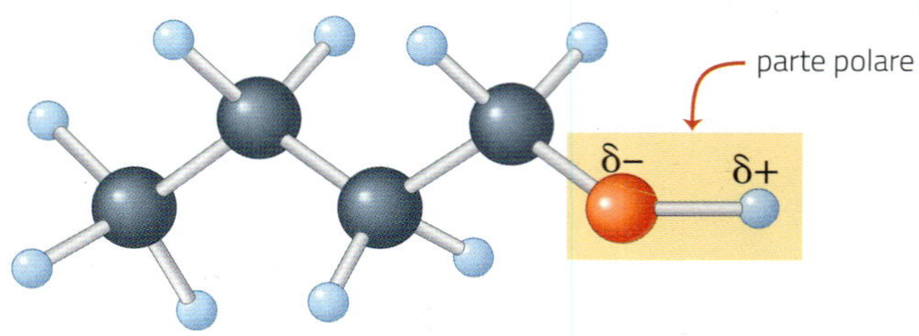

▶ **Figura 7** Rappresentazione della molecola di butanolo: la catena di atomi di carbonio presenta carattere apolare, mentre la parte in cui è presente l'atomo di ossigeno legato all'atomo di idrogeno è nettamente polare.

Esercizi 2 Sostanze polari e apolari

1 Completa il seguente schema classificando le sostanze in polari e apolari:

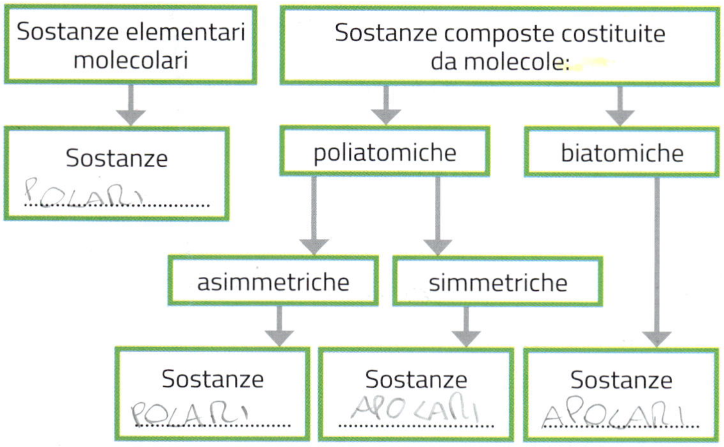

2 Per stabilire se una molecola è polare si deve conoscere:

A la sua forma geometrica e la lunghezza di ciascun legame

B l'elettronegatività degli atomi che la costituiscono

C gli elettroni di legame dell'atomo centrale e la sua elettronegatività

D la sua forma geometrica e l'elettronegatività degli atomi che la costituiscono

E il numero di atomi che la costituiscono e la lunghezza di ciascun legame

3 Perché le molecole che costituiscono le sostanze elementari sono sempre apolari?

....

4 Una sostanza molecolare è sicuramente apolare quando:

A è costituita da molecole biatomiche

B è formata da molecole che presentano due polarità opposte

C è formata da molecole con struttura tetraedrica

D è formata da molecole con struttura lineare

E è formata da molecole costituite da atomi con la stessa elettronegatività

5 Considera la formula di struttura del 2-pentanolo:

$$CH_3—CH(OH)—CH_2—CH_2—CH_3$$

Qual è la parte polare di questa molecola?

....

6 In relazione alla polarità delle molecole, indica le affermazioni vere e quelle false.

a) Le molecole biatomiche formate da atomi uguali sono sicuramente apolari V F

b) Le molecole biatomiche formate da atomi diversi sono sicuramente polari V F

c) Le molecole poliatomiche formate da atomi che hanno diversa elettronegatività sono sicuramente polari V F

d) Le molecole che hanno forma tetraedrica sono sicuramente apolari V F

e) Le molecole poliatomiche delle sostanze elementari sono sicuramente apolari V F

7 *Quali* delle seguenti molecole sono polari?

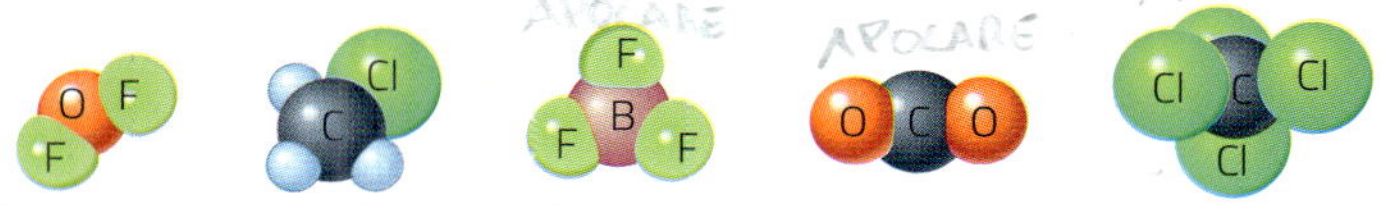

A B C D E

8 Se si avvicina una bacchetta con carica positiva a un sottile filo di tetracloruro di carbonio liquido (CCl_4), questo:

A è attratto

B è respinto

C non è né attratto né respinto

D prima è attratto e poi respinto

E è attratto solo se la bacchetta presenta carica negativa

9 Perché il momento dipolare di HCl è maggiore di quello di HBr?

....

10 Indica quali delle seguenti sostanze sono costituite da molecole polari (P) e quali invece da molecole apolari (A).

a) HBr P A

b) HI P A

c) S_8 P A

d) CF_4 P A

e) BCl_3 P A

f) CH_3Cl P A

11 Considera le seguenti particelle:

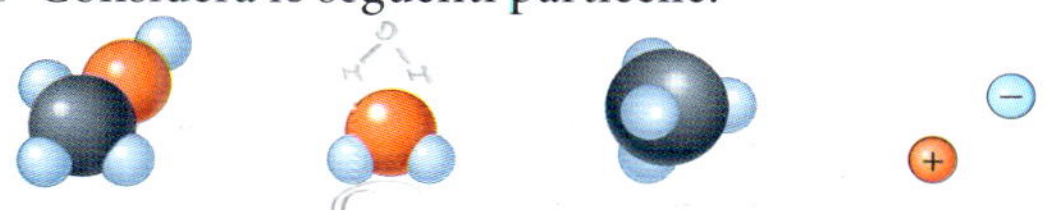

A B C D

Quali tra esse risentono dell'influenza di una bacchetta elettrizzata?

....

12 La molecola PCl_3 è polare o apolare?

A Polare perché l'elettronegatività del fosforo è minore di quella del cloro

B Apolare perché la molecola presenta una struttura trigonale piana

C Polare perché la molecola ha struttura tetraedrica ma è asimmetrica

D Apolare perché la molecola ha forma piramidale e il cloro è più elettronegativo del fosforo

E Polare perché la molecola ha forma piramidale e i legami sono covalenti polarizzati

13 Which substance is made of non-polar molecules?

A CH_3CH_3

B PCl_3

C HBr

D $CClF_3$

E SCl_2

14 Carbon dioxide is a non-polar molecule. Which of the following correctly describes the above statement?

A Both its elements are highly electronegative

B Both its elements are highly electropositive

C It has an uneven distribution of charges at its opposite ends

D it has an even distribution of charges at its opposite ends

3 Forze intermolecolari e stati di aggregazione delle sostanze

Le diverse forze di attrazione tra le molecole concorrono a determinare lo stato di aggregazione delle sostanze covalenti

Le forze tra le molecole

C'è uno stretto collegamento tra la temperatura di fusione di un solido e l'intensità delle forze che tengono vicine le particelle che lo costituiscono. Per fondere un solido, infatti, occorre allentare le forze di attrazione tra le particelle: più intense sono queste forze, maggiore energia occorre spendere e più alta risulta la temperatura di fusione.

Ora siamo in grado di approfondire il significato di queste considerazioni riferendoci alle sostanze molecolari; tra queste alcune diventano solide a temperature assai basse, come l'idrogeno che solidifica a −259 °C; altre invece, come il lattosio, diventano liquide oltre i 200 °C. Queste differenze così accentuate sottolineano il fatto che l'intensità delle forze tra le molecole può essere molto differente.

Le forze di attrazione che si stabiliscono tra le molecole delle sostanze covalenti si chiamano genericamente **forze intermolecolari**.

Queste forze sono anche indicate con il termine di *legami intermolecolari* e furono studiate in particolare dallo scienziato olandese J.D. van der Waals.

Forze dipolo-dipolo e forze di dispersione di London

Proviamo a confrontare le temperature di fusione e di ebollizione di due sostanze molecolari, il cloruro di idrogeno e il fluoro (▶ Tabella 1).

Il cloruro di idrogeno è un composto polare, mentre il fluoro è una sostanza apolare: i dati dimostrano che le temperature di fusione e di ebollizione del cloruro di idrogeno sono superiori a quelle del fluoro. Evidentemente le forze che si manifestano tra le molecole apolari del fluoro sono più deboli delle forze di attrazione tra le molecole polari del cloruro di idrogeno.

Le forze di attrazione tra le molecole polari sono forze di natura elettrica che si generano tra il polo positivo di una molecola e quello negativo di un'altra molecola: tutte le molecole vengono così coinvolte fino a creare una fitta «ragnatela» di legami intermolecolari (▶ Figura 1).

▶ **Tabella 1** Temperature dei passaggi di stato di due sostanze le cui molecole hanno circa la stessa massa molecolare (MM).

Formula	HCl	F_2
Tipo di molecola	(molecola polare + −)	(molecola apolare)
MM (u)	36	38
t_f (°C)	−115	−220
t_{eb} (°C)	−85	−188

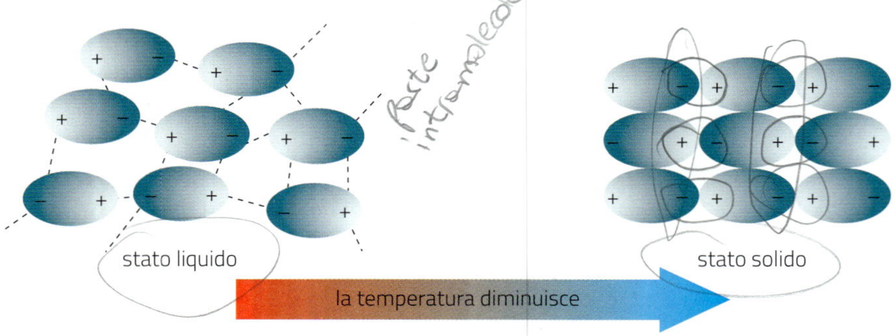

▶ **Figura 1** Rappresentazione delle *forze di attrazione dipolo-dipolo* tra generiche molecole polari, nello stato liquido e in quello solido.

Si chiamano **forze di attrazione dipolo-dipolo** le attrazioni di natura elettrica che si stabiliscono tra le molecole polari negli stati condensati.

Dalla tabella 1 si capisce che anche il fluoro si può trovare allo stato liquido, purché la temperatura sia inferiore a −220 °C. Evidentemente a bassa temperatura anche tra le sue molecole si manifestano forze di attrazione che però non possono essere quelle dipolo-dipolo.

Il chimico tedesco F. London ha il merito di aver fornito nel 1926 un'interpretazione completa e rigorosa di tali interazioni.

In sintesi, si può dire che il continuo movimento degli elettroni nelle molecole apolari porta temporaneamente a una distribuzione asimmetrica delle cariche negative e positive che determina la formazione di *dipoli istantanei*. Queste molecole momentaneamente polari influenzano altre molecole formando *dipoli indotti*; si crea quindi tra le molecole una fitta trama di deboli forze di attrazione (▶ Figura 2).

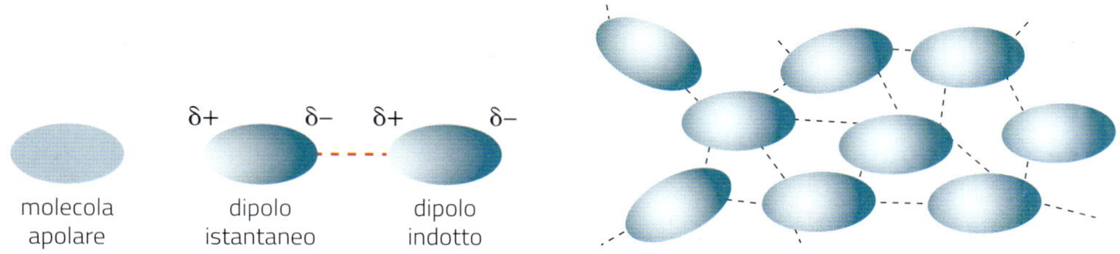

▶ **Figura 2** Rappresentazione dell'origine delle forze tra le molecole apolari secondo il modello di London.

Si chiamano **forze di dispersione di London** le attrazioni di natura elettrica che si stabiliscono tra le molecole apolari negli stati condensati.

Proviamo ora a confrontare le temperature di fusione e di ebollizione di due sostanze sicuramente apolari, le cui molecole però hanno dimensioni e massa molto diverse: il bromo e lo iodio (▶ Tabella 2).

Come si capisce dai dati riportati, a temperatura ambiente il bromo è liquido mentre lo iodio è solido. Per spiegare questo fatto occorre ammettere che le forze di attrazione tra le molecole di iodio sono più forti di quelle tra le molecole di bromo. Ciò si spiega in base al modello di London: la possibilità che si formino dipoli istantanei, capaci di polarizzare le altre molecole, aumenta all'aumentare del numero di elettroni e quindi delle dimensioni delle molecole. In altre parole, maggiore è il numero di elettroni che si possono spostare all'interno delle molecole, maggiore è la polarizzabilità delle molecole stesse.

L'intensità delle forze di dispersione di London può diventare significativa anche nel caso di molecole formate da molti atomi di piccole dimensioni, come nel caso degli idrocarburi. Infatti il pentano (C_5H_{12}), nonostante la sua massa molecolare (72 u) sia molto minore di quella del bromo, è anch'esso liquido a temperatura ambiente. Questo fatto si spiega considerando che le molecole del pentano hanno una forma allungata e pertanto la superficie su cui si manifestano le forze di dispersione è molto più grande di quella delle molecole di bromo (▶ Figura 3).

▶ **Tabella 2** Temperature dei passaggi di stato di due sostanze le cui molecole hanno diversa massa molecolare.

Formula	Br_2	I_2
Tipo di molecola		
MM (u)	160	254
Elettroni nella molecola	70	106
t_f (°C)	−7	114
t_{eb} (°C)	59	184

Prova tu

Spiega perché la temperatura di solidificazione del metano è più bassa di quella del cloruro di idrogeno.

....

....

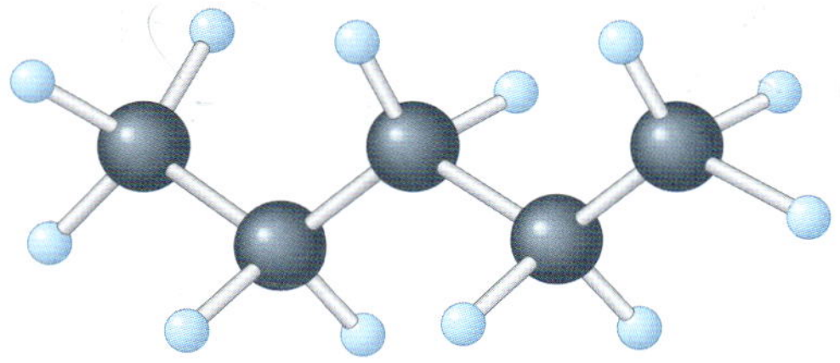

▶ **Figura 3** La molecola del pentano è costituita da una catena di atomi di carbonio legati ad atomi di idrogeno. Dato che ogni atomo di carbonio presenta una struttura tetraedrica, la molecola è apolare.

Il legame a idrogeno

Per completare la trattazione delle forze che si possono stabilire tra le molecole, consideriamo ora un tipo di legame tra molecole polari in cui sono presenti atomi di idrogeno legati ad atomi di elementi che presentano i più alti valori di elettronegatività.

Si chiama **legame a idrogeno** l'attrazione di natura elettrica che si stabilisce tra molecole polari in cui un atomo di idrogeno è legato con un atomo di piccole dimensioni e fortemente elettronegativo (azoto, ossigeno e fluoro).

Questo legame intermolecolare si spiega considerando che l'atomo di idrogeno è il più piccolo di tutti, essendo formato da un solo protone e da un solo elettrone; quando questo atomo è legato a un atomo molto elettronegativo la polarizzazione del legame fa sì che il protone rimanga «scoperto» e possa interagire con una coppia di elettroni non impegnata in legami dell'atomo più elettronegativo dell'altra molecola. In questo modo l'atomo di idrogeno costituisce una sorta di ponte che si stabilisce tra due molecole (▶ Figura 4).

$$\mathrm{X{-}\overset{\delta+}{H}\cdots\overset{\delta-}{X}{-}H\cdots}$$

▶ **Figura 4** Rappresentazione di un *legame a idrogeno* che si forma tra un atomo di idrogeno e l'atomo X di un'altra molecola.
X rappresenta un atomo di ossigeno, di fluoro o di azoto.

L'attrazione tra le molecole avviene secondo una precisa direzione, cioè quella determinata dalla coppia di elettroni del legame a idrogeno. Il legame a idrogeno risulta così circa cinque volte più forte di un generico legame dipolo-dipolo ed è in grado di influenzare fortemente le proprietà delle sostanze.

Per verificare questa affermazione, confrontiamo le temperature di ebollizione dei quattro composti formati da idrogeno e dai primi quattro elementi del VI gruppo: H_2O, H_2S, H_2Se, H_2Te (▶ Tabella 3). Le molecole di questi composti sono tutte polari e le loro dimensioni aumentano all'aumentare della loro massa molecolare.

Le molecole di acqua sono sicuramente le più piccole fra quelle considerate, ma devono essere anche le più fortemente legate: la temperatura di ebollizione dell'acqua, infatti, è eccezionalmente più elevata di quella delle altre tre sostanze. La spiegazione è che tra i dipoli dell'acqua, a causa dell'elevata polarizzazione del legame H—O, si stabiliscono legami a idrogeno molto forti.

Il grafico riportato nella ▶ Figura 5 mette a confronto le temperature di ebollizione di alcuni composti dell'idrogeno.

▶ **Tabella 3** La tabella mostra come al diminuire della massa molecolare diminuisce anche la temperatura di ebollizione. È clamorosa l'eccezione dell'acqua.

Formula	MM (u)	t_{eb} (°C)
H_2Te	130	−2
H_2Se	81	−41
H_2S	34	−60
H_2O	18	100

L'ELETTRONEGATIVITÀ e MASSA SONO INVERSAMENTE PROP.

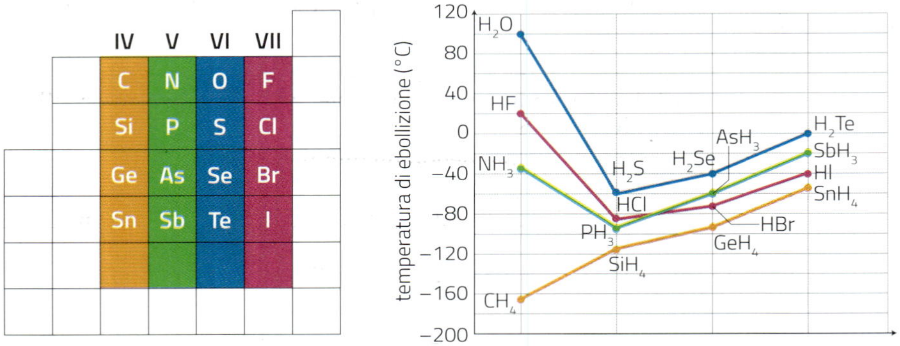

▶ **Figura 5** Temperature di ebollizione dei composti dell'idrogeno con gli elementi del IV, V, VI e VII gruppo. Ogni linea colorata si riferisce ai composti degli elementi che appartengono allo stesso gruppo.

Analogamente all'acqua, il fluoruro di idrogeno (HF) e l'ammoniaca (NH_3) presentano temperature di ebollizione molto più alte rispetto ai composti che hanno struttura simile. I valori si interpretano sapendo che anche fra le molecole di questi composti (HF e NH_3) si stabiliscono legami a idrogeno. La curva più in basso mostra invece un andamento «regolare»: aumentando la massa molecolare aumenta sempre la temperatura di ebollizione. Nessuno di questi composti, infatti, è in grado di formare legami a idrogeno.

In alcune situazioni, il legame a idrogeno si può formare anche tra atomi della stessa molecola e per questo motivo tali legami sono chiamati *legami intramolecolari* (▶ Figura 6).

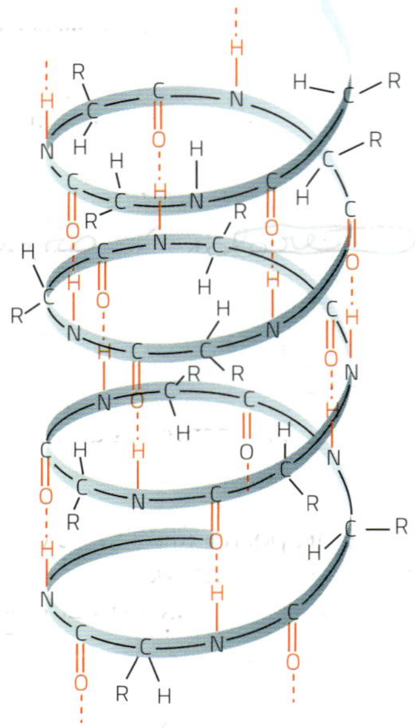

▶ **Figura 6** La caratteristica *struttura a elica* delle proteine è dovuta alla presenza di legami a idrogeno intramolecolari tra gli atomi di idrogeno legati all'azoto e quelli di ossigeno.

Il legame a idrogeno è responsabile di un comportamento anomalo dell'acqua: questa infatti è una delle pochissime sostanze che durante il processo di solidificazione aumenta il proprio volume. Quando l'acqua solidifica si formano legami a idrogeno stabili, direzionati secondo ben precisi angoli di legame.

Ogni molecola forma quattro legami a idrogeno: due legami a opera dei due atomi di idrogeno e due a opera delle due coppie di elettroni dell'atomo di ossigeno. Ne consegue che ogni atomo di ossigeno si trova al centro di un immaginario tetraedro. Si forma di conseguenza una struttura caratterizzata da spazi vuoti che porta appunto a un aumento di volume dell'acqua solida: proprio per questo motivo la densità del ghiaccio è minore di quella dell'acqua, sulla quale, infatti, il ghiaccio riesce a galleggiare (▶ Figura 7).

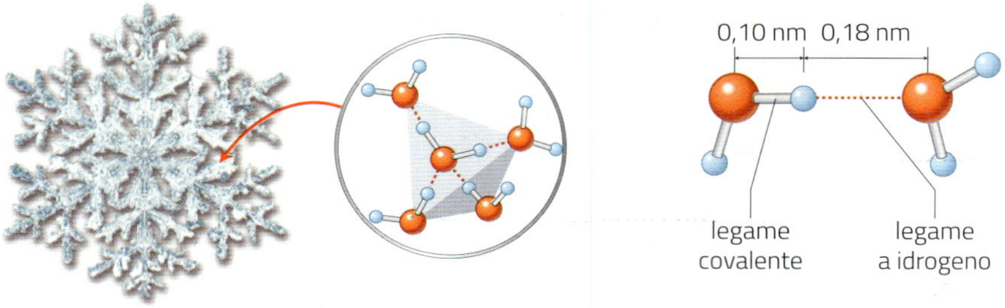

▶ **Figura 7**

Clip in digitale
Modello molecolare dei passaggi di stato dell'acqua

Esercizi 3 Forze intermolecolari e stati di aggregazione delle sostanze

1 Considera le sostanze costituite dalle seguenti molecole e completa la tabella:

	Tipo di interazioni tra le molecole negli stati condensati
CH_4 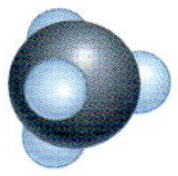	....
$CHCl_3$ 	....
CO_2 	....
NH_3 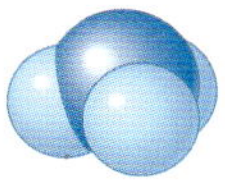	....

2 Osserva la seguente tabella:

Sostanza	X	Y
Tipo di molecola		
MM (u)	38,00	70,90

Quale delle due sostanze ha una maggiore temperatura di ebollizione? ....

3 A proposito delle forze di dispersione di London, indica la sola affermazione *sbagliata*.

A Queste forze sono generalmente più deboli delle forze di attrazione dipolo-dipolo

B Queste forze si manifestano tra molecole apolari

C Queste forze sono il risultato della creazione di dipoli indotti nelle molecole apolari

D Queste forze aumentano di intensità via via che cresce il numero di elettroni presenti in ogni molecola

E Queste forze si manifestano soltanto tra molecole di sostanze gassose a temperatura ambiente

4 In condizioni normali il cloro è un gas che diventa liquido soltanto se lo si raffredda al di sotto di −35 °C. Quali forze si manifestano a −40 °C tra le molecole biatomiche di cloro?

....

5 A 20 °C l'anidride carbonica (CO_2) è gassosa mentre il disolfuro di carbonio (CS_2) è liquido. Spiega questo fatto.

A Le molecole di CS_2 sono polari, quelle di CO_2 no

B Le molecole di CS_2 hanno una massa molecolare maggiore

C Le molecole di CO_2 hanno forma tetraedrica, quelle di CS_2 no

D Le forze di dispersione tra le molecole di CO_2 sono maggiori

E I legami covalenti C—O sono più polarizzati dei legami C—S

6 I modelli rappresentano le molecole di due composti diversi:

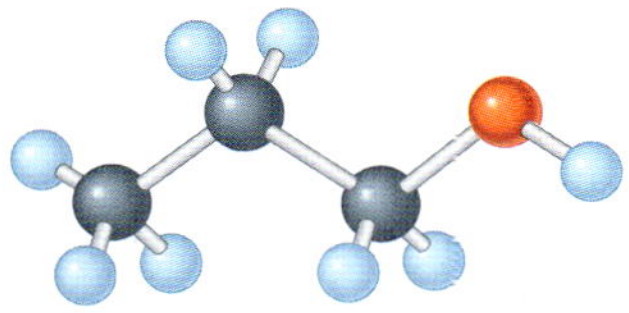

A

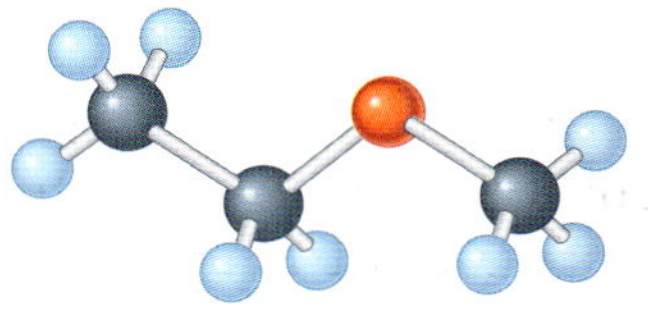

B

Tra le molecole di quale composto si possono stabilire legami a idrogeno? ....

7 In relazione alle forze di attrazione tra le molecole polari, indica le affermazioni vere e quelle false.

a) Sono forze di natura elettrica che si manifestano tra molecole di sostanze gassose V F

b) Si generano tra il polo positivo di una molecola e quello negativo di una molecola vicina V F

c) Sono chiamate forze di attrazione dipolo-dipolo V F

d) Sono responsabili della esistenza di sostanze polari allo stato condensato V F

e) Sono tanto più deboli quanto maggiore è il momento dipolare delle molecole V F

f) Sono più deboli delle forze di dispersione di London V F

8 Considera le formule di struttura delle molecole del clorometano e del metanolo:

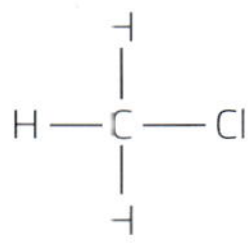

clorometano

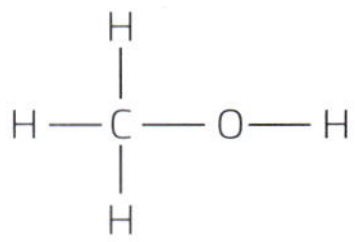

metanolo

Quale composto presenta la temperatura di ebollizione più alta? Argomenta la risposta.

....

....

9 L'acido solfidrico (H_2S) è gassoso a temperatura ambiente mentre l'acqua è liquida. Questo fatto si può spiegare considerando che:

A le molecole di H_2S sono apolari

B le molecole di H_2S hanno massa molecolare minore

C tra le molecole di H_2S non ci sono legami a idrogeno

D le molecole di H_2S hanno forma lineare

E il legame H—S è meno forte del legame H—O

10 Per ciascuna coppia di sostanze individua quella che ha la maggiore temperatura di ebollizione.

a) CH_4 e C_4H_{10} c) F_2 e HCl

b) NH_3 e H_2O d) H_2S e Ar

....

11 Which of the following statements describes intermolecular forces?

A Intermolecular forces are forces found in ionic compounds

B Intermolecular forces are repulsive forces that exist between molecules

C Intermolecular forces are attractive forces that exist between molecules

D Intermolecular forces are covalent bonds within molecules

4 Forze intermolecolari e dissoluzione delle sostanze

Le forze intermolecolari sono determinanti nei processi di dissoluzione delle sostanze

Sostanze polari come solventi

Quando una sostanza viene mescolata con un liquido si hanno i risultati più vari: alcune sostanze si sciolgono o si miscelano completamente, alcune solo in parte e altre ancora rimangono inalterate. Per conoscere esattamente che cosa avviene occorre verificare sperimentalmente il loro comportamento.

Siamo in grado comunque di dare indicazioni generali, anche se non assolute, per prevedere la **solubilità** di una sostanza solida in un dato solvente. Trattiamo in modo particolare il caso dell'acqua, il più importante solvente polare. Infatti, tra le straordinarie proprietà dell'acqua occorre ricordare anche la sua capacità di sciogliere molte sostanze (▸ Figura 1).

▸ **Figura 1** Nelle acque in bottiglia si trovano disciolti molti composti ionici, in concentrazioni diverse.

La solubilità delle sostanze in acqua può essere interpretata a livello particellare considerando le forze che si possono stabilire tra le particelle del soluto e quelle del solvente, cioè tra le particelle di sostanze diverse.

Prendiamo in considerazione per esempio il processo di dissoluzione in acqua di un solido molecolare polare, il saccarosio, le cui molecole sono legate tra loro da forze di attrazione dipolo-dipolo (▸ Figura 2).

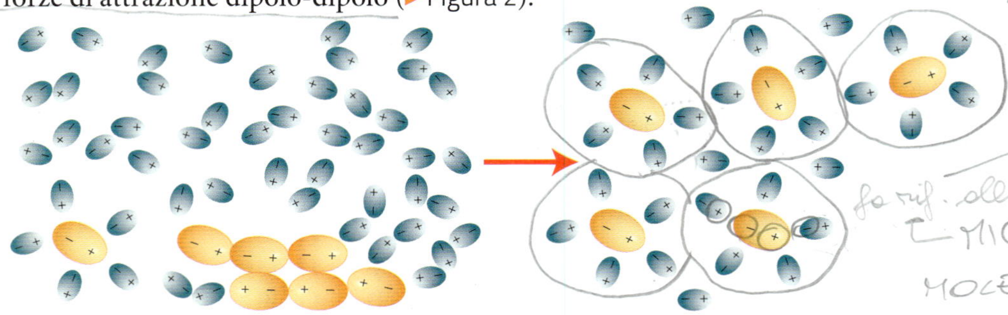

Le molecole di acqua essendo fortemente polari attraggono le molecole di saccarosio fino a staccarle.

Ogni molecola di saccarosio è sempre circondata da alcune molecole dipolari di acqua.

▸ **Figura 2**

Una volta sciolto, il saccarosio non è più visibile perché le sue molecole sono disperse nel solvente: ognuna di esse attrae alcune molecole di acqua e perciò sono dette *molecole idratate*.

Quando si ha miscelazione tra liquidi si parla di **miscibilità**. Per esempio, la miscibilità tra due liquidi polari (come acqua e acetone) può essere interpretata in modo analogo alla solubilità del saccarosio in acqua, cioè sapendo che si possono stabilire forze di attrazione tra i dipoli diversi dei due liquidi (▸ Figura 3).

Se una sostanza polare può sciogliersi o miscelarsi in un liquido polare come l'acqua è perché tra le molecole di entrambe si possono stabilire forze di attrazione dipolo-dipolo e/o legami a idrogeno.

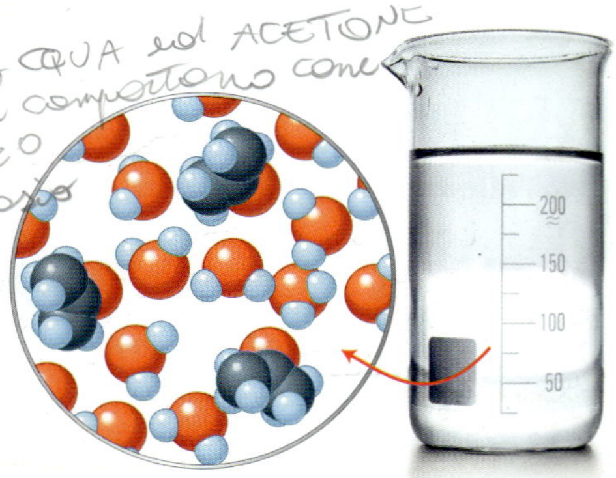

▸ **Figura 3** Acetone e acqua sono liquidi completamente miscibili, cioè le due sostanze si mescolano in tutte le proporzioni.

Try yourself

In which of these substances is significant hydrogen bonding possible: methylene chloride (CH_2Cl_2), phosphine (PH_3), hydrogen peroxide (HOOH), acetone (CH_3COCH_3)? ....

Il legame ione-dipolo

Il meccanismo di dissoluzione che abbiamo illustrato serve anche a spiegare la capacità soprattutto dell'acqua di sciogliere molti composti ionici. Che cosa succede infatti mettendo in acqua un po' di cloruro di sodio? I numerosi dipoli dell'acqua esercitano sul solido una forza di attrazione così intensa da strappare via via gli ioni stessi dal cristallo del sale. Al termine del processo tutti gli ioni sono liberi di muoversi anche se sono sempre circondati da alcune molecole di acqua e perciò sono detti *ioni idratati* (▶ Figura 4).

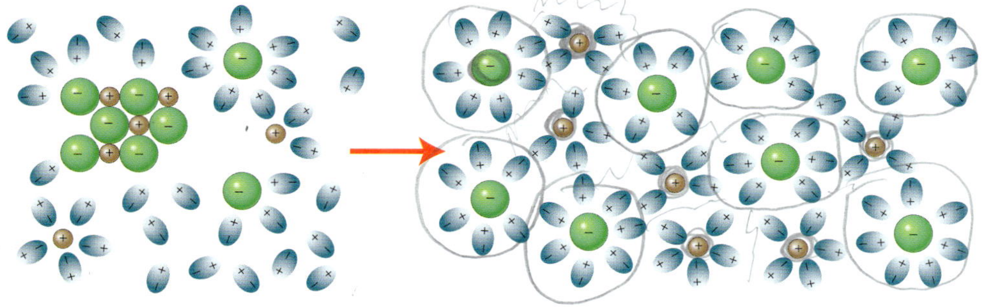

▶ **Figura 4** Rappresentazione a livello particellare del processo di dissoluzione del cloruro di sodio in acqua (a sinistra) e conseguente formazione degli ioni idratati (a destra).

Per quanto riguarda le interazioni tra gli ioni e le molecole polari di acqua si può giungere alla seguente generalizzazione.

Se una sostanza ionica si scioglie in acqua è perché si stabiliscono forze di attrazione tra gli ioni del soluto e le molecole polari del solvente che vengono chiamate **legami ione-dipolo**.

Video in digitale
Il comportamento delle sostanze in presenza di forze elettriche

Sostanze apolari come solventi

L'acqua, pur essendo un ottimo solvente, non scioglie i grassi e non si miscela con la benzina e con gli oli, materiali costituiti da molecole apolari. Evidentemente non possono instaurarsi forze di attrazione tra le molecole di acqua e quelle di una sostanza apolare.

Per esempio, se si aggiungono nello stesso contenitore acqua e ottano, un componente apolare delle benzine, è facile osservare che le due sostanze formano un miscuglio eterogeneo e quindi non sono miscibili. Come si vede nella ▶ Figura 5, anche se i due liquidi sono incolori, è possibile notare che le due sostanze non sono miscibili perché presentano una netta superficie di separazione.

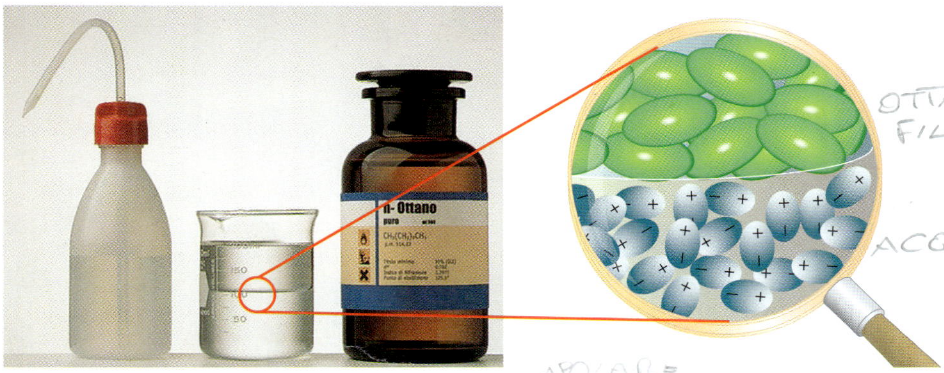

▶ **Figura 5** Miscuglio eterogeneo di acqua (sostanza polare) e ottano (sostanza apolare). L'ottano, avendo densità più bassa, si stratifica al di sopra dell'acqua.

L'ottano invece, se viene mescolato con il tetracloruro di carbonio, liquido anch'esso apolare, dà origine a un miscuglio omogeneo. In questo caso le forze di dispersione di London non si oppongono al naturale mescolamento delle molecole apolari che costituiscono i due liquidi.

Quando una sostanza apolare si scioglie o si miscela in un liquido apolare, si stabiliscono forze di dispersione di London tra le molecole del soluto e quelle del solvente.

Tra i solventi che si utilizzano nei restauri, vi sono solventi polari e apolari; per esempio la trielina è un solvente che solubilizza tutte le sostanze apolari (grassi, oli, cere) che così possono essere eliminate durante la pulitura dell'oggetto da restaurare.

Dissociazione ionica e reazione di ionizzazione

Animazione in digitale
Dissociazione ionica, dissoluzione molecolare e reazione di ionizzazione

Come abbiamo visto, la dissoluzione di un solido ionico in acqua comporta la disgregazione del reticolo cristallino e la formazione di legami ione-dipolo: tale processo viene rappresentato usando la simbologia delle equazioni chimiche. Per esempio, l'equazione che descrive la dissoluzione del cloruro di potassio è la seguente:

$$KCl(s) \xrightarrow{\text{acqua}} K^+(aq) + Cl^-(aq)$$

Per indicare che l'acqua non si comporta come un vero e proprio reagente di una reazione chimica viene riportato il suo nome sulla freccia. Anche gli ioni non possono essere considerati dei veri e propri prodotti, poiché sono già presenti nel solido, ma questa rappresentazione è utile perché evidenzia che le soluzioni acquose di KCl contengono ioni idratati, liberi di muoversi.

Il fenomeno che avviene durante la dissoluzione delle sostanze ioniche in acqua viene chiamato **dissociazione ionica**.

In tutte le soluzioni acquose di composti ionici sono presenti, oltre alle molecole di acqua, esclusivamente ioni e, pertanto, tali soluzioni sono buoni conduttori di corrente elettrica. Infatti, nelle soluzioni di questo tipo gli ioni sono liberi di migrare verso l'elettrodo con carica di segno opposto: è proprio questo spostamento di cariche tra i due elettrodi che permette alla corrente di circolare (▶ Figura 6).

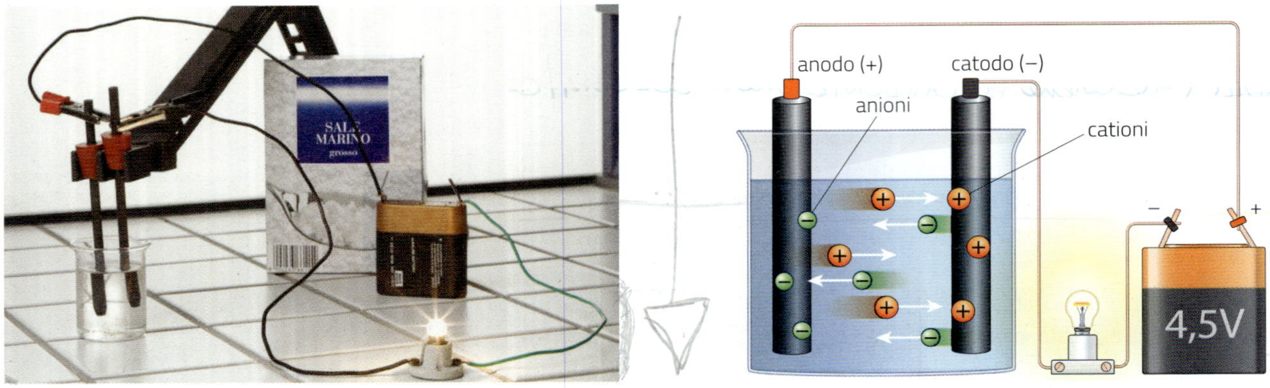

▶ **Figura 6** I composti ionici conducono la corrente non soltanto quando sono resi liquidi per riscaldamento, ma anche quando i loro ioni sono resi liberi dal processo di dissoluzione in acqua.

Prove sperimentali dimostrano che anche alcuni composti molecolari polari (per esempio il cloruro di idrogeno) danno soluzioni acquose in grado di condurre la corrente elettrica. Evidentemente in questi casi tra soluto e solvente avviene una reazione chimica che porta alla formazione di ioni.

Il fenomeno per cui alcuni composti molecolari polari a contatto con l'acqua generano ioni è chiamato **reazione di ionizzazione**.

Nel caso di HCl il processo di ionizzazione è rappresentato nel modo seguente:

$$HCl(g) + H_2O(l) \rightarrow H_3O^+(aq) + Cl^-(aq)$$

Alcune molecole di acqua si orientano e urtando la molecola polare di HCl determinano la rottura del legame H—Cl in modo tale che i due elettroni di legame rimangono sull'atomo più elettronegativo, che diventa così ione Cl^- (▶ Figura 7).

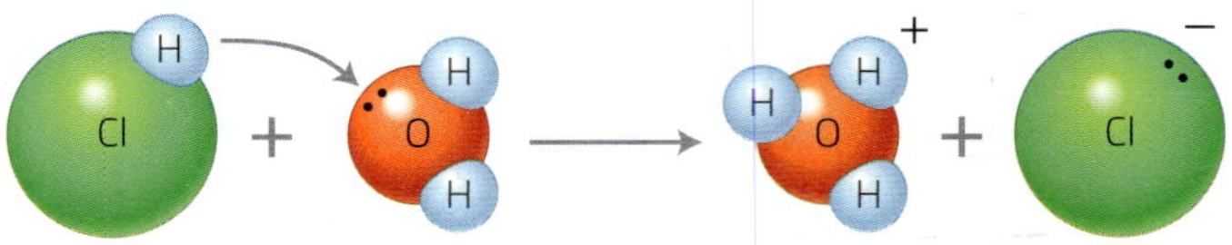

▶ **Figura 7**

L'atomo di idrogeno rimane senza il suo elettrone e come ione H^+ si lega con una molecola di acqua formando lo ione H_3O^+. In questo ione la coppia di elettroni non impegnata dell'atomo di ossigeno forma un legame covalente dativo con lo ione H^+. Il nome di H_3O^+ è **ione ossonio**, comunemente indicato come *ione idronio* (▶ Figura 8).

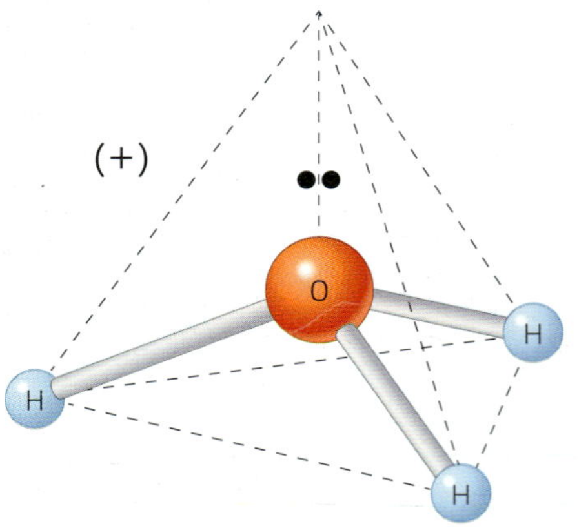

▶ **Figura 8** La forma dello ione idronio (H_3O^+) è quella di una piramide a base triangolare. In soluzione acquosa lo ione idronio viene circondato dalle molecole dipolari dell'acqua e a volte viene rappresentato più semplicemente con la formula $H^+(aq)$.

Anche se le reazioni di ionizzazione (formazione di ioni da sostanze molecolari) sono diverse dai fenomeni di dissociazione (liberazione di ioni già esistenti nei composti ionici), entrambi i processi portano allo stesso risultato.

Si chiamano **soluzioni elettrolitiche** le soluzioni che contenendo ioni di carica opposta conducono la corrente elettrica; si chiamano **elettroliti** le sostanze che per dissociazione o ionizzazione formano gli ioni.

L'esistenza degli ioni in soluzione, come abbiamo già detto, può essere rilevata con una prova di conducibilità elettrica (▶ Figura 9).

Esistono anche sostanze molecolari polari come per esempio il glucosio e il saccarosio, che si sciolgono semplicemente nell'acqua senza formare ioni. Il processo della dissoluzione del saccarosio in acqua può essere così rappresentato:

$$C_{12}H_{22}O_{11}(s) \xrightarrow{\text{acqua}} C_{12}H_{22}O_{11}(aq)$$

Prova tu

In entrambi i becher è contenuta una soluzione acquosa di dicloruro di rame.
Come puoi spiegare la diversa luminosità della lampadina?

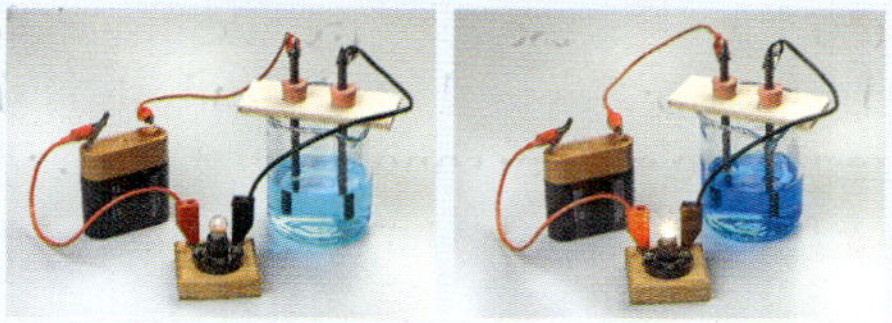

....

....

....

....

▶ **Figura 9** Il valore di conducibilità specifica riportato sulle etichette delle acque minerali e oligominerali è correlato alla quantità di sali disciolti e quindi a un altro parametro presente sull'etichetta, il residuo fisso.

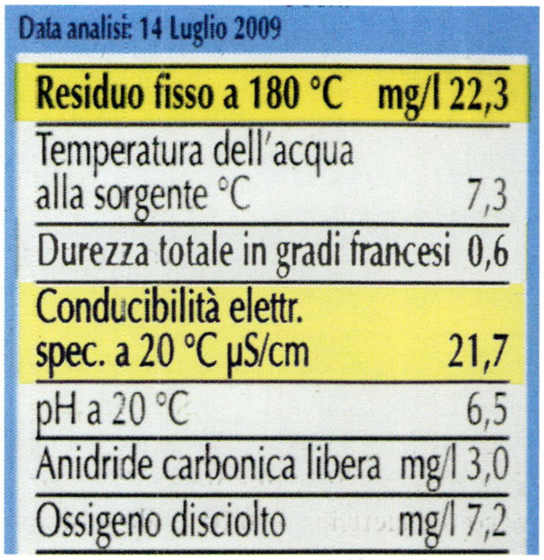

Data analisi: 14 Luglio 2009	
Residuo fisso a 180 °C mg/l	22,3
Temperatura dell'acqua alla sorgente °C	7,3
Durezza totale in gradi francesi	0,6
Conducibilità elettr. spec. a 20 °C μS/cm	21,7
pH a 20 °C	6,5
Anidride carbonica libera mg/l	3,0
Ossigeno disciolto mg/l	7,2

PER SAPERNE DI PIÙ

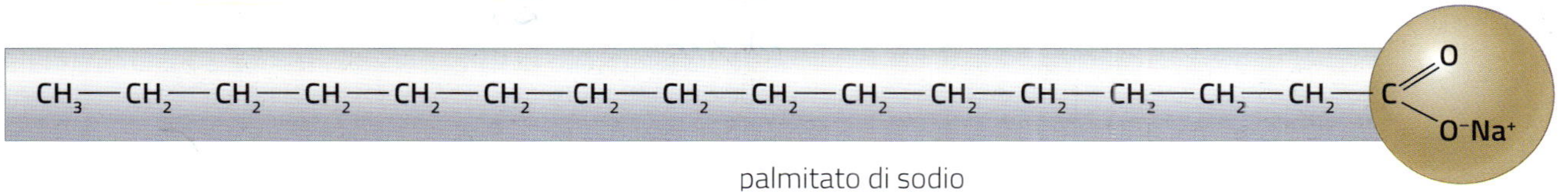

palmitato di sodio

Molecole con due facce: i detergenti

La pulizia delle nostre case, degli indumenti così come la pulizia del nostro corpo è possibile grazie all'utilizzo, oltre che dell'acqua, anche di particolari miscugli di sostanze, dette *detergenti*. La loro caratteristica è proprio quella di rimuovere lo sporco da una superficie.

Per lungo tempo l'unico detergente utilizzato è stato il sapone. La scoperta e la produzione del sapone sono antichissime (era già noto ai Celti e ai Romani) perché si può ottenere da materie prime note da sempre: infatti per preparare un sapone è sufficiente fare bollire a lungo cenere di legna con grassi di origine animale o vegetale. Il famoso «sapone di Marsiglia», le cui regole di fabbricazione sono state fissate addirittura nel XVII secolo dal Re Sole, poteva essere preparato solo con olio di oliva e veniva distribuito in tutta Europa attraverso una strada detta appunto «strada del sapone».

Tuttavia, soltanto nel diciannovesimo secolo il sapone diventa un prodotto di larga diffusione portando a un netto miglioramento delle condizioni igieniche dell'umanità civilizzata.
Il sapone è molto usato ancora oggi anche se, a causa di alcuni inconvenienti causati soprattutto dalla «durezza» delle acque, per molti usi è stato sostituito da altri prodotti di origine sintetica, con struttura molecolare simile a quella del sapone.

Le proprietà dei saponi e in generale di tutti i detergenti dipendono dalla particolare struttura delle molecole che li costituiscono.

La formula in alto è quella del palmitato di sodio; essa mostra che la molecola è costituita da una *coda* apolare (lunga catena costituita solo da atomi di carbonio e di idrogeno) e da una testa con distribuzione asimmetrica delle cariche.

La coda apolare è *lipofila* e ciò significa che può aderire a superfici o a tessuti sporchi di grasso; la testa invece è *idrofila* e quindi è capace di formare legami con le molecole polari dell'acqua. Si ha quindi una doppia azione: la parte apolare è in grado di attaccarsi al grasso e di allontanarlo dalla superficie sotto forma di minuscole goccioline che verranno eliminate con il risciacquo in quanto l'effetto della parte polare fa sì che il detergente si possa sciogliere nell'acqua.

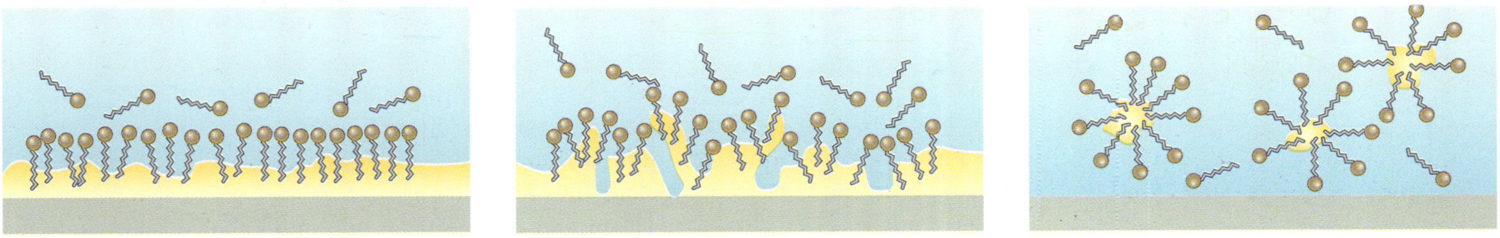

1 Dopo il mescolamento, due liquidi formano un miscuglio come quello dell'immagine. Perché?

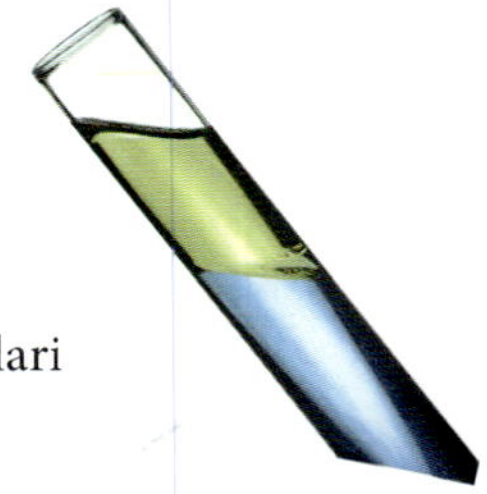

A I due liquidi hanno diversa temperatura
B I due liquidi hanno diversa densità
C Un liquido è polare e l'altro è apolare
D I due liquidi hanno diverso colore
E I due liquidi sono entrambi apolari o polari

2 Completa la seguente frase.
Il processo di dissoluzione in acqua di un composto ionico si chiama ....

3 Quale delle due è una soluzione elettrolitica? ....

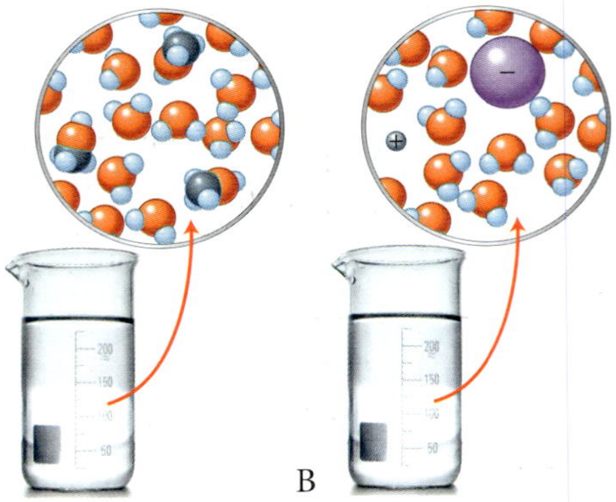

4 Osserva la figura e indica con opportune frecce la direzione dello spostamento degli ioni.

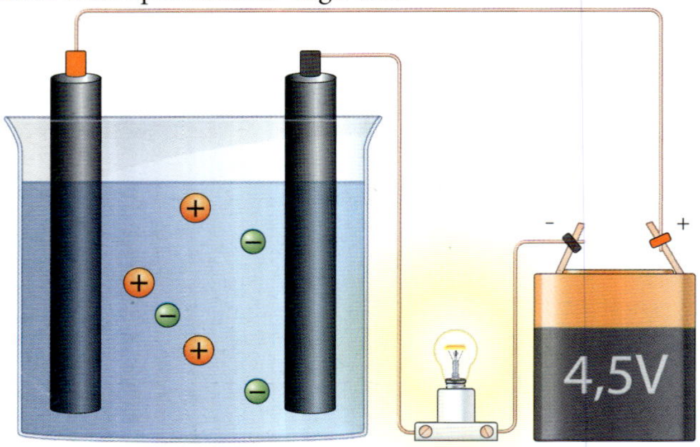

5 L'olio extravergine di oliva è un miscuglio formato soprattutto da sostanze apolari. Quale tra le seguenti sostanze si scioglie sicuramente nell'olio?
A Il sale (NaCl)
B L'acqua (H_2O)
C Il metanolo (CH_3—OH)
D Il tetracloruro di carbonio (CCl_4)
E Nessuna tra quelle proposte

6 Scrivi l'equazione che descrive la dissoluzione in acqua del glucosio ($C_6H_{12}O_6$).

....

7 Scrivi l'equazione di dissociazione in acqua del cloruro di calcio ($CaCl_2$).

....

8 Considera la seguente tabella:

Sostanza	Stato fisico	Tipo di molecola
nonano	liquido	apolare
fruttosio	solido	polare
acetone	liquido	polare
naftalene	solido	apolare
metanolo	liquido	polare

Individua le affermazioni vere e quelle false.
a) Il metanolo è miscibile con l'acqua V F
b) Il naftalene non si scioglie nell'acqua V F
c) Tra le molecole di acetone e di metanolo si stabiliscono forze ione-dipolo V F
d) Il fruttosio si scioglie nel nonano V F
e) Il naftalene non si scioglie nel metanolo V F

9 Le seguenti affermazioni riguardano le soluzioni elettrolitiche; individua quelle vere e quelle false.
a) I legami tra le molecole polari dell'acqua e gli ioni del soluto vengono chiamati legami dipolo-dipolo V F
b) Il fenomeno della dissoluzione dei composti ionici è detto dissociazione ionica V F
c) Tutte le sostanze che si sciolgono in acqua si chiamano elettroliti V F
d) Tutte le soluzioni acquose di composti ionici sono soluzioni elettrolitiche V F
e) Soltanto le molecole di alcune sostanze polari si ionizzano reagendo con le molecole dell'acqua V F
f) Il fenomeno della dissociazione ionica è causato dalla corrente elettrica V F

10 Scrivi l'equazione che descrive la ionizzazione in acqua dell'acido nitrico, un liquido che ha formula HNO_3.

....

11 Le soluzioni acquose di acido tartarico ($H_6C_4O_6$) conducono la corrente elettrica. Scrivi l'equazione che descrive il processo di ionizzazione dell'acido tartarico.

....

12 Individua i *due* tipi di interazione che sono presenti in una soluzione acquosa di cloruro di litio:
A legami dipolo-dipolo tra ioni e molecole di acqua
B legami ione-ione tra ioni Li^+ e ioni Cl^-
C legami ione-dipolo tra ioni e molecole di acqua
D forze di dispersione tra ioni e molecole di acqua
E legami a idrogeno tra le molecole di acqua

13 The phrase «Like dissolves like» refers to the fact that:
A gases can only dissolve other gases
B polar solvents dissolve non-polar substances and vice versa
C solvents can only dissolve substances of similar molar mass
D condensed substances can only dissolve other condensed substances
E polar solvents dissolve polar substances and non-polar solvents dissolve non-polar substances

Mappa di sintesi

LOSAI?

La teoria VSEPR (repulsioni delle coppie di elettroni del guscio di valenza)

Struttura lineare

Struttura triangolare

Struttura tetraedrica

Forma della molecola

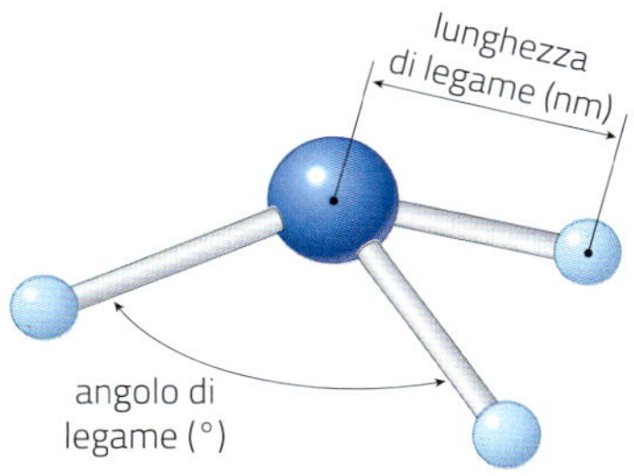

Molecole **polari** e **apolari**

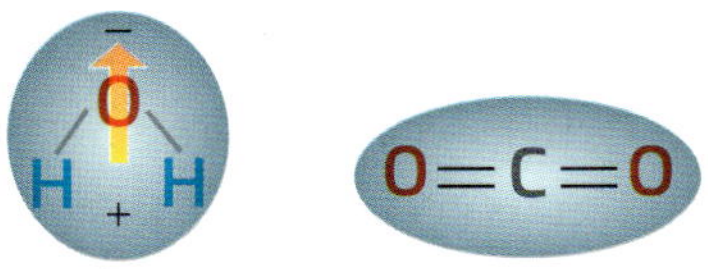

Le proprietà delle sostanze

Gli stati fisici delle sostanze sono correlati alle **forze intermolecolari**.

Forze di dispersione di London

Forze dipolo-dipolo

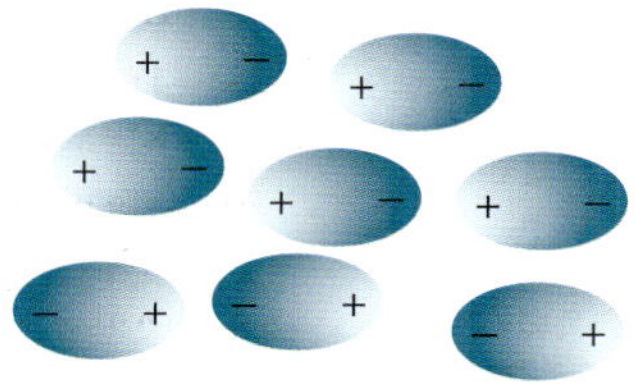

Legami a idrogeno

$\overset{\delta+}{X—H}\cdots\overset{\delta-}{X}—H\cdots$

Miscibilità e solubilità

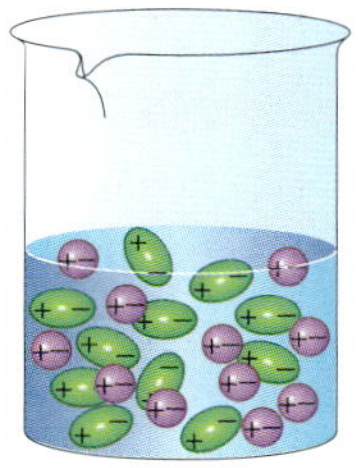

Dissociazione ionica

$KCl(s) \xrightarrow{acqua} K^+(aq) + Cl^-(aq)$

Reazione di ionizzazione

$HCl(g) + H_2O(l) \xrightarrow{acqua} H_3O^+(aq) + Cl^-(aq)$

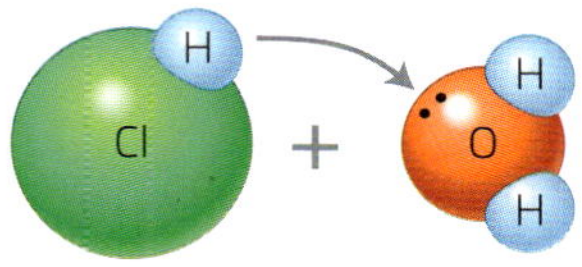

Forze ione-dipolo

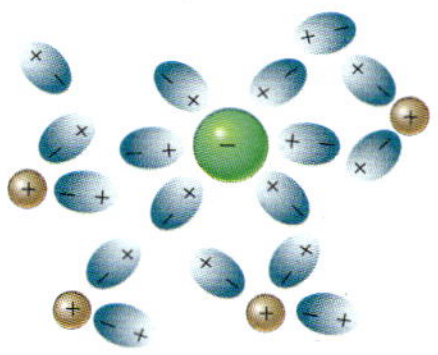

Forma delle molecole			
Molecole simmetriche APOLARI	Forma tetraedrica 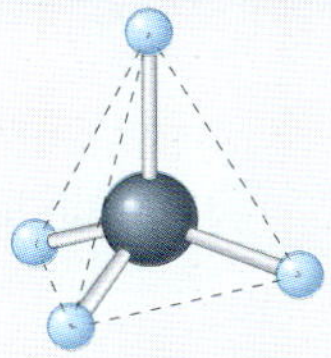	Forma triangolare 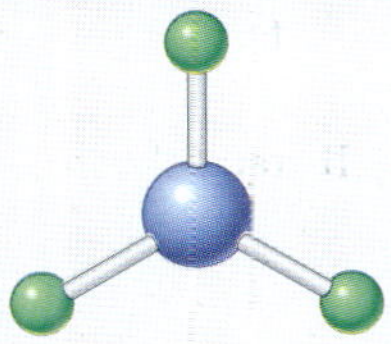	Forma lineare 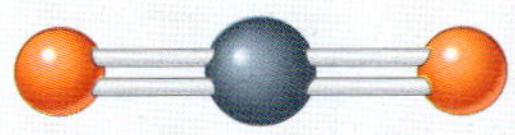
Molecole asimmetriche POLARI	Forma di piramide a base triangolare 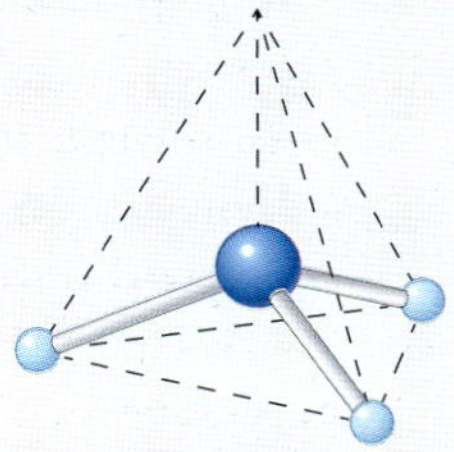	Forma angolare 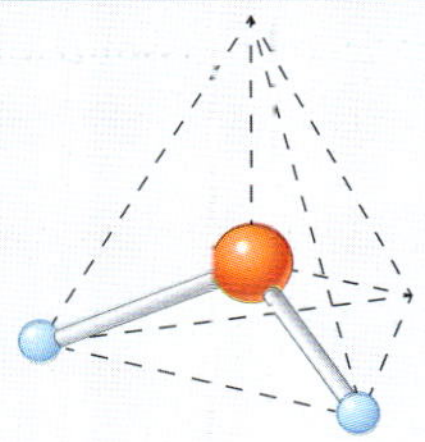	Forma lineare 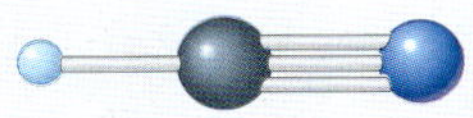

Applicazione delle conoscenze

Problema

Nota la formula di Lewis di due sostanze molecolari vogliamo stabilire qual è quella miscibile con l'acqua e i tipi di forze che si stabiliscono tra le molecole della soluzione. Consideriamo per esempio il metanolo e il disolfuro di carbonio.

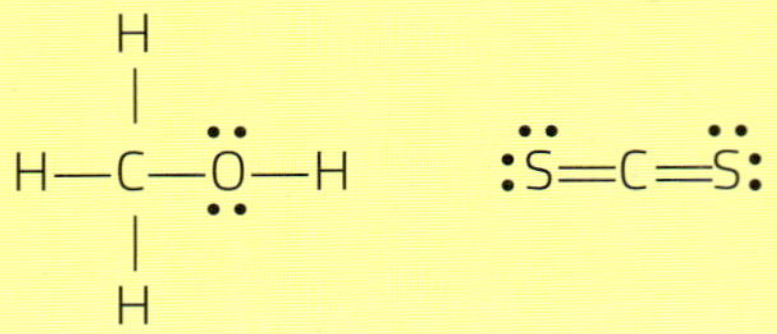

La teoria VSEPR e la solubilità delle sostanze

La teoria VSEPR (*Valence Shell Electron Pair Repulsion*) consente di prevedere le direzioni nelle quali si sviluppano i legami covalenti tra gli atomi nelle sostanze molecolari e macromolecolari.

I principi su cui si basa questa teoria sono i seguenti.

1. Quando un atomo è legato con altri atomi tutte le coppie di elettroni del suo guscio di valenza (solitarie o di legame) tendono a respingersi e a disporsi il più lontano possibile.
2. Le coppie di elettroni non condivise richiedono più spazio delle coppie di legame e respingono con maggiore forza le coppie di legame.
3. Le coppie di elettroni che formano doppi o tripli legami vanno conteggiate come se fossero un'unica coppia di elettroni.
4. Le coppie di elettroni che formano un doppio legame occupano uno spazio maggiore rispetto a quello di un legame semplice.

Conoscenze

- Sapere che una sostanza liquida, affinché possa essere miscibile in acqua, deve essere costituita da molecole polari
- Saper prevedere la forma della molecola in base alla teoria VSEPR
- Saper dedurre se una molecola è polare in base alla forma dopo aver stabilito la polarizzazione dei legami
- Saper distinguere tra i diversi tipi di forze intermolecolari

Svolgimento

1. Come prima cosa è necessario prevedere la forma di ciascuna molecola considerando il carbonio come atomo centrale. Dato che l'atomo di carbonio del metanolo presenta 4 coppie di elettroni condivise nel guscio di valenza la struttura che ne deriva è tetraedrica.

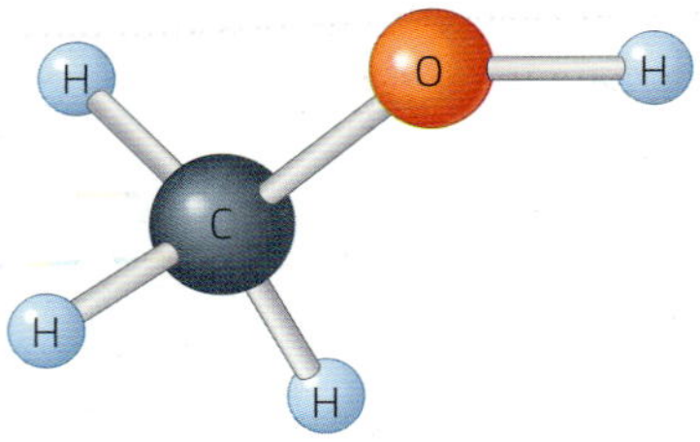

Dato che l'atomo di carbonio del disolfuro di carbonio forma 2 doppi legami è come se questo atomo avesse nel guscio di valenza solo 2 coppie di elettroni e per questo la molecola è lineare.

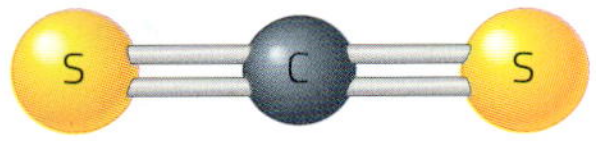

2. La presenza di legami fortemente polarizzati e la disposizione nello spazio degli atomi fa sì che la molecola del metanolo risulti polare.

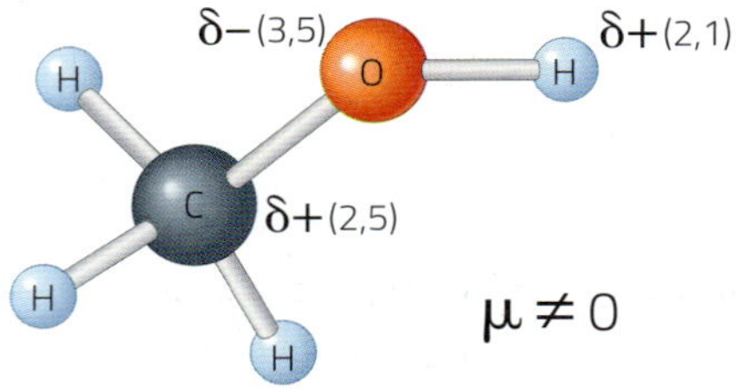

La molecola di disolfuro di carbonio è lineare e quindi risulta apolare indipendentemente dalla polarità dei singoli legami. In base ai valori di elettronegatività di carbonio e zolfo, i legami C$=$S sono comunque covalenti apolari.

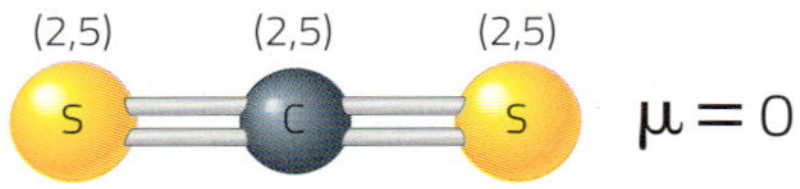

Ne consegue che solo il metanolo è miscibile con l'acqua.

3. Tra le molecole di metanolo e acqua si stabiliscono forze dipolo-dipolo e, visto che in entrambe le sostanze sono presenti atomi di idrogeno legati ad atomi di ossigeno, si stabiliscono anche legami a idrogeno.

SEI PRONTO PER LA VERIFICA?

In 1 ora
Totale 100 punti

1 Indica i due tipi di sostanza che possono dare origine alla soluzione schematizzata in figura. **[7 punti]**

A Composto ionico
B Sostanza elementare
C Sostanza covalente reticolare
D Composto molecolare apolare
E Composto molecolare polare

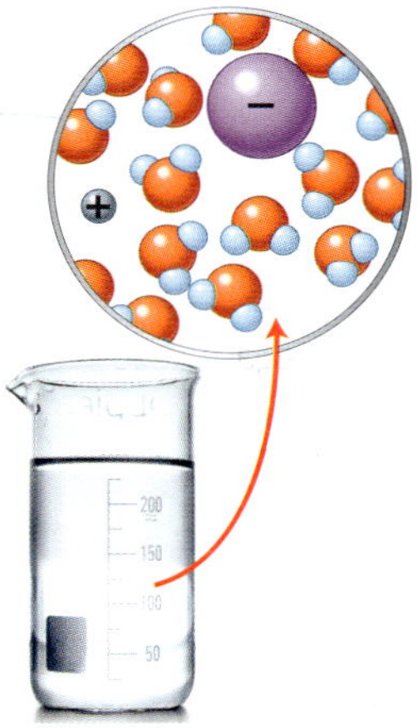

2 Qual è rispettivamente la forma della molecola di NCl_3 e della molecola di BCl_3? **[7 punti]**

....

3 Lo iodio ha una temperatura di fusione molto maggiore di quella dell'acqua. Come si spiega questo fatto? **[6 punti]**

A Le molecole dello iodio sono più polari di quelle dell'acqua
B Tra le molecole di iodio ci sono forti legami a idrogeno
C Le molecole dell'acqua sono polari, quelle di iodio no
D Il legame I—I è più polarizzato del legame H—O
E Le molecole di iodio sono decisamente più grandi

4 Metano (CH_4) e ammoniaca (NH_3) sono sostanze gassose a temperatura ambiente. La temperatura di ebollizione dell'ammoniaca (−33 °C) è molto più alta di quella del metano (−162 °C). Come si spiega questo fatto? **[6 punti]**

A I legami covalenti nel metano sono più deboli dei legami covalenti nell'ammoniaca
B Le molecole di metano hanno una massa molecolare molto più piccola di quelle dell'ammoniaca
C Le forze di attrazione tra le molecole polari di ammoniaca sono più intense di quelle tra le molecole apolari di metano
D Nelle molecole di ammoniaca i legami covalenti sono polarizzati mentre in quelle di metano sono covalenti puri
E Le molecole di ammoniaca hanno forma tetraedrica mentre quelle di metano sono piramidali

5 Il tetrafluoruro di carbonio ha formula CF_4. Scrivi per ogni affermazione se è vera o falsa. **[8 punti]**

a) Nel CF_4 i legami sono apolari V F
b) Il CF_4 è una sostanza covalente V F
c) Le molecole di CF_4 hanno forma tetraedrica V F
d) Il CF_4 è solubile in solventi apolari V F
e) Le soluzioni di CF_4 conducono la corrente elettrica V F

6 Considera i risultati di alcune prove su una sostanza liquida:
a) è attratta da una bacchetta elettrizzata
b) è miscibile con acqua
c) non conduce la corrente elettrica
In base a questi risultati stabilisci se la sostanza è polare, apolare o ionica. **[7 punti]**

....

7 In relazione alle specie NH_3 e NH_4^+ individua le affermazioni vere e quelle false. **[8 punti]**

a) In NH_3 e in NH_4^+ l'atomo di azoto ha una struttura tetraedrica V F
b) In NH_3 e in NH_4^+ gli atomi di idrogeno si trovano nello stesso piano V F
c) L'angolo H—N—H è maggiore in NH_3 che in NH_4^+ V F
d) NH_3 ha forma piramidale, NH_4^+ ha forma tetraedrica V F

8 Considera il composto binario che si forma tra l'idrogeno e l'elemento del VI gruppo nel 4° periodo. **[7 punti]**

a) Scrivi la sua formula ....
b) Indica la forma geometrica della molecola in base al modello VSEPR ....
c) Indica se la molecola è polare o apolare ....

9 L'acido iodidrico HI è un gas a temperatura ambiente. Esso si scioglie in acqua e le sue soluzioni conducono la corrente elettrica. Scrivi l'equazione che rappresenta la trasformazione che avviene tra H_2O e HI. **[7 punti]**

....

10 Un composto ternario è costituito da carbonio, ossigeno e potassio. In base a questa sola informazione è possibile fare una previsione sul tipo di composto? **[7 punti]**

A No, è necessario conoscere la formula
B Sì, è covalente apolare
C Sì, è ionico
D Sì, è covalente polare
E No, è necessario conoscere la sua massa molecolare

11 Mescolando acqua e glicerina ($CH_2OH—CHOH—CH_2OH$) si ottiene un miscuglio omogeneo che non conduce la corrente elettrica. Indica il tipo di forze che si stabiliscono tra le molecole delle due sostanze nel miscuglio. **[8 punti]**

A Legami ione-dipolo
B Legami a idrogeno
C Forze di dispersione di London
D Legami covalenti polarizzati
E Legami ionici

12 What is the structure around the central atom in ammonia? **[7 punti]**

A Linear
B Trigonal planar
C Tetrahedral
D Trigonal bipyramid
E Octahedral

13 Which of the following substances are comprised of molecules that are only attracted by London dispersion forces? **[8 punti]**

A $CH_3—CH_2—CH_3$
B NH_3
C HBr
D H_2O
E CCl_4

14 The forces of attraction which exist between hydrogen molecules in liquid hydrogen are due to: **[7 punti]**

A ionic bonds
B hydrogen bonds
C molecule-ion forces
D London forces

CLIL Chemistry highlights

Soybean oil

1. Match each word with its definition

1. Ion-dipole bond ....
2. London dispersion forces ....
3. Dipole-dipole attraction forces ....
4. Polar molecules ....
5. Apolar molecules ....

a. Molecules without polarity due to the symmetrical distribution of their electric charge.
b. Intermolecular forces between apolar molecules.
c. Molecules with a permanent dipole moment due to the asymmetrical distribution of their electric charge.
d. Intermolecular forces between polar molecules.
e. Bond between solute ions and the polar molecules in a solvent.

2. Read the text and fill in the gaps with the words given

solubility – latent heat – volatility – non-polar – solvent

TECHNOLOGY OF PRODUCTION OF EDIBLE FLOURS AND PROTEIN PRODUCTS FROM SOYBEANS

a. Basic principles of solvent extraction:

The extraction of oil from oilseeds by means of .... solvents is, basically, a process of solid-liquid extraction. The transfer of oil from the solid to the surrounding oil-solvent solution (micella) may be divided into three steps:

- diffusion of the solvent into the solid
- dissolution of the oil droplets in the solvent
- diffusion of the oil from the solid particle to the surrounding liquid.

b. Choice of solvents:

An ideal solvent for the extraction of oil from soybeans should possess the following properties.

- Good .... of the oil.
- Poor solubility of non-oil components.
- High .... (i.e. low boiling point), so that complete removal of the solvent from the micella and the meal by evaporation is feasible and easy.
- Yet, the boiling point should not be too low, so that extraction can be carried out at a somewhat higher temperature to facilitate mass transfer.
- Low viscosity.
- Low .... of evaporation, so that less energy is needed for solvent recovery.
- Low specific heat, so that less energy is needed for keeping the solvent and micella warm.
- The solvent should be chemically inert to oil and other components of the soybean.
- Absolute absence of toxicity and carcinogenicity, for the solvent and its residues.
- Non-inflammable, non-explosive.
- Non-corrosive.
- Commercial availability in large quantities and low cost.

Unfortunately, the ideal .... possessing all these properties does not exist. Most of the requirements, with the notable exception of flammability and explosiveness, are met by low-boiling hydrocarbon fractions obtained from petroleum. A typical commercial solvent for oil extraction would have a boiling point range (distillation range) of 65 to 70 °C and would consist mainly of six-carbon alkanes, hence the name «hexane».

[Tratto da: *http://www.fao.org/docrep/t0532e/t0532e00.htm*]

3. Now listen and check

4. Answer the following questions

a. Why must the solvent not be polar?

....

....

b. Why should the boiling temperature of the solvent be neither too high nor too low?

....

....

....

c. Does hexane exhibit all the features required of an ideal solvent?

....

....

YOUR GLOSSARY
droplets = goccioline
....
....
....
....
....
....
....
....

COMPITI DI REALTÀ

1 I decadimenti radioattivi

In alcuni incidenti che hanno interessato centrali nucleari, come quello di Cernobyl, in Ucraina nel 1986, o come quello più recente di Fukushima, in Giappone nel 2011, si sono sviluppate nubi contenenti isotopi radioattivi, soprattutto iodio-131 e cesio-137. Entrambi gli isotopi in questione entrano nella catena alimentare e nelle acque dove decadono nel tempo emettendo radiazioni. Il loro impatto nell'organismo è diverso: mentre lo iodio si concentra prevalentemente nella tiroide, il cesio si deposita più che altro nel fegato e nei muscoli, in particolare nel cuore e nei muscoli dell'occhio.

Questi isotopi sono molto diversi tra loro anche a causa della grande differenza nel tempo di dimezzamento: lo iodio-131 dimezza circa ogni 8 giorni mentre il cesio-137 ha un tempo di dimezzamento di circa 30 anni.

Rispondi alle seguenti domande.

a. Quale dei due isotopi emette in un giorno la maggiore quantità di radiazioni, supponendo che il numero di radionuclidi iniziale sia uguale?
b. Da quale dei due isotopi pensi che sia più facile difendersi e in che modo è possibile farlo?
c. Qual è la percentuale di nuclei radioattivi di cesio-137 emessi nel disastro nucleare di Cernobyl e ancora presenti nell'ambiente?

2 Le sciarade del plutonio

Glenn Seaborg è stato probabilmente il più grande scopritore di elementi: ha individuato il plutonio nel 1940, il curio e l'americio nel 1944 e il berkelio e il californio nel 1949 e nel 1950, contribuendo inoltre alle scoperte di diversi altri.

Ha così battuto William Ramsay (che aveva scoperto i gas inerti) e gli scopritori seriali di nuovi metalli, Humphry Davy e – cosa più significativa – il grande Jöns Jacob Berzelius di Stoccolma. [...]

Seaborg era eccitato da questo nuovo regno, sul confine tra fisica e chimica, dove gli elementi potevano essere trasformati l'uno nell'altro, un regno di cui questi potenti laboratori custodivano le chiavi, e non appena ne ebbe la possibilità si mise a fare i propri esperimenti con le radiazioni. Quando era ancora uno specializzando all'Università della California a Berkeley, per esempio, bombardò il tellurio con atomi di deuterio e neutroni per convertirlo in un isotopo pesante di iodio, la cui presenza radioattiva poteva essere tracciata e usata per monitorare il funzionamento della ghiandola tiroidea; con l'ausilio di un contatore Geiger, sarebbe quindi stato possibile individuare eventuali tumori localizzando le concentrazioni di iodio. [...]

Seaborg non voleva sospendere i propri esperimenti sulle trasmutazioni degli elementi, perché si rendeva conto che il limite posto al loro numero era solo una questione di potenza: la forza nucleare forte che lega fra loro protoni e neutroni per formare i nuclei degli atomi è forte solo su distanze estremamente brevi, mentre nei nuclei atomici più grandi la mutua repulsione fra le cariche elettriche positive dei protoni viene ad acquisire maggiore importanza. [...]

[Tratto da: Hugh Aldersey-Williams, *Favole periodiche*, Rcs Libri S.p.A., 2011]

G. Seaborg è l'unico scienziato che ha potuto indicare l'elemento che porta il suo nome.

Prepara tre slide, dopo avere fatto una ricerca, contenenti le seguenti indicazioni:

a. Gli elementi scoperti da Jöns Jacob Berzelius (1779-1848).
b. Gli elementi scoperti da Seaborg e dai suoi collaboratori del Lawrence Berkeley National Laboratory della California.
c. La differenza fondamentale tra questi due raggruppamenti di elementi.

3 Nuove fibre

I tessuti in generale sono preparati utilizzando filati costituiti da materiali che non conducono la corrente elettrica; tuttavia è noto che lo sfregamento tra tessuti e altri materiali isolanti può produrre elettricità statica (a causa dello «spostamento» di elettroni superficiali da un materiale all'altro) generando differenze di potenziale di alcune migliaia di volt. Una scarica è avvertita da una persona quando è prodotta da una differenza di potenziale elettrico di circa 2000 V.

Attualmente vengono già prodotti, e ancora molti sono allo studio, nuovi filati tecnici conduttivi, definiti antistatici. Generalmente questi filati di tipo conduttivo accoppiano filati naturali o sintetici a leghe metalliche o a filamenti di nanotubi di carbonio.

Prepara un depliant pubblicitario per spiegare quali indumenti possono essere confezionati con questi tessuti, elencandone le proprietà.

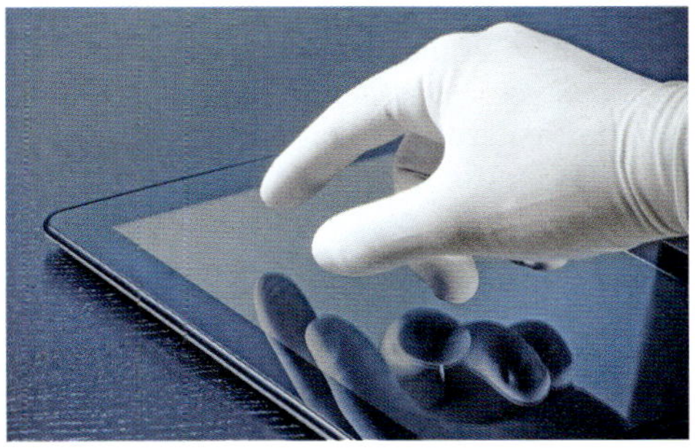

4 Non è tutto oro quel che luccica

Molto spesso il nome *oro* viene utilizzato per indicare una sua lega, come accade per esempio per le leghe utilizzate in gioielleria che contengono anche argento e rame. Normalmente la purezza viene indicata in carati (K) che corrispondono alle parti di oro in 24 parti. Una lega che contiene il 75% di oro è detta 18K. La lega più usata in gioielleria e in odontoiatria è una lega 18K contenente il 7 ÷ 12% di argento e il 13 ÷ 18% di rame. La figura a fianco mostra il diagramma ternario del sistema di leghe Au/Ag/Cu; in esso sono rappresentate anche le colorazioni assunte dalle leghe. Le scale numeriche scritte ai lati del triangolo si riferiscono alla percentuale in massa dei vari elementi.

a. Perché non si fanno gioielli di oro 24K?
b. In quale zona del diagramma si colloca l'oro più utilizzato in gioielleria e qual è il colore corrispondente?
c. Qual è la differenza nella composizione tra l'oro bianco e l'oro giallo?

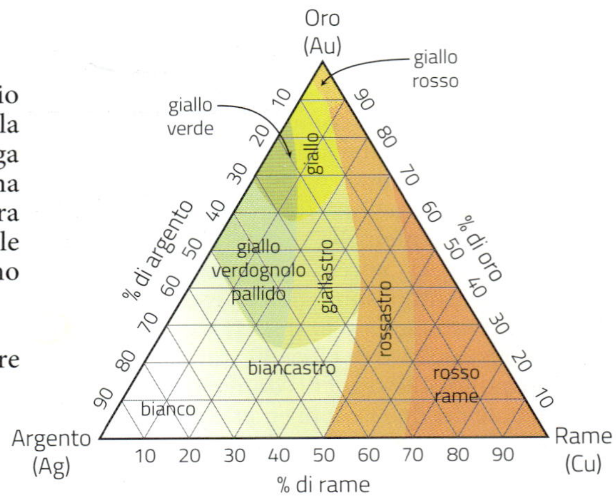

5 Tavole periodiche

Navigando sul web è possibile imbattersi in tavole periodiche con forma diversa da quella consueta, come quella mostrata in figura.

Individua le diverse famiglie chimiche assegnando i nomi e per distinguerle colora opportunamente le corrispondenti caselle.

Aggiungi tutte le altre informazioni che possono essere inserite in questa tabella.

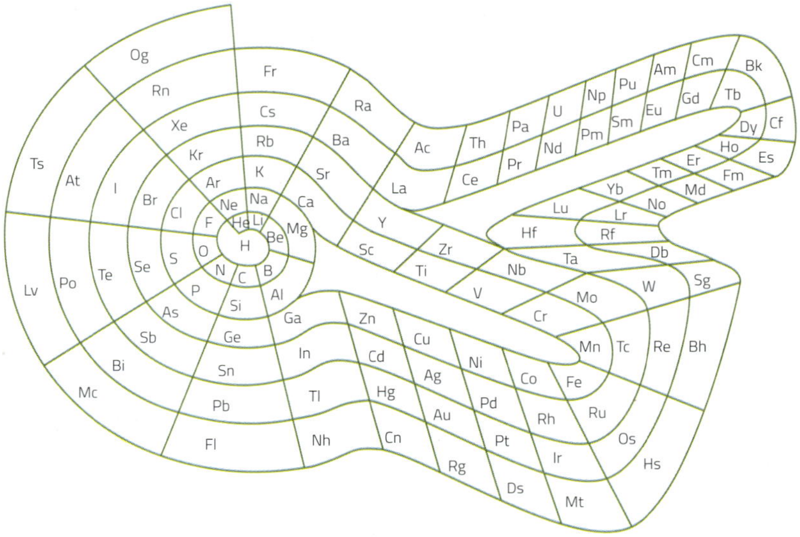

6 Gli estinguenti

[...] Le sostanze estinguenti sono sostanze chimiche e naturali che attraverso vari meccanismi provocano l'estinzione del fuoco. I meccanismi per cui avviene l'estinzione possono essere riassunti in:

a. separazione fra materiale combustibile non incendiato da quello interessato dal fuoco;
b. soffocamento con l'inibizione del contatto del comburente (ossigeno contenuto nell'aria) con il combustibile;
c. raffreddamento con la riduzione della temperatura del materiale combustibile al di sotto di quella di accensione;
d. inibizione chimica con l'arresto delle reazioni che si verificano durante la combustione. [...]

L'acqua è la sostanza estinguente più comune e diffusa (anche per il suo basso costo). Esercita un'azione di raffreddamento, separazione e soffocamento. Risulta molto efficace sui fuochi di classe A (incendi di legname, di carta, di bosco, di sterpaglie ecc.), può essere usata su fuochi di classe B (liquidi) solo quando il combustibile ha una densità maggiore dell'acqua. Il Corpo Nazionale dei Vigili del Fuoco utilizza principalmente l'acqua per estinguere gli incendi. Nei vari Comandi e nei Distaccamenti presenti sul territorio nazionale sono conservate le piante della dislocazione degli idranti sul territorio per rifornimenti in soccorso, gli stessi vanno periodicamente controllati e manutentati. [...]

L'acqua in quanto buon conduttore elettrico non deve essere usata per spegnere incendi di apparecchiature elettriche sotto tensione, è controindicata nei fuochi da metalli e da polveri particolarmente reattive perché potrebbe dare origine a reazioni pericolose. [...].

[Tratto da: *2° Manuale per l'uso degli estintori prodotto dai Vigili del fuoco,* a cura di Gennaro Bozza, Roma, 2007]

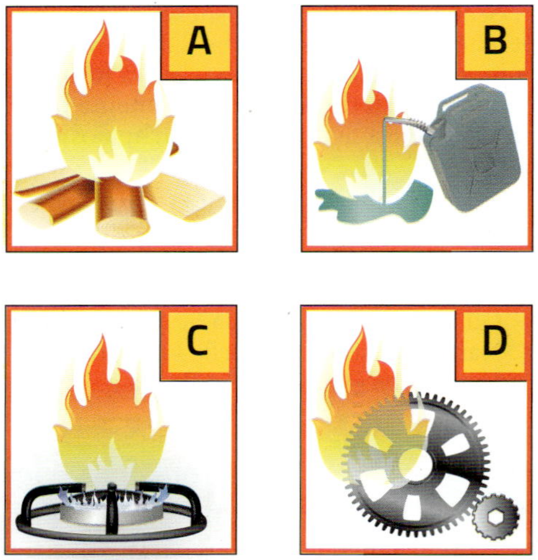

Prova a spiegare:

a. perché l'acqua non può essere usata per estinguere fuochi di combustibili liquidi;
b. perché nel testo viene indicato che l'acqua è un «buon conduttore elettrico»;
c. quali sono i metalli e le polveri particolarmente reattive su cui l'acqua non è efficace e indica il pittogramma relativo.

8 Classi, formule e nomi dei composti

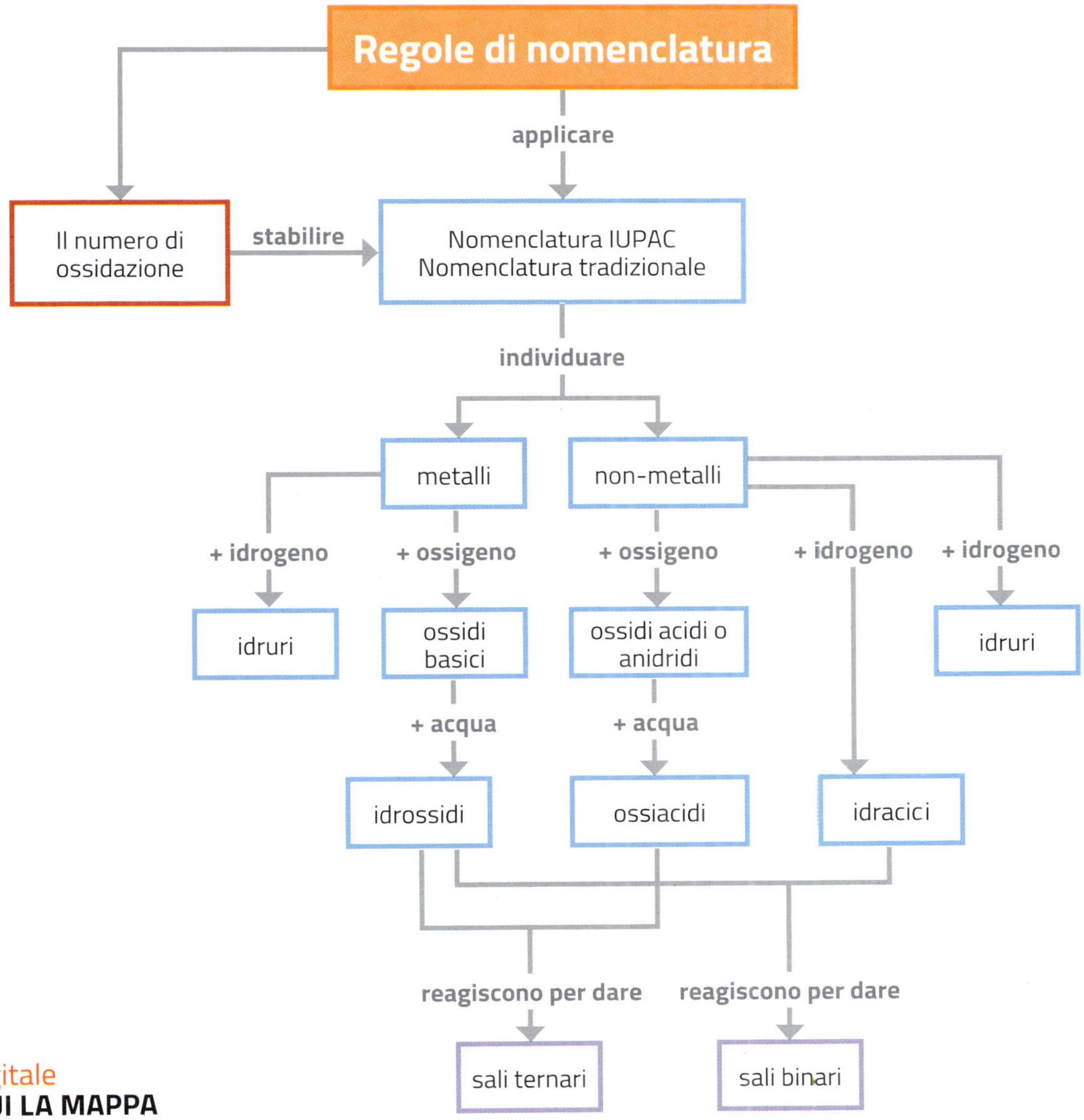

In digitale
SEGUI LA MAPPA

1 La capacità di combinarsi degli atomi

Il numero di ossidazione assegnato agli atomi degli elementi presenti in una formula indica il modo con cui ogni atomo utilizza i propri elettroni nel formare i legami

Il numero di ossidazione

Nel diciannovesimo secolo il lavoro per individuare le formule dei composti consentì ai chimici di notare che ogni elemento manifesta una propria capacità di combinarsi con altri elementi. Questa capacità di combinazione, studiata in modo particolare dal chimico tedesco F.A. Kekulé, fu chiamata *valenza*.

Nell'analizzare le diverse sostanze si riscontrò che non esistono composti in cui a un atomo di idrogeno siano legati più di un atomo di un altro elemento: pertanto i chimici, prima ancora di avere elaborato i modelli sulla struttura elettronica degli atomi, decisero di attribuire all'atomo di idrogeno la valenza 1. Di conseguenza fu possibile assegnare la valenza a molti altri elementi: *essa corrisponde al numero di atomi di idrogeno che si possono combinare con un atomo dell'elemento.*

Consideriamo per esempio le formule di struttura di quattro composti binari dell'idrogeno:

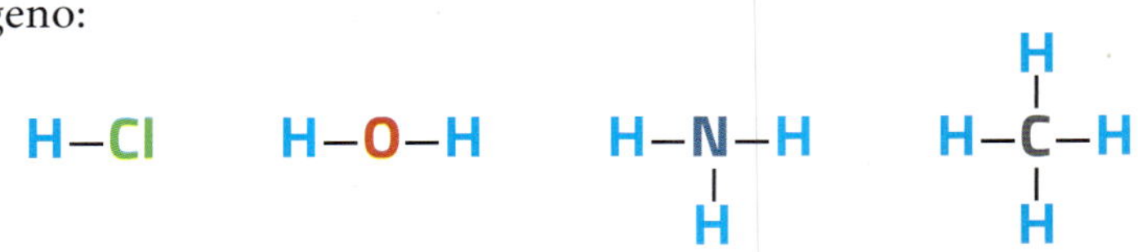

cloruro di idrogeno | acqua | ammoniaca | metano

Ne discende che in HCl la valenza del cloro è 1, in H_2O la valenza dell'ossigeno è 2, la valenza dell'azoto in NH_3 è 3 e quella del carbonio in CH_4 vale 4. Si può anche dire che il cloro è monovalente, l'ossigeno è bivalente e così via.

In seguito alle nuove conoscenze sulla struttura elettronica e sul legame chimico, per spiegare la capacità di combinazione, i chimici hanno deciso di assegnare a ogni atomo presente in qualsiasi specie chimica (molecole, ioni semplici e ioni poliatomici) un numero convenzionale, chiamato *numero di ossidazione*. Per illustrare il suo significato consideriamo le formule di quattro diverse sostanze in cui è sempre presente il cloro: NaCl, HCl, $HClO_2$, Cl_2.

- In NaCl, che è un composto ionico, ogni atomo di cloro ha acquistato un elettrone per trasformarsi in ione Cl^-: al cloro in NaCl viene assegnato N.O. = −1.

$$Na^+ \, Cl^- \quad N.O._{Cl} = -1$$

- In HCl c'è un legame covalente; l'atomo di cloro è più elettronegativo dell'atomo di idrogeno, quindi viene attribuito al numero di ossidazione del cloro il segno negativo. L'atomo di cloro mette in comune 1 elettrone e quindi al cloro in HCl è attribuito N.O. = −1.

$$\overset{\delta+}{H}-\overset{\delta-}{Cl} \quad N.O._{Cl} = -1$$

- In $HClO_2$ l'atomo di cloro condivide tre elettroni con i due atomi di ossigeno, elemento più elettronegativo del cloro. Pertanto all'atomo di cloro viene attribuito N.O. = +3.

$$\overset{\delta-}{O}\leftarrow\overset{\delta+}{Cl}-\overset{\delta-}{O}-\overset{\delta+}{H} \quad N.O._{Cl} = +3$$

- In Cl_2 ogni atomo di cloro condivide un elettrone con un atomo uguale, quindi con la stessa elettronegatività. Gli elettroni di legame non vengono attribuiti ad alcuno dei due atomi, pertanto al cloro in Cl_2 è assegnato N.O. = 0.

$$Cl-Cl \quad N.O._{Cl} = 0$$

PER SAPERNE DI PIÙ

Attenti all'ossido di carbonio!
L'ossido di carbonio è un gas fortemente tossico che si forma a seguito di combustioni incomplete ed è presente anche nel fumo delle sigarette. Le molecole di questo gas si legano in modo stabile con l'emoglobina diminuendo la capacità del sangue di trasferire l'ossigeno dai polmoni alle cellule del corpo. Quando le molecole di emoglobina legate all'ossido di carbonio superano un certo limite, le rimanenti molecole non riescono più a soddisfare le necessità respiratorie dell'organismo con conseguente asfissia. L'ossido di carbonio è un gas incolore e inodore quindi è particolarmente pericoloso perché non ci si accorge di quando lo si respira.

Sulla base di questi esempi possiamo concludere che un elemento può avere diversi numeri di ossidazione: infatti, a seconda della specie chimica in cui si trova, il numero di ossidazione di un elemento può essere positivo, negativo o zero.

Il **numero di ossidazione (N.O.)** è un numero che viene assegnato agli elementi nelle diverse sostanze e che è in relazione con gli elettroni utilizzati nei legami.

Regole per assegnare il numero di ossidazione

1. Sostanze elementari
Gli atomi di tutte le sostanze elementari hanno sempre N.O. = 0.

2. Ioni monoatomici
Il numero di ossidazione dell'atomo corrisponde alla carica dello ione.

3. Composti
La somma algebrica dei numeri di ossidazione di tutti gli atomi presenti nella formula deve essere zero (▸ Figura 1).

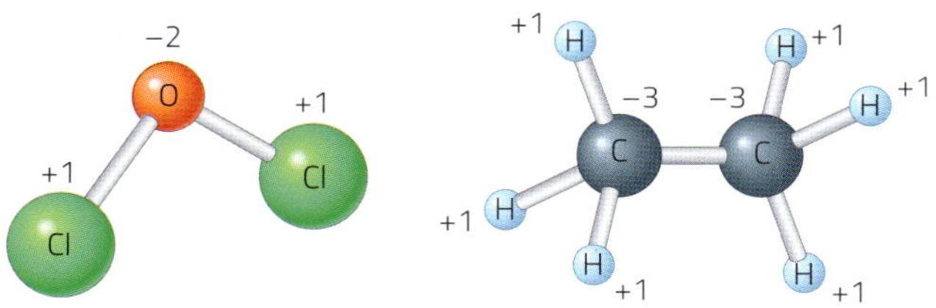

▸ **Figura 1** I numeri accanto a ciascun atomo rappresentano i relativi numeri di ossidazione. Nei due composti si annullano algebricamente.

4. Ioni poliatomici
La somma algebrica dei numeri di ossidazione di tutti gli atomi presenti in uno ione poliatomico coincide con la carica dello ione (▸ Figura 2):

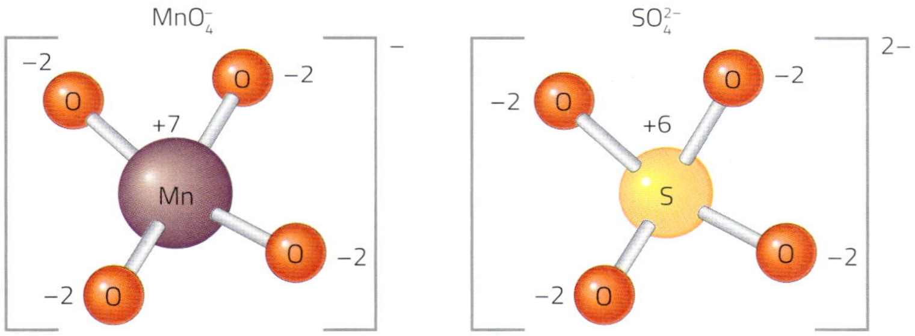

$(-2 \times 4) + 7 = -1$ $\qquad$ $(-2 \times 4) + 6 = -2$

▸ **Figura 2** Modelli dello ione permanganato (a sinistra) e dello ione solfato (a destra).

5. Ossigeno
L'atomo di ossigeno nei composti ha sempre N.O. = −2; fanno eccezione OF_2 (N.O. = +2) e i composti, chiamati *perossidi*, in cui è presente il legame O—O (N.O. = −1) (▸ Figura 3).

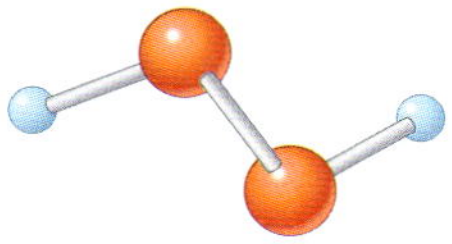

▸ **Figura 3** Il perossido di idrogeno è comunemente noto con il nome di acqua ossigenata.

6. Idrogeno
L'atomo di idrogeno nei composti ha sempre N.O. = +1; fanno eccezione i composti binari tra un metallo e l'idrogeno in cui l'idrogeno ha N.O. = −1.

Nelle situazioni in cui le regole suddette non sono sufficienti per risalire al numero di ossidazione di ciascun elemento è indispensabile fare riferimento alla formula di struttura della specie chimica: occorre considerare i singoli legami covalenti alla luce della differenza di elettronegatività.

Animazione in digitale
Determinazione del numero di ossidazione

Videolezione in digitale
Assegnare i numeri di ossidazione

Supponiamo per esempio di dover determinare il numero di ossidazione del carbonio nel composto HOCN, acido cianico (▸ Figura 4).

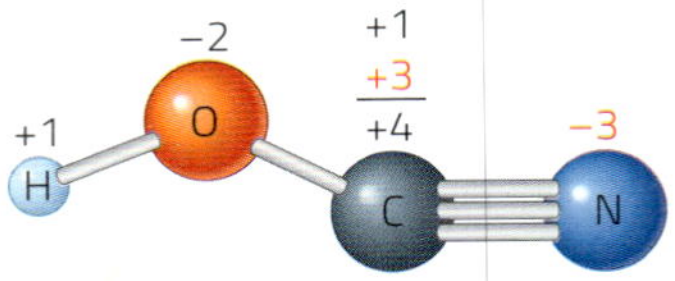

▸ **Figura 4** Modello dell'acido cianico.

L'atomo di carbonio forma un triplo legame con un atomo di azoto e un legame covalente con un atomo di ossigeno legato a sua volta con un atomo di idrogeno. In base ai valori di elettronegatività, al carbonio vengono formalmente sottratti 3 elettroni dall'azoto e 1 elettrone dall'ossigeno. Pertanto il numero di ossidazione del carbonio in questo composto è +4.

Prova tu

Considera i seguenti quattro composti contenenti carbonio:

metano (CH_4); benzene (C_6H_6); etene (C_2H_4); acido acetico (CH_3COOH).

Calcola il numero di ossidazione del carbonio nei quattro composti.

....

....

Esercizi 1 La capacità di combinarsi degli atomi

1 Supponi di dover calcolare il numero di ossidazione del bromo in $HBrO_3$.

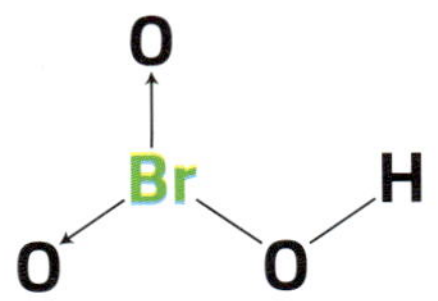

$N.O._{Br} = ?$

Per stabilire il N.O. del Br occorre sapere che:

a) $N.O._O =$ ....

b) $N.O._H =$ ....

c) La somma dei N.O. deve dare ....

Pertanto $N.O._{Br} =$ ....

2 In un composto che ha formula XY_2 il N.O. di X è +2. Quanto vale il N.O. di Y?

N.O. = ...

3 In un composto che ha formula X_2Y il N.O. di Y è −4. Quanto vale il N.O. di X?

N.O. = ...

4 Attribuisci a ogni elemento presente nelle seguenti specie il relativo numero di ossidazione:

N.O.	N_2O	CO_3^{2-}	K_2O	H_3PO_4
N.O.	O_3	$CaCl_2$	C_3H_7OH	NH_4^+

5 Nei composti binari tra un metallo e l'idrogeno, gli atomi di idrogeno hanno N.O. = −1. Come puoi spiegare questo dato?

....

6 Qual è il numero di ossidazione del fosforo in $H_4P_2O_7$?

A +5 B +3 C +10 D −10 E −5

7 Qual è il numero di ossidazione del silicio nello ione SiO_3^{2-}?

A +6 B −6 C +4 D −5 E +3

8 I cristalli di zucchero che utilizziamo in cucina sono formati da molecole che hanno formula $C_{12}H_{22}O_{11}$. Qual è il numero di ossidazione del carbonio?

....

9 Durante la fermentazione del mosto d'uva il glucosio ($C_6H_{12}O_6$) si trasforma in etanolo (C_2H_5OH). Come cambia il N.O. del carbonio?

A Aumenta di 2

B Diminuisce di 2

C Non cambia

D Aumenta di 3

E Aumenta di 4

10 Il tiosolfato di sodio è un composto ionico con formula $Na_2S_2O_3$:

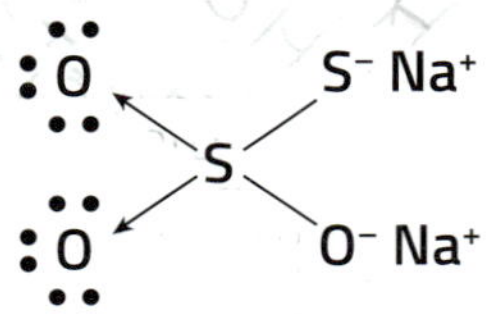

La formula mostra che i due atomi di zolfo formano legami diversi. Individua i due diversi N.O. dei due atomi di zolfo.

....

11 When oxidation numbers are assigned to elements in a compound, the sum of all the charges must be equal to ....

12 For ions, the algebraic sum of the oxidation numbers of the constituent atoms must be equal to ....

2 La nomenclatura IUPAC e tradizionale

Le regole di nomenclatura attribuiscono in modo univoco un nome alla formula di ogni composto

Elementi e classi di composti

Nel capitolo 5 abbiamo visto che le sostanze elementari si distinguono in metalli e non-metalli sulla base delle loro proprietà fisiche; questa distinzione trova riscontro anche nel comportamento chimico, cioè nel tipo di composti che si formano quando gli elementi si combinano tra loro. Nella ▸ Tabella 1 sono riportate le principali classi di composti della Chimica Inorganica, cioè la parte della chimica che riguarda lo studio degli elementi e dei loro composti a eccezione della maggior parte dei composti del carbonio, che fanno parte della Chimica Organica.

	Ossigeno	Idrogeno	Ossigeno e idrogeno	Non-metallo	Non-metallo e ossigeno
Metallo	ossidi basici (ossidi)	idruri	idrossidi	sali (sali binari)	sali (sali ternari)
per esempio, litio	Li_2O	LiH	LiOH	Li_2S	Li_2SO_3
Non-metallo	ossidi acidi (anidridi)	acidi (idracidi) e idruri	acidi (ossiacidi)	*	*
per esempio, zolfo	SO_2	H_2S (idracido)	H_2SO_3		

▸ **Tabella 1** Principali classi di composti inorganici.
* Esistono composti binari (per esempio, CS_2) e composti ternari (per esempio, $POCl_3$) che sono formati soltanto da non-metalli ma che non costituiscono classi autonome di composti.

▸ **Figura 1** Nel 1930 a Liegi in Belgio venne fondata l'Unione Internazionale di Chimica con il compito di stabilire regole di nomenclatura razionali e universali. Questo organismo assunse il nome IUPAC nel 1947.
The International Union of Pure and Applied Chemistry (IUPAC) serves to advance the worldwide aspects of the chemical sciences and to contribute to the application of chemistry in the service of Humankind. As a scientific, international, non-governmental and objective body, IUPAC can address many global issues involving the chemical sciences.

Vediamo ora come è possibile assegnare ai composti un nome preciso; faremo riferimento per ciascuna classe di composti a due diverse nomenclature.

IUPAC La **nomenclatura IUPAC** «traduce in parole la formula chimica» indicando il tipo e il numero degli atomi presenti(▸ Figura 1). In base a questa nomenclatura nel nome compaiono prefissi che corrispondono all'indice di ciascun elemento presente nella formula (▸ Tabella 2).

Tradizionale La **nomenclatura tradizionale** viene ancora utilizzata perché legata alle proprietà chimiche delle classi di composti. Nel caso in cui l'elemento presenti più numeri di ossidazione si utilizzano desinenze (*oso/a, ico/a, idrico, uro, ito, ato*) e prefissi (*ipo, per*).

▸ **Tabella 2** Il prefisso *mono* collegato all'indice 1 della formula viene in genere omesso.

Prefisso	Indice
mono	1
di	2
tri	3
tetra	4
penta	5
esa	6
epta	7
otta	8
nona	9
deca	10

Per scrivere formule e nomi dei composti è spesso necessario conoscere i numeri di ossidazione degli elementi che li costituiscono (▸ Tabella 3).

Elemento	N.O.	Elemento	N.O.	Elemento	N.O.
alluminio (Al)	+3	cloro (Cl)	−1, +1, +3, +5, +7	nichel (Ni)	+2, +3
argento (Ag)	+1	cobalto (Co)	+2, +3	oro (Au)	+1, +3
arsenico (As)	−3, +3, +5	cromo (Cr)	+2, +3, +6	ossigeno (O)	−2, −1
azoto (N)	−3, +1, +2, +3, +5	ferro (Fe)	+2, +3	piombo (Pb)	+2, +4
bario (Ba)	+2	fluoro (F)	−1	potassio (K)	+1
berillio (Be)	+2	fosforo (P)	−3, +3, +5	rame (Cu)	+1, +2
boro (B)	+3	idrogeno (H)	−1, +1	silicio (Si)	+4
bromo (Br)	−1, +1, +5	iodio (I)	−1, +1, +5, +7	sodio (Na)	+1
cadmio (Cd)	+2	litio (Li)	+1	stagno (Sn)	+2, +4
calcio (Ca)	+2	magnesio (Mg)	+2	stronzio (Sr)	+2
carbonio (C)	−4, +2, +4	manganese (Mn)	+2, +3, +4, +6, +7	zinco (Zn)	+2
cesio (Cs)	+1	mercurio (Hg)	+1, +2	zolfo (S)	−2, +4, +6

▸ **Tabella 3** Valori più comuni dei numeri di ossidazione di alcuni elementi in ordine alfabetico.

Le formule e i nomi dei composti binari con l'ossigeno

Nella nomenclatura IUPAC tutti i composti binari con l'ossigeno sono chiamati **ossidi**; la nomenclatura tradizionale prevede una distinzione tra gli **ossidi basici**, chiamati semplicemente *ossidi*, e gli **ossidi acidi**, identificati con il nome di *anidridi*.

Nella ▶ Tabella 4 sono riassunte con due esempi le regole di nomenclatura.

▶ **Tabella 4** Visualizzazione delle regole di nomenclatura dei composti binari con l'ossigeno. Nelle formule degli ossidi il simbolo dell'ossigeno segue sempre quello dell'altro elemento.

	Ossidi dei metalli (ossidi basici)	Ossidi dei non-metalli (ossidi acidi)
Formula	Fe_2O_3 N.O. Fe = +3	SO_2 N.O. S = +4
Nome IUPAC	**triossido di diferro**	**diossido di zolfo**
Nome tradizionale	**ossido ferrico** Il N.O. del ferro è quello maggiore (+2, +3).	**anidride solforosa** Il N.O. dello zolfo è quello minore (+4, +6).

IUPAC

- Il nome del composto si forma scrivendo *ossido di* a cui si aggiunge il nome del metallo o del non-metallo.
- La parola *ossido* e il nome dell'altro elemento sono preceduti, se necessario, da un prefisso che corrisponde all'indice dei due elementi presenti nella formula. La ▶ Figura 2 mostra come la nomenclatura IUPAC consente di passare facilmente dal nome alla formula e viceversa.

▶ **Figura 2** Assegnazione del nome IUPAC: gli indici della formula corrispondono ai prefissi del nome.

Tradizionale

- **Ossidi** (ossidi basici): il nome del composto si forma scrivendo l'espressione *ossido di* a cui si aggiunge il nome del metallo. Questa semplice regola si applica a tutti i metalli dei gruppi 1, 2 e 13 che rispettivamente presentano i numeri di ossidazione +1, +2 e +3. Se un metallo presenta due numeri di ossidazione: al nome viene aggiunta una desinenza, *oso* per il numero di ossidazione minore e *ico* per quello maggiore.
- **Anidridi** (ossidi acidi): il nome del composto si forma scrivendo il termine *anidride* seguito dal nome del non-metallo con la desinenza *osa* o *ica* a seconda del numero di ossidazione minore o maggiore del non-metallo. Se il non-metallo ha un solo numero di ossidazione, come nel caso del boro, si usa la desinenza *ica*.

Prova tu 1

Scrivi la formula del pentaossido di diarsenico e il suo nome tradizionale.

....

Nella ▶ Tabella 5 sono riportati alcuni esempi di questa doppia nomenclatura.

▶ **Tabella 5** Nomi IUPAC e tradizionali di alcuni composti binari con l'ossigeno. Si può notare che per i composti di oro, di stagno, di azoto e di zolfo viene modificata, nella nomenclatura tradizionale, anche la radice del nome dell'elemento.

Formula	N. O.	Nome IUPAC	Nome tradizionale
Li_2O	+1	ossido di dilitio	ossido di litio
Au_2O_3	+3	triossido di dioro	ossido aurico
SnO	+2	ossido di stagno	ossido stannoso
NO	+2	ossido di azoto	ossido nitrico
FeO	+2	ossido di ferro	ossido ferroso
SO_3	+6	triossido di zolfo	anidride solforica
B_2O_3	+3	triossido di diboro	anidride borica
N_2O_3	+3	triossido di diazoto	anidride nitrosa
N_2O_5	+5	pentaossido di diazoto	anidride nitrica

Si può notare che, nonostante l'azoto presenti quattro numeri di ossidazione positivi, vengono chiamate anidridi soltanto i composti con l'ossigeno in cui l'azoto ha N.O. = +3 e +5.

Nel caso del cloro, che presenta più di due numeri di ossidazione, la nomenclatura tradizionale prevede l'introduzione di prefissi. Come mostra la ▶ Tabella 6 si usa il prefisso *ipo* per indicare il numero di ossidazione più basso e il prefisso *per* nel caso di quello più alto.

È importante ricordare che il cromo e il manganese, pur essendo metalli, presentano anche numeri di ossidazione più elevati, caratteristici dei non-metalli.

▶ **Tabella 6** Nomi tradizionali dei composti del cloro con l'ossigeno.

Formula	N.O. cloro	Nome tradizionale
Cl_2O	+1	anidride ipoclorosa
Cl_2O_3	+3	anidride clorosa
Cl_2O_5	+5	anidride clorica
Cl_2O_7	+7	anidride perclorica

Ne consegue che quando l'elemento presenta un numero di ossidazione basso, l'ossido ha caratteristiche basiche; viceversa, se ha un numero di ossidazione alto forma un ossido acido. Infatti:

- MnO, CrO, Mn_2O_3 e Cr_2O_3 sono ossidi basici;
- MnO_3, Mn_2O_7 e CrO_3 sono ossidi acidi.

La ▶ Figura 3 mostra due trasformazioni in cui si ottengono rispettivamente un ossido basico (ossido di magnesio) e un ossido acido (anidride solforosa); il diverso carattere può essere evidenziato dal colore assunto da una cartina all'indicatore universale.

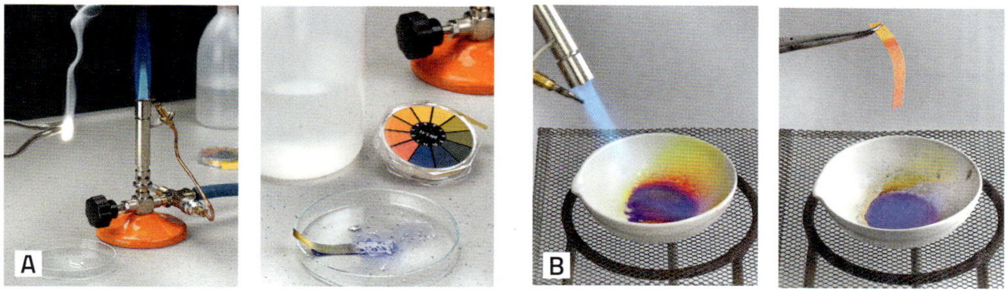

▶ **Figura 3** Il magnesio è un metallo del gruppo 2; lo zolfo è un non-metallo del gruppo 16; innescando la combustione di queste sostanze elementari si formano composti con caratteristiche diverse:
A) dal magnesio si ottiene un composto solido bianco che, in acqua, forma soluzioni con proprietà basiche (colore blu della cartina);
B) dallo zolfo si ottiene un composto gassoso incolore che, in acqua, forma soluzioni di carattere acido (colore rosso della cartina).

Clip in digitale
L'indicatore universale di pH

Le formule e i nomi dei composti binari con l'idrogeno

Gli **idruri** sono composti binari in cui un elemento è combinato con l'idrogeno. Alcuni non-metalli formano con l'idrogeno composti binari di particolare importanza per le loro proprietà acide e per questo sono chiamati **idracidi** (▶ Tabella 7).

	Idruri	Idracidi
Formula	**FeH_2**	**H_2S**
Nome IUPAC	**diidruro di ferro**	**solfuro di diidrogeno**
Nome tradizionale	**idruro ferroso** Il N.O. del ferro è quello minore (+2).	**acido solfidrico** Il N.O. dello zolfo è quello negativo (−2).

▶ **Tabella 7** Visualizzazione delle regole di nomenclatura degli idruri e degli idracidi.

Gli idruri che sono formati da un metallo presentano un carattere prevalentemente ionico e perciò vengono anche detti *idruri ionici* o *salini*. In questi casi il numero di ossidazione dell'idrogeno è −1. Se invece sono formati da un non-metallo, gli idruri vengono anche detti *idruri covalenti* e il numero di ossidazione dell'idrogeno è +1.

IUPAC

Il nome degli idruri si forma anteponendo a *idruro di* il necessario prefisso e completandolo poi con il nome dell'elemento.

Tradizionale

Per assegnare il nome occorre conoscere il numero di ossidazione del metallo e utilizzare le desinenze *oso* e *ico*; in alcuni casi viene riconosciuto un nome proprio (▶ Tabella 8).

Formula	N.O.	Nome IUPAC	Nome tradizionale
NaH	+1	idruro di sodio	idruro di sodio
CaH_2	+2	diidruro di calcio	idruro di calcio
CuH	+1	idruro di rame	idruro rameoso
SiH_4	−4	tetraidruro di silicio	silano
PH_3	−3	triidruro di fosforo	fosfina
NH_3	−3	triidruro di azoto o ammoniaca	ammoniaca

▶ **Tabella 8** Nomi IUPAC e tradizionale di alcuni idruri.

Nella formula degli idruri il simbolo dell'idrogeno segue sempre quello dell'altro elemento. Il numero di atomi di idrogeno corrisponde al numero di ossidazione dell'elemento a cui l'idrogeno è legato.

Combinandosi con alcuni non-metalli, l'idrogeno forma gli *idracidi*, composti binari di particolare importanza per le loro proprietà: tra questi, il più noto è il cloruro di idrogeno (o acido cloridrico), un idracido gassoso a temperatura ambiente che viene commercializzato in soluzione acquosa (▶ Figura 4).

▶ **Figura 4** Quando l'acido cloridrico si scioglie nell'acqua le molecole si ionizzano e si forma una soluzione a carattere acido: la cartina si colora di rosso.

IUPAC

Il nome dell'idracido si ottiene aggiungendo la desinenza *uro* al nome del non-metallo che caratterizza l'idracido seguito sempre da *di idrogeno*, eventualmente preceduto da un prefisso.

Tradizionale

Il nome si ottiene aggiungendo alla parola acido il nome del non-metallo con la desinenza *idrico*.

Nella ▶ Tabella 9 sono riportati i nomi degli idracidi secondo le due nomenclature.

▶ **Tabella 9** Diversamente dagli idruri, nella formula degli idracidi il simbolo dell'idrogeno precede quello del non-metallo. Il numero di atomi di idrogeno corrisponde al numero di ossidazione dell'elemento a cui l'idrogeno è legato.

Formula	N.O.	Nome IUPAC	Nome tradizionale
HF	−1	fluoruro di idrogeno	acido fluoridrico
HCl	−1	cloruro di idrogeno	acido cloridrico
HBr	−1	bromuro di idrogeno	acido bromidrico
HI	−1	ioduro di idrogeno	acido iodidrico
H_2S	−2	solfuro di diidrogeno	acido solfidrico

Le formule e i nomi degli idrossidi e degli ossiacidi

Le diverse proprietà chimiche degli ossidi dei metalli e dei non-metalli risultano evidenti quando questi composti reagiscono con l'acqua. Infatti, in entrambi i casi si formano composti ternari, ma con caratteristiche profondamente diverse.

ossido basico — idrossido

$$CaO(aq) + H_2O(l) \rightarrow Ca(OH)_2(aq)$$

ossido acido — ossiacido

$$SO_3(l) + H_2O(l) \rightarrow H_2SO_4(aq)$$

Gli **idrossidi** sono i composti ternari costituiti da un metallo, ossigeno e idrogeno. In generale, gli idrossidi possono essere ottenuti facendo reagire gli ossidi basici con acqua.

IUPAC

La parola *idrossido* viene preceduta dai prefissi che corrispondono agli indici delle formule. Anche in questo caso si può osservare che, dato il nome del composto, si può scriverne la formula senza conoscere il numero di ossidazione del metallo. La ▶ Figura 5 mostra come la nomenclatura IUPAC consente di passare facilmente dal nome alla formula e viceversa.

▶ **Figura 5** Assegnazione del nome IUPAC: l'indice del gruppo OH corrisponde al prefisso.

Tradizionale

Per assegnare il nome occorre conoscere il numero di ossidazione del metallo e utilizzare se necessario le desinenze *oso* e *ico*.

Nella ▶ Tabella 10 sono riportati le formule e i nomi di alcuni idrossidi.

▶ **Tabella 10** Nella formula degli idrossidi il simbolo del metallo precede sempre il gruppo OH. L'indice del metallo è sempre 1 e il numero di gruppi OH corrisponde al numero di ossidazione del metallo.

Formula	N.O.	Nome IUPAC	Nome tradizionale
KOH	+1	idrossido di potassio	idrossido di potassio
$Au(OH)_3$	+3	triidrossido di oro	idrossido aurico
$Fe(OH)_2$	+2	diidrossido di ferro	idrossido ferroso
$Al(OH)_3$	+3	triidrossido di alluminio	idrossido di alluminio
$Mn(OH)_2$	+2	diidrossido di manganese	idrossido manganoso

Gli idrossidi dei metalli alcalini e alcalino-terrosi in acqua manifestano spiccato carattere basico: questo fatto è mostrato dal colore assunto dalla cartina all'indicatore universale (▶ Figura 6).

▶ **Figura 6** Un idrossido molto comune, l'idrossido di sodio (chiamato anche soda caustica), sciolto in acqua forma una soluzione a carattere basico.

Prova tu 2

La formula di un idrossido è $Cu(OH)_2$. Quali sono i nomi di questo composto secondo le due diverse nomenclature?

....

....

==Gli **ossiacidi** sono i composti ternari costituiti da idrogeno, un non-metallo e ossigeno. In generale, gli ossiacidi possono essere ottenuti facendo reagire le anidridi con acqua, come abbiamo già visto.==

In entrambe le nomenclature il nome degli ossiacidi inizia con il nome acido, ma solo nella nomenclatura IUPAC termina sempre con *ico* (▶ Figura 7).

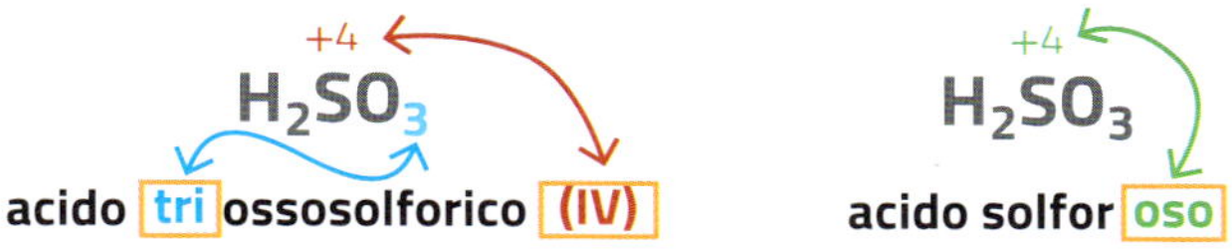

▶ **Figura 7** Nel nome IUPAC l'indice dell'ossigeno corrisponde al prefisso del nome. Nel nome tradizionale la desinenza *oso* corrisponde al N.O. più basso.

Nella ▶ Tabella 11 sono esemplificate le principali regole di nomenclatura.

Formula	H_2SO_3
Nome IUPAC	**acido triossosolforico (IV)** Il numero romano indica il N.O. del non-metallo (+4).
Nome tradizionale	**acido solforoso** Il nome termina con la desinenza *oso* o *ico* a seconda del N.O. del non-metallo.

▶ **Tabella 11** Visualizzazione delle regole di nomenclatura degli ossiacidi.

Riassumiamo ora le regole con altri due esempi.

IUPAC

Supponiamo di conoscere la formula di un composto (H_3BO_3) e di doverne scrivere il nome IUPAC.

1. Si tratta di un ossiacido con tre atomi di ossigeno e un atomo di boro.
2. Per adesso possiamo scrivere: acido triossoborico.
3. Per stabilire il numero di ossidazione del non-metallo occorre tenere conto che il numero di ossidazione totale dei tre atomi di ossigeno è −6 e che esso deve essere uguale, ma di segno contrario, alla somma dei numeri di ossidazione degli altri atomi. Dato che il numero di ossidazione totale dei tre atomi idrogeno è +3 concludiamo che il numero di ossidazione del boro è +3.
4. Il nome completo è quindi acido triossoborico (III).

Tradizionale Vogliamo scrivere il nome tradizionale di un composto che ha formula HNO_2.

1. Si tratta di un ossiacido.
2. Si ricava il numero di ossidazione dell'azoto: tenendo conto che il numero di ossidazione totale dei due atomi di ossigeno è −4 e il N.O. dell'idrogeno è +1, si conclude che il N.O. dell'azoto è +3.
3. I numeri di ossidazione dell'azoto negli ossiacidi sono due: +3 e +5. Dato che in questo caso il numero di ossidazione è quello più basso, si deve usare la desinenza *oso* che va scritta dopo la radice *nitro*.
4. Il nome del composto è acido nitroso.

Prova tu 3

Assegna il nome IUPAC e quello tradizionale al composto che ha formula $HClO_4$.

....

....

Nella ▶ Tabella 12 sono riportate le formule di alcuni ossiacidi e il relativo nome secondo le due nomenclature.

Formula	Nome IUPAC	Nome tradizionale
H_2SiO_3	acido triossosilicico (IV)	acido silicico
HNO_3	acido triossonitrico (V)	acido nitrico
H_3BO_3	acido triossoborico (III)	acido borico
H_2SO_4	acido tetraossosolforico (VI)	acido solforico
HPO_3	acido triossofosforico (V)	acido *meta*fosforico
$H_4P_2O_7$	acido eptaossodifosforico (V)	acido *piro*fosforico
H_3PO_4	acido tetraossofosforico (V)	acido *orto*fosforico
HClO	acido ossoclorico (I)	acido ipocloroso
$HClO_2$	acido diossoclorico (III)	acido cloroso
$HClO_3$	acido triossoclorico (V)	acido clorico
$HClO_4$	acido tetraossoclorico (VII)	acido perclorico
H_2MnO_4	acido tetraossomanganico (VI)	acido manganico
$HMnO_4$	acido tetraossomanganico (VII)	acido permanganico

▶ **Tabella 12** Nella formula degli ossiacidi il simbolo del non-metallo segue quello dell'idrogeno e precede quello dell'ossigeno. Se il non-metallo ha un indice (come in $H_4P_2O_7$) questo deve essere richiamato nel nome IUPAC.

Come si può notare, nella tabella compaiono tre diverse formule relative a ossiacidi in cui il fosforo ha sempre N.O. = +5. Questi tre ossiacidi derivano dalla combinazione di anidride fosforica (P_2O_5) con quantità diverse di acqua (▶ Figura 8). Occorre anche aggiungere che di solito quando si dice semplicemente «acido fosforico» ci si riferisce all'acido ortofosforico.

$$P_2O_5 + H_2O \rightarrow (H_2P_2O_6) \rightarrow 2\ HPO_3$$
acido metafosforico

$$P_2O_5 + 2\ H_2O \rightarrow H_4P_2O_7$$
acido pirofosforico

$$P_2O_5 + 3\ H_2O \rightarrow (H_6P_2O_8) \rightarrow 2\ H_3PO_4$$
acido ortofosforico

▶ **Figura 8** Nella nomenclatura tradizionale i tre acidi fosforici vengono distinti con un prefisso.

Vediamo ora come si deve procedere per scrivere la formula di un ossiacido di cui è noto il nome.

IUPAC Vogliamo scrivere la formula dell'acido triossocarbonico (IV).

1. Si scrivono in ordine i simboli dell'idrogeno, del non-metallo e dell'ossigeno indicando in alto il rispettivo numero di ossidazione.

$$\overset{+1}{H}\ \overset{+4}{C}\ \overset{-2}{O_3}$$

2. Affinché la somma algebrica dei numeri di ossidazione degli atomi della molecola sia zero, occorrono due atomi di idrogeno e quindi la formula è: H_2CO_3.

Tradizionale Vogliamo scrivere la formula dell'acido cromico.

1. Si scrivono in ordine i simboli dell'idrogeno, del non-metallo e dell'ossigeno.

$$H\ Cr\ O$$

2. Dalla desinenza *ico* si deduce che il numero di ossidazione del cromo è quello più alto, cioè +6; quindi possiamo scrivere:

$$\overset{+1}{H}\ \overset{+6}{Cr}\ \overset{-2}{O}$$

3. Per ricavare gli indici occorre che il numero di ossidazione totale dell'idrogeno e del cromo sia un numero pari: quindi occorre considerare 2 atomi di idrogeno e di conseguenza occorrono 4 atomi di ossigeno per pareggiare i numeri di ossidazione di cromo e idrogeno. Possiamo concludere che la formula è H_2CrO_4.

Prova tu 4

Anche l'anidride borica, come l'anidride fosforica, può dare origine a tre acidi diversi. Scrivine la formula e i nomi tradizionali.

....

....

Scrivi la formula dell'acido eptaossodicromico (VI) e dell'acido periodico.

....

PER SAPERNE DI PIÙ

Soffioni acidi

L'acido borico ha formula H_3BO_3. Esso costituisce il minerale *sassolite* che si presenta sotto forma di lamelle madreperlacee. L'acido borico è prodotto principalmente facendo reagire i minerali contenenti borati con acido solforico; la più grande fonte di borati nel mondo è la miniera di Boron, California, USA.

In Italia l'industria dell'acido borico nacque in Toscana nei primi anni del 1800 per opera dell'ingegnere francese Francois Jacques de Larderel che scoprì l'acido borico nelle acque dei lagoni naturali nei pressi di Montecerboli in Toscana. In seguito nella zona sorse la località che si chiama Larderello. L'acido borico è un solido utilizzato in molti settori produttivi.

Esercizi 2 La nomenclatura IUPAC e tradizionale

1 Associa a ogni composto, individuato da una lettera, la classe di appartenenza, indicata da un numero.

a) $Ni(OH)_2$ ....
b) HBr ....
c) CaO ....
d) N_2O_3 ....
e) $HBrO$ ....
f) FeH_3 ....

1. idracido
2. idruro
3. ossido acido
4. idrossido
5. ossido basico
6. ossiacido

2 In base alla nomenclatura tradizionale, i composti costituiti da un non-metallo e ossigeno prendono il nome di:

A ossidi
B anidridi
C ossiacidi
D idracidi
E idruri

3 In relazione agli ossidi acidi, indica l'unica affermazione *sbagliata*.

A Sono i composti tra non-metalli e ossigeno
B Si chiamano anche anidridi
C Sono composti binari
D Le loro soluzioni hanno proprietà acide
E Sono tutti solidi a temperatura ambiente

4 Qual è il numero di ossidazione del metallo nel diossido di piombo? ....

5 Il pentossido di dicloro è un ossido acido o un ossido basico? ....

6 Scrivi le formule dell'ossido e dell'idruro del magnesio.

....

7 Quale tra i seguenti composti binari con l'idrogeno si comporta da acido in acqua?

A SiH_4 B LiH C BaH_2 D HI E AlH_3

8 Quanti gruppi OH ci sono nella formula dell'idrossido aurico? ....

9 Qual è il nome tradizionale del diidrossido di cromo?

....

10 Qual è il nome IUPAC dell'idrossido rameico?

....

11 Completa la seguente tabella in base all'esempio svolto.

Formula	Classe	Nome IUPAC
Na_2O	ossido basico	ossido di disodio
P_2O_3		
HBr		
$Au(OH)_3$		
LiH		
H_2SO_4		

12 Completa la seguente tabella:

Nome elemento	Formula ossido	Nome tradizionale	Ossido acido o basico
		ossido ferroso	
	CO_2		
		anidride clorica	

13 Completa i due seguenti percorsi «a cascata», indicando i nomi delle classi di composti che si ottengono.

a)  + ossigeno → ....
.... + acqua → ....

b)  + ossigeno → ....
.... + ... → ossiacido

14 Ci sono più atomi di idrogeno nella formula dell'idrossido di alluminio o in quella dell'idruro di alluminio?

....

15 Scrivi nome tradizionale e formula dell'ossiacido in cui l'azoto ha N.O. = +5.

....

16 Completa la seguente tabella:

Formula	Nome IUPAC	Nome tradizionale
$Ca(OH)_2$		
		idrossido ferroso
	tetraidrossido di stagno	

17 Completa la seguente tabella:

Formula	Nome IUPAC	Nome tradizionale
HI		
	acido tetraossocromico (VI)	
H_2S		
$HBrO_3$		

18 Which oxide reacts with water and produce triossonitric-acid(V)?

A NO_5 B N_2O_4 C N_2O_5 D N_2O_3

19 Metal oxides, such as MgO, can dissolve in water. What is true about the solution these metal oxides form?

A The solution is basic
B The solution is acidic
C The solution is neutral
D The solution is salty

3 La nomenclatura dei sali

Le regole della nomenclatura IUPAC e tradizionale consentono di assegnare il nome alle formule dei sali

Le formule e i nomi dei sali

Contrariamente a quanto si intende nel linguaggio comune, per i chimici il termine *sale* non indica soltanto il sale da cucina ma identifica una numerosissima famiglia di composti. I sali si possono ottenere, almeno formalmente, facendo reagire un idrossido con un idracido o con un ossiacido, come mostrano le seguenti equazioni:

idrossido idracido sale binario

$$2\ CsOH + H_2S \rightarrow 2\ H_2O + Cs_2S$$

idrossido ossiacido sale ternario

$$Mg(OH)_2 + H_2SO_4 \rightarrow 2\ H_2O + MgSO_4$$

Le reazioni rappresentate sono chiamate *reazioni di neutralizzazione* perché possono essere interpretate come il risultato della combinazione tra gli ioni OH^- provenienti dall'idrossido e gli ioni H^+ provenienti dalla ionizzazione dell'acido: questi ioni si combinano formando molecole di acqua. L'altro prodotto, il sale, è un composto ionico perché è costituito dai cationi del metallo che erano presenti nell'idrossido e dagli anioni generati dalle molecole dell'acido.

Per spiegare meglio questo tipo di reazione, riscriviamo la prima equazione riportata sopra in modo tale da evidenziare gli ioni presenti.

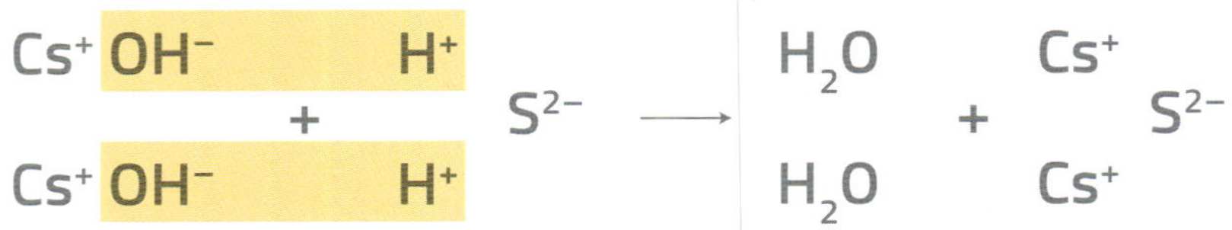

Dunque le formule dei sali si possono anche ricavare conoscendo le formule degli ioni che li costituiscono e sapendo anche che le cariche devono bilanciarsi.

IUPAC Per assegnare il nome dei **sali binari**, occorre ricordare che la desinenza del non-metallo è sempre *uro* e che inoltre si utilizzano i già noti prefissi che corrispondono agli indici delle formule. Per i **sali ternari** il nome si ottiene utilizzando sempre la desinenza *ato* e indicando con gli opportuni prefissi gli atomi presenti nella formula, come indicato nella ▸ Figura 1:

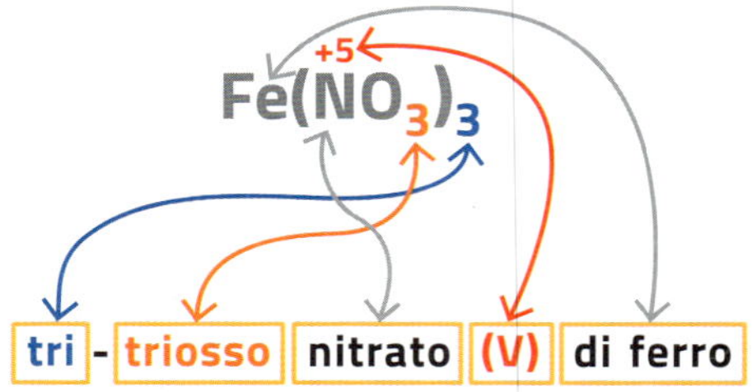

▸ Figura 1

Nella ▸ Tabella 1 sono riportati i nomi IUPAC di alcuni sali.

Formula	Nome IUPAC
KBr	bromuro di potassio
$FeCl_2$	dicloruro di ferro
Cr_2S_3	trisolfuro di dicromo
$BaSO_4$	tetraossosolfato (VI) di bario
$Zn_3(PO_4)_2$	di-tetraossofosfato (V) di trizinco
$Fe(NO_3)_2$	di-triossonitrato (V) di ferro
$Fe(NO_3)_3$	tri-triossonitrato (V) di ferro

▸ **Tabella 1** Nella formula dei sali binari il simbolo del metallo precede sempre quello del non-metallo. Nella formula dei sali ternari il simbolo del metallo precede sempre quelli del non-metallo e dell'ossigeno.

Tradizionale Per comprendere la nomenclatura tradizionale dei **sali** consideriamo gli esempi riportati nella ▸ Tabella 2.

Formula sale	Anione	Formula acido	Nome acido	Nome sale
KBr	Br^-	HBr	acido bromidrico	bromuro di potassio
$BaSO_3$	SO_3^{2-}	H_2SO_3	acido solforoso	solfito di bario
$Fe(NO_3)_3$	NO_3^-	HNO_3	acido nitrico	nitrato ferrico

▸ **Tabella 2** Sequenza per attribuire il nome tradizionale a un sale.

Approfondimento in digitale
Le formule dei composti ionici
Avere una tabella con i nomi e le formule degli ioni più comuni consente di scrivere la formula di un composto ionico.

Basandoci sulla tabella, scriviamo il nome del sale conoscendone la formula.
Il primo termine del nome del sale ha:

- desinenza *uro* quando deriva da un idracido il cui nome ha desinenza *idrico*;
- desinenza *ito* quando deriva da un ossiacido il cui nome finisce con *oso*;
- desinenza *ato* quando deriva da un ossiacido il cui nome finisce con *ico*.

Il secondo termine del nome del sale è semplicemente il nome del metallo, se questo ha un unico numero di ossidazione; se invece il metallo presenta due numeri di ossidazione, si devono aggiungere le solite desinenze, *oso* o *ico*.

Viceversa, per ricavare la formula di un sale conoscendone il nome si possono percorrere gli stessi passaggi in senso contrario.

Prova tu

Riporta i diversi passaggi che consentono di scrivere la formula del sale il cui nome tradizionale è fosfato ferroso.

Sali con formule e nomi particolari

Può capitare di leggere formule di sali un po' diverse da quelle che abbiamo finora considerato e dobbiamo quindi aspettarci anche nomi diversi.

Esistono sali che derivano da acidi nei quali si è avuta una sostituzione solo parziale degli atomi di idrogeno: essi si chiamano **sali acidi**. Per esempio, $NaHCO_3$ è un sale noto con il nome di bicarbonato di sodio. Il fatto che non tutti gli atomi di idrogeno di un acido (in questo caso H_2CO_3) vengano sostituiti da atomi di metalli non significa necessariamente che il sale abbia le proprietà di un acido.

I sali nelle cui formule compare ancora il gruppo OH dell'idrossido di provenienza si chiamano **sali basici**. Per esempio, $Cu_2(OH)_2CO_3$ è un sale presente in natura come minerale, noto con il nome di malachite.

Esistono poi sali che contengono più metalli diversi oppure più gruppi che derivano da acidi diversi oppure entrambe le cose; a essi si dà il nome di **sali doppi**. Per esempio, $CaMg(CO_3)_2$ è il carbonato doppio di magnesio e calcio, cioè il nome chimico di un minerale famosissimo, la dolomite.

Clip in digitale
Idratazione del solfato rameico

Molti sali, anche se appaiono perfettamente asciutti, contengono un certo numero di molecole di acqua (chiamata acqua di cristallizzazione) le quali entrano a far parte integrante della formula; essi vengono chiamati **sali idrati** e nella loro formula compare anche quella dell'acqua. Per esempio $CaSO_4 \cdot 2H_2O$ è la formula del solfato di calcio diidrato, utilizzato in edilizia con il nome comune di gesso.

A titolo riassuntivo scriviamo la formula del turchese, nota pietra ornamentale molto pregiata; il turchese è costituito da un sale doppio basico e idrato: $CuAl_6(OH)_8(PO_4)_4 \cdot 4H_2O$.

Alcuni sali di rilevante interesse industriale hanno una formula che può trarre in inganno dato che non contengono atomi di metalli: per esempio il cloruro d'ammonio (NH_4Cl). Questi sali sono detti **sali d'ammonio** perché contengono tutti lo ione ammonio NH_4^+ (▸ Figura 2).

Lo schema che segue mostra come, partendo da metalli e non-metalli, si possono ottenere i sali.

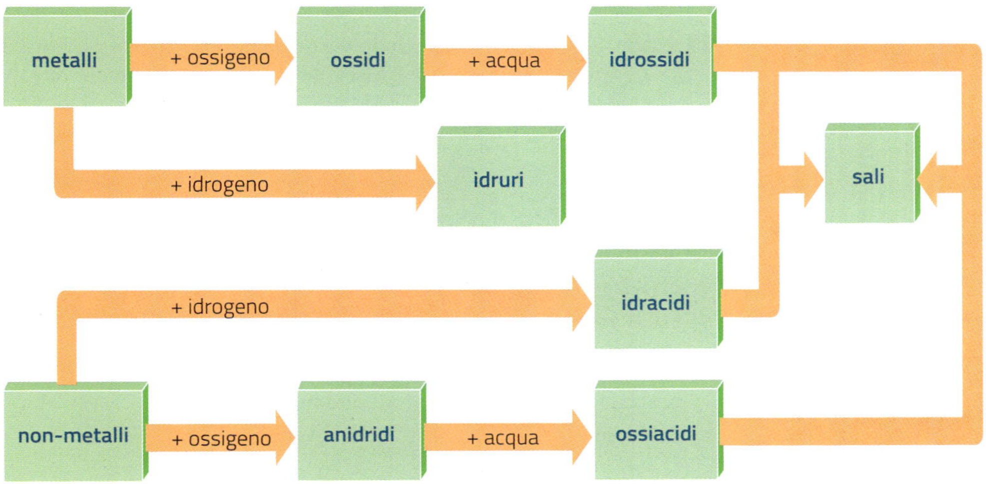

▸ **Figura 2** Lo ione ammonio si comporta nei composti come un metallo alcalino. Alcuni sali di ammonio, come NH_4NO_3 e $(NH_4)_2SO_4$ sono largamente usati in agricoltura come fertilizzanti.

Esercizi 3 La nomenclatura dei sali

1 Completa la seguente tabella in base all'esempio svolto.

	N.O. metallo	N.O. max	N.O. min	Nome tradizionale
$FeCl_2$	+2	+3	+2	cloruro ferroso
CuS	+2	+2	+1	solfuro rameico
$PbCl_2$	+2	+4	+2	cloruro piomboso
$CoCl_2$	+2	+3	+2	cloruro cobaltoso
$SnBr_4$	+4	+4	+2	bromuro stannico

2 Quale tra le formule seguenti individua un sale basico?

A $Cu_3(OH)_2(CO_3)_2$
B $CuSO_4 \cdot 5\,H_2O$
C $(NH_4)_2Fe(SO_4)_2$
D $Ca(HCO_3)_2$
E $NaHSO_4$

3 Qual è la formula del nitrato di alluminio? ....

4 Qual è il nome tradizionale di Na_2CO_3?

....

5 Qual è la formula del tetraossosolfato (VI) di dipotassio?

....

6 Qual è il nome IUPAC di $Ca(ClO_4)_2$?

....

7 Completa la seguente tabella:

Formula	Nome tradizionale
	cloruro ferroso
KBr	
	nitrato ferroso
$Al_2(SO_4)_3$	

8 Completa la seguente tabella:

Formula	Nome IUPAC
	tetraossosolfato (VI) di bario
Li_2S	
$Fe_2(CO_3)_3$	
	tribromuro di ferro

9 Scrivi il nome tradizionale e il nome IUPAC dell'acido che può formare il solfito ferrico.

....

10 Senza scrivere l'equazione, scrivi subito il nome tradizionale del sale che si forma dalla reazione tra HNO_2 e $Mg(OH)_2$.

....

11 Completa la seguente tabella relativa alle reazioni di neutralizzazione in base all'esempio svolto.

Nome acido	Nome idrossido	Nome tradizionale sale	Formule reagenti		Formule prodotti	
acido nitrico	idrossido di calcio	nitrato di calcio	HNO_3	$Ca(OH)_2$	$Ca(NO_3)_2$	H_2O
acido perclorico	idrossido ferroso					H_2O
	idrossido di alluminio	ioduro di alluminio				H_2O
		carbonato di potassio				H_2O
			H_3BO_3	NaOH		H_2O
					$Mg_3(PO_4)_2$	H_2O

12 Scrivi il nome tradizionale dell'acido e il nome tradizionale dell'idrossido che reagendo tra loro formano il sale che ha formula $Zn_3(PO_4)_2$.

....

13 Senza scrivere l'equazione, scrivi direttamente il nome tradizionale del sale che si forma dalla reazione tra acido fosforico e idrossido di bario.

....

14 Scrivi l'equazione della reazione tra l'acido nitrico e il triidrossido di ferro e assegna il nome tradizionale al sale che si forma.

....

....

15 Scrivi l'equazione della reazione tra l'acido triossoclorico (V) e l'idrossido ferroso e assegna il nome tradizionale al sale che si forma.

....

....

16 Which acid and which hydroxide react to produce iron trichloride?

A $HClO_3$ and $F(OH)_3$
B HCl_3 and $Fe(OH)_3$
C $HClO_3$ and $Fe(OH)_3$
D HCl and $Fe(OH)_3$

17 What is the name of the reaction type that occurs when acids and bases react to form a salt and water?

A Basifying
B Neutralization
C Acidification
D Combustion

4 Composti e reazioni chimiche

La classificazione delle reazioni consente di distinguere le diverse reazioni che si utilizzano per preparare le sostanze

Reazioni di sintesi e reazioni di decomposizione

Nella lezione precedente abbiamo visto che molti composti si possono ottenere attraverso opportune reazioni. Molte di queste sono riconducibili a due gruppi fondamentali e vengono indicate come *reazioni di sintesi* e *reazioni di decomposizione*.

Sono chiamate **reazioni di sintesi** (o **reazioni di combinazione**) le reazioni che portano alla formazione di un unico prodotto a partire da due o più reagenti.

Per esempio, abbiamo già visto come sia possibile ottenere gli ossidi facendo direttamente reagire con ossigeno un metallo oppure un non-metallo (▸ Figura 1):

$$2\ Ca + O_2 \rightarrow 2\ CaO$$
$$S + O_2 \rightarrow SO_2$$

Possiamo avere reazioni di sintesi anche tra composti, come quelle che portano alla formazione di idrossidi e di ossiacidi. Per esempio:

$$CaO + H_2O \rightarrow Ca(OH)_2$$
$$N_2O_3 + H_2O \rightarrow 2\ HNO_3$$

Attraverso una reazione di sintesi si possono ottenere direttamente anche i sali.

- Metallo + non-metallo. Esempio (▸ Figura 2):

$$2\ Na + Cl_2 \rightarrow 2\ NaCl$$

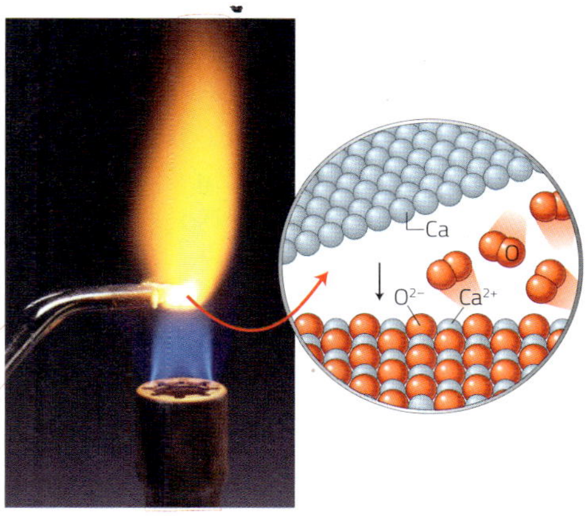

▸ **Figura 1** Il calcio si combina con l'ossigeno emettendo una fiamma rosso-arancio.

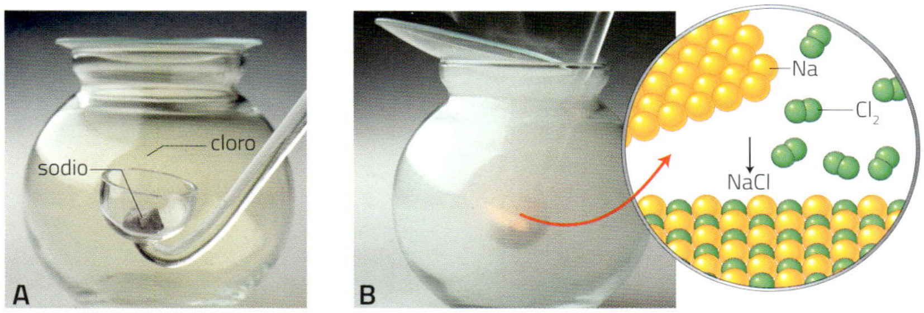

▸ **Figura 2** Sodio e cloro (**A**) messi a contatto (**B**) danno luogo a una vivace reazione.

- Ossido basico + ossido acido. Esempio:

$$K_2O + CO_2 \rightarrow K_2CO_3$$

Sono chiamate **reazioni di decomposizione** (o **reazioni di analisi**) le reazioni che portano alla formazione di due o più prodotti a partire da un unico reagente.

Attraverso una reazione di questo tipo si possono ottenere direttamente da un composto le singole sostanze elementari che lo costituiscono. È quello che succede, per esempio, riscaldando l'ossido di mercurio (▸ Figura 3):

$$2\ HgO \rightarrow 2\ Hg + O_2$$

Un altro esempio di reazione di decomposizione è quella che si può utilizzare per ottenere ossigeno:

$$2\ KClO_3 \rightarrow 2\ KCl + 3\ O_2$$

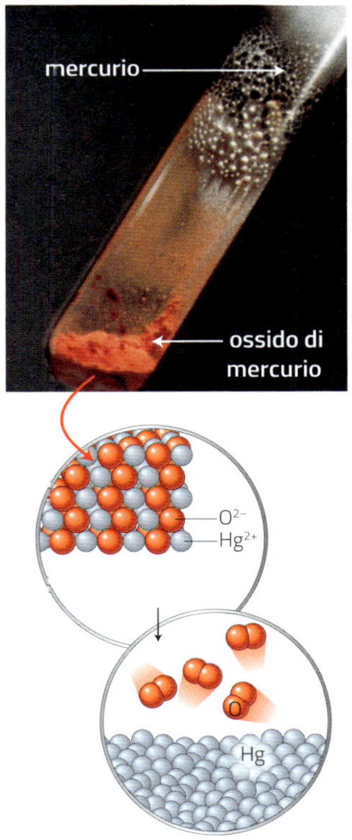

▸ **Figura 3** Riscaldando l'ossido di mercurio, un composto di colore rosso, esso si decompone lentamente e uno dei prodotti della reazione, il mercurio, si raccoglie sulla parete fredda della provetta sotto forma di goccioline lucenti.

Prova tu 1

Scrivi l'equazione della reazione di sintesi che porta alla formazione di ciascuno dei seguenti composti:

a) Cs_2O ....

b) $Fe(OH)_2$ ....

c) H_3BO_3 ....

Reazioni di scambio e reazioni di doppio scambio

Molti metalli reagiscono con alcuni acidi per formare i corrispondenti sali, come nel seguente esempio:

$$Zn + 2\,HCl \rightarrow ZnCl_2 + H_2$$

Osservando l'equazione, si potrebbe dire che lo zinco prende il posto dell'idrogeno nell'acido e in questo modo si forma un sale mentre l'idrogeno «rimane solo» e si ottiene quindi come sostanza elementare.

Sono chiamate **reazioni di scambio** le reazioni in cui formalmente gli atomi presenti in un reagente sostituiscono gli atomi presenti in un altro reagente formando quindi un composto diverso.

Anche gli ossidi dei metalli possono reagire con gli acidi formando i corrispondenti sali. Per esempio:

$$FeO + 2HCl \rightarrow FeCl_2 + H_2O$$

In questo caso si ha un doppio scambio: il ferro ha preso il posto dell'idrogeno e viceversa.

Sono chiamate **reazioni di doppio scambio** le reazioni in cui formalmente i due reagenti si scambiano i loro atomi.

Le reazioni di doppio scambio sono spesso utilizzate nella pratica di laboratorio quando uno dei prodotti è una sostanza gassosa o un sale poco solubile in acqua. Un esempio di questo tipo è illustrato nella ▸ Figura 4.

$$2\,KI(aq) + Pb(NO_3)_2(aq) \rightarrow PbI_2(s) + 2\,KNO_3(aq)$$

Pagine di scienza in digitale
La chimica a colori
Il chimico inglese P. Ball ha studiato le evoluzioni delle tecniche della pittura raccontando la storia dei colori.

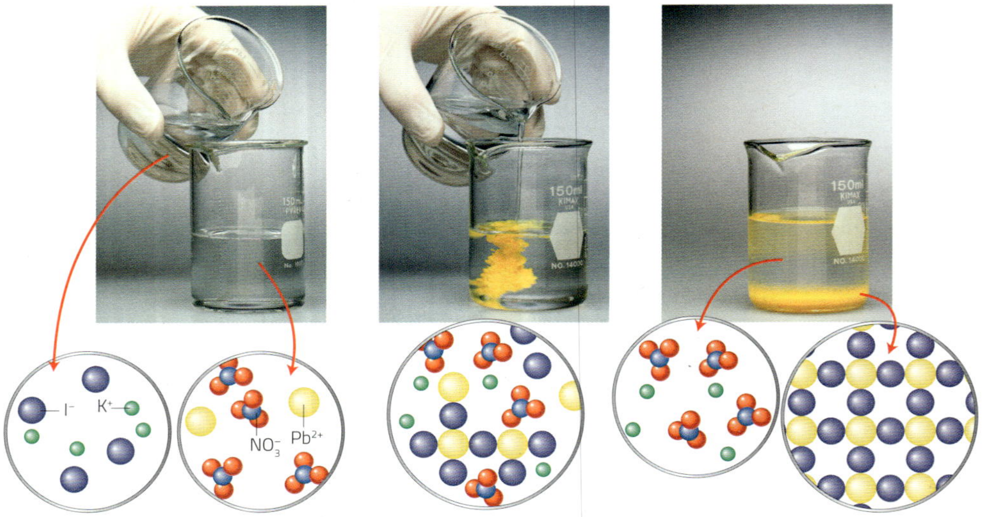

▸ **Figura 4** Il prodotto solido che si ottiene costituisce il cosiddetto «precipitato» che può essere facilmente separato dal liquido attraverso una filtrazione.

Le trasformazioni chimiche che portano alla formazione di un prodotto poco solubile prendono il nome di **reazioni di precipitazione**.

Non è detto che mescolando due soluzioni acquose di sali si ottenga sempre una trasformazione chimica, anzi, il più delle volte ciò non accade e si ottiene semplicemente una soluzione contenente tutti gli ioni che costituivano le soluzioni di partenza. Quando invece la mescolanza crea una coppia di ioni che può formare un composto poco solubile, come nel caso di PbI_2, questo «precipita» in forma solida mentre l'altro sale prodotto resta in soluzione.

Per individuare qual è il precipitato che si ottiene a seguito del mescolamento di due soluzioni occorre sempre considerare le nuove coppie di ioni che si formano.

La ▸ Tabella 1 riporta gli anioni più comuni e, per ognuno di essi, i cationi con i quali essi formano composti poco solubili. Non compaiono né lo ione nitrato NO_3^- né lo ione acetato CH_3COO^-, perché nessun catione forma composti poco solubili con questi anioni.

La tabella consente di stabilire la coppia di ioni che dà origine a un composto insolubile. È chiaro anche che gli eventuali prodotti che risultano solubili in acqua restano dissociati in ioni e non possono quindi formare un precipitato.

Ioni negativi (anioni)	Ioni positivi (cationi)	Esempi
cloruro Cl^- bromuro Br^- ioduro I^-	Ag^+; Pb^{2+}; Hg_2^{2+}; Cu^+	PbI_2
cromato CrO_4^{2-}	Ba^{2+}; Cu^{2+}; Ag^+; Hg^{2+}; Pb^{2+}	Ag_2CrO_4
solfato SO_4^{2-}	Ca^{2+}; Sr^{2+}; Ba^{2+}; Pb^{2+}; Hg_2^{2+}	$SrSO_4$
solfuro S^{2-}	tutti (esclusi gli ioni alcalini, alcalino-terrosi e NH_4^+)	CoS
ossidrile OH^-	tutti (esclusi gli ioni alcalini, NH_4^+, Sr^{2+}, Ba^{2+}, Ca^{2+})	$Zn(OH)_2$
fosfato PO_4^{3-} carbonato CO_3^{2-} solfito SO_3^{2-}	tutti (esclusi gli ioni alcalini e NH_4^+)	$CuSO_3$

► **Tabella 1** La tabella riporta gli anioni più comuni e i cationi con i quali ognuno di essi forma composti poco solubili.

Prova tu 2

Considera la figura a lato in cui vengono a contatto due soluzioni acquose incolori.

a) Perché si può affermare che sta avvenendo una trasformazione chimica?

....

b) Di che tipo di reazione si tratta?

....

c) Sapendo che i reagenti sono cloruro di magnesio e nitrato di argento, scrivi l'equazione della reazione con l'indicazione degli stati fisici.

....

Esercizi 4 Composti e reazioni chimiche

1 Associa a ciascuna delle seguenti rappresentazioni il nome della corrispondente reazione:

a) $A + B \rightarrow AB$ ....

b) $AB + C \rightarrow CB + A$ ....

c) $HA + BOH \rightarrow H_2O + BA$ ....

d) $AB + CD \rightarrow AC + BD$ ....

e) $AB \rightarrow A + B$ ....

1. reazione di decomposizione
2. reazione di neutralizzazione
3. reazione di scambio
4. reazione di sintesi
5. reazione di doppio scambio

2 Quale coppia di reagenti può produrre un sale?

A $Na_2O + H_2O$
B $BaO + HCl$
C $Na + H_2O$
D $Na + O_2$
E $BaO + H_2O$

3 Quale coppia di reagenti *non* può produrre un sale?

A $CaO + HNO_3$
B $P_2O_3 + NaOH$
C $Ba(OH)_2 + Cr_2O_3$
D $MgCO_3 + H_2SO_4$
E $CaCl_2 + K_2SO_4$

4 Scrivi la reazione di sintesi tra calcio e ossigeno e indica come cambia il N.O. dell'ossigeno.

....

5 Completa e bilancia la seguente equazione di precipitazione inserendo anche gli stati fisici:

.............$BaCl_2(aq)$ + ...$Na_2SO_4(aq) \rightarrow$

....

6 Indica le *due* risposte che riportano le coppie di sostanze che possono dare origine a una reazione di combinazione.

A $CaO + H_2O$
B $NaOH + H_2S$
C $AgNO_3 + CsCl$
D $Fe(OH)_3 + H_2SO_4$
E $FeO + O_2$

7 Completa e bilancia le seguenti equazioni:

a) .... CaO + ... $\rightarrow$ .... $CaSO_3$

b) .... $Mg(NO_3)_2$ + ... $Na_3PO_4 \rightarrow$ ....

8 Completa e bilancia le seguenti equazioni:

a) MgO + ... $\rightarrow Mg(OH)_2$

b) $Na_3PO_4 + FeCl_3 \rightarrow$ .... $NaCl$ + ...

c) .... $FeCO_3$ + ... $\rightarrow$ .... $FeSO_4 + Al_2(CO_3)_3$

9 L'ossido di dilitio viene utilizzato per assorbire l'anidride carbonica; si può rigenerare scomponendo per riscaldamento il composto formatosi a seguito della prima reazione. Scrivi l'equazione della reazione di analisi.

....

10 Which oxide reacts with carbon dioxide to produce potassium carbonate?

....

11 $CaCO_3 \rightarrow CaO - CO_2$
This equation is a:

A double replacement reaction
B combination reaction
C decomposition reaction
D single replacement reaction

Mappa di sintesi

LOSAI?

Regole di nomenclatura

IUPAC

Il prefisso mono viene in genere omesso

1	2	3	4	5	6	7
mono	di	tri	tetra	penta	esa	epta

Tradizionale

Se l'elemento presenta più numeri di ossidazione si utilizzano desinenze (*oso/a, ico/a, idrico, ito, ato*) e prefissi (*ipo, per*).

Numero di ossidazione

+1 −2 +1

H—O—Cl

metallo Fe

+ idrogeno → **idruri**
- FeH_3 **tri**idruro di ferro
- idruro ferr**ico**

+ ossigeno → **ossidi basici**
- FeO ossido di ferro
- ossido ferr**oso**
- Fe_2O_3 **tri**ossido di **di**ferro
- ossido ferr**ico**

+ acqua → **idrossidi**
- $Fe(OH)_2$ **di**idrossido di ferro
- idrossido ferr**oso**
- $Fe(OH)_3$ **tri**idrossido di ferro
- **idr**ossido ferr**ico**

non-metallo S

+ ossigeno → **ossidi acidi o anidridi**
- SO_2 **di**ossido di zolfo
- anidride solfor**osa**
- SO_3 **tri**ossido di zolfo
- anidride solfor**ica**

+ acqua → **ossiacidi**
- H_2SO_3 acido **tri**ossosolforico **(IV)**
- acido solfor**oso**
- H_2SO_4 acido **tetra**ossosolforico **(VI)**
- acido solfor**ico**

+ idrogeno → **idruri**
- CH_4 metano
- metano
- PH_3 **tri**idruro di fosforo
- fosfina

idracidi
- H_2S solfuro di **di**idrogeno
- acido solf**idrico**

reagiscono per dare → **sali ternari**
- $FeSO_3$ **tri**ossosolfato (IV) di ferro — solf**ito** ferr**oso**
- $FeSO_4$ **tetra**ossosolfato (VI) di ferro — solf**ato** ferr**oso**
- $Fe_2(SO_3)_3$ **tri-tri**ossosolfato (IV) di **di**ferro — solf**ito** ferr**ico**
- $Fe_2(SO_4)_3$ **tri-tetra**ossosolfato (VI) di **di**ferro — solf**ato** ferr**ico**

reagiscono per dare → **sali binari**
- Fe_2S_3 **tri**solfuro di **di**ferro
- solfuro ferr**ico**
- FeS solfuro di ferro
- solfuro ferr**oso**

Classificazione delle reazioni	Caratteristica distintiva	Esempio
reazioni di sintesi (o reazioni di combinazione)	si ha la formazione di un unico prodotto	$2\ Ca + O_2 \rightarrow 2\ CaO$
reazioni di decomposizione (o reazioni di analisi)	si ha un unico reagente	$2\ HgO \rightarrow 2\ Hg + O_2$
reazioni di scambio	gli atomi di un reagente sostituiscono gli atomi di un altro reagente	$Zn + 2\ HCl \rightarrow ZnCl_2 + H_2$
reazioni di doppio scambio	due reagenti si scambiano i loro atomi	$FeO + 2\ HCl \rightarrow FeCl_2 + H_2O$
reazioni di precipitazione	formazione di un prodotto poco solubile	$2\ KI(aq) + Pb(NO_3)_2(aq) \rightarrow PbI_2(s) + 2\ KNO_3(aq)$

SEI PRONTO PER LA VERIFICA?

In 1 ora
Totale 100 punti

1 Scrivi per ogni classe di composti il numero o i numeri delle formule dei composti che vi appartengono: **[6 punti]**

a) idruri ionici	1. $Ba(ClO_3)_2$
b) idruri covalenti	2. TiO_2
c) ossidi acidi	3. H_3PO_4
d) ossidi basici	4. $CaCl_2$
e) idrossidi	5. Bi_2S_3
f) idracidi	6. AsH_3
g) ossiacidi	7. $Sn(SO_4)_2$
h) sali binari	8. LiH
i) sali ternari	9. H_2MnO_4

2 Associa ai reagenti di ciascuna trasformazione il nome o i nomi dei corrispondenti prodotti: **[6 punti]**

a) metallo + ossigeno →	1. sale ternario + acqua
b) metallo + idrogeno →	2. ossido basico
c) anidride + acqua →	3. ossiacido
d) idrossido + idracido →	4. idruro
e) ossiacido + idrossido →	5. idrossido
f) ossido basico + acqua →	6. sale binario + acqua

3 In *quali* dei seguenti composti il numero di ossidazione dell'ossigeno *non* è −2? **[6 punti]**

A Cl_2O
B OF_2
C Na_2O
D Na_2CO_3
E BaO_2

4 Un composto tra l'elemento X e il fluoro ha formula XF_2. **[5 punti]**

a) Qual è il N.O. dell'elemento? ....

b) Qual è la formula del composto che lo stesso elemento forma con l'ossigeno? ....

5 Associa a ogni classe di composti la corrispondente composizione elementare: **[6 punti]**

a) idracidi	1. non-metallo con ossigeno e idrogeno
b) ossidi basici	2. metallo con ossigeno
c) idrossidi	3. metallo con non-metallo
d) ossiacidi	4. non-metallo con idrogeno
e) sali binari	5. metallo con ossigeno e idrogeno
f) anidridi	6. non-metallo con ossigeno

6 La figura mostra il comportamento della cartina all'indicatore universale dopo essere stata a contatto con la soluzione acquosa di un composto ternario costituito da ossigeno e idrogeno. A quale classe appartiene il composto sciolto in acqua? **[5 punti]**

....

7 Qual è la formula del composto che reagendo con l'idrossido stannico forma l'ortofosfato stannico? **[5 punti]**

....

8 Quali tra le seguenti sono le *due* sostanze che possono reagire tra loro formando il solfato ferroso? **[6 punti]**

A $Fe(OH)_3$
B H_2SO_4
C H_2SO_3
D $Fe(OH)_2$
E H_2S
F Fe_2O_3

9 Bilancia la seguente equazione di reazione e scrivi il nome IUPAC e quello tradizionale del sale che si forma: **[6 punti]**

$$\ldots\ Fe(OH)_3 + \ldots\ CO_2 \rightarrow \ldots\ Fe_2(CO_3)_3 + \ldots\ H_2O$$

....

10 Qual è il nome tradizionale del composto che ha formula $FeMnO_4$? .... **[5 punti]**

11 Scrivi la reazione di sintesi tra ossido di litio e anidride carbonica. **[5 punti]**

....

12 Senza scrivere l'equazione della reazione, in base ai nomi dei reagenti stabilisci quante molecole di acqua si formano dalla reazione tra idrossido ferrico e acido solforico. **[6 punti]**

....

13 Un composto ha formula $Fe(ClO_3)_3$; qual è il numero di ossidazione del cloro? Qual è il nome tradizionale del composto? **[5 punti]**

....

14 La reazione di doppio scambio tra la soluzione acquosa di cloruro di magnesio e quella di carbonato di sodio porta alla formazione di un precipitato. Che nome e che formula ha il sale precipitato? **[6 punti]**

....

15 Senza scrivere l'equazione della reazione, scrivi direttamente la formula del sale che si ottiene dalla reazione tra triidrossido di alluminio e acido triossonitrico (V). **[6 punti]**

....

16 Burning phosphorous in the presence of oxygen creates a brilliant white flame, and white flecks are deposited on the interior part of the burning container. If water is added to the white flecks, what colour is the universal indicator when it is added to the solution? **[5 punti]**

A Blue B Red C Colourless D Yellow

17 Which of the following name/formula combinations is *wrong*? **[5 punti]**

A KNO_3 potassium nitrate
B Li_2SO_4 lithium sulphate
C MgO_2 magnesium oxide
D $CaCO_3$ calcium carbonate
E CaH_2 calcium hydrate

18 Which oxide forms sulphuric acid, when it is dissolved in water? **[6 punti]**

A Sulphur dioxide
B Phosphorous pentoxide
C Phosphorous trioxide
D Sulphur trioxide

Slaked lime and limewater

1. Match each word with its definition

1. Hydracids ....
2. Salts ....
3. Oxides ....
4. Oxyacids ....
5. Hydroxides ....

a. Ternary basic compounds with general formula $Met(OH)_n$.
b. Binary compounds in which hydrogen is bound to sulphur or an element from the halogen group.
c. Ternary compounds made from hydrogen, a non-metal and oxygen.
d. Binary compounds obtained from the reactions between elements and oxygen.
e. Compounds formed by a metal cation and an anion from an acid.

2. Read the text and fill in the gaps with the words given

hydroxide – acidified – bases – oxide – ion

Some common bases have limited solubility in water, and consequently they produce rather little hydroxide ....; examples are *magnesium hydroxide*, $Mg(OH)_2$, and *calcium hydroxide*, $Ca(OH)_2$. The old name for the latter is slaked lime; dilute solutions of it in water were called limewater.

Slaked lime and limewater are the cheapest .... to produce in large quantities and were widely used industrially in the past for reasons of economy. These names derive from the fact that calcium hydroxide can be produced from *lime* (also called quicklime) – calcium .... (CaO) – by reaction with water:

$$CaO + H_2O \rightarrow Ca(OH)_2$$

The insolubility of magnesium hydroxide provides a way to extract magnesium ion, Mg^{2+}, from seawater and to convert it into magnesium metal; indeed, this is how most magnesium is made.

First, limewater is added to a sample of seawater, producing the solid $Mg(OH)_2$, which is then filtered from the mixture. Later, large quantities of magnesium ...., isolated in this manner, are .... to release Mg^{2+} ion in concentrated form:

$$Mg^{2+} + Ca(OH)_2 \rightarrow Mg(OH)_2(s) + Ca^{2+}$$
$$Mg(OH)_2(s) + 2\,H^+ \rightarrow Mg^{2+} + 2\,H_2O$$

The concentrated magnesium ion solution is then made to undergo electrolysis to produce elemental Mg.

[Tratto da: Colin Baird, Wendy Gloffke, *Chemistry in Your Life*, W.H. Freeman and Company, New York, 2003]

3. Now listen and check

4. Answer the following questions

a. Which property enables the separation of magnesium from the other elements (especially sodium) present in seawater?

....

b. Based on the classification of reactions proposed in this chapter, to which classes do the three reported reactions belong?

....

c. What method is commonly used to separate $Mg(OH)_2$ from the other components of the system?

....

YOUR GLOSSARY

slaked lime = calce spenta
limewater = acqua di calce
quicklime = calce viva

....

9 L'unità di misura dei chimici: la mole

1. La mole
2. La concentrazione delle soluzioni
3. Moli ed equazioni chimiche
4. Le proprietà colligative

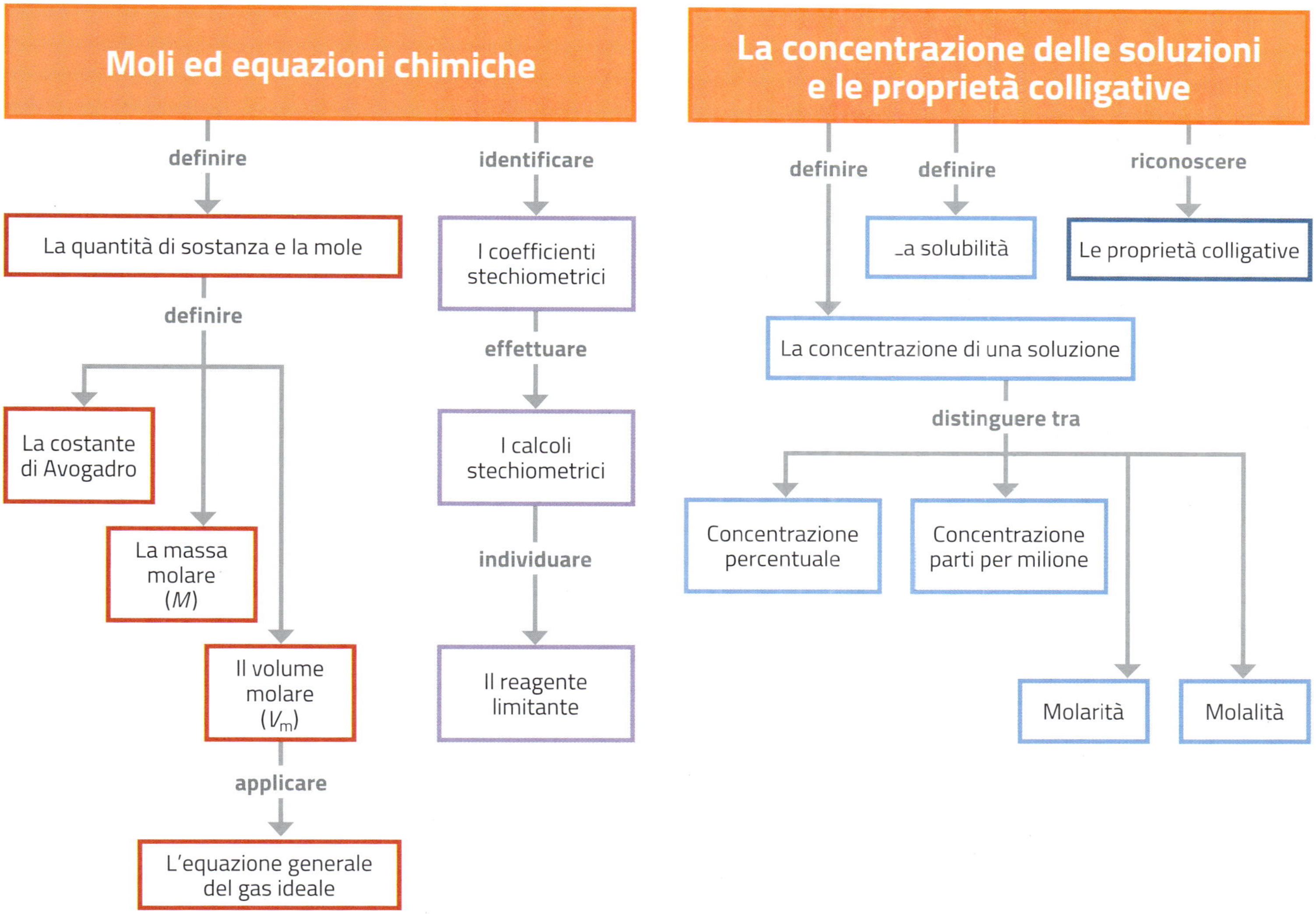

In digitale
SEGUI LA MAPPA

1 La mole
La mole è l'unità di misura della quantità di sostanza e fa da interprete tra gli atomi e la bilancia

La quantità di sostanza e la mole

Dal capitolo 3 sappiamo che le equazioni chimiche mostrano i rapporti tra le particelle (atomi, molecole o ioni) coinvolte in una trasformazione chimica. In questo capitolo vedremo come l'equazione chimica ci permette di fare calcoli, in alcuni casi davvero necessari. Consideriamo per esempio l'airbag. Come sappiamo, si tratta di un dispositivo che si gonfia istantaneamente in caso di impatto dell'automobile, e ciò grazie all'azoto gassoso che si libera dalla seguente trasformazione chimica innescata da un detonatore comandato da un impulso elettrico (▶ Figura 1):

$$2\ NaN_3(s) \rightarrow 2\ Na(s) + 3\ N_2(g)$$

Ma quanto reagente (azoturo di sodio) deve contenere la sacca perché questa possa gonfiarsi e raggiungere la pressione che serve per bloccare la spinta in avanti del passeggero? Sapere che nella decomposizione si formano 3 molecole di azoto non basta. Quello che ci manca è una relazione tra il numero di particelle e le grandezze direttamente misurabili o facilmente ricavabili, come la massa o il volume.

Queste relazioni derivano dalla definizione di una grandezza fondamentale del Sistema Internazionale che si chiama *quantità di sostanza* o *quantità chimica*, la cui unità di misura è la *mole*, ridefinita dalla IUPAC nel gennaio 2018 nel seguente modo.

La mole, simbolo mol, è l'unità di misura della **quantità di sostanza** (***n***). Una mole contiene esattamente $6{,}02214076 \cdot 10^{23}$ entità elementari. Questo numero di particelle è chiamato **costante di Avogadro** ($\mathbf{N_A}$) detta anche *numero di Avogadro*.

La costante che compare nella definizione è un numero enormemente grande che a tutt'oggi è stato determinato sperimentalmente con nove cifre significative; in tutti i calcoli presenti nel libro possiamo approssimarlo a quattro cifre significative (▶ Figura 2):

$$\mathbf{N_A = 6{,}022 \cdot 10^{23}\ particelle/mol}$$

Dal punto di vista operativo è importante conoscere la relazione tra il numero di particelle di una mole e la massa di sostanza.

Una **mole** (**mol**) di qualunque sostanza è costituita dallo stesso numero di atomi o di molecole (costante di Avogadro) e ha una massa in grammi numericamente uguale alla massa atomica o alla massa molecolare della sostanza stessa.

In conclusione, possiamo dire che per contare le invisibili particelle della materia è sufficiente avere a disposizione una bilancia! (▶ Figura 3).

▶ **Figura 1** Oltre all'azoto che gonfia l'airbag, la reazione produce anche sodio, una sostanza molto pericolosa per la sua elevata reattività chimica. Per questo motivo il dispositivo contiene anche nitrato di potassio e silice che trasformano il sodio in un innocuo silicato.

▶ **Figura 2** Se immaginassimo di disporre una accanto all'altra un numero di palline da ping-pong uguale alla costante di Avogadro potremmo ricoprire tante volte la superficie terrestre fino ad arrivare all'incredibile altezza di 50 km!

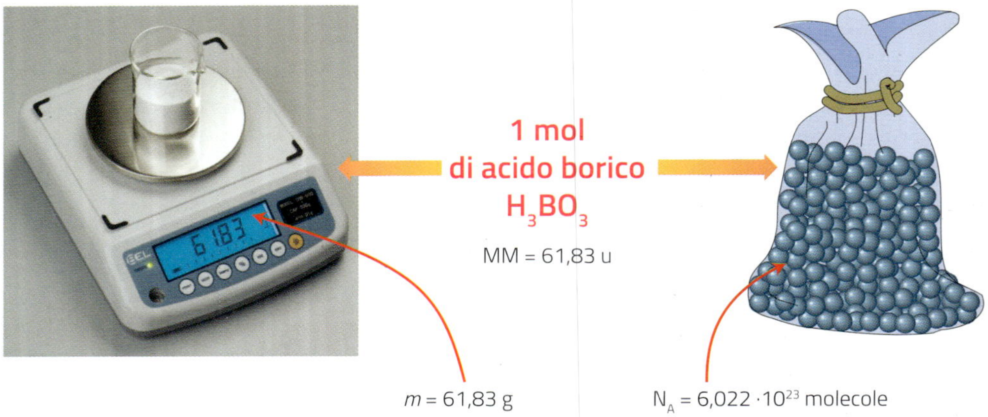

▶ **Figura 3** Possiamo considerare la mole come l'indispensabile «interprete» tra il numero di particelle e la massa della sostanza costituita da queste particelle.

Pagine di scienza in digitale
Il numero di Avogadro e le dimensioni delle molecole
La costante di Avogadro è talmente grande che serve uno sforzo di immaginazione e di astrazione per comprenderne il significato.

La massa molare

Nel lavoro del chimico capita spesso di dover trasformare la *massa* (m) in *quantità di sostanza* (n). La relazione che lega queste due grandezze è la seguente:

$$n = \frac{m}{M}$$

quantità di sostanza (mol) — massa (g) — massa molare (g/mol)

La **massa molare** (M) è la massa di una mole: è numericamente uguale alla massa atomica o molecolare della sostanza considerata e la sua unità di misura è g/mol.

Naturalmente, utilizzando questa stessa relazione, è possibile ricavare la massa (m) di una data quantità di sostanza (n). In questo modo possiamo usare la bilancia come uno strumento che indirettamente è in grado di misurare le moli.

La ▶ Figura 4 sottolinea il significato di massa molare.

▶ **Figura 4** In ognuno dei 3 contenitori è presente una mole di sostanza. Il numero di particelle è sempre lo stesso mentre la massa può essere anche molto diversa.

Se la sostanza è ionica, il numero di particelle in una mole è un multiplo intero di N_A che dipende dalla formula del composto: per esempio, 1 mol di NaCl, il composto ionico più comune, è costituita da $2 \times 6{,}022 \cdot 10^{23}$ particelle, in questo caso ioni.

Le relazioni che riguardano la mole possono essere utilizzate soltanto per le sostanze: se sono presenti impurità occorre tenerne conto nei calcoli.

Try yourself

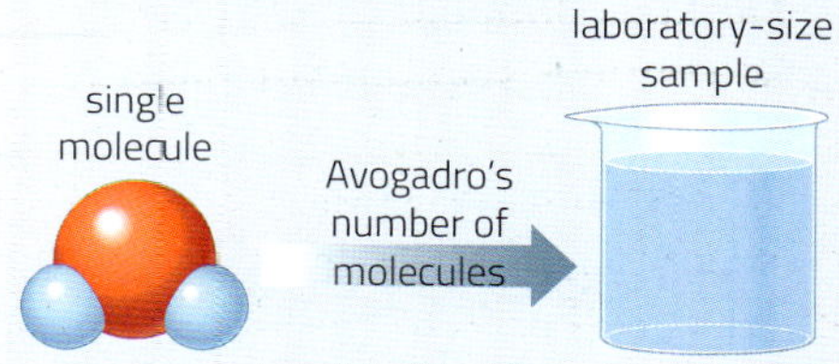

How many hydrogen atoms are in 5 moles of water? ....

Esempio

Supponiamo di dover calcolare le moli che corrispondono a 100 g di alcol etilico (C_2H_5OH). Come prima cosa calcoliamo il valore della massa molecolare:

$$MM_{C_2H_5OH} = 2 \cdot MA_C + 6 \cdot MA_H + MA_O = 46{,}07 \text{ u}$$

Quindi la massa molare dell'alcol è: $M_{C_2H_5OH} = 46{,}07$ g/mol

A questo punto possiamo applicare direttamente la relazione:

$$n = \frac{100 \text{ g}}{46{,}07 \text{ g/mol}} = 2{,}17 \text{ mol}$$

Questo stesso risultato si può ottenere anche impostando una proporzione:

$$46{,}07 \text{ g} : 1 \text{ mol} = 100 \text{ g} : x \qquad \text{da cui} \qquad x = \frac{100 \text{ g} \cdot 1 \text{ mol}}{46{,}07 \text{ g}} = 2{,}17 \text{ mol}$$

Prova tu 1

a) La trielina è una sostanza liquida usata come smacchiatore per i tessuti.
Che cosa è indispensabile conoscere per determinare la sua massa molare?

....

b) L'acciaio inossidabile è una lega metallica che contiene il 18% di cromo. Quante moli di questo elemento sono presenti in una forchetta che pesa 39 g? ....

Il volume molare

Per le sostanze allo stato gassoso esiste anche un'espressione matematica che mette in relazione il volume (V) con la quantità di sostanza (n).

$$n = \frac{V}{V_m}$$

quantità di sostanza (mol)
volume (L)
volume molare (L/mol)

Il **volume molare** (V_m) corrisponde al volume di una mole di sostanza allo stato gassoso e la sua unità di misura è L/mol.

Il volume molare è lo stesso per tutti i gas che si comportano da gas ideale, cioè che si trovano a pressione non troppo elevata e a temperatura non troppo vicina a quella di condensazione. Infatti sappiamo che, fissate la temperatura e la pressione, il volume di un gas non dipende né dalle dimensioni né dalla natura chimica delle sue molecole, ma solo dal numero delle molecole.

Nelle *condizioni standard* (p = 1 bar, cioè 100 kPa, e T = 273 K, cioè t = 0 °C), il volume molare ha il seguente valore, arrotondato a 3 c.s. (▶ Figura 5):

$$V_m = 22{,}7 \text{ L/mol}$$

Nella ▶ Tabella 1 sono riportati anche volumi molari in diverse condizioni:

	Pressione (kPa)	Temperatura (°C)	V_m (L/mol)
STP	100	0	22,7
	101,325	0	22,4
	101,325	25	24,5
SATP	100	25	24,8

▶ **Figura 5** In condizioni standard il volume molare è circa uguale al volume del pallone che il ragazzo tiene tra le mani.

▶ **Tabella 1** L'acronimo SATP riportato nella tabella significa *Standard Ambient Temperature and Pressure*.

Prova tu 2

a) Qual è il volume occupato da 2,5 mol di N_2 in condizioni STP? ....

b) E quello occupato da 2,5 mol di N_2O (gas esilarante) nelle stesse condizioni? ....

L'equazione generale del gas ideale

La maggior parte delle volte i gas non si trovano nelle condizioni standard. La relazione che lega una quantità chimica di gas con i parametri dello stato fisico del gas è la seguente:

$$p \cdot V = n \cdot \mathrm{R} \cdot T$$

quantità di sostanza (mol)
volume (L)
pressione (kPa)
costante dei gas: 8,31 $\frac{\text{kPa} \cdot \text{L}}{\text{mol} \cdot \text{K}}$
temperatura (K)

L'**equazione generale del gas ideale** mette in relazione tutte le grandezze che caratterizzano lo stato fisico di un gas, indipendentemente dalla sua natura chimica.

Nel capitolo 2 era già stata scritta la relazione: $p \cdot V/T$ = costante; il valore di questa corrisponde dunque al prodotto tra la quantità di sostanza (n) e la *costante dei gas* (**R**).

Esempio

Vogliamo calcolare le moli di ossigeno che occupano il volume di 2,3 L misurati a 20 °C e a 1,10 bar.

Inizialmente, occorre esprimere i dati nelle unità di misura che compaiono nell'equazione generale del gas ideale.

T (K) = t (°C) + 273 quindi T = 293 K

1 bar = 100 kPa quindi p = 110 kPa

Infine ricaviamo n:

$$n = \frac{p \cdot V}{\mathrm{R} \cdot T} = \frac{110 \text{ kPa} \cdot 2{,}3 \text{ L}}{8{,}31 \text{ kPa} \cdot \text{L/(mol} \cdot \text{K)} \cdot 293 \text{ K}} = 0{,}10 \text{ mol}$$

Prova tu 3

Calcola il volume occupato da 1,80 mol di CO_2 a 200 °C e alla pressione di 10,1 kPa.

....

Esercizi 1 La mole

1 Completa il seguente schema riassuntivo sul concetto di mole, riferito alla sostanza gassosa NH_3.

Quantità di sostanza 1 mol di NH_3

Massa molecolare: ....

Massa molare: ....

Costante di Avogadro: ....

Volume molare (STP): ....

2 In relazione al concetto di mole, indica per ogni affermazione se è vera o falsa.

a) In 1 mol di saccarosio ($C_{12}H_{22}O_{11}$) ci sono 45 atomi V F
b) 1 mol di acqua pesa $6{,}022 \cdot 10^{23}$ g V F
c) La mole è l'unità di misura della quantità di sostanza V F
d) 1 mol di CO_2 contiene $6{,}022 \cdot 10^{23}$ molecole V F
e) 22,7 mol di H_2 a STP occupano il volume di 1 L V F

3 Confronta le formule dell'acido nitroso (HNO_2) e dell'acido nitrico (HNO_3) e rispondi alle seguenti domande senza fare calcoli.

a) Ci sono più molecole in 1 mol di HNO_3 o in 1 mol di HNO_2?
....
b) Pesa di più una molecola di HNO_3 o una molecola di HNO_2?
....
c) Pesa di più 1 mol di HNO_3 o 1 mol di HNO_2?
....
d) Ci sono più molecole in un grammo di HNO_3 o in un grammo di HNO_2? ....

4 Calcola quante moli occupano 1,50 m^3 di ossigeno (O_2) misurati in condizioni STP.

A 34,1 mol
B 0,0661 mol
C 68,1 mol
D $9{,}03 \cdot 10^{23}$ mol
E 66,1 mol

5 La bombola contiene elio.

Capacità = 10 L
Temperatura = 293 K
Pressione = 150 bar

Utilizzando l'equazione generale del gas ideale calcola:

a) quante sono le moli di elio. ....
b) il volume della stessa quantità di elio alla pressione di 1,01 bar e alla temperatura di 25 °C. ....

6 La massa molecolare dell'ossigeno vale circa il doppio della massa molecolare del metano. Possiamo affermare che le molecole presenti in 20 g di ossigeno sono il doppio di quelle presenti in 10 g di metano?

....

7 Supponiamo che il volume di un granello di sabbia sia esattamente 0,1 mm^3 e che i granelli di sabbia siano tutti uguali. Se il vagone di un treno merci può caricare 140 m^3 di sabbia, quanti vagoni saranno necessari per trasportare una mole di granelli di sabbia?

....

8 Seguendo l'esempio della prima riga, completa la tabella.

Sostanza	Massa molare	Massa di sostanza	Quantità chimica
C_2H_5OH	46,07 g/mol	100 g	2,17 mol
CO_2		5,80 g	
C_2H_2			0,340 mol

9 Un gioiello è realizzato con una lega di oro.

m = 20,51 g
Au = 75,0%

Quante moli di oro ci sono nel gioiello? ....

10 Una lotteria assegna i premi in lingotti d'oro. Ordinali per valore decrescente di massa.

a) Un lingotto da 500 g di oro
b) Un lingotto che contiene 2,50 mol di oro
c) Un lingotto che contiene $2{,}00 \cdot 10^{24}$ atomi di oro
d) Un lingotto che contiene atomi di oro pari a tre volte il numero di Avogadro
e) Un lingotto che contiene lo stesso numero di atomi di oro contenuti in 12 g di carbonio-12

....

11 Il ghiaccio secco è anidride carbonica solida che in condizioni STP sublima. Calcola quanti litri di gas sono prodotti da 100 g di ghiaccio secco in condizioni STP.

....

12 Quando i ciclisti amatoriali «forano», provvedono a sostituire la camera d'aria e a gonfiarla collegandola a una bomboletta di acciaio che ha un volume di 28 mL e che contiene 16,0 g di anidride carbonica (CO_2).

a) Quante moli di CO_2 vengono immesse nella camera d'aria?
....
b) Considera la camera d'aria come un cilindro cavo lungo 220 cm e con il diametro di 2,80 cm: calcola la pressione che raggiunge lo pneumatico a temperatura ambiente (20 °C).
....

13 A half mole of carbon atoms has a mass of 6 g, and a half mole of magnesium atoms, 12 g. What is the mass ratio of a single carbon atom to a single magnesium atom? ....

14 A sample of neon gas at STP has a mass of 20 g. An equal volume of argon gas at STP has a mass of:

A 10 g
B 20 g
C 30 g
D 40 g

2 La concentrazione delle soluzioni

Vi sono vari modi per esprimere la concentrazione delle soluzioni: la concentrazione dei chimici è la molarità

La concentrazione delle soluzioni

Come sappiamo le soluzioni sono miscugli omogenei; generalmente una soluzione è costituita da un liquido, il solvente, nel quale sono sciolti uno o più materiali, i soluti. Questi, prima della dissoluzione, possono essere solidi, liquidi o aeriformi.

Per caratterizzare in modo completo una soluzione è necessario indicare anche la sua composizione quantitativa, cioè la *concentrazione*.

La **concentrazione** (*C*) di una soluzione è una grandezza che esprime il rapporto tra la quantità di soluto e la quantità di soluzione (o di solvente).

La concentrazione è una grandezza intensiva perché non dipende dalla quantità di soluzione considerata. Infatti, la quantità di soluzione e la quantità di soluto sono direttamente proporzionali: se per esempio dimezziamo la prima, dimezza anche la seconda e perciò la concentrazione resta costante (▶ Figura 1).

$$C = \frac{3{,}8\ \text{g}}{200\ \text{mL}} = 0{,}019\ \text{g/mL}$$

$$C = \frac{19\ \text{g}}{1000\ \text{mL}} = 0{,}019\ \text{g/mL}$$

▶ **Figura 1** Il tè nella caraffa e quello della tazzina sono ugualmente dolci, hanno cioè la stessa concentrazione zuccherina. Infatti, la «dolcezza» del tè non dipende dalla sua quantità.

La solubilità e le soluzioni sature

Il termine solubilità non esprime soltanto la proprietà di una sostanza di sciogliersi in un solvente, ma assume anche un significato quantitativo.

Tutti sappiamo che non è possibile sciogliere una qualunque quantità di sale in un determinato volume di acqua. Quando il sale che si aggiunge non si scioglie più si ha una **soluzione satura** e la sua concentrazione viene chiamata *solubilità*.

La **solubilità** di una sostanza in un determinato solvente corrisponde alla massima concentrazione che può avere una soluzione della sostanza stessa.

La solubilità è quindi un valore caratteristico della coppia soluto-solvente ed è data dal rapporto tra la quantità di sostanza sciolta che ha determinato la saturazione e la quantità di solvente. Questo dato cambia in funzione della temperatura, come si può vedere dal grafico di ▶ Figura 2.

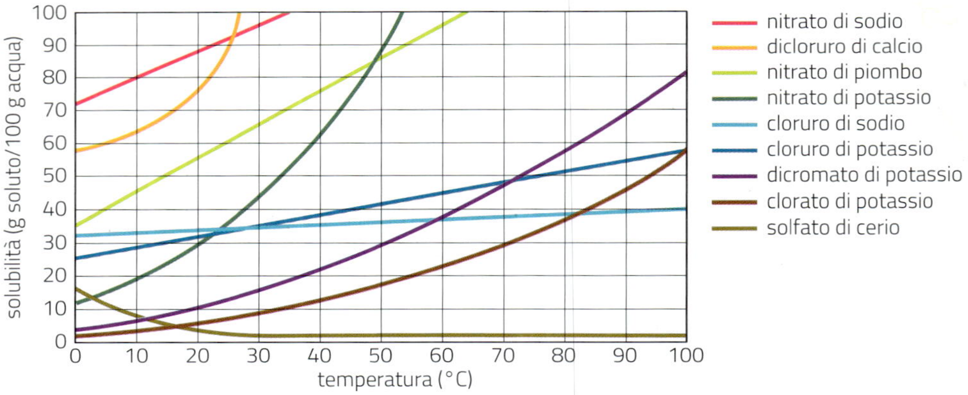

▶ **Figura 2** Ogni curva rappresenta la variazione della solubilità al variare della temperatura.

Contrariamente a quanto accade per quasi tutte le sostanze solide, la solubilità dei gas in un solvente diminuisce all'aumentare della temperatura. Infatti un aumento della temperatura dell'acqua causa una diminuzione della concentrazione dell'ossigeno disciolto nell'acqua del mare (▶ Figura 3).

▶ **Figura 3** Solubilità dell'ossigeno in acqua in funzione della temperatura. La vita delle specie animali e vegetali nell'acqua dei fiumi, dei laghi e del mare dipende dalla concentrazione dell'ossigeno.

Prova tu 1

Considerando la figura 2 rispondi alle seguenti domande:

a) Qual è l'unico composto la cui solubilità diminuisce all'aumentare della temperatura?

....

b) Qual è la solubilità del dicromato di potassio alla temperatura di 50 °C?

....

I diversi tipi di concentrazione

Esistono modi diversi per esprimere la concentrazione in relazione alle diverse situazioni di impiego delle soluzioni.

Per esempio, la concentrazione delle sostanze sciolte nell'acqua commercializzata in bottiglia viene riportata di solito in *massa su volume* (▶ Figura 4).

La concentrazione **massa su volume** esprime la massa di soluto in una unità di volume di soluzione:

$$C_{m/V} = \frac{m_{\text{soluto}}}{V_{\text{soluzione}}}$$

Concentrazione percentuale

La composizione quantitativa di una soluzione viene molto spesso espressa utilizzando le *concentrazioni percentuali*.

La **concentrazione percentuale** esprime le parti di soluto presenti in 100 parti di soluzione e risulta definita dalla seguente relazione:

$$C_{\%} = \frac{\textbf{parti soluto}}{\textbf{parti soluzione}} \cdot \mathbf{100}$$

Nella relazione è necessario che le parti di soluto e quelle della soluzione siano espresse con la stessa unità di misura: in questo modo la concentrazione è un numero puro, cioè senza alcuna unità di misura.

Per esempio, la concentrazione di molte soluzioni acide viene indicata come *percentuale in massa* ($C_{\%m/m}$): questa concentrazione corrisponde al rapporto tra masse di soluto e di soluzione naturalmente con la stessa unità di misura (▶ Figura 5A).

La concentrazione *percentuale in volume* ($C_{\%V/V}$) è generalmente usata per le miscele di liquidi e per i miscugli di sostanze gassose. Per esempio, la concentrazione delle bevande alcoliche corrisponde al rapporto tra volumi di soluto e di soluzione espressi nella stessa unità di misura: essa viene commercialmente indicata con il termine *grado alcolico* (▶ Figura 5B).

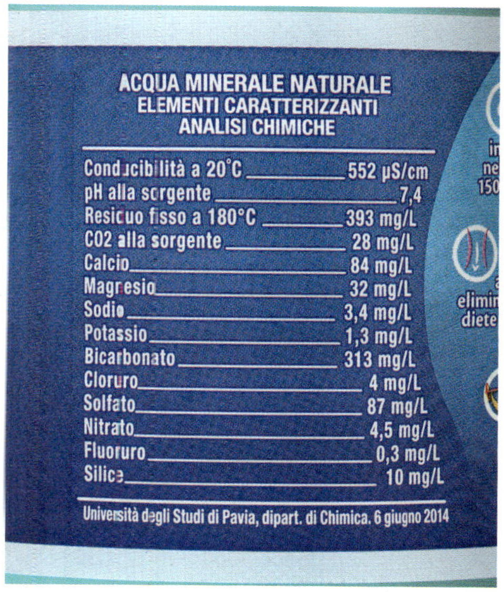

▶ **Figura 4** Le concentrazioni delle sostanze sciolte nell'acqua sono riportate normalmente in *massa su volume*; dato che le quantità di sostanze disciolte sono molto piccole, come unità di misura della massa si usa il milligrammo.

A

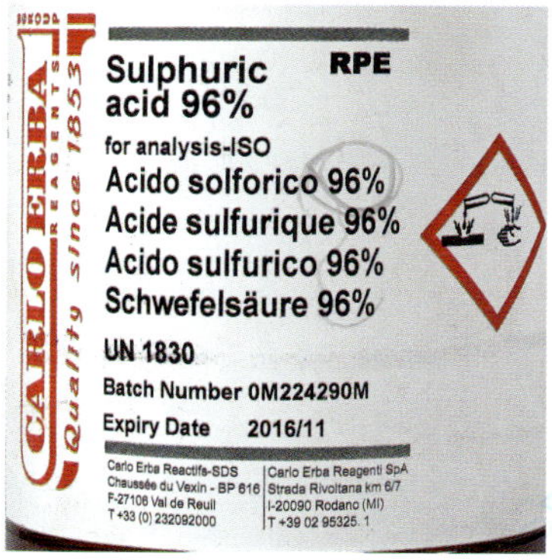

L'indicazione «acido solforico 96%» indica che in 100 g di soluzione sono presenti 96 g di acido solforico.

B

L'indicazione «0,5% d'alcol in volume» indica che 100 mL di birra contengono 0,5 mL di alcol etilico.

▶ **Figura 5** Esempi di concentrazioni percentuali. Se compare solo l'indicazione percentuale senza alcuna specificazione, si intende riferirsi alla percentuale in massa.

Esempio

Qual è il volume di alcol etilico presente in una lattina da 33 cL di birra con grado alcolico 5,5% *V*/*V*?

La relazione che dobbiamo applicare è la seguente:

$$\text{volume soluto} = \frac{\text{volume soluzione} \cdot C_{\%V/V}}{100} = \frac{33\ \text{cL} \cdot 5{,}5}{100} = 1{,}8\ \text{cL}$$

Allo stesso risultato possiamo arrivare con la proporzione seguente:

$$100 : 5{,}5 = 33\ \text{cL} : x \qquad x = 1{,}8\ \text{cL}$$

Prova tu 2

In quanti grammi di una soluzione di H_2SO_4 al 20,0% *m*/*m* è contenuta una mole di H_2SO_4?

....

Parti per milione

Per esprimere valori di concentrazione molto bassi a volte vengono preferite le concentrazioni espresse in *parti per milione.*

La concentrazione **parti per milione** esprime le parti di soluto presenti in un milione di parti di soluzione:

$$C_{ppm} = \frac{\textbf{parti soluto}}{\textbf{parti soluzione}} \cdot 1\,000\,000$$

Come per le concentrazioni percentuali le parti possono essere relative a unità di misura della massa o del volume: nel caso delle miscele gassose sono sempre in volume.

Per esempio, in una relazione sulla qualità dell'aria si trova scritto: «Il biossido di azoto (NO_2) è un componente naturale dell'aria che respiriamo, presente in bassa concentrazione (0,02 ppm). I processi di combustione legati alla produzione di calore e al traffico (soprattutto veicoli diesel) contribuiscono ad aumentare la concentrazione di questo inquinante, con conseguenti effetti sulla salute» (▶ Tabella 1).

▶ **Tabella 1** Influenza delle diverse concentrazioni del diossido di azoto sulla salute delle persone.

Effetto sulle persone	C_{ppm} V/V
Presenza avvertibile	3
Irritazione delle mucose e degli occhi	15
Problemi respiratori, edemi polmonari	100

Molarità e molalità

Nel lavoro dei chimici quasi sempre si prediligono le concentrazioni che discendono dal concetto di mole (▶ Figura 6).

La **concentrazione molare** o **molarità** esprime il rapporto tra la quantità chimica di soluto (espressa in moli) e il volume della soluzione (espresso in litri):

$$C_M \text{ (mol/L)} = \frac{n_{soluto} \text{ (mol)}}{V_{soluzione} \text{ (L)}}$$

Dall'unità di misura di questa concentrazione si ricava che la molarità indica le moli di soluto presenti in un litro di soluzione.

Ai fini pratici, è spesso utile conoscere la relazione tra concentrazione molare, volume della soluzione e massa del soluto.

Esempio

Quanti grammi di soluto sono presenti in 500 mL di soluzione acquosa di $Pb(NO_3)_2$ con concentrazione 0,050 mol/L (si può scrivere anche 0,050 M)?

Dalla relazione che definisce la molarità possiamo ricavare la quantità di sostanza:

$$n_{soluto} = C_M \cdot V_{soluzione} = 0{,}050 \text{ mol/L} \cdot 0{,}500 \text{ L} = 0{,}025 \text{ mol}$$

Per ricavare la massa di $Pb(NO_3)_2$ dobbiamo utilizzare la seguente relazione:

$$n = \frac{m}{M} \qquad \text{da cui} \qquad m = n \cdot M$$

Dopo aver calcolato la massa molare di $Pb(NO_3)_2$ (M = 331,2 g/mol), scriviamo:

$$m = 0{,}025 \text{ mol} \cdot 331{,}2 \text{ g/mol} = 8{,}3 \text{ g}$$

▶ **Figura 6** Per far avvenire la reazione in modo completo, è necessario che il volume di soluzione di KI aggiunto contenga una quantità chimica doppia di quella di $Pb(NO_3)_2$ contenuta nell'altro becher.

Prova tu 3

In 250 mL di soluzione sono disciolti 5,84 g di NaCl. Qual è la molarità della soluzione?

....

Video in digitale
La preparazione di una soluzione

Videolezione in digitale
Preparare, usare e diluire una soluzione con una data concentrazione

La **concentrazione molale** o **molalità** esprime il rapporto tra la quantità chimica di soluto (espressa in moli) e la massa del solvente (espressa in kilogrammi):

$$C_m \text{ (mol/kg)} = \frac{n_{soluto} \text{ (mol)}}{m_{solvente} \text{ (kg)}}$$

Per esempio, una soluzione acquosa con concentrazione molale 0,25 mol/kg (si può anche scrivere 0,25 m) indica che ci sono 0,25 mol di soluto in 1 kg di acqua. La molalità presenta una differenza sostanziale rispetto alla molarità: riferendosi alla massa del solvente anziché al volume di soluzione, definisce il rapporto tra le particelle di soluto e quelle di solvente e, quindi, la molalità risulta indipendente dalle variazioni di temperatura, che farebbero cambiare il volume della soluzione.

Esercizi 2 La concentrazione delle soluzioni

1 Completa le parti mancanti del seguente schema:

Alcuni modi per esprimere la concentrazione di una soluzione

$C_{\%m/m} = \frac{m_{soluto}}{\dots\dots} \cdot 100$

$C_M = \frac{n_{soluto}\,(mol)}{\dots\dots}$

$C_{ppm} = \frac{\dots\dots}{\dots\dots} \cdot \dots\dots$

$C_m = \frac{\dots\dots}{\dots\dots}$

2 Se si deve diluire una soluzione è necessario:

A aggiungere soluto, non aggiungere solvente
B aggiungere una soluzione a uguale concentrazione
C aggiungere solvente, non aggiungere soluto
D aggiungere una soluzione con concentrazione maggiore
E fare evaporare un certo volume di solvente

3 Una soluzione acquosa di saccarosio ha concentrazione 3,70% *m/m*. Quanti grammi di saccarosio sono disciolti in 320 g di soluzione? ....

4 Calcola la concentrazione ($C_{\%\,m/m}$) di una soluzione ottenuta sciogliendo 24,3 g di $BaCl_2$ in 200 g di acqua.

....

5 Un vino con grado alcolico 13% *V/V* viene distillato per ricavarne alcol etilico.

a) Quanti litri di alcol si possono ottenere distillando 50 L di vino? ....

b) Quanti litri di vino occorre distillare per ottenere 10 L di alcol?

....

6 Una soluzione contiene 0,5 mol di soluto in 0,250 L di soluzione; pertanto questa soluzione ha la stessa molarità di una soluzione che:

A contiene 0,5 mol di soluto in 1 L di soluzione
B contiene 1 mol di soluto in 0,5 L di soluzione
C contiene 1 mol di soluto in 0,25 L di soluzione
D contiene 0,5 mol di soluto in 2 L di soluzione
E contiene 0,1 mol di soluto in 2,5 L di soluzione

7 Nelle immagini sono riportati due momenti della preparazione di una soluzione acquosa di solfato rameico.

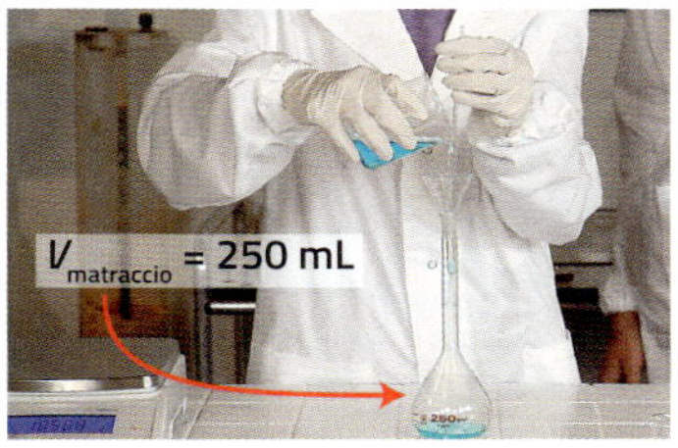

$M_{solfato\ rameico} = 249{,}70$ g/mol

Calcola la molarità della soluzione ottenuta.

....

8 Una soluzione di acido cloridrico ha concentrazione 0,200 mol/L.
Calcola il volume di soluzione che contiene 0,030 mol di HCl.

....

9 Completa la tabella seguente:

Quantità di soluto	Quantità di soluzione	Concentrazione della soluzione
0,015 g di cloruro di sodio	0,950 kg	C_1 = ... % *m/m*
2,10 mL di glicerina	2,500 L	C_2 = ... % *V/V*
8,1 mg di ossigeno	1000 g	C_3 = ... ppm

10 Calcola la massa di soluto sciolta in 0,0570 L di una soluzione di KI con concentrazione 0,200 mol/L. ....

11 A 10,0 mL di una soluzione acquosa con concentrazione 0,20 mol/L si aggiunge acqua fino al volume di 50,0 mL. Qual è la concentrazione molare della nuova soluzione?

....

12 Il grado alcolico di un vino è 11,5% *V/V*. Se la concentrazione dell'alcol fosse in % *m/m* avremmo lo stesso valore?

A Sì, perché il rapporto soluto/solvente non cambia
B No, perché alcol e acqua hanno una massa molare diversa
C No, perché la massa molare dell'alcol è maggiore di quella dell'acqua
D No, perché la densità dell'alcol è minore di quella della soluzione
E Sì, perché le moli di alcol non cambiano

13 In 100 mL di etanolo (d = 0,79 g/mL) si sciolgono 1,21 g di iodio (I_2). Calcola la molalità della soluzione.

....

14 Uno studente deve preparare 1,00 L di soluzione di HCl 0,250 M. Nel matraccio introduce 250 mL di soluzione di HCl 0,200 M poi ancora 200 mL di una seconda soluzione di HCl e infine acqua quanto basta. Qual è la concentrazione della seconda soluzione? ....

15 Uno studente deve preparare 3,0 L di una soluzione di saccarosio con concentrazione 15 g/L. Se il barattolo contiene 1,00 mol di saccarosio, quanti grammi ne restano dopo che lo studente ha preparato la soluzione?

....

16 This question asks how you would prepare 400 mL of 1.2 M solution of sodium chloride. In this case what you need to find out is how much NaCl would have to be dissolved in 400 mL to give the concentration that is specified. This amount is going to have to be in grams because we don't have any balances that weigh in moles. ....

17 What is the molarity of a solution that contains 4 g of NaOH in 500 mL of solution?

A 0.1 M
B 2 M
C 0.2 M
D 0.5 M

3 Moli ed equazioni chimiche

La stechiometria si occupa delle relazioni numeriche tra le quantità di sostanze che partecipano a una reazione chimica

Coefficienti stechiometrici e moli di sostanze

Clip in digitale
Raccolta dell'idrogeno gassoso

Riprendiamo ora in considerazione la reazione di decomposizione dell'azoturo di sodio che avviene nell'airbag:

$$2\ NaN_3(s) \rightarrow 2\ Na(s) + 3\ N_2(g)$$

Sulla base della relazione che lega la mole con il numero di particelle, possiamo dire che gli stessi coefficienti stechiometrici rappresentano anche il rapporto tra le moli delle sostanze che partecipano alla trasformazione chimica.

Questa equazione può essere letta quindi anche nel seguente modo:

due moli di azoturo di sodio si decompongono	per dare	**due** moli di sodio	e	**tre** moli di azoto
$2\ NaN_3(s)$	$\rightarrow$	$2\ Na(s)$	$+$	$3\ N_2(g)$

Considerando l'equazione della reazione, il rapporto tra le moli di azoto prodotte e le moli di azoturo di sodio che hanno reagito è il seguente:

$$\frac{\text{moli di } N_2}{\text{moli di } NaN_3} = \frac{3}{2}$$

Questo *rapporto stechiometrico* consente di calcolare facilmente le moli di azoto, e il corrispondente volume, che si formano trasformando una qualunque quantità chimica di azoturo di sodio:

$$\text{moli di } N_2 = \frac{3}{2}\ \text{moli di } NaN_3$$

In generale, sulla base dei **coefficienti stechiometrici** è possibile calcolare le moli di una sostanza che partecipa alla reazione, conoscendo la quantità chimica di un'altra sostanza, anch'essa coinvolta nella reazione.

I PROTAGONISTI DELLA SCIENZA

ALFRED BERNHARD NOBEL (1833-1896)
Chimico e industriale svedese, Nobel scoprì il modo di rendere maneggiabile la nitroglicerina inventando la dinamite. Nel 1895 lasciò una enorme fortuna a una fondazione con il compito di assegnare ogni anno il prestigioso premio che porta il suo nome a scienziati o personalità viventi che si fossero particolarmente distinti nella propria disciplina. La prima consegna dei premi risale al 1901, quando furono assegnati i premi Nobel per la pace, per la letteratura, per la chimica, per la medicina e per la fisica. Dal 1969 si assegna anche il premio per l'economia. La cerimonia di consegna si tiene annualmente a Stoccolma il 10 dicembre, anniversario della morte del fondatore, mentre il premio per la pace viene consegnato a Oslo.

Il reagente limitante

In moltissime trasformazioni chimiche si verifica che i reagenti sono mescolati in quantità tali che il rapporto tra di essi è diverso da quello stechiometrico. In tale situazione la quantità di prodotti che si formano è determinata dal reagente in difetto, che è anche detto *reagente limitante*.

Prende il nome di **reagente limitante** il reagente che si trova in quantità minore rispetto a quella prevista dal rapporto stechiometrico.

Come esempio, consideriamo la reazione di preparazione della nitroglicerina ($C_3H_5(ONO_2)_3$) (▶ Figura 1), a partire dalla glicerina ($C_3H_5(OH)_3$).

Sotto l'equazione sono indicate le quantità dei reagenti e dei prodotti presenti prima e dopo la reazione.

	$C_3H_5(OH)_3$	+	$3\ HNO_3$	→	$C_3H_5(ONO_2)_3$	+	$3\ H_2O$
prima della reazione	11,5 mol		34,5 mol		0 mol		0 mol
dopo la reazione	0 mol		0 mol		11,5 mol		34,5 mol

In questo caso i reagenti si consumano completamente perché le rispettive quantità chimiche sono in rapporto 1 : 3 così come indicano i coefficienti stechiometrici; i prodotti si ottengono anch'essi in quantità proporzionale ai coefficienti stechiometrici.

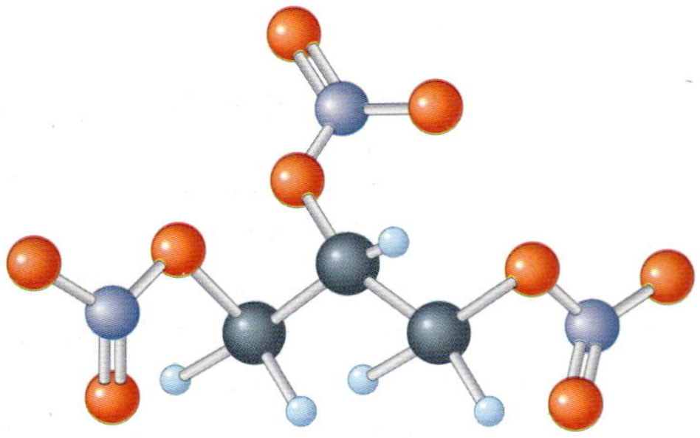

▶ **Figura 1** Molecola di nitroglicerina.

Che cosa accade invece se con la stessa quantità di acido nitrico facciamo reagire una quantità inferiore di glicerina, per esempio 10,0 mol?

	$C_3H_5(OH)_3$	+	$3\ HNO_3$	→	$C_3H_5(ONO_2)_3$	+	$3\ H_2O$
prima della reazione	10,0 mol		34,5 mol		0 mol		0 mol
dopo la reazione	0 mol		4,5 mol		10,0 mol		30,0 mol

In base ai coefficienti stechiometrici, con 10,0 mol di glicerina reagiscono esattamente 30,0 mol di acido nitrico. Esaurita la glicerina la reazione si interrompe: la glicerina è il *reagente in difetto*, cioè il reagente limitante. Viceversa l'acido nitrico è il *reagente in eccesso*, perché quando la reazione termina ne restano ancora 4,5 mol (▶ Figura 2).

In molti casi, la quantità delle sostanze che partecipano a una reazione chimica non è espressa in moli, ma si preferisce fare riferimento a grandezze direttamente misurabili o facilmente ricavabili, come la massa o il volume.

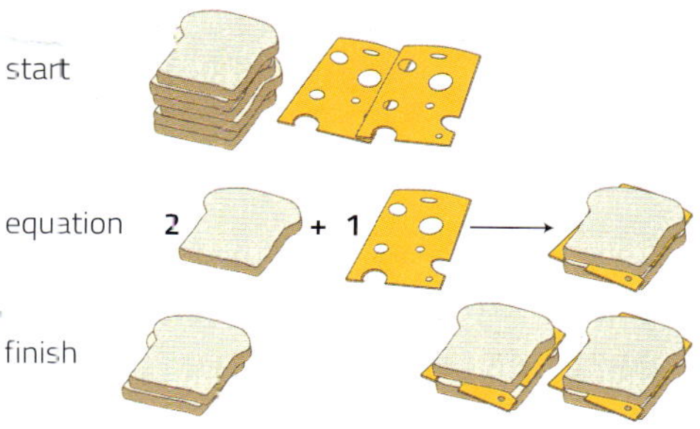

▶ **Figura 2** Limiting reactant analogy using cheese sandwiches.
Start with six slices of bread, two slices of cheese, and the sandwich-making equation. Even though you have extra bread, you are limited to making two sandwiches by the amount of cheese you have on hand. Cheese is the limiting reactant.

Esempio

Supponiamo di far reagire 20 g di bicarbonato di sodio ($NaHCO_3$) e 10 g di acido malico ($H_6C_4O_5$):

$$2\ NaHCO_3 + H_6C_4O_5 \rightarrow 2\ H_2O + 2\ CO_2 + Na_2H_4C_4O_5$$
$$20\ g \qquad 10\ g$$

Come possiamo individuare il reagente limitante? E qual è la massa del reagente che non si trasforma perché è in eccesso?

Innanzitutto dobbiamo calcolare le moli dei due reagenti:

$$n_{NaHCO_3} = \frac{m}{M} = \frac{20\ g}{84{,}01\ g/mol} = 0{,}24\ mol$$

$$n_{H_6C_4O_5} = \frac{m}{M} = \frac{10\ g}{134{,}09\ g/mol} = 0{,}075\ mol$$

I dati mostrano che le moli di $NaHCO_3$ sono ben più del doppio di quelle di $H_6C_4O_5$, come dovrebbe essere in base ai coefficienti stechiometrici. Possiamo quindi concludere che il reagente in difetto, cioè il reagente limitante, è l'acido malico.

Con 0,075 mol di $H_6C_4O_5$ reagiscono solamente 0,15 mol di $NaHCO_3$. Pertanto al termine della reazione rimangono (0,24 mol − 0,15 mol) = 0,09 mol di $NaHCO_3$. Infine calcoliamo la massa di bicarbonato che non ha reagito:

$$m = n \cdot M = 0{,}09\ mol \cdot 84{,}01\ g/mol = 7{,}6\ g\ di\ NaHCO_3$$

Prova tu 1

L'equazione della reazione di sintesi dell'urea è la seguente:

$2\ NH_3 + CO_2 \rightarrow CO(NH_2)_2 + H_2O$

Se si fanno reagire 10,0 g di ammoniaca con 10,0 g di anidride carbonica, qual è la massa del reagente che *non* si trasforma perché in eccesso?

....

Un modo per risolvere i problemi di stechiometria

La *stechiometria* si occupa delle relazioni numeriche tra le quantità di sostanze che partecipano a una reazione chimica. Vediamo ora come proprio la stechiometria ci può aiutare a rispondere a una domanda di grande attualità: *quanta anidride carbonica viene prodotta per ogni litro di benzina bruciato da un'autovettura?*

La benzina è una miscela di molti idrocarburi, composti costituiti da carbonio e idrogeno. Per semplificare il calcolo possiamo considerare la benzina come se fosse costituita da uno solo dei suoi componenti, l'ottano (C_8H_{18}) (▶ Figura 3). Dato che

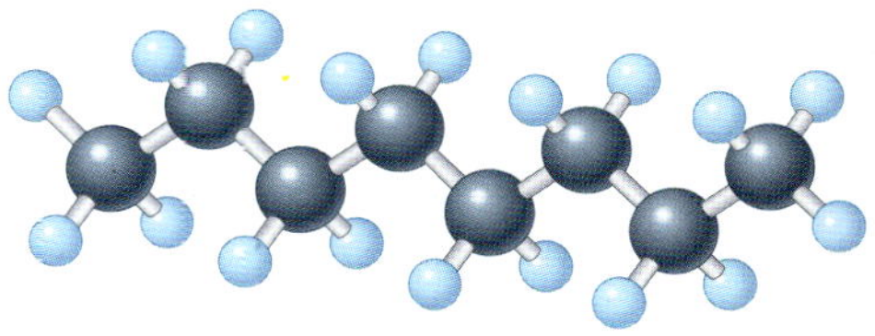

▶ **Figura 3** Molecola di ottano.

la densità di questa sostanza è 0,702 g/mL si ricava che la massa di un litro di ottano vale 702 g. L'equazione della reazione di combustione dell'ottano è la seguente:

$$\begin{array}{ll} 2\ C_8H_{18} + 25\ O_2 \rightarrow & 16\ CO_2 + 18\ H_2O \\ m = 702\ g & m = ? \end{array}$$

Ovviamente il reagente limitante è l'ottano, poiché nel carburatore la miscela di aria e benzina è preparata in modo che l'ossigeno sia in eccesso. Per risolvere il problema dobbiamo calcolare la quantità chimica di ottano dopo averne determinato il valore della massa molare:

$$n_{C_8H_{18}} = \frac{m}{M} = \frac{702\ g}{114{,}22\ g/mol} = 6{,}15\ mol$$

In base all'equazione di reazione possiamo scrivere:

$$\frac{n_{CO_2}}{n_{C_8H_{18}}} = \frac{16}{2}$$

Pertanto possiamo calcolare le moli di anidride carbonica:

$$n_{CO_2} = 6{,}15\ mol \cdot \frac{16}{2} = 49{,}2\ mol$$

Calcoliamo infine la massa di anidride carbonica prodotta dalla combustione di un litro di ottano:

$$m_{CO_2} = n \cdot M = 49{,}2\ mol \cdot 44{,}01\ g/mol = 2{,}17 \cdot 10^3\ g$$

Questo calcolo teorico trova riscontro nella realtà: infatti le prove sperimentali dimostrano che in media ogni litro di benzina bruciato produce circa ben 2,5 kg di CO_2 (▶ Figura 4).

Può accadere che i reagenti si trovino in soluzione; supponiamo per esempio di dover calcolare il volume di soluzione di HCl (C_M = 2,5 mol/L) necessario per trasformare completamente 10 g di $CaCO_3$.

Il problema può essere risolto seguendo i passaggi indicati dalle frecce:

$$2\ HCl(aq) + CaCO_3(s) \rightarrow CaCl_2(aq) + CO_2(g) + H_2O(l)$$

$V = ?$ $\quad$ $m = 10$ g

MM_{CaCO_3} = 100,09 u

Inizialmente si calcola la quantità chimica di carbonato di calcio con la relazione $n = m/M$

$$n = \frac{10\ g}{100{,}09\ g/mol} = 0{,}10\ mol$$

Dai coefficienti stechiometrici si deduce che le moli di HCl necessarie per la reazione sono il doppio di quelle di $CaCO_3$:
n_{HCl} = 0,20 mol

Si calcola infine il volume di soluzione necessario per la reazione con la relazione $V = n/C_M$

$$V = \frac{0{,}20\ mol}{2{,}5\ mol/L} = 0{,}080\ L = 80\ mL$$

▶ **Figura 4** Il regolamento n. 443/2009 (CE) del Parlamento europeo stabilisce i livelli di emissione di anidride carbonica (CO_2) per le nuove autovetture. Il limite attuale è fissato a 130 g/km e verrà ridotto a 95 g/km entro l'anno 2021. Il problema delle emissioni di CO_2 è di stretta attualità; infatti l'Organizzazione meteorologica mondiale (WMO) ha certificato che nel 2015 la concentrazione di CO_2 nell'atmosfera è sempre stata superiore alla soglia critica di 400 ppm.

Video in digitale
La misura del volume di un gas

Prova tu 2

a) Un airbag gonfiato ha il volume di 60 L (a STP).
Qual è la massa di azoturo di sodio necessario per produrre questo volume di gas?

....

b) Considera la reazione descritta dalla seguente equazione:
$HCl(aq) + NaOH(aq) \rightarrow NaCl(aq) + H_2O(l)$
La concentrazione molare di HCl è 0,100 mol/L e quella di NaOH è 0,050 mol/L.
Qual è il volume di soluzione di NaOH che reagisce completamente con 20 mL di soluzione di HCl?

....

Esercizi 3 Moli ed equazioni chimiche

1 Considera i dati relativi alla seguente equazione e rispondi alle domande.

$N_2(g)$	+	$3\ H_2(g)$	→	$2\ NH_3(g)$
$n = 20$ mol		$n = 45$ mol		$n = ?$ mol

a) Quante moli di H_2 reagiscono con 20 mol di N_2? ....

b) Qual è il reagente limitante? ....

c) Quante moli di N_2 reagiscono? ....

d) Quante moli di NH_3 si formano? ....

2 Considera una reazione in cui i reagenti sono mescolati in rapporti diversi da quelli stechiometrici. Se si vuole aumentare la quantità di prodotti ottenuti si deve:

A aumentare le moli del reagente che ha massa minore

B aumentare le moli del reagente che ha coefficiente stechiometrico maggiore

C aumentare la quantità del reagente che ha coefficiente stechiometrico minore

D aumentare la quantità del reagente limitante

E aumentare la quantità del reagente che è in eccesso

3 Le seguenti figure rappresentano la trasformazione chimica che avviene, ad alta temperatura, tra metano e acqua.

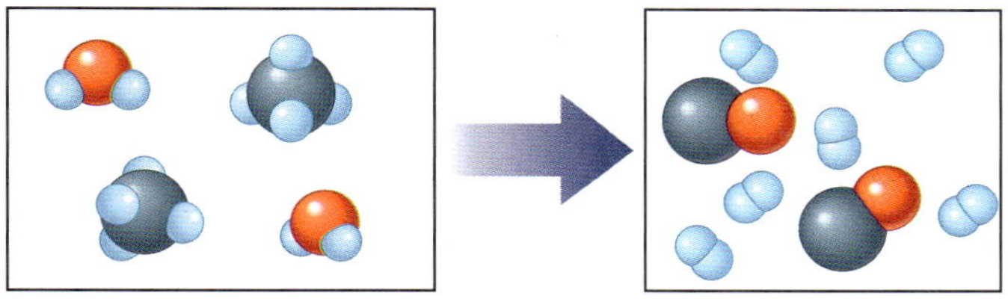

Scrivi l'equazione di reazione bilanciata.

....

e) Calcola quante moli di ciascun prodotto si ottengono facendo reagire 8,0 mol di CH_4 con 10 mol di H_2O.

....

4 Il carburo di calcio (CaC_2) reagisce con l'acqua formando un gas, l'acetilene:

$CaC_2(s)$	+	$2\ H_2O(l)$	→	$Ca(OH)_2(aq)$	+	$C_2H_2(g)$
$m = 80$ g		$m = ?$				

Calcola la massa di acqua che reagisce. ....

5 A circa 600 °C il fosforo reagisce con l'acqua:

$$P_4 + 16\ H_2O \rightarrow 4\ H_3PO_4 + 10\ H_2$$

Se si fanno reagire 40 g di fosforo e 40 g di acqua qual è la massa del reagente in eccesso che non si trasforma?

....

6 Un minerale calcareo contiene il 60% di $CaCO_3$. Riscaldato a 1000 °C, il $CaCO_3$ si decompone e libera CO_2. Quanta anidride carbonica si ottiene decomponendo 10 g di minerale?

A 4 mol

B 0,060 mol

C 0,264 g

D 6,0 g

E 4,4 g

7 Il sodio con l'acqua dà luogo alla seguente reazione:

$2\ Na$	+	$2\ H_2O$	→	$2\ NaOH$	+	H_2
$m = 4{,}60$ g		$m = 250$ g		$m = ?$		$m = ?$

Calcola la massa di ciascun prodotto.

....

8 La combustione del carbone di legna (la cosiddetta carbonella) in un focolare per barbecue produce diossido di carbonio (CO_2). Qual è la massa di carbonella bruciata quando sono stati prodotti 959 g di diossido di carbonio?
Per risolvere l'esercizio devi scrivere l'equazione della reazione di combustione del carbonio e considerare che la carbonella contiene il 90,1% di carbonio.

....

9 Il ferro si può ottenere facendo reagire un suo ossido con il carbone secondo la seguente equazione:

$$2\ Fe_2O_3 + 3\ C \rightarrow 4\ Fe + 3\ CO_2$$

A tal fine si eseguono tre prove distinte:

a) si fanno reagire 4 mol di ossido con 12 mol di carbonio

b) si fanno reagire 10 mol di ossido con 6 mol di carbonio

c) si fanno reagire 5 mol di ossido con 7,5 mol di carbonio

In quale delle tre prove si produce la maggior quantità di ferro? Quanto vale questa quantità?

....

10 Considera la seguente equazione:

$$2\ Cr + 6\ HCl \rightarrow 2\ CrCl_3 + 3\ H_2$$

a) Quante moli di acido cloridrico servono per far reagire 104 g di cromo? ....

b) Quanti grammi di idrogeno si producono dalla trasformazione di 104 g di cromo? ....

c) Per ottenere 5,00 mol di tricloruro di cromo quanti grammi di cromo si devono far reagire? ....

d) Quante moli di idrogeno si ottengono facendo reagire 260 g di cromo e 365 g di acido? ....

11 Riscaldato ad alta temperatura, il clorato di potassio ($KClO_3$) si scompone formando O_2 e KCl.

a) Scrivi l'equazione della reazione. ....

b) Calcola il volume di O_2 (misurato a 20,0 °C e a 1,05 bar) che si ottiene scomponendo 0,200 mol di $KClO_3$. ....

12 Based on the following balanced equation:

$$Zn(s) + 2\ HCl(aq) \rightarrow ZnCl_2(aq) + H_2(g)$$

How many moles of HCl are required for the complete reaction of 0.40 mol of zinc?

A 0.40

B 0.80

C 0.20

D None of the previous answers

13 When a barium chloride solution is mixed with a solution containing excess aluminium sulphate, 0.888 g of barium sulphate is obtained. What mass of barium chloride was contained in the solution?

....

4 Le proprietà colligative

Le proprietà colligative delle soluzioni dipendono esclusivamente dal rapporto numerico tra le particelle di soluto e quelle di solvente

L'abbassamento crioscopico e l'innalzamento ebullioscopico

Nella stagione invernale può essere necessario spargere sale sulle strade bagnate o innevate: il sale, sciogliendosi nell'acqua, ne abbassa il valore della temperatura di solidificazione così che, anche se la temperatura esterna va sottozero, il ghiaccio non può formarsi (▶ Figura 1).

Più in generale si può affermare che sciogliendo una sostanza solida in un liquido la temperatura di solidificazione della soluzione è minore di quella del solo solvente: questo avviene perché nel passaggio dallo stato liquido a quello solido le molecole del liquido devono costruire un reticolo cristallino e questo fenomeno viene ostacolato dalle particelle del soluto.

La differenza tra la temperatura di solidificazione del solvente e quella alla quale inizia a solidificare la soluzione prende il nome di **abbassamento crioscopico** (Δt_c):

$$\Delta t_c = t_{\text{solidificazione solvente}} - t_{\text{solidificazione soluzione}}$$

Si può verificare sperimentalmente che per le soluzioni con concentrazione non troppo elevata l'abbassamento crioscopico è direttamente proporzionale alla concentrazione molale (C_m) della soluzione:

$$\Delta t_c = K_c \cdot C_m$$

La costante di proporzionalità K_c è chiamata *costante crioscopica* e rappresenta un valore caratteristico di ciascun solvente. Infatti, se si confrontano soluzioni acquose di sostanze molecolari diverse, per esempio glucosio e saccarosio, di uguale concentrazione molale si ottiene lo stesso valore di Δt_c.

Inoltre, i dati della ▶ Tabella 1 evidenziano la proporzionalità diretta tra Δt_c e C_m: infatti raddoppiando la concentrazione raddoppia anche l'abbassamento crioscopico.

Se consideriamo ora i dati relativi alle diverse soluzioni, si può osservare che a parità di concentrazione molale l'abbassamento crioscopico, nel caso delle soluzioni saline, è il doppio o il triplo di quello delle prime due soluzioni. Ciò si spiega considerando che quando la sostanza disciolta è un elettrolita essa libera un numero di particelle (ioni) doppio o triplo, e di conseguenza la concentrazione degli ioni diventa il doppio o il triplo della concentrazione molale.

La presenza di un soluto non volatile (per esempio, un solido o un liquido con temperatura di ebollizione molto più elevata di quella del solvente) modifica anche la temperatura di ebollizione del solvente. Infatti, se si misura la temperatura di ebollizione dell'acqua del mare, si osserva che questa bolle a una temperatura superiore a 100 °C. Più in generale, se si scioglie una sostanza non volatile in un solvente si osserva che la temperatura di ebollizione della soluzione è maggiore di quella del solo solvente.

La differenza tra la temperatura alla quale inizia a bollire la soluzione e la temperatura di ebollizione del solvente prende il nome di **innalzamento ebullioscopico** (Δt_e):

$$\Delta t_e = t_{\text{ebollizione soluzione}} - t_{\text{ebollizione solvente}}$$

Anche in questo caso si può verificare sperimentalmente che l'innalzamento ebullioscopico è direttamente proporzionale alla concentrazione molale della soluzione:

$$\Delta t_e = K_e \cdot C_m$$

K_e è la *costante ebullioscopica*: come nel caso della K_c anche il valore di questa costante dipende dal tipo di solvente (▶ Tabella 2).

L'abbassamento crioscopico e l'innalzamento ebullioscopico, e più in generale le proprietà fisiche delle soluzioni che dipendono solamente dal rapporto numerico tra le particelle di soluto e quelle di solvente, sono dette **proprietà colligative**.

▶ **Figura 1** Spargi sale in azione. Per ridurre l'azione corrosiva e gli effetti negativi sulla vegetazione causati dal cloruro di sodio, vengono usati altri sali, per esempio cloruro di calcio oppure carbonato di potassio.

▶ **Tabella 1** Abbassamento crioscopico di alcune soluzioni acquose.

Soluto	Δt_c (°C)	
	C_m = 0,1 m	C_m = 0,2 m
$C_6H_{12}O_6$	0,18	0,36
$C_{12}H_{22}O_{11}$	0,18	0,36
NaCl	0,36	0,72
$CaCl_2$	0,54	1,08
NH_4Cl	0,36	0,72

Prova tu

Quale dovrebbe essere il valore dell'abbassamento crioscopico di una soluzione 0,3 m di KBr?

....

▶ **Tabella 2** Valori di K_c e K_e di alcuni solventi comuni.

Solvente	K_c	K_e
	(°C · kg/mol)	
Acqua	1,86	0,51
Benzene	4,90	2,53
Cicloesano	20,2	2,79
Etanolo	1,99	1,22

L'osmosi

Dopo una prolungata immersione in piscina o in mare sarà certamente capitato a tutti di osservare che la pelle delle dita si è raggrinzita. Questo si verifica perché le cellule che costituiscono la pelle, in particolare quella delle dita, perdono acqua a causa di un fenomeno che si chiama **osmosi**.

Per spiegare in che cosa consiste essenzialmente l'osmosi consideriamo la ▶ Figura 2. In essa sono schematizzate due soluzioni acquose, A e B, a diversa concentrazione, e una membrana semipermeabile che le divide. Per capire che cosa accade dobbiamo tenere presente che nelle soluzioni le particelle del soluto e del solvente si muovono continuamente e disordinatamente urtandosi tra loro e urtando la superficie del contenitore e quella della membrana. Questa prende il nome di *membrana semipermeabile* perché ha la proprietà di lasciare passare solo le particelle che hanno dimensioni più piccole di quelle dei pori, in questo caso le molecole di acqua.

La soluzione B ha concentrazione minore della soluzione A e quindi presenta una maggiore percentuale di molecole di acqua; a causa di ciò il numero di molecole di acqua che in un certo intervallo di tempo si trovano vicine alla membrana dalla parte della soluzione B è maggiore rispetto a quelle che si trovano dalla parte della soluzione A. Ne consegue che in un certo intervallo di tempo il flusso di molecole che si dirigono da destra verso sinistra è maggiore del flusso in direzione opposta.

A livello macroscopico possiamo dire che il solvente acqua diffonde dalla soluzione B verso quella A, proprio come se B cercasse di diluire A.

L'**osmosi** è il passaggio spontaneo di un solvente (che nei sistemi biologici di solito è l'acqua) dalla soluzione più diluita (*soluzione ipotonica*) a quella più concentrata (*soluzione ipertonica*); questo movimento che avviene attraverso una membrana semipermeabile continua fino al raggiungimento di una situazione di equilibrio in cui entrambe le soluzioni mantengono la stessa concentrazione (*soluzioni isotoniche*).

La ▶ Figura 3 mostra che mettendo a contatto due soluzioni a diversa concentrazione si crea un dislivello a seguito dell'osmosi. Quando la concentrazione delle due soluzioni è uguale il flusso delle molecole di solvente è uguale in entrambe le direzioni; al dislivello tra le due soluzioni corrisponde una pressione idrostatica che prende il nome di **pressione osmotica**.

Riconsiderando la situazione che abbiamo descritto all'inizio, l'acqua del mare è la soluzione ipertonica e il protoplasma delle cellule (la cui membrana è semipermeabile) è la soluzione ipotonica: il raggrinzimento della pelle delle dita è dovuto proprio alla perdita di acqua da parte delle cellule (▶ Figura 4).

Per dissalare l'acqua marina è stato messo a punto un metodo che si basa sul principio dell'**osmosi inversa**. Si mettono a contatto l'acqua del mare (soluzione ipertonica) e l'acqua dolce (soluzione ipotonica) separandole con una membrana semipermeabile. Applicando sulla superficie dell'acqua marina una pressione circa 30 volte maggiore della pressione normale, si costringono le molecole di acqua a passare attraverso la membrana verso la soluzione più diluita di acqua dolce: questo processo prende appunto il nome di osmosi inversa. Il costo dell'acqua dolce così prodotta è elevato anche a causa dell'energia spesa per creare la pressione necessaria a vincere la tendenza spontanea del processo di diffusione delle molecole di acqua dall'acqua dolce a quella salata.

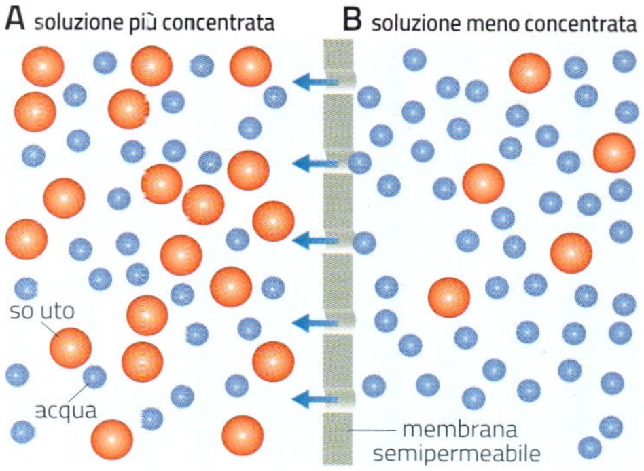

▶ **Figura 2** La membrana semipermeabile consente il passaggio del solo solvente.

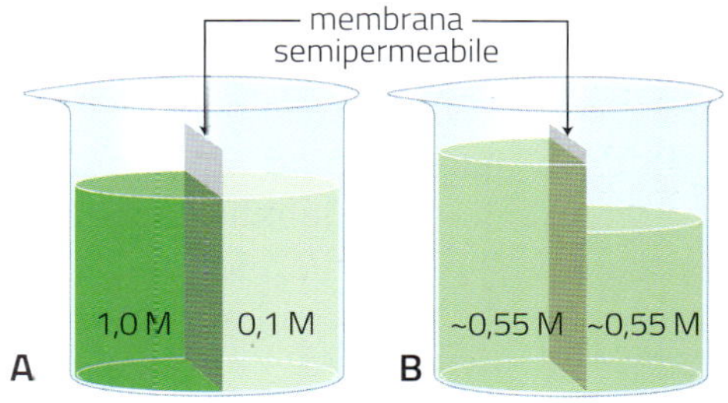

▶ **Figura 3** Le due soluzioni che all'inizio (**A**) avevano concentrazioni diverse alla fine del processo osmotico (**B**) hanno circa la stessa concentrazione.

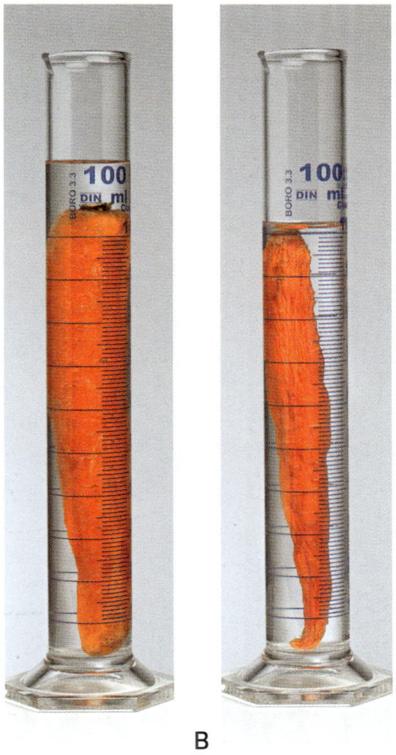

▶ **Figura 4** Una carota immersa in acqua salata (**A**) perde acqua e avvizzisce (**B**) in quanto le soluzioni delle sue cellule sono ipotoniche rispetto alla soluzione salina ipertonica.

La temperatura di ebollizione delle miscele

Prendiamo in considerazione una soluzione di due liquidi tra loro miscibili, il benzene e il toluene, che hanno diversa temperatura di ebollizione. La curva del grafico della ▸ Figura 5A consente di stabilire la temperatura alla quale inizia l'ebollizione di una miscela benzene-toluene con una data composizione.

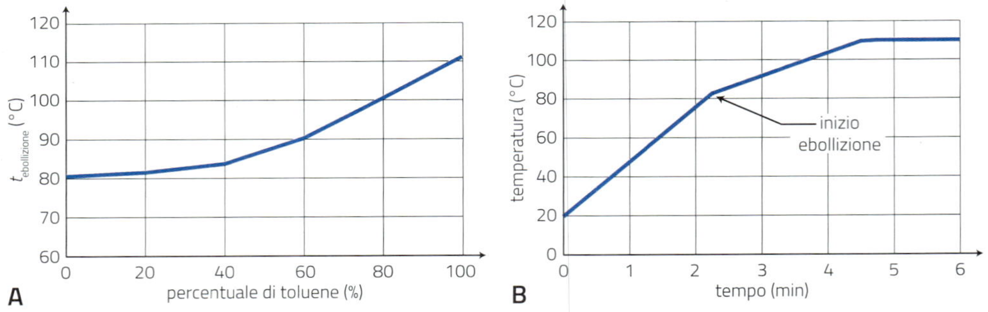

▸ **Figura 5**

A Le miscele a diversa composizione dei due liquidi entrano in ebollizione a temperature diverse, comprese tra la temperatura di ebollizione del benzene (80,5 °C) e quella del toluene (110,5 °C).

B La curva del grafico mostra l'andamento della temperatura del sistema durante il riscaldamento di una miscela benzene-toluene costituita dal 40% di toluene.

Consideriamo ora una miscela benzene-toluene costituita dal 40% di toluene. Scaldando la miscela e misurando la temperatura a intervalli regolari di tempo, si ottiene il grafico della ▸ Figura 5B. Quando la miscela inizia a bollire la temperatura è di circa 84 °C; durante l'ebollizione la temperatura non resta costante ma aumenta e ciò è dovuto al fatto che cambia la composizione della miscela. Soltanto quando nella miscela non c'è più benzene la temperatura di ebollizione resta costante, a 110,5 °C, perché questa è la temperatura di ebollizione del toluene.

Quando una miscela di due liquidi bolle il vapore che si forma non ha la stessa composizione del liquido: precisamente contiene una percentuale maggiore del componente più volatile, cioè quello che ha la temperatura di ebollizione minore.

Esercizi 4 Le proprietà colligative

1 Quale soluzione ha il maggior abbassamento crioscopico (Δt_c), in base ai dati in tabella?

Soluto	NaCl	KNO_3	NH_4Cl	$FeCl_3$	$MgCl_2$
c_m	0,50 m	0,25 m	0,50 m	0,50 m	0,25 m
	A	B	C	D	E

2 In relazione all'osmosi individua le affermazioni vere e quelle false.

a) Nell'osmosi il solvente diffonde dalla soluzione ipertonica a quella ipotonica V F

b) La membrana semipermeabile consente il passaggio del solvente ma non del soluto V F

c) Tra l'acqua di mare e il protoplasma cellulare, il protoplasma è la soluzione ipertonica V F

d) Per effetto dell'osmosi la concentrazione della soluzione ipertonica diminuisce V F

3 Una soluzione è stata ottenuta sciogliendo 175 g di saccarosio in 200 mL di acqua. Un'altra soluzione è stata ottenuta sciogliendo 18 g di saccarosio in 15 mL di acqua. Perché la seconda soluzione inizia a bollire a temperatura maggiore?

....

4 La sostanza chiamata alcol nel linguaggio comune è un composto, l'etanolo, che ha formula C_2H_5OH e che bolle alla temperatura di 79 °C. A quale temperatura inizia a bollire una miscela idroalcolica che contiene il 25% *V/V* di etanolo?

A Non si può rispondere se non si conosce il volume della miscela

B Sicuramente a una temperatura superiore a 100 °C a causa dell'innalzamento ebullioscopico

C Sicuramente a una temperatura minore di 100 °C

D Sicuramente a una temperatura minore di 79 °C

E Non è possibile rispondere se non si conosce la costante ebullioscopica dell'etanolo

5 La temperatura di fusione del benzene è 5,5 °C. Una soluzione di naftalina in benzene presenta un abbassamento crioscopico di 2,3 °C. In base a questi dati puoi affermare che:

A la naftalina fonde a 3,2 °C

B la soluzione inizia a solidificare a 2,3 °C

C la soluzione inizia a solidificare a 3,2 °C

D il benzene fonde a 7,8 °C

E la soluzione fonde a 5,5 °C e solidifica a 2,3 °C

6 The cryoscopic constant of benzene is $K_c = 4.90$ K · kg/mol. The solidifying temperature of a solution composed of 7,5 g of an investigated compound in 1000 g of benzene was measured and it was by 0.444 K lower than the solidifying temperature of pure benzene. Calculate:

a) the solution's molality ....

b) the molar mass of the investigated compound ....

Mappa di sintesi

LOSAI?

Moli ed equazioni chimiche
La mole è l'interprete tra gli atomi e la bilancia

La **mole** (**mol**) è l'unità di misura della **quantità di sostanza** (***n***). Una mole contiene 6,02214076 · 10^{23} entità elementari. Questo numero è chiamato **costante di Avogadro** ($\mathbf{N_A}$).

La **costante di Avogadro** da utilizzare nei calcoli è $N_A = 6{,}022 \cdot 10^{23}$ particelle/mol

La **massa molare (*M*)**

saccarosio ($C_{12}H_{22}O_{11}$)
MM = 342,30 u
M = 342,30 g/mol
6,022 · 10^{23} molecole

Il **volume molare (V_m)** corrisponde al volume di una mole di sostanza allo stato gassoso:
V_m (*STP*) = 22,7 L/mol

L'**equazione generale del gas ideale**:

$$p \cdot V = n \cdot R \cdot T$$

$$R = 8{,}31 \frac{\text{kPa} \cdot \text{L}}{\text{mol} \cdot \text{K}}$$

I **coefficienti stechiometrici** rappresentano il rapporto tra le moli delle sostanze che partecipano alla trasformazione chimica.
2 $NaN_3(s) \rightarrow$
$\rightarrow$ **2** $Na(s)$ + **3** $N_2(g)$

I calcoli stechiometrici: sulla base dei coefficienti stechiometrici è possibile calcolare le moli di una sostanza che partecipa alla reazione, conoscendo la quantità chimica di un'altra sostanza, anch'essa coinvolta.

Il **reagente limitante** è quello che si trova in quantità minore rispetto a quella prevista dal rapporto stechiometrico.

La concentrazione delle soluzioni e le proprietà colligative

La **solubilità** di una sostanza in un determinato solvente corrisponde alla massima concentrazione che può avere una soluzione della sostanza stessa.

Sono **proprietà colligative**:
- l'abbassamento crioscopico (Δt_c);
- l'innalzamento ebullioscopico (Δt_e);
- la pressione osmotica.

La **concentrazione (*C*)** di una soluzione è una grandezza che esprime il rapporto tra la quantità di soluto e la quantità di soluzione (o di solvente).
Per esempio, per la concentrazione massa su volume si ha:

$$C_{m/V} = \frac{m_{soluto}}{V_{soluzione}}$$

Concentrazione percentuale

$$C_{\%} = \frac{\text{parti soluto}}{\text{parti soluzione}} \cdot 100$$

Molarità

$$C_M = \frac{n_{soluto}\ (\text{mol})}{V_{soluzione}\ (\text{L})}$$

Concentrazione parti per milione

$$C_{ppm} = \frac{\text{parti soluto}}{\text{parti soluzione}} \cdot 1\,000\,000$$

Molalità

$$C_m = \frac{n_{soluto}\ (\text{mol})}{m_{solvente}\ (\text{kg})}$$

Applicazione delle conoscenze

Problema

Consideriamo una reazione chimica di cui conosciamo le quantità dei reagenti. Sulla base dell'equazione chimica che la descrive possiamo individuare il reagente limitante e calcolare quindi le quantità dei prodotti.
Come esempio consideriamo un oggetto di metallo che ha massa $m = 12{,}65$ g e che contiene il 77,5% di zinco. Questo oggetto viene fatto reagire con 200 mL di soluzione acquosa di acido cloridrico con concentrazione 2,50 mol/L. La reazione tra lo zinco e l'acido avviene a temperatura ambiente (22 °C) e alla pressione atmosferica (100 kPa) e forma un prodotto gassoso, l'idrogeno:

$$Zn(s) + 2\,HCl(aq) \rightarrow H_2(g) + ZnCl_2(aq)$$

Vogliamo individuare il reagente limitante e calcolare il volume dell'idrogeno prodotto nelle condizioni date.

Conoscenze

- Saper calcolare le moli di una sostanza presente in un sistema formato da più componenti
- Saper calcolare la quantità di sostanza presente in un dato volume di soluzione a concentrazione molare nota
- Saper individuare sulla base dell'equazione il reagente limitante, cioè il reagente che si trasforma completamente
- Saper calcolare le moli di un prodotto
- Saper utilizzare l'equazione generale del gas ideale per calcolare il volume di un gas

Svolgimento

1. Dobbiamo individuare la massa di zinco che reagisce per poterne calcolare le moli.
L'oggetto di metallo è una lega in cui lo zinco è presente al 77,5% e pertanto occorre ricavare la massa del solo zinco:

$$m_{Zn} = \frac{m_{oggetto} \cdot 77{,}5}{100} = \frac{12{,}65\text{ g} \cdot 77{,}5}{100} = 9{,}80\text{ g}$$

Utilizzando la relazione tra quantità di sostanza, massa e massa molare dello zinco possiamo calcolare le moli di zinco:

$$n_{Zn} = \frac{m}{M} = \frac{9{,}80\text{ g}}{65{,}38\text{ g/mol}} = 0{,}150\text{ mol di Zn}$$

2. L'altro reagente è in soluzione acquosa; conoscendo la concentrazione e il volume utilizzato siamo in grado di calcolare le moli di acido cloridrico:

$$n_{HCl} = V_{soluzione} \cdot C_M = 0{,}200\text{ L} \cdot 2{,}50\text{ mol/L} = 0{,}500\text{ mol di HCl}$$

3. In base ai coefficienti stechiometrici, le moli di HCl devono essere il doppio di quelle di Zn. Si osserva invece che le moli di HCl sono più del doppio e pertanto quando si esaurisce lo zinco la reazione si interrompe. Il reagente limitante è proprio lo zinco.

4. Alla stessa conclusione si può giungere considerando lo schema seguente:

	$Zn(s)$	+ $2\,HCl(aq)$	→ $H_2(g)$	+ $ZnCl_2(aq)$
prima della reazione	**0,150 mol**	0,500 mol	0 mol	0 mol
dopo la reazione	0 mol	0,200 mol	**0,150 mol**	0,150 mol

Pertanto la quantità di idrogeno prodotto è 0,150 mol.

5. Per calcolare il volume di idrogeno utilizziamo l'equazione generale dei gas esplicitando il volume:

$$V = \frac{n \cdot R \cdot T}{p}$$

$$V = \frac{0{,}150\text{ mol} \cdot 295\text{ K} \cdot 8{,}31\text{ kPa} \cdot \text{L/(mol} \cdot \text{K)}}{100\text{ kPa}} = 3{,}68\text{ L}$$

Il volume occupato dall'idrogeno nelle condizioni di temperatura e di pressione indicate è 3,68 L.

Il percorso illustrato per risolvere il problema può essere riassunto con uno schema a blocchi:

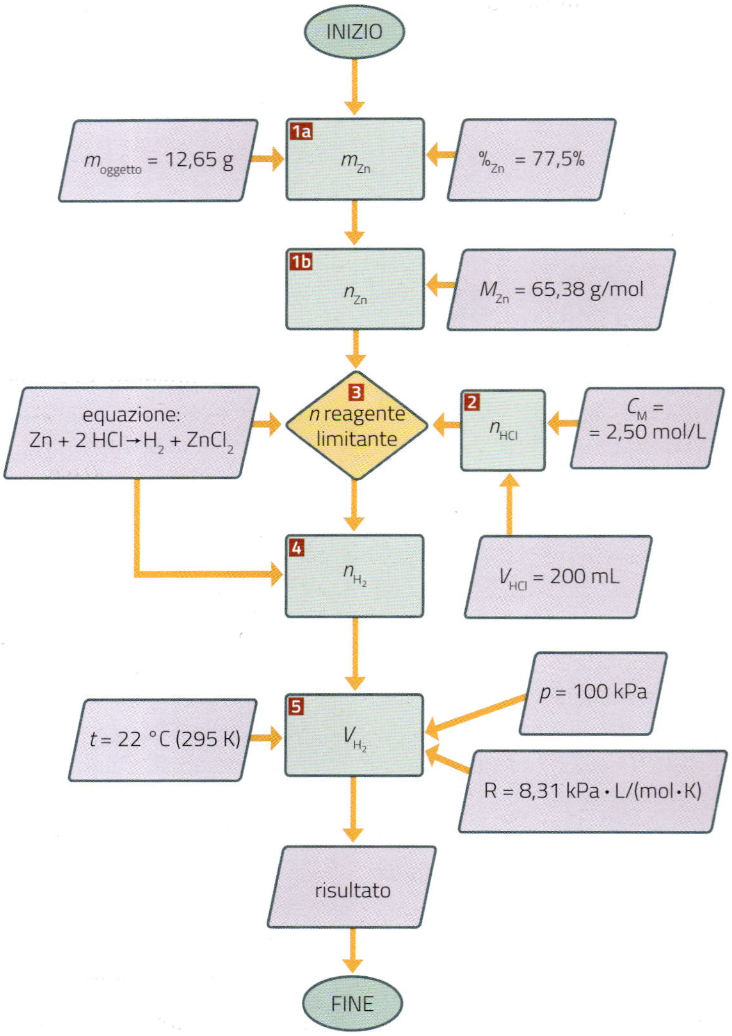

SEI PRONTO PER LA VERIFICA?

In 1 ora
Totale 100 punti

1 Il becher raffigurato può contenere 4 mol di etanolo? (Motiva la risposta). **[5 punti]**

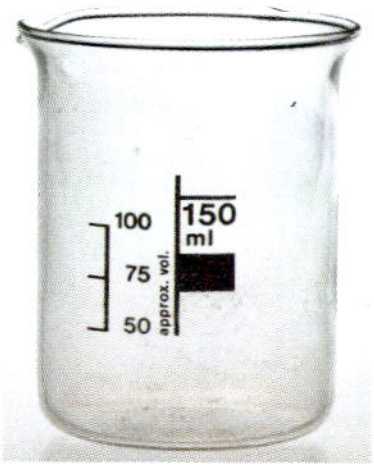

Formula etanolo = C_2H_5OH
Densità etanolo = 0,79 g/mL

....

....

....

2 Perché non è possibile pesare 0,25 mol di latte? **[5 punti]**

....

3 Uno studente deve preparare 250 mL di una soluzione di iodio in esano con concentrazione 0,55 mol/L. *Quali* tra le informazioni seguenti sono utili? **[6 punti]**

A La formula dello iodio

B Il volume dell'esano

C La massa di iodio che deve pesare

D La densità della soluzione

E La massa molare dell'esano

4 Uno studente deve preparare una soluzione di naftalene ($C_{10}H_8$) con molalità 1,00 mol/kg. A tal fine pesa 128,16 g di naftalene e li scioglie in 1000 mL di benzene. Quale errore ha commesso lo studente? **[6 punti]**

....

5 Considera la seguente equazione: **[5 punti]**

$CaCO_3(s)$ + $2\ HCl(aq) \rightarrow H_2O(l) + CaCl_2(aq) + CO_2(g)$

$n = 15$ mol $n = ?$ mol

Calcola le moli di HCl. ....

6 Si fanno reagire 22,7 L di O_2 misurati in condizioni STP con 22,7 L di H_2 nelle stesse condizioni. Qual è la massa di H_2O prodotta dalla reazione? **[6 punti]**

A 45,4 g B 2,00 g C 18,0 g D 34,0 g E 36,0 g

7 La fermentazione naturale del glucosio nel mosto di uva è descritta dalla equazione seguente:

$$C_6H_{12}O_6(s) \rightarrow 2\ C_2H_5OH(l) + 2\ CO_2(g)$$

Se la concentrazione di glucosio nel mosto è 21,0% *m/m*, quante moli di alcol si sviluppano dalla fermentazione di 100 kg di mosto? .... **[6 punti]**

8 Due soluzioni acquose di lattosio hanno rispettivamente concentrazione molale 0,5 mol/kg e 0,7 mol/kg.
Rispondi alle seguenti domande e motiva la risposta.

a) Quale delle due soluzioni solidifica alla temperatura maggiore?

....

b) Perché alla temperatura di 0 °C nessuna delle due soluzioni può solidificare? **[6 punti]**

....

9 La carbonella brucia all'aria e forma anidride carbonica. Supponi di avere bruciato 500 g di carbonella; quale dato è necessario per calcolare la massa di CO_2 prodotta? **[5 punti]**

....

10 Quante moli di elio (M = 4,003 g/mol) ci sono in un palloncino di 2,5 L gonfiato in condizioni STP? **[6 punti]**

A 0,110 mol C $1{,}51 \cdot 10^{24}$ mol E 2,5 mol

B 9,08 mol D 10 mol

11 In una bombola di *gpl* è contenuta una miscela costituita dal 50% *m/m* di butano (C_4H_{10}) e dal 50% *m/m* di propano (C_3H_8). Nella bombola ci sono più molecole di butano o di propano? Motiva la risposta. **[6 punti]**

....

....

12 Considera la reazione tra una soluzione di acido fosforico e il carbonato di calcio:

$$2\ H_3PO_4(aq) + 3\ CaCO_3(s) \rightarrow$$
$$\rightarrow 2\ Ca_3(PO_4)_2(aq) + 3\ CO_2(g) + 3\ H_2O(l)$$

Calcola il volume di anidride carbonica misurato in condizioni STP che si forma quando 18,8 g di carbonato di calcio reagiscono con 250 mL di acido fosforico 0,500 M. **[6 punti]**

....

13 Quante moli di azoturo di sodio occorrono per gonfiare un airbag di 35 L alla pressione di 150 kPa e a 25 °C? .... **[6 punti]**

14 Sciogliendo un po' di $I_2(s)$ in $CCl_4(l)$, si ottiene una soluzione che: **[6 punti]**

A solidifica alla stessa temperatura di solidificazione di CCl_4

B solidifica a una temperatura più bassa della temperatura di solidificazione di CCl_4

C solidifica a una temperatura più alta della temperatura di solidificazione di CCl_4

D non può più solidificare, qualunque sia la temperatura

E solidifica a una temperatura più bassa di quella di solidificazione dell'acqua

15 Il fosforo può essere preparato industrialmente attraverso la reazione di seguito descritta:

$$6\ SiO_2 + 2\ Ca_3(PO_4)_2 + 10\ C \rightarrow 10\ CO + 6\ CaSiO_3 + P_4$$

Se si mescolano 6,0 g di silice, 2,0 g di fosfato di calcio e 10 g di carbonio qual è il reagente limitante? **[7 punti]**

....

16 The reaction between reactant A (blue spheres) and reactant B (red spheres) is shown in the following diagram: **[6 punti]**

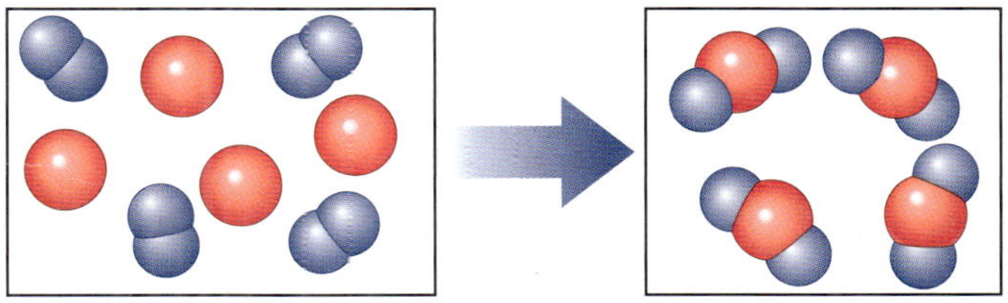

Based on this diagram, how many moles of product can be obtained starting with 8.0 mol of A and 10.0 mol of B? ....

17 Ammonia gas can be produced by heating a mixture of solid sodium hydroxide (NaOH) with solid ammonium sulphate, $(NH_4)_2SO_4$. What mass of ammonium sulphate should be heated with excess sodium hydroxide to produce 2.00 L of ammonia gas at STP? .... **[7 punti]**

CLIL Chemistry highlights

Amount of Substance and the Mole

1. Match each word with its definition

1. Concentration ....
2. Molar volume ....
3. Molar mass ....
4. Molar concentration ....
5. Stoichiometric quantities ....

a. The volume of one mole of any aeriform substance. At standard temperature and pressure (STP) it is equal to 22.7 L/mol.
b. The mass of one mole of any substance. It corresponds to its atomic or molecular mass expressed as grams/mole.
c. The coefficients in a chemical equation that indicate the relationships between particles and moles of the substances involved in the reaction.
d. A basic property of solutions that indicates the relationship between the amount of solute and solution (or solvent).
e. Amount of solute (expressed in moles) dissolved in 1 L of solution.

2. Read the text and fill in the gaps with the words given

solute – atoms – gas – molar mass – solution

Amount of Substance Amount of substance, symbol n, is a quantity that measures the size of an ensemble of entities. It appears in thermodynamic relations, such as the ideal .... law, and in stoichiometric relations between reacting molecules, as in the Law of Multiple Proportions. Familiar equations involving n are thus

$$pV = nRT$$

for an ideal gas, and the equation

$$c = n/V$$

for the amount-of-substance concentration (usually called simply the concentration, the molar concentration, or the amount concentration) of a solution. Here, V is the volume of a .... containing the amount of .... n. Another important relation is that between amount of substance n and mass m for a pure sample

$$n = m/M$$

where M is the mass per amount of substance, usually called the "................................" Similarly, amount concentration c (SI unit mol/dm^3) may be related to mass concentration ρ (SI unit g/dm^3) by the equation

$$c = \rho/M$$

[...]

The Mole The mole, with symbol mol, is the SI unit for the quantity amount of substance. It is currently defined as follows: the mole is that amount of substance that contains the same number of elementary entities as there are .... in 12 g of carbon−12. When the mole is used, the entities must be specified and may be atoms, molecules, ions, electrons, other particles, or specified groups of such particles.

It follows that the numerical value of the Avogadro constant, denoted $\{N_A\}$, expressed in the unit mol^{-1}, is simply the number of atoms in 12 g of carbon−12, so that the value of the Avogadro constant is directly related to the definition of the mole. The present best estimate of the Avogadro constant is

$$N_A = 6.02214179\,(30) \cdot 10^{23}\ mol^{-1} [u_r = 5 \cdot 10^{-8}]$$

where the number in square brackets is the relative standard uncertainty.

The effect of this definition is that the molar mass of carbon−12, $M(^{12}C)$, is exactly 12 g/mol, and the molar mass of any atom or molecule X is determined from its atomic or molecular weight by simply multiplying by the unit g/mol, without the need to know the value of the Avogadro constant.

[...]

[Tratto da: *www.iupac.org/publications/ci/2009/3102/1_mills.html*, Ian Mills and Martin Milton]

3. Now listen and check

4. Answer the following questions

a. What measuring unit is indicated in the article for molar concentration?

....

b. Which calculation should be done to move from mass concentration to molar concentration?

....

....

c. What does the Avogadro constant express?

....

....

YOUR GLOSSARY

ensemble = insieme

....
....
....
....
....
....
....
....
....

10 Trasformazioni della materia: energia e ambiente

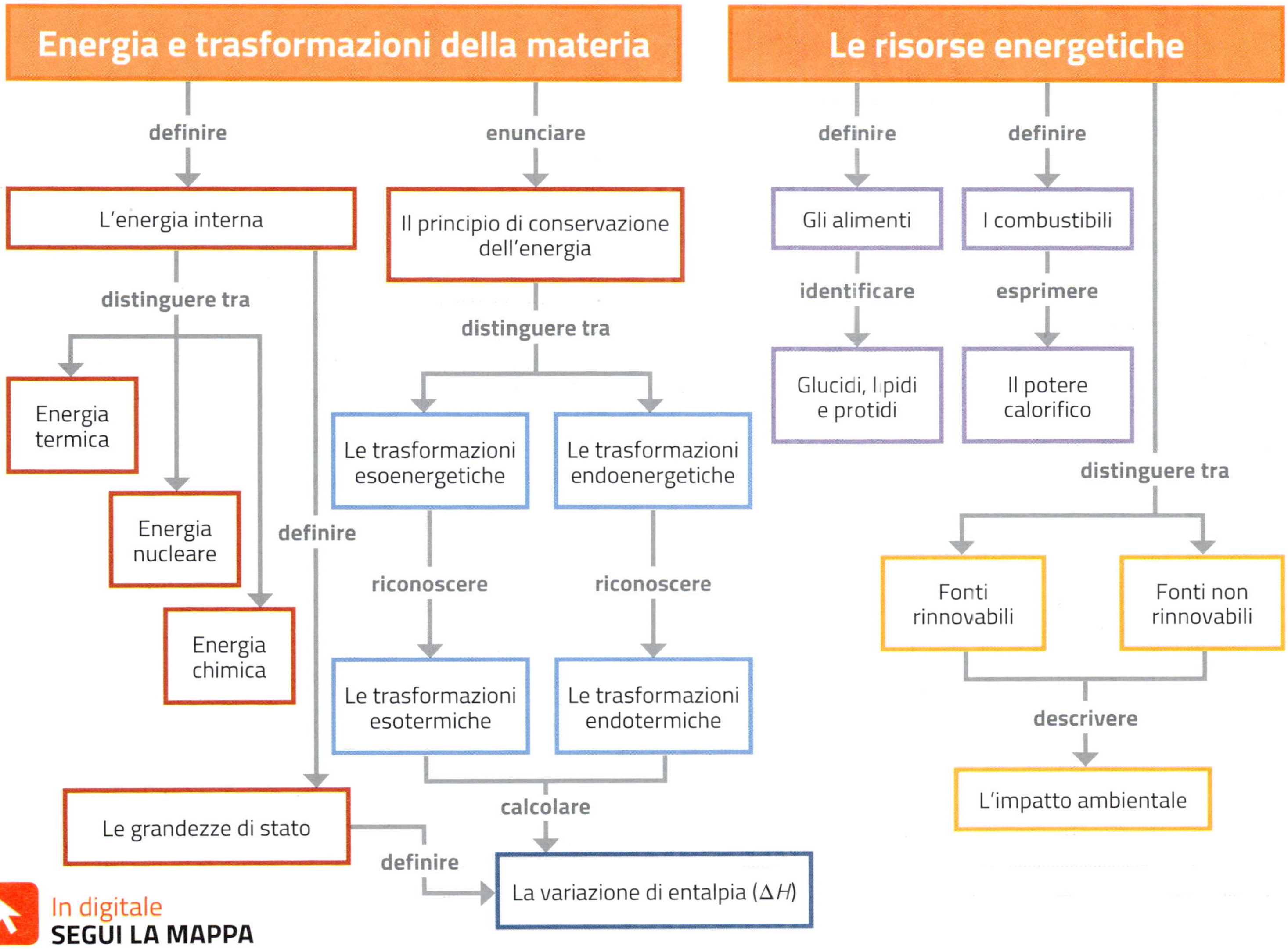

In digitale
SEGUI LA MAPPA

1 L'energia interna

La materia è un magazzino di energia che si presenta in forme diverse a seconda del tipo di particelle e dei modi con cui queste si muovono

Energia e trasformazioni della materia

In questo capitolo ci occupiamo di un altro aspetto che riguarda le trasformazioni della materia e cioè l'energia.

I corpi possiedono *energia cinetica* (per effetto del loro movimento) ed *energia potenziale* (per effetto della loro posizione nel campo gravitazionale) (▶ Figura 1).

Come sappiamo l'energia è anche all'interno dei corpi e si manifesta durante le trasformazioni della materia. Per esempio, un falò in riva al mare crea atmosfera e ci dà anche luce e calore, cioè energia e poi sulla sabbia resterà soltanto un po' di cenere, uno dei prodotti della trasformazione chimica. O ancora, pensiamo all'energia elettrica: arriva da lontano, sembra immateriale eppure è stato possibile ottenerla nelle centrali termoelettriche, trasformando l'energia contenuta nella materia, per esempio carbone o metano. (▶ Figura 2).

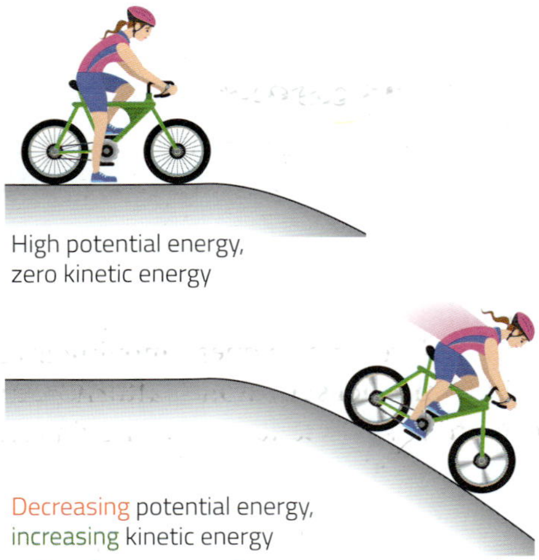

▶ **Figura 1** Potential energy and kinetic energy. The potential energy initially stored in the motionless bicycle at the top of the hill is converted to kinetic energy as the bicycle moves down the hill and loses potential energy.

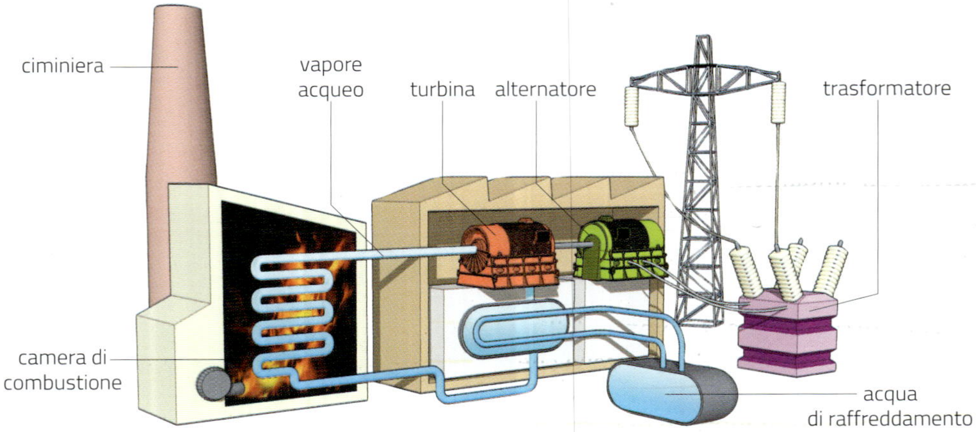

▶ **Figura 2** In tutte le centrali elettriche vi sono due dispositivi che trasformano energia da una forma all'altra, la turbina e l'alternatore. La turbina, che può essere messa in movimento in vari modi, è collegata all'alternatore, che trasforma l'energia cinetica della rotazione in energia elettrica. Nelle centrali termoelettriche il movimento della turbina è ottenuto dalla pressione del vapore che si ottiene dall'acqua riscaldata nella caldaia bruciando i combustibili fossili.

Dobbiamo dunque considerare la materia come un magazzino che contiene energia, e quindi possiamo utilizzare un modo opportuno per prelevarne l'energia che ci serve ma possiamo anche ideare un sistema capace di accumulare energia per quando ci servirà. Basta pensare infatti a una pila al litio: essa ci dà l'energia elettrica per far funzionare il nostro smartphone ma di tanto in tanto dobbiamo collegarla alla rete elettrica, cioè dobbiamo riaccumulare energia nel magazzino-materia.

Dunque l'energia può entrare e uscire dalla materia, sempre attraverso opportune trasformazioni della materia stessa (▶ Figura 3).

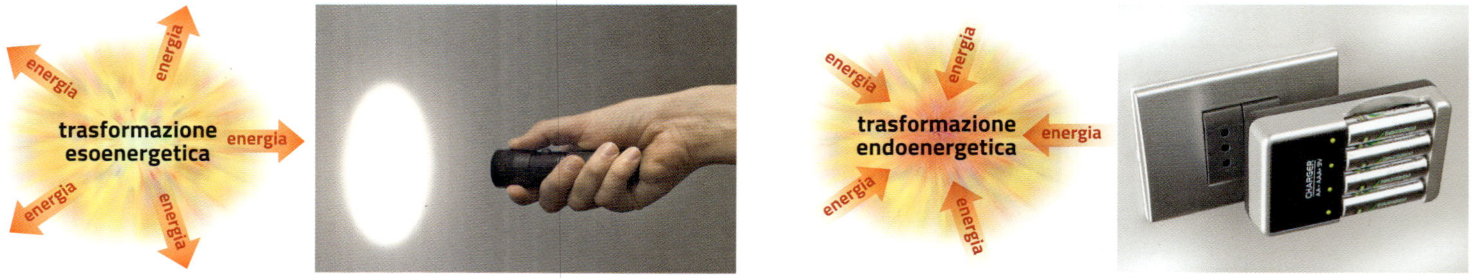

▶ **Figura 3** Il sistema chimico contenuto in una pila o in una batteria è in grado di fornire o di assorbire energia elettrica.

Si chiamano **trasformazioni esoenergetiche** tutte le trasformazioni di un sistema che avvengono con liberazione di energia nell'ambiente. Viceversa sono dette **trasformazioni endoenergetiche** quelle che avvengono con assorbimento di energia dall'ambiente. Quando l'energia in gioco è il calore si parla di **trasformazioni esotermiche** e di **trasformazioni endotermiche**.

Gli scambi di energia che avvengono in tutte le trasformazioni che riguardano la materia ubbidiscono a uno dei principi fondamentali delle scienze sperimentali.

Il **principio di conservazione dell'energia** afferma che l'energia si trasforma continuamente da una forma all'altra, ma l'energia totale dell'Universo rimane costante.

Ora possiamo finalmente «entrare nella materia» per scoprire come fanno le particelle a immagazzinare l'energia nei diversi corpi.

Energia termica

L'energia termica è la forma di energia contenuta in un corpo che dipende dall'incessante movimento delle particelle che lo costituiscono. Al patrimonio di energia termica contribuiscono tutti i movimenti che le particelle possono compiere.

- *Moti di traslazione*: questi movimenti fanno cambiare le posizioni reciproche delle particelle del sistema.
- *Moti di rotazione*: questi movimenti riguardano la rotazione dell'intera particella (o di uno dei suoi atomi) attorno a un asse.
- *Moti di vibrazione*: questi movimenti modificano la distanza tra gli atomi della stessa particella (▶ Figura 4).

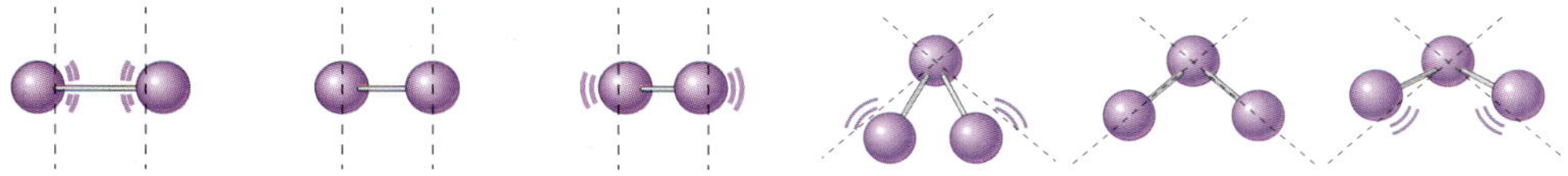

Il *moto vibrazionale di stiramento* modifica con andamento periodico la lunghezza di legame tra gli atomi; gli atomi si possono allontanare e avvicinare.

Il *moto vibrazionale di piegamento* modifica con andamento periodico l'angolo di legame tra gli atomi; l'angolo di legame può diminuire e aumentare.

▶ **Figura 4** Rappresentazione dei moti vibrazionali di stiramento e di piegamento.

Animazione in digitale
I diversi tipi di movimento delle particelle

L'energia termica è una proprietà del sistema che corrisponde alla somma dell'energia cinetica associata a tutti i movimenti che possono compiere le particelle che costituiscono il sistema.

L'**energia termica** è una grandezza estensiva (cioè dipende dal numero di particelle che costituiscono il sistema) che cambia con la temperatura del sistema (cioè dipende dalla velocità media delle particelle).

È necessario sottolineare che in ogni istante i moti delle particelle avvengono con una velocità diversa e quindi occorre parlare di velocità media: questa è tanto più grande quanto più è alta la temperatura.

Prova tu 1

In una sala ci sono due termosifoni; uno di essi è formato da dieci elementi radianti e l'altro da cinque. Se l'acqua che circola nei radiatori ha la stessa temperatura puoi affermare che in essi è contenuta la stessa energia termica?

....

....

Energia chimica

Le molteplici interazioni di tipo elettrico (legami chimici e forze intermolecolari) obbligano le particelle di un corpo a occupare determinate posizioni reciproche.

L'**energia chimica** è la forma di energia potenziale associata alla posizione reciproca delle particelle che costituiscono un sistema ed è pertanto una grandezza estensiva.

A differenza dell'energia termica, l'energia chimica non cambia al variare dalla temperatura purché non cambi lo stato di aggregazione del sistema o la composizione chimica: nelle trasformazioni infatti cambiano le interazioni di tipo elettrico tra le particelle e quindi cambia l'energia chimica del sistema.

Energia nucleare

Al patrimonio di energia potenziale della materia contribuisce anche un'altra forma di energia.

L'**energia nucleare** è una forma di energia potenziale associata alle forze che tengono vicini tra loro i protoni e i neutroni nel nucleo degli atomi che costituiscono un sistema.

Anche l'energia nucleare dipende dalla composizione particellare del sistema ed è una grandezza estensiva, ma essa, è opportuno sottolinearlo subito, cambia soltanto a seguito delle reazioni nucleari e quindi resta invariata nelle trasformazioni fisiche e chimiche (▸ Figura 5).

▸ **Figura 5** Nelle reazioni nucleari la quantità di energia liberata per unità di massa trasformata è sempre enormemente più grande di quella messa in gioco nelle reazioni chimiche.

Energia interna

Ogni sistema possiede dunque un suo patrimonio di energia al quale contribuiscono le tre diverse forme di energia che abbiamo descritto.

Si chiama **energia interna** il patrimonio energetico di un sistema che corrisponde alla somma delle diverse forme di energia possedute dalle sue particelle cioè energia termica, energia chimica ed energia nucleare.

È opportuno precisare che non siamo in grado di conoscere il valore assoluto del patrimonio di energia interna, ma, come vedremo nella prossima lezione, possiamo determinare di quanto aumenta o diminuisce a seguito di una trasformazione.

La *termodinamica*, cioè quella branca della scienza che si occupa della relazione tra energia e trasformazioni della materia, ha stabilito che l'energia interna è una *grandezza di stato*; questo significa che per ogni sistema, stabilita la sua composizione chimica e fissate le variabili fisiche che influenzano il suo stato (temperatura e pressione), resta definito anche il suo patrimonio di energia interna.

Ne conseguono due importanti considerazioni.

- L'energia interna del sistema cambia se il sistema subisce una trasformazione che ne cambia lo stato e/o la composizione chimica.
- L'energia interna del sistema resta immutata se esso compie un ciclo di trasformazioni, cioè una serie di trasformazioni che lo riportano allo stato iniziale (▸ Figura 6).

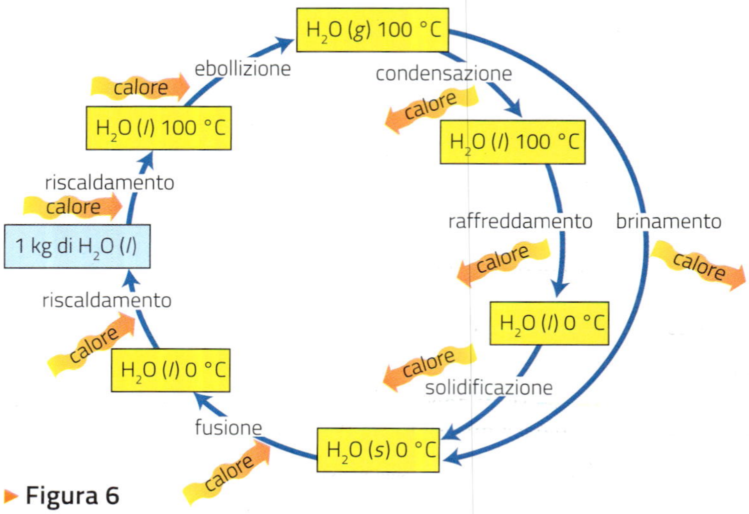

▸ **Figura 6**

Prova tu 2

Che cosa occorre precisare per poter affermare che l'energia interna di mezzo litro di latte vale la metà di quella contenuta in un litro?

....

....

....

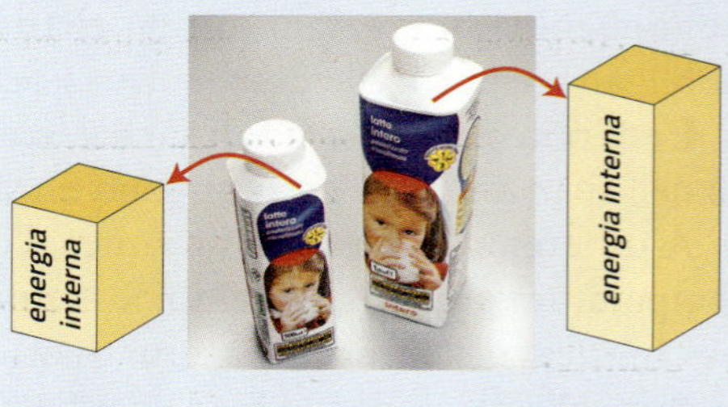

Esercizi 1 L'energia interna

1 Ogni corpo possiede un suo patrimonio di energia interna. Completa lo schema collegando con frecce i riquadri di destra e di sinistra:

Energia interna	
Energia termica	Forze tra protoni e neutroni
Energia chimica	Movimenti delle particelle
Energia nucleare	Posizione delle particelle

2 Che tipo di trasformazione avviene nel contenitore?

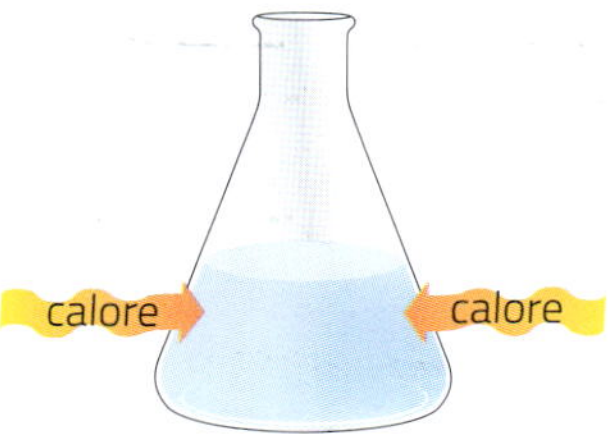

A Trasformazione endotermica
B Trasformazione esoenergetica
C Trasformazione esotermica
D Trasformazione endoenergetica
E Non è possibile rispondere

3 Che cosa cambia in una molecola triatomica con il moto vibrazionale di piegamento? ....

4 In una molecola triatomica quali moti vibrazionali sono possibili?

....

5 Indica per ogni affermazione se è vera o falsa.

a) L'insieme delle diverse forme di energia presenti nella materia prende il nome di energia interna V F
b) Il principio di conservazione dell'energia non si può applicare all'energia chimica V F
c) Mangiando un panino trasformiamo l'energia chimica presente nella materia V F
d) L'energia interna di un sistema cambia soltanto se cambia la temperatura V F
e) L'energia nucleare è una forma di energia potenziale connessa ai moti vibrazionali V F

6 Associa a ciascun moto la corrispondente definizione.

a) Moto di traslazione ....
b) Moto di rotazione ....
c) Moto vibrazionale di stiramento ....

1. Modifica l'angolo di legame tra gli atomi
2. Cambia la posizione reciproca delle particelle
3. Modifica la lunghezza di legame tra due atomi
4. La particella, o una sua parte, ruota su se stessa

7 In relazione all'energia nucleare di un sistema indica le affermazioni vere e quelle false.

a) Si tratta di una grandezza estensiva V F
b) È una forma di energia potenziale tra nucleoni V F
c) Contribuisce all'energia interna del sistema V F
d) Dipende dallo stato di aggregazione del sistema V F

8 A un sistema formato da 20 g di acqua a 10 °C si aggiungono 20 g di acqua a 10 °C. Indica, riferendoti al nuovo sistema, le affermazioni vere e quelle false.

a) L'energia interna raddoppia V F
b) La temperatura sale a 20 °C V F
c) L'energia termica resta costante V F
d) L'energia chimica raddoppia V F
e) L'energia nucleare non cambia V F

9 Applicando il principio di conservazione dell'energia a un sistema isolato nel quale avviene una trasformazione si può affermare che:

A la somma di tutte le forme di energia interna non cambia
B nessuna forma di energia può aumentare o diminuire
C l'energia termica è uguale all'energia chimica
D se una forma di energia aumenta, anche le altre devono aumentare
E l'ipotesi è sbagliata perché in un sistema isolato non possono avvenire trasformazioni

10 Perché si può affermare con certezza che a seguito di una trasformazione chimica cambia l'energia chimica?

....

11 Quale delle frasi seguenti è *sbagliata*?

A Quando «navighi» con lo smartphone, nella batteria avviene una trasformazione esoenergetica
B Due diverse quantità di acqua alla stessa temperatura hanno la stessa energia termica
C 30 g di acqua a 20 °C hanno la stessa energia chimica di 30 g di acqua a 10 °C
D Se aumenta la temperatura di un sistema chiuso aumenta anche la sua energia termica
E Non è possibile modificare l'energia interna di un sistema isolato

12 Un sistema è costituito da 1 mol di ossigeno a 20 °C e alla pressione di 1 bar. Un altro sistema è costituito da 1 mol di idrogeno alla stessa temperatura e alla stessa pressione. I due sistemi hanno la stessa energia chimica?

A Sì, perché il numero di particelle è uguale
B Sì, perché la temperatura è uguale
C No, perché le sostanze sono diverse
D Sì, perché entrambi sono formati da molecole biatomiche
E No, perché solo le molecole di ossigeno possono ruotare

13 The particles of any body are always in motion. The whole of this kinetic energy is

A internal energy
B thermal energy
C chemical energy
D heat
E potential energy

14 Why does a system constituted by 20 g of hydrogen at STP have a different internal energy than 20 g of deuterium at STP?

....

....

2 L'energia chimica e le trasformazioni della materia

Le trasformazioni della materia che cambiano le particelle e/o le forze di interazione tra le stesse cambiano l'energia chimica del sistema

Trasformazioni di energia nei passaggi di stato

In tutti i cambiamenti dello stato di aggregazione si verifica un profondo cambiamento della intensità delle forze e della posizione reciproca delle particelle che costituiscono un sistema. Tutto ciò comporta una variazione dell'energia chimica della sostanza.

Durante il riscaldamento di una sostanza solida si verificano due soste termiche in corrispondenza della fusione e dell'ebollizione (▸ Figura 1).
Per esempio, durante la fusione del benzene, che avviene a 5,5 °C, il calore fornito al sistema viene utilizzato per vincere o allentare via via le forze tra le molecole; al termine della fusione il benzene è liquido e la temperatura del sistema è ancora 5,5 °C. Si può quindi affermare che l'energia termica del sistema non è aumentata. Sono cambiate invece le forze tra le molecole e quindi il calore fornito durante la fusione si è trasformato in energia chimica (▸ Figura 2).

Considerazioni del tutto simili si possono fare per l'evaporazione e la sublimazione, cioè gli altri passaggi di stato in cui si fornisce calore al sistema.

Durante i **passaggi di stato endotermici**, in cui si fornisce calore al sistema, si ha un aumento dell'energia chimica del sistema.

Invece i passaggi di stato in cui si raffredda il sistema (condensazione, solidificazione, brinamento) sono trasformazioni in cui diminuisce l'energia chimica del sistema. Anche questi passaggi avvengono a temperature fisse, l'energia termica del sistema non cambia per cui il calore che il sistema cede corrisponde alla trasformazione di una parte della sua energia chimica (▸ Figura 3).

Durante i **passaggi di stato esotermici** in cui il sistema cede calore si ha una diminuzione dell'energia chimica del sistema.

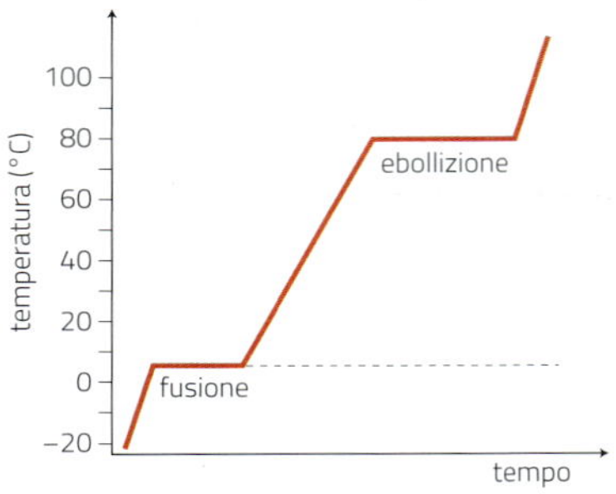

▸ **Figura 1** Sappiamo che i passaggi di stato di aggregazione delle sostanze avvengono a temperature fisse. Il grafico è relativo al riscaldamento del benzene.

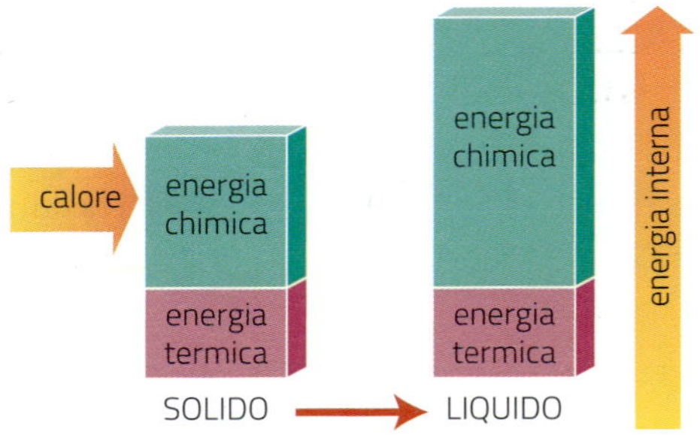

▸ **Figura 2** Durante la fusione il calore fornito, detto calore latente, va ad aumentare l'energia chimica del sistema.

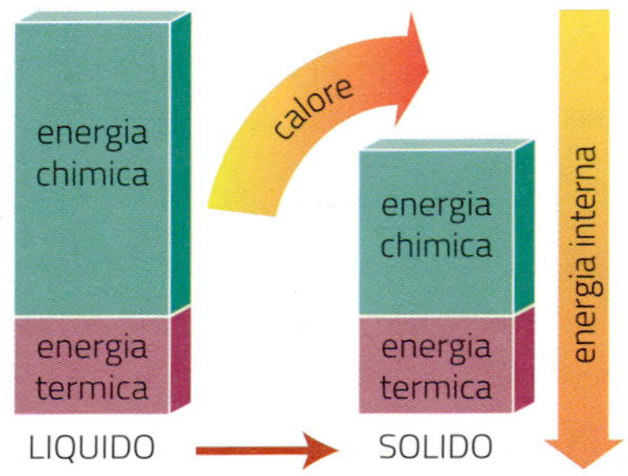

▸ **Figura 3** Durante la solidificazione il calore sottratto fa diminuire l'energia chimica del sistema.

Trasformazioni di energia nelle dissoluzioni

Quando una sostanza si scioglie in un liquido la temperatura del sistema generalmente cambia e talvolta la variazione è così rapida e marcata da essere apprezzata dai nostri sensi.

Per stabilire se una dissoluzione è endotermica o esotermica, è opportuno fare riferimento a una trasformazione che avviene in un sistema isolato: in questo modo è possibile misurare in modo preciso la variazione di temperatura del sistema in una dissoluzione (▸ Figura 4).

Il sistema iniziale è formato da due sostanze: prima della trasformazione le sostanze sono separate e quindi l'energia interna del sistema corrisponde alla somma dell'energia interna di ciascuna sostanza. La dissoluzione cambia profondamente le posizioni reciproche delle particelle che costituiscono il sistema: le molecole della sostanza solida nella soluzione sono mescolate con le molecole del solvente. Di conseguenza il patrimonio di energia chimica del sistema può cambiare, talvolta anche in modo significativo.

Se a seguito della dissoluzione la temperatura è aumentata, nella soluzione è aumentata l'energia termica e quindi, dato che in un sistema isolato l'energia interna rimane costante, è diminuita l'energia chimica.

Nelle **dissoluzioni esotermiche** si ha un aumento di temperatura perché si ha una diminuzione dell'energia chimica del sistema.

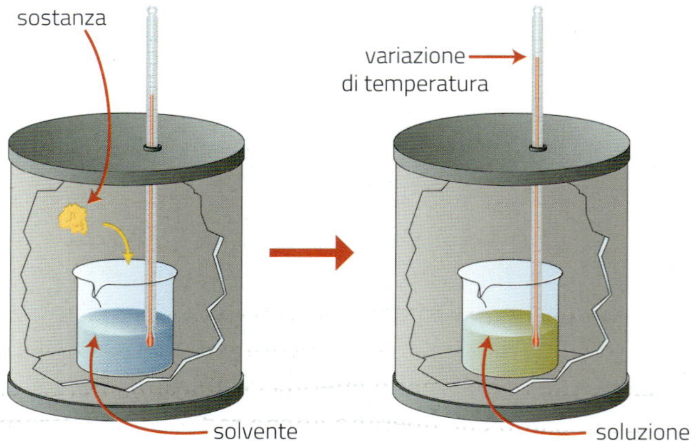

▸ **Figura 4**

Naturalmente ci sono anche dissoluzioni endotermiche, cioè trasformazioni in cui il sistema si raffredda: la diminuzione dell'energia termica avviene a favore di un aumento dell'energia chimica.

Nelle **dissoluzioni endotermiche** si ha una diminuzione di temperatura perché si ha un aumento dell'energia chimica del sistema.

Video in digitale
Reazioni esotermiche e reazioni endotermiche

Trasformazioni di energia nelle reazioni chimiche

Le trasformazioni chimiche modificano le sostanze che costituiscono un sistema e ciò accade perché alcuni legami presenti tra gli atomi dei reagenti si rompono e si formano altri legami che danno vita ai prodotti. Per rompere i legami occorre fornire energia al sistema, viceversa la formazione di legami libera energia: il bilancio tra energia in entrata (rottura dei legami) ed energia in uscita (formazione di legami) determina l'effetto energetico della reazione.

La combustione dell'idrogeno, una reazione fortemente esotermica, è un esempio di reazione in cui il bilancio è molto favorevole all'energia in uscita (▶ Figura 5).

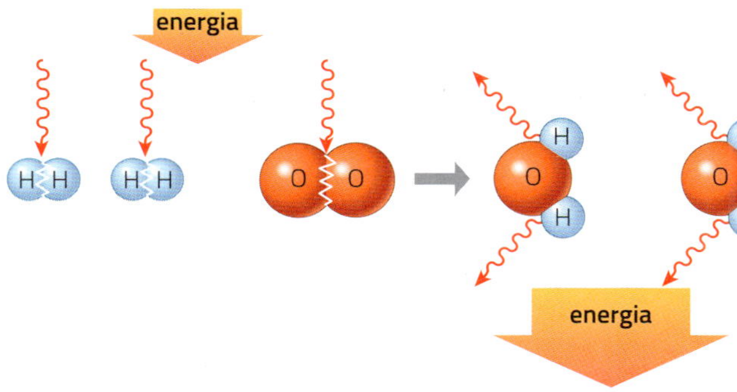

▶ **Figura 5** Rappresentazione dell'energia in gioco nella reazione di combustione dell'idrogeno.

L'energia chimica del sistema prima di una reazione corrisponde alla somma dell'energia chimica di tutte le sostanze reagenti. L'energia chimica del sistema al termine della reazione corrisponde a quella delle sostanze prodotte e può accadere che essa sia maggiore o minore di quella delle sostanze reagenti.

In moltissime reazioni a questa variazione di energia chimica corrisponde la liberazione o l'assorbimento di calore da parte del sistema (▶ Figura 6).

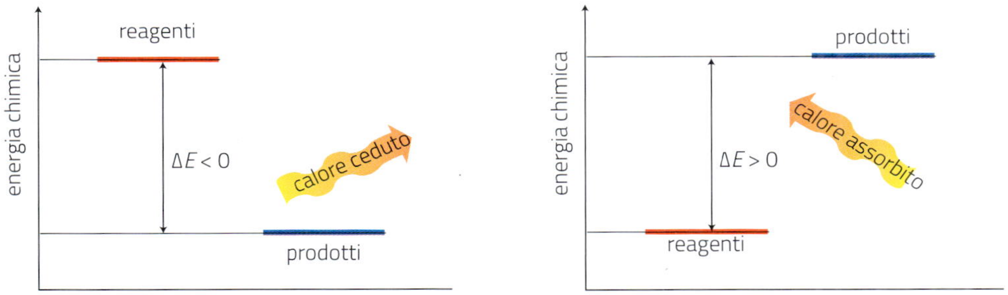

▶ **Figura 6** Rappresentazione della variazione di energia chimica nelle reazioni esotermiche ed endotermiche.

Le **reazioni esotermiche** sono le trasformazioni chimiche accompagnate dalla diminuzione dell'energia chimica del sistema e dalla contemporanea liberazione di calore.

Le **reazioni endotermiche** sono le trasformazioni chimiche accompagnate dall'aumento dell'energia chimica del sistema e dal contemporaneo assorbimento di calore.

Esistono numerose trasformazioni chimiche in cui alla diminuzione di energia chimica non corrisponde la liberazione di calore; nelle pile, per esempio, avvengono reazioni che trasformano energia chimica in energia elettrica e viceversa; sono note inoltre reazioni che liberano anche radiazioni elettromagnetiche (▶ Figura 7).

Proprio perché l'energia chimica può trasformarsi in forme di energia differenti da quella termica, si usa in generale l'espressione *reazioni esoenergetiche*. In modo analogo, si chiamano *reazioni endoenergetiche* quelle in cui la materia assorbe una qualche forma di energia per trasformarla in energia chimica.

▶ **Figura 7** Le lucciole sono dei veri e propri laboratori chimici in cui avvengono complesse reazioni che producono energia sotto forma di radiazioni elettromagnetiche la cui frequenza cade nella regione del visibile.

Esercizi 2 L'energia chimica e le trasformazioni della materia

1 Che tipo di trasformazione è rappresentata?

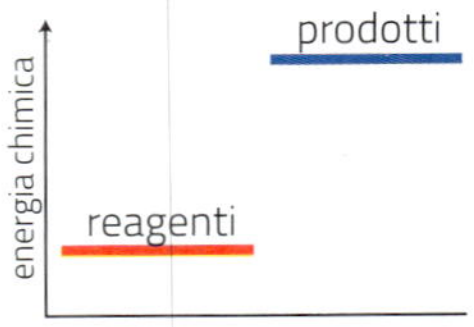

....

....

2 In relazione all'energia in gioco nelle trasformazioni chimiche, indica le affermazioni vere e quelle false.

a) Le reazioni in cui il sistema cede energia all'ambiente sono esoenergetiche V F
b) Una reazione in cui il sistema assorbe calore è endotermica V F
c) In una reazione endoenergetica l'energia chimica del sistema diminuisce V F
d) Nelle reazioni esotermiche una parte di energia chimica si trasforma in calore V F
e) Nelle reazioni esotermiche i reagenti hanno più energia chimica dei prodotti V F

3 Quale delle seguenti trasformazioni è sicuramente esoenergetica?

A $Cl_2(g)$ + energia radiante → $Cl(g) + Cl(g)$
B $2\,H_2O(g)$ + energia elettrica → $2\,H_2(g) + O_2(g)$
C $H_2O(l) \rightarrow H_2O(g)$
D $C_{10}H_8(g) \rightarrow C_{10}H_8(s)$
E $Na_2S_2O_3(s) \xrightarrow{acqua} 2\,Na^+(aq) + S_2O_3^{2-}(aq)$

4 Un sistema formato da 30 g di ghiaccio a −10 °C viene trasformato in acqua liquida alla temperatura di 20 °C. Indica per ogni affermazione se è vera o falsa.

a) Il patrimonio di energia interna del sistema aumenta V F
b) L'energia chimica del sistema resta costante V F
c) Il sistema deve essere isolato V F
d) L'energia termica del sistema aumenta V F
e) L'energia nucleare del sistema non cambia V F

5 Sciogliendo in acqua l'idrossido di sodio (NaOH) si osserva che la temperatura del sistema aumenta. Indica le affermazioni vere e quelle false.

a) Una parte di energia chimica si trasforma in energia termica V F
b) La dissoluzione è una trasformazione endotermica V F
c) Serve meno energia per rompere i legami ionici rispetto a quella che si ottiene nella formazione dei legami ione-dipolo V F
d) L'energia termica diminuisce dato che aumenta l'energia chimica V F
e) L'energia chimica e l'energia termica aumentano V F

6 Il grafico può riguardare il processo di ricarica della batteria di un cellulare?

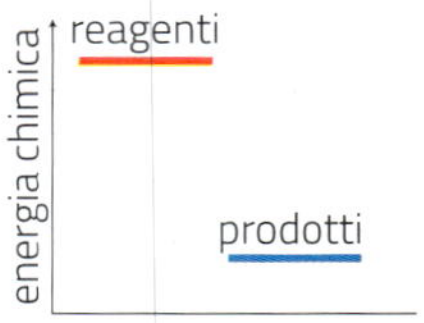

....

....

7 Nelle figure è mostrata la trasformazione chimica tra una soluzione di solfato rameico e granuli di zinco. Alla fine della reazione la temperatura del sistema è aumentata.

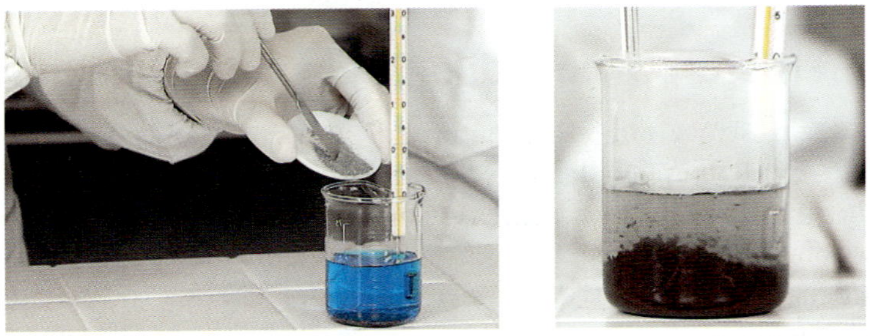

Sottolinea l'alternativa corretta.

a) L'energia termica del sistema *aumenta/diminuisce*
b) La reazione è *esotermica/endotermica*
c) L'energia chimica del sistema *aumenta/diminuisce*

8 Indica per ogni affermazione se è vera o falsa.

a) Le combustioni non rispettano il principio della conservazione dell'energia perché disperdono calore nell'ambiente V F
b) La fotosintesi clorofilliana è una trasformazione esoenergetica perché forma sostanze ricche di energia V F
c) L'energia termica è una forma di energia interna estensiva che dipende dalla temperatura del sistema V F
d) Nelle trasformazioni endoenergetiche l'energia interna del sistema non può mai cambiare V F
e) Alcune reazioni chimiche esoenergetiche liberano energia in forme diverse da quella termica V F

9 Some phase transitions are endothermic transformations. *Which ones?*

A Boiling
B Freezing
C Solidification
D Condensation
E Sublimation

10 The energy change that accompanies exothermic reactions comes from:

A the addition of energy on the reactant side of the equation
B the higher temperature readings from the products
C the breaking and reforming of chemical bonds
D an increase in the motion of the particles

11 A mixture of hydrogen and oxygen is enclosed in a rigid insulating container and exploded by a spark: the temperature and the pressure both increase considerably.
Neglecting the small amount of energy provided by the spark itself, what conclusion may be drawn about the internal energy of the mixture?

....

3 L'energia dai combustibili e dagli alimenti

È possibile misurare la quantità di energia che possiamo ottenere dai combustibili e dagli alimenti

Come si misura l'energia

Gran parte dell'energia di cui un essere umano ha bisogno proviene direttamente e indirettamente da due classi di materiali ben distinti: gli *alimenti* e i *combustibili*. Gli alimenti provvedono a fornire l'energia per il fabbisogno indispensabile alla vita biologica mentre i combustibili sono tuttora tra le materie prime impiegate per la produzione di energia elettrica e per la mobilità, due tra i tanti bisogni della «vita moderna». Siamo coscienti dunque di quanto sia importante saper misurare bisogni e fabbisogno.

Dato che ogni forma di energia è, almeno in linea di principio, convertibile nelle altre, il Sistema Internazionale ha definito per l'energia una sola unità di misura: il **joule** (J). Il joule misura una quantità di energia relativamente piccola e quindi si usa spesso il suo multiplo, il kilojoule (kJ) (▶ Tabella 1).

Per misurare il calore liberato o acquistato da un sistema a seguito di una trasformazione, si usano apposite apparecchiature chiamate *calorimetri*.

Queste apparecchiature consentono di effettuare una trasformazione in condizioni che simulano con buona approssimazione un sistema isolato. Un tipo specifico di calorimetro, particolarmente adatto per la determinazione del calore liberato nelle reazioni di combustione, è la cosiddetta *bomba calorimetrica* (▶ Figura 1). La combustione avviene in un recipiente ermeticamente chiuso (A) e il calore liberato scalda una quantità nota di acqua distillata (B) e il calorimetro stesso; il calore assorbito dall'acqua si calcola con la seguente espressione:

$$q = m \cdot c \cdot \Delta t$$

calore (kJ) = q; massa (kg) = m; calore specifico [kJ/(kg · °C)] = c; aumento di temperatura (°C) = Δt

Il *calore specifico* **c** indica la quantità di calore che 1 kg di materiale deve acquistare per aumentare la sua temperatura di 1 °C e per l'acqua vale 4,184 kJ/(kg · °C) (▶ Tabella 2).

Alla quantità di calore *q* assorbita dall'acqua occorre aggiungere anche il calore assorbito dal calorimetro. Per ottenere questo valore dobbiamo conoscere la *capacità termica* del calorimetro, cioè la quantità di calore necessaria per innalzare di 1 °C la sua temperatura. La quantità così ottenuta corrisponde, in base al principio di conservazione dell'energia, al calore sviluppato dalla combustione.

▶ **Tabella 1** Alcune unità di misura dell'energia e i corrispondenti valori espressi in joule. Tep è un'unità di misura usata per valori molto grandi, come il fabbisogno energetico di un intero Paese.

Unità di misura	Valore in joule
1 eV (elettronvolt)	$1{,}602 \cdot 10^{-19}$
1 cal (caloria)	4,184
1 L · atm (litro-atmosfera)	$1{,}013 \cdot 10^{2}$
1 Btu (British thermal unit)	$1{,}055 \cdot 10^{3}$
1 kWh (kilowattora)	$3{,}6 \cdot 10^{6}$
1 Tep (tonnellata equivalente di petrolio)	$4{,}2 \cdot 10^{10}$

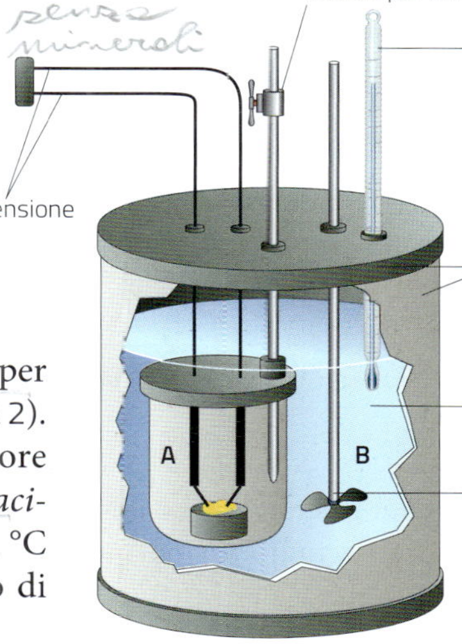

▶ **Figura 1** Il recipiente A contiene la sostanza (o il materiale) da bruciare e l'ossigeno sotto pressione. La reazione viene innescata elettricamente. L'agitatore serve a mantenere uniforme la temperatura dell'acqua e in questo modo si possono realizzare misurazioni attendibili dell'aumento della temperatura.

▶ **Tabella 2** Calore specifico di alcuni materiali. Questa proprietà è utile per confrontare la diversa capacità dei materiali di immagazzinare calore.

Materiale	Calore specifico (kJ/kg · °C)
idrogeno (*g*)	14,3
acqua (*l*)	4,184
cera (*s*)	2,5
glicerina (*l*)	2,43
ammoniaca (*g*)	2,06
glicole etilenico (*l*)	2,39
olio di oliva (*l*)	2,0
aria (*g*)	1,00

Materiale	Calore specifico (kJ/kg · °C)
marmo (*s*)	0,98
asfalto (*s*)	0,92
alluminio (*s*)	0,90
vetro (*s*)	0,8
ferro (*s*)	0,45
rame (*s*)	0,38
piombo (*s*)	0,13
oro (*s*)	0,13

Prova tu 1

In una bomba calorimetrica vengono bruciati 0,400 g di olio combustibile. La combustione fa aumentare di 2,12 °C la temperatura di 2500 g di acqua contenuta nel calorimetro.

a) Calcola il calore sviluppato dalla reazione che viene assorbito dall'acqua.

....

....

b) Calcola il calore sviluppato dalla reazione sapendo che la capacità termica del calorimetro vale 3,08 kJ/°C.

....

PER SAPERNE DI PIÙ

Acqua come serbatoio energetico
L'acqua ha un calore specifico elevato. Questo fatto ha molta importanza per il clima: l'acqua del mare o di un lago si riscalda e si raffredda più lentamente del terreno che la circonda e ciò concorre a ridurre le escursioni termiche (cioè le differenze di temperatura) tra il giorno e la notte e tra l'inverno e l'estate. Per lo stesso motivo l'acqua viene normalmente utilizzata come fluido riscaldante nei radiatori, proprio perché può immagazzinare grandi quantità di calore che possono poi essere cedute nell'ambiente.

Il potere calorifico dei combustibili

Nella vita quotidiana i combustibili assumono grande rilevanza perché sono un comodo magazzino di energia chimica e le reazioni di combustione servono proprio per ricavarne l'energia necessaria per gli usi domestici e per le attività industriali.

La quantità di calore liberata in una combustione è direttamente proporzionale alla quantità di materiale che viene trasformato. È opportuno quindi conoscere ed esprimere il valore dell'energia prodotta in rapporto alla quantità di materia trasformata: per questo motivo è stato definito il *potere calorifico*.

Il **potere calorifico** è il calore sviluppato dalla reazione di combustione di 1 kg o di 1 m^3 di combustibile.

Normalmente per i combustibili solidi e liquidi ci si riferisce alla massa mentre per quelli gassosi è più comodo riferirsi al volume (▶ Tabella 3).

▶ **Tabella 3** Potere calorifico di alcuni combustibili.

Solidi (kJ/kg)		Liquidi (kJ/kg)		Gas (a STP) (kJ/m^3)	
torba	~11 000	metanolo	22 000	idrogeno	10 800
legna	~16 000	benzina	~33 000	gas naturale	~30-44 000
lignite	~25 000	kerosene	~38 000	metano	35 800
carbon coke	~29 000	olio combustibile	~39 000	acetilene	56 900
antracite	~35 000	gasolio	~40 000	propano	93 800

Il potere calorifico del gas naturale è compreso tra due valori molto differenti, dato che questo gas è un miscuglio formato essenzialmente da metano (circa 85%) e da altri idrocarburi. In generale per tutti i miscugli, il valore del potere calorifico è un dato approssimativo, perché dipende dalla composizione del materiale.

Il valore energetico degli alimenti

Approfondimento in digitale
La cottura degli alimenti
L'energia necessaria per la cottura dei cibi può essere ottenuta attraverso diverse modalità.

Da un punto di vista strettamente energetico l'uomo è una macchina che brucia «combustibili» per ottenere l'energia che gli serve per la sua vita biologica. E infatti per un lungo periodo della loro storia gli esseri umani hanno avuto una preoccupazione sopra tutte le altre: procurarsi il cibo necessario per vivere.

Oggi per fortuna non è più così, perlomeno per molti di noi, ma il cibo è ancora indispensabile: l'energia per muoversi e compiere tutte le attività fisiche e anche quelle in cui prevale l'attività intellettuale deriva sempre e solo dall'alimentazione.

Sappiamo che tutte le sostanze contengono energia chimica, ma si chiamano *alimenti* solo quei materiali che il «motore umano» è in grado di trasformare chimicamente per ricavarne l'energia di cui ha bisogno.

Le sostanze presenti negli alimenti che possono fornire energia per la vita degli esseri umani sono i **glucidi** (o carboidrati), i **lipidi** (o grassi) e i **protidi** (o proteine).

Alimenti ricchi di glucidi — Alimenti ricchi di lipidi — Alimenti ricchi di protidi

▶ **Figura 2** I legumi (piselli, fagioli, lenticchie, ceci, fave eccetera) sono alimenti ricchi sia di carboidrati sia di proteine.

La ▶ Figura 2 mostra tre gruppi di alimenti che contengono prevalentemente glucidi, lipidi o protidi. Molti alimenti contengono in diversa percentuale tutti questi principi nutritivi; alcuni invece, come l'olio d'oliva e lo zucchero, sono costituiti quasi completamente da un unico principio nutritivo: lipidi per l'olio d'oliva e glucidi per lo zucchero.

Ogni principio nutritivo ha il suo potere calorifico, cioè l'ammontare di energia che può fornire quando viene ingerito e quindi trasformato dall'organismo (▶ Tabella 4). Per il nostro fabbisogno energetico è preferibile ricorrere agli alimenti che contengono prevalentemente glucidi e lipidi. Anche i protidi possono fornire energia, ma la loro funzione principale è «plastica»: ciò significa che il nostro organismo ha bisogno di protidi soprattutto per trarne le sostanze, gli amminoacidi, che servono per la costruzione di nuove cellule.

Sulla confezione dei prodotti alimentari si possono leggere i valori delle quantità di lipidi, protidi e glucidi presenti nelle singole porzioni o in 100 g di alimento e il corrispondente valore energetico (▶ Figura 3).

▶ **Tabella 4** Valori energetici dei principi nutritivi forniti dall'Istituto Nazionale di Ricerca per gli Alimenti e la Nutrizione. I dati vengono riportati anche in kcal/g, unità di misura tuttora in uso.

Protidi	16,7 kJ/g (4,0 kcal/g)
Lipidi	37,7 kJ/g (9,0 kcal/g)
Glucidi	15,7 kJ/g (3,75 kcal/g)

Valori Nutrizionali Medi

del prodotto su:	100 g	1 biscotto (4,2 g)
Valore energetico	413 kcal 1736 kJ	18 kcal 74 kJ
Proteine	8,5 g	0,4 g
Carboidrati	74,2 g	3,1 g
di cui: Zuccheri*	3,0 g	0,1 g
Polialcoli	17,5 g	0,7 g
Amidi	53,7 g	2,3 g
Grassi	11,8 g	0,5 g
di cui: Saturi	8,0 g	0,3 g
Monoinsaturi	3,1 g	0,1 g
Polinsaturi	0,7 g	0,1 g
Fibre alimentari	2,0 g	0,1 g
Sodio	0,4 g	0,02 g

▶ **Figura 3** Le confezioni di alimenti riportano informazioni più o meno dettagliate sul loro *valore nutrizionale*; in tutti i casi è sempre indicato il valore energetico.

Prova tu 2

In una confezione di «latte intero a lunga conservazione» è indicato che 100 g di prodotto contengono mediamente 3,15 g di protidi, 4,95 g di glucidi e 3,60 g di lipidi.

Calcola quanta energia si può ottenere da 180 g di latte. ....

Nella ▶ Tabella 5 è riportato il valore energetico di alcuni alimenti.

▶ **Tabella 5** Nelle tabelle ufficiali dell'Istituto Nazionale di Ricerca per gli Alimenti e la Nutrizione il valore energetico viene espresso in kilojoule e si riferisce a 100 g di parte edibile.

Valore energetico di alcuni alimenti (kJ/100 g)					
pasta di semola bollita	573	finocchi crudi	36	carne bovino magro	462
pizza napoletana	1135	cocomero	65	carne di pollo (coscia)	523
pane comune	1151	carote crude	147	carne maiale magro	658
pane all'olio	1249	mele	161	hamburger	1012
pasta di semola cruda	1476	banane	273	prosciutto crudo	1120
biscotti secchi	1738	fagioli bolliti	425	würstel	1129
cracker	1791	patate fritte	787	mortadella	1328
grissini	1802	arachidi	2502	salame	1768

Prova tu 3

Calcola il valore energetico di un panino all'olio da 90 g imbottito con 40 g di mortadella. ....

Esercizi 3 L'energia dai combustibili e dagli alimenti

1 Per calcolare il calore sviluppato nella bomba calorimetrica si usa la relazione indicata. Completa lo schema scrivendo le parti mancanti:

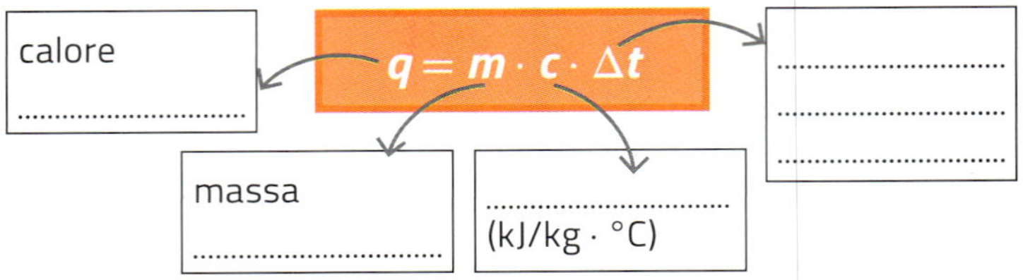

2 Associa a ogni principio nutritivo il corrispondente valore energetico.

Lipidi .... Glucidi .... Protidi ....

a) 16,7 kJ/g b) 37,7 kJ/g c) 15,7 kJ/g

3 Che cosa indica il potere calorifico del metano?

A La massa di metano che si deve bruciare per produrre 1 kJ di energia

B La quantità di calore che si ottiene dalla combustione di una mole di metano

C La quantità di calore che si libera bruciando 1 m^3 di metano

D Il volume di metano che si deve bruciare per produrre 1 kJ di energia

E Il calore liberato dalla reazione tra 1 m^3 di metano e 1 m^3 di ossigeno

4 Se si fornisce la stessa quantità di calore a due masse uguali di olio di oliva e di acqua, si osserva che l'olio si scalda più dell'acqua. Come si può spiegare questo fatto?

....

5 Si ottiene più energia da 50 g di banana o da 80 g di carote crude?

....

6 In una bomba calorimetrica viene bruciato un campione di biodiesel prodotto in laboratorio.

massa di biodiesel	1,00 g
capacità termica del calorimetro	3,00 kJ/°C
massa di acqua posta nel calorimetro	2,600 kg
variazione di temperatura	3,04 °C

Considerando i dati in tabella:

a) calcola il calore assorbito dall'acqua.

....

b) calcola il calore assorbito dal calorimetro.

....

c) calcola il calore sviluppato dalla reazione.

....

7 La combustione di una mole di saccarosio ($C_{12}H_{22}O_{11}$) produce 5645 kJ. Qual è il potere calorifico del saccarosio espresso in kJ/kg?

....

8 Una piscina viene riempita con $3{,}50 \cdot 10^5$ kg di acqua riscaldata dalla temperatura di 17 °C fino a 25 °C.

a) Calcola l'aumento di energia termica dell'acqua.

....

b) Per riscaldare l'acqua viene usata una caldaia che brucia olio combustibile. Supponendo che soltanto il 50% del calore di combustione sia trasferito all'acqua, calcola la massa di olio che deve essere bruciata per scaldarla. ....

9 L'olio extravergine di oliva è un alimento costituito quasi totalmente da lipidi e a temperatura ambiente è un liquido che ha densità 0,92 g/mL. Il burro invece è un alimento solido a temperatura ambiente che contiene circa l'83% di lipidi. In base a queste informazioni, si ricava più energia da 10 g di burro o da 10 mL di olio? Motiva la risposta.

....

....

10 In una bomba calorimetrica viene bruciata una quantità nota di naftalene ($C_{10}H_8$). Calcola il calore di combustione, espresso in kJ/kg, elaborando i dati sperimentali riportati nella seguente tabella:

massa di $C_{10}H_8$	0,8934 g
capacità termica del calorimetro	3,00 kJ/°C
massa di acqua posta nel calorimetro	2198 g
temperatura iniziale acqua	16,80 °C
temperatura finale acqua	19,65 °C

....

11 Un bicchiere contiene 120 mL di vino con grado alcolico 12,0% *V*/*V*.
Calcola l'energia liberata dalla combustione dell'etanolo presente nel vino sapendo che il potere calorifico dell'etanolo è 29,7 kJ/g e che la sua densità è 0,789 g/mL. ....

12 Una porzione di macedonia di 150 g contiene il 30,0% di banana, il 40,0% di mela e il restante di cocomero. Quanto zucchero (saccarosio) si può aggiungere affinché questa porzione abbia al massimo il valore energetico di 330 kJ?

....

....

13 When a bomb calorimeter is used to determine the heat of reaction, which property of the system under investigation is most likely to remain constant?

A Number of molecules

B Pressure

C Volume

D Temperature

14 Calculate the kilocalories of energy obtained from a serving of chips (about 12 chips) if a serving contains 7.10 g of lipid, 18.0 g of carbohydrate, and 2.09 g of protein. Use these caloric values: 15.7 kJ/g for carbohydrate, 16.7 kJ/g for protein, and 37.7 kJ/g for fat.

A 268 J

B 12 J

C 27.2 J

D 586 J

4 L'entalpia

L'entalpia è una grandezza di stato che consente di calcolare l'energia in gioco nelle trasformazioni della materia

Calore di trasformazione ed entalpia

Il calore sviluppato da una trasformazione che viene fatta avvenire nella bomba calorimetrica è determinato in condizioni in cui il volume resta costante. Come spiega la termodinamica, si può dire che il calore determinato in queste condizioni corrisponde esattamente alla diminuzione di energia interna del sistema.

In realtà, però, le reazioni di combustione, così come la quasi totalità delle trasformazioni della materia, non vengono realizzate in un contenitore rigido a volume costante ma avvengono alla pressione atmosferica, cioè a pressione costante.

In queste condizioni il calore acquistato o ceduto non è uguale alla variazione dell'energia interna del sistema, ma corrisponde invece alla variazione di un'altra grandezza di stato del sistema che si chiama **entalpia** (***H***).

La **variazione di entalpia** ΔH di una trasformazione corrisponde numericamente al calore acquistato o ceduto a pressione costante.

Naturalmente il valore assunto da ΔH può essere negativo o positivo a seconda che la trasformazione sia esoenergetica o endoenergetica (▶ Figura 1).

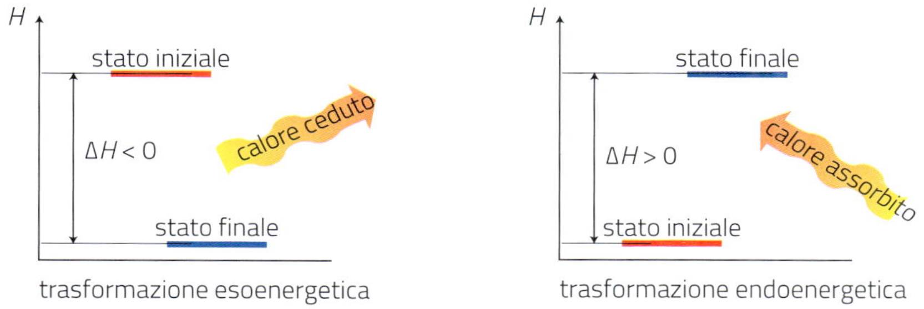

▶ **Figura 1** Se il sistema cede energia durante la trasformazione, l'entalpia dello stato finale è minore di quella dello stato iniziale ($\Delta H < 0$). Viceversa, se il sistema acquista calore durante la trasformazione, l'entalpia dello stato finale è maggiore di quella dello stato iniziale ($\Delta H > 0$).

Entalpia di formazione standard

Se noi conoscessimo il valore di entalpia delle singole sostanze, sarebbe facile determinare l'effetto energetico di una reazione chimica «sulla carta», cioè senza ricorrere a misure sperimentali. Infatti, dato che l'entalpia è una grandezza di stato potremmo applicare la seguente relazione:

$$\Delta H = H_{\text{prodotti}} - H_{\text{reagenti}}$$

Purtroppo, così come accade per l'energia interna, non è possibile conoscere il valore assoluto dell'entalpia di una sostanza, possiamo solo misurare sperimentalmente il calore di reazione e quindi la variazione di entalpia.

Per esempio, vogliamo determinare il ΔH di una reazione esotermica, la combustione del carbonio:

$$C(s) + O_2(g) \rightarrow CO_2(g) + q$$

Dato che la combustione di 1 mol di carbonio libera, a pressione costante, una quantità di calore pari a 394 kJ, questo valore corrisponde, come abbiamo detto, alla variazione di entalpia del sistema: $\Delta H = -394$ kJ.

Se però si attribuisce convenzionalmente il valore 0 all'entalpia delle sostanze elementari, si può scrivere la seguente relazione:

$$\Delta H = H_{\text{prodotti}} - H_{\text{reagenti}} = H_{CO_2} - (0 + 0) = -394 \text{ kJ}$$

L'equazione scritta non è altro che la rappresentazione della reazione di sintesi di una mole di anidride carbonica. Per questo motivo al ΔH della reazione viene assegnato il nome di *entalpia di formazione* dell'anidride carbonica.

La ▸ Figura 2 chiarisce che il ΔH della reazione di sintesi vale sempre −394 kJ, indipendentemente dal valore di entalpia assegnato alle sostanze elementari. Solo però se a queste si assegna il valore zero il ΔH della reazione corrisponde all'entalpia del composto.

Sulla base di questo esempio si può capire che assegnando convenzionalmente il valore 0 all'entalpia delle sostanze elementari nel loro stato standard (t = 25 °C e p = 1 bar) è possibile attribuire a ogni composto il suo valore di entalpia.

Si definisce **entalpia di formazione standard** (ΔH_f°) la variazione di entalpia relativa alla reazione di formazione di una mole di sostanza a partire dalle sostanze elementari quando queste si trovano nel loro stato standard.

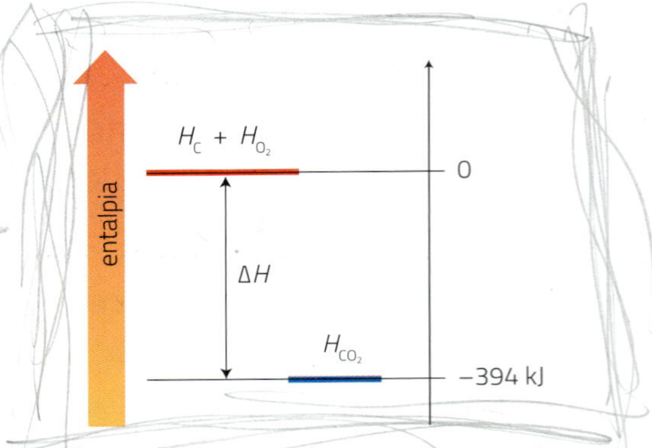

▸ **Figura 2** In modo del tutto analogo, si può affermare che il monte Cervino ha la stessa altezza, che lo si guardi da Cervinia o da Aosta, ma soltanto se lo misuriamo attribuendo il valore zero al livello del mare si può affermare che la vetta si trova a 4478 m.

Prova tu 1

Scrivi l'equazione della reazione che consente di determinare sperimentalmente l'entalpia di formazione del metano. ....

La legge di Hess

Si può osservare che in base al ragionamento proposto con l'esempio di CO_2 è possibile determinare l'entalpia di formazione soltanto per quei composti per i quali è possibile determinare sperimentalmente il calore liberato dalla reazione di formazione dalle sostanze elementari. In realtà non è così, perché gran parte dei valori di ΔH_f° sono calcolati applicando la legge della additività dei calori di reazione nota anche come *legge di Hess*, dal nome del chimico russo di origine svizzera G.H. Hess, che l'enunciò per la prima volta nel 1840.

La **legge di Hess** afferma che se l'equazione di una data reazione equivale alla somma algebrica delle equazioni di due o più reazioni, il calore liberato o assorbito dalla reazione complessiva è dato dalla somma algebrica dei calori di reazione dei singoli processi.

In altre parole il ΔH di una reazione che può svolgersi attraverso più stadi è pari alla somma algebrica dei ΔH dei singoli stadi.

Per esempio, la reazione di combustione del carbonio può essere anche considerata formalmente come la somma di due possibili processi:

$$C(s) + \tfrac{1}{2}\,O_2(g) \rightarrow \cancel{CO(g)} \qquad \Delta H_1$$
$$\cancel{CO(g)} + \tfrac{1}{2}\,O_2(g) \rightarrow CO_2(g) \qquad \Delta H_2$$
$$\overline{C(s) + O_2(g) \rightarrow CO_2(g) \qquad \Delta H}$$

Traduciamo tutto questo in un grafico (▸ Figura 3).

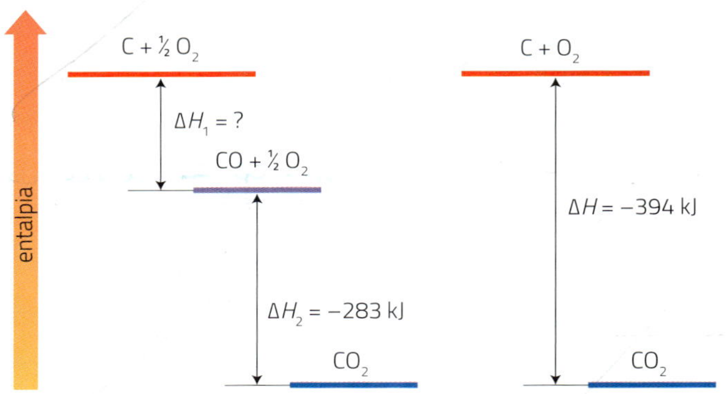

▸ **Figura 3** A sinistra è indicato il «salto» energetico della reazione a due stadi; a destra quello della trasformazione completa. Il valore di ΔH_1 corrisponde al ΔH_f di CO.

Ora si capisce tutta l'importanza della legge di Hess. Infatti usando la bomba calorimetrica non è possibile fermare l'ossidazione del carbonio allo stadio di CO e quindi determinare sperimentalmente il valore di ΔH_1; esso può essere facilmente calcolato con la differenza tra i valori noti:

$$\Delta H_1 = \Delta H - \Delta H_2 = -394\ \text{kJ} - (-283\ \text{kJ}) = -111\ \text{kJ}$$

Reazioni chimiche e calcolo della variazione di entalpia

Approfondimento in digitale
Entalpia di formazione standard

Vediamo ora come è possibile, utilizzando i valori di entalpia di formazione tabulati, calcolare la variazione dell'entalpia di una reazione e quindi stabilire a priori se la reazione è esoenergetica o endoenergetica.

Nella ▸ Tabella 1 sono riportati i valori di ΔH_f° di alcune specie chimiche. Si può osservare che ci sono i valori di ΔH_f° sia per l'acqua liquida sia per l'acqua allo stato di vapore. La differenza corrisponde al calore necessario per trasformare in vapore 1 mol di acqua a 25 °C. Pertanto, quando consideriamo una reazione in cui compare l'acqua, occorre fare attenzione al suo stato di aggregazione.

▸ **Tabella 1** Entalpia di formazione standard di alcune sostanze. L'entalpia di formazione del carbonio-diamante non è zero, perché la forma stabile di questo elemento è la grafite.

Sostanza	ΔH_f° (kJ/mol)	Sostanza	ΔH_f° (kJ/mol)
C(*s*) grafite	0	$H_2O(l)$	−285,83
C(*s*) diamante	+1,90	$H_2SO_4(l)$	−813,99
$CH_4(g)$	−74,81	$NH_3(g)$	−46,11
$C_2H_4(g)$	+ 52,26	$NO(g)$	+90,25
$C_2H_5OH(l)$	−277,69	$NO_2(g)$	+33,18
$CO(g)$	−110,53	$NaCl(s)$	−411,15
$CO_2(g)$	−393,51	$NaCl(aq)$	−407,11
$CO(NH_2)_2(s)$	−333,51	$NaOH(s)$	−425,61
$HCl(g)$	−92,31	$NaOH(aq)$	−469,60
$HCl(aq)$	−167,16	$SO_2(g)$	−296,83
$H_2O(g)$	−241,82	$SO_3(g)$	−395,72

La relazione che consente di ricavare la variazione di entalpia ΔH° di una reazione è la seguente:

$$\Delta H^\circ = \Sigma\Delta H_f^\circ{}_{\text{prodotti}} - \Sigma\Delta H_f^\circ{}_{\text{reagenti}}$$

Consideriamo, per esempio, l'equazione della reazione dell'urea con l'acqua:

$$CO(NH_2)_2(s) + H_2O(l) \rightarrow CO_2(g) + 2\ NH_3(g)$$

Riscriviamo l'espressione di ΔH° riportando la somma delle entalpie standard di formazione dei reagenti e dei prodotti, e ricordando che queste vanno moltiplicate per i corrispondenti coefficienti stechiometrici:

$$\Delta H^\circ = (\Delta H_f^\circ{}_{CO_2} + 2\ \Delta H_f^\circ{}_{NH_3}) - (\Delta H_f^\circ{}_{CO(NH_2)_2} + \Delta H_f^\circ{}_{H_2O})$$

Inseriamo ora i valori numerici e calcoliamo separatamente le somme tra parentesi:

$$\Delta H^\circ_{\text{prodotti}} = [1\ \text{mol}\ (-393{,}51\ \text{kJ/mol}) + 2\ \text{mol}\ (-46{,}11\ \text{kJ/mol})] = -485{,}73\ \text{kJ}$$

$$\Delta H^\circ_{\text{reagenti}} = -[1\ \text{mol}\ (-333{,}51\ \text{kJ/mol}) + 1\ \text{mol}\ (-285{,}83\ \text{kJ/mol})] = -619{,}34\ \text{kJ}$$

Infine possiamo calcolare la variazione di entalpia della reazione:

$$\Delta H^\circ = -485{,}73\ \text{kJ} - (-619{,}34\ \text{kJ}) = +133{,}61\ \text{kJ}$$

Dato che $\Delta H^\circ > 0$ si deve concludere che la reazione è endoenergetica.

Occorre aggiungere che le reazioni ben difficilmente avvengono nelle condizioni standard, quindi non si potrebbero usare i valori di ΔH_f° riportati in tabella ma valori opportunamente corretti. Tuttavia, il valore di ΔH delle reazioni può essere ugualmente calcolato con sufficiente approssimazione utilizzando i valori della tabella purché nelle condizioni operative lo stato fisico dei reagenti e dei prodotti sia uguale a quello che caratterizza le sostanze nel loro stato standard.

Prova tu 2

L'idrogeno può essere prodotto su scala industriale con un processo chiamato *reforming del metano*. L'equazione che descrive il processo è la seguente:

$$CH_4(g) + H_2O(g) \rightarrow CO(g) + 3\ H_2(g)$$

Determina il ΔH° della reazione.

....

....

Approfondimento in digitale
Energia di legame e ΔH di reazione
I legami chimici possono essere più o meno forti: c'è una relazione tra l'energia dei legami e la variazione di entalpia.

Esercizi 4 L'entalpia

1 Il grafico rappresenta l'andamento energetico di una generica reazione.
Per ogni affermazione sottolinea l'alternativa corretta.

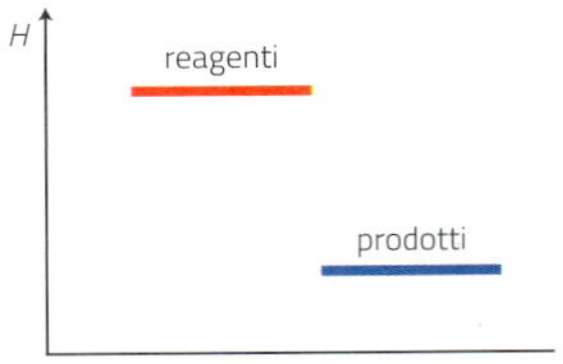

a) Si tratta di una reazione *esoenergetica/endotermica*
b) L'energia è *assorbita/ceduta*
c) Il ΔH è *positivo/negativo*

2 Per ciascuna delle due trasformazioni raffigurate indica se la variazione di entalpia del sistema è positiva o negativa:

....

....

3 In un sistema isolato avviene una reazione chimica endotermica. Quale affermazione è vera?

A La reazione determina un aumento della temperatura del sistema
B In un sistema isolato non avvengono reazioni endotermiche
C La reazione determina un aumento dell'entalpia del sistema
D La reazione determina una diminuzione dell'energia interna del sistema
E I prodotti hanno più energia termica dei reagenti

4 Indica *quali* trasformazioni presentano $\Delta H < 0$.

A Trasformazione esoenergetica
B Fotosintesi clorofilliana
C Reazione di combustione
D Trasformazione endotermica
E Condensazione dell'alcol etilico
F Sublimazione dello iodio

5 La reazione tra glucosio ($C_6H_{12}O_6$) e ossigeno porta alla formazione di anidride carbonica e acqua; in condizioni STP il calore liberato da una mole di glucosio è di 2816 kJ. Scrivi l'equazione della reazione e il valore del relativo $\Delta H°$.

....

6 In relazione all'entalpia, indica le affermazioni vere e quelle false.

a) L'entalpia si indica con il simbolo *q* perché si misura in joule come l'energia V F
b) In una reazione esoenergetica si ha una diminuzione dell'entalpia del sistema V F
c) La variazione di entalpia di reazione corrisponde alla variazione dell'energia interna V F
d) L'entalpia di una sostanza corrisponde al suo patrimonio di energia termica V F
e) La condensazione di una sostanza avviene con diminuzione dell'entalpia V F
f) L'entalpia è una grandezza di stato V F

7 Considera la seguente equazione di reazione:

$$2\,SO_2(g) + O_2(g) \rightarrow 2\,SO_3(g)$$

$$\Delta H_f°{}_{SO_2} = -296{,}83\ \text{kJ/mol} \qquad \Delta H_f°{}_{SO_3} = -\,395{,}72\ \text{kJ/mol}$$

a) Scrivi l'espressione che permette di calcolare il $\Delta H°$ della reazione:

....

b) Calcola il valore del $\Delta H°$ della reazione:

....

8 Calcola il $\Delta H°$ relativo alla produzione di una mole di acido solforico ottenuta con la seguente reazione:

$$SO_3(g) + H_2O(l) \rightarrow H_2SO_4(l)$$

....

9 Calcola il $\Delta H°$ della combustione di una mole di etene:

$$C_2H_4(g) + 3\,O_2(g) \rightarrow 2\,CO_2(g) + 2\,H_2O(l)$$

....

10 La seguente equazione descrive la reazione utilizzata per la produzione di idrogeno a partire dalla grafite:

$$C(s) + H_2O(g) \rightarrow CO(g) + H_2(g)$$

Calcola il $\Delta H°$ del processo e verifica che si tratta di una reazione endotermica.

....

11 Il ΔH di fusione dell'acqua vale 6 kJ/mol, mentre quello di vaporizzazione è circa sette volte maggiore.
Calcola il calore assorbito durante la sublimazione di 1 mol di ghiaccio.

....

12 Il $\Delta H_f°$ dell'etene C_2H_4 non è determinabile con il calorimetro e quindi occorre utilizzare la legge di Hess. Devi calcolarlo utilizzando i seguenti dati:

$C(s) + O_2(g) \rightarrow CO_2(g)$ $\quad \Delta H° = -\,393{,}5$ kJ
$2\,H_2(g) + O_2(g) \rightarrow 2\,H_2O(g)$ $\quad \Delta H° = -\,571{,}6$ kJ
$C_2H_4(g) + 3\,O_2(g) \rightarrow 2\,CO_2(g) + 2\,H_2O(l)$ $\quad \Delta H° = -1410{,}9$ kJ

Suggerimento: un'equazione deve essere moltiplicata per un opportuno coefficiente e un'altra deve essere invertita: sommando le equazioni così ottenute si deve ottenere l'equazione di formazione di C_2H_4.

....

13 The superscript ° in the term $\Delta H_f°$ means:

A the reaction is carried out at zero degrees Celsius
B the enthalpy of the reaction is zero
C the reaction is carried out at standard conditions
D the reaction is carried out at zero pressure
E none of the above

14 Some phase transitions exhibit a negative change of enthalpy. *Which ones*?

A Boiling
B Freezing
C Melting
D Condensation
E Sublimation
F Deposition

5 Risorse energetiche ed equilibrio ambientale

Il risparmio energetico e la ricerca di nuove fonti di energia sono fondamentali per uno sviluppo sostenibile del sistema Terra

Le fonti di energia

Approfondimento in digitale
Un vitello da ingrassare
La produzione di carne alimentare richiede un grande consumo di energia da combustibili fossili.

L'energia necessaria per la vita biologica delle donne e degli uomini che vivono in un Paese industrializzato è ormai solo una piccola parte rispetto a quella che viene «consumata» per riscaldarsi, lavorare, spostarsi da un luogo a un altro, usare gli elettrodomestici, godersi il tempo libero eccetera.

Occorre inoltre tener presente che anche per produrre i beni di consumo, cioè gli oggetti che usiamo quotidianamente, viene utilizzata energia.

Fino alla Rivoluzione Industriale, la quasi totalità dell'energia era fornita dalle piante, dal lavoro umano e animale e serviva per disporre di cibo e di energia meccanica. Il contributo di altre fonti, come quella del vento per la navigazione a vela o quella dell'acqua o del vento per i mulini, costituiva una piccola frazione dell'energia utilizzata (▶ Figura 1).

A partire dal XVIII secolo il fabbisogno di energia è cominciato a crescere velocemente, almeno in quella parte di umanità in cui lo sviluppo della scienza e della tecnica ha prodotto un progressivo affrancamento dalla fatica muscolare con la meccanizzazione e l'automazione di molti settori produttivi.

▶ Figura 1

Questa grande e positiva trasformazione è stata possibile grazie all'ingegno umano ma anche alla capacità di sfruttare in modo economicamente conveniente l'enorme disponibilità di fonti di energia a basso costo, il carbone prima e il petrolio poi. Queste risorse sono destinate prima o poi a finire e per questo motivo sono fonti di energia esauribili.

Vengono indicate come **fonti di energia non rinnovabili** tutte le risorse destinate a esaurirsi.

Oggi il nostro pianeta sta entrando in una fase cruciale del suo sviluppo dovuta anche alle ricadute negative sul delicato equilibrio ecologico che lo sfruttamento intensivo dei combustibili fossili ha provocato.

Per ridurre il consumo dei combustibili fossili occorre innanzitutto perseguire il *risparmio energetico* che è una potenziale «fonte di energia virtuale», sicuramente la più immediata e accessibile a tutti.

Il risparmio energetico si ottiene sia modificando in parte le nostre abitudini di vita sia costruendo macchine (per esempio elettrodomestici e automobili) che comportino un minor consumo di energia. Queste macchine sono già classificate in base a un criterio di efficienza energetica. Anche il consumo energetico di un'abitazione può essere valutato sulla base di criteri di efficienza.

Il punto 6 della *Green chemistry* afferma che «i fabbisogni di energia dovrebbero essere valutati per il loro impatto ambientale ed economico che deve essere ridotto al minimo». Pertanto il presupposto fondamentale per uno sviluppo sostenibile dell'umanità non è tanto la semplice riduzione dei consumi energetici, quanto piuttosto lo sviluppo di macchine parsimoniose nei consumi e l'utilizzazione di fonti energetiche rispettose degli equilibri ambientali.

Le **fonti di energia rinnovabili** per la loro caratteristica intrinseca si rigenerano e non sono esauribili nella scala dei tempi «umani».

Per esempio esistono fonti di energia rinnovabili che vanno sotto il nome di *energy harvesting* (raccolta di energia). Esse sono costituite da dispositivi in grado di recuperare le piccole quantità di energia dispersa da molteplici fonti, derivanti dal movimento dei corpi e dalle onde elettromagnetiche per trasformarle in energia elettrica.

Sono esempi le tensostrutture di copertura in grado di recuperare il movimento dell'aria, particolari tipi di tessuto per la fabbricazione di abiti in grado di tradurre le vibrazioni meccaniche di braccia e gambe, o ancora, conglomerati di asfalto che recuperano le vibrazioni prodotte dal passaggio delle automobili (▶ Figura 2).

▶ **Figura 2** Con un piccolo strumento applicato nelle immediate prossimità dei binari ferroviari si possono recuperare le vibrazioni prodotte dal passaggio dei treni, cioè convertire il movimento oscillatorio in moto unidirezionale e, di conseguenza, produrre energia elettrica.

Le fonti di energia rinnovabili

In base alla direttiva 2009/28/CE del Parlamento europeo sono **fonti di energia rinnovabili**: energia solare, energia eolica, energia geotermica, energia idroelettrica, energia marina, energia aerotermica, energia idrotermica, biomassa e biocarburanti.

Queste fonti costituiscono le alternative ai combustibili fossili e contribuiscono a ridurre le emissioni di gas a effetto serra, a diversificare l'approvvigionamento energetico e a ridurre la dipendenza dai combustibili fossili.

A parte il Sole che fa storia a sé, sono fonti energetiche rinnovabili quelle che per le loro caratteristiche intrinseche si rigenerano almeno alla stessa velocità con cui vengono consumate.

Occorre sempre tenere presente che spesso le fonti energetiche non sono sfruttate come tali ma vengono utilizzate per produrre energia elettrica, che è la forma di energia più facilmente trasportabile e più largamente usata.

Energia solare

Il Sole merita un'attenzione particolare, perché l'energia che invia sulla Terra viene sfruttata in molti modi, fin dall'antichità; abbiamo già osservato che tutti gli alimenti derivano direttamente o indirettamente dalla fotosintesi clorofilliana.

La radiazione solare viene utilizzata per produrre energia elettrica direttamente (per mezzo dei *pannelli solari fotovoltaici*) o indirettamente (*centrali solari termodinamiche*) oppure per immagazzinare energia termica (*pannelli solari termici*).

Nella centrale solare termodinamica un insieme di specchi convoglia la radiazione solare su un condótto che contiene un fluido; questo fluido, che si riscalda fino a 550 °C, viene utilizzato per produrre il vapore necessario per far funzionare la turbina di una centrale elettrica (▶ Figura 3).

▶ **Figura 3** Centrale solare termodinamica.

Energia eolica

L'energia eolica è l'energia cinetica posseduta dal vento; un tempo erano numerosissimi i mulini a vento utilizzati sia per sollevare l'acqua sia per macinare i cereali. Oggi l'energia del vento viene sfruttata dagli *aerogeneratori*: le pale messe in movimento dal vento fanno girare un alternatore che converte l'energia cinetica in energia elettrica. Per catturare meglio l'energia eolica gli aerogeneratori hanno un'altezza che varia tra i 20 e i 60 m e le loro pale sono progettate in modo da poter essere orientate per intercettare al massimo la spinta del vento (▶ Figura 4).

▶ **Figura 4** Aerogeneratori.

Energia geotermica

In Italia sono attive anche *centrali geotermiche*: in questi impianti il vapore che mette in movimento le turbine proviene direttamente dall'acqua che si riscalda negli strati profondi della crosta terrestre. La centrale di Larderello, un comune della Toscana, è tra i maggiori impianti di questo tipo in Europa (▶ Figura 5).

▶ **Figura 5** Centrale geotermica di Larderello.

Energia idroelettrica

Nelle *centrali idroelettriche* si sfrutta l'energia potenziale gravitazionale dell'acqua contenuta in un bacino posto a un'altezza maggiore di quella a cui si trova la turbina. L'acqua, fatta scendere a valle, acquista via via energia cinetica che nella centrale viene trasformata, tramite una turbina e un alternatore, in energia elettrica (▶ Figura 6).

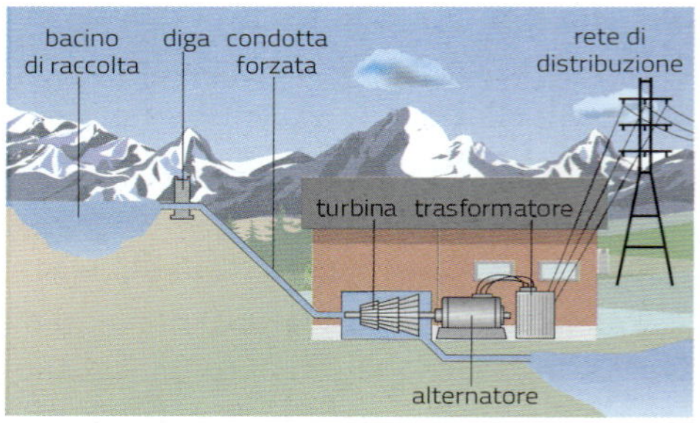

▶ **Figura 6** Schema di centrale idroelettrica.

Energia marina

L'energia marina è l'energia ricavabile dal moto ondoso, dalle maree, dalla conversione dell'energia talassotermica (o mareotermica) e dell'energia a gradiente salino (o energia osmotica).

Il *moto delle onde e delle maree* è in grado di muovere una turbina.

L'*energia talassotermica* sfrutta la differenza di temperatura tra la superficie marina e le acque profonde, molto più fredde.

L'*energia a gradiente salino* è l'energia ottenuta dalla differenza nella concentrazione del sale fra l'acqua di mare e l'acqua dolce (per esempio alla foce di un fiume). Il movimento dell'acqua attraverso la membrana che divide le acque a diversa concentrazione genera una variazione di pressione, la «pressione osmotica», che può essere utilizzata per muovere una turbina.

Energia aerotermica ed energia idrotermica

L'aria e le acque contengono enormi quantità di energia termica. Questa energia può essere resa disponibile attraverso particolari dispositivi, uno dei quali è la *pompa di calore*.

L'energia termica si trasferisce come calore da un corpo caldo a uno freddo. La fisica insegna che è possibile invertire questo fenomeno spontaneo, spendendo però una certa quantità di lavoro.

La pompa di calore è una macchina in grado di realizzare questo trasferimento «innaturale» di calore. Il suo funzionamento è simile a quello di un frigorifero nel quale il calore viene estratto dall'interno ed espulso all'esterno. Una pompa di calore, sfruttando lo stesso principio, fa l'esatto contrario: estrae il calore da una fonte naturale (aria, acqua o terra) e lo trasporta dentro l'edificio alla temperatura idonea, in funzione del tipo di impianto di riscaldamento (▶ Figura 7).

Biomassa

Le biomasse sono la parte biodegradabile dei prodotti, rifiuti e residui provenienti dall'agricoltura (materiali di origine vegetale e animale), dalla silvicoltura e dalle industrie connesse, compresa la pesca e l'acquacoltura, gli sfalci e le potature provenienti dal verde urbano nonché la parte biodegradabile dei rifiuti industriali e urbani. A seconda della tipologia, questi materiali possono essere utilizzati direttamente o indirettamente per produrre vapore e quindi energia elettrica (▶ Figura 8).

Biocarburanti

I biocarburanti si ottengono dalla trasformazione della materia prima agricola, dalle biomasse di scarto e dal legno. Essendo di origine vegetale quando bruciano immettono nell'atmosfera una quantità di anidride carbonica uguale a quella assimilata dalle piante durante la fotosintesi clorofilliana, quindi non contribuiscono ad aumentare l'effetto serra.

Secondo le indicazioni europee devono essere prodotti senza ricorrere a cambiamenti di destinazione dei terreni agricoli, utilizzando quindi terreni incolti.

Il *biodiesel* è un carburante simile al gasolio ed è ottenuto, attraverso un processo chimico (transesterificazione), da fonti rinnovabili quali oli vegetali vergini (per esempio, oli di colza e di soia), oli vegetali di scarto e grassi animali.

Il *bioetanolo* è un combustibile che viene ottenuto mediante un processo di fermentazione di materiali rinnovabili come i prodotti agricoli ricchi di glucidi (cereali, colture zuccherine, amidacei, vinacce), i residui di coltivazioni agricole e forestali, i residui di lavorazione delle industrie agrarie e agro-alimentari, i rifiuti urbani.

Anche se l'Unione Europea non li classifica come fonti rinnovabili di energia, i **rifiuti solidi urbani** possono anche essere utilizzati come combustibili. Occorre riaffermare sia la necessità di ridurre la quantità di rifiuti sia di potenziarne la raccolta differenziata che consente di recuperare e riciclare materiali come vetro, carta, plastica. Tuttavia rimane sempre una frazione di rifiuti urbani che deve essere smaltita. L'energia chimica in essi contenuta può essere recuperata attraverso la combustione in appositi impianti chiamati un tempo inceneritori e oggi ribattezzati più correttamente *termovalorizzatori*. In essi infatti il calore liberato dalla combustione viene utilizzato per produrre vapore ad alta temperatura che può essere impiegato negli impianti di cogenerazione, cioè gli impianti che forniscono energia termica per il teleriscaldamento ed energia elettrica.

Approfondimento in digitale
Freddo e caldo da un frigorifero
Anche per «creare» il freddo occorre spendere energia: è possibile cioè trasferire calore da un corpo freddo a uno più caldo.

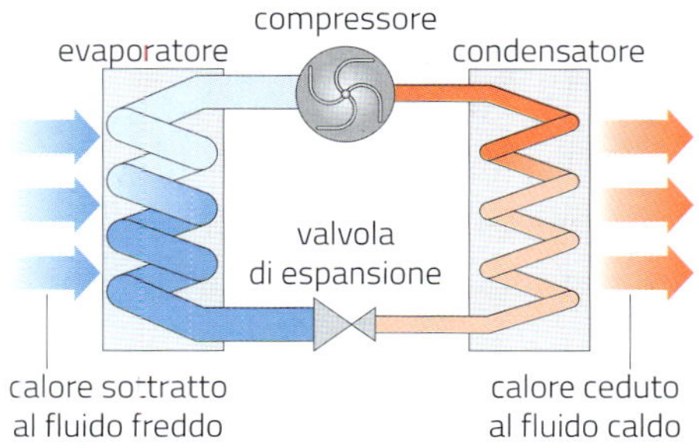

▶ **Figura 7** Schema di funzionamento di una pompa di calore.

▶ **Figura 8** Il pellet è un combustibile ricavato dalla segatura essiccata e viene usato prevalentemente per il riscaldamento domestico al posto della legna.

Le fonti di energia non rinnovabili

Questo secondo raggruppamento comprende le fonti energia che sono destinate a esaurirsi.

Sono **fonti di energia non rinnovabili** tutti i combustibili fossili estratti dal sottosuolo (carbone, petrolio e gas naturale) e i minerali di uranio.

Per materiale fossile si intende qualsiasi resto di organismo vegetale o animale che è stato lungamente sepolto e che ha subito un processo di mineralizzazione. La natura ha impiegato milioni di anni per accumulare l'energia chimica nei combustibili fossili. Infatti questi materiali si sono formati in seguito alla lenta decomposizione di sostanze contenute negli organismi viventi, soprattutto vegetali, vissuti alcune centinaia di milioni di anni fa.

Dunque, l'energia che ricaviamo oggi dai combustibili fossili non è altro che energia di origine fotosintetica immagazzinata nelle piante milioni e milioni di anni fa. Possiamo quindi dire che la nostra vita «biologica» dipende dal «Sole di oggi», ma buona parte dell'energia che usiamo per far fronte ai nostri bisogni quotidiani proviene dal «Sole di ieri»!

Il **carbone** è stato un emblema della Prima Rivoluzione Industriale; le prime macchine industriali, i treni, i battelli ottenevano energia meccanica dal vapore e questo era prodotto per mezzo del calore liberato dalla combustione del carbon fossile. Ancora oggi il carbone è estratto dalle miniere e viene bruciato per produrre il vapore che serve per alimentare le turbine delle centrali elettriche.

Il **petrolio** viene estratto allo stato di *greggio* da giacimenti naturali o, con la discussa tecnica del *fracking*, dalle rocce in cui è permeato. In ogni caso esso non viene quasi mai utilizzato tal quale: per mezzo della *distillazione frazionata* viene suddiviso in miscele di idrocarburi con diversa densità e temperatura di ebollizione e destinate a usi diversi: gpl, benzine, gasolio, kerosene, olio combustibile per caldaie (▶ Figura 9).

▶ **Figura 9** Lo schema illustra una colonna di impianto per la distillazione frazionata. All'interno della colonna ci sono piatti di forma particolare in cui avvengono i processi di ebollizione e di condensazione. La temperatura del liquido nei piatti varia lungo la colonna da un massimo, che corrisponde al piatto più basso, a un minimo che coincide con il piatto più alto.

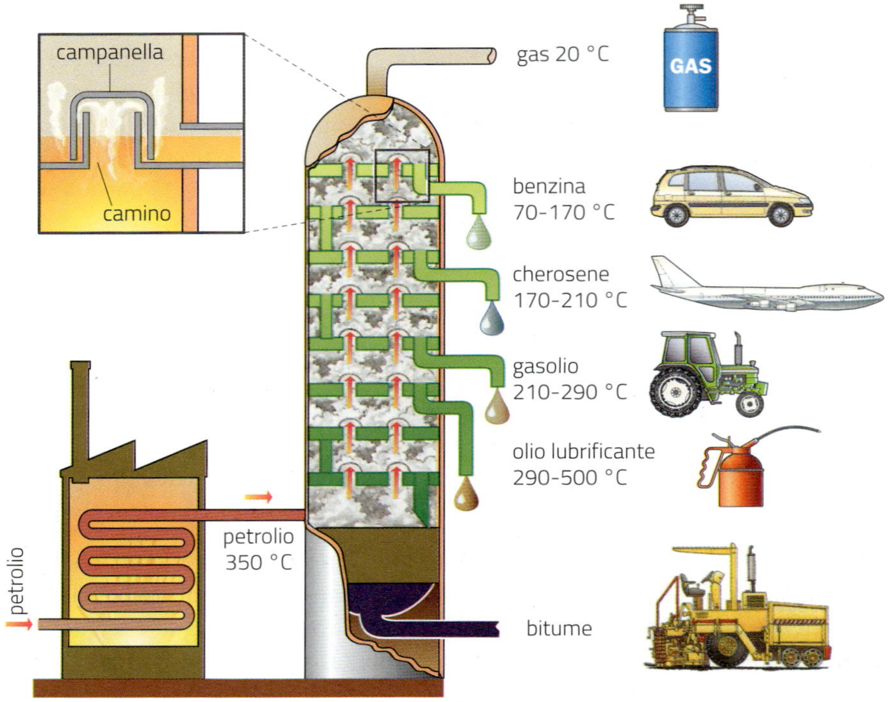

Il **gas naturale** è una miscela di idrocarburi, in prevalenza metano ed etano, estratto da giacimenti sotterranei o marini, spesso in simbiosi con il petrolio. Una piccola parte di esso viene usata per l'autotrazione, cioè per alimentare gli automezzi con motore a scoppio, ma la quota più consistente serve per le centrali elettriche e gli impianti di riscaldamento.

Come si vede il destino di carbone, petrolio e metano è principalmente quello di venire bruciati e questo è decisamente sbagliato giacché essi costituiscono anche una preziosa materia prima per l'industria chimica. Da tempo infatti sono state messe a punto numerose tecnologie per poter utilizzare gli idrocarburi come materia prima: con essi si producono molti materiali sintetici per uso industriale e quotidiano nonché articoli in ambito biologico-sanitario e farmaceutico (▶ Figura 10).

▶ **Figura 10** Manufatti di uso corrente creati con plastiche e resine sintetiche.

L'**uranio** è senza dubbio la fonte energetica fossile che è stata scoperta più di recente. Infatti le miniere contenenti minerali di uranio (uranite e carnotite) sono diventate interessanti solo dopo la scoperta della fissione nucleare e la costruzione delle centrali elettriche nucleari.

Dal minerale si può ottenere il metallo che poi subisce trasformazioni chimiche e fisiche al fine di produrre il cosiddetto combustibile nucleare, cioè le barre di «uranio arricchito» che vengono caricate nel nocciolo del reattore nucleare.

Uso dell'energia e impatto ambientale

Per **impatto ambientale** si intende una alterazione da un punto di vista qualitativo e quantitativo dell'ambiente causata dalle attività umane.

Ora vogliamo illustrare alcuni degli aspetti più importanti su come l'utilizzazione delle fonti energetiche rinnovabili e non rinnovabili possa generare impatto ambientale.

Per esempio, la costruzione di centrali idroelettriche presenta problematiche di impatto ambientale. Per costruire una centrale idroelettrica occorre talvolta operare notevoli disboscamenti per consentire il percorso delle condotte idriche; inoltre la formazione di grandi bacini idrici crea un'alterazione sensibile del microclima e della fauna nelle aree limitrofe.

Gli aerogeneratori con le pale eoliche in movimento collocati a distanza ravvicinata possono determinare rumorosità e in certe situazioni causano un'alterazione di natura estetica che può danneggiare un paesaggio.

Ma gli effetti maggiori sull'ambiente sono senza dubbio causati dalla combustione dei combustibili fossili. La reazione di uno dei tanti idrocarburi presenti nel gasolio può essere rappresentata con la seguente equazione:

$$C_{15}H_{32} + 23\ O_2 \rightarrow 15\ CO_2 + 16\ H_2O + q$$

Come si vede, per ogni molecola di idrocarburo che brucia si formano ben 15 molecole di anidride carbonica, una sostanza gassosa che, come sappiamo, contribuisce ad accrescere il cosiddetto effetto serra dell'atmosfera.

Inoltre tutte le combustioni che avvengono utilizzando l'ossigeno presente nell'aria producono ossidi di azoto; infatti l'azoto (che è un gas inerte a temperatura ambiente) a causa dell'elevata temperatura che si raggiunge durante la combustione reagisce con l'ossigeno presente nell'aria:

$$N_2 + O_2 \rightarrow 2\ NO$$

L'ossido di azoto a sua volta può ossidarsi reagendo con l'ossigeno atmosferico:

$$2\ NO + O_2 \rightarrow 2\ NO_2$$

Questi composti dell'azoto, talvolta indicati genericamente con la formula NO_x, sono tossici, provocano disturbi all'apparato respiratorio anche in basse concentrazioni e agiscono da precursori della formazione di ozono troposferico; inoltre concorrono a formare sostanze acide che possono ricadere a terra con le precipitazioni atmosferiche. Gli effetti corrosivi delle cosiddette **piogge acide** risultano particolarmente evidenti sulla vegetazione, sui manufatti di ferro e su monumenti ed edifici di pietra calcarea (▸ Figura 11).

▸ **Figura 11** Effetti dovuti all'azione prolungata delle piogge acide.

Le combustioni ben difficilmente avvengono in modo completo e quindi tra i prodotti sono presenti anche ossido di carbonio, gli idrocarburi che non hanno reagito completamente (i cosiddetti **incombusti**) e il **particolato**.

Il termine particolato è attribuito alle minuscole particelle solide e liquide che restano a lungo sospese nell'aria. Si tratta soprattutto di particelle carboniose impregnate di idrocarburi e di sottoprodotti della combustione (tra i quali il benzopirene), di acqua, di solfati e molte altre sostanze ancora (▸ Figura 12). In genere, più sono alte le temperature di combustione e più aumentano il particolato fine e ultrafine. Va sottolineato però che la combustione del metano non produce alcun particolato. Le maggiori emissioni di polveri fini e ultrafini provengono dagli scarichi dei veico-

▸ **Figura 12** Il particolato è il principale componente degli sbuffi di fumo che si vedono uscire spesso dal tubo di scappamento dei veicoli. Questo accade soprattutto nella combustione del gasolio nei motori diesel.

li, dalla combustione di carbone o legna, dai processi industriali e dalle combustioni dei rifiuti solidi urbani nei termovalorizzatori.

Queste particelle sono classificate in base alla loro dimensione, perché questa determina la loro pericolosità: più sono piccole più sono penetranti e quindi dannose. Esse vengono indicate con la sigla **PM** (*Particulate Matter*), seguita dal diametro massimo espresso in micrometri (μm) (▶ Tabella 1).

▶ Tabella 1 Dimensione delle particelle e loro pericolosità.

Particolato grossolano	PM10	PM2,5 particolato fine	PM1 particolato ultrafine	Nanopolveri
È costituito da particelle sedimentabili di diametro superiore a 10 μm; non è in grado di penetrare nell'apparato respiratorio.	È costituito da particelle di diametro uguale o inferiore a 10 μm; è una *polvere inalabile*, cioè in grado di penetrare nel naso e nella laringe.	È costituito da particelle di diametro uguale o inferiore a 2,5 μm; è una *polvere toracica*, cioè in grado di penetrare nei polmoni.	È costituito da particelle di diametro uguale o inferiore a 1 μm; è una *polvere respirabile*, cioè in grado di penetrare fino agli alveoli dei polmoni.	Sono costituite da particelle di diametro compreso fra 2 e 200 nm.

Pagine di scienza L'effetto serra

Paul J. Crutzen

Numerosi studi hanno valutato ed escluso che il riscaldamento globale, soprattutto quello registrato negli ultimi cinquant'anni, sia imputabile a cause naturali.

(Paul J. Crutzen, *Benvenuti nell'Antropocene*, trad. it. Mondadori, 2005).

Il chimico e meteorologo olandese Paul J. Crutzen (1933) iniziò la sua carriera di ricercatore come programmatore di computer presso l'Istituto meteorologico dell'Università di Stoccolma. La collaborazione con i ricercatori dell'Istituto fu per lui così stimolante da portarlo a studiare e approfondire sempre più la chimica dell'atmosfera. Proprio per gli studi relativi ai fenomeni che avvengono in atmosfera e che portano, attraverso complessi meccanismi, alla distruzione dello strato dell'ozono soprattutto nelle zone antartiche, gli fu assegnato nel 1995 il premio Nobel per la Chimica condiviso con gli scienziati statunitensi F.S. Rowland e M. Molina.

Riportiamo di seguito un brano tratto da *Benvenuti nell'Antropocene*.

«Negli ultimi cinquant'anni, però, con sistemi di misurazione ben precisi e diffusi sul pianeta, non è stata osservata alcuna alterazione del ciclo solare né un'altra causa naturale in grado di spiegare l'attuale aumento della temperatura media. La tendenza risale a circa un secolo fa. All'inizio è stata modesta e non si può escludere che fosse un fenomeno naturale. Ma negli ultimi cinquant'anni, in corrispondenza della forte crescita dell'economia mondiale e dell'industrializzazione, il fenomeno si è accentuato.

Su questa conclusione c'è proprio ampio consenso da parte della comunità scientifica. Nel 1996, l'Intergovernmental Panel on Climate Change (Ipcc), una commissione di esperti istituita dalle Nazioni Unite allo scopo di valutare lo stato delle conoscenze, si espresse così: "Il bilancio dei dati suggerisce che si possa distinguere l'influenza umana sul clima globale". Nel 2001, questo giudizio venne aggiornato: "Ci sono nuove prove più consistenti che gran parte del riscaldamento globale osservato negli ultimi cinquant'anni sia attribuibile alle attività umane". Qualcuno potrebbe pensare che sia dovuto direttamente all'uso di energia da parte nostra e delle industrie, cioè che sia generato dai motori, dai phon, dai tostapane, dalle luci elettriche. Non è così. L'uso dell'energia, di per sé, comporta perdite di calore che fanno aumentare la temperatura di appena un decimo di grado. Il riscaldamento globale, invece, è ben maggiore, ed è causato dai gas a effetto serra: anidride carbonica e metano soprattutto, ma anche clorofluorocarburi, protossido di azoto, ozono. In maniera indiretta contribuisce anche il vapore acqueo, un gas serra molto efficace che, condensando, genera le nuvole, le quali sono spesso la nostra fonte principale di preoccupazione sul tempo che farà. La quantità di vapore acqueo presente nell'atmosfera, di per sé, non è alterata in maniera significativa dall'azione dell'uomo. A causa del riscaldamento globale, però, l'evaporazione aumenta e di conseguenza aumenta anche la percentuale di vapore acqueo nell'aria. Stiamo rendendo il pianeta nel suo complesso più umido e nuvoloso, e l'umidità aggiunta partecipa anch'essa al riscaldamento globale.

I clorofluorocarburi sono conosciuti soprattutto perché sono la causa del buco dell'ozono e per questo sono da tempo banditi da accordi internazionali. Come vedremo, sono ancora in circolazione nell'atmosfera e si stima vi rimarranno per più di un secolo.

Il protossido di azoto, o gas esilarante, che viene usato anche come anestetizzante, è generato in grande quantità da microrganismi presenti nel suolo. Ha anche un ruolo di rilievo nei processi che regolano la concentrazione dell'ozono nella stratosfera. Dall'inizio dell'Antropocene, le sue concentrazioni nell'aria sono aumentate del 20%, soprattutto per l'uso di fertilizzanti, che rendono il suolo più attivo dal punto di vista biologico.

L'ozono che contribuisce maggiormente all'effetto serra è quello che si trova nella troposfera, fino a circa 15 km di quota, ed è un decimo del totale, mentre il resto si trova nella stratosfera. L'attività antropica ha avuto un duplice effetto su questo gas: ne ha distrutto grandi quantità nella stratosfera (a causa dei clorofluorocarburi) e, al contempo, ne ha creato grandi quantità nella troposfera (a causa dei processi di combustione). Perciò, quanto a responsabilità nel riscaldamento globale del pianeta, l'ozono è il terzo gas in ordine di importanza, dopo l'anidride carbonica e il metano.»

È importante sottolineare che l'**effetto serra** è il fenomeno naturale che consente all'atmosfera di trattenere sotto forma di energia termica parte dell'energia che proviene dal Sole. Il nome deriva per similitudine con quanto avviene nelle serre, costruite per abbreviare i tempi di maturazione di ortaggi e frutta. La ▶ Figura 1 mostra che le radiazioni elettromagnetiche che arrivano sulla superficie terrestre vengono in parte riflesse (a sinistra nella figura) e in parte riemesse dalla Terra stessa sotto forma di radiazioni infrarosse (a destra nella figura). Queste radiazioni, prima di disperdersi nello spazio, vengono in buona parte assorbite dalle molecole di alcuni gas presenti nell'atmosfera.

Una radiazione elettromagnetica viene assorbita quando la sua frequenza è la stessa di quella di un moto della molecola (o dei suoi atomi) con cui interagisce; nel caso della frequenza delle radiazioni infrarosse i movimenti interessati sono quelli vibrazionali degli atomi. Le molecole che presentano moti vibrazionali con frequenza simile a quella delle radiazioni infrarosse, e che quindi assorbono maggiormente tali radiazioni, sono quelle di CO_2, CH_4, CFC (CloroFluoroCarburi), N_2O, O_3 e H_2O. L'energia assorbita aumenta i moti vibrazionali delle molecole, che acquistano quindi energia cinetica che viene trasmessa attraverso gli urti anche alle altre molecole presenti nell'atmosfera. Il risultato è un aumento dell'energia termica e quindi della temperatura dell'atmosfera. Oggi quasi tutti gli scienziati concordano nel ritenere l'aumento della concentrazione di CO_2 in atmosfera come un fattore determinante per l'aumento dell'effetto serra e quindi per l'aumento della temperatura del pianeta. Il mese di marzo 2016 ha presentato l'incremento maggiore di temperatura dal 1898.

▶ **Figura 1**

Mauna Loa è un'isola vulcanica delle Hawaii in mezzo all'oceano: su questa isola all'altezza di 3400 m si trova un osservatorio per il monitoraggio delle concentrazioni di CO_2 nell'atmosfera. Il grafico dell'osservatorio di Mauna Loa mostra l'incremento della CO_2 nell'atmosfera negli ultimi anni (▶ Figura 2).

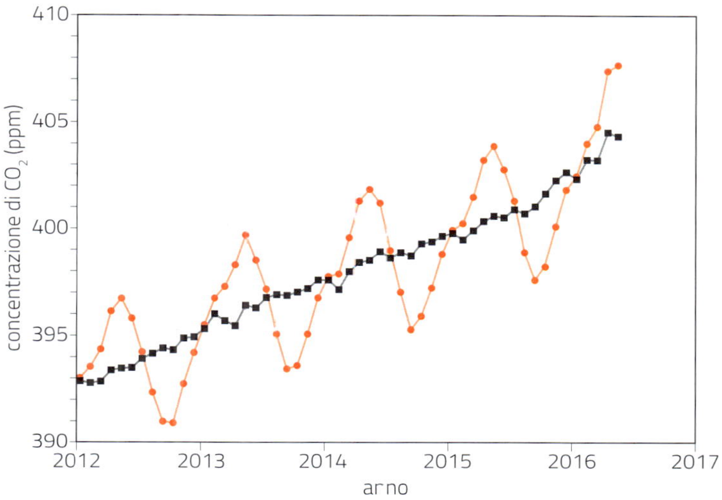

▶ **Figura 2** Medie mensili della concentrazione di CO_2 rilevate dall'osservatorio di Mauna Loa, nelle isole Hawaii (Fonte: NOAA).

La linea rossa rappresenta i valori medi mensili, centrati sulla metà di ogni mese. La linea nera rappresenta la stessa linea, dopo la correzione con il ciclo medio stagionale.

L'incremento continuo della CO_2 con il conseguente surriscaldamento del pianeta ha creato grandi preoccupazioni per i danni ambientali che ne possono derivare. Infatti per la prima volta i Paesi sviluppati e quelli emergenti hanno preso accordi comuni per contenere i cambiamenti climatici dovuti all'effetto serra. Il 22 aprile 2016 nella sede dell'ONU a New York 145 Stati, tra cui l'Italia e tutti i paesi più industrializzati, hanno firmato un accordo per limitare le emissioni di CO_2 nell'atmosfera con l'obiettivo di raggiungere «effetto serra zero» a metà di questo secolo. Effetto serra zero significa che le emissioni di CO_2 delle attività umane devono essere azzerate, cioè essere uguali al consumo di CO_2 da parte dell'ambiente naturale, soprattutto con la fotosintesi. Questo consentirebbe di limitare l'aumento di temperatura a 1,5 °C: oltre questo limite l'effetto più eclatante riguarda il fatto che molti litorali e molte isole sarebbero sommerse dal mare a causa della fusione dei ghiacciai e delle calotte polari.

Ogni Stato interviene come vuole nella riduzione di emissioni di CO_2 ricordando che la maggior parte deriva dalla combustione dei combustibili fossili. Pertanto viene raccomandato l'uso delle fonti di energia rinnovabili.

Esercizi 5 Risorse energetiche ed equilibrio ambientale

1 Indica la fonte di energia non rinnovabile.

A Energia aerotermica
B Energia eolica
C Energia idroelettrica
D Energia nucleare
E Energia geotermica

2 Quale forma di energia immagazzinata nei combustibili fossili è sfruttata nelle centrali termoelettriche?

A Chimica
B Nucleare
C Termica
D Calore
E Nessuna tra quelle indicate

3 In relazione alle centrali idroelettriche indica le affermazioni vere e quelle false.

a) Sfruttano una fonte di energia rinnovabile V F
b) Non determinano alcun tipo di impatto ambientale V F
c) Immettono in atmosfera gas serra V F
d) Trasformano energia termica in energia elettrica V F
e) Il processo di produzione dell'energia elettrica non comprende reazioni chimiche V F

4 L'energia proveniente dal Sole rende possibile il processo di fotosintesi clorofilliana.

Quale forma di energia si ottiene dal processo?

A Termica
B Nucleare
C Chimica
D Calore
E Nessuna tra quelle indicate

5 Da che cosa è costituito il particolato?

A Una sostanza che ha elevato potere cancerogeno
B Un gas presente negli scarichi dei motori a gasolio
C Un gas presente soltanto negli scarichi dei veicoli a benzina
D Particelle solide o liquide di piccole dimensioni presenti negli scarichi degli autoveicoli
E Particelle presenti nei combustibili che non vengono trasformate dalla reazione

6 Un'automobile funziona con motore a idrogeno. L'idrogeno è ottenuto dalla reazione tra metano e acqua. Si può affermare che l'auto è ecologica perché consuma energia pulita rinnovabile?

....

7 Nel nostro Paese si è estesa la produzione di energia termica per uso domestico attraverso la combustione di metano anziché di gasolio o di carbone; indica i *due* evidenti vantaggi ottenuti con questa scelta.

A Eliminazione dell'effetto serra
B Riduzione dell'inquinamento atmosferico
C Riduzione del traffico di camion e di autocisterne adibite al rifornimento dei combustibili
D Utilizzazione di una fonte di energia rinnovabile anziché di origine fossile
E Grande risparmio economico

8 Da un punto di vista energetico, un frigorifero è un sistema costruito per:

A trasformare energia elettrica in energia termica dei corpi che esso contiene
B trasferire energia termica dai corpi che esso contiene a un ambiente più caldo
C diminuire l'energia chimica dei corpi che esso contiene
D trasformare col motore elettrico energia meccanica in energia termica
E trasferire energia dall'ambiente ai corpi che esso contiene

9 A quale fenomeno è attribuita la riduzione della estensione dei ghiacciai e dei ghiacci polari?

A Il ghiaccio è corroso dalle piogge acide sempre più abbondanti e diffuse
B Il livello di inquinamento delle acque marine è cresciuto a tal punto da impedire la cristallizzazione dell'acqua
C L'aumento dei fumi prodotti dalle combustioni riduce l'energia portata dalle radiazioni solari
D La temperatura dell'atmosfera è cresciuta a causa dell'aumento della concentrazione dei gas-serra
E La temperatura dell'atmosfera è aumentata a causa del calore liberato dall'uso dei combustibili fossili

10 Il bioetanolo, miscelato con benzina, è usato come combustibile per autotrazione. Per ottenere il bioetanolo occorre riscaldare e distillare la miscela idroalcolica ottenuta dalla fermentazione di biomasse, ovvero di prodotti agricoli ricchi di glucidi. Quale condizione è necessaria per affermare che il bioetanolo è una fonte di energia completamente rinnovabile?

....
....
....

11 Which of the following is not a fossil fuel?

A Oil
B Natural gas
C Geothermal energy
D Coal

12 Which of the following statements about renewable energy and fossil fuels *are* false?

A The only renewable energy we use comes from Earth
B Both coal and natural gas are not renewable energies
C Wind, water and sunshine are renewable energies
D All renewable energy is also called «clean energy» because it doesn't pollute the air or water
E Fossil fuels can't be replaced – once we use them up, they're gone forever
F Fossil fuels can cause pollution

13 Coal, oil, natural gas, and propane are fossil fuels. They are called fossil fuels because:

A they are nonrenewable and will run out
B they are burned to release energy and they cause air pollution
C they were formed from the buried remains of plants and tiny animals that lived hundred of millions of years ago
D they are mixed with fossils so they will burn better

Mappa di sintesi

LOSAI?

Energia e trasformazioni della materia

L'**energia interna** è una grandezza estensiva che corrisponde alla somma delle diverse forme di energia possedute dalle particelle di un sistema.

Principio di conservazione dell'energia: l'energia si trasforma continuamente da una forma all'altra, ma l'energia totale dell'Universo rimane costante.

L'**energia termica** è associata ai moti (di *traslazione*, *rotazione* e *vibrazione*) delle particelle.

L'**energia nucleare** è la forma di energia associata alle interazioni tra le particelle costituenti il nucleo degli atomi.

L'**energia chimica** è la forma di energia potenziale associata alla posizione reciproca delle particelle.

Trasformazioni esoenergetiche

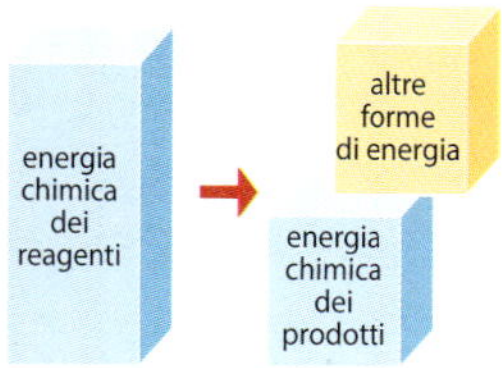

Trasformazioni endoenergetiche

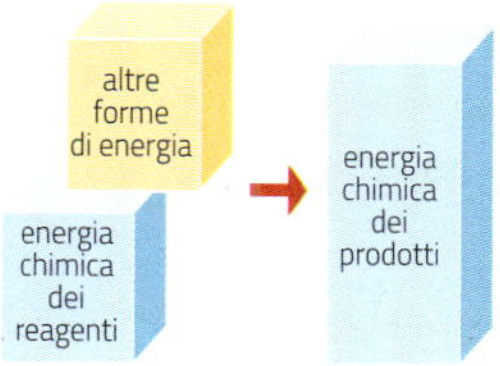

Trasformazioni esotermiche

con liberazione di calore

Trasformazioni endotermiche

con assorbimento di calore

Le **grandezze di stato** sono quelle che al termine di un ciclo di trasformazioni riassumono il valore iniziale.

La **variazione di entalpia** (ΔH) di una trasformazione corrisponde numericamente al calore acquistato o ceduto a pressione costante.

L'**entalpia di formazione standard** (ΔH_f°) è la variazione di entalpia relativa alla reazione di formazione di una mole di sostanza a partire dalle sostanze elementari quando queste si trovano nel loro stato standard.

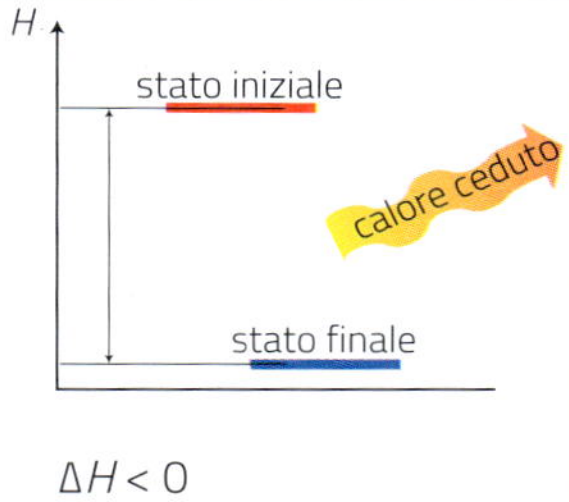

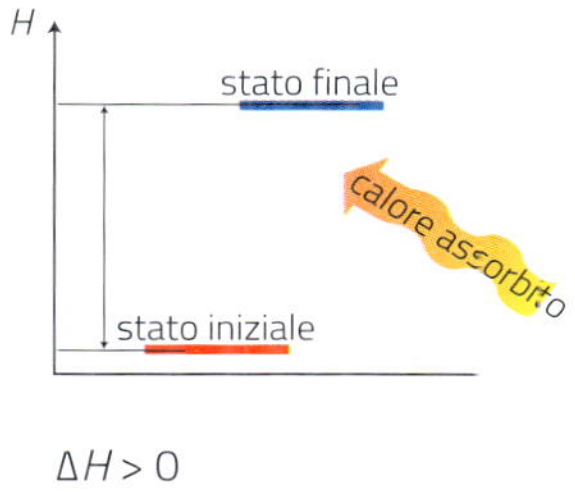

Risorse energetiche

Gli **alimenti** sono le fonti di energia per il «motore umano».

glucidi (o carboidrati)
lipidi (o grassi)
protidi (o proteine)

Protidi	16,7 kJ/g (4,0 kcal/g)
Lipidi	37,7 kJ/g (9,0 kcal/g)
Glucidi	15,7 kJ/g (3,75 kcal/g)

I **combustibili** sono le principali materie prime impiegate per la mobilità e per la produzione di energia elettrica.

Il **potere calorifico** è il calore sviluppato dalla reazione di combustione di 1 kg o di 1 m^3 di combustibile.

Fonti rinnovabili: energia solare, energia eolica, geotermica ecc.

Fonti non rinnovabili: combustibili fossili e minerali di uranio.

Per **impatto ambientale** si intende una alterazione dell'ambiente da un punto di vista qualitativo e quantitativo causata dalle attività umane.

Applicazione delle conoscenze

Problema

Vogliamo determinare il calore sviluppato da una reazione nota partendo da dati sperimentali e confrontare poi il risultato ottenuto con quello atteso in base ai valori di entalpia di formazione di reagenti e prodotti.

Per esempio, supponiamo di voler determinare il calore sviluppato dalla reazione di neutralizzazione tra una soluzione di NaOH e una soluzione di HCl. È facile verificare che mescolando un volume uguale delle due soluzioni, entrambe con concentrazione 2 M, all'interno di un calorimetro con capacità termica trascurabile, la temperatura aumenta di circa 13 °C.

Conoscenze

- Saper calcolare la quantità di calore sviluppata da una reazione in base alla variazione di temperatura
- Saper calcolare il calore molare di reazione
- Saper esprimere il ΔH con il corretto segno
- Saper calcolare il ΔH di reazione atteso elaborando i dati di ΔH_f°

Svolgimento

1. Come prima cosa dobbiamo registrare ordinatamente tutti i dati sperimentali raccolti.

Reagenti: NaOH 2,00 M $V_{NaOH} = 50,0$ mL
HCl 2,00 M $V_{HCl} = 50,0$ mL

- temperatura iniziale delle soluzioni: $t_i = 22,4$ °C
- temperatura finale dopo la reazione: $t_f = 35,5$ °C
- variazione della temperatura:

$$\Delta t = t_f - t_i = 13,1 \text{ °C}$$

2. Sappiamo che, in un sistema isolato, il calore sviluppato da una reazione esotermica determina l'aumento della temperatura del sistema stesso; è possibile calcolare il corrispondente calore di reazione utilizzando la seguente relazione:

$$q = m \cdot c \cdot \Delta t$$

Per approssimazione si può considerare il calore specifico uguale a quello dell'acqua; supponendo anche che la densità della soluzione sia uguale a quella dell'acqua, la massa complessiva risulta pari a 100 g. Pertanto:

$q = 100 \text{ g} \cdot 4,184 \text{ J/(g} \cdot \text{°C)} \cdot 13,1 \text{ °C}$
$q = 5,48$ kJ

3. Per ricavare il calore molare di reazione occorre riferirsi alle moli che hanno effettivamente reagito.
Considerando i dati relativi a ciascuna soluzione si possono calcolare le moli, che risultano ovviamente uguali per entrambi i reagenti.

$n = 0,0500 \text{ L} \cdot 2,00 \text{ mol/L}$ $n = 0,100$ mol

Inoltre, considerando che la reazione è esotermica e quindi il valore di ΔH deve essere negativo, si può scrivere:

$\Delta H = -q/n$
$\Delta H = -5,48 \text{ kJ}/0,100 \text{ mol} = -54,8 \text{ kJ/mol}$

4. Per calcolare il valore teorico atteso occorre inizialmente scrivere l'equazione di reazione bilanciata:

$$NaOH(aq) + HCl(aq) \rightarrow NaCl(aq) + H_2O(l)$$

Il corrispondente valore teorico ΔH_f° si ottiene applicando la seguente relazione:

$$\Delta H_f^\circ = \sum \Delta H_f^\circ{}_{\text{prodotti}} - \sum \Delta H_f^\circ{}_{\text{reagenti}}$$

I valori dell'entalpia standard di formazione delle sostanze interessate sono i seguenti:

$H_2O(l)$	−285,83 kJ/mol
$HCl(aq)$	−167,16 kJ/mol
$NaCl(aq)$	−407,11 kJ/mol
$NaOH(aq)$	−469,60 kJ/mol

Sostituendo i valori nella relazione si ottiene:

$\Delta H° = [1 \text{ mol} \cdot (-407,11 \text{ kJ/mol}) + 1 \text{ mol} \cdot (-285,83 \text{ kJ/mol})] +$
$- [1 \text{ mol} \cdot (-469,60 \text{ kJ/mol}) + 1 \text{ mol} \cdot (-167,16 \text{ kJ/mol})]$

$\Delta H° = -56,18$ kJ/mol

Tenendo conto degli errori sperimentali e delle numerose approssimazioni introdotte, si deve notare la buona corrispondenza tra il valore sperimentale (−54,8 kJ/mol) e quello teorico (−56,18 kJ/mol).

SEI PRONTO PER LA VERIFICA?

In 1 ora
Totale 100 punti

1 Il grafico riporta la variazione di energia chimica di un sistema isolato in cui avviene una reazione chimica.

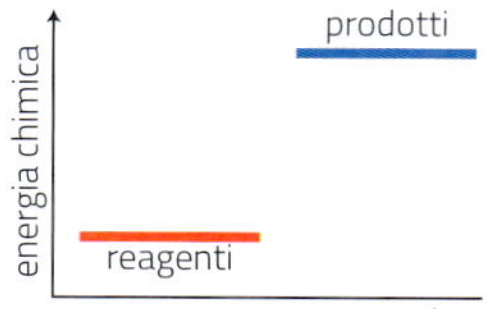

Per effetto della reazione la temperatura del sistema: **[6 punti]**

A aumenta
B diminuisce
C non cambia
D in un sistema isolato non è possibile misurare la temperatura
E sulla base del solo grafico nessuna previsione è possibile

2 Due corpi identici X e Y hanno la stessa temperatura e vengono riscaldati fornendo al primo 1 kJ di energia e al secondo 1 kcal. Perché Y si scalda più di X? **[7 punti]**

....

3 Una certa massa di acqua viene scaldata da 15 °C a 30 °C. Individua le affermazioni vere e quelle false. **[7 punti]**

a) Non cambia la frequenza del moto periodico che cambia l'angolo di legame H—O—H V F
b) Aumenta la velocità media con cui le particelle si urtano tra loro V F
c) Aumenta la velocità media con cui le particelle ruotano su se stesse V F
d) Non cambia la frequenza del moto periodico che cambia lunghezza del legame H—O V F
e) Non cambia l'energia del legame H—O V F

4 Considera la seguente equazione di reazione:
$NH_3(g) + 2\ O_2(g) \rightarrow HNO_3(l) + H_2O(l)$
Calcola il valore di $\Delta H°$ utilizzando i seguenti dati
$\Delta H^{\circ}_{f\ NH_3} = -46{,}11$ kJ/mol
$\Delta H^{\circ}_{f\ HNO_3} = -174{,}10$ kJ/mol
$\Delta H^{\circ}_{f\ H_2O} = -285{,}83$ kJ/mol **[8 punti]**

....

5 In una caldaia vengono bruciati in un'ora 37 kg di gasolio.

a) Calcola quanta energia chimica viene trasformata in energia termica in un minuto. ....
b) Supponiamo che 150 kg di acqua entrino nella caldaia e ne escano dopo un minuto avendo assorbito il 50% del calore prodotto dalla combustione. Calcola l'aumento di temperatura dell'acqua. .... **[8 punti]**

6 Quando in 120 g di acqua si sciolgono 20 g di NH_4NO_3 ($M = 80{,}05$ g/mol) si misura un abbassamento della temperatura del sistema di 12 °C. Supponendo che il calore specifico della soluzione sia uguale a quello dell'acqua, calcola il ΔH relativo a 1 mol di soluto. .... **[8 punti]**

7 Il potere calorifico di un combustibile solido esprime: **[6 punti]**

A il rapporto tra la massa di combustibile bruciato e la quantità di energia liberata
B la capacità di un combustibile di produrre calore
C il calore liberato dalla reazione di combustione
D il rapporto tra l'energia liberata e la massa di combustibile bruciato
E il rapporto tra l'energia liberata dalla combustione e l'aumento di temperatura che essa determina

8 In un altoforno avviene la seguente reazione:
$2\ Fe_2O_3(s) + 3\ C(s) \rightarrow 4\ Fe(s) + 3\ CO_2(g)$
Sapendo che $\Delta H^{\circ}_{f\ Fe_2O_3} = -824{,}2$ kJ/mol determina se la trasformazione è esotermica o no. **[8 punti]**

....

9 Quali sono le fonti di energia non rinnovabili? **[6 punti]**

....

....

10 Considera le due reazioni rappresentate dalle seguenti equazioni: **[8 punti]**

1. $2\ S(s) + 3\ O_2(g) \rightarrow 2\ SO_3(g)$ $\quad \Delta H = -791{,}44$ kJ
2. $2\ SO_2(g) + O_2(g) \rightarrow 2\ SO_3(g)$ $\quad \Delta H = -197{,}78$ kJ

Applicando la legge di Hess calcola il ΔH della reazione:
$S(s) + O_2(g) \rightarrow SO_2(g)$ ....

11 Una bomboletta piena di azoto lasciata al sole si riscalda fino alla temperatura di circa 60 °C. Indica per ogni affermazione se è vera o falsa. **[7 punti]**

a) L'energia interna del sistema rimane costante V F
b) L'energia chimica del sistema è aumentata V F
c) L'energia cinetica delle molecole è aumentata V F
d) Il sistema è chiuso: l'energia termica non cambia V F
e) La massa del sistema non cambia V F
f) L'energia nucleare del sistema rimane costante V F

12 When ammonium chloride, NH_4Cl, is dissolved in water, water temperature drops.
Which of the following statements is true? **[7 punti]**

A The products contain more heat than the reactants
B The reaction is exothermic
C The value of q for the surroundings is positive
D The internal energy of the system decreases
E None of the above

13 A combustion experiment is performed by burning a mixture of fuel and oxygen in a constant-volume «bomb» surrounded by a water bath. During the experiment, the water temperature is observed to rise. Regarding the mixture of fuel and oxygen as a system:

a) has heat been transferred?

....

b) What is the change in internal energy? **[7 punti]**

....

....

14 Which of the following processes would be endothermic?

A Natural gas burning
B Melting chocolate
C Fireworks exploding
D Steam condensing **[7 punti]**

CLIL Chemistry highlights

Passive solar system

1. Match each word with its definition

1. Heat ....
2. Thermal energy ....
3. Chemical energy ....
4. Enthalpy ....
5. Reaction heat ....

a. The amount of heat released or absorbed in a chemical reaction.
b. A form of energy associated with the motion of particles (atoms, molecules, ions) constituting a body.
c. Thermal energy flowing between two bodies at different temperatures.
d. The potential energy associated with the electrical interactions between the atoms, ions and molecules in a body.
e. Thermodynamic quantity associated with every substance. In exothermic transformations the enthalpy of a system decreases.

2. Read the text and fill in the gaps with the words given

Sun – convective – energy – volume – heat

[...]A "passive solar system" is based on the use of conductive, convective, or radiant energy transfer. In order to qualify as a passive solar system, a solar system used for heating purposes must contain all of the following: a solar collection area, an absorber, a storage mass, a heat distribution method, and heat regulation devices.
The term "solar collection area" means an expanse of transparent or translucent material, such as glass which is positioned in such a manner that the rays of the .... directly strike an absorber. The term "absorber" means a surface, such as a floor, that is exposed to the rays of the Sun admitted through the solar collection area, which converts solar radiation into ...., and then transfers the heat to a storage mass. The term "storage mass" means material, such as masonry, that receives and holds heat from the absorber and later releases the heat to the interior of the dwelling. The storage mass must be of sufficient ...., depth, and thermal .... capacity to store and deliver adequate amounts of solar heat for the relative size of the dwelling. In addition, the storage mass must be located so that it is capable of distributing the stored heat directly to the habitable areas of the dwelling through a heat distribution method.
The term "heat distribution method" means the release of radiant heating from the storage mass within the habitable areas of the dwelling, or .... heating from the storage mass through airflow paths provided by openings or by ducts in the storage mass, to habitable areas of the dwelling. The term "heat regulations devices" means shading or venting mechanisms (such as awnings or insulated drapes) to control the amount of solar heat admitted through the solar collection areas and nighttime insulation or its equivalent to control the amount of heat permitted to escape from the interior of the dwelling."

[Tratto da: *definitions.uslegal.com/p/passive-solar-system/*]

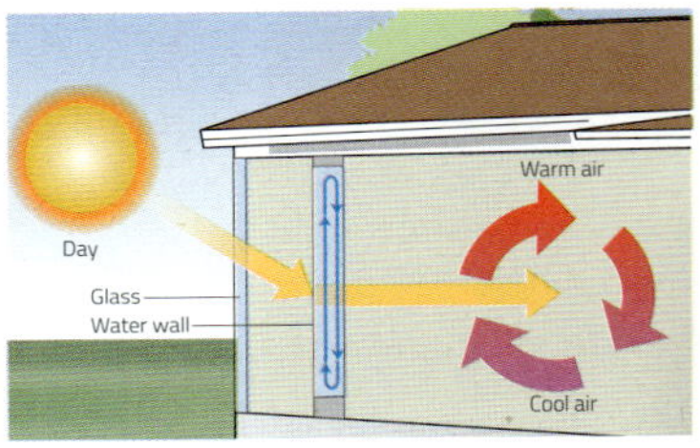

During the day sunlight is absorbed by water circulating in the water wall.

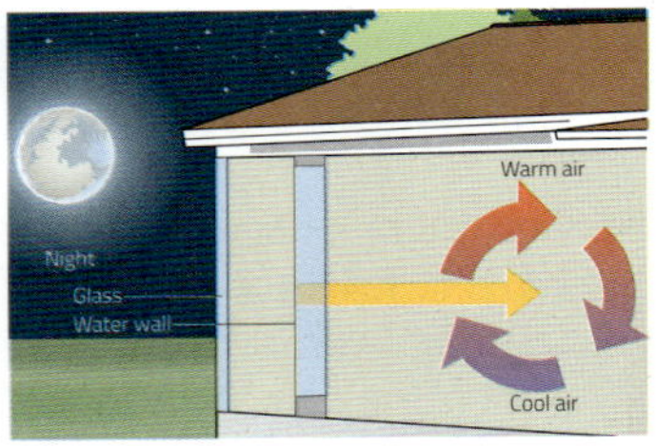

At night, heat stored in the water wall continues to warm the air inside the house.

3. Now listen and check

4. Answer the following questions

a. What function does glass serve in the example illustrated?
....
....

b. What do the circular arrows represent?
....
....

c. A home "storage mass" unit uses 400 L of water. On a sunny day, the initial temperature of the water is 22.0 °C. During the course of the day, the temperature of the water rises to 38.0 °C. How much energy has been stored in the water? (The density of water at 22.0 °C is 0.998 g/mL)
....

YOUR GLOSSARY

regulation devices = dispositivi di regolazione
....
....
....
....
....
....
....
....

COMPITI DI REALTÀ

1 Le radiografie

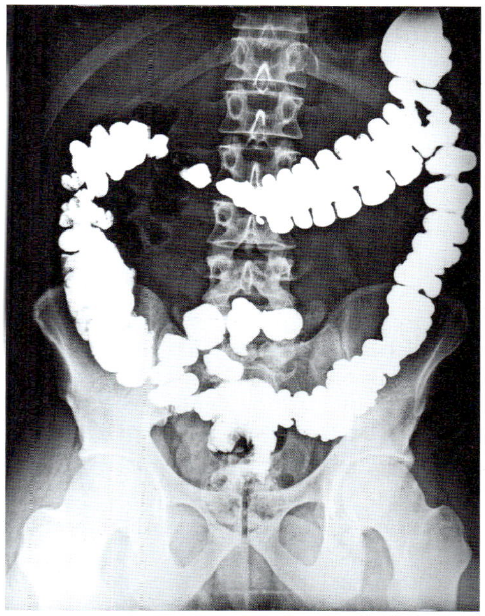

Gli esami clinici ai raggi X vengono utilizzati per «vedere» le strutture interne dell'organismo e poterne diagnosticare eventuali problematiche o malattie. I diversi tessuti assorbono i raggi X in modo diverso, tanto maggiore quanto maggiori sono la densità e lo spessore.

Molti organi risultano quasi trasparenti a questi raggi e quindi non si riesce normalmente a ottenerne un'immagine.

Per esempio, il tessuto molle intestinale non è opaco ai raggi X come il tessuto osseo e pertanto una radiografia non riuscirebbe a evidenziare questi organi. In questi casi si utilizza il cosiddetto «mezzo di contrasto», cioè una sostanza introdotta appositamente negli organi che si devono indagare e che risulta opaca alle radiazioni, come si vede nell'immagine.

Nelle radiografie dell'apparato digerente il paziente deve assumere prima dell'esame quello che solitamente viene indicato come «bario», ossia una miscela emulsionata di liquido e solido sotto forma di bevanda aromatizzata contenente un sale di bario che funziona come materiale opaco ai raggi X.

Nella tabella sono riportate le caratteristiche dei sali di bario e tra questi uno soltanto è utilizzato in campo medico, perché gli ioni di bario sono molto tossici per l'organismo.

Nome	Formula	$t_{fusione}$	Solubilità in acqua
carbonato di bario		decomposizione a 1450 °C	0,0200 g/L
cloruro di bario		963 °C	375 g/L
solfato di bario		1580 °C	0,0024 g/L
nitrato di bario		592 °C	90 g/L
fluoruro di bario		1353 °C	1,2 g/L

N.B.: Tutti i carbonati reagiscono con gli acidi dissolvendosi nelle loro soluzioni.

Completa la tabella scrivendo la formula chimica di ciascun sale e spiega perché, tra quelli riportati, ne può essere utilizzato solo uno a scopo medico.

2 Dalla formula alla classe di appartenenza

Costruisci un diagramma di flusso per poter stabilire, rispondendo a domande semplici, la classe di appartenenza di un dato composto. In alternativa costruisci una semplice applicazione che permetta al tuo computer, attraverso le risposte che tu stesso fornirai, di riconoscere la classe di appartenenza.

Per svolgere il lavoro puoi partire dal seguente suggerimento schematizzato a fianco.

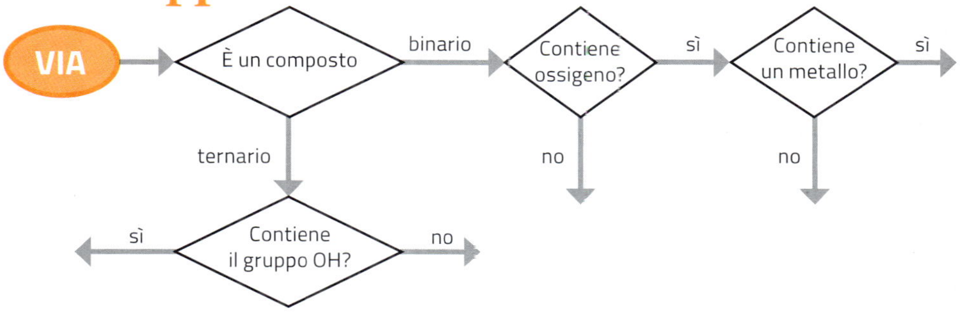

3 L'acqua ossigenata

Nelle cassette di pronto soccorso spesso è presente un disinfettante per piccole ferite: si tratta solitamente di una soluzione acquosa di perossido di idrogeno, soluzione nota con il nome comune di acqua ossigenata.

A contatto con la ferita si ha la decomposizione rapida del perossido di idrogeno:

$$2\ H_2O_2 \rightarrow 2\ H_2O + O_2$$

L'azione disinfettante è dovuta a un duplice meccanismo: il perossido di idrogeno reagisce denaturando le proteine mentre le bollicine di ossigeno che si sviluppano puliscono meccanicamente la ferita, eliminando eventuali batteri annidati all'interno. Come si può vedere nell'immagine, sull'etichetta è sempre indicata la concentrazione di H_2O_2.
La dicitura «volumi» che compare sull'etichetta indica il numero di litri di ossigeno che si possono sviluppare, in condizioni standard, da un litro di soluzione.

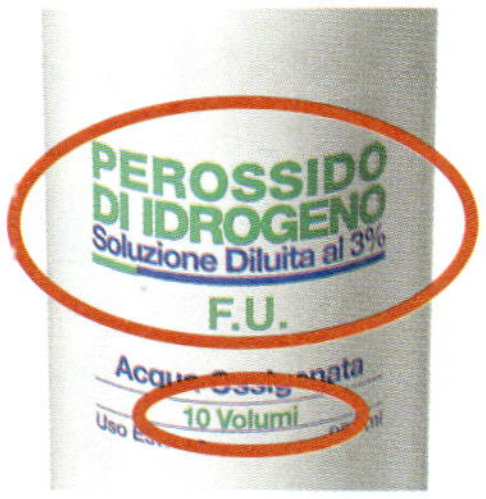

perossido di idrogeno soluzione diluita al 3% 10 volumi F.U.

Supponi di dovere confezionare un'etichetta analoga a quella riportata in figura e rispondi alle seguenti domande.

a. Quale dato occorre per stabilire la relazione tra concentrazione percentuale e volumi?
b. Fai un calcolo approssimativo per confermare il dato «10 volumi» riportato in etichetta.
c. A quanti «volumi» corrisponde una concentrazione di H_2O_2 pari al 3,6%?

4 Gli inquinanti dell'aria

Nella tabella sono riportati i dati di concentrazione di alcuni inquinanti gassosi presenti nell'aria, espressi nelle unità più comunemente usate nel caso di miscele gassose. Oltre alla concentrazione parti per milione (C_{ppm}) viene utilizzata la concentrazione *parti per miliardo* (C_{ppb}, dall'inglese parts per billion).

Misure puntuali di CO - NO - NO_2 - effettuate il 01 marzo 2013 via Cesare Battisti - Ravenna - presso il Liceo Scientifico Oriani						
ORE	CO (ppm)	CO (mg/m³)	NO (ppb)	NO (μg/m³)	NO_2 (ppb)	NO_2 (μg/m³)
9.00	1,1	1,3	28	34,4	30	56,4
10.00	0,5	0,6	13	16,0	17	32,0
11.00	0,69	0,79	8	9,8	14	26,3
12.00	1,71	1,97	12	14,8	13	24,4
13.00	0,66	0,76	7	8,6	12	22,6

La pressione di una sostanza gassosa è proporzionale al numero di molecole e quindi è anche proporzionale alla quantità di sostanza (cioè alle moli della stessa); per esempio, la concentrazione 2 ppm di un inquinante significa contemporaneamente:

- 2 molecole in un milione di molecole di aria
- 2 litri in un milione di litri di aria.

In modo analogo viene definita la concentrazione in ppb.

Sulla base di queste informazioni:

a. stabilisci quale grandezza devi considerare per convertire i ppm o ppb in mg/m³ o μg/m³;
b. dimostra con un calcolo che 30 ppb di NO_2 corrispondono a 56 mg/m³, ricordando che a 101,325 kPa e a 25 °C il volume molare di qualsiasi gas vale 24,5 L.

5 Carburiamo

Il carburante per aerei di solito contiene molecole più grandi rispetto alla benzina o al diesel usati per automobili, ed è perciò meno volatile. [...].

Il peso è un fattore cruciale nell'industria aeronautica: da questo punto di vista i carburanti derivati dal petrolio hanno l'enorme vantaggio di concentrare una quantità immensa di energia per unità di peso. Basta osservare la differenza con le batterie, per esempio quelle per computer: ne occorrerebbe una tonnellata per trasportare la stessa quantità di energia contenuta in 10 kg di carburante per aerei. Ecco perché i primi aerei elettrici non vedranno la luce tanto presto.

Il combustibile per aerei ha una densità energetica altissima: può sembrare incredibile ma l'energia per kilogrammo è quindici volte maggiore rispetto a un esplosivo potente come il tritolo (TNT). Ciò che rende esplosivo il tritolo non è tanto la quantità di energia immagazzinata, quanto la velocità con cui viene liberata. Un candelotto di TNT libera molta meno energia della stessa quantità di carburante per aerei, ma lo fa in una minuscola frazione di secondo: l'enorme vampata di calore genera nell'aria un'onda di pressione, ed è questa che chiamiamo esplosione.
Diversamente dai trasporti su strada o dalle produzioni di energia elettrica, sarà molto difficile far passare gli aerei da combustibili fossili a fonti di energia più pulite.

Una possibilità è l'idrogeno, l'elemento più semplice di tutti. In sé non è una fonte di energia, perché prima occorre produrlo: però è un sistema alternativo per trasportare l'energia, e rispetto ai derivati del petrolio ha il vantaggio di emettere soltanto vapore acqueo quando brucia.

Se si dispone di energia elettrica a sufficienza, per produrre l'idrogeno basta l'acqua; e se l'elettricità deriva da una fonte pulita, l'idrogeno sarà un combustibile eco logico.

[Tratto da: Briang Clegg, *Volando si impara. Scoprire la scienza mentre si viaggia in aereo*, Zanichelli, 2012]

a. Spiega che cosa si intende per «densità energetica».
b. Schematizza con un istogramma la diversa «densità energetica» del carburante per gli aerei, del tritolo e dell'idrogeno.
c. Sapendo che il $\Delta H°$ di formazione del TNT (TriNitroToluene) è −63,2 kJ/mol, calcola l'energia sviluppata dalla reazione di un kilogrammo di esplosivo:
$2\ C_7H_5N_3O_6 \rightarrow 12\ CO + 5\ H_2 + 3\ N_2 + 2\ C$.
d. Per quale proprietà il TNT è usato come esplosivo e non come combustibile?
e. Pensi sia corretto affermare che la combustione dell'idrogeno con l'aria produce esclusivamente vapore acqueo?

11 Velocità ed equilibrio nelle trasformazioni della materia

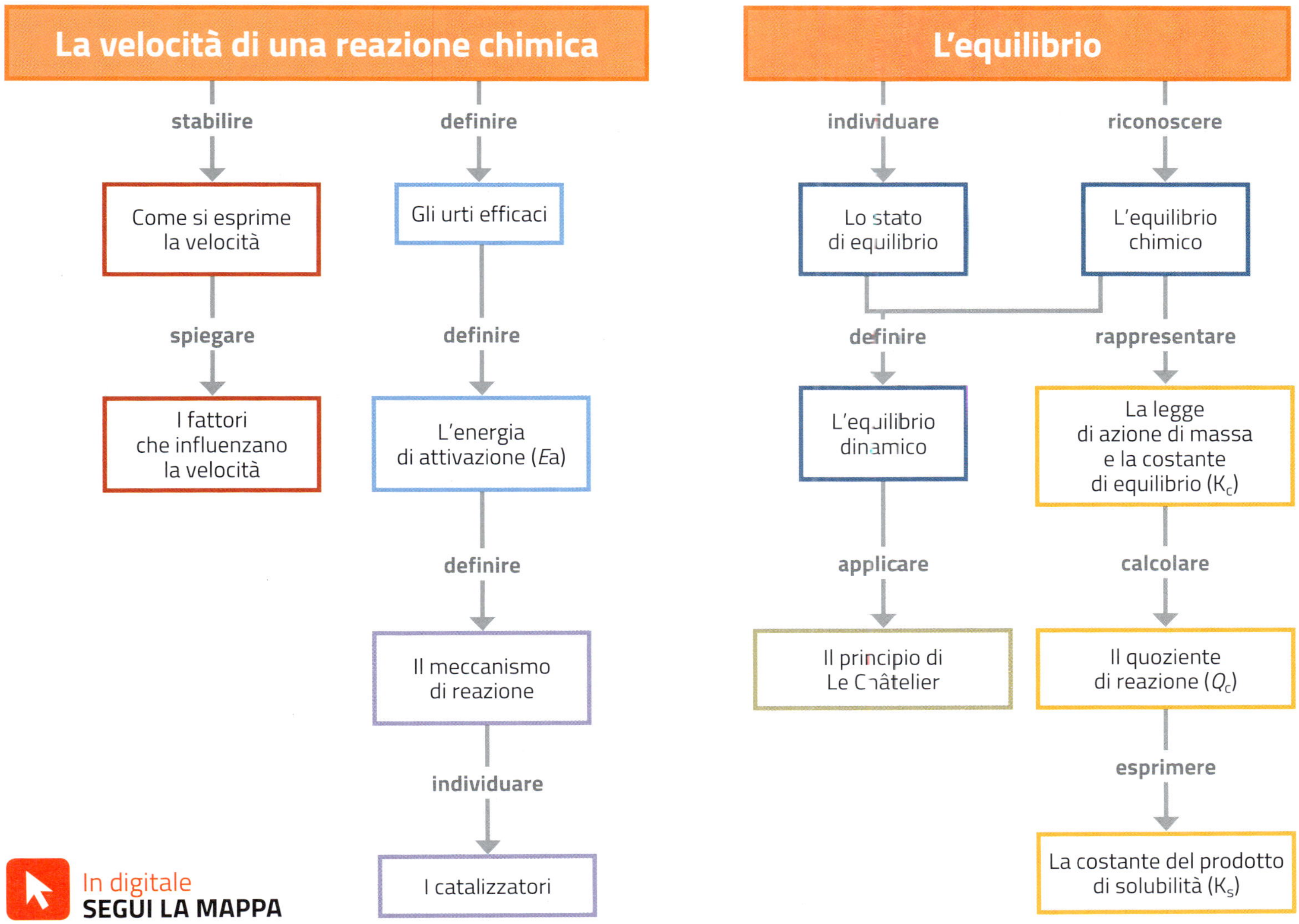

In digitale
SEGUI LA MAPPA

1 La velocità delle reazioni chimiche

La velocità di reazione è una proprietà importante delle trasformazioni chimiche e può essere misurata e modificata

Come si misura la velocità di reazione

Osservando le trasformazioni chimiche che avvengono intorno a noi possiamo intuitivamente distinguere «trasformazioni lente» e «trasformazioni veloci»: le esplosioni avvengono in pochi istanti; la corrosione dei materiali ferrosi può durare parecchi anni mentre la formazione del petrolio ha richiesto milioni di anni (▶ Figura 1).

▶ **Figura 1**

Ogni trasformazione chimica si caratterizza anche per la sua *velocità* ed è importante sapere se e come sia possibile intervenire per accelerare certe trasformazioni che riteniamo troppo lente, oppure per rallentarne altre. La parte della chimica che si occupa dello studio della velocità delle reazioni si chiama *cinetica*.

La **velocità di una reazione chimica** si può determinare misurando la variazione della quantità di un reagente o di un prodotto che si verifica in un determinato intervallo di tempo:

$$v = \frac{\text{variazione della quantità di un reagente (o di un prodotto)}}{\text{intervallo di tempo}}$$

Le grandezze adatte a esprimere la quantità di un reagente o di un prodotto possono essere varie, per esempio la massa, il volume oppure la concentrazione, se la sostanza è in soluzione. Supponiamo, per esempio, di voler studiare la velocità con cui procede la trasformazione chimica tra il marmo e l'acido cloridrico. Dato che la sostanza principale che costituisce il marmo è il carbonato di calcio, possiamo scrivere la seguente equazione:

$$CaCO_3(s) + 2\,HCl(aq) \rightarrow CaCl_2(aq) + H_2O(l) + CO_2(g)$$

In questo caso il procedere della reazione può essere seguito misurando la massa di anidride carbonica che si forma e che si libera nell'aria (▶ Figura 2): si osserva che la massa del sistema diminuisce progressivamente e questa diminuzione corrisponde proprio, in base alla legge di Lavoisier, alla massa di anidride carbonica prodotta dalla reazione.

Pertanto la velocità della reazione si può determinare calcolando il rapporto tra la massa di anidride carbonica e l'intervallo di tempo in cui è stata prodotta. Dobbiamo precisare che il valore calcolato in questo modo esprime la *velocità media* della reazione. Questo significa che la velocità di reazione non è una proprietà costante; essa è massima nel momento in cui la reazione prende il via e diminuisce con il passare del tempo (▶ Figura 3).

▶ **Figura 2** Se la trasformazione chimica tra il marmo e l'acido cloridrico viene realizzata su una bilancia, è possibile visualizzare nel tempo la diminuzione della massa del sistema, dovuta alla fuoriuscita dell'anidride carbonica prodotta.

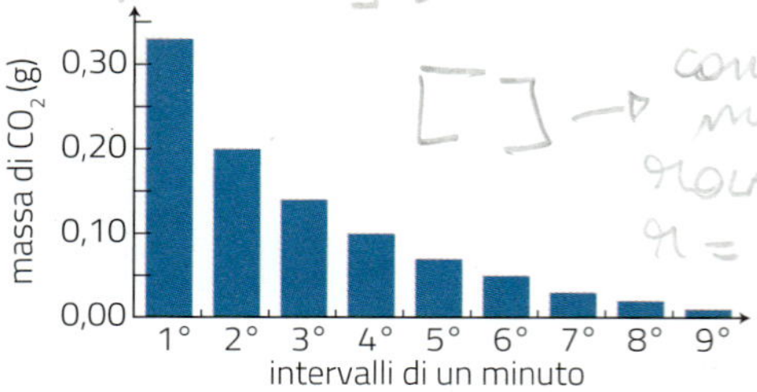

▶ **Figura 3** In un uguale intervallo di tempo, la massa di CO_2 prodotta diminuisce via via che la reazione procede: questa diminuzione corrisponde al fatto che la velocità decresce con il consumarsi dei reagenti.

Prova tu 1

Considera la seguente equazione:

$$2\,AgNO_3(aq) + Cu(s) \rightarrow 2\,Ag(s) + Cu(NO_3)_2(aq)$$

Calcola la velocità media della reazione sapendo che dopo 7 min 30 s la concentrazione della soluzione di $Cu(NO_3)_2$ è 0,032 mol/L.

....

Come si può cambiare la velocità di reazione

Video in digitale
La velocità con cui si trasformano le sostanze

È facile verificare che la velocità di una reazione è influenzata da alcuni fattori. Per individuarli occorre fare avvenire la medesima reazione cambiando di volta in volta solo una delle variabili che caratterizzano il sistema.

Studiando la reazione tra il carbonato di calcio e l'acido cloridrico si è visto che la velocità diminuisce via via e questo fatto è dovuto ragionevolmente alla diminuzione progressiva della concentrazione dell'acido. Viceversa, si può constatare che aumentando la concentrazione della soluzione di HCl aumenta anche l'effervescenza, cioè la quantità di gas che si produce nell'unità di tempo: questo significa che la reazione è più veloce (▶ Figura 4).

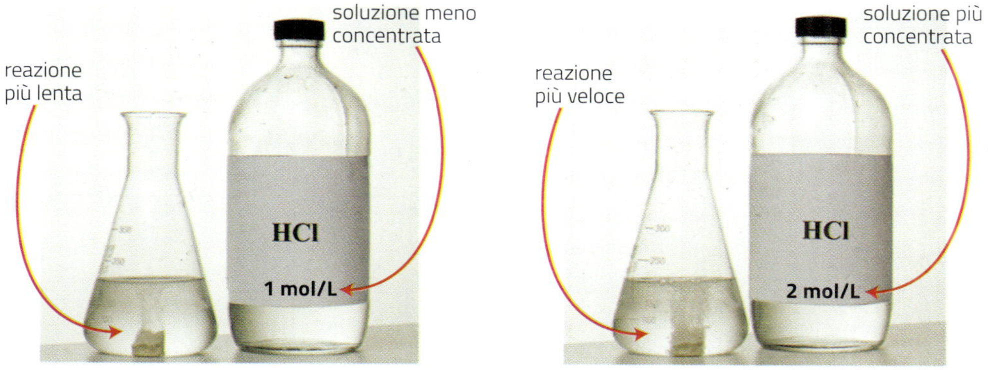

▶ Figura 4

Se in una reazione uno o più reagenti si trovano in soluzione (o allo stato gassoso) la velocità della reazione aumenta se si aumenta la concentrazione dei reagenti e viceversa.

Si può anche intervenire sulla reazione tra il carbonato di calcio e l'acido cloridrico modificando un'altra variabile: la temperatura. Se si usano soluzioni di HCl con la stessa concentrazione, si nota che il marmo viene corroso più rapidamente quando la temperatura è più alta. Se invece la temperatura diminuisce si osserva che la velocità della reazione diminuisce (▶ Figura 5).

▶ **Figura 5** I cibi vengono surgelati perché la bassa temperatura rallenta notevolmente la velocità delle trasformazioni batteriche che portano all'alterazione degli alimenti.

La velocità di una reazione aumenta se aumenta la **temperatura dei reagenti** mentre diminuisce se la temperatura diminuisce.

Può accadere che i reagenti si trovino in un diverso stato fisico; per esempio, nella reazione che stiamo studiando l'acido cloridrico è in soluzione acquosa mentre il carbonato di calcio è solido. Dato che i solidi possono presentarsi con granulosità diverse, possiamo chiederci se la velocità della reazione dipende dalle dimensioni dei granuli (▶ Figura 6).

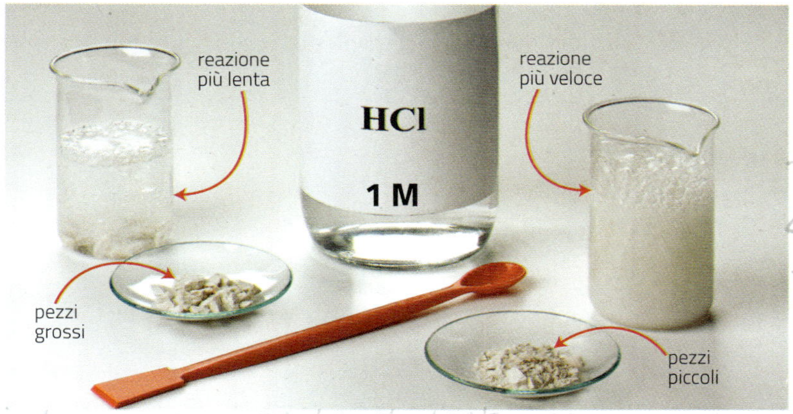

▶ Figura 6

Alla stessa temperatura e a parità di concentrazione, il marmo in frammenti più piccoli viene corroso più rapidamente: ciò accade perché è maggiore la superficie del marmo a contatto con la soluzione acida.

Se i reagenti si trovano in stati fisici diversi la velocità di una reazione aumenta se si aumenta la **superficie di contatto tra i reagenti** e viceversa.

Prova tu 2

Per preparare un sapone si fa reagire una soluzione acquosa di idrossido di sodio con olio di oliva. Quali interventi proponi di realizzare affinché la reazione avvenga con la massima velocità possibile?

....

....

....

....

Esercizi 1 La velocità delle reazioni chimiche

1 Contrassegna con una X i fattori che possono influenzare la velocità di una reazione tra un reagente solido e un reagente in soluzione.

a) Massa del solido ....
b) Temperatura del sistema ....
c) Volume della soluzione ....
d) Volume del solido ....
e) Concentrazione della soluzione ....
f) Dimensioni dei frammenti del reagente solido ....

2 Osserva la figura:

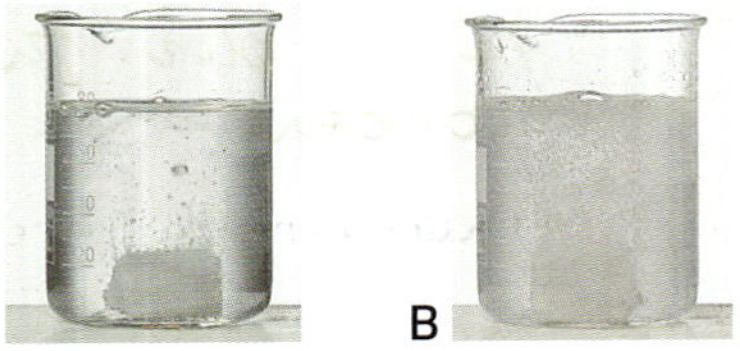

Due pezzetti uguali di marmo stanno reagendo con una soluzione di acido cloridrico. In quale dei due becher è stata utilizzata la soluzione più concentrata?

....

3 I reagenti della generica reazione $A + B \rightarrow C$ si trovano in tre contenitori uguali alla stessa temperatura:

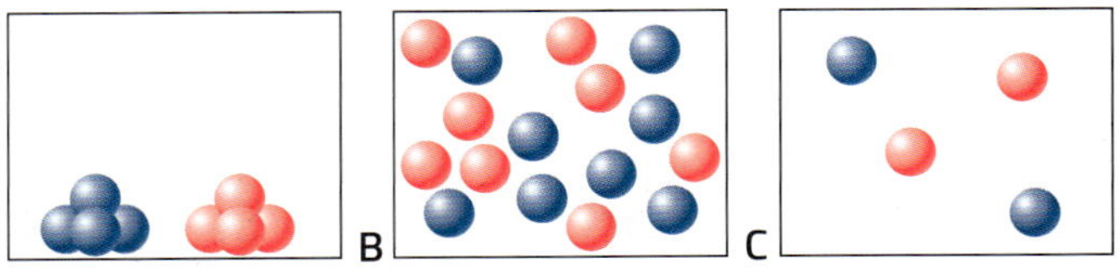

In quale situazione la reazione è più veloce e perché?

....

....

4 Considera la reazione di seguito descritta:

$$Fe(s) + 2\,HCl(aq) \rightarrow FeCl_2(aq) + H_2(g)$$

Quali interventi occorre mettere in atto per aumentare la velocità della reazione?

A Diminuire le dimensioni del contenitore
B Aumentare la temperatura della soluzione di HCl
C Aumentare la concentrazione della soluzione di HCl
D Aumentare la quantità di ferro
E Aumentare la dimensione dei granuli di ferro

5 Considera le seguenti equazioni di reazione:

$$HCl(aq) + NaOH(s) \rightarrow NaCl(aq) + H_2O(l)$$
$$HCl(aq) + NaOH(aq) \rightarrow NaCl(aq) + H_2O(l)$$

Se si utilizzano soluzioni di HCl alla stessa temperatura e con la stessa concentrazione, si osserva che la prima reazione è più lenta della seconda. Spiega la ragione di questo fatto.

....

6 La reazione di idrolisi dell'acetato di etile può essere seguita misurando la concentrazione dell'acido acetico prodotto dalla reazione stessa. Supponiamo che dopo un minuto la concentrazione dell'acido sia 0,28 g/L e che raddoppi dopo altri quattro minuti. Calcola la velocità media nei primi 5 min di reazione.

....

7 Considera la seguente equazione di reazione e completa la tabella seguendo l'esempio:

$$CuSO_4(aq) + Zn(s) \rightarrow Cu(s) + ZnSO_4(aq)$$

		La velocità di reazione		
		aumenta	diminuisce	rimane invariata
a)	aumento della temperatura	X		
b)	diminuzione della concentrazione di $CuSO_4$			
c)	aumento delle dimensioni del contenitore di reazione			
d)	aumento del volume di soluzione di $CuSO_4$			
e)	aggiunta di acqua nel contenitore di reazione			

8 Considera la seguente reazione:

$$2\,AB + C \rightarrow A_2C + B_2$$

A 40 °C la velocità con cui si forma B_2 è di 0,25 mol/(L · s). Calcola la velocità con cui si consuma il reagente AB.

....

9 Calcola la velocità di reazione sapendo che la concentrazione di un reagente è diminuita di $2{,}0 \cdot 10^{-3}$ mol/L in 10 s.

....

10 Il cloro è un gas utilizzato anche come disinfettante e può essere prodotto per mezzo della seguente reazione:

$$4\,HCl(aq) + O_2(g) \rightarrow 2\,Cl_2(g) + 2\,H_2O(l)$$

In 100 s si producono a STP 500 mL di cloro.
Qual è la velocità media della reazione espressa in mol/s?

....

11 Consider the following graph of the concentration of a substance X over time.

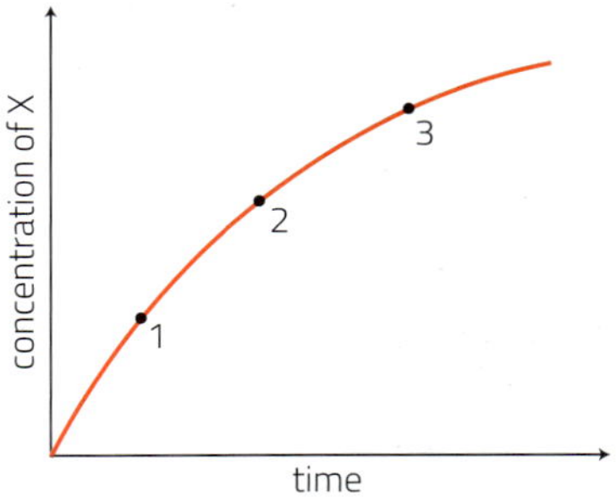

a) Is X a reactant or product of the reaction? ....
b) Is the reaction speeding up, slowing down, or not changing its rate as time progresses? ....
c) Why is the average rate of the reaction different between points 1 and 2 than between points 2 and 3?

....

2 Urti tra le particelle ed energia di attivazione

Gli urti tra le particelle dei reagenti danno luogo alla reazione quando le particelle sono correttamente orientate e possiedono l'energia sufficiente

Velocità di reazione e urti efficaci

Le trasformazioni delle sostanze avvengono a seguito dell'urto tra le particelle dei reagenti e quindi è ragionevole dire che tutti gli interventi che fanno aumentare (o diminuire) la *frequenza degli urti tra le particelle* (cioè il numero di urti nell'unità di tempo) produrranno un aumento (o una diminuzione) della velocità di reazione.

Infatti, riprendendo in considerazione la trasformazione chimica tra marmo e acido cloridrico, si può osservare che aumentando la concentrazione della soluzione acida, la temperatura del sistema e la superficie di contatto tra i reagenti si realizza in tutti i casi la condizione di aumentare la frequenza degli urti tra le particelle reagenti e questo fatto determina sempre un aumento della velocità della reazione.

Dunque la condizione fondamentale affinché una reazione possa avvenire è che le particelle dei reagenti si urtino tra loro. È ciò che avviene quando, per esempio, le molecole di metano vengono a contatto con le molecole di ossigeno (▸ Figura 1). Però sappiamo anche che, se non inneschiamo la reazione, il metano non brucia.

È chiaro quindi che il semplice contatto tra le particelle dei reagenti è una condizione necessaria ma non sufficiente per dar luogo alla reazione.

Affinché la reazione possa avvenire, gli urti tra le molecole dei reagenti devono soddisfare contemporaneamente due condizioni.

- L'orientamento delle molecole deve essere tale che, nell'urto, si trovino a contatto gli atomi che dovranno poi legarsi per formare le molecole dei prodotti.
- Le particelle devono possedere energia cinetica sufficiente per determinare, nell'istante dell'urto, la rottura dei legami chimici nelle molecole dei reagenti.

Si chiamano **urti efficaci** le collisioni tra le particelle dei reagenti che portano alla formazione delle particelle dei prodotti.

▸ **Figura 1** Aprendo il rubinetto, il metano fuoriesce e si mescola con l'aria. Il numero di urti tra le molecole di metano e di ossigeno è impressionante: è stato stimato che in un centimetro cubo di una miscela di gas, a pressione e temperatura ambiente, il numero di urti al secondo può arrivare fino a 10^{30}!

Prova tu

La reazione tra ossido di carbonio e acqua allo stato gassoso è così descritta:

$$CO(g) + H_2O(g) \rightarrow CO_2(g) + H_2(g)$$

Utilizzando i modelli molecolari, rappresenta un urto correttamente orientato e uno no.

L'orientamento delle molecole

Per comprendere meglio come l'orientamento delle molecole al momento dell'urto possa influire sulla velocità di reazione, consideriamo la reazione tra diossido di azoto e ossido di carbonio descritta dalla seguente equazione:

$$NO_2(g) + CO(g) \rightarrow NO(g) + CO_2(g)$$

Affinché la trasformazione possa procedere è necessario che vengano a contatto proprio gli atomi che si devono legare per formare i prodotti, cioè le particelle devono essere correttamente orientate (▸ Figura 2).

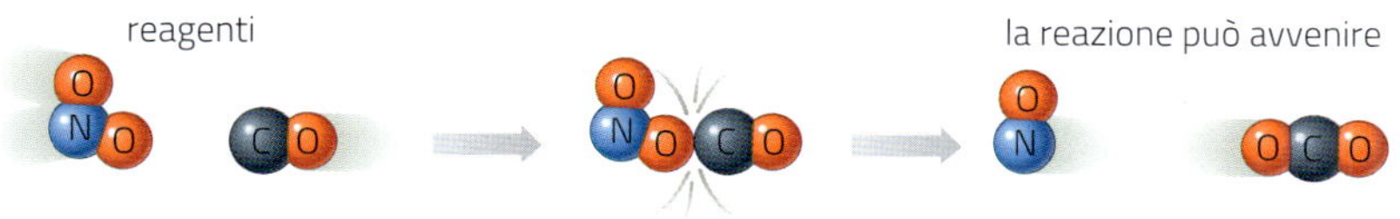

▸ **Figura 2** Solo se l'orientamento delle molecole delle sostanze reagenti è corretto gli atomi che si urtano possono formare nuovi legami e quindi le nuove molecole dei prodotti.

L'urto può essere efficace perché le molecole sono orientate in modo che l'atomo di carbonio urti l'atomo con cui deve legarsi, cioè l'atomo di ossigeno dell'altra molecola.

Consideriamo ora questa seconda situazione (▸ Figura 3):

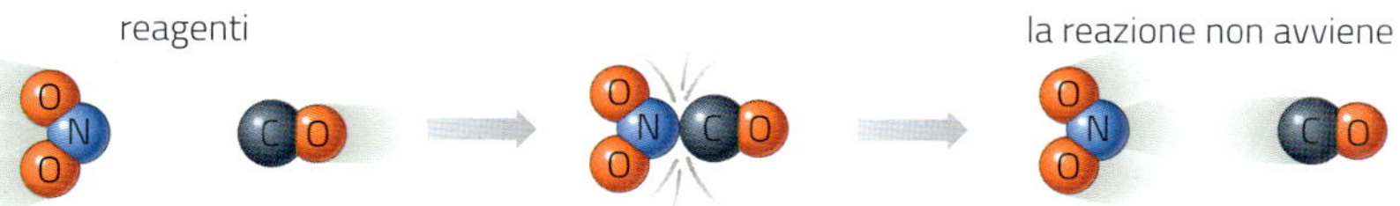

▸ **Figura 3** Se le molecole non sono correttamente orientate, l'urto non produce nuovi legami e quindi la reazione non avviene.

In questo caso l'orientamento delle molecole è tale che l'atomo di carbonio urta l'atomo di azoto, pertanto la reazione non può avvenire.

Animazione in digitale
Gli urti tra le particelle e le reazioni chimiche

L'energia di attivazione

Come abbiamo detto, l'altra condizione decisiva che può rendere efficaci gli urti è di natura energetica: le molecole che si urtano devono possedere energia sufficiente. Sappiamo che occorre fornire energia per rompere i legami nelle particelle dei reagenti e che questa energia proviene dall'energia cinetica delle molecole prima della collisione. Al momento dell'urto le particelle perdono velocità e diminuisce quindi la loro energia cinetica: per il principio di conservazione dell'energia essa si trasforma in un sovrappiù di energia chimica. Se l'energia chimica è sufficiente si ha la formazione di un aggregato molecolare molto instabile (*complesso attivato*); nel corso della reazione questa situazione corrisponde al cosiddetto *stato di transizione* dal quale il sistema evolve con la rottura dei legami tra gli atomi dei reagenti e la contemporanea formazione dei nuovi legami tra gli atomi dei prodotti.

Il sovrappiù di energia chimica che il sistema deve possedere affinché l'urto tra le particelle dei reagenti sia efficace è una caratteristica di ogni reazione chimica.

Si chiama **energia di attivazione** (***Ea***) l'aumento di energia chimica che le particelle dei reagenti devono accumulare nel momento dell'urto per trasformarsi in quelle dei prodotti.

Possiamo ora riprendere in considerazione la reazione tra diossido di azoto e ossido di carbonio:

$$NO_2(g) + CO(g) \rightarrow NO(g) + CO_2(g)$$

L'andamento della reazione può essere rappresentato dalla ▸ Figura 4:

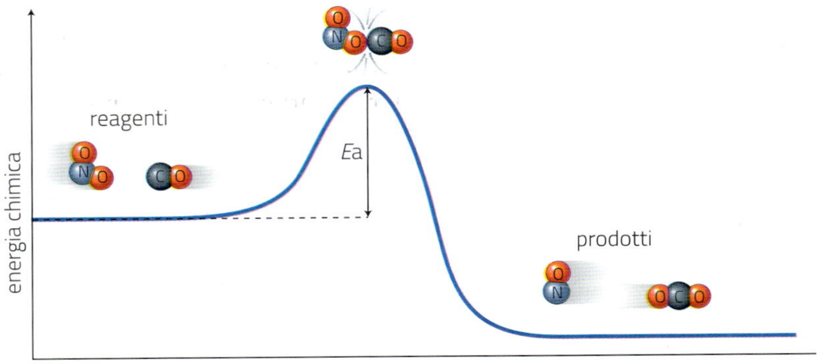

▸ **Figura 4** Andamento della reazione ad alta temperatura: nello stato di transizione si allentano i «vecchi» legami e si formano quelli «nuovi».

In generale, per rappresentare come cambia l'energia chimica del sistema nel corso di una reazione esoenergetica e di una reazione endoenergetica si utilizzano diagrammi simili (▸ Figura 5).

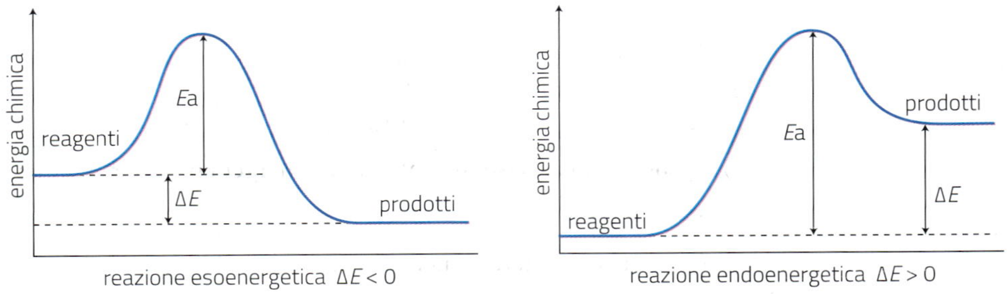

▸ **Figura 5** L'effetto energetico della reazione corrisponde alla variazione di energia chimica del sistema ed è indicato con ΔE.

Nei due diagrammi l'energia chimica del sistema prima aumenta poi diminuisce.

In entrambi i casi l'energia di attivazione è data dalla differenza tra l'energia massima del sistema e quella del sistema iniziale.

Occorre avere chiaro che la velocità di reazione non dipende dall'effetto energetico della reazione ma dall'altezza della barriera di energia chimica da superare, cioè dal valore dell'energia di attivazione *Ea*. In altre parole si può dire che la reazione è tanto più veloce quanto più è bassa l'energia di attivazione.

Possiamo ora spiegare perché, a temperatura ambiente, il metano non reagisce con l'ossigeno: l'energia di attivazione di questa reazione è molto alta e quindi occorre innescare la trasformazione con l'energia di una fiamma o con una scarica elettrica.

Infine è necessario tener presente che l'energia di attivazione non dipende dalla temperatura; tuttavia un aumento della temperatura e quindi dell'energia cinetica media delle particelle determina un aumento della percentuale di urti che risultano efficaci. Come sappiamo la velocità di reazione aumenta anche se si aumenta la concentrazione dei reagenti o la superficie di contatto; in questi casi però il numero degli urti efficaci aumenta perché aumenta il numero complessivo degli urti tra le particelle, anche se non cambia la percentuale di urti efficaci.

Esercizi 2 Urti tra le particelle ed energia di attivazione

1 Quale di queste situazioni ti sembra che possa dare origine a urti più efficaci?

A 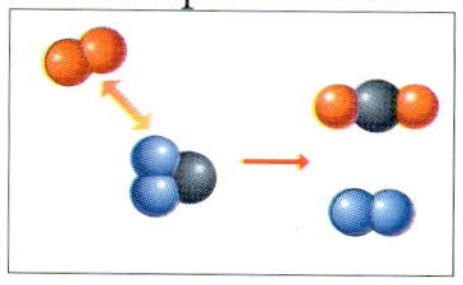

B 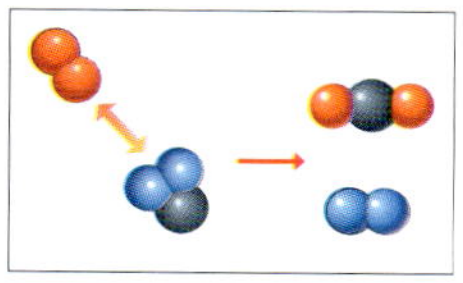

C 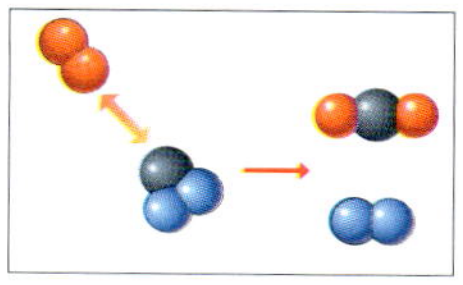

D 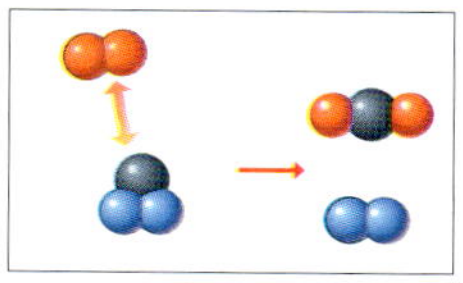

2 Il grafico mostra la variazione di energia chimica di una reazione:
Scrivi accanto a ciascuna frase il numero corrispondente.

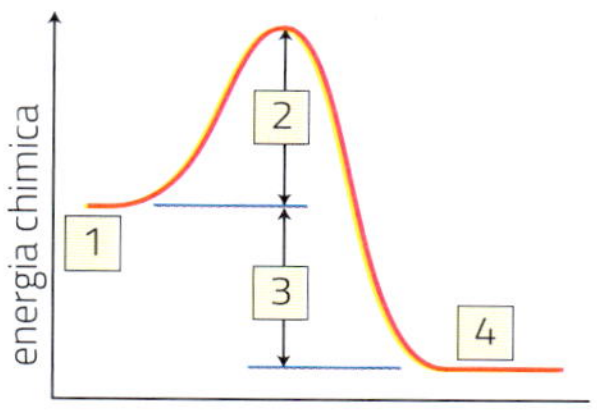

a) Energia chimica dei prodotti ....
b) Effetto energetico ....
c) Energia chimica dei reagenti ....
d) Energia di attivazione ....

3 In quale forma di energia si trasforma l'energia cinetica delle molecole reagenti nell'istante dell'urto?

....

4 Il grafico si riferisce a una reazione chimica.

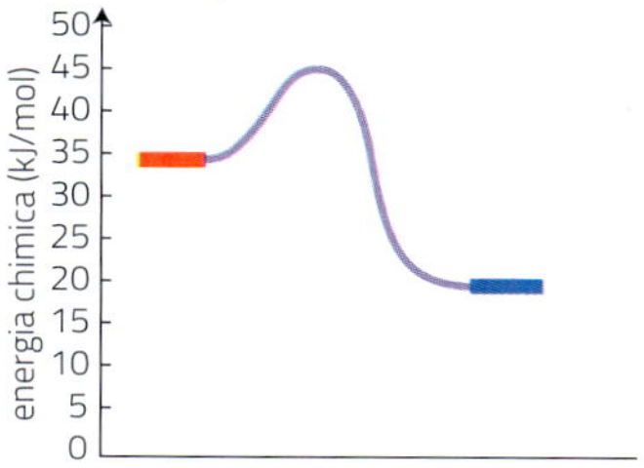

a) Si tratta di una reazione esotermica o endotermica?

....

b) Quanto vale ΔE della reazione? ....
c) Quanto vale l'energia di attivazione? ....

5 Che cosa si intende per urti efficaci?

A Tutti gli urti che avvengono tra le particelle presenti nel sistema
B Soltanto gli urti che avvengono tra le particelle dei reagenti
C Gli urti che avvengono tra le particelle dei reagenti e quelle dei prodotti
D Soltanto gli urti che trasformano le particelle dei reagenti nelle particelle dei prodotti
E Soltanto gli urti che avvengono con un'energia maggiore del ΔE di reazione

6 Un aumento di temperatura del sistema fa aumentare la velocità di reazione ma *non* fa cambiare:

A la percentuale degli urti efficaci
B l'energia cinetica delle particelle
C la velocità delle particelle dei reagenti
D il numero degli urti tra le particelle dei reagenti
E il valore dell'energia di attivazione

7 Il grafico mostra la variazione di energia chimica di una reazione:

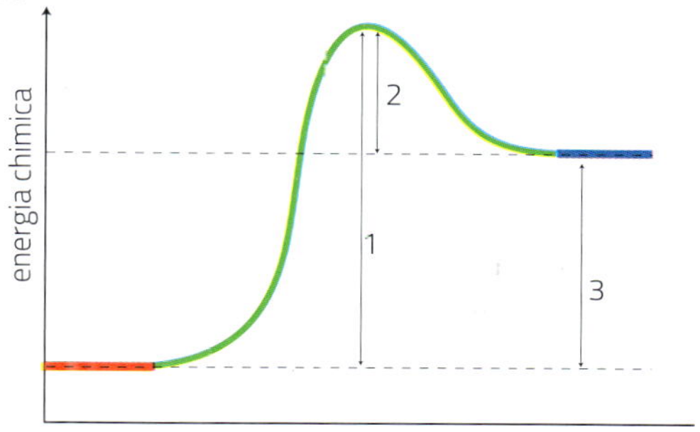

Rispondi alle seguenti domande:

a) la reazione è esotermica o endotermica? ....
b) quale tratto corrisponde all'energia di attivazione? ....
c) quale tratto corrisponde all'effetto energetico della reazione?

....

8 Why does increasing the temperature of the reactants increase the rate of a chemical reaction?

A Heat energy helps to decrease the amount of the overall energy required to enable the reaction
B Heat energy increases the size of the molecules of the reactants, and therefore the molecules react more frequently
C Heat energy causes some of the reactants to evaporate, increasing the concentration of the reactants
D Heat energy causes the particles of the reactants to move faster, and therefore to react with each other more frequently

3 Catalizzatori e meccanismo di reazione

I catalizzatori sono materiali che intervengono nel meccanismo delle reazioni e ne fanno aumentare la velocità

L'influenza dei catalizzatori sul meccanismo di reazione

Studiando in particolare una reazione di combustione, quella tra idrogeno e ossigeno, si può constatare che, a causa della sua elevata energia di attivazione, a temperatura ambiente di fatto non avviene.

Se però la miscela dei due gas, senza aumentarne la temperatura, viene fatta passare su una superficie porosa di platino, la reazione diventa velocissima, al punto che la miscela esplode:

$$2\,H_2(g) + O_2(g) \xrightarrow{Pt} 2\,H_2O(g) + E$$

Il simbolo del platino è stato scritto sulla freccia per sottolineare che questo metallo non si trasforma e che al termine della reazione risulta inalterato.

Si chiamano **catalizzatori** i materiali che aumentano la velocità di una reazione anche se non entrano nella composizione dei prodotti.

Per comprendere l'azione dei catalizzatori è importante sapere che le trasformazioni chimiche molto spesso avvengono attraverso passaggi intermedi che non sempre corrispondono a quanto suggerisce la sola equazione di reazione. Per esempio, consideriamo la reazione tra ossido di azoto e ossigeno:

$$2\,NO(g) + O_2(g) \rightarrow 2\,NO_2(g)$$

Per quanto ne sappiamo, ben difficilmente questa reazione potrebbe avvenire perché, oltre alle condizioni sugli urti efficaci già spiegate, implica un urto trimolecolare, evento piuttosto improbabile (▸ Figura 1).

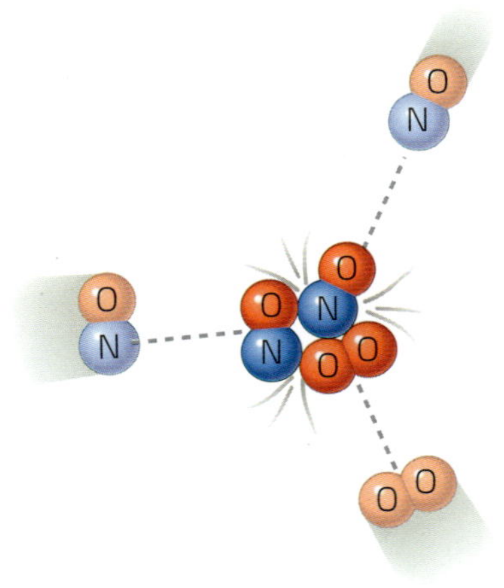

▸ **Figura 1** Un urto simultaneo fra tre molecole in movimento è piuttosto raro, come sanno bene i giocatori di biliardo.

Nella realtà questa reazione avviene e prove sperimentali hanno dimostrato che essa procede per stadi e che in ciascuno stadio si ha un urto tra due sole molecole, come mostra la figura seguente:

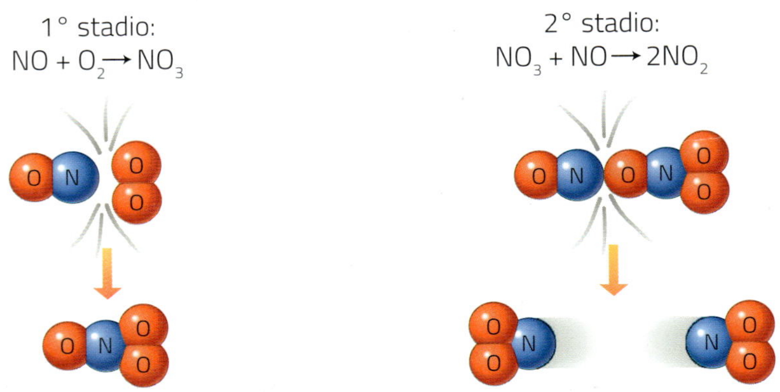

Il primo stadio della reazione porta alla formazione di una specie chimica intermedia instabile, NO_3; questa, nel secondo stadio, urta e reagisce con una molecola di NO, formando le molecole del prodotto NO_2. Il secondo stadio della reazione è quello più lento, perché, come mostra il grafico della ▸ Figura 2, è proprio quello che presenta la maggiore energia di attivazione.

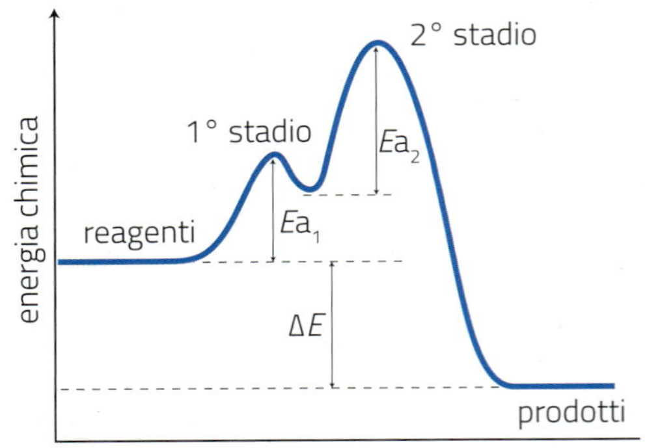

▸ **Figura 2** Il grafico mostra che ogni stadio della reazione ha una propria energia di attivazione.

Prova tu

Verifica che sommando separatamente i reagenti e i prodotti del 1° e del 2° stadio si ottiene l'equazione della reazione tra ossido di azoto e ossigeno descritta nel testo.

....

In generale si può affermare che la velocità di una reazione che procede a stadi è determinata dallo stadio più lento; pertanto è proprio su questo che occorre intervenire per aumentare la velocità di reazione.

La successione delle trasformazioni che portano alla formazione dei prodotti finali di una reazione chimica prende il nome di **meccanismo di reazione**.

L'azione dei catalizzatori sulla velocità di reazione si spiega sapendo che questi modificano il meccanismo di reazione in modo che questa avvenga con una minore energia di attivazione e quindi con maggiore velocità. L'aumento di energia chimica richiesto al momento dell'urto (*E*a) in una reazione catalizzata è minore di quello necessario nella reazione non catalizzata e pertanto la reazione catalizzata procede più velocemente (▶ Figura 3).

Quando il catalizzatore si trova allo stato solido e i reagenti sono invece liquidi o gassosi si parla di *catalisi eterogenea*. Se invece catalizzatore e reagenti sono nello stesso stato fisico, si parla di *catalisi omogenea*.

La straordinaria influenza dei catalizzatori è evidente nei processi biologici. Infatti, molte reazioni chimiche che avvengono negli organismi viventi hanno luogo a una temperatura relativamente bassa ma, nonostante questo, sono abbastanza veloci e ciò è dovuto alla presenza di catalizzatori specifici detti *enzimi*.

Gli enzimi sono costituiti da grosse molecole proteiche la cui azione catalitica è possibile grazie alla loro particolare struttura. Infatti gli enzimi presentano sulla superficie una cavità chiamata *sito attivo* capace di accogliere in modo selettivo le molecole che devono reagire (il cosiddetto *substrato*). Questa situazione è analoga a quella di una chiave con la sua specifica serratura. In altre parole, la molecola «chiave» può reagire solo se si trova nel sito attivo del suo enzima «serratura». Una volta combinata con il sito attivo, la molecola reagisce e si trasforma: le molecole dei prodotti abbandonano il sito attivo che può quindi accogliere una nuova molecola di substrato (▶ Figura 4).

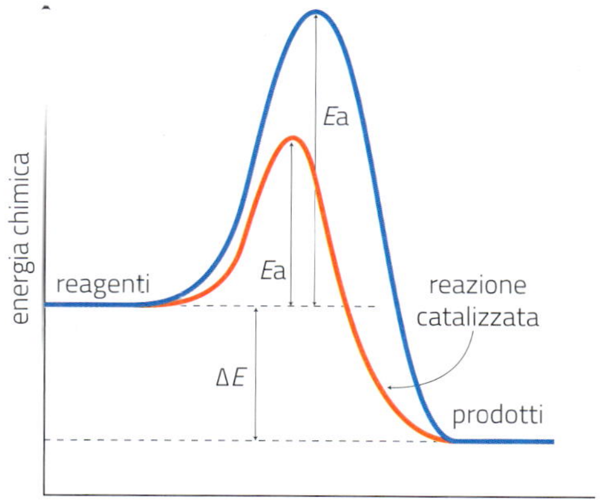

▶ **Figura 3** In entrambi i casi l'effetto energetico ΔE è lo stesso, cioè non viene modificato dal catalizzatore.

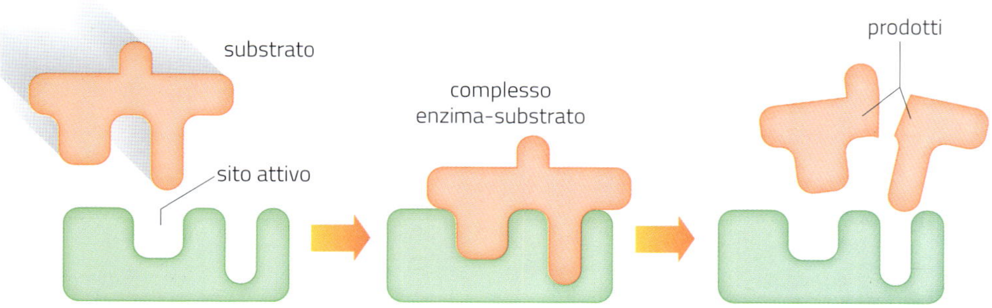

▶ **Figura 4** Ricostruzione dell'azione catalizzatrice di un enzima su una reazione di decomposizione.

Se la molecola non trova il suo specifico enzima non si creano le condizioni perché possa reagire e questo fatto può provocare anche disfunzioni nell'organismo.

Esistono anche sostanze che rallentano la velocità delle reazioni, come per esempio alcuni conservanti aggiunti agli alimenti; queste sostanze di solito vengono chiamate *inibitori*.

PER SAPERNE DI PIÙ

Il buco dell'ozono

Un esempio di catalisi omogenea è costituito dall'azione degli atomi di cloro nella decomposizione dell'ozono (O_3) presente nella stratosfera, fenomeno che ha provocato la progressiva riduzione della concentrazione di questa specie chimica creando il cosiddetto **buco dell'ozono**. Ricordiamo che l'ozono è un gas tossico, ma la sua presenza nell'alta atmosfera è utile perché assorbe una parte delle radiazioni ultraviolette provenienti dal Sole. L'uso del termine «buco» è dovuto al fatto che la riduzione non è uniforme su tutto il pianeta, ma infatti si concentra prevalentemente sul continente antartico con riduzioni che hanno raggiunto anche il 70%. Occorre sapere che nella stratosfera, a causa delle radiazioni ultraviolette provenienti dal Sole, si stabilisce un ciclo di trasformazioni in cui sono contemporaneamente coinvolte molecole di ossigeno e di ozono e atomi di ossigeno e di cloro. Infatti, a causa delle radiazioni ultraviolette, si formano atomi di ossigeno a seguito della dissociazione delle molecole di ossigeno; si ha anche la formazione di atomi di cloro a seguito della decomposizione delle molecole dei tristemente famosi clorofluorocarburi (CFC). La produzione industriale di CFC è cominciata negli anni '20 e il perpetuarsi di questo ciclo nel corso degli anni ha fatto sì che si sia verificata una riduzione media del 3% dell'ozono. Proprio gli atomi di cloro sono parte attiva del ciclo di trasformazioni relativo alla decomposizione dell'ozono, che è descritta dalle seguenti equazioni:

$$Cl(g) + O_3(g) \rightarrow ClO(g) + O_2(g)$$
$$ClO(g) + O(g) \rightarrow Cl(g) + O_2(g)$$

Come si può vedere, gli atomi di cloro si comportano come catalizzatori, dato che si ritrovano inalterati al termine del processo.

$$O_3(g) + O(g) \xrightarrow{Cl} 2\,O_2(g) \quad \text{reazione complessiva}$$

È stato calcolato che un solo atomo di cloro è in grado di distruggere fino a 1 000 000 di molecole di ozono prima di combinarsi con altre specie chimiche.

Esercizi 3 Catalizzatori e meccanismo di reazione

1 Il grafico mostra l'andamento energetico di una reazione catalizzata. Disegna un possibile andamento energetico della stessa reazione non catalizzata.

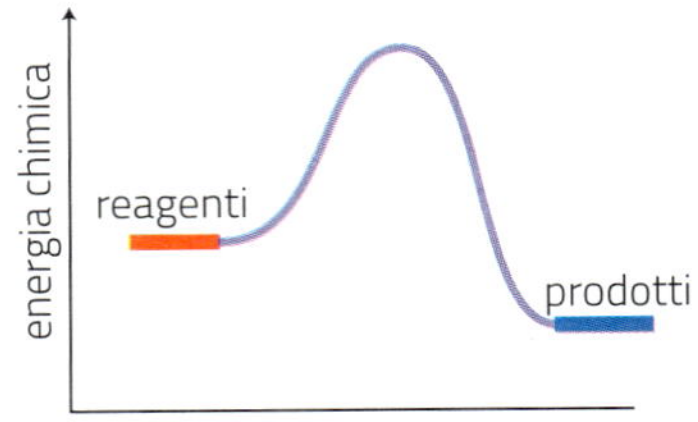

2 In merito alle reazioni che avvengono con meccanismo a più stadi indica le affermazioni vere e quelle false.

a) Maggiore è il numero di stadi e minore è la velocità della reazione V F

b) Minore è il numero di stadi, maggiore è la velocità della reazione V F

c) Soltanto le reazioni endotermiche avvengono con un meccanismo a più stadi V F

d) La velocità di una reazione a più stadi è condizionata dallo stadio più lento V F

e) Anche le reazioni che avvengono in più stadi possono essere catalizzate V F

3 Se una reazione avviene in due stadi, quale deve essere l'azione del catalizzatore?

A Abbassare l'energia dei reagenti
B Abbassare l'energia di attivazione dello stadio più veloce
C Abbassare l'energia di attivazione dello stadio più lento
D Abbassare l'effetto energetico della reazione
E Abbassare il numero di urti efficaci

4 In relazione all'azione di un catalizzatore quale affermazione è *sbagliata*?

A Modifica il meccanismo con cui avviene la reazione
B Determina un aumento della velocità di reazione
C Fa sempre avvenire la reazione in due o più stadi
D Non modifica l'effetto energetico della reazione
E Non risulta presente tra i prodotti
F Abbassa il valore della energia di attivazione

5 Il grafico mostra l'andamento energetico della stessa reazione con e senza catalizzatore.

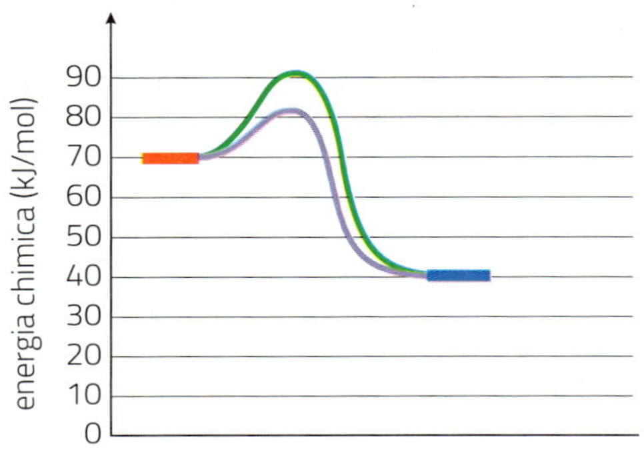

In base al grafico individua le deduzioni vere e quelle false.

a) I prodotti possiedono meno energia termica dei reagenti V F

b) Il catalizzatore non influisce sul ΔE della reazione V F

c) L'energia di attivazione è maggiore se la reazione non è catalizzata V F

d) L'energia di attivazione della reazione catalizzata è 10 kJ/mol V F

e) Il ΔE della reazione non catalizzata vale 20 kJ/mol V F

6 L'ossido di carbonio formatosi nella combustione della benzina reagisce con l'ossigeno nella marmitta catalitica e si trasforma così in anidride carbonica. Scrivi l'equazione della reazione che è catalizzata dal palladio.

....

7 Una reazione chimica presenta i seguenti valori di entalpia e di energia di attivazione:

$$\Delta H = +25 \text{ kJ/mol e } Ea = +45 \text{ kJ/mol}.$$

Indica la coppia di valori che la stessa reazione potrebbe presentare se fosse catalizzata.

A $\Delta H = +15$ kJ/mol $Ea = +25$ kJ/mol
B $\Delta H = -25$ kJ/mol $Ea = +45$ kJ/mol
C $\Delta H = +25$ kJ/mol $Ea = -45$ kJ/mol
D $\Delta H = +25$ kJ/mol $Ea = +25$ kJ/mol
E $\Delta H = +15$ kJ/mol $Ea = +55$ kJ/mol

8 Osserva i due grafici:

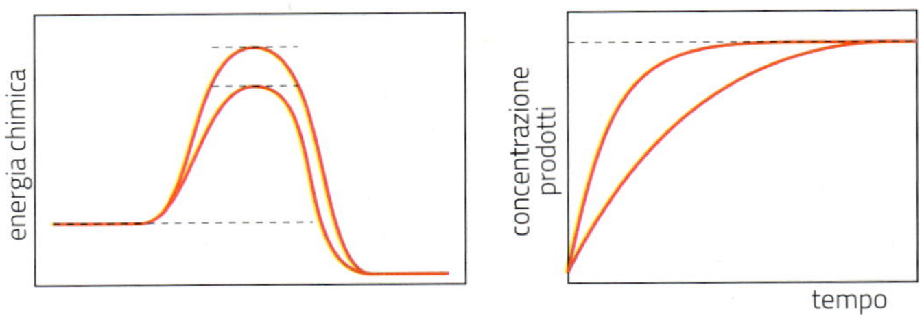

a) Nel primo grafico quale curva si riferisce alla reazione catalizzata? ....

b) Nel secondo grafico quale curva indica la velocità della reazione non catalizzata? ....

9 Choose the *incorrect* answer. The rate of a chemical reaction:

A usually increases when the concentration of one of the reactants is increased
B depends on temperature
C may sometimes be inhibited by particular catalytic agents
D will be very rapid if the activation energy is large

10 A catalyst alters the rate of a chemical reaction by:

A always providing a surface on which molecules react
B changing the products formed in the reaction
C inducing an alternate pathway for the reaction, with generally lower activation energy
D changing the frequency of collisions between molecules

4 Le trasformazioni all'equilibrio

Le trasformazioni della materia che avvengono in un sistema chiuso non si completano ma si arrestano in uno stato di equilibrio

Lo stato di equilibrio

Tutti sanno che un bicchiere di acqua, lasciato all'aperto, dopo un po' di tempo si svuota: tutta l'acqua si trasforma in vapore, più o meno velocemente a seconda della temperatura. Se invece il bicchiere viene sigillato, l'acqua non evapora completamente e una parte di liquido resterà sempre nel contenitore.

Proviamo ora a esaminare più in dettaglio questo fenomeno (▶ Figura 1).

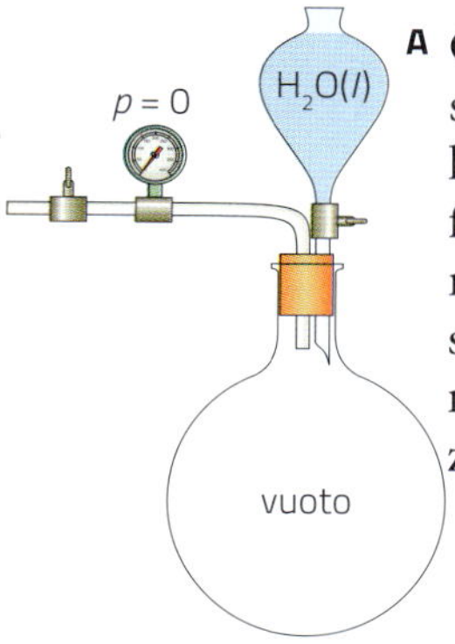

A Con una pompa si estrae dal pallone tutta l'aria fino a quando il manometro misura una pressione prossima allo zero.

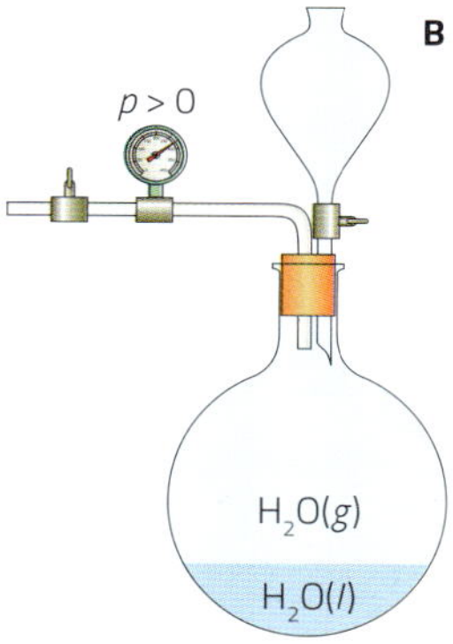

B Si fa scendere acqua nel pallone: dopo un po' di tempo il manometro indica la pressione dovuta al vapore acqueo.

▶ **Figura 1**
A. Stato iniziale: nel pallone è stato fatto il vuoto.
B. Stato finale: le quantità di vapore acqueo e acqua liquida rimangono costanti nel tempo se non cambia la temperatura del sistema.

La situazione illustrata nel pallone a destra rimane immutata nel tempo se non cambia la temperatura: il livello di acqua presente nel pallone non cambia, così come non cambia la pressione che si legge sul manometro. È importante sottolineare che la pressione del vapore dipende esclusivamente dalla temperatura e non dal quantitativo di acqua presente sul fondo del pallone.

Una trasformazione che avviene in un sistema chiuso è in uno **stato di equilibrio** quando le proprietà del sistema che si possono misurare restano costanti nel tempo.

Tuttavia, considerando il sistema dal punto di vista particellare, dobbiamo sottolineare che nel pallone sono ancora in atto due trasformazioni: quella *diretta* (evaporazione) e quella *inversa* (condensazione). Infatti il continuo movimento delle molecole di acqua fa sì che alcune tra quelle che si trovano sulla superficie del liquido abbandonino il liquido stesso e che, nello stesso tempo, un ugual numero di molecole vi faccia ritorno.

Questa situazione di perenne movimento che però non cambia lo stato di fatto macroscopico viene indicata con il termine *equilibrio dinamico* e viene rappresentata utilizzando due frecce contrapposte (▶ Figura 2).

$$H_2O(l) \rightleftarrows H_2O(g)$$

Le due frecce indicano che la trasformazione è *reversibile*. All'equilibrio l'evaporazione e la condensazione avvengono contemporaneamente e alla stessa velocità.

In un sistema chiuso le trasformazioni raggiungono uno stato di **equilibrio dinamico** in cui la velocità della trasformazione diretta è uguale alla velocità della trasformazione inversa.

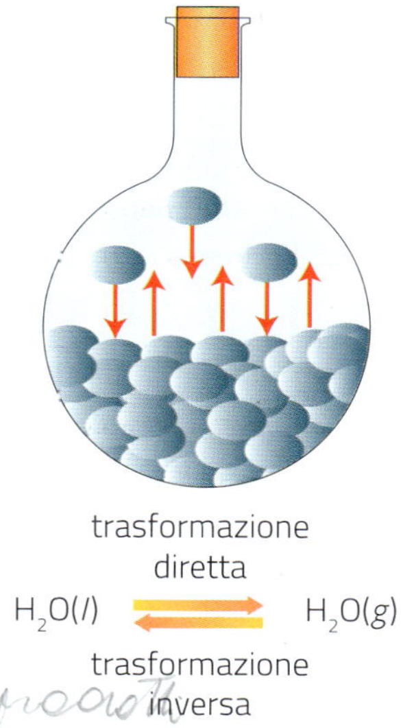

▶ **Figura 2** Per dimostrare che il processo non si interrompe si aggiunge nel sistema all'equilibrio una piccola quantità di acqua liquida contenente molecole radioattive (T_2O). Dopo un po' di tempo è possibile verificare che ci sono molecole radioattive anche nel vapore.

Prova tu

Se l'evaporazione dell'acqua in un sistema chiuso viene fatta avvenire a 20 °C, alla fine si legge sul manometro il valore costante di 2,34 kPa. Se si ripete la prova alla temperatura di 40 °C, la pressione del vapore all'equilibrio sarà maggiore o minore di quella di prima?

....

....

L'equilibrio chimico

Anche le trasformazioni chimiche, se fatte avvenire in un sistema chiuso, raggiungono uno stato di equilibrio.

Consideriamo, per esempio, la reazione di sintesi dello ioduro di idrogeno e la trasformazione inversa, cioè la reazione di decomposizione di HI. Lo studio di queste reazioni è facilitato dal fatto che una sola delle sostanze coinvolte, lo iodio, è colorata e quindi è possibile seguire il loro andamento basandoci sui cambiamenti di tale colorazione (▸ Figura 3).

Facciamo due prove operando nelle medesime condizioni e a una temperatura tale per cui reagenti e prodotti si trovano tutti allo stato aeriforme.

In un pallone in cui è stato fatto il vuoto immettiamo un numero uguale di moli di H_2 e di I_2, per esempio 0,1 mol (▸ Figura 4).

▸ **Figura 3** In seguito a un blando riscaldamento si può osservare che la sublimazione dello iodio solido produce vapori di colore violetto.

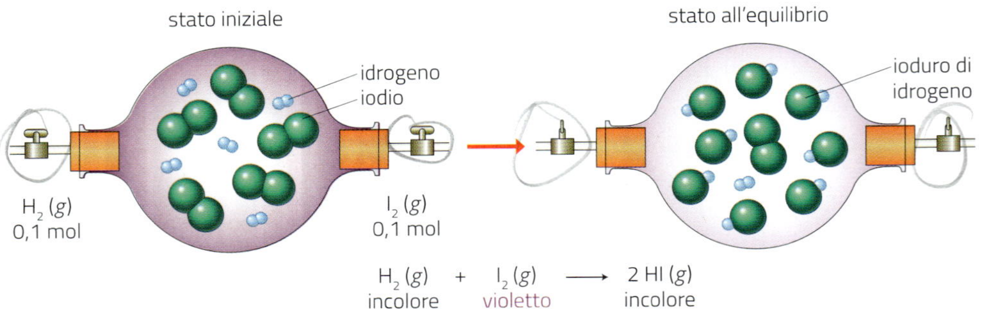

▸ **Figura 4**

Nel pallone avviene la reazione di sintesi: il fatto che al termine della reazione il colore del gas è violetto (anche se più pallido) significa che una parte di iodio (e quindi anche di idrogeno) non si è trasformata.

Nella seconda prova immettiamo, in un pallone uguale, 0,2 mol di HI (▸ Figura 5).

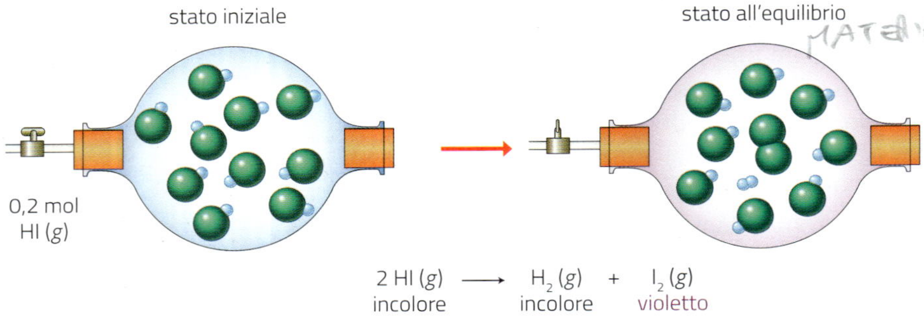

▸ **Figura 5**

Nel pallone avviene la reazione di decomposizione: si formano i prodotti, idrogeno e iodio, e infatti il gas nel pallone assume una colorazione violetta; quando il sistema raggiunge l'equilibrio la colorazione ha la stessa intensità che aveva nella prova precedente: questo significa che anche la concentrazione di I_2 è la stessa.

Il fatto che la colorazione violetta, correlata alla concentrazione dello iodio, diventi uguale nei due casi e che non cambi più nel tempo indica che in entrambi i casi il sistema ha raggiunto lo stesso stato di equilibrio.

$$H_2(g) + I_2(g) \rightleftarrows 2\,HI(g)$$

Generalizzando questi risultati, possiamo giungere alla seguente conclusione: operando nelle medesime condizioni, lo stato di equilibrio raggiunto da una qualunque trasformazione chimica è uguale a quello che si raggiunge realizzando la trasformazione inversa (▸ Figura 6).

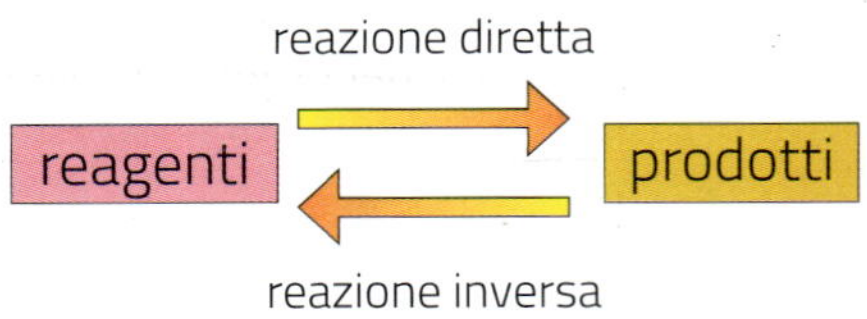

▸ **Figura 6** Anche lo stato di equilibrio chimico si rappresenta con due frecce contrapposte. Quando un sistema è all'equilibrio risulta difficile definire i reagenti e i prodotti, dato che avvengono contemporaneamente due reazioni opposte. Continuiamo però, per convenzione, a chiamare reagenti le sostanze che compaiono a sinistra delle frecce e prodotti quelle scritte a destra.

Sappiamo che la velocità di reazione diminuisce man mano che i reagenti si trasformano in prodotti. D'altra parte la velocità della reazione inversa, che inizialmente è nulla, cresce via via perché aumenta la concentrazione dei prodotti. Quando le velocità diventano uguali, le due reazioni continuano ad avvenire, ma la formazione dei prodotti avviene con lo stesso «ritmo» con cui i prodotti reagiscono per riformare i reagenti e quindi le concentrazioni restano costanti: il sistema ha raggiunto lo stato di equilibrio.

In un sistema chiuso, una reazione chimica raggiunge lo **stato di equilibrio** quando le concentrazioni delle specie chimiche restano costanti nel tempo: all'equilibrio, la velocità della reazione diretta è uguale alla velocità della reazione inversa.

Il grafico di ▸ Figura 7 mostra la variazione delle velocità di reazione, diretta e inversa, in funzione del tempo. È possibile osservare che le velocità non variano nello stesso modo e che all'equilibrio, raggiunto al tempo *t*, la velocità della reazione diretta è uguale a quella della reazione inversa.

▸ **Figura 7**

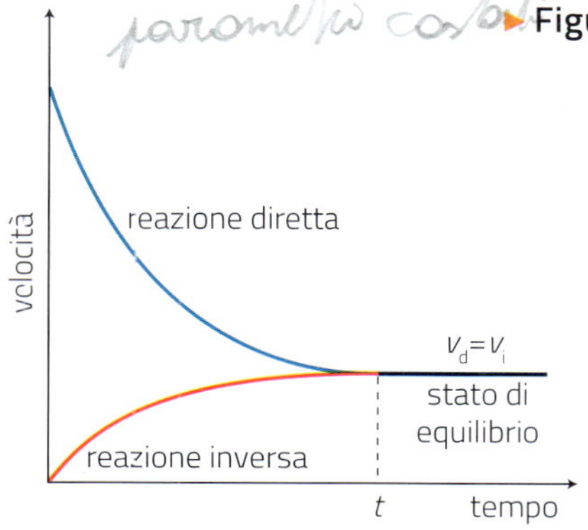

Esercizi 4 Le trasformazioni all'equilibrio

1 Indica per ogni figura se la corrispondente definizione è vera o falsa.

a) Il sistema è senz'altro in equilibrio perché non si sviluppa un gas V F
b) L'equilibrio liquido/vapore è un equilibrio dinamico V F
c) La dissoluzione è in corso e pertanto il sistema non è all'equilibrio V F
d) Sta avvenendo una reazione che raggiungerà l'equilibrio V F

2 Osserva la rappresentazione di una trasformazione chimica che porta a uno stato di equilibrio:

Scrivi l'equazione della reazione:

....

3 Una reazione chimica si trova in uno stato di equilibrio quando:
A la concentrazione dei reagenti e dei prodotti è uguale
B la concentrazione dei reagenti è uguale a zero
C la concentrazione dei prodotti supera quella dei reagenti
D la concentrazione di prodotti e reagenti non cambia più
E la concentrazione dei reagenti comincia a diminuire

4 Una reazione raggiunge l'equilibrio nel momento in cui:
A inizia ad avvenire la reazione inversa
B la velocità della reazione diretta inizia a diminuire
C la velocità della reazione diretta è uguale a quella della reazione inversa
D la velocità della reazione inversa incomincia a diminuire
E la velocità della reazione diretta si riduce a zero

5 In un recipiente chiuso avviene la trasformazione chimica di seguito descritta:

$$AB(s) + C(l) \rightleftarrows AC(g) + B(l) + q$$

Quale affermazione è *sbagliata*?
A Lo sviluppo del gas diminuisce via via che la reazione procede
B La trasformazione si interrompe quando AB non c'è più
C La trasformazione raggiunge l'equilibrio quando la pressione nel recipiente rimane costante
D Dopo un certo tempo la trasformazione raggiunge lo stato di equilibrio chimico
E La reazione è esotermica

6 Considera la reazione descritta dalla seguente equazione:

$$HgI_2(s) + 2\,I^-(aq) \rightleftarrows HgI_4^{2-}(aq)$$

Spiega brevemente perché il sistema raggiunge l'equilibrio anche se la reazione avviene in un recipiente aperto.

....

7 In un recipiente chiuso ($V = 1{,}0$ L) si introducono 1,0 mol di PCl_5 e si scalda. Questa sostanza si decompone per effetto della reazione descritta dalla seguente equazione:

$$PCl_5(g) \rightleftarrows PCl_3(g) + Cl_2(g) \qquad \Delta E > 0$$

Individua le affermazioni vere e quelle false.
a) All'equilibrio PCl_5 è presente e la sua concentrazione è minore di 1 mol/L V F
b) Durante la reazione si osserva una diminuzione della pressione del sistema V F
c) All'equilibrio le concentrazioni di PCl_3 e di Cl_2 sono uguali V F

8 Why is the chemical equilibrium considered dynamic?
A The forward and reverse reactions continue to occur after equilibrium is reached
B The forward reaction is extremely fast
C The reverse reaction is extremely fast
D The forward and reverse reactions do not proceed after equilibrium is reached

9 A chemical reaction has reached equilibrium when:
A the reverse reaction begins
B the forward reaction ceases
C the concentrations of the reactants and products become equal
D the concentrations of the reactants and products become constant

5 La costante di equilibrio

La costante di equilibrio è il dato che caratterizza lo stato di equilibrio raggiunto da un sistema chimico

La legge di azione di massa

Consideriamo ancora la reazione di sintesi dello ioduro di idrogeno.

$$H_2 + I_2 \rightleftarrows 2\ HI \qquad \frac{[HI]^2}{[H_2] \cdot [I_2]}$$

Accanto all'equazione della reazione abbiamo scritto l'espressione matematica che ne rappresenta lo stato di equilibrio. Le parentesi quadrate vengono utilizzate per indicare la concentrazione molare delle varie specie: nel nostro caso, vengono indicate le concentrazioni delle tre sostanze quando il sistema è all'equilibrio.

L'aspetto importante è il seguente: se realizziamo questa trasformazione mescolando quantità diverse di reagenti, alla stessa temperatura, il sistema raggiunge ogni volta uno stato di equilibrio, caratterizzato da una diversa concentrazione di H_2, I_2 e HI. Nonostante questo però, il risultato numerico dell'espressione indicata sopra è uguale per tutte le prove ed è per questo chiamato *costante di equilibrio*.

Possiamo generalizzare questo risultato a tutte le reazioni chimiche prendendo in considerazione una generica equazione di reazione in cui le lettere maiuscole indicano quattro specie chimiche e quelle minuscole i rispettivi coefficienti stechiometrici:

$$a\ A + b\ B \rightleftarrows c\ C + d\ D$$

L'espressione della **costante di equilibrio** (K_c) costituisce la legge fondamentale dell'equilibrio chimico, nota con il nome di **legge di azione di massa** (o *legge di Guldberg* e *Waage*):

$$K_c = \frac{[C]^c \cdot [D]^d}{[A]^a \cdot [B]^b}$$

Il valore della costante K_c è caratteristico di ogni reazione all'equilibrio e dipende solo dalla temperatura.

Esempio

Vogliamo calcolare il valore della costante di equilibrio della reazione di decomposizione dell'anidride solforica rappresentata dalla seguente equazione:

$$2\ SO_3(g) \rightleftarrows 2\ SO_2(g) + O_2(g)$$

All'equilibrio, a una determinata temperatura, le concentrazioni delle specie sono:

$[SO_3] = 0{,}0076$ mol/L $\qquad [SO_2] = 0{,}0074$ mol/L $\qquad [O_2] = 0{,}0037$ mol/L

L'espressione della costante di equilibrio è: $K_c = \frac{[SO_2]^2\,[O_2]}{[SO_3]^2}$

A questo punto è sufficiente introdurre i dati nell'espressione:

$$K_c = \frac{(0{,}0074\ \text{mol/L})^2\,(0{,}0037\ \text{mol/L})}{(0{,}0076\ \text{mol/L})^2} = 3{,}5 \cdot 10^{-3}\ \text{mol/L}$$

Il quoziente di reazione

Come abbiamo già detto, il valore di K_c non cambia, purché la temperatura rimanga la stessa: in altre parole, anche se cambiano le quantità e le concentrazioni iniziali dei reagenti, il sistema raggiunge sempre uno stato di equilibrio con lo stesso valore di K_c.

Questa certezza consente di prevedere in quale direzione dovrebbe evolvere un sistema che non ha ancora raggiunto uno stato di equilibrio. Infatti, se si conoscono

I PROTAGONISTI DELLA SCIENZA

CATO MAXIMILIAM GULDBERG (1836-1902) E PETER WAAGE (1833-1900)

La *legge di azione di massa* fu proposta nel 1864 dai chimici norvegesi Guldberg e Waage. La pubblicazione del loro lavoro in norvegese ebbe scarsa risonanza internazionale. Solamente quando la descrizione più dettagliata della loro teoria fu pubblicata nel 1867 in francese si ebbero i primi riscontri da altri scienziati.
Infine quando Guldberg e Waage pubblicarono il loro lavoro per la terza volta sulla rivista *Annalen der Chemie* in tedesco, la lingua ufficiale della chimica nel diciannovesimo secolo, il chimico olandese Jacobus Henricus Van't Hoff (che nel 1878 aveva ricavato indipendentemente la legge sulla base della cinetica di reazione), riconobbe il loro lavoro come precedente al suo, garantendo così la loro primogenitura.

Prova tu 1

Considera la seguente generica equazione di reazione:
$A(aq) + 2\ B(aq) \rightleftarrows B_2A(aq)$
All'equilibrio le concentrazioni sono le seguenti: $[A] = 0{,}15$ mol/L; $[B] = 0{,}025$ mol/L; $[B_2A] = 0{,}80$ mol/L. Calcola il valore di K_c.

....

Animazione in digitale
Lo stato di equilibrio

le concentrazioni delle specie che costituiscono il sistema in trasformazione, è possibile determinare il cosiddetto *quoziente di reazione*.

Il **quoziente di reazione (Q_c)** si calcola sostituendo nell'espressione di K_c le concentrazioni delle specie chimiche quando il sistema non si trova all'equilibrio:

$$Q_c = \frac{[C]^c\,[D]^d}{[A]^a\,[B]^b}$$

Dal momento che il sistema sta evolvendo verso l'equilibrio, si possono avere due situazioni (▶ Figura 1):

- Q_c è minore di K_c: il denominatore è troppo grande e quindi le concentrazioni dei reagenti devono diminuire: una parte dei reagenti si trasforma nei prodotti fino al raggiungimento dell'equilibrio;
- Q_c è maggiore di K_c: il numeratore è troppo grande e quindi le concentrazioni dei prodotti devono diminuire: l'eccesso dei prodotti si trasforma nei reagenti fino al raggiungimento dell'equilibrio.

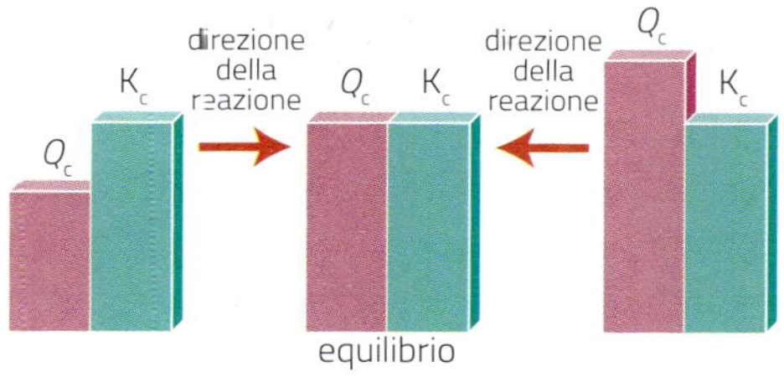

▶ **Figura 1** La direzione di una reazione che tende all'equilibrio dipende dal confronto dei valori di Q_c e K_c.

Reazioni possibili e reazioni impossibili

Nella ▶ Tabella 1 sono riportati in ordine decrescente i valori di K_c di alcune reazioni chimiche. Questi valori non consentono di conoscere le concentrazioni delle singole specie all'equilibrio, tuttavia essi danno un'idea del rapporto tra le concentrazioni dei prodotti e quelle dei reagenti; pertanto possono essere messi in relazione con la *tendenza ad avvenire* della reazione diretta.

Infatti: un valore molto grande di K_c, come nel caso delle prime due reazioni, indica che la concentrazione dei prodotti all'equilibrio è molto maggiore della concentrazione dei reagenti. Si può dire che in situazioni come queste la reazione diretta avviene in modo pressoché completo.

Invece le ultime due equazioni presentano valori di K_c talmente piccoli da poter affermare che la reazione diretta presenta una tendenza ad avvenire così bassa che, in pratica, non avviene affatto. Del resto nessuno ha mai visto l'acqua bruciare, come lascerebbe intendere l'ultima equazione!

Possiamo quindi trarre una conclusione di carattere generale.

La **tendenza ad avvenire di una reazione** è correlata al valore della costante di equilibrio: maggiore è il valore di K_c maggiore è la percentuale dei reagenti che si trasformano.

Nella ▶ Tabella 2 sono riportate le indicazioni riassuntive sul significato di K_c.

▶ **Tabella 1**

Equilibrio (t = 25 °C e p = 1 bar)
$H_2(g) + 1/2\ O_2(g) \rightleftarrows H_2O(l)$ $K_c = 3{,}50 \cdot 10^{41}$
$1/2\ H_2(g) + 1/2\ Cl_2(g) \rightleftarrows HCl(g)$ $K_c = 4{,}97 \cdot 10^{16}$
$1/2\ H_2(g) + 1/2\ I_2(s) \rightleftarrows HI(g)$ $K_c = 0{,}504$
$BaSO_4(s) \rightleftarrows Ba^{2+}(aq) + SO_4^{2-}(aq)$ $K_c = 1{,}1 \cdot 10^{-10}$
$H_2O(l) + 1/2\ O_2(g) \rightleftarrows H_2O_2(l)$ $K_c = 6{,}32 \cdot 10^{-21}$

▶ **Tabella 2** Relazione tra il valore di K_c e la tendenza ad avvenire di una reazione.

Valore di K_c trasformazione dei reagenti (%)	Variazione della concentrazione di reagenti e prodotti nel tempo	Concentrazione di reagenti e prodotti nel sistema all'equilibrio	Da quale parte è spostato l'equilibrio
$K_c > 10^3$ vicino al 100% La reazione diretta ha tendenza ad avvenire molto maggiore di quella inversa.	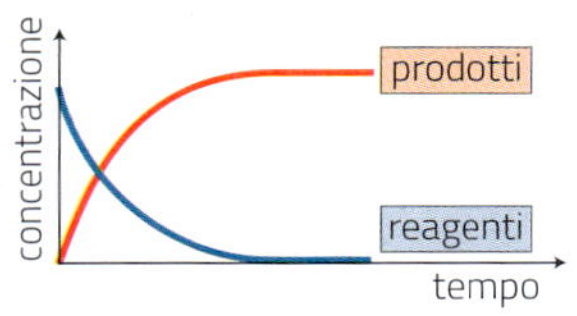	la concentrazione dei prodotti prevale largamente su quella dei reagenti 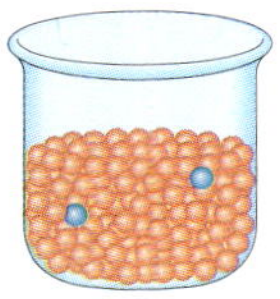	molto spostato verso destra 
$10^{-1} < K_c < 10$ attorno al 50% La reazione diretta e quella inversa hanno circa la stessa tendenza ad avvenire.	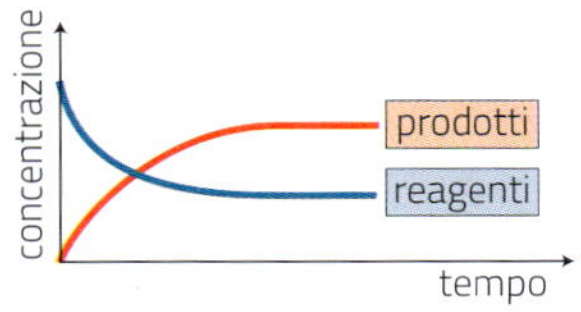	la concentrazione dei prodotti e quella dei reagenti sono simili 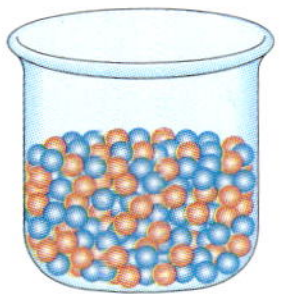	circa a metà 
$K_c < 10^{-3}$ vicino allo 0% La reazione diretta ha tendenza ad avvenire molto minore di quella inversa.	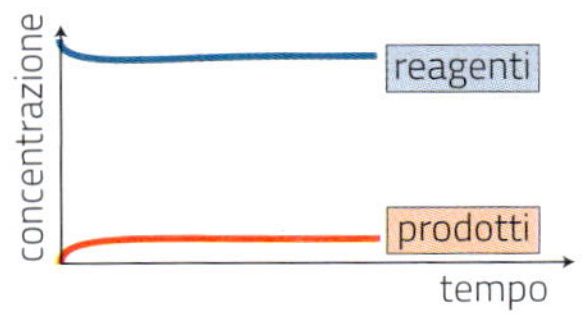	la concentrazione dei reagenti prevale largamente su quella dei prodotti 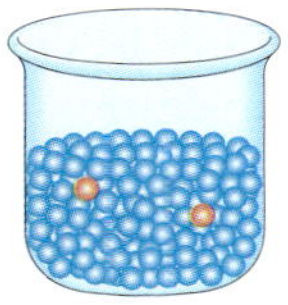	molto spostato verso sinistra 

Occorre precisare che la costante di equilibrio fornisce indicazioni sulla tendenza di una reazione ad avvenire, ma non fornisce informazioni sul tempo che impiega il sistema a raggiungere l'equilibrio, cioè non ci dice nulla sulla velocità della reazione. Per esempio, alla temperatura di 25 °C il valore di K_c per la trasformazione del diamante in grafite è 3,2: questo valore è sufficientemente alto per poter affermare che il diamante può trasformarsi in grafite. Tuttavia la velocità della trasformazione è così bassa che il processo non avviene affatto.

Equilibri eterogenei

La decomposizione del carbonato di calcio, $CaCO_3$, è un processo molto importante che permette di produrre ogni anno enormi quantità di CaO (calce viva) che trova impiego in edilizia e in agricoltura.

Se il processo viene fatto avvenire in un recipiente chiuso si stabilisce il seguente equilibrio:

$$CaCO_3(s) \rightleftarrows CaO(s) + CO_2(g)$$

Se le specie coinvolte in una reazione reversibile non si trovano tutte nello stesso stato fisico si usa l'espressione *equilibrio eterogeneo*. In questi casi come si rappresenta la costante di equilibrio?

Lo stato di equilibrio non è influenzato dalla quantità di sostanze solide (carbonato di calcio e ossido di calcio) che resta in equilibrio con la specie gassosa e quindi nell'espressione della costante le concentrazioni di queste specie non vengono riportate:

$$K_c = [CO_2]$$

Questo equilibrio è quindi descritto solamente dalla concentrazione di anidride carbonica (▸ Figura 2).

Le considerazioni svolte possono essere generalizzate a tutti gli equilibri eterogenei.

Nell'espressione della costante di equilibrio non devono essere riportate le formule delle sostanze solide o liquide in **equilibrio eterogeneo** con sostanze gassose o in soluzione.

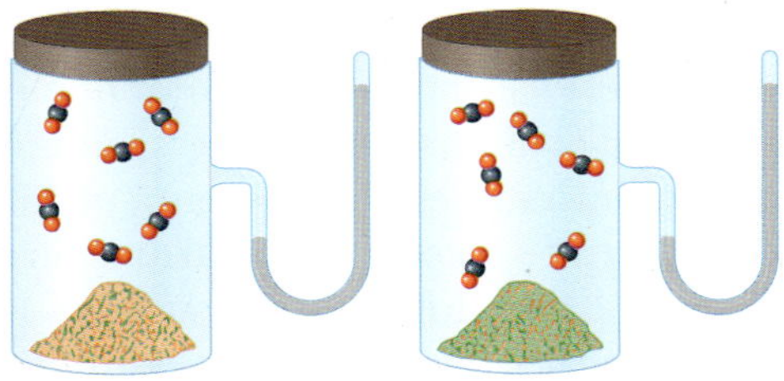

▸ **Figura 2** Alla stessa temperatura nei due contenitori la pressione di CO_2 all'equilibrio è uguale, nonostante la presenza di diverse quantità di $CaCO_3$ (arancione) e CaO (verde), entrambe sostanze solide.

Esempio

Vogliamo ora calcolare la costante di equilibrio relativa al processo di produzione del *gas d'acqua*. Il processo si realizza all'interno di un contenitore chiuso, tra carbone ad alta temperatura e vapore acqueo, e può essere rappresentato dalla seguente equazione:

$$C(s) + H_2O(g) \rightleftarrows CO(g) + H_2(g)$$

In un contenitore chiuso da 10,0 L facciamo reagire 0,50 mol di vapore acqueo con carbone, alla temperatura di 800 °C. Se all'equilibrio le moli di H_2O sono 0,10 mol, quanto vale la costante di equilibrio?

Prima di tutto occorre calcolare le moli di acqua che hanno reagito e in base a questo dato, facendo riferimento ai coefficienti stechiometrici, si possono calcolare le moli delle specie chimiche presenti all'equilibrio. A tal fine si può utilizzare lo schema della ▸ Figura 3 in cui vengono evidenziati in rosso i valori assegnati.

Il valore −0,40 relativo alle moli di H_2O si ottiene considerando che all'equilibrio restano 0,10 mol delle 0,50 mol iniziali.

Occorre poi calcolare la concentrazione di tutte le specie all'equilibrio, tenendo conto che il volume del contenitore è di 10,0 L.

$[H_2O] = 0{,}010$ mol/L $\qquad [CO] = 0{,}040$ mol/L $\qquad [H_2] = 0{,}040$ mol/L

La K_c a 800 °C si ricava con la seguente relazione:

$$K_c = \frac{[H_2]\,[CO]}{[H_2O]} = \frac{0{,}040 \text{ mol/L} \cdot 0{,}040 \text{ mol/L}}{0{,}010 \text{ mol/L}} = 0{,}16 \text{ mol/L}$$

▸ **Figura 3** Schema per calcolare le moli delle specie chimiche all'equilibrio.

	H_2O	CO	H_2
Quantità iniziale (mol)	0,50	0	0
Variazione quantità (mol)	−0,40	+0,40	+0,40
Quantità all'equilibrio (mol)	0,10	0,40	0,40

Prova tu 2

Lo stagno si può ricavare dall'ossido stannico, presente in un minerale chiamato cassiterite, facendo avvenire la reazione descritta dalla seguente equazione:

$$SnO_2(s) + 2\,H_2(g) \rightleftarrows Sn(s) + 2\,H_2O(g)$$

In un contenitore (V = 20 L) si mescolano 2,00 mol di ossido stannico con 2,00 mol di idrogeno e si porta la temperatura del sistema a 650 °C. Quando è stato raggiunto l'equilibrio, si può misurare che nella miscela gassosa sono presenti 0,76 mol di idrogeno.
Calcola quanto vale K_c.

....

La costante del prodotto di solubilità

Un equilibrio di particolare interesse è quello che riguarda i composti ionici poco solubili in acqua. Prendiamo come esempio il solfuro di argento, una sostanza che in acqua dà luogo al seguente equilibrio:

$$Ag_2S(s) \rightleftarrows 2\ Ag^+(aq) + S^{2-}(aq)$$

Dato che si tratta di un equilibrio eterogeneo, l'espressione della costante di equilibrio si scrive nel modo seguente:

$$K_c = [Ag^+]^2\ [S^{2-}]$$

L'espressione del prodotto delle concentrazioni molari degli ioni di un composto poco solubile presenti in soluzione prende il nome di **costante del prodotto di solubilità** che viene indicata con $\mathbf{K_S}$.

Nella ▶ Tabella 3 sono riportati i valori di K_S di alcune sostanze determinati alla temperatura di 25 °C.

Equilibrio di solubilità	K_s
$CaSO_4(s) \rightleftarrows Ca^{2+}(aq) + SO_4^{2-}(aq)$	$2,4 \cdot 10^{-5}$
$MgCO_3(s) \rightleftarrows Mg^{2+}(aq) + CO_3^{2-}(aq)$	$3,5 \cdot 10^{-8}$
$PbI_2(s) \rightleftarrows Pb^{2+}(aq) + 2\ I^-(aq)$	$7,9 \cdot 10^{-9}$
$CaCO_3(s) \rightleftarrows Ca^{2+}(aq) + CO_3^{2-}(aq)$	$6,0 \cdot 10^{-9}$
$BaSO_4(s) \rightleftarrows Ba^{2+}(aq) + SO_4^{2-}(aq)$	$1,1 \cdot 10^{-10}$
$AgCl(s) \rightleftarrows Ag^+(aq) + Cl^-(aq)$	$1,8 \cdot 10^{-10}$
$Mg(OH)_2(s) \rightleftarrows Mg^{2+}(aq) + 2\ OH^-(aq)$	$7,1 \cdot 10^{-12}$
$PbCrO_4(s) \rightleftarrows Pb^{2+}(aq) + CrO_4^{2-}(aq)$	$1,8 \cdot 10^{-14}$
$ZnS(s) \rightleftarrows Zn^{2+}(aq) + S^{2-}(aq)$	$3 \cdot 10^{-23}$
$FePO_4(s) \rightleftarrows Fe^{3+}(aq) + PO_4^{3-}(aq)$	$4 \cdot 10^{-27}$
$Ag_2S(s) \rightleftarrows 2\ Ag^+(aq) + S^{2-}(aq)$	$7,3 \cdot 10^{-51}$

▶ **Tabella 3** La conoscenza dei valori di K_S consente di prevedere se si può ottenere un precipitato mescolando soluzioni di elettroliti a concentrazione nota. Infatti il valore di K_S stabilisce qual è il valore massimo delle concentrazioni degli ioni senza che si formi un precipitato, dato che è sufficiente verificare che il prodotto ionico sia minore di K_S.

Utilizzando i valori della tabella è possibile risalire alla solubilità di una sostanza poco solubile, cioè alla concentrazione della sua soluzione satura.

Esempio

Consideriamo lo ioduro piomboso, PbI_2; indicando con S la sua solubilità in acqua possiamo scrivere:

$$\begin{array}{ccccc} PbI_2 & \rightleftarrows & Pb^{2+} & + & 2\ I^- \\ S & & S & & 2S \end{array}$$

Questo significa che se in un litro di soluzione si sciolgono S mol di PbI_2 in soluzione sono presenti S mol/L di Pb^{2+} e $2S$ mol/L di I^-.

Scriviamo la costante del prodotto di solubilità e ricaviamo S:

$$K_S = [Pb^{2+}]\ [I^-]^2 \qquad K_S = S \cdot (2S)^2 = 4S^3$$

da cui $$S = \sqrt[3]{\frac{K_S}{4}}$$

Quindi alla temperatura di 25 °C possiamo utilizzare il valore tabulato di K_S

$$S = \sqrt[3]{\frac{7,9 \cdot 10^{-9}}{4}} = 1,3 \cdot 10^{-3}\ \text{mol/L}$$

La solubilità dello ioduro di piombo, cioè la concentrazione di una sua soluzione satura a 25 °C, è $1,3 \cdot 10^{-3}$ mol/L.

Prova tu 3

Calcola la solubilità S di AgCl in acqua.

....

Esercizi 5 La costante di equilibrio

1 Scrivi l'espressione della costante di equilibrio delle seguenti equazioni.

a) $N_2H_4(g) + 2\,O_2(g) \rightleftarrows 2\,NO(g) + 2\,H_2O(g)$

....

b) $Cu^{2+}(aq) + 4\,NH_3(aq) \rightleftarrows Cu(NH_3)_4^{2+}(aq)$

....

2 Indica l'equazione chimica alla quale corrisponde la seguente costante di equilibrio:

$$K_c = \frac{[A]^2\,[B]^3}{[A_2B_3]}$$

A $A_2B_3 \rightleftarrows 2\,A + 3\,B$

B $2\,A + 3\,B \rightleftarrows A_2B_3$

C $A_2 + B_3 \rightleftarrows A_2B_3$

D $A_2B_3 \rightleftarrows A_2 + B_3$

E $2\,A + 3\,B \rightleftarrows A_2 + B_3$

3 Considera la seguente generica equazione di reazione:

$$a\,A + b\,B \rightleftarrows c\,C + d\,D$$

Se K_c vale $2{,}5 \cdot 10^2$, si può affermare che:

A la velocità della reazione diretta è 250 volte maggiore della velocità della reazione inversa

B la concentrazione di ciascun prodotto vale 2,5 mol/L

C la velocità della reazione diretta è 25 volte minore di quella della reazione inversa

D l'equilibrio è decisamente spostato verso i reagenti

E l'equilibrio è sicuramente spostato verso i prodotti

4 Un equilibrio chimico si dice eterogeneo quando:

A tutte le specie chimiche sono allo stato solido

B i prodotti si trovano in uno stato diverso da quello dei reagenti

C lo stato fisico delle specie presenti non è lo stesso

D non sono presenti specie allo stato gassoso

E una specie reagente è allo stato solido

5 Considera la seguente generica equazione di reazione e le concentrazioni delle specie all'equilibrio:

$3\,A(aq)$	+	$2\,B(aq)$	$\rightleftarrows$	$B_2A_3(aq)$
[A] = 0,15 mol/L		[B] = 0,025 mol/L		$[B_2A_3]$ = 0,80 mol/L

Indica qual è il valore di K_c.

A $2{,}1 \cdot 10^2$ L/mol

B $3{,}8 \cdot 10^5$ $(L/mol)^4$

C $2{,}6 \cdot 10^{-6}$ $(mol/L)^4$

D $4{,}7 \cdot 10^{-3}$ mol/L

E 4,57 L/mol

6 In un recipiente chiuso che ha il volume di 1,0 L si introducono 1,0 mol di PCl_5 e si scalda fino alla temperatura di 250 °C provocandone la scomposizione:

$$PCl_5(g) \rightleftarrows PCl_3(g) + Cl_2(g)$$

Quando si raggiunge uno stato di equilibrio la concentrazione di Cl_2 è 0,47 mol/L.

a) Qual è la concentrazione di PCl_3? ....

b) Qual è la concentrazione di PCl_5? ....

7 I seguenti diagrammi rappresentano lo stato di equilibrio per tre differenti reazioni.

$A + B \rightleftarrows AB$ $\quad$ $A + C \rightleftarrows AC$ $\quad$ $A + D \rightleftarrows AD$

a) Quale reazione ha la K_c più grande? ....

b) Quale reazione ha la K_c più piccola? ....

8 L'equilibrio della reazione di sintesi di HCl è descritto dalla seguente equazione:

$$1/2\,H_2 + 1/2\,Cl_2 \rightleftarrows HCl$$

Sapendo che a 25 °C si ha $K_c = 4{,}97 \cdot 10^{16}$ devi determinare in quale direzione procede la reazione quando in un recipiente che ha il volume di 0,500 L sono presenti $1{,}0 \cdot 10^{-8}$ mol di idrogeno, $1{,}0 \cdot 10^{-8}$ mol di cloro e $2{,}0 \cdot 10^{-8}$ mol di HCl.

....

9 In un recipiente chiuso che ha il volume di 15 L si introducono 0,53 mol di PCl_5 e si porta la temperatura a 250 °C. In tal modo si realizza l'equilibrio così descritto:

$$PCl_5(g) \rightleftarrows PCl_3(g) + Cl_2(g) \qquad \Delta H > 0$$

All'equilibrio sono presenti 0,32 mol di cloro.

a) Calcola quanto vale K_c. ....

b) Spiega se e come cambia il valore di K_c se nello stesso contenitore 1,0 mol di PCl_5 viene scaldata fino a 250 °C in presenza di un catalizzatore.

....

10 Consider the following gas-phase equilibrium:

$$H_2(g) + I_2(g) \rightleftarrows 2\,HI(g)$$

At a certain temperature, the equilibrium constant K_c is 4.0. Starting with equimolar quantities of H_2 and I_2 and no HI, when equilibrium was established, 0.20 moles of HI was present. How much H_2 was used to start the reaction?

A 0.10 mol

B 0.23 mol

C 0.20 mol

D 4.0 mol

E Need to know the volume of the reaction vessel

11 Consider the equilibrium reaction:

$$3\,ClO^-(aq) \rightleftarrows ClO_3^-(aq) + 2\,Cl^-(aq)$$

The equilibrium constant is $K_c = 3.2 \cdot 10^3$. The following concentrations are present: $[Cl^-] = 0.50$ mol/L; $[ClO_3^-] = 0.32$ mol/L; $[ClO^-] = 0.24$ mol/L. Is the mixture at equilibrium and, if not, in which direction will the reaction proceed?

A The system is at equilibrium

B The system is not at equilibrium; the reaction will proceed from left to right

C The system is not at equilibrium; the reaction will proceed from right to left

D The system cannot reach equilibrium since the ClO_3^- and Cl^- concentrations are not in the correct stoichiometric ratio

E There is not enough information to tell

6 Come spostare l'equilibrio

L'equilibrio può essere spostato modificando le variabili chimiche e fisiche che determinano lo stato del sistema

Il principio di Le Châtelier

Nel 1884, alcuni anni dopo l'enunciazione della legge di azione di massa, il chimico industriale francese H.L. Le Châtelier effettuò numerosi studi sui sistemi all'equilibrio che concluse enunciando un principio di carattere generale.

Il **principio di Le Châtelier** afferma che se si interviene su un sistema alterandone lo stato di equilibrio, il sistema raggiunge un nuovo stato di equilibrio in cui risultano ridotti gli effetti della perturbazione.

Questo principio descrive il comportamento dei sistemi chimici a seguito delle variazioni dei parametri chimici e fisici che determinano lo stato di equilibrio e si applica anche alle trasformazioni fisiche (▶ Figura 1).

Dedichiamo ora la nostra attenzione alle trasformazioni chimiche per analizzare ed esemplificare concretamente i diversi aspetti di questo principio.

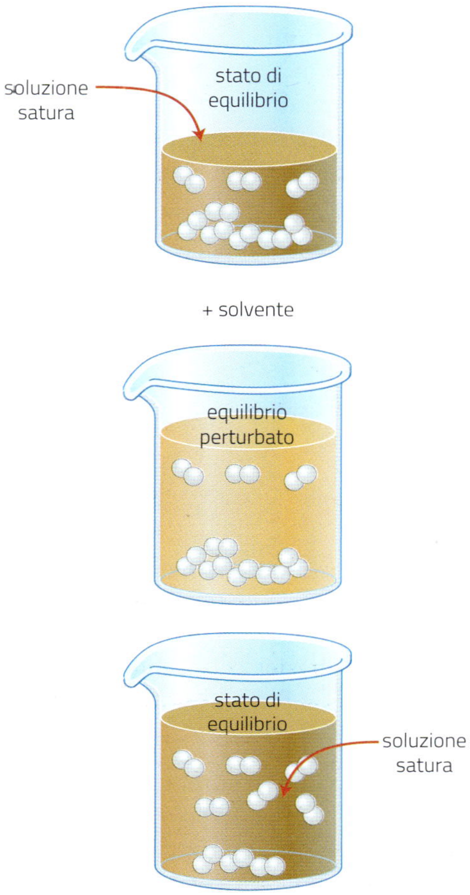

▶ **Figura 1** L'equilibrio di una soluzione satura di iodio viene perturbato dall'aggiunta del solvente. Il sistema si oppone alla perturbazione dell'equilibrio facendo sì che una parte del corpo di fondo si sciolga fino a riottenere la soluzione satura.

Che cosa succede se si cambia la concentrazione

Una reazione che viene realizzata a livello industriale è la sintesi dell'anidride solforica. Consideriamo l'equazione di reazione:

$$2\,SO_2(g) + O_2(g) \rightleftarrows 2\,SO_3(g)$$

Alla temperatura di 600 °C il valore di K_c è 4,36 L/mol: si tratta di un valore non particolarmente elevato e perciò sarebbe utile riuscire a operare in modo tale da aumentare la quantità di SO_3 presente all'equilibrio cioè migliorare la percentuale di trasformazione dei reagenti.

A tale scopo immaginiamo di alterare lo stato di equilibrio senza cambiare la temperatura aggiungendo una certa quantità di O_2. Questa operazione fa aumentare la concentrazione di una delle specie e quindi il sistema non è più in equilibrio. Ebbene, in base al principio di Le Châtelier il sistema «si attiva» per ridurre gli effetti della perturbazione, e il solo modo che ha per farlo è quello di trasformare parte dell'ossigeno aggiunto facendolo combinare con SO_2. In questo modo il sistema raggiunge un nuovo stato di equilibrio in cui la concentrazione di SO_2 è diminuita e la concentrazione di SO_3 è aumentata.

Un **aumento della concentrazione** di una delle specie presenti all'equilibrio determina un nuovo stato di equilibrio che risulta spostato dalla parte opposta a quella della specie aggiunta.

Aumentando per esempio la concentrazione di un reagente l'equilibrio si sposta a destra (▶ Figura 2). Viceversa, se si aumenta la concentrazione di un prodotto l'equilibrio si sposta a sinistra.

Una **diminuzione della concentrazione** di una delle specie presenti all'equilibrio determina un nuovo stato di equilibrio che risulta più spostato dalla stessa parte della specie sottratta.

Sottraendo per esempio un prodotto l'equilibrio si sposta verso destra (▶ Figura 3).

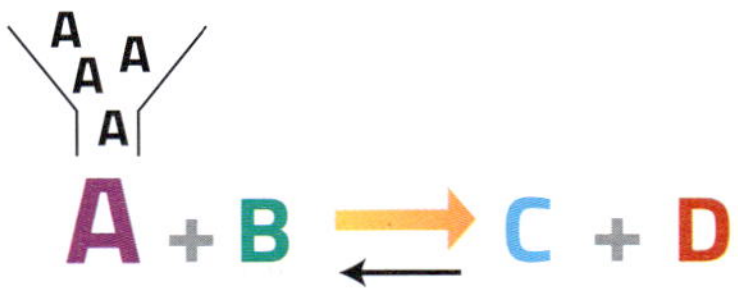

▶ Figura 2

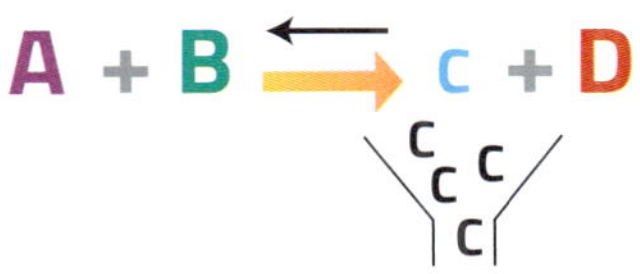

▶ Figura 3

Che cosa succede se si cambia la temperatura

In un contenitore chiuso realizziamo l'equilibrio della reazione così descritta:

$$\underset{\text{rosso-bruno}}{2\,NO_2(g)} \rightleftarrows \underset{\text{incolore}}{N_2O_4(g)} + q \qquad K_c = \frac{[N_2O_4]}{[NO_2]^2} = 220 \text{ L/mol a 25 °C}$$

La reazione diretta descrive la dimerizzazione del diossido di azoto, un gas di colore rosso-bruno (▶ Figura 4). La dimerizzazione è la reazione che produce una unica molecola unendo due molecole uguali. L'indicazione q indica il calore: posta a destra significa che la reazione è esotermica e di conseguenza la reazione inversa è endotermica. Vediamo cosa succede se il contenitore viene prima riscaldato e poi raffreddato (▶ Figura 5).

▶ **Figura 4** Il diossido di azoto si prepara facendo reagire il rame con una soluzione concentrata di acido nitrico. Anche se a temperatura ambiente l'equilibrio della reazione di dimerizzazione del diossido di azoto è molto spostato a destra, la colorazione indica la presenza di NO_2 e la sua intensità è in relazione con la concentrazione di questa specie.

▶ **Figura 5**

La maggiore intensità del colore indica che è aumentata la concentrazione di NO_2: l'equilibrio si è spostato verso sinistra.

La minore intensità del colore indica che è diminuita la concentrazione di NO_2: l'equilibrio si è spostato verso destra.

La perturbazione causata dal riscaldamento sollecita il sistema a contrastare tale perturbazione: l'equilibrio si sposta a sinistra attivando la reazione che assorbe calore, cioè quella endotermica (▶ Figura 6A). Se invece si effettua un raffreddamento, il sistema attiva la reazione inversa, cioè quella che libera calore (▶ Figura 6B). Non è difficile concludere che nel primo caso il valore di K_c diminuisce mentre nel secondo aumenta.

▶ **Figura 6**

A

Un aumento di temperatura indica che il sistema ha acquistato calore e ciò fa spostare l'equilibrio verso sinistra, cioè verso i reagenti.

B

Una diminuzione di temperatura indica che il sistema ha ceduto calore e ciò fa spostare l'equilibrio verso destra, cioè verso i prodotti.

Considerando ora l'espressione della costante di equilibrio, possiamo concludere che in generale cambiando la temperatura di un sistema all'equilibrio cambia anche il valore di K_c.

In un sistema all'equilibrio, un **aumento di temperatura** determina un aumento del valore di K_c se la reazione diretta è endotermica o una diminuzione del valore di K_c se la reazione diretta è esotermica.

La relazione tra K_c e temperatura consente anche di comprendere perché alcune reazioni impossibili a una certa temperatura diventino invece possibili a una temperatura diversa.

Che cosa succede se si cambia la pressione

Una variazione di pressione del sistema ha effetto sulla concentrazione delle specie in equilibrio nei casi in cui la reazione fa cambiare il numero di molecole delle sostanze allo stato aeriforme (▶ Figura 7).

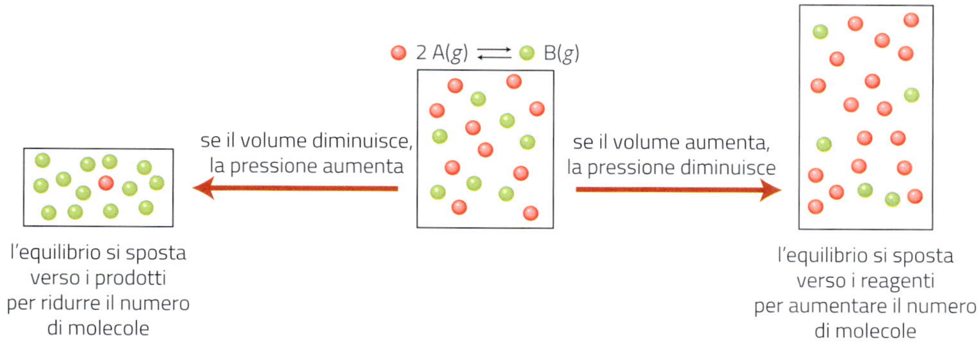

▶ **Figura 7** Per modificare la pressione di un sistema a lo stato gassoso si può aumentarne o d minuirne il volume.

In un sistema all'equilibrio un **aumento di pressione** determina un nuovo stato di equilibrio spostato nella direzione in cui è minore il numero di molecole di sostanze aeriformi. Viceversa una **diminuzione di pressione** determina un nuovo equilibrio spostato nella direzione in cui è maggiore il numero di molecole di sostanze aeriformi.

Consideriamo per esempio il processo industriale messo a punto per la produzione dell'idrogeno, noto come *reforming del metano*:

$$CH_4(g) + H_2O(g) \rightleftarrows 3\,H_2(g) + CO(g)$$

Scriviamo l'espressione della costante di equilibrio:

$$K_c = \frac{[H_2]^3\,[CO]}{[CH_4]\,[H_2O]}$$

Se lo stato di equilibrio viene alterato diminuendo la pressione, in base al principio di Le Châtelier il sistema si attiva in modo tale da aumentare la pressione. Di conseguenza, per aumentare la pressione l'equilibrio si sposta dalla parte dove è maggiore il numero di molecole, in questo caso verso i prodotti. Per favorire dunque la produzione di H_2 e CO occorre operare a basse pressioni.

Example

Consider the following equilibrium system:

$$2\,PbS(s) + 3\,O_2(g) \rightleftarrows 2\,PbO(s) + 2\,SO_2(g)$$

Predict the direction of the net reaction in each case as a result of increasing the pressure on the system at constant temperature.

Consider only the gaseous molecules. In the balanced equation there are 3 moles of gaseous reactants and 2 moles of gaseous products. Therefore, the net reaction will shift toward the products (to the right) when the pressure is increased.

Prova tu

L'equazione che segue descrive la reazione di sintesi del metanolo:

$$CO(g) + 2\,H_2(g) \rightleftarrows CH_3OH(g)$$

Per migliorare la resa della reazione conviene raggiungere l'equilibrio ad alta o a bassa pressione?

....

....

....

1 Considera la reazione di sintesi dello ioduro di idrogeno:

$$H_2(g) + I_2(g) + q \rightleftarrows 2\,HI(g)$$

Sulla base dell'esempio completa la seguente tabella.

Interventi sul sistema all'equilibrio	L'equilibrio		
	si sposta a destra	si sposta a sinistra	non si sposta
Aggiunta di H_2	X		
Aggiunta di I_2			
Sottrazione di HI			
Diminuzione della temperatura			
Aumento della pressione			
Aggiunta di un catalizzatore			

2 Considera la generica reazione:

$$AB(g) + q \rightleftarrows A(g) + B(g)$$

La reazione viene realizzata nelle stesse condizioni a due diverse temperature.
Quale dei seguenti contenitori rappresenta l'equilibrio ottenuto a temperatura più bassa?

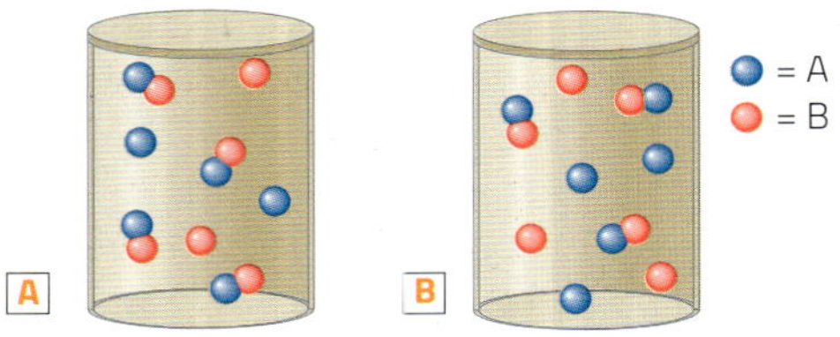

3 Il valore della costante di equilibrio di una reazione in fase gassosa cambia se si varia:

A la concentrazione dei prodotti
B la pressione del sistema
C il volume del sistema
D la concentrazione dei reagenti
E la temperatura del sistema

4 In un recipiente sigillato si realizza il seguente equilibrio:
$Na_2S_2O_3(aq) + 2\,HCl(aq) \rightleftarrows S(s) + 2\,NaCl(aq) + SO_2(g) + H_2O(l)$
Se si scioglie nel becher qualche cristallo di NaCl, come cambia la quantità di zolfo presente all'equilibrio?

....

5 Soltanto a temperature superiori a 1200 °C l'azoto e l'ossigeno presenti nell'aria reagiscono fra loro:

$$N_2(g) + O_2(g) \rightleftarrows 2\,NO(g)$$

Indica se le seguenti affermazioni sono vere o false.

a) L'equilibrio è raggiunto più velocemente in presenza di catalizzatori V F
b) La quantità di NO presente all'equilibrio non dipende dalla pressione V F
c) La quantità di NO presente all'equilibrio aumenta se si diminuisce la temperatura V F
d) La quantità di NO presente all'equilibrio aumenta se la concentrazione di ossigeno nell'aria è maggiore V F

6 Una reazione di sintesi in fase omogenea raggiunge l'equilibrio a una determinata temperatura:

$$A(g) + B(g) \rightleftarrows C(g) \qquad \Delta H < 0$$

Indica se le seguenti affermazioni sono vere o false.

a) Per spostare a destra l'equilibrio occorre aumentare la temperatura V F
b) La pressione diminuisce via via che il sistema evolve verso l'equilibrio V F
c) Se all'equilibrio si raddoppia la pressione aumenta la concentrazione del prodotto V F
d) Alla stessa temperatura la reazione catalizzata presenta un valore maggiore di K_c V F

7 Considera la seguente equazione:

$$NO_2(g) + CO(g) \rightleftarrows NO(g) + CO_2(g)$$

a) Scrivi l'espressione della costante di equilibrio.

....

b) Dimostra matematicamente che l'equilibrio si deve spostare a sinistra se si riesce a togliere dal sistema un po' di CO.

....

....

....

8 In un recipiente chiuso che ha il volume di 15 L si introducono 0,53 mol di PCl_5 e si porta la temperatura a 250 °C. In tal modo si realizza l'equilibrio così descritto:

$$PCl_5(g) \rightleftarrows PCl_3(g) + Cl_2(g) \qquad \Delta H > 0$$

All'equilibrio sono presenti 0,32 mol di cloro.
Spiega come cambiano le moli di cloro all'equilibrio se la reazione avviene in un recipiente con un volume doppio.

....

....

9 The following diagrams represent equilibrium mixtures for the reaction $A_2 + B \rightleftarrows A + AB$ at (a) 300 K and (b) 500 K. The A atoms are red, and the B atoms are blue. Is the reaction exothermic or endothermic?

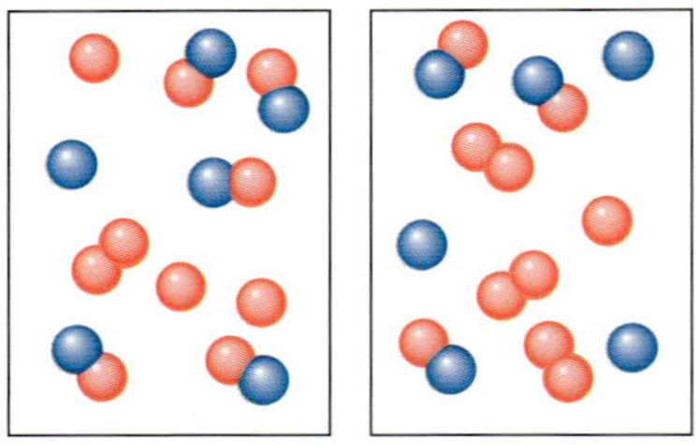

(a) (b)

....

10 Consider the following equilibrium reaction:

$$FeO(s) + CO(g) \rightleftarrows Fe(s) + CO_2(g) + q \quad (K_c = 0.516)$$

If 0.065 mol of CO and excess FeO are allowed to react in a one-liter container:

a) how does the value of K_c change with increasing temperature?

....

....

b) how does the quantity of CO_2 change at equilibrium if the pressure is doubled?

....

Mappa di sintesi

LOSAI?

La velocità di una reazione chimica: rapidità di trasformazione dei reagenti in prodotti

La **velocità di reazione** si determina misurando la variazione della quantità di un reagente (o di un prodotto) in un determinato intervallo di tempo.

I **fattori che influenzano la velocità** sono la concentrazione dei reagenti, la superficie di contatto tra i reagenti e la temperatura.

La **velocità di una reazione diminuisce nel tempo**.

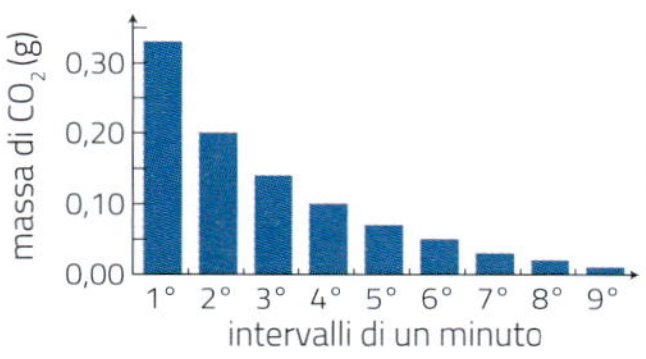

Gli **urti efficaci** sono quelli che portano alla trasformazione; si hanno urti efficaci se le particelle sono correttamente orientate e possiedono sufficiente energia.

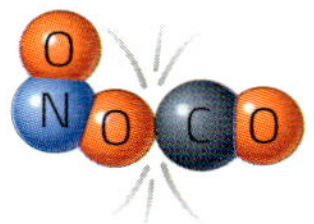

Energia di attivazione (***Ea***): sovrappiù di energia chimica che le particelle dei reagenti devono possedere al momento dell'urto.

Meccanismo di reazione: successione delle trasformazioni che portano alla formazione dei prodotti finali.

I **catalizzatori** aumentano la velocità di reazione facendo diminuire l'energia di attivazione.

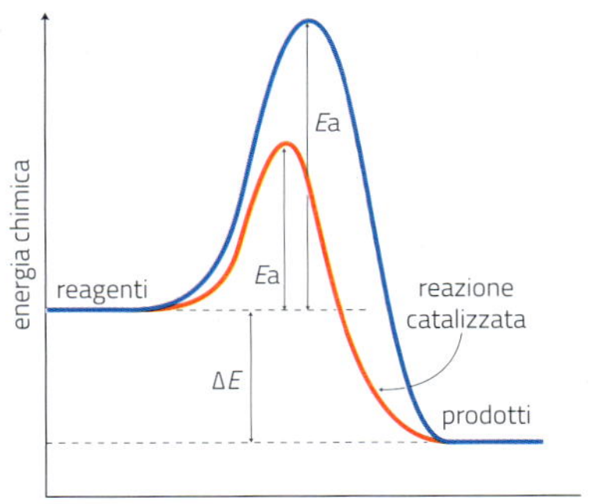

L'equilibrio: le trasformazioni che avvengono in un sistema chiuso non si completano

Lo **stato di equilibrio**: le proprietà del sistema che si possono misurare restano costanti nel tempo

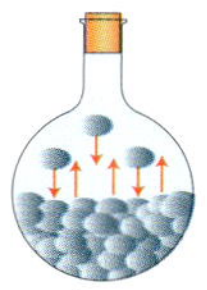

La pressione del vapore dipende esclusivamente dalla temperatura.

L'**equilibrio chimico**

$$a\,A + b\,B \rightleftarrows c\,C + d\,D$$

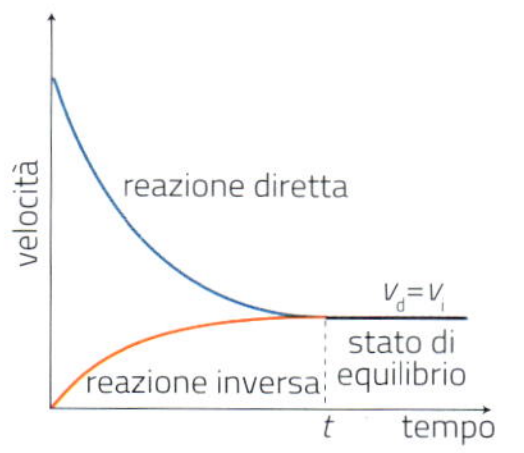

L'**equilibrio è dinamico**: la velocità della trasformazione diretta è uguale alla velocità della trasformazione inversa.

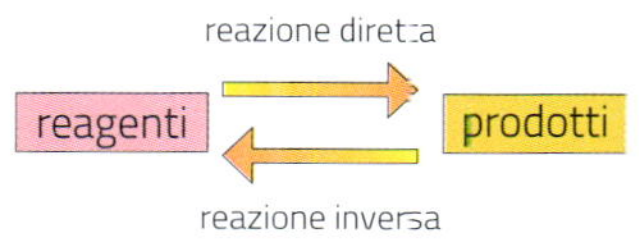

Legge di azione di massa

$$K_c = \frac{[C]^c \cdot [D]^d}{[A]^a \cdot [B]^b}$$

Il valore di K_c dipende solo dalla temperatura. Maggiore è il valore di K_c maggiore è la percentuale dei reagenti che si trasformano.

Quoziente di reazione (***Q_c***): si calcola sostituendo nell'espressione di K_c le concentrazioni delle specie chimiche quando il sistema non si trova all'equilibrio.

Costante del prodotto di solubilità (*K_S*): prodotto delle concentrazioni molari degli ioni di un composto poco solubile.

$Ag_2S(s) \rightleftarrows 2Ag^+(aq) + S^{2-}(aq)$
$K_s = [Ag^+]^2\,[S^{2-}]$

Il **principio di Le Châtelier** afferma che se si interviene su un sistema alterandone lo stato di equilibrio, il sistema raggiunge un nuovo stato di equilibrio in cui risultano ridotti gli effetti della perturbazione.

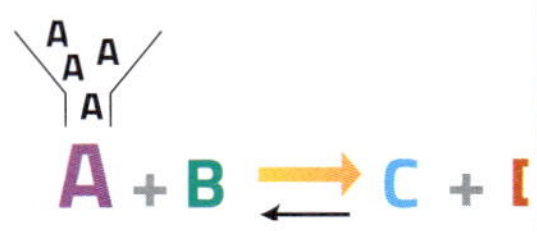

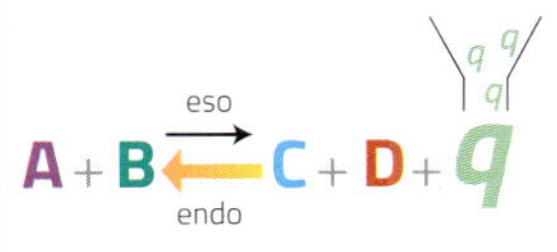

Una **variazione di pressione** del sistema ha effetto solo se la reazione fa cambiare il numero di molecole delle sostanze allo stato aeriforme.

Applicazione delle conoscenze

Problema

Vogliamo determinare la costante di equilibrio di una reazione sulla base di dati relativi alle quantità delle specie chimiche presenti all'equilibrio.

Inoltre vogliamo stabilire come evolve il sistema a seguito del cambiamento di alcuni parametri chimico-fisici che lo caratterizzano.

Come esempio prendiamo in considerazione la reazione di scomposizione termica del cloruro di nitrosile descritta dalla seguente equazione:

$$2\ NOCl(g) \rightarrow 2\ NO(g) + Cl_2(g) \qquad \Delta H > 0$$

Supponiamo che in un recipiente che ha la capacità di 2,0 L venga introdotta 1,0 mol di NOCl e che la temperatura venga portata a 35 °C.

- Sapendo che in questa prima prova all'equilibrio sono presenti 0,020 mol di Cl_2, vogliamo calcolare la costante di equilibrio.
- In una seconda prova nello stesso contenitore e alla stessa temperatura vengono immesse 0,024 mol di Cl_2 e quantità doppie di NO e di NOCl: come evolverà il sistema per raggiungere l'equilibrio?

Rispetto alle condizioni proposte nella prima prova, vogliamo inoltre stabilire come cambia la quantità di Cl_2 all'equilibrio nel caso in cui la temperatura venga aumentata e nel caso in cui il volume del contenitore sia maggiore.

Conoscenze

- Saper determinare le concentrazioni delle specie all'equilibrio sulla base dell'equazione di reazione
- Saper calcolare il valore della costante di equilibrio
- Sapere come evolve un sistema in base al valore del quoziente di reazione
- Sapere come evolve il sistema al cambiare della temperatura e della pressione

Svolgimento

1. Relativamente alla prima prova occorre innanzitutto calcolare le concentrazioni delle specie all'equilibrio; ci aiutiamo con lo schema seguente in cui abbiamo evidenziato per ora soltanto i dati assegnati:

	NOCl	NO	Cl_2
Quantità iniziale (mol)	1,0	0	0
Variazione quantità (mol)			
Quantità all'equilibrio (mol)			0,020
Volume (L)	2,0	2,0	2,0
Concentrazioni all'equilibrio (mol/L)			

Tenendo conto della stechiometria della reazione, i dati del problema riportati consentono di completare lo schema calcolando come variano le quantità dei reagenti e quindi determinando le concentrazioni delle specie all'equilibrio. Per esempio, per ottenere 0,020 mol di Cl_2 occorre che si trasformino 0,040 mol di NOCl.

	NOCl	NO	Cl_2
Quantità iniziale (mol)	1,0	0	0
Variazione quantità (mol)			
Quantità all'equilibrio (mol)			0,020
Volume (L)	2,0	2,0	2,0
Concentrazioni all'equilibrio (mol/L)			

Ora calcoliamo il valore della costante di equilibrio:

$$K_c = \frac{[NO]^2\,[Cl_2]}{[NOCl]^2} = \frac{(0{,}020\ mol/L)^2 \cdot 0{,}010\ mol/L}{(0{,}48\ mol/L)^2} = \mathbf{1{,}7 \cdot 10^{-5}\ mol/L}$$

2. Relativamente al secondo punto, per prevedere come evolverà il sistema in una diversa situazione dobbiamo calcolare il quoziente di reazione. Come prima cosa calcoliamo la concentrazione delle specie chimiche sapendo che sono presenti 0,024 mol di Cl_2, 0,048 mol di NO e altrettante di NOCl. Dato che il volume del contenitore è 2,0 L le concentrazioni delle specie sono le seguenti:
$[NO] = 0{,}048\ mol : 2{,}0\ L = 0{,}024\ mol/L$
$[Cl_2] = 0{,}024\ mol : 2{,}0\ L = 0{,}012\ mol/L$
$[NOCl] = 0{,}048\ mol : 2{,}0\ L = 0{,}024\ mol/L$
Ora siamo in grado di calcolare il valore del quoziente di reazione:

$$Q_c = \frac{[NO]^2\,[Cl_2]}{[NOCl]^2} = \frac{(0{,}024\ mol/L)^2 \cdot 0{,}012\ mol/L}{(0{,}024\ mol/L)^2} = 0{,}012\ mol/L$$

Dato che Q_c è maggiore di K_c, deve diminuire la concentrazione dei prodotti e quindi la reazione procede verso sinistra fino al raggiungimento di un nuovo stato di equilibrio.
Dato che la reazione diretta è endotermica, un aumento di temperatura favorisce appunto la reazione di scomposizione e pertanto la quantità di Cl_2 presente nel nuovo stato di equilibrio sarà maggiore di 0,020 mol.
Se la stessa quantità di NOCl è introdotta in un contenitore di volume maggiore, l'equilibrio viene raggiunto in una situazione in cui la pressione è minore e quindi risulterà più spostato verso i prodotti dato che le moli di gas sono in numero maggiore. Pertanto anche in questo caso la quantità di Cl_2 sarà maggiore di 0,020 mol.

SEI PRONTO PER LA VERIFICA?

In 1 ora
Totale 100 punti

1 Le figure descrivono una generica reazione A → B in cui A è rappresentato da sfere rosse, B da sfere blu. La sequenza da sinistra a destra rappresenta il sistema nel tempo. **[11 punti]**

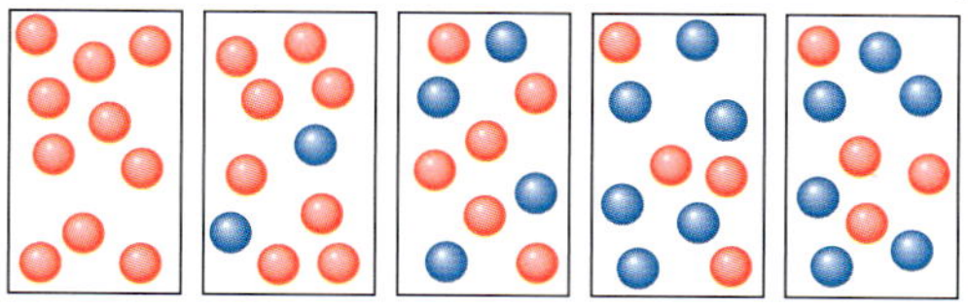

(a) (b) (c) (d) (e)

Si può dire che il sistema ha raggiunto lo stato di equilibrio? Motiva la risposta.

....

....

2 Considera le seguenti figure: **[10 punti]**

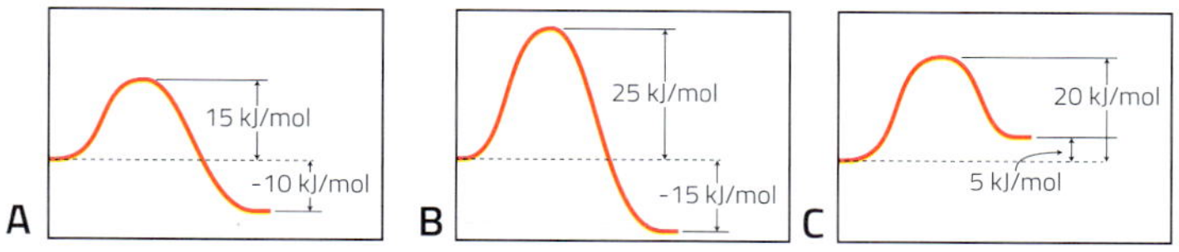

a) Perché la reazione C è endotermica? ....

b) Qual è il valore dell'energia di attivazione della reazione inversa della B? ....

c) La reazione A è catalizzata? ....

3 Sulla base dei grafici, indica la risposta che riporta le indicazioni dell'energia di attivazione di entrambe le reazioni: **[9 punti]**

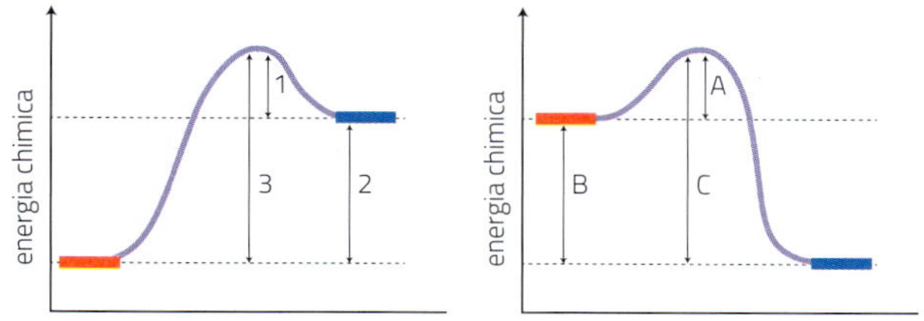

[A] 1 e A [B] 2 e B [C] 3 e B [D] 3 e A [E] 2 e C

4 Considera la seguente equazione:

$$2\ AgNO_3(aq) + Cu(s) \rightarrow 2\ Ag(s) + Cu(NO_3)_2(aq)$$

La concentrazione iniziale di $AgNO_3$ è 0,150 mol/L. Dopo 10 min la sua concentrazione è diminuita del 50%.

a) Calcola la velocità media della reazione.

....

b) Calcola la concentrazione di $Cu(NO_3)_2$ dopo 10 min. **[11 punti]**

....

5 Considera la seguente equazione che descrive un sistema chimico in equilibrio:

$$A_3B(g) + C_2D(g) \rightleftarrows A_2C(g) + BC(g) + AD(g) \quad \Delta H > 0$$

Alla temperatura di 500 K il valore di K_c è 0,59 mol/L. In un recipiente chiuso (V = 10 L) si mescolano 1,3 mol di A_3B, 2,5 mol di C_2D e 1,6 mol di ognuna delle altre specie coinvolte. In queste condizioni prevale la reazione diretta o quella inversa? **[11 punti]**

....

6 Una reazione (X) presenta un valore di ΔH pari a 24 kJ mentre un'altra (Y) ha $\Delta H = -12$ kJ. In base a queste sole informazioni che cosa puoi affermare con certezza? **[8 punti]**

[A] X ha una K_c maggiore di quella di Y
[B] X raggiunge l'equilibrio in un tempo più breve di Y
[C] Y è catalizzata, X non lo è
[D] X è più lenta perché è endotermica
[E] X è endoenergetica

7 Considera l'equilibrio raggiunto in un contenitore chiuso dalla reazione di scomposizione del carbonato di calcio:

$$CaCO_3(s) \rightleftarrows CaO(s) + CO_2(g) \quad \Delta H > 0$$

Quale dei seguenti interventi determina un aumento della quantità di anidride carbonica presente all'equilibrio? **[9 punti]**

[A] L'aggiunta di un catalizzatore
[B] L'aggiunta di $CaCO_3$
[C] L'aggiunta di CaO
[D] La diminuzione della pressione
[E] La diminuzione della temperatura

8 I grafici mostrano l'andamento nel tempo delle concentrazioni dei reagenti, A e B, e dei prodotti, C e D, in due diverse reazioni. Quale delle due ha maggiore tendenza ad avvenire? **[11 punti]**

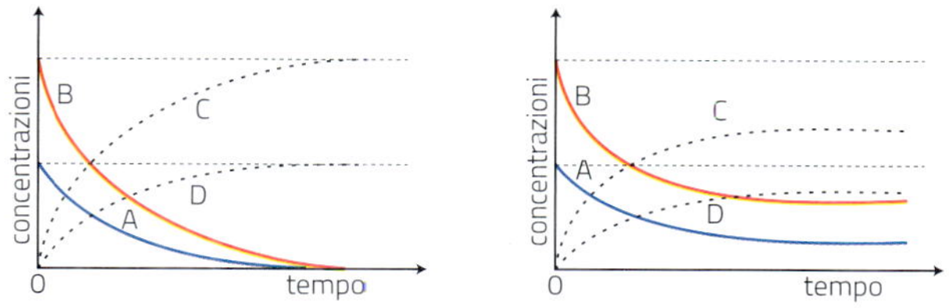

....

9 An experimenter introduces 4.0 mol of gas A into a 1.0 L container at 200 K to form product B according to the reaction

$$2\ A(g) \rightleftarrows B(g)$$

Using the experimenter's data (one curve is for A, the other is for B), calculate the equilibrium constant at 200 K.

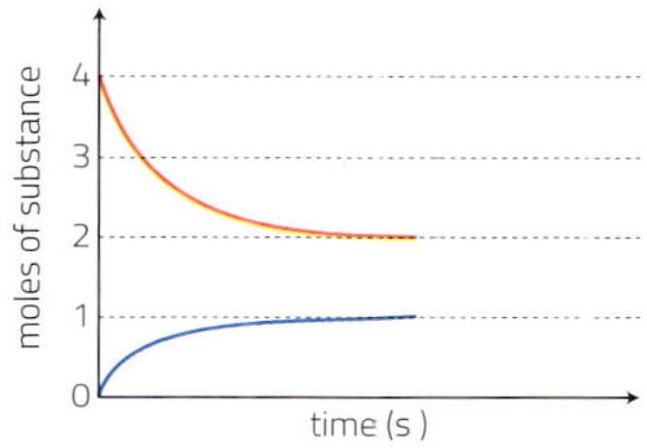

.... **[10 punti]**

10 The equilibrium constant for the reaction A ⇄ B is $K_c = 10$ at a certain temperature.
The gray spheres represent the A molecules and the green spheres represent the B molecules. **[10 punti]**

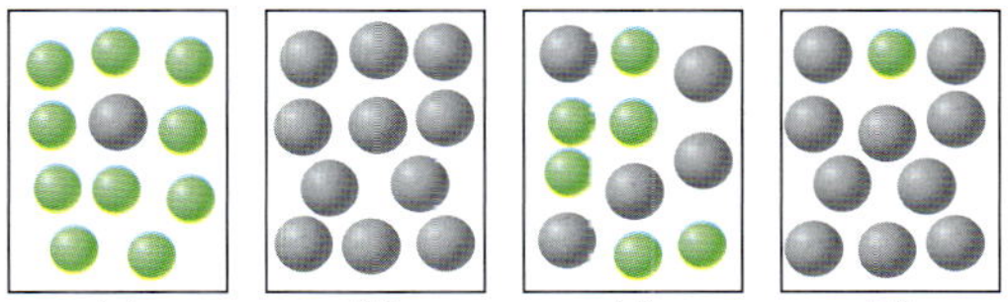

(a) (b) (c) (d)

1) Starting with only reactant A, which of the diagrams best represents the system at equilibrium? ....

2) Which of the diagrams best represents the system at equilibrium if $K_c = 0.10$? ....

Effect of a Catalyst

1. Match each word with its definition

1. Activation energy ....
2. Enzymes ....
3. Catalysts ....
4. Equilibrium position ....
5. Reaction speed ....

a. The speed at which reactants are transformed into products.
b. The excess chemical energy that particles of reactants have to store up to convert themselves into particles of the products.
c. Situation in which the observable and measurable chemical and physical properties of a system are constant over time.
d. Substances that catalyse biological processes.
e. Substances that do not change during chemical reactions but speed reactions up.

2. Read the text and fill in the gaps with the words given

catalyst – constant – equilibrium – rates – products

A *catalyst* is a substance that increases the rate of a reaction but is not consumed by it. The significance of a catalyst can be seen in the reaction of sulfur dioxide with oxygen to give sulfur trioxide.

$$2\ SO_2(g) + O_2(g) \rightleftarrows 2\ SO_3(g)$$

The equilibrium .... K_c for this reaction is $1.7 \cdot 10^{26}$ which indicates that for all practical purposes the reaction should go almost completely to .... Yet when sulfur is burned in air or oxygen, it forms predominantly SO_2 and very little SO_3. Oxidation of SO_2 to SO_3 is simply too slow to give a significant amount of product. However, the rate of the reaction is appreciable in the presence of a platinum or divanadium pentoxide catalyst. The oxidation of SO_2 in the presence of a catalyst is the main step in the *contact process* for the industrial production of sulfuric acid, H_2SO_4. Sulfur trioxide reacts with water to form sulfuric acid. (In the industrial process, SO_3 is dissolved in concentrated H_2SO_4, which is then diluted).

It is important to understand that a .... *has no effect on the equilibrium composition of a reaction mixture. A catalyst merely speeds up the attainment of equilibrium.*

For example, suppose you mix 2.00 mol SO_2 and 1.00 mol O_2 in a 100.0 L vessel. In the absence of a catalyst, these substances appear unreactive.

Much later, if you analyze the mixture, you find essentially the same amounts of SO_2 and O_2. But when a catalyst is added, the .... of both forward and reverse reactions are very much increased. As a result, the reaction mixture comes to .... in a short time. The amounts of SO_2, O_2, and SO_3 can be calculated from the equilibrium constant. You find that the mixture is mostly SO_3 (2.00 mol), with only $1.7 \cdot 10^{-8}$ mol SO_2 and $8.4 \cdot 10^{-9}$ mol O_2.

Sulfur dioxide from the combustion of coal and from other sources appears to be a major cause of the marked increase in acidity of rain in the eastern United States in the past few decades. This acid rain has been shown to contain sulfuric and nitric acids.

[Tratto da: Darrel D. Ebbing, Steven D. Gammon, *General Chemistry*, 11th ed., Cengage Learning, 2007]

3. Now listen and check

4. Answer the following questions

a. What main product is obtained from the burning of sulfur in air?

....

b. Explains the function that divanadium pentoxide performs in the industrial production of sulfuric acid.

....

....

c. Calculate the value of the equilibrium constant by using the information in the text for the reaction with the catalyst.

....

YOUR GLOSSARY

vessel = contenitore

....
....
....
....
....
....
....
....

12 Perché avvengono le reazioni chimiche

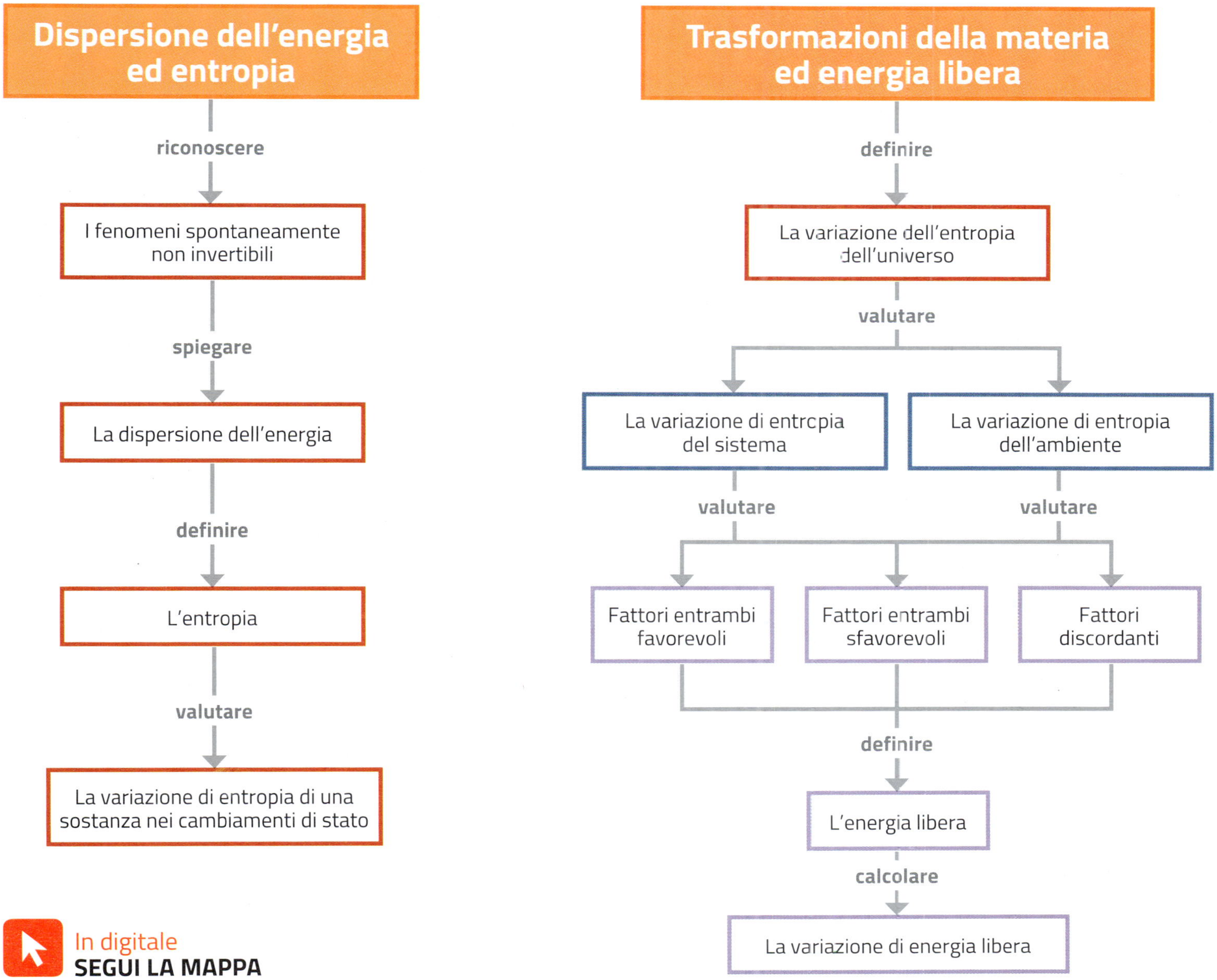

In digitale
SEGUI LA MAPPA

1 Trasformazioni spontanee e dispersione dell'energia

In tutte le trasformazioni spontanee l'energia non si perde ma si disperde e quindi si degrada

I fenomeni spontaneamente non invertibili

Proviamo a immaginare che cosa succede quando lanciamo un pallone verso l'alto: sappiamo tutti che esso ricade a terra, compie alcuni rimbalzi e infine si ferma.

Naturalmente nessuno è disposto a scommettere un centesimo sulla possibilità che il pallone si rimetta spontaneamente a rimbalzare verso l'alto. Quello che accade al pallone costituisce un esempio di fenomeno *spontaneamente non invertibile* (▶ Figura 1).

In generale, si dice che un fenomeno è spontaneamente non invertibile quando il fenomeno inverso non può avvenire spontaneamente.

Eppure sulla base del principio di conservazione dell'energia, sappiamo che l'energia posseduta inizialmente dal pallone non è andata persa. Pertanto, almeno in linea teorica, potrebbe «ricomparire» proprio sotto il pallone spingendolo verso l'alto. Tuttavia la nostra esperienza ci dice che un'eventualità simile non potrà mai accadere. Quali motivazioni scientifiche giustificano quanto suggerisce il buon senso?

Sappiamo che il pallone, a causa degli urti non elastici sul pavimento, perde via via tutta la sua energia cinetica che si trasforma in energia termica, cioè in energia cinetica delle particelle del pallone stesso e di quelle del pavimento e dell'aria.

Che cosa dovrebbe accadere affinché avvenga il fenomeno inverso, cioè che il pallone si rimetta in moto spontaneamente? In un certo istante tutte le particelle che costituiscono il pavimento dovrebbero vibrare in modo concorde nella direzione che porta al punto dove è appoggiato il pallone (▶ Figura 2).

▶ **Figura 1** Quale situazione non può avvenire spontaneamente?

▶ **Figura 2** Soltanto in linea teorica si può ipotizzare che l'energia termica possa rimettere in moto il pallone, spingendolo verso l'alto.

Sappiamo bene però che i movimenti delle particelle sono assolutamente casuali e avvengono sempre in tutte le direzioni; proprio per questo motivo la probabilità che si verifichi l'evento ipotizzato di fatto è nulla.

L'energia termica è «disordinata» e perciò degradata

Consideriamo ora una comunissima trasformazione chimica. Se accendiamo un fiammifero sappiamo tutti che, una volta innescata, la combustione procede e a nessuno viene in mente che dai prodotti della reazione possa ricostituirsi spontaneamente il fiammifero.

Anche in questo caso ci troviamo di fronte a un fenomeno spontaneamente non invertibile che possiamo commentare sotto l'aspetto energetico: per effetto della reazione, una parte dell'energia chimica contenuta nel fiammifero si trasforma, oltre che in energia luminosa, anche in energia termica che si ritrova dispersa nel movimento delle molecole dei prodotti della combustione e delle sostanze presenti nell'aria.

Vogliamo sottolineare l'aspetto che accomuna entrambi i fenomeni descritti: all'inizio l'energia era circoscritta nel pallone in movimento o nel fiammifero, poi una certa quantità di questa energia si disperde su un grandissimo numero di particelle che si muovono in tutte le direzioni. Possiamo dire che quando il pallone si è fermato e il fiammifero è bruciato, l'energia si trova in una situazione «più disordinata» di prima.

Come abbiamo detto, le trasformazioni inverse non possono avvenire spontaneamente, perché l'eventualità che l'energia dispersa possa «riordinarsi» spontaneamente nei modi che caratterizzavano la situazione iniziale è così altamente improbabile da essere, di fatto, impossibile.

Possiamo quindi formulare una prima conclusione di carattere generale: tutti i fenomeni spontaneamente non invertibili determinano un aumento della dispersione dell'energia.

Il principio di conservazione dell'energia è insufficiente a spiegare perché alcune trasformazioni sono spontanee e altre no; per comprendere le ragioni che determinano la spontaneità di qualunque trasformazione dobbiamo piuttosto riferirci a ciò che riguarda la dispersione dell'energia.

Intorno alla metà del diciannovesimo secolo, anche a seguito delle profonde trasformazioni sociali ed economiche prodotte dalla Rivoluzione Industriale, si sviluppò una scienza, la termodinamica, che studiava le trasformazioni energetiche, in particolare tra energia termica e energia meccanica.

Uno degli aspetti messi in luce dagli scienziati che studiavano il rendimento delle macchine termiche (cioè le macchine che trasformano il calore in lavoro) fu che qualunque dispositivo, anche se perfezionato al punto da ridurre a zero gli attriti, non può convertire completamente il calore in lavoro.

Si cominciò così a comprendere che l'energia termica è caratterizzata da una sorta di «disordine intrinseco» che la rende meno pregiata rispetto all'energia meccanica e per questo viene detta degradata.

I PROTAGONISTI DELLA SCIENZA

JAMES PRESCOTT JOULE (1818-1889)
Joule crebbe in una famiglia di ricchi produttori di birra; timido di carattere, fu avviato sin da bambino allo studio delle scienze e della matematica. Appassionatosi alla fisica, cominciò presto a eseguire esperimenti in un laboratorio costruito presso la fabbrica di famiglia. Nel 1847 incontrò Lord Kelvin, che riconobbe l'importanza dei suoi studi e collaborò con lui per una decina d'anni, verificando le intuizioni di Joule a proposito della nuova scienza chiamata termodinamica.

L'entropia misura la dispersione dell'energia

Le ragioni della diversità dell'energia termica rispetto all'energia meccanica e alle altre forme di energia trovarono adeguata giustificazione negli anni della seconda metà del diciannovesimo secolo: grazie soprattutto all'opera dello scienziato tedesco R. Clausius, venne definita operativamente una grandezza chiamata *entropia*.

L'**entropia** (*S*) è una grandezza estensiva che esprime il grado di dispersione dell'energia in un sistema. La sua unità di misura è il **joule al kelvin (J/K)**.

Sempre in quegli anni, per merito soprattutto dello scienziato austriaco L. Boltzmann, venne messo in luce lo stretto collegamento tra entropia e struttura particellare della materia. Oggi sappiamo che allo zero assoluto l'energia interna di una sostanza ha un solo modo di distribuirsi tra le particelle del sistema. In questa situazione possiamo dire che l'energia del sistema presenta il massimo di «ordine» e quindi il minimo valore di entropia. Queste affermazioni sono alla base di uno dei principi fondamentali della termodinamica: l'entropia di una sostanza pura cristallina vale zero allo zero assoluto e aumenta all'aumentare della temperatura.

L'entropia di una sostanza aumenta sempre al crescere della temperatura e ciò accade perché a una temperatura maggiore corrisponde una maggiore quantità di energia che può essere distribuita nei moti a livello particellare (▶ Figura 3).

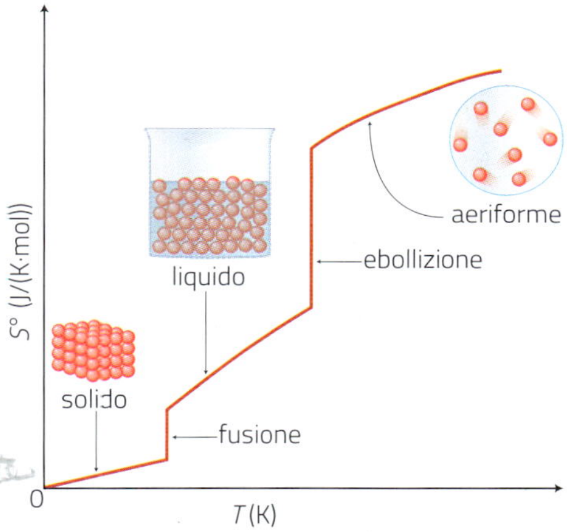

▶ **Figura 3** Il grafico mostra come, partendo dallo zero assoluto, aumenta l'entropia di una sostanza che passa dallo stato solido a quello aeriforme all'aumentare della temperatura.

Inoltre osserviamo che l'aumento di entropia è conseguente anche alla perdita di una certa struttura «ordinata» della materia; infatti, il massimo incremento di entropia si verifica in occasione dei passaggi di stato; per esempio, quando un solido fonde perde la sua struttura ordinata e dà origine a una situazione in cui le particelle sono più libere di muoversi in tutte le direzioni. Di conseguenza, l'energia assorbita durante la fusione può essere dispersa anche nei moti di traslazione delle particelle.

A conferma di questa considerazione, si può osservare che l'aumento di entropia che si verifica per effetto dell'ebollizione è maggiore di quello che si ha a causa della fusione perché il calore latente di vaporizzazione può essere disperso anche nei moti più disordinati delle particelle che costituiscono il vapore.

Per confrontare l'entropia di diverse sostanze si fa riferimento all'entropia molare standard ($S°$) che è l'entropia di una mole di sostanza alla temperatura di 298 K (25 °C) e alla pressione di 1 bar; in questo modo il sistema è sempre formato da un uguale numero di particelle (▶ Tabella 1).

Nome	Formula	Stato fisico	MM (u)	$S°$ (J/(K·mol))
argo	Ar	aeriforme	39,95	154,72
azoto	N_2	aeriforme	28,02	191,49
benzene	C_6H_6	liquido	78,11	173,3
etano	C_2H_6	aeriforme	30,07	229,60
etanolo	C_2H_5OH	liquido	46,07	160,7
glucosio	$C_6H_{12}O_6$	solido	180,16	212
metano	CH_4	aeriforme	16,04	186,26
metanolo	CH_3OH	liquido	32,04	126,8
ossido di magnesio	MgO	solido	40,31	26,94
propano	C_3H_8	aeriforme	44,09	269,91
saccarosio	$C_{12}H_{22}O_{11}$	solido	342,30	360,2
urea	$CO(NH_2)_2$	solido	60,06	104,60

▶ **Tabella 1** Stato fisico, massa molecolare ed entropia molare standard di alcune sostanze.

Prova tu

Perché il metanolo, pur avendo massa molecolare più alta del metano, presenta un valore minore di $S°$?

....

....

....

I dati in tabella suggeriscono alcune considerazioni. Si può osservare, per esempio, che l'entropia dipende dalle dimensioni delle molecole. Infatti, se consideriamo due sostanze liquide, metanolo ed etanolo, si vede che l'entropia è maggiore per la sostanza con massa molecolare più alta. Questa relazione trova conferma anche considerando due sostanze gassose (per esempio, metano ed etano) e due sostanze solide (per esempio, glucosio e saccarosio).

Se si considerano tre sostanze aventi massa molecolare simile (propano, etanolo e ossido di magnesio) si osserva che l'entropia è massima per il propano, che è gassoso, e minima per l'ossido di magnesio, che è solido.

Infine, l'entropia dell'azoto è maggiore di quella dell'argo perché nelle molecole biatomiche di azoto l'energia può essere dispersa anche in moti vibrazionali.

Pagine di scienze in digitale
I motori dell'astronave Terra
Il Primo e il Secondo Principio della termodinamica dovrebbero essere una parte basilare della preparazione culturale di ciascuno di noi, come l'alfabeto, le tabelline, la Costituzione e la *Divina Commedia*

Le trasformazioni e l'entropia dell'universo

Abbiamo visto che l'entropia misura la dispersione dell'energia e inoltre abbiamo stabilito che in tutte le trasformazioni spontanee aumenta la dispersione dell'energia. Pertanto si può scrivere

$$\Delta S = S_{\text{finale}} - S_{\text{iniziale}} > 0$$

D'altra parte sappiamo che ogni giorno vengono realizzate moltissime trasformazioni non spontanee. Tuttavia, queste trasformazioni sono possibili solo fornendo energia al sistema, energia ottenuta a sua volta attraverso un processo spontaneo cioè una trasformazione che comporta un aumento dell'entropia. Per esempio, affinché l'acqua si possa trasformare spontaneamente in ghiaccio dobbiamo metterla nel freezer che funziona solo grazie all'energia elettrica (▶ Figura 4).

Possiamo quindi concludere che, in ogni caso, le trasformazioni che avvengono continuamente intorno a noi determinano un aumento complessivo dell'entropia.

Questa conclusione è così importante da costituire uno dei principi fondamentali della termodinamica. A causa delle continue trasformazioni l'entropia totale dell'universo è in continuo aumento: $\Delta S_{\text{universo}} > 0$.

Il principio di conservazione dell'energia e quello dell'aumento dell'entropia costituiscono nel loro insieme la grande legge della natura che regola e determina tutte le trasformazioni dell'universo.

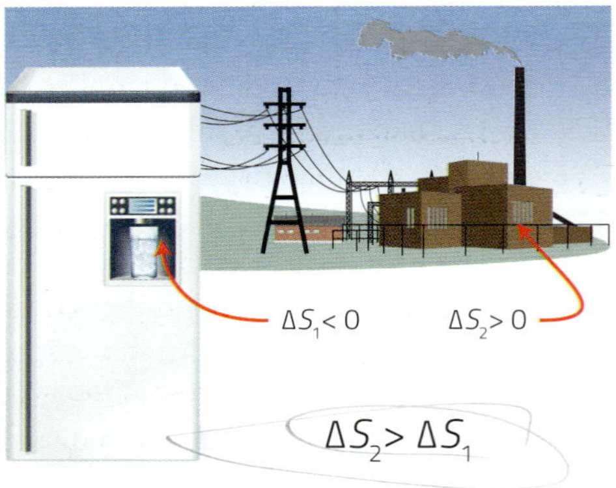

▶ **Figura 4** Se poniamo l'acqua nella cella freezer rendiamo spontanea una trasformazione in cui diminuisce l'entropia del sistema. Questa diminuzione di entropia è «compensata» dall'aumento di entropia nella centrale elettrica, dove, tramite processi irreversibili, si produce l'energia elettrica che fa funzionare il frigorifero.

Esercizi 1 Trasformazioni spontanee e dispersione dell'energia

1 Quale tra i cambiamenti di stato di aggregazione determina un aumento di entropia del sistema?

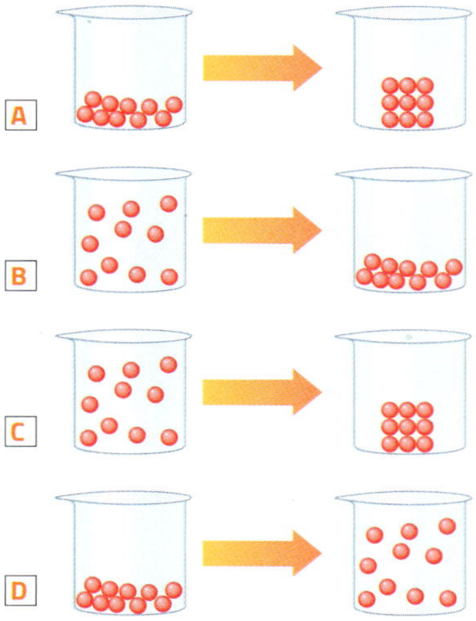

2 Considera il seguente grafico relativo alla variazione di entropia di una sostanza:

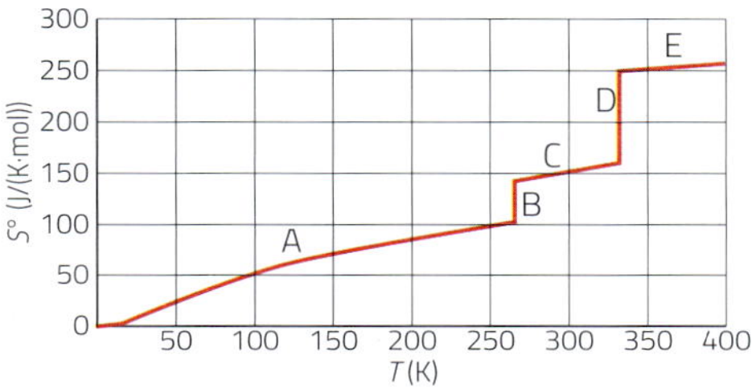

Abbina le lettere indicate nel grafico ai termini seguenti:

a) Entropia di fusione ....

b) Stato aeriforme ....

c) Stato liquido ....

d) Entropia di vaporizzazione ....

e) Stato solido ....

3 Qual è la caratteristica comune a tutti i fenomeni spontaneamente non invertibili?

A Una certa quantità di energia risulta più «concentrata»

B L'energia cinetica si trasforma in energia chimica

C L'energia potenziale si trasforma in energia cinetica

D Una certa quantità di energia si «disperde»

E Una certa quantità di energia si consuma e viene perduta

4 In relazione all'entropia, indica l'unica affermazione *sbagliata*.

A L'entropia è la grandezza che misura il grado di dispersione dell'energia di un sistema

B L'entropia è una grandezza estensiva e il suo simbolo è S

C A temperatura ambiente l'entropia di qualunque sistema è sempre maggiore di zero

D Se la temperatura di un sistema aumenta, aumenta anche l'entropia

E L'unità di misura dell'entropia è la stessa dell'energia

5 Considera le sostanze riportate in tabella:

Formula	Stato fisico a 25 °C	MM (u)
LiF	solido	26
H_2O	liquido	18
CH_3OH	liquido	32
CH_4	aeriforme	16

a) Quale sostanza ha entropia maggiore? ....

b) Quale sostanza ha entropia minore? ....

6 Il benzene è un idrocarburo con formula C_6H_6 che fonde a 5,5 °C e bolle a 80,5 °C alla pressione di 101 kPa. Uno studente ha tracciato il grafico per rappresentare la variazione di entropia della sostanza tra 0 °C e 120 °C. Quale errore ha commesso lo studente?

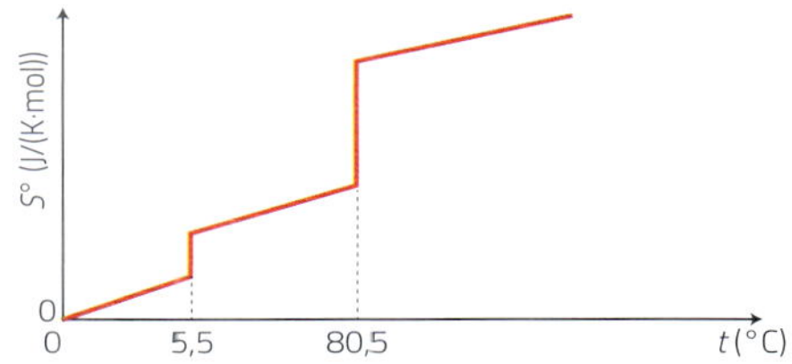

....

7 Indica le affermazioni vere e quelle false.

a) In tutte le trasformazioni della materia l'entropia si conserva V F

b) L'entropia è una grandezza che può essere positiva o negativa V F

c) L'entropia di una sostanza può aumentare o diminuire V F

d) L'entropia di un sistema può aumentare anche a temperatura costante V F

e) Nei passaggi di stato endotermici l'entropia diminuisce V F

8 Predict whether each process is spontaneous as described, spontaneous in the reverse direction, or in equilibrium.

a) Water at 40 °C gets hotter when a piece of metal heated to 150 °C is added.

....

....

....

b) Water at room temperature decomposes into $H_2(g)$ and $O_2(g)$.

....

....

....

....

c) Benzene vapour, $C_6H_6(g)$, at a pressure of 101 kPa condenses to liquid benzene at the normal boiling point of benzene, 80.5 °C.

....

....

....

....

2 Entropia e trasformazioni della materia

Per stabilire se una trasformazione può avvenire occorre valutare come questa cambia l'entropia del sistema e dell'ambiente

Spontaneità di una trasformazione

Vediamo ora quali considerazioni consentono di prevedere se una trasformazione della materia può avvenire oppure no, alla luce del principio dell'aumento dell'entropia dell'universo. Molte trasformazioni della materia, come sappiamo, danno luogo a uno scambio energetico tra sistema e ambiente e questo fatto determina, insieme alla variazione di entropia del sistema (che d'ora in poi indicheremo con ΔS_{sist}), anche una variazione di entropia dell'ambiente (ΔS_{amb}). Dato che il sistema è una porzione di universo e che l'ambiente è tutto il resto, possiamo scrivere:

$$\Delta S_{univ} = \Delta S_{sist} + \Delta S_{amb}$$

Una reazione può avvenire spontaneamente se determina un aumento dell'entropia dell'universo; occorre cioè che la somma $\Delta S_{sist} + \Delta S_{amb}$ sia maggiore di zero.

$$\Delta S_{sist} + \Delta S_{amb} > 0$$

Pertanto, ΔS_{sist} e ΔS_{amb} sono i due fattori da valutare per prevedere se una trasformazione può avvenire oppure no. Se entrambi i fattori sono maggiori di zero, cioè sono favorevoli, la trasformazione può avvenire.

Tuttavia, non si può escludere che possano avvenire anche trasformazioni in cui uno dei due fattori sia negativo e quindi non sia favorevole; in altri termini, può accadere per esempio che una trasformazione determini una diminuzione dell'entropia del sistema. In questo caso, la trasformazione può avvenire spontaneamente solo se prevale l'altro fattore, cioè occorre che l'aumento di entropia dell'ambiente sia maggiore della diminuzione di entropia del sistema: in questo modo la somma $\Delta S_{sist} + \Delta S_{amb}$ risulta comunque positiva e la trasformazione può avvenire.

L'entropia dell'universo non può diminuire, infatti non può mai verificarsi una trasformazione in cui sia ΔS_{sist} sia ΔS_{amb} sono sfavorevoli, cioè entrambi negativi.

Variazione di entropia dell'ambiente

L'effetto energetico della trasformazione (ΔH) consente di stabilire la variazione di entropia dell'ambiente cioè il segno di ΔS_{amb} (▶ Figura 1).

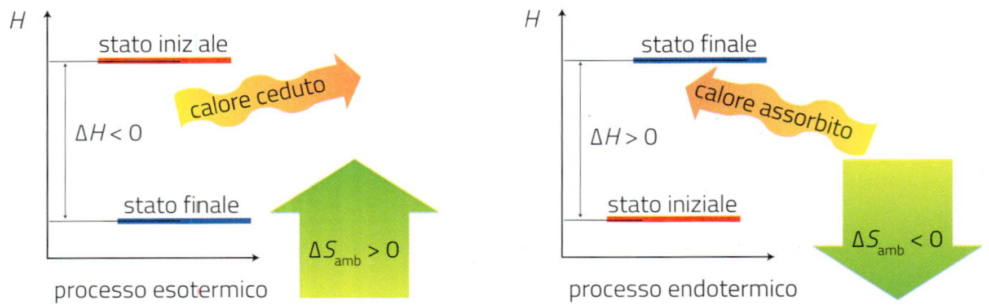

▶ Figura 1

Sia nelle reazioni esotermiche sia in quelle endotermiche il segno di ΔS_{amb} è sempre opposto a quello del ΔH del sistema. Pertanto la variazione di entropia dell'ambiente può essere facilmente stabilita.

- Nelle **reazioni esotermiche** ($\Delta H < 0$) il calore liberato viene ceduto all'ambiente e produce un aumento di entropia dell'ambiente: $\Delta S_{amb} > 0$.
- Nelle **reazioni endotermiche** ($\Delta H > 0$) è il sistema che acquista calore dall'ambiente che così diminuisce la sua entropia: $\Delta S_{amb} < 0$.

Variazione di entropia del sistema

È possibile individuare i tipi di trasformazioni in cui l'entropia del sistema aumenta sicuramente e quelli in cui, viceversa, diminuisce.

L'entropia del sistema aumenta ($\Delta S_{sist} > 0$) nelle seguenti trasformazioni.

- Nei passaggi di stato di aggregazione endotermici, cioè nella fusione, nell'evaporazione, nell'ebollizione e nella sublimazione (▸ Figura 2A, 2B e 2C).
- Nelle dissoluzioni endotermiche di solidi in liquidi.
- Nei mescolamenti di gas a pressione costante.
- Nelle miscelazioni di liquidi apolari e nelle dissoluzioni di solidi apolari in liquidi apolari (▸ Figura 2D).
- Nelle reazioni chimiche in cui il numero di molecole di sostanze allo stato gassoso tra i prodotti è maggiore di quello tra i reagenti, Se, per esempio, dalla decomposizione di un reagente allo stato condensato si forma almeno una sostanza allo stato gassoso, l'entropia del sistema aumenta sicuramente (▸ Figura 3).

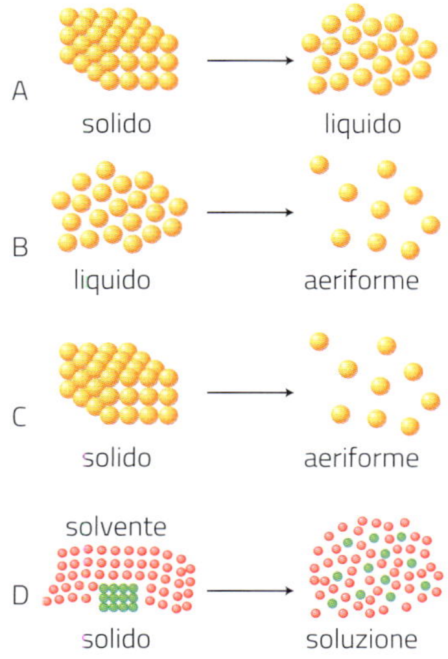

▸ **Figura 2** Nelle trasformazioni illustrate l'entropia del sistema aumenta.

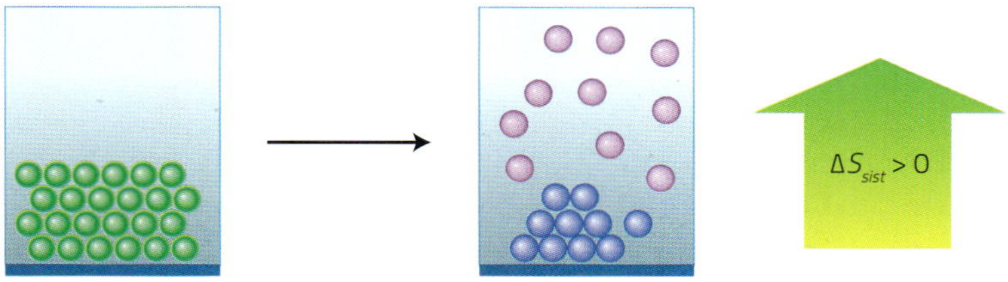

▸ **Figura 3**

L'entropia del sistema diminuisce ($\Delta S_{sist} < 0$) nelle seguenti trasformazioni.

- Nei passaggi di stato di aggregazione esotermici, cioè nella solidificazione, nella condensazione e nel brinamento.
- Nelle reazioni chimiche in cui il numero di molecole di sostanze allo stato gassoso tra i prodotti è minore di quello tra i reagenti.
- Nelle dissoluzioni di una sostanza gassosa in un liquido.

In questo tipo di trasformazioni, contrariamente a quanto accade in quelle rappresentate per esempio nella figura 2, il sistema evolve verso una situazione in cui il «disordine» particellare è minore.

Le trasformazioni in cui si ha un aumento del «disordine» particellare sono accompagnate da un aumento di entropia del sistema. Viceversa le trasformazioni in cui il sistema evolve verso una situazione in cui il «disordine» particellare è minore sono accompagnate da una diminuzione di entropia del sistema.

Infine, ci sono altre trasformazioni in cui la valutazione del segno di ΔS_{sist} non può essere stabilita a priori.

- Le dissoluzioni esotermiche di solidi in liquidi.
- Le reazioni chimiche in cui sia i reagenti sia i prodotti sono tutti allo stato solido o tutti allo stato liquido.
- Le reazioni in cui il numero di molecole di sostanze allo stato gassoso tra i prodotti è uguale a quello tra i reagenti.
- Le reazioni in cui reagenti e prodotti si trovano tutti in soluzione.

Prova tu

Considera la figura a fianco:

Quale errore è presente?

....

....

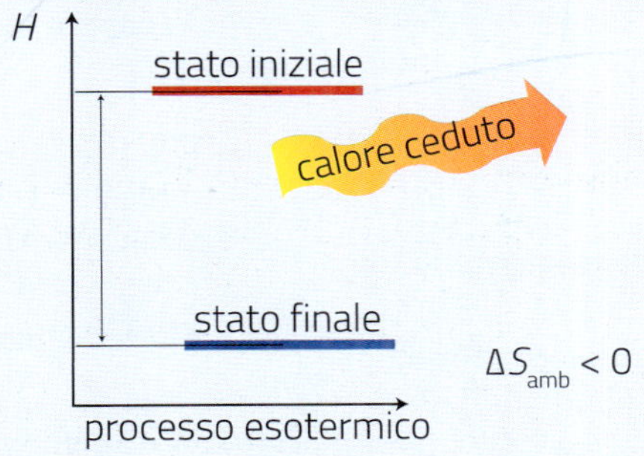

Esercizi 2 Entropia e trasformazioni della materia

1 La figura illustra una reazione di sintesi:

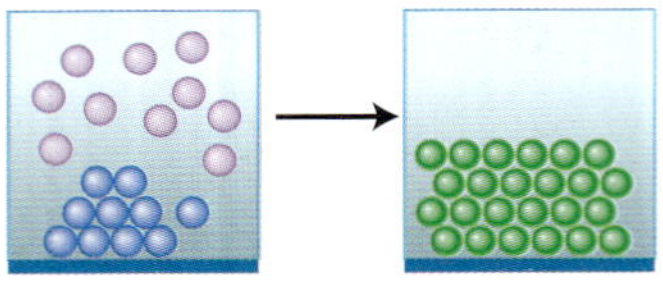

Come cambia l'entropia del sistema?

....

....

2 Completa la tabella indicando, per ogni trasformazione, se il S_{sist} e il S_{amb} aumentano o diminuiscono.

Trasformazione	S_{sist}	S_{amb}
fusione	....	....
brinamento	....	....
condensazione	....	....

3 Mescolando olio lubrificante con benzina (entrambi liquidi apolari) non si rileva un'apprezzabile variazione di temperatura. Qual è il segno di ΔS_{sist}? E quello di ΔS_{amb}?

....

4 Per una trasformazione che ha $\Delta H < 0$, quale delle seguenti affermazioni è vera?

A La reazione è sempre spontanea
B La reazione non può mai essere spontanea
C La reazione è spontanea solo se $\Delta S_{sist} + \Delta S_{amb} > 0$
D La reazione è sempre spontanea se $\Delta S_{sist} < 0$
E La reazione può essere spontanea solo se $\Delta S_{sist} > 0$

5 Perché non possono avvenire reazioni chimiche endotermiche in cui l'entropia del sistema diminuisce?

....

....

6 Quale affermazione è sicuramente *sbagliata*?

A Il segno di ΔS_{amb} dipende dal fatto che il calore sia liberato o assorbito dal sistema
B ΔS_{amb} è sempre maggiore di zero se la reazione libera una sostanza gassosa
C Il valore di ΔS_{amb} è positivo se il ΔH è negativo
D Nei processi endotermici si ha sempre $\Delta S_{amb} < 0$
E Il segno di ΔS_{amb} è sempre opposto al segno di ΔH

7 In relazione alla valutazione qualitativa di ΔS_{sist}, indica l'unica affermazione *sbagliata*.

A Nella fusione di tutte le sostanze $\Delta S_{sist} > 0$
B In tutte le reazioni esotermiche $\Delta S_{sist} > 0$
C Nelle reazioni chimiche in cui reagenti e prodotti si trovano tutti allo stato condensato $\Delta S_{sist} \approx 0$
D Nelle reazioni chimiche in cui diminuisce il numero di moli di sostanze allo stato gassoso $\Delta S_{sist} < 0$
E Nella dissoluzione di una sostanza gassosa in un liquido $\Delta S_{sist} < 0$

8 L'etanolo può essere sintetizzato industrialmente nel seguente modo:

$$C_2H_4(g) + H_2O(l) \rightarrow C_2H_5OH(l) + q$$

Completa la tabella indicando in ogni colonna se la variazione della grandezza è minore o maggiore di zero

ΔS_{sist}	ΔH	ΔS_{amb}
....	....	....

9 Quando una reazione esotermica avviene con un aumento del numero di molecole nello stato gassoso si può affermare che:

A $\Delta S_{sist} > 0$ e $\Delta H < 0$
B $\Delta S_{sist} < 0$ e $\Delta H > 0$
C $\Delta S_{amb} > 0$ e $\Delta S_{sist} < 0$
D $\Delta S_{sist} < 0$ e $\Delta H < 0$
E $\Delta H < 0$ e $\Delta S_{univ} < 0$

10 In *quali* reazioni di seguito descritte aumenta l'entropia del sistema?

A $2\ H_2O(l) + O_2(g) \rightarrow 2\ H_2O_2(l)$
B $HCl(g) + NH_3(g) \rightarrow NH_4Cl(s)$
C $6\ CO_2(g) + 6\ H_2O(g) \rightarrow C_6H_{12}O_6(s) + 6\ O_2(g)$
D $Mg(s) + 2\ H^+(aq) \rightarrow H_2(g) + Mg^{2+}(aq)$
E $4\ S(s) + CH_4(g) + q \rightarrow 2\ H_2S(g) + CS_2(l)$

11 Se si sciolgono 10 g di KI in 50 mL di acqua si osserva una sensibile diminuzione della temperatura. Quale coppia di variazioni si verifica a seguito del processo?

A $\Delta S_{sist} < 0$ e $\Delta S_{amb} > 0$
B $\Delta S_{sist} > 0$ e $\Delta S_{amb} > 0$
C $\Delta S_{amb} < 0$ e $\Delta S_{sist} < 0$
D $\Delta S_{amb} < 0$ e $\Delta S_{sist} > 0$
E $\Delta S_{amb} < 0$ e ΔS_{sist} non si può prevedere

12 Il $CaCl_2$ è un solido ionico che si scioglie nell'acqua liberando calore. In base a questa sola informazione è possibile stabilire con certezza il segno di ΔS_{sist} e quello di ΔS_{amb}?

....

....

13 Consider the chemical exothermic reaction between vinegar (acetic acid) and baking soda (sodium bicarbonate):

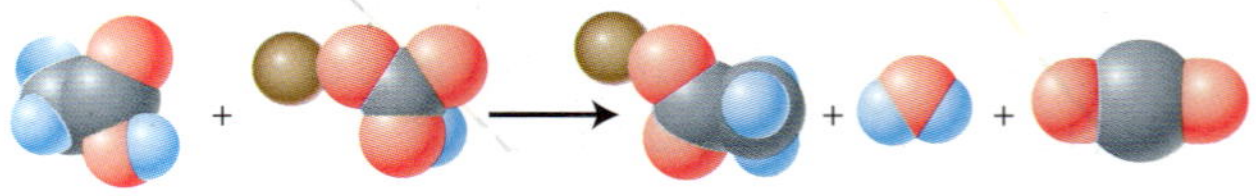

What are the signs of ΔH and ΔS_{sist}?

....

14 A few grams of NH_4NO_3 are placed in a beaker and water is added and then stirred: dissolution of ammonium nitrate happens spontaneously. While holding the beaker at its base, one can observe that heat is transferred from hand to beaker.

a) Does the temperature of the mixture increase or decrease?

....

b) With reference to the system, what's the sign of ΔH and ΔS_{sist}?

....

3 L'energia libera

L'energia libera è una grandezza termodinamica la cui variazione consente di prevedere se una determinata reazione chimica è possibile oppure no

Reazioni che possono avvenire sempre

Ora possiamo approfondire le considerazioni sulle reazioni chimiche per mostrare come è possibile stabilire se esse possono avvenire oppure no, semplicemente considerando l'equazione della reazione.

Sappiamo già che le reazioni che determinano un aumento di entropia sia nell'ambiente sia nel sistema hanno entrambi i fattori favorevoli e quindi non ci sono ostacoli a che possano avvenire (▶ Figura 1).

Le reazioni chimiche che hanno entrambi i fattori favorevoli, cioè le reazioni esotermiche in cui aumenta l'entropia del sistema, avvengono sempre.

Un esempio di reazione di questo tipo è il seguente:

$$CaC_2(s) + 2\ H_2O(l) \rightarrow Ca(OH)_2(s) + C_2H_2(g) + q$$

Questa reazione infatti è esotermica ($\Delta H < 0$, quindi $\Delta S_{amb} > 0$) e inoltre determina la formazione di una sostanza allo stato gassoso mentre i reagenti sono allo stato condensato: pertanto anche ΔS_{sist} è maggiore di zero.

Altre reazioni che possiamo includere in questa prima categoria sono le reazioni esotermiche che comportano una trascurabile variazione di entropia del sistema. Questa situazione si verifica, per esempio, nella combustione del metano in cui non cambia il numero di molecole di sostanze allo stato gassoso:

$$CH_4(g) + 2\ O_2(g) \rightarrow CO_2(g) + 2\ H_2O(g) + q$$

In situazioni come questa occorre valutare soltanto la variazione di entropia dell'ambiente: dato che la reazione è esotermica, questa variazione è positiva ($\Delta S_{amb} > 0$) e la reazione può avvenire.

▶ **Figura 1** Proprio perché gli incendi delle foreste sono il risultato di combustioni, cioè reazioni in cui entrambi i fattori sono favorevoli, occorre fare molta attenzione a non innescarli.

Prova tu 1

Considera la seguente equazione di reazione:

$$CO_2(g) + H_2(g) \rightarrow CO(g) + H_2O(g)$$

Dato che questa reazione avviene, stabilisci se essa è esotermica o endotermica e motiva la tua risposta.

....

....

....

....

Reazioni che non possono avvenire mai

A questa seconda categoria appartengono tutte quelle reazioni che determinerebbero una diminuzione di entropia sia nell'ambiente sia nel sistema (▶ Figura 2).

▶ **Figura 2** In una sequenza fotografica montata a rovescio possiamo anche vedere la formazione di rame e di acido nitrico partendo da diossido di azoto e da nitrato rameico, ma in realtà questa trasformazione è impossibile perché entrambi i fattori sono sfavorevoli.

Le reazioni chimiche che hanno entrambi i fattori sfavorevoli, cioè le reazioni endotermiche con diminuzione dell'entropia del sistema non possono avvenire mai.

Consideriamo come esempio l'ipotetica reazione di preparazione del perossido di idrogeno:

$$2\ H_2O(l) + O_2(g) + q \not\rightarrow 2\ H_2O_2(l)$$

Osservando l'equazione si vede immediatamente che ΔS_{sist} è negativo, dato che diminuiscono le molecole di sostanze gassose; inoltre, questo processo è endotermico per cui anche ΔS_{amb} è minore di zero. Dunque, dato che questa reazione è impossibile, per ottenere il perossido di idrogeno è necessario ricorrere a una reazione diversa.

Altre reazioni che vanno incluse in questa categoria sono quelle endotermiche che comportano una trascurabile variazione di entropia del sistema. In tal caso, infatti, è soltanto il fattore $\Delta S_{amb} < 0$ che determina l'impossibilità della trasformazione.

Un esempio di questo tipo è la reazione endotermica di seguito descritta:

$$NO(g) + CO_2(g) + q \rightarrow CO(g) + NO_2(g)$$

Si può osservare che il numero di molecole allo stato gassoso è lo stesso nei reagenti e nei prodotti, quindi il ΔS_{sist} non è rilevante.

Reazioni che possono avvenire solo in determinate condizioni

A questa categoria appartengono le reazioni in cui la variazione di entropia dell'ambiente e quella del sistema hanno segno opposto. Un esempio di reazione in cui i fattori sono contrastanti è la seguente:

$$C(s) + H_2O(g) + q \rightarrow CO(g) + H_2(g)$$

In questo processo $\Delta S_{sist} > 0$ perché la trasformazione avviene con aumento di molecole di sostanze gassose mentre si ha $\Delta S_{amb} < 0$ perché la reazione è endotermica.

Sulla base della relazione $\Delta S_{sist} + \Delta S_{amb} > 0$, si capisce che quando i termini della disequazione hanno segno opposto la loro somma può essere maggiore o minore di zero, quindi non è possibile decidere immediatamente se la reazione può avvenire o meno (▶ Figura 3).

In queste situazioni il ruolo giocato dalla temperatura è decisivo; per comprenderne il significato consideriamo come esempio l'equilibrio che si stabilisce tra acqua e ghiaccio alla temperatura di 0 °C:

$$H_2O(s) + q \rightleftarrows H_2O(l)$$

Come abbiamo studiato nel capitolo 11, la temperatura gioca un ruolo fondamentale nel determinare lo stato di equilibrio e ora siamo in grado di comprendere meglio la sua influenza alla luce del concetto di entropia.

I due fattori sono contrastanti: la trasformazione diretta ha $\Delta S_{sist} > 0$ ma ha $\Delta S_{amb} < 0$, essendo la fusione un processo endotermico. Alla temperatura di 0 °C, alla quale sono presenti acqua e ghiaccio contemporaneamente, ΔS_{sist} e ΔS_{amb} hanno lo stesso «peso»: la trasformazione diretta e quella inversa avvengono in uguale misura e pertanto il sistema è in equilibrio, cioè è costituito da acqua e ghiaccio insieme (▶ Figura 4). Sappiamo tutti che cambiando la temperatura il sistema acqua/ghiaccio non è più in equilibrio. Per esempio, se si innalza la temperatura il ghiaccio fonde e quindi è logico concludere che un aumento di temperatura incrementa l'influenza del fattore favorevole ΔS_{sist} e che l'equilibrio si sposta a destra.

Un aumento di temperatura favorisce sempre le trasformazioni che determinano un aumento di entropia del sistema ($\Delta S_{sist} > 0$).

Viceversa, una diminuzione di temperatura favorisce sempre le trasformazioni che determinano una diminuzione di entropia del sistema ($\Delta S_{sist} < 0$).

$C(s) + H_2O(g) + q \rightarrow CO(g) + H_2(g)$

$\Delta S_{sist} > 0$ $\Delta S_{amb} < 0$

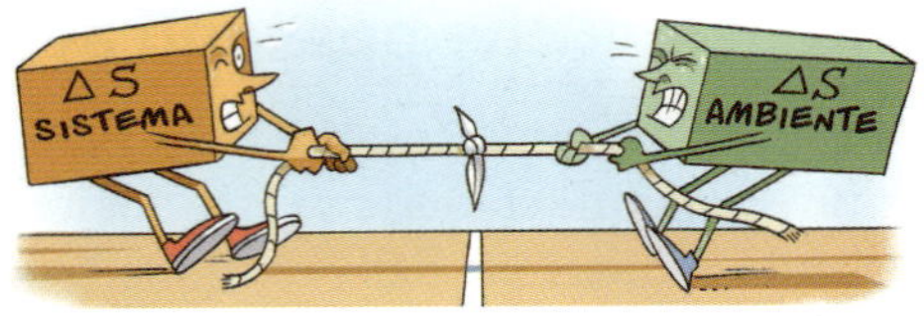

▶ **Figura 3** Anche in questo tiro alla fune vince il fattore che ha «più forza».

$H_2O(s) + q \rightleftarrows H_2O(l)$

▶ **Figura 4** Se il sistema fosse isolato la temperatura non cambierebbe e l'equilibrio tra il ghiaccio e l'acqua resterebbe immutato nel tempo. In realtà il suo destino sarà diverso a seconda che lasciamo il bicchiere sul tavolo o lo trasferiamo in un freezer.

L'energia libera e le trasformazioni della materia

I chimici dispongono di una grandezza che combina insieme i fattori ΔS_{sist} e ΔS_{amb} e quindi consente di determinare concretamente se una trasformazione può avvenire oppure no in determinate condizioni di temperatura.

Si tratta di una grandezza di stato chiamata **energia libera** e indicata con il simbolo ***G*** in onore del fisico statunitense J.W. Gibbs; essa è collegata soltanto a grandezze del sistema, cioè temperatura, entropia ed entalpia, e viene così definita:

$$G = H - T \cdot S$$

Per una reazione in cui la temperatura e la pressione dei reagenti sono uguali a quelle dei prodotti, la relazione di Gibbs diventa:

$$\Delta G = \Delta H - T \cdot \Delta S$$

Prova tu 2

Considera le informazioni contenute nella seguente equazione di reazione:

$2\,NO(g) + O_2(g) \rightarrow 2\,NO_2(g) \quad \Delta H < 0$

Stabilisci il segno dei due fattori termodinamici e indica se la reazione può avvenire spontaneamente.

....

....

....

....

....

Gibbs stabilì che l'energia libera determina la direzione verso cui evolvono i fenomeni spontanei perché in essi l'energia libera, cioè quella convertibile in altre forme di energia, diminuisce sempre.

Una trasformazione può avvenire solamente se essa determina una diminuzione dell'energia libera del sistema: $\Delta G < 0$.

Consideriamo infatti una trasformazione che avviene sicuramente, cioè che ha $\Delta S > 0$ e $\Delta H < 0$: dato che T è un valore di temperatura assoluta e quindi sempre positivo, il segno negativo davanti al prodotto $T \cdot \Delta S$ fa sì che il valore di ΔG sia il risultato della somma di due valori negativi, perciò $\Delta G < 0$.

Viceversa, se entrambi i fattori sono sfavorevoli il ΔG è sicuramente positivo e pertanto siamo certi che la trasformazione non può avvenire, mentre avviene spontaneamente la trasformazione inversa.

Quando i due fattori ΔS e ΔH sono contrastanti, diventa determinante, come abbiamo già visto, il valore della temperatura. Essa infatti influenza direttamente il valore del prodotto $T \cdot \Delta S$ e quindi può decidere il segno di ΔG. Pertanto una variazione di temperatura può rendere possibile una reazione che prima non lo era e viceversa.

Infine ci può essere un valore di temperatura per cui i due termini della relazione di Gibbs sono uguali ($\Delta H = T \cdot \Delta S$): questa situazione ($\Delta G = 0$) si verifica quando il sistema ha raggiunto uno stato di equilibrio.

Esempio

Vogliamo stabilire a priori se una determinata reazione può avvenire. Consideriamo per esempio la reazione di sintesi dell'ammoniaca:

$$N_2(g) + 3\,H_2(g) \rightarrow 2\,NH_3(g) + q$$

Il valore di ΔH, come sappiamo, può essere calcolato utilizzando i valori di entalpia molare standard e il valore di ΔS ($\Delta S_{sist} = S_{prodotti} - S_{reagenti}$) può essere calcolato dai valori di entropia molare standard (▶ Tabella 1 a pagina seguente).

$$\Delta H° = \Delta H°_{prodotti} - \Delta H°_{reagenti} = \Delta H°_{NH_3} \cdot 2\text{ mol} - (\Delta H°_{N_2} + \Delta H°_{H_2} \cdot 3\text{ mol}) =$$

$$= -46{,}11\,\frac{\text{kJ}}{\cancel{\text{mol}}} \cdot 2\,\cancel{\text{mol}} - \left(0\,\frac{\text{kJ}}{\cancel{\text{mol}}} \cdot 1\,\cancel{\text{mol}} + 0\,\frac{\text{kJ}}{\cancel{\text{mol}}} \cdot 3\,\cancel{\text{mol}}\right) = -92{,}22\text{ kJ}$$

$$\Delta S° = S°_{prodotti} - S°_{reagenti} = S°_{NH_3} \cdot 2\text{ mol} - (S°_{N_2} + S°_{H_2} \cdot 3\text{ mol}) =$$

$$= 192{,}45\,\frac{\text{J}}{\cancel{\text{mol}} \cdot \text{K}} \cdot 2\,\cancel{\text{mol}} - \left(191{,}5\,\frac{\text{J}}{\cancel{\text{mol}} \cdot \text{K}} \cdot 1\,\cancel{\text{mol}} + 130{,}684\,\frac{\text{J}}{\cancel{\text{mol}} \cdot \text{K}} \cdot 3\,\cancel{\text{mol}}\right) =$$

$$= -198{,}7\text{ J/K}$$

Come era prevedibile $\Delta S°$ è negativo perché si ha una diminuzione delle molecole di sostanze gassose.

Possiamo ora trasferire i dati ottenuti nell'equazione di Gibbs tenendo presente che i valori di $\Delta H°$ sono espressi in kJ, mentre quelli di $\Delta S°$ sono espressi in J/K. Inoltre occorre ricordare che la temperatura deve essere espressa in kelvin.

$$\Delta G° = \Delta H° - T \cdot \Delta S° = -92{,}22\text{ kJ} - 298\text{ K} \cdot (-0{,}1987\text{ kJ/K}) = -33{,}0\text{ kJ}$$

Il valore ottenuto di $\Delta G°$ è negativo, quindi si può affermare che la reazione è possibile in condizioni standard.

Per effettuare calcoli accurati di ΔG in condizioni diverse da quelle standard è necessario ricorrere a opportune relazioni matematiche che consentono di ricavare i nuovi valori di ΔH e di ΔS. Possiamo però osservare che, nei casi in cui tra la temperatura standard e quella di reazione non si verificano cambiamenti di stato delle specie chimiche interessate, si può applicare la relazione di Gibbs senza fare grossi errori di previsione; naturalmente il valore di temperatura presente nella relazione va espresso in kelvin e deve essere quello a cui avviene la reazione.

I PROTAGONISTI DELLA SCIENZA

JOSIAH WILLARD GIBBS (1839-1903)
Gibbs, fisico, matematico e chimico-fisico, è considerato uno dei più importanti scienziati statunitensi. Dopo un soggiorno in Europa, incominciò ad approfondire lo studio delle trasformazioni chimico-fisiche dal punto di vista termodinamico. Gibbs non amava frequentare gli ambienti accademici né i congressi scientifici, e così le sue idee e le sue opere si imposero solo quando altri autori pervennero agli stessi risultati. In particolare, lo scienziato tedesco Hermann von Helmholtz trovò una relazione molto simile a quella di Gibbs e fu il primo a usare il termine energia libera.

Prova tu 3

Calcola il valore dell'energia libera standard per la reazione di decomposizione del solfuro rameoso e stabilisci se la reazione può avvenire a 25 °C:

$$Cu_2S(s) \rightarrow 2\,Cu(s) + S(s)$$

$\Delta H_f°$ (kJ/mol)	−79,5	0	0
$S°$ (J/K · mol)	120,9	33,15	32,6

....

....

▸ **Tabella 1** Valori di entalpia standard ed entropia molare standard di alcune sostanze (25 °C e 1 bar). Le entalpie di formazione dell'ossigeno atomico e del carbonio-diamante non sono zero perché la forma stabile di questi elementi è, rispettivamente, l'ossigeno molecolare e il carbonio nella sua forma di grafite.

Sostanza		ΔH_f° (kJ/mol)	S° (J/(K · mol))
$Al_2O_3(s)$	ossido di alluminio	−1675,7	50,92
$C(s)$	carbonio grafite	0	5,740
$C(s)$	carbonio diamante	+1,90	2,377
$CH_4(g)$	metano	−74,81	186,26
$C_2H_2(g)$	etino (acetilene)	+226,73	200,94
$C_2H_4(g)$	etene (etilene)	+52,26	219,56
$C_2H_6(g)$	etano	−84,68	229,60
$C_3H_6(g)$	propene	+20,0	266,9
$C_3H_8(g)$	propano	−103,85	269,91
$C_4H_8(g)$	1-butene	−0,1	305,6
$C_4H_8(g)$	*cis*-2-butene	−7,0	300,8
$C_4H_8(g)$	*trans*-2-butene	−11,9	296,4
$C_4H_{10}(g)$	butano	−126,15	310,23
$C_6H_6(l)$	benzene	+49,0	173,3
$C_8H_{18}(l)$	ottano	−249,9	361,1
$CH_3OH(l)$	metanolo	−238,66	126,8
$C_2H_5OH(l)$	etanolo	−277,69	160,7
$C_6H_{12}O_6(s)$	glucosio	−1268	212
$C_6H_{12}O_6(s)$	fruttosio	−1266	—
$C_{12}H_{22}O_{11}(s)$	saccarosio	−2222	360,2
$CO(g)$	ossido di carbonio	−110,53	197,67
$CO_2(g)$	diossido di carbonio	−393,51	213,74
$CO(NH_2)_2(s)$	urea	−333,51	104,60
$CaCO_3(s)$	carbonato di calcio	−1207	92,9
$CaO(s)$	ossido di calcio	−635,09	39,75
$Ca_3(PO_4)_2(s)$	fosfato di calcio	−4137,5	241
$CaSiO_3(s)$	silicato di calcio	−1584,1	81,92
$CuSO_4(s)$	solfato rameico	−771,36	109
$Fe(s)$	ferro	0	27,28
$Fe_2O_3(s)$	triossido di diferro	−824,2	87,40
$H_2(g)$	idrogeno	0	130,684
$HF(g)$	acido fluoridrico	+271,1	173,78
$HBr(g)$	acido bromidrico	−36,40	198,70
$HCl(g)$	acido cloridrico	−92,31	186,91
$HCl(aq)$	acido cloridrico	−167,16	56,5

Sostanza		ΔH_f° (kJ/mol)	S° (J/(K · mol))
$HI(g)$	acido iodidrico	+26,48	206,59
$HNO_3(l)$	acido nitrico	−174,10	155,60
$H_2O(g)$	acqua	−241,82	188,83
$H_2O(l)$	acqua	−285,83	69,91
$H_2O_2(l)$	perossido di idrogeno	−187,78	109,6
$H_2S(g)$	acido solfidrico	−20,63	205,79
$H_2SO_4(l)$	acido solforico	−813,99	156,90
$H_2SO_4(aq)$	acido solforico	−909,27	20
$KCl(s)$	cloruro di potassio	−436,75	82,59
$KOH(s)$	idrossido di potassio	−424,76	78,9
$MgO(s)$	ossido di magnesio	−601,70	26,94
$N_2(g)$	azoto	0	191,5
$NH_3(g)$	ammoniaca	−46,11	192,45
$NH_3(aq)$	ammoniaca	−80,29	111
$NH_4Cl(s)$	cloruro di ammonio	−314,43	94,6
$NH_4Cl(aq)$	cloruro di ammonio	−300,24	—
$NH_4NO_3(s)$	nitrato di ammonio	−365,56	151,08
$NO(g)$	ossido di azoto	+90,25	210,76
$NO_2(g)$	diossido di azoto	+33,18	240,06
$N_2O_4(g)$	ipoazotide	+9,16	304,29
$Na(s)$	sodio	0	51,21
$Na_2CO_3(s)$	carbonato di sodio	−1130,9	136
$NaCl(s)$	cloruro di sodio	−411,15	72,13
$NaCl(aq)$	cloruro di sodio	−407,11	—
$NaOH(s)$	idrossido di sodio	−425,61	64,46
$NaOH(aq)$	idrossido di sodio	−469,60	50
$O(g)$	ossigeno atomico	+249,17	161,06
$O_2(g)$	ossigeno	0	205,138
$O_3(g)$	ozono	+142,70	238,93
$P(s)$	fosforo	0	41,09
$P_4(g)$	fosforo	+54,89	279,98
$SO_2(g)$	diossido di zolfo	−296,83	248,22
$SO_3(g)$	triossido di zolfo	−395,72	256,76
$SiO_2(s)$	diossido di silicio	−910,94	41,84
$ZnO(s)$	ossido di zinco	−318	44

1 Completa la seguente tabella in base al primo esempio.

ΔH	ΔS	La reazione può avvenire?
$\Delta H < 0$	$\Delta S < 0$	dipende dalla temperatura
$\Delta H < 0$	$\Delta S > 0$	
$\Delta H > 0$	$\Delta S > 0$	
$\Delta H > 0$	$\Delta S < 0$	

2 Una reazione presenta questi dati termodinamici:

$$\Delta H = -71 \text{ kJ/mol e } \Delta S = -220 \text{ J/(mol} \cdot \text{K)}$$

Stabilisci se la reazione può avvenire alla temperatura di 77 °C.

....

3 Completa la seguente tabella in base al primo esempio.

ΔH	ΔS	ΔG	La reazione può avvenire?
–	–	– a basse temperature + ad alte temperature	dipende dalla temperatura
–	+		sempre spontanea
		+ sempre	
+	+		dipende dalla temperatura

4 Considera la seguente equazione di reazione:

$$CaCO_3(s) + q \rightarrow CaO(s) + CO_2(g)$$

Indica l'unica affermazione *sbagliata*.

A La reazione è favorita da un innalzamento della temperatura
B Essa determina una diminuzione dell'entropia dell'ambiente
C Il fattore favorevole alla trasformazione è quello energetico
D La reazione avviene con un aumento dell'entropia del sistema
E Si ha $\Delta G < 0$ solo a determinate temperature.

5 Considera la seguente generica equazione:

$$AD(g) + 2\,BC(g) \rightarrow AC_2(g) + B_2D(g) + q$$

La reazione rappresentata avviene sicuramente?

A No, perché diminuisce il numero di molecole di gas
B Sì, perché la reazione che avviene è esotermica
C No, perché entrambi i fattori sono sfavorevoli
D Sì, perché aumenta l'entropia dell'ambiente
E No, perché non si può stabilire quale fattore prevale

6 Considera l'equazione della reazione di combustione del benzene:

	$2\,C_6H_6(l)$ +	$15\,O_2(g)$ →	$12\,CO_2(g)$ +	$6\,H_2O(l)$
ΔH_f° (kJ/mol)	49,0	0	–393,51	–285,83
S° (J/K · mol)	173,3	205,138	213,74	69,91

Calcola i valori di ΔH°, ΔS° e ΔG° della reazione.

....

7 Calcola il valore di ΔG° per ciascuna delle seguenti reazioni:

a) $4\,NH_3(g) + 5\,O_2(g) \rightarrow 4\,NO(g) + 6\,H_2O(g)$

....

b) $2\,H_2(g) + O_2(g) \rightarrow 2\,H_2O(g)$

....

c) $2\,H_2O_2(l) \rightarrow 2\,H_2O(l) + O_2(g)$

....

8 Una sola equazione rappresenta un processo in cui la variazione di entropia è trascurabile. Senza fare i calcoli, individua qual è.

A $CS_2(l) + 4\,O_2(g) \rightarrow CO_2(g) + 2\,SO_3(g)$
B $4\,HCl(g) + 5\,O_2(g) \rightarrow 4\,ClO_2(g) + 2\,H_2O(l)$
C $C(s) + O_2(g) \rightarrow CO_2(g)$
D $C_{17}H_{31}COOH(l) + 2\,H_2(g) \rightarrow C_{17}H_{35}COOH(l)$
E $KHCO_3(s) + HCl(aq) \rightarrow KCl(aq) + H_2O(l) + CO_2(g)$

9 La reazione di sintesi catalitica del triossido di zolfo può essere descritta dalla seguente equazione:

$$2\,SO_2(g) + O_2(g) \rightarrow 2\,SO_3(g)$$

In quale riga della tabella è rappresentato correttamente il segno delle grandezze presenti nell'equazione di Gibbs?

	ΔH	T	ΔS	ΔG
A	+	+	–	+
B	–	+	–	–
C	+	+	–	–
D	–	+	+	–
E	–	–	–	–

10 Riscaldando il cloruro di ammonio si ha una reazione di decomposizione:

$$NH_4Cl(s) \rightarrow NH_3(g) + HCl(g)$$

Utilizzando l'equazione di Gibbs calcola la temperatura al di sopra della quale NH_4Cl si decompone spontaneamente.

....

....

11 A reaction has a positive value of ΔS_{sist} and a negative value of ΔH. Under what circumstances is this reaction spontaneous?

A Under no circumstances
B At low temperature
C At high temperature
D At all temperatures
E None of the above

12 The temperature at which the free energy change of a reaction is zero:

A cannot be predicted
B is equal to $-\Delta S / \Delta H$
C is equal to $\Delta H / \Delta S$
D is equal to $\Delta G / \Delta H$
E is equal to $-\Delta S / \Delta G$

Mappa di sintesi

LOSAI?

Dispersione dell'energia ed entropia

Un fenomeno **spontaneamente non invertibile** si ha quando il fenomeno inverso non può avvenire spontaneamente.

Tutti i fenomeni spontaneamente non invertibili determinano un aumento della **dispersione dell'energia**.

L'**entropia** (***S***) è una grandezza estensiva che esprime il grado di dispersione dell'energia. La sua unità di misura è il **joule al kelvin** (J/K). L'entropia molare standard (a 298 K e 1 bar) si indica con $S°$ e la sua unità di misura è J/(K · mol).

L'entropia di una sostanza pura cristallina vale zero allo zero assoluto e aumenta all'aumentare della temperatura.

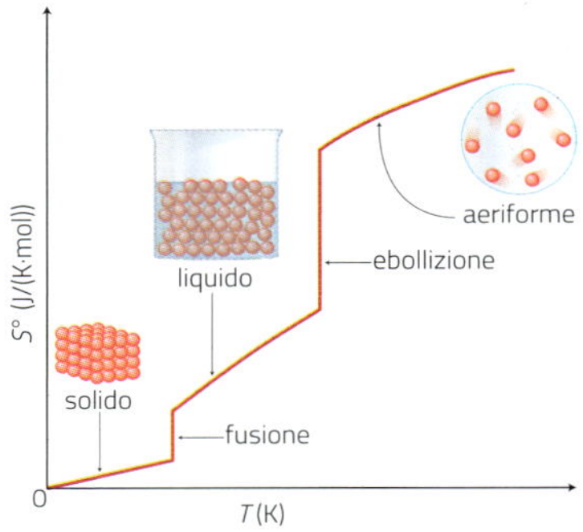

Trasformazioni della materia ed energia libera

L'**entropia totale dell'universo** è in continuo aumento:

$$\Delta S_{universo} > 0$$

$$\Delta S_{univ} = \Delta S_{sist} + \Delta S_{amb} > 0$$

Una reazione può avvenire spontaneamente se determina un aumento dell'entropia dell'universo, occorre cioè che la somma $\Delta S_{sist} + \Delta S_{amb}$ sia maggiore di zero.

Variazione di entropia del sistema
Nelle trasformazioni con aumento del «disordine particellare» si ha un aumento di entropia del sistema ($\Delta S_{sist} > 0$).
In quelle con diminuzione del «disordine particellare» si ha una diminuzione di entropia del sistema ($\Delta S_{sist} < 0$).

Variazione di entropia dell'ambiente
Nelle reazioni esotermiche ($\Delta H < 0$) si ha un aumento di entropia dell'ambiente: $\Delta S_{amb} > 0$.
Nelle reazioni endotermiche ($\Delta H > 0$) si ha una diminuzione di entropia dell'ambiente: $\Delta S_{amb} < 0$.

Fattori entrambi favorevoli

Trasformazione possibile sempre

Fattori entrambi sfavorevoli

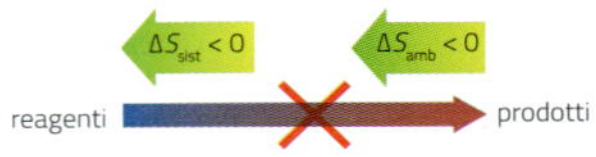

Trasformazione impossibile sempre

Fattori discordanti

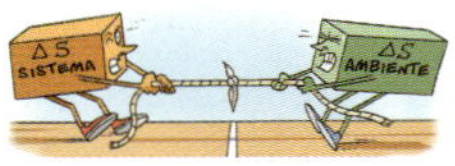

Trasformazione possibile solo in certe condizioni

L'**energia libera**, indicata con il simbolo ***G***, è collegata soltanto a grandezze del sistema, cioè temperatura, entropia ed entalpia, ed è così definita:

$$G = H - T \cdot S$$

Per una reazione in cui la temperatura e la pressione dei reagenti sono uguali a quelle dei prodotti, la **variazione di energia libera** alle diverse temperature si calcola con la seguente relazione:

$$\Delta G = \Delta H - T \cdot \Delta S$$

Una trasformazione può avvenire solamente se essa determina una diminuzione dell'energia libera del sistema: $\Delta G < 0$.

SEI PRONTO PER LA VERIFICA?

In 1 ora
Totale 100 punti

1 Due ipotetiche sostanze, A e B, reagiscono secondo la seguente equazione: $A(g) + 2\,B(g) \rightarrow AB_2(g)$. **[7 punti]**

a) Il ΔS di questa reazione è positivo, negativo o zero?

....

b) Il ΔH di questa reazione è positivo, negativo o zero?

....

c) Prima di raggiungere l'equilibrio il ΔG di questa reazione è positivo, negativo o zero? ....

d) Nello stato di equilibrio il ΔG di questa reazione è positivo, negativo o zero? ....

2 Considera un sistema isolato in cui avviene una trasformazione chimica; quale affermazione puoi fare con certezza? **[7 punti]**

A L'energia interna del sistema diminuisce, l'entropia del sistema aumenta
B L'energia libera e l'entropia del sistema diminuiscono
C L'energia interna e l'entropia del sistema non cambiano
D L'energia interna del sistema resta costante, l'entropia del sistema aumenta
E L'energia interna del sistema resta costante, l'energia libera del sistema aumenta

3 In relazione alla fusione di un cubetto di ghiaccio *quali* affermazioni relative al sistema sono vere? **[7 punti]**

A La temperatura aumenta
B L'entropia aumenta
C L'energia chimica aumenta
D L'energia interna diminuisce
E L'energia libera diminuisce

4 Se una reazione endotermica avviene spontaneamente puoi prevedere come cambia l'entropia del sistema? **[7 punti]**

....

5 A temperatura ambiente l'acido acetico (MM = 60 u) è liquido, l'anidride solforosa (MM = 64 u) è gassosa e l'ossido di sodio (MM = 62 u) è solido. Ordina le sostanze in base alla loro entropia molare standard crescente. **[7 punti]**

....

6 La preparazione industriale del metanolo avviene con una reazione di sintesi:

$$CO(g) + 2\,H_2(g) \rightarrow CH_3OH(g) + q$$

Indica per ciascuna grandezza termodinamica se è maggiore o minore di zero: **[7 punti]**

a) ΔH .... b) ΔS .... c) ΔG ....

7 Considera la seguente equazione di reazione:

$$2\,H_2O(l) + q \rightarrow 2\,H_2(g) + O_2(g)$$

Quale affermazione è *sbagliata*? **[7 punti]**

A La scomposizione dell'acqua è una reazione endotermica
B La variazione di entropia del sistema è positiva
C A elevata temperatura la reazione diventa esotermica
D A temperatura ambiente si ha sicuramente $\Delta G > 0$
E La scomposizione dell'acqua avviene quando $\Delta G < 0$

8 Per una reazione endotermica che avviene con aumento di entropia si può affermare che: **[7 punti]**

A il valore di ΔG aumenta se aumenta la temperatura
B il valore di ΔG diminuisce se aumenta la temperatura
C il valore di ΔG non dipende in modo sensibile dalla temperatura
D il valore di ΔG diminuisce se diminuisce la temperatura
E il valore di ΔG raggiunge il massimo all'equilibrio

9 Considera la reazione descritta dalla seguente equazione:

$$MgCl_2(aq) + Na_2CO_3(aq) \rightarrow MgCO_3(s) + 2\,NaCl(aq)$$

Utilizzando soluzioni dei reagenti con concentrazione 1,0 mol/L si misura una diminuzione di temperatura di 3,5 °C. Stabilisci qual è il segno di ΔH e di ΔS. **[7 punti]**

....

10 Considera la reazione descritta dalla seguente equazione:

	$CaO(s)$ +	$SiO_2(s)$ →	$CaSiO_3(s)$
ΔH_f° (kJ/mol)	−635,09	−910,94	−1584,1
S° (J/(K · mol))	39,75	41,84	81,92

Calcola il ΔG° della reazione in condizioni standard. **[8 punti]**

....

11 Considera la seguente equazione che descrive una reazione che avviene in un altoforno:

$$Fe_2O_3(s) + 3\,CO(g) \rightarrow 3\,CO_2(g) + 2\,Fe(s)$$

Calcola la variazione di energia libera del processo a 1000 K utilizzando i valori di ΔH° e di S°, sapendo che a questa temperatura tutte le specie chimiche indicate nell'equazione non cambiano lo stato di aggregazione. **[8 punti]**

....

12 Durante la dissoluzione in acqua del cloruro di ammonio si misura un abbassamento della temperatura del sistema. Indica per ogni affermazione se è vera o falsa. **[7 punti]**

a) Il ΔH della trasformazione è < 0 V F
b) Il ΔG della trasformazione è < 0 V F
c) Il ΔS della trasformazione è > 0 V F

13 Considera l'equazione della seguente reazione:

$$NH_4NO_3(s) \rightarrow N_2O(g) + 2\,H_2O(l) + q$$

Senza effettuare calcoli, puoi affermare che il ΔG della reazione è sicuramente minore di zero? Argomenta la risposta. **[7 punti]**

....

14 For the reaction

$$C_2H_6(g) \rightarrow C_2H_4(g) + H_2(g)$$

ΔH is +137 kJ and ΔS is +120 J/K. This reaction is: **[7 punti]**

A non spontaneous at all temperatures
B unlikely
C spontaneous only at high temperature
D spontaneous at all temperatures
E spontaneous only at low temperature

Thermodynamics?

1. Match each word with its definition

1. Heat ....
2. Reaction heat ....
3. Entropy ....
4. Enthalpy ....
5. Gibbs free energy ....

a. A measure of the total energy of a thermodynamic system.
b. Thermal energy flowing between two bodies.
c. A thermodynamic quantity that describes the tendency of a reaction to occur.
d. Thermodynamic quantity that measures the energy dispersal in a system.
e. The amount of heat released or absorbed in a chemical reaction.

2. Read the text and fill in the gaps with the words given

entropy – universe – energy – thermal – heat

Thermodynamics is the study of heat and energy. At its heart are laws that describe how energy moves around within a system, whether an atom, a hurricane or a black hole. The first law describes how .... cannot be created or destroyed, merely transformed from one kind to another. The second law, however, is probably better known and even more profound because it describes the limits of what the universe can do. This law is about inefficiency, degeneration and decay. It tells us all we do is inherently wasteful and that there are irreversible processes in the .... It gives us an arrow for time and tells us that our universe has a inescapably bleak, desolate fate. [...]

The second law can be expressed in several ways, the simplest being that .... will naturally flow from a hotter to a colder body. At its heart is a property of thermodynamic systems called .... – in the equations above it is represented by "S" – in loose terms, a measure of the amount of disorder within a system. This can be represented in many ways, for example in the arrangement of the molecules – water molecules in an ice cube are more ordered than the same molecules after they have been heated into a gas. Whereas the water molecules were in a well-defined lattice in the ice cube, they float unpredictably in the gas. The entropy of the ice cube is, therefore, lower than that of the gas. Similarly, the entropy of a plate is higher when it is in pieces on the floor compared with when it is in one piece in the sink. [...]

The second equation is a way to express the second law of thermodynamics in terms of entropy. The formula says that the entropy of an isolated natural system will always tend to stay the same or increase – in other words, the energy in the universe is gradually moving towards disorder. Our original statement of the second law emerges from this equation: heat cannot spontaneously flow from a cold object (low entropy) to a hot object (high entropy) in a closed system because it would violate the equation. (Refrigerators

seemingly break this rule since they can freeze things to much lower temperatures than the air around them. But they don't violate the second law because they are not isolated systems, requiring a continual input of electrical energy to pump heat out of their interior. The fridge heats up the room around it and, if unplugged, would naturally return to .... equilibrium with the room.)

[Tratto da: *www.theguardian.com/science/2013/dec/01/what-is-the-second-law-of-thermodynamics*]

3. Now listen and check

4. Answer the following questions

a. What does first law of thermodynamics state?

....

....

b. How does entropy vary during state changes?

....

....

c. How does entropy vary in an isolated system?

....

YOUR GLOSSARY
hurricane = uragano
....
....
....
....
....
....
....
....

13 Acidi e basi

Acidi e basi

- enunciare → **La teoria di Arrhenius**
  - distinguere tra → **Acidi monoprotici e poliprotici**
    - rappresentare → **La reazione di neutralizzazione**
      - elaborare i dati di → **Titolazioni acido-base**
- enunciare → **La teoria di Brønsted e Lowry**
  - riconoscere → **L'acido coniugato e la base coniugata**
    - distinguere tra → **Acidi forti acidi deboli**
      - rappresentare → **La costante di ionizzazione acida (Ka)**
    - distinguere tra → **Basi forti basi deboli**
      - rappresentare → **La costante di ionizzazione basica (Kb)**

Il pH delle soluzioni acquose

- illustrare → **L'autoionizzazione dell'acqua**
  - rappresentare → **Il prodotto ionico dell'acqua (Kw)**
    - definire → **Il pH e il pOH**
      - interpretare → **La scala del pH**
        - spiegare → **L'idrolisi basica**
        - spiegare → **L'idrolisi acida**
        - riconoscere → **I sistemi tampone**

In digitale
SEGUI LA MAPPA

1 La teoria di Arrhenius

Il chimico svedese Arrhenius interpretò per primo il diverso comportamento degli acidi e delle basi riferendosi agli ioni presenti nelle soluzioni acquose

Acidi e basi in soluzione acquosa

La parola «acido» fa parte del nostro linguaggio quotidiano, ma che cosa significa esattamente nel linguaggio chimico? E perché i chimici usano spesso il termine acido accanto alla parola «base»? Nel capitolo 8 abbiamo presentato composti che mostrano carattere acido, gli *idracidi* e gli *ossiacidi*, e composti con caratteristiche basiche, gli *idrossidi*.

Alla classificazione di queste importanti classi di elettroliti contribuì per primo il chimico svedese S.A. Arrhenius che nel 1880 formulò una importante teoria.

In base alla **teoria di Arrhenius** per acido si intende una sostanza che in acqua libera ioni H^+ e per base si intende una sostanza che in acqua libera ioni OH^-.

Questa teoria spiega perché alcuni elettroliti hanno proprietà simili che li differenziano da altri elettroliti che a loro volta manifestano analoghi comportamenti (▶ Figura 1).

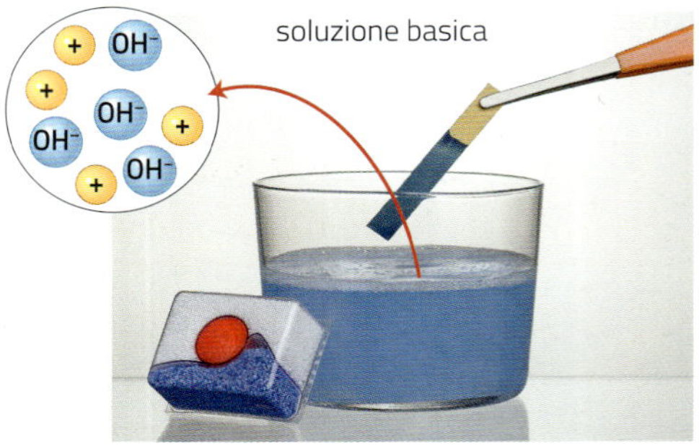

Le soluzioni acide conducono la corrente elettrica, hanno un caratteristico sapore aspro, colorano di rosso la cartina all'indicatore universale e reagiscono con lo zinco formando idrogeno gassoso. Le soluzioni acide sono assai diffuse: per esempio, l'aceto, il succo degli agrumi, molte bevande e l'acido muriatico.

Le soluzioni basiche conducono la corrente elettrica, hanno un sapore amaro, a contatto con la pelle danno una sensazione di viscido e colorano di blu la cartina all'indicatore universale. I sistemi basici più comuni comprendono prodotti per la pulizia della casa, detersivi per il bucato e per lavastoviglie.

▶ **Figura 1**

In base alla teoria di Arrhenius, la trasformazione che avviene quando un ossiacido come l'acido nitrico si trova a contatto con l'acqua può essere rappresentata dalla seguente equazione:

$$HNO_3(l) \xrightarrow{\text{acqua}} \underset{\text{ione idrogeno}}{H^+(aq)} + NO_3^-(aq)$$

In modo analogo si rappresenta il comportamento degli idracidi.

La dissoluzione in acqua di una base come l'idrossido di sodio può essere rappresentata dalla seguente equazione:

$$NaOH(s) \xrightarrow{\text{acqua}} \underset{\text{ione ossidrile}}{OH^-(aq)} + Na^+(aq)$$

In modo analogo si rappresenta il comportamento degli idrossidi degli altri metalli alcalini e dei metalli alcalino-terrosi.

I PROTAGONISTI DELLA SCIENZA

SVANTE AUGUST ARRHENIUS (1859-1927)
Arrhenius propose nel 1880 la prima teoria per una corretta interpretazione della conducibilità delle soluzioni. A soli 21 anni svolse la tesi di dottorato proprio sulla conducibilità elettrica delle soluzioni, cioè sugli elettroliti. Purtroppo il suo stesso relatore e il collegio dei professori non furono convinti delle sue argomentazioni per cui la sua teoria fu ignorata e perfino derisa dalla maggior parte della comunità scientifica. Solo molto più tardi tale teoria fu invece universalmente accettata e ad Arrhenius furono attribuiti vari riconoscimenti tra cui il premio Nobel per la Chimica nel 1903.

Video in digitale
Il riconoscimento di acidi e basi

Prova tu 1

L'idrossido di calcio è una sostanza solida a temperatura ambiente.
Completa la rappresentazione della sua dissoluzione in acqua:

$Ca(OH)_2 \xrightarrow{\text{acqua}}$ ....

La reazione di neutralizzazione

Sappiamo già che gli acidi e le basi reagiscono fra loro per formare acqua e un sale. Vediamo di dare un'interpretazione a livello particellare di quanto avviene quando si mescolano una soluzione acida e una soluzione basica (▶ Figura 2).

▶ **Figura 2**

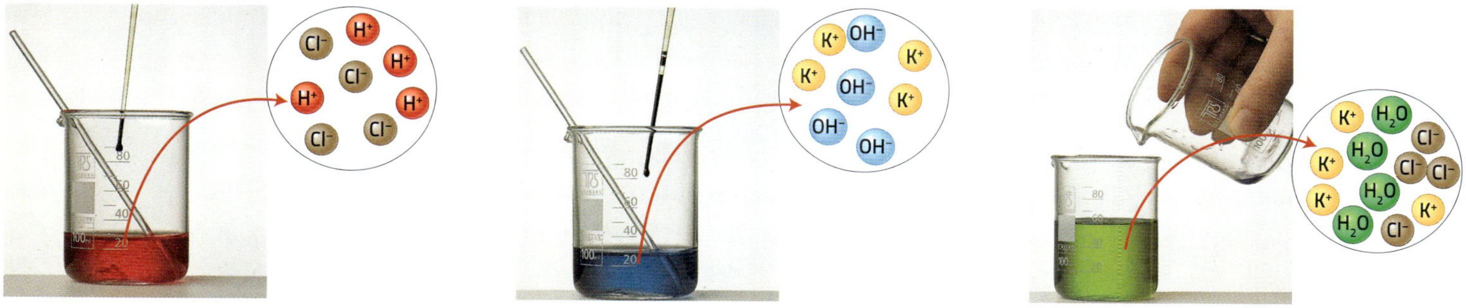

Versiamo in un becher una determinata quantità di soluzione di un acido, HCl, e aggiungiamo alcune gocce di indicatore universale. Il colore rosso segnala che la soluzione è acida, cioè che contiene un certo numero di ioni H^+.

In un secondo becher versiamo una certa quantità di soluzione di una base, KOH, e aggiungiamo l'indicatore universale. Il colore blu indica che la soluzione è basica, cioè che contiene un certo numero di ioni ossidrile OH^-.

Dopo l'aggiunta di una ben precisa quantità di soluzione basica alla soluzione acida, il colore del sistema diviene verde: è avvenuta una trasformazione chimica, la soluzione non è più né acida né basica e diciamo che è neutra.

La trasformazione chimica che avviene tra le soluzioni dell'acido e della base «elimina» le caratteristiche sia dell'acido sia della base e per questo, come sappiamo, prende il nome di *reazione di neutralizzazione*. Essa può essere rappresentata dalla seguente *equazione in forma molecolare*:

$$HCl(aq) + KOH(aq) \rightarrow H_2O(l) + KCl(aq)$$

Scrivendo al posto delle formule delle sostanze le formule degli ioni presenti in soluzione, la reazione può essere rappresentata da un'*equazione in forma ionica*:

$$H^+(aq) + Cl^-(aq) + K^+(aq) + OH^-(aq) \rightarrow H_2O(l) + K^+(aq) + Cl^-(aq)$$

Eliminando dall'equazione gli ioni che non partecipano alla trasformazione (chiamati anche *ioni spettatori*) la reazione di neutralizzazione può essere rappresentata da un'*equazione in forma ionica semplificata*:

$$H^+(aq) + OH^-(aq) \rightarrow H_2O(l)$$

Scritta in questo modo, l'equazione sottolinea un comportamento del tutto generale.

In acqua, la **reazione di neutralizzazione** avviene tra lo ione H^+ dell'acido e lo ione OH^- della base: questi ioni si combinano e si annullano reciprocamente formando molecole di H_2O.

A seguito della reazione tra l'acido cloridrico e l'idrossido di potassio si forma anche un sale, il cloruro di potassio (KCl), che è solubile in acqua e che compare allo stato solido solo dopo l'evaporazione del solvente.

In generale, i prodotti della reazione di neutralizzazione tra un acido e una base in acqua sono sempre due: l'acqua e un sale, diverso a seconda dell'acido e della base che hanno reagito.

Prova tu 2

Rappresenta con i tre diversi tipi di equazione (molecolare, ionica, ionica semplificata) la reazione tra le soluzioni acquose di acido perclorico ($HClO_4$) e di idrossido di litio (LiOH).

....

....

....

Le titolazioni acido-base

Le reazioni di neutralizzazione possono essere utilizzate per determinare la quantità di acido o di base presente in una data soluzione.

Supponiamo, per esempio, di dover determinare la concentrazione di una soluzione acquosa di acido solforico (H_2SO_4). Per neutralizzare l'acido occorre disporre di una soluzione basica di cui è nota la concentrazione. Potrebbe essere utilizzata, per esempio, una soluzione di idrossido di sodio (NaOH).

Si versa in un becher un volume misurato della soluzione acida da analizzare e si aggiungono alcune gocce di un indicatore acido-base. Si aggiunge poi, poco alla volta, la soluzione basica a quella acida fino al momento in cui si ha un repentino cambiamento di colore (*viraggio dell'indicatore*). Questo cambiamento indica che tutto l'acido è stato neutralizzato: in altre parole gli ioni H^+ hanno reagito con altrettanti ioni OH^- formando molecole di acqua. In base al volume di soluzione basica si può determinare la concentrazione della soluzione acida.

L'insieme delle procedure sperimentali e dei calcoli seguenti prende il nome di *titolazione* (▸ Figura 3).

Nei laboratori di analisi si eseguono **titolazioni acido-base** per determinare la concentrazione di una soluzione acida o basica.

▸ **Figura 3** Per effettuare una titolazione si usa di solito la *buretta*, uno strumento graduato in grado di misurare il volume con alta sensibilità.

Esempio

Vediamo ora come possono essere elaborati i risultati ottenuti in una titolazione in cui, per neutralizzare 10,0 mL di una soluzione di H_2SO_4, sono stati necessari 22,4 mL di soluzione di NaOH 0,100 mol/L. La soluzione a concentrazione nota viene detta *soluzione titolante*. Vogliamo determinare la concentrazione della soluzione acida.

Sappiamo che l'equazione della reazione è la seguente:

$$H_2SO_4(aq) + 2\ NaOH(aq) \rightarrow 2\ H_2O(l) + Na_2SO_4(aq)$$

L'equazione scritta in forma molecolare consente di stabilire più facilmente il rapporto stechiometrico tra l'acido e la base.

Inizialmente, conoscendo il volume e la concentrazione della soluzione titolante, possiamo calcolare le moli di NaOH che hanno reagito, per esempio, nel seguente modo:

$$0{,}100 \text{ mol} : 1 \text{ L} = x : 0{,}0224 \text{ L} \qquad x = 0{,}00224 \text{ mol di NaOH}$$

In base all'equazione sappiamo che le moli di H_2SO_4 che hanno reagito sono la metà di quelle di NaOH:

$$n_{H_2SO_4} = n_{NaOH}/2 = 0{,}00224 \text{ mol}/2 = 0{,}00112 \text{ mol}$$

Le moli di H_2SO_4 erano presenti in 10,0 mL di soluzione e quindi per ottenere la concentrazione dell'acido, dobbiamo calcolare le moli di H_2SO_4 presenti in un litro:

$$0{,}00112 \text{ mol} : 0{,}0100 \text{ L} = x : 1 \text{ L} \qquad x = 0{,}112 \text{ mol}$$

Dunque con la titolazione siamo riusciti a determinare la concentrazione molare della soluzione dell'acido solforico: $C_M = 0{,}112$ mol/L.

Prova tu 3

Per neutralizzare 50 mL di una soluzione di HNO_3 ($C_M = 0{,}015$ mol/L) si utilizzano 23,0 mL di una soluzione di $Ba(OH)_2$.
Qual è la molarità della soluzione di $Ba(OH)_2$?

....

La proticità di un acido

Nella reazione di neutralizzazione tra idrossido di sodio e acido solforico abbiamo visto che occorrono due moli di NaOH per neutralizzare una mole di H_2SO_4 e questo accade perché ogni molecola di acido solforico è in grado di liberare due ioni H^+. Per questo motivo l'acido solforico viene classificato tra gli acidi biprotici. Il termine *protico* deriva da protone, in quanto uno ione H^+ non è altro che un atomo di idrogeno senza l'elettrone, cioè appunto un protone.

In generale, gli **acidi monoprotici** sono quelli la cui molecola può liberare un solo protone (▸ Figura 4); gli acidi la cui molecola libera più di un protone sono detti genericamente *acidi poliprotici*, distinguendo eventualmente **acidi biprotici** e **acidi triprotici** a seconda che la molecola liberi rispettivamente due o tre protoni.

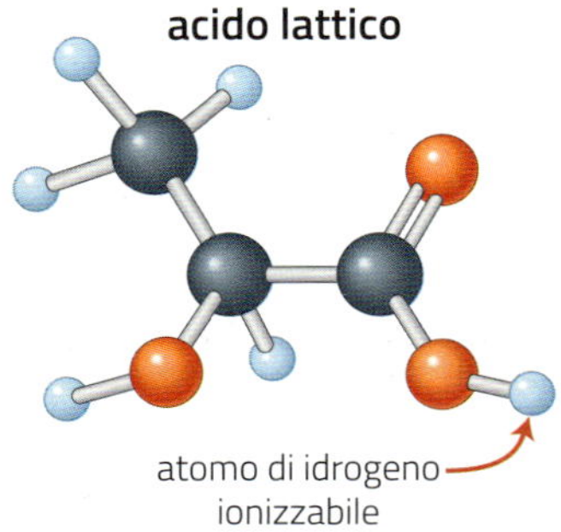

▸ **Figura 4** Nella molecola di acido lattico ci sono 6 atomi di idrogeno ma uno solo di essi può staccarsi come ione H^+. Pertanto l'acido lattico è monoprotico.

Esercizi 1 La teoria di Arrhenius

1 L'acido citrico è un acido monoprotico e ha formula $H_8C_6O_7$. Scrivi la formula degli anioni presenti nella soluzione.

....

2 Nelle immagini sono rappresentate le particelle di tre sistemi acquosi:

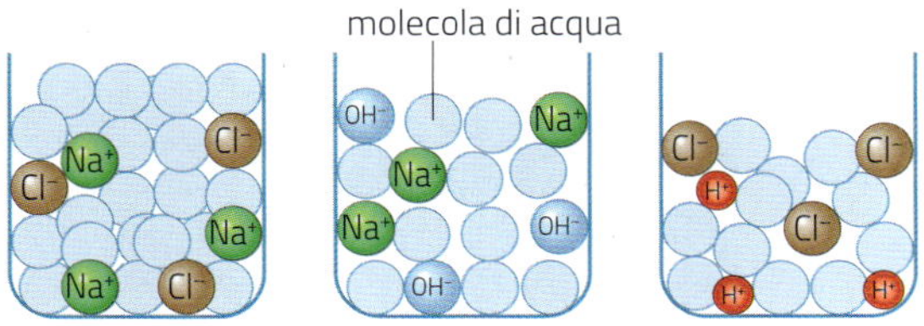

a) .... b) .... c) ....

Associa a ogni immagine la definizione corretta:

1. soluzione basica
2. soluzione neutra
3. soluzione acida

3 L'acido iodidrico (HI) è liquido a temperatura ambiente. Scrivi l'equazione che rappresenta la trasformazione che avviene a contatto con l'acqua:

....

4 A proposito delle soluzioni acide, indica per ogni affermazione se è vera o falsa.

a) Hanno sapore amaro V F
b) Conducono la corrente elettrica V F
c) In queste soluzioni sono presenti ioni H^+ V F
d) Colorano di blu la cartina all'indicatore universale V F
e) Reagiscono con le soluzioni basiche producendo acqua V F

5 Si definisce reazione di neutralizzazione la reazione in soluzione acquosa tra:

A ioni negativi e ioni positivi
B cationi e anioni
C ioni H^+ e ioni OH^-
D ioni H^+ e ioni negativi
E ioni OH^- e ioni positivi

6 Individua *quali* sono gli acidi poliprotici:

A H_2SO_4 C H_2S E $HClO_4$
B CH_3COOH D HCN F H_3PO_4

7 Calcola le moli di H_2SO_4 presenti in una soluzione che viene neutralizzata da 15,0 mL di una soluzione di LiOH 0,200 M.

....

8 Si devono neutralizzare 100 mL di una soluzione di HI (C_M = 0,020 mol/L) utilizzando una soluzione di $Ca(OH)_2$ (C_M = 0,040 mol/L).
Calcola il volume di soluzione basica necessario.

....

9 Considera le soluzioni rappresentate in figura:

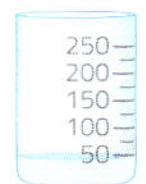 HCl, C_M = 0,20 mol/L, V = 50 mL	 KOH, C_M = 0,40 mol/L, V = ?

Quanti millilitri di soluzione di KOH sono necessari per neutralizzare la soluzione di HCl?

....

10 Rappresenta con i tre diversi tipi di equazione (molecolare, ionica, ionica semplificata) la reazione tra le soluzioni di acido nitrico (HNO_3) e di idrossido di bario ($Ba(OH)_2$).

....

11 In una titolazione 25,0 mL di una soluzione di HCl sono stati neutralizzati da 11,5 mL di una soluzione di NaOH (C_M = 0,200 mol/L). Qual è la concentrazione della soluzione di acido cloridrico?

....

12 Quanti millilitri di una soluzione acquosa di KOH (C_M = 0,15 mol/L) sono necessari per neutralizzare 20 mL di una soluzione di H_2SO_4 con C_M = 0,15 mol/L?

....

13 Calcola la massa di NaOH in soluzione che viene neutralizzata da 25,0 mL di una soluzione di HNO_3 0,200 M.

....

14 In una titolazione 20,0 mL di una soluzione di H_2SO_4 sono stati neutralizzati con 32,8 mL di una soluzione di KOH con C_M = 0,100 mol/L. Qual è la concentrazione in g/L della soluzione di acido solforico?

....

15 Which statement best describes the solution produced when an Arrhenius acid is dissolved in water?

A The only negative ion in solution is OH^-
B The only negative ion in solution is HCO_3^-
C The only positive ion in solution is H^+
D The only positive ion in solution is NH_4^+

16 Which of the following statements is the most accurate way of showing neutralization?

A Acid + base = salt
B Acid + base = salt + water
C Acid + base = sodium chloride + hydrogen
D There is no reaction between acids and bases

17 A hydrogen ion is the same as:

A an electron
B a hydroxide ion
C a neutron
D a proton

2 La teoria di Brønsted e Lowry

Il concetto di acido e di base è relativo: una sostanza si comporta da acido soltanto quando cede un protone a un'altra sostanza che si comporta da base

Reazioni con trasferimento di protoni

Per ora abbiamo classificato gli acidi e le basi a seconda della loro capacità di liberare rispettivamente ioni H^+ e ioni OH^- in soluzione acquosa. Questa definizione però è limitata, perché descrive le proprietà acide o basiche di una sostanza in una situazione particolare, quando cioè si trova sciolta in acqua. D'altra parte si conoscono molte reazioni che avvengono in solventi diversi dall'acqua o addirittura in assenza di solvente e che hanno comunque tutte le caratteristiche delle reazioni acido-base.

Come esempio, consideriamo la reazione del gas cloruro di idrogeno con un'altra sostanza gassosa, l'ammoniaca; la trasformazione, fortemente esotermica, è descritta dalla seguente equazione:

$$NH_3(g) + HCl(g) \rightarrow NH_4Cl(s) + q$$

Il prodotto della reazione è il cloruro di ammonio, cioè un composto solido costituito da ioni NH_4^+ e ioni Cl^- (▶ Figura 1); questo significa che la reazione avviene perché ogni molecola di NH_3 strappa uno ione H^+ a una molecola di HCl. In questa situazione, anche in assenza di acqua, le molecole di HCl cedono ioni H^+ alle molecole di NH_3.

Sulla base di questo esempio si può capire la definizione di acido e di base proposta nel 1923 dal chimico danese J. Brønsted e quasi contemporaneamente dal chimico inglese T. Lowry, conosciuta oggi come *teoria di Brønsted e Lowry*.

Questa teoria dà una visione più ampia del concetto di acido e di base perché non è più legata agli ioni che si formano in acqua, ma deriva direttamente da una nuova definizione di acidi e basi: essi sono tali solamente se agiscono in coppia, cioè una specie chimica manifesta le sue proprietà acide solo se si trova in presenza di un'altra specie chimica che si comporta da base.

In base alla **teoria di Brønsted e Lowry** sono acidi tutte le specie chimiche che cedono protoni e sono basi le specie chimiche che acquistano protoni. Pertanto tutte le reazioni acido-base consistono nel trasferimento di un protone dall'acido alla base.

Secondo la teoria di Brønsted e Lowry, l'acido cloridrico, per esempio, da solo non può essere considerato un acido, ma lo diventa quando viene messo a contatto con una sostanza a cui può cedere un protone, cioè una base. Pertanto le soluzioni acquose di HCl sono acide perché HCl cede un protone (H^+) a H_2O che, in questo caso, si comporta da base, come risulta dalla seguente equazione:

$$\underset{\text{acido}}{HCl(g)} + \underset{\text{base}}{H_2O(l)} \rightarrow \mathbf{H_3O^+}(aq) + Cl^-(aq)$$

Lo ione H^+, a causa della sua carica positiva distribuita su un piccolo volume, attira fortemente le molecole di acqua. Una molecola di acqua, utilizzando un doppietto di elettroni libero, riesce a stabilire un legame covalente dativo con lo ione H^+ formando lo ione ossonio H_3O^+ (chiamato comunemente *idronio*) (▶ Figura 2):

$$H^+ + :\ddot{O}(H)-H \longrightarrow \left[H \leftarrow \ddot{O}(H)-H\right]^+$$

▶ **Figura 1** Il cloruro di idrogeno e l'ammoniaca che si liberano allo stato gassoso dalle rispettive soluzioni a concentrazione elevata reagiscono tra loro formando un composto ionico, NH_4Cl, che costituisce la parte solida dei fumi bianchi.

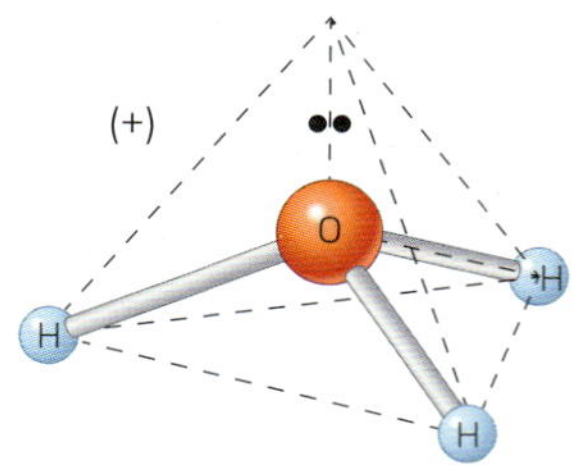

▶ **Figura 2** L'esistenza di H_3O^+ è stata dimostrata con il microscopio elettronico.

Consideriamo ora l'ammoniaca, NH_3; la sua molecola non contiene gruppi OH e tuttavia le soluzioni acquose di ammoniaca sono basiche. Questo fatto, inspiegabile con la teoria di Arrhenius, è invece interpretabile con la teoria di Brønsted e Lowry poiché è la molecola di acqua che si comporta da acido cedendo un protone alla molecola di ammoniaca:

$$\underset{\text{base}}{NH_3(aq)} + \underset{\text{acido}}{H_2O(l)} \rightarrow \mathbf{OH^-}(aq) + NH_4^+(aq)$$

Generalizzando gli esempi considerati si può affermare che hanno carattere acido le sostanze nelle cui molecole è presente almeno un atomo di idrogeno legato con un atomo più elettronegativo: solo in presenza di un legame covalente polarizzato infatti l'atomo di idrogeno può lasciare il suo elettrone di legame e staccarsi come protone. Gli acidi possono essere rappresentati con la formula generica **HA**.

Viceversa, perché una sostanza possa comportarsi da base essa deve possedere un atomo con almeno una coppia di elettroni non impegnata in legami: in questo modo si può formare un legame covalente dativo con lo ione H^+. Le basi vengono quindi rappresentate con la formula generica **:B** (▶ Figura 3).

Le specie chimiche che, come l'acqua e l'ammoniaca, hanno un protone da cedere e un doppietto di elettroni libero, sono potenzialmente sia acidi sia basi e il loro comportamento dipende dalla specie con cui reagiscono. Le specie che manifestano questa proprietà prendono il nome di *specie anfotere* o *anfiprotiche*.

Per esempio, l'acido acetico CH_3COOH in acqua si comporta da acido:

$$\underset{\text{acido}}{CH_3COOH} + \underset{\text{base}}{H_2O} \rightarrow CH_3COO^- + H_3O^+$$

Quando però è mescolato con acido solforico (H_2SO_4) l'acido acetico si comporta da base in quanto un atomo di ossigeno di CH_3COOH ha una coppia di elettroni libera che può accettare un protone e formare un legame covalente dativo:

$$\underset{\text{base}}{CH_3COOH} + \underset{\text{acido}}{H_2SO_4} \rightarrow CH_3COOH_2^+ + HSO_4^-$$

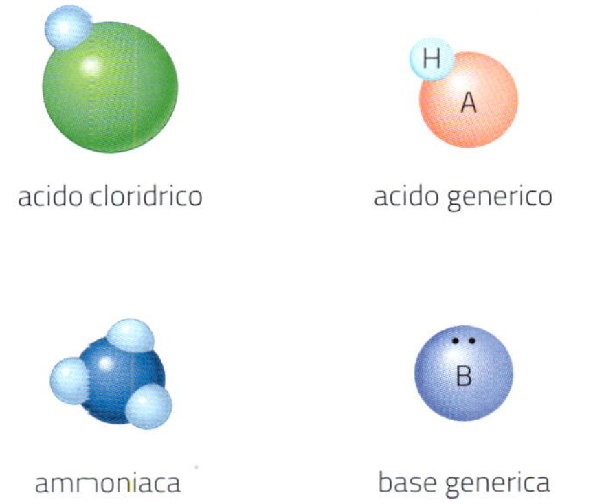

▶ **Figura 3** Per indicare genericamente gli acidi e le basi si usano rispettivamente le formule HA e :B.

Prova tu 1

Completa le seguenti equazioni in cui l'ammoniaca mostra comportamenti diversi:

$NH_3 + NH_2OH \rightarrow$ ....
base

$NH_3 + CH_3NH_2 \rightarrow$ ....
acido

L'acido solforico, una sostanza che in acqua mostra caratteristiche acide, in altre circostanze si comporta diversamente. Per esempio, le immagini mostrano che cosa accade quando l'acido solforico viene aggiunto al saccarosio: in questo caso non si ha trasferimento protonico ma una reazione che produce carbonio e sostanze gassose (▶ Figura 4).

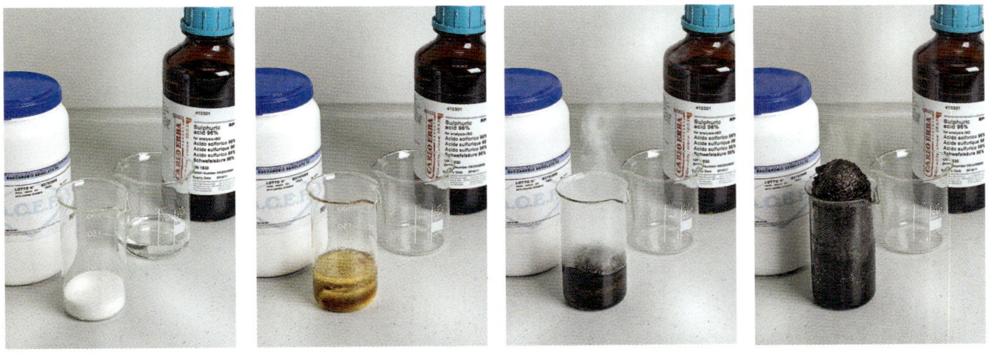

▶ **Figura 4** La reazione tra acido solforico e saccarosio è sicuramente «spettacolare» ma va effettuata con molte precauzioni perché si deve usare acido solforico ad alta concentrazione.

Acidi e basi coniugati

Dato che tutte le reazioni acido-base sono riconducibili a un trasferimento di protoni, esse si possono rappresentare con un'equazione di carattere generale (▶ Figura 5):

$$HA + :B \rightarrow :A^- + BH^+$$

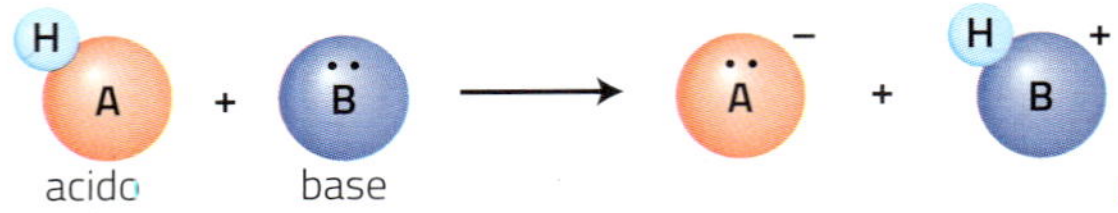

▶ **Figura 5**

Dall'equazione si può capire che i prodotti, ottenuti dal trasferimento di H^+ da HA a :B, sono anch'essi un acido e una base. Infatti la specie chimica BH^+ è un acido, perché può cedere a sua volta il protone; analogamente la specie chimica $:A^-$ è una base, perché presenta una coppia di elettroni liberi che la rende capace di legarsi a un protone.

In una reazione generica acido-base $HA + :B \rightarrow :A^- + BH^+$ la specie BH^+ prende il nome di **acido coniugato** della base :B e la specie $:A^-$ viene chiamata **base coniugata** dell'acido HA.

Possiamo rappresentare lo scambio protonico nel seguente modo (▶ Figura 6).

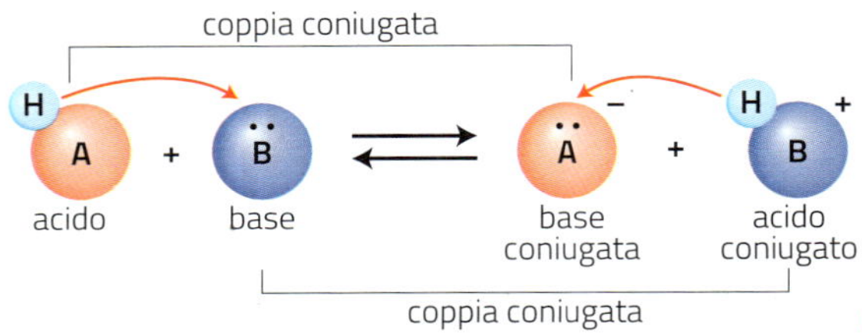

▶ **Figura 6**

La presenza delle due frecce contrapposte vuole segnalare che la nuova coppia acido-base che si è formata dà luogo alla reazione inversa fino a che si raggiunge l'equilibrio. È dunque ragionevole chiedersi quali fattori influenzano lo stato di equilibrio. Se la base :B si lega con un protone con maggior forza rispetto all'altra base $:A^-$, allora l'equilibrio sarà spostato verso destra e l'acido HA sarà in gran parte ionizzato; in caso contrario l'equilibrio sarà più spostato a sinistra e l'acido sarà poco ionizzato.

Per esempio, l'acido solforico in acqua dà luogo a una reazione acido-base il cui equilibrio è quasi completamente spostato a destra:

$$H_2SO_4 + H_2O \rightleftarrows H_3O^+ + HSO_4^-$$

Nel caso dell'acido borico, invece, l'equilibrio è spostato a sinistra:

$$H_3BO_3 + H_2O \leftrightarrows H_3O^+ + H_2BO_3^-$$

Nella scrittura degli equilibri acido-base è necessario verificare il bilanciamento oltre che della massa anche della carica elettrica: la somma delle cariche dei reagenti deve essere uguale a quella delle cariche dei prodotti. Nelle equazioni rappresentate sopra, le specie reagenti sono neutre e quindi la loro carica è zero, così come è zero la somma delle cariche dei prodotti.

L'equazione seguente mostra un equilibrio acido-base in cui anche i reagenti presentano cariche elettriche:

$$H_2PO_4^-(aq) + OH^-(aq) \rightleftarrows H_2O(l) + HPO_4^{2-}(aq)$$

Come si vede, anche in questo caso il bilancio della carica è verificato: si hanno cioè due cariche negative sia tra i reagenti sia tra i prodotti.

Prova tu 2

Uno studente per evidenziare il comportamento basico di HSO_3^- scrive la seguente equazione:
$HSO_3^-(aq) + H_2O(l) \rightleftarrows SO_3^{2-}(aq) + H_3O^+(aq)$

Quale errore ha commesso lo studente? Nell'equazione corretta indica anche la base coniugata e l'acido coniugato.

....

Esercizi 2 La teoria di Brønsted e Lowry

1 Considera lo schema seguente che illustra un equilibrio acido-base.
Scrivi sotto a ogni modellino molecolare la terminologia prevista dalla teoria di Brønsted e Lowry.

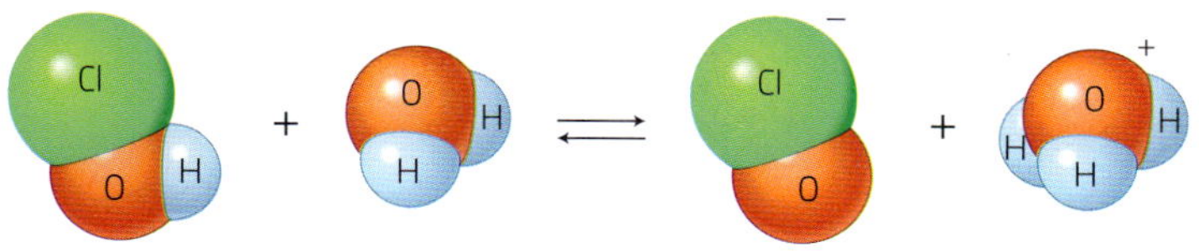

....

2 Secondo la teoria di Brønsted e Lowry una base è una specie capace di:

A accettare protoni
B accettare anioni
C donare cationi
D accettare ioni
E donare elettroni

3 Nello ione ossonio quale tipo di legame si forma tra lo ione H^+ e un atomo di ossigeno della molecola di acqua?

....

4 Considera il generico equilibrio acido-base:

$$HA + :B \rightleftarrows BH^+ + :A^-$$

Indica l'unica affermazione *sbagliata*.

A La specie HA si comporta da acido
B La specie :B si comporta da base
C La specie BH^+ viene chiamata acido coniugato
D La specie BH^+ si comporta da base
E La specie $:A^-$ viene chiamata base coniugata

5 Scrivi la formula dell'acido coniugato della base $H_5C_3O_3^-$.

....

6 In relazione alla teoria di Brønsted e Lowry, indica l'unica affermazione *sbagliata*.

A Sono acidi le specie chimiche che sono grado di cedere ioni H^+
B Sono basi le specie chimiche capaci di acquistare protoni
C Una specie chimica manifesta le sue proprietà acide solo in presenza di un'altra specie che si comporta da base
D Una reazione acido-base consiste nel trasferimento di un protone dall'acido alla base
E Sono basi soltanto le specie chimiche che sono in grado di produrre ioni OH^-

7 Osserva il seguente equilibrio acido-base:

$$HI(l) + H_2O(l) \rightleftarrows H_3O^+(aq) + I^-(aq)$$

Secondo la teoria di Brønsted e Lowry la specie I^- è:

A un catione
B un acido
C una base coniugata
D un acido coniugato
E un anione acido

8 Osserva la seguente equazione:

$$HSO_4^-(aq) + H_2O(l) \rightleftarrows H_3O^+(aq) + SO_4^{2-}(aq)$$

Indica le due specie che si comportano da base.

....

9 La specie HPO_4^{2-} può comportarsi da acido e da base. Scrivi la formula della base coniugata e dell'acido coniugato.

....

10 Completa la seguente tabella seguendo l'esempio della prima riga:

Acido	Base		Acido coniugato	Base coniugata
H_3BO_3	OH^-	$\rightleftarrows$	H_2O	$H_2BO_3^-$
HSO_4^-		$\rightleftarrows$	NH_4^+	
	HCO_3^-	$\rightleftarrows$		H_2O
	H_2O	$\rightleftarrows$	CH_3COO^-	

11 Considera i modelli molecolari della molecola di ammoniaca e delle due specie a fianco:

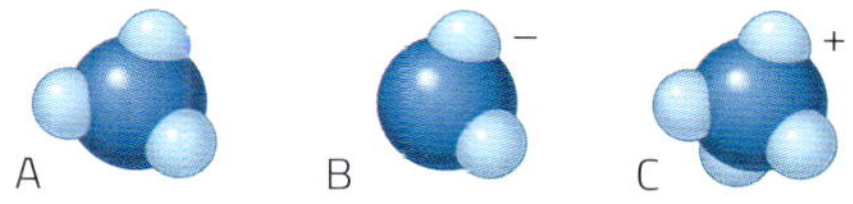

Indica la sola affermazione corretta.

A Il modello B rappresenta l'acido coniugato di NH_3
B Il modello C rappresenta la base coniugata di NH_3
C L'ammoniaca è una sostanza che si comporta soltanto da base
D L'ammoniaca è un acido perché non può liberare ioni OH^-
E Quando si comporta da acido la molecola di NH_3 cede un protone

12 *Quali* delle seguenti specie mostrano proprietà anfotere?

A IO_3^-
B HPO_4^{2-}
C CH_3COOH
D NH_4^+
E HCN

13 Given the reaction:

$$NH_3(g) + H_2O(l) \rightleftarrows NH_4^+(aq) + OH^-(aq)$$

Which is a conjugate acid-base pair?

A H_2O and NH_4^+
B H_2O and NH_3
C NH_3 and OH^-
D NH_3 and NH_4^+

14 All of the following species can function as Brønsted-Lowry bases in aqueous solution *except*:

A H_2O
B NH_3
C NH_4^+
D S^{2-}
E HCO_3^-

15 According to the Brønsted-Lowry definition, a base is:

A a substance that increases the hydroxide ion concentration of a solution
B a substance that can accept a proton from an acid
C a substance that can donate an electron pair to the formation of a covalent bond
D a substance that increases the anion formed by the autoionization of the solvent
E a substance that donates a proton

3 La scala del pH

Il pH è un numero correlato alla concentrazione molare degli ioni H_3O^+ e degli ioni OH^- e indica quanto è acida o basica una soluzione

L'equilibrio di autoionizzazione dell'acqua

Animazione in digitale
Il prodotto ionico dell'acqua

Accurate misure di conducibilità elettrica dimostrano che anche l'acqua distillata è in grado di condurre la corrente elettrica. Dunque anche nell'acqua purissima sono presenti ioni in piccole concentrazioni (▶ Tabella 1).

▶ **Tabella 1** Conducibilità specifica di alcuni materiali.

Materiale	Temperatura (°C)	Conducibilità specifica ($\Omega^{-1} \cdot cm^{-1}$)
esano	18	$\sim 1 \cdot 10^{-18}$
alcol etilico	25	$1{,}35 \cdot 10^{-9}$
acido acetico	25	$1{,}12 \cdot 10^{-8}$
acqua purissima	**18**	$\mathbf{6 \cdot 10^{-8}}$
acqua potabile	20	$\sim 10^{-4} \div 10^{-3}$
acqua di mare	25	$\sim 5 \cdot 10^{-2}$
cloruro di sodio (liquido)	850	3,5
rame	20	$5{,}81 \cdot 10^{5}$

La conducibilità elettrica dell'acqua può essere giustificata soltanto ammettendo che nell'urto tra due molecole di H_2O una si ionizzi causando anche la ionizzazione dell'altra (▶ Figura 1).

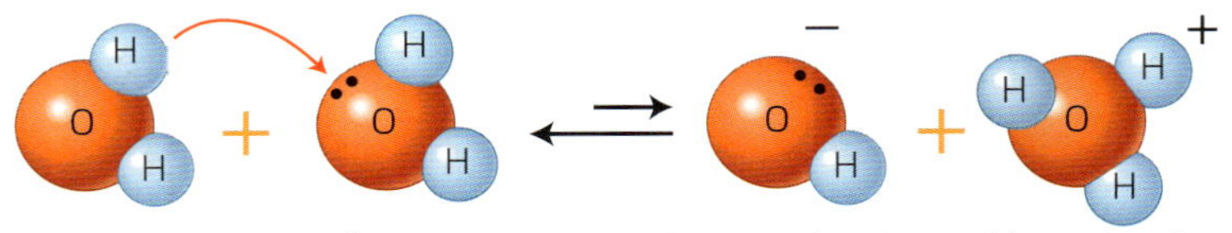

▶ **Figura 1**

La ionizzazione è dunque il risultato del trasferimento di un protone da una molecola di acqua a un'altra e quindi può essere interpretata come un equilibrio acido-base.

In questo equilibrio l'acqua gioca contemporaneamente il ruolo di solvente degli ioni H_3O^+ e OH^- e quello di specie attiva, cioè di sostanza che li genera.

La conducibilità elettrica dell'acqua è molto bassa e qualche calcolo permette di valutare che alla temperatura di 25 °C c'è una sola molecola ionizzata ogni 500 milioni; questo dato consente di affermare con sicurezza che l'equilibrio di autoionizzazione è molto spostato a sinistra. Pertanto l'acqua può essere considerata come una specie pura che partecipa a un equilibrio eterogeneo. Per questo motivo la rappresentazione della costante di equilibrio dell'acqua è semplicemente il prodotto della concentrazione degli ioni ossonio e ossidrile e prende il nome di **costante di autoionizzazione dell'acqua o prodotto ionico dell'acqua (Kw).**

$$Kw = [H_3O^+]\,[OH^-] = 1{,}0 \cdot 10^{-14}$$

Questo valore, normalmente indicato senza unità di misura, è stato determinato alla temperatura di 25 °C.

Il prodotto ionico dell'acqua «controlla» la concentrazione reciproca degli ioni ossonio e ossidrile; ciò significa che in tutte le soluzioni acquose, indipendentemente dalle sostanze disciolte e dalla loro concentrazione, possono cambiare le concentrazioni degli ioni H_3O^+ e OH^- ma il loro prodotto rimane sempre costante.

Neutralità dell'acqua e pH

Nell'acqua purissima, in base all'equazione di autoionizzazione, per ogni ione H_3O^+ che si forma deve formarsi anche uno ione OH^-; pertanto la concentrazione di questi due ioni deve essere la stessa: $[H_3O^+] = [OH^-]$.

Dato che a 25 °C $[H_3O^+] \cdot [OH^-] = 1{,}0 \cdot 10^{-14}$, possiamo scrivere:

$$[H_3O^+]^2 = 1{,}0 \cdot 10^{-14} \qquad [H_3O^+] = \sqrt{1{,}0 \cdot 10^{-14}} = 1{,}0 \cdot 10^{-7}\ \text{mol/L}$$

Naturalmente lo stesso valore si ottiene anche per gli ioni ossidrile:

$$[OH^-] = 1{,}0 \cdot 10^{-7}\ \text{mol/L}$$

Questa particolare situazione in cui sono uguali le concentrazioni molari degli ioni ossonio e ossidrile è chiamata *neutralità*; l'acqua distillata è neutra ma anche tutte le soluzioni in cui si verifica questa uguaglianza sono dette *neutre*.

I chimici hanno trovato utile trasformare la concentrazione degli ioni H_3O^+ in un numero: il pH. Il **pH** è un numero che misura l'acidità, la basicità o la neutralità di un sistema e viene definito come il logaritmo negativo in base dieci della concentrazione molare degli ioni H_3O^+:

$$\mathbf{pH = -log\,[H_3O^+]}$$

Sapendo che lo ione H_3O^+ deriva dall'associazione di una molecola di H_2O con uno ione H^+, si può anche scrivere più semplicemente:

$$\mathbf{pH = -log\,[H^+]}$$

Per stabilire il pH di una soluzione è utile ricordare che se la concentrazione molare degli ioni H_3O^+ è espressa unicamente da una potenza del 10, allora il pH è un numero uguale all'esponente della potenza cambiato di segno. Negli altri casi occorre eseguire l'operazione di logaritmo utilizzando una calcolatrice scientifica.

Nella ▸ Figura 2 sono riportati i valori interi di pH con i corrispondenti valori di $[H_3O^+]$ e di $[OH^-]$ il cui prodotto vale sempre $1{,}0 \cdot 10^{-14}$.

$[H_3O^+]$	10^0	10^{-1}	10^{-2}	10^{-3}	10^{-4}	10^{-5}	10^{-6}	10^{-7}	10^{-8}	10^{-9}	10^{-10}	10^{-11}	10^{-12}	10^{-13}	10^{-14}
pH	0	1	2	3	4	5	6	7	8	9	10	11	12	13	14
$[OH^-]$	10^{-14}	10^{-13}	10^{-12}	10^{-11}	10^{-10}	10^{-9}	10^{-8}	10^{-7}	10^{-6}	10^{-5}	10^{-4}	10^{-3}	10^{-2}	10^{-1}	10^0

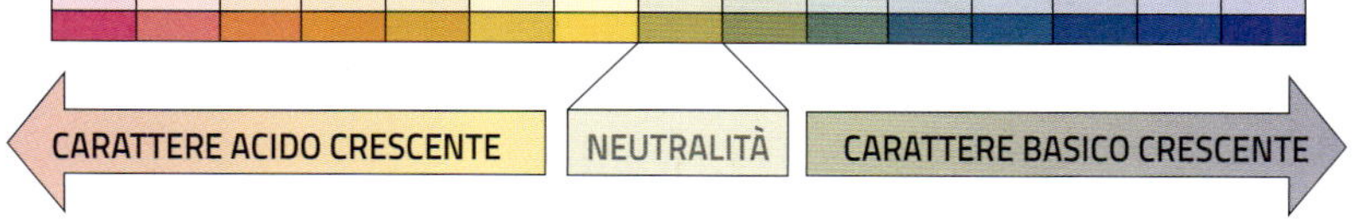

▸ Figura 2

Per rendere più chiaro il significato della scala del pH, possono essere utili i seguenti esempi (▸ Figura 3).

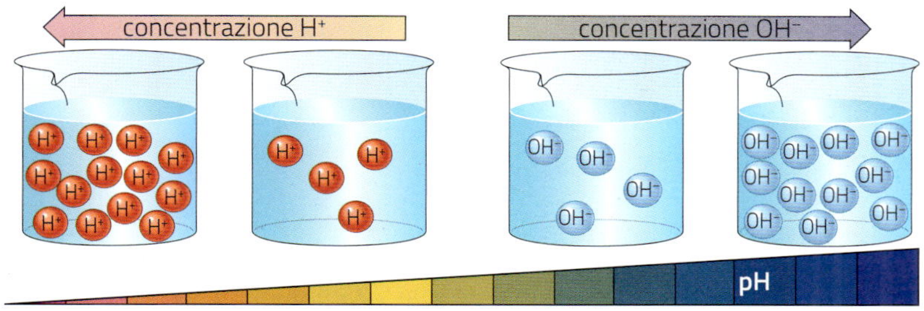

▸ Figura 3

Per le soluzioni acide, se la concentrazione degli ioni H_3O^+ diventa 10 volte maggiore, il pH diminuisce di 1.

Per le soluzioni basiche, se la concentrazione degli ioni OH^- diventa 10 volte maggiore, il pH aumenta di 1.

Prova tu

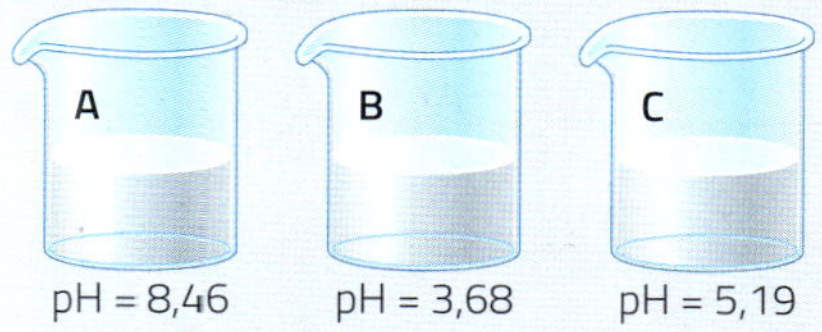

Osserva dati presenti nella figura e rispondi alle domande.

a) In quale soluzione è maggiore la concentrazione degli ioni H_3O^+?

....

b) In quale soluzione è maggiore la concentrazione degli ioni OH^-?

....

Oltre al pH, può essere indicato anche il pOH di una soluzione, la cui definizione è analoga a quella del pH:

$$\mathbf{pOH = -log\,[OH^-]}$$

Calcoli e misure di pH

Sappiamo già che le concentrazioni degli ioni ossonio e ossidrile sono legate tra loro dalla espressione di Kw, cioè $[H_3O^+] \cdot [OH^-] = 1{,}0 \cdot 10^{-14}$ e che gli acidi e le basi influenzano l'equilibrio di autoionizzazione dell'acqua alterandone la neutralità. Se, per esempio, si aggiunge all'acqua una base la concentrazione degli ioni OH^- aumenta a svantaggio della concentrazione degli ioni H_3O^+.

Per calcolare il pH di una soluzione acquosa può essere necessario utilizzare, a seconda dei casi, le seguenti relazioni:

$$[H_3O^+] = \frac{Kw}{[OH^-]} \qquad [OH^-] = \frac{Kw}{[H_3O^+]} \qquad pH + pOH = 14$$

Per esempio, sciogliendo un idrossido in acqua si ottiene una soluzione in cui la concentrazione molare di OH^- è $1{,}0 \cdot 10^{-3}$ mol/L.

Ricaviamo il valore di $[H_3O^+]$ per poi calcolare il relativo pH:

$$[H_3O^+] = \frac{1{,}0 \cdot 10^{-14}}{1{,}0 \cdot 10^{-3}} = 1{,}0 \cdot 10^{-11}\ \text{mol/L} \qquad pH = -\log 1{,}0 \cdot 10^{-11} = 11$$

Allo stesso risultato si può giungere calcolando il pOH e poi il corrispondente il pH:

$$pOH = -\log 1{,}0 \cdot 10^{-3} = 3 \quad \text{da cui} \quad pH = 14 - 3 = 11$$

Se invece si conosce il valore del pH e si vuole calcolare $[H_3O^+]$, si deve effettuare l'operazione inversa del logaritmo: $[H_3O^+] = 10^{-pH}$ (▸ Figura 4).

Per determinare il valore approssimativo del pH di una soluzione si può utilizzare la cartina all'indicatore universale. Per realizzare misure più accurate si utilizza invece uno strumento, chiamato piaccametro (▸ Figura 5).

▸ **Figura 4** L'operazione inversa del logaritmo si esegue utilizzando la *funzione* 10^x. Per calcolare la concentrazione degli ioni H_3O^+ occorre assegnare alla x il valore di pH cambiato di segno.

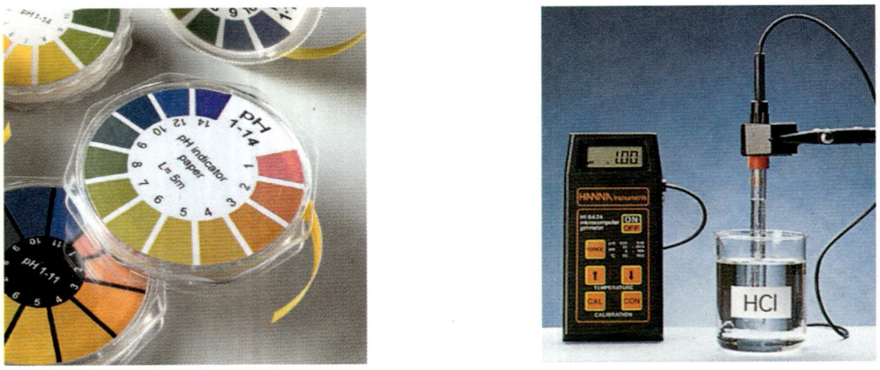

▸ **Figura 5**

La cartina all'indicatore universale (costituito da un miscuglio di indicatori) assume tonalità di colore differenti a seconda della concentrazione degli ioni H_3O^+ e consente di stimare in modo rapido il pH di un sistema acquoso.

Il piaccametro è uno strumento elettronico dotato di una sonda (elettrodo) sensibile alla concentrazione degli ioni H_3O^+; il segnale della sonda viene successivamente elaborato per fornire il pH anche con più cifre decimali.

Nella ▸ Figura 6 sono elencati alcuni materiali comuni e il corrispondente valore indicativo di pH.

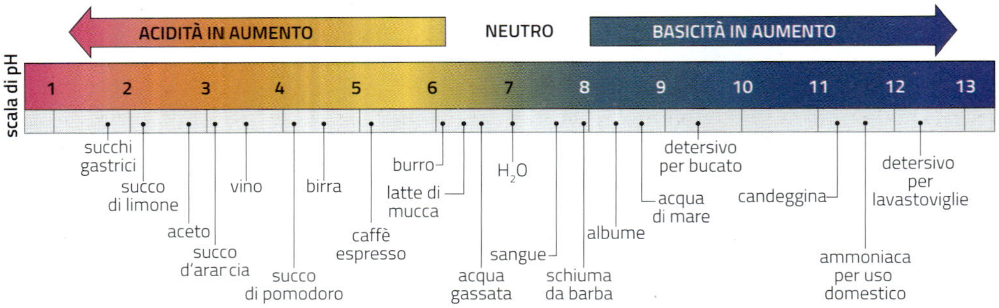

▸ **Figura 6** I prodotti commestibili sono quasi tutti acidi; l'ambiente acido è utile per gli alimenti perché impedisce la vita ai microrganismi che porterebbero alla loro rapida decomposizione: per questo motivo molti prodotti dell'orto sono conservati in ambiente acido, per esempio sotto aceto.

Esercizi 3 La scala del pH

1 Associa a ogni soluzione la corrispondente descrizione della concentrazione degli ioni presenti:

a) soluzione acida .... 1. $[H_3O^+] = [OH^-]$
b) soluzione neutra .... 2. $[H_3O^+] < [OH^-]$
c) soluzione basica .... 3. $[H_3O^+] > [OH^-]$

2 Osserva la figura e stabilisci qual è il prodotto commerciale più acido. ....

3 Qual è la concentrazione degli ioni H_3O^+ in una spremuta di arance che ha pH = 4,0?

A $4{,}0 \cdot 10^{14}$ mol/L
B $1{,}0 \cdot 10^{4}$ mol/L
C $1{,}0 \cdot 10^{-4}$ mol/L
D $1{,}0 \cdot 10^{-10}$ mol/L
E $4{,}0 \cdot 10^{-1}$ mol/L

4 L'istogramma rappresenta tre diverse soluzioni acquose; disegna la barra mancante con la relativa simbologia.

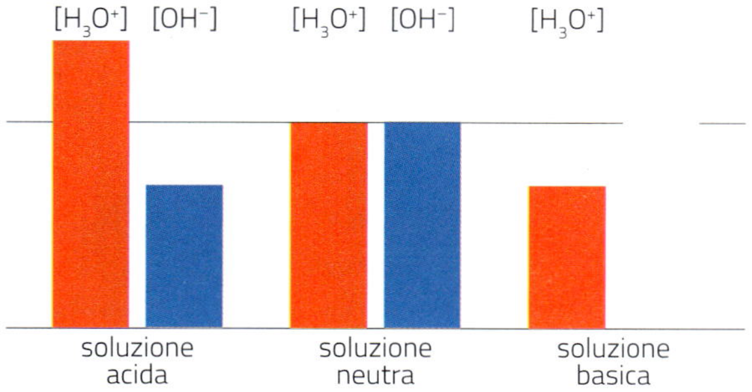

5 In relazione alla scala del pH, indica per ogni affermazione se è vera o falsa.

a) Quanto più è piccola la concentrazione degli ioni H_3O^+, tanto più basso risulta il valore del pH V F
b) Quanto maggiore è il valore di $[OH^-]$ tanto più alto risulta il valore del pH V F
c) Le soluzioni basiche hanno un pH maggiore di 7 V F
d) Solamente nell'acqua purissima la concentrazione degli ioni H_3O^+ è uguale a quella degli ioni OH^- V F
e) Se il pH aumenta di un'unità il valore di H_3O^+ aumenta di 10 volte V F

6 Se si diluisce una soluzione di NaOH come cambia il pH?

A Aumenta
B Diminuisce
C Non cambia
D Non si può rispondere se non si conosce il volume
E Non si può rispondere se non si conosce la temperatura

7 Il pH di uno yogurt è 5. In base a questo dato, indica per ogni affermazione se è vera o falsa.

a) Il pOH dello yogurt è 9 V F
b) L'acidità dello yogurt è maggiore di quella di una soluzione in cui $[H_3O^+] = 10^{-4}$ mol/L V F
c) L'acidità dello yogurt è maggiore di quella dell'acqua potabile V F
d) Lo yogurt è un alimento con carattere acido V F
e) Lo yogurt colora di blu la cartina all'indicatore universale V F

8 Completa la seguente tabella:

$[H_3O^+]$	$[OH^-]$	pH
$2{,}5 \cdot 10^{-2}$		
	$4{,}8 \cdot 10^{-12}$	
		9,8

9 A 100 mL di una soluzione di HCl che ha pH = 2, uno studente aggiunge 400 mL di un'altra soluzione di HCl, che ha pH = 3. Come sarà il pH della soluzione ottenuta?

A Il pH è 1
B Il pH è 5
C Il pH è sicuramente minore di 3
D Il pH è sicuramente minore di 2
E Il pH è sicuramente maggiore di 3

10 In una bottiglia sono contenuti 100 mL di una soluzione di HNO_3 che ha pH = 2. Se nella bottiglia si aggiunge acqua distillata fino al volume di 1000 mL come cambia il pH?

A Non cambia affatto
B Diventa 1
C Diventa 3
D Diventa 7
E Diventa maggiore di 7

11 La costante di autoionizzazione dell'acqua purissima a 70 °C non è più $1{,}0 \cdot 10^{-14}$ ma $1{,}5 \cdot 10^{-13}$.
A 70 °C l'acqua è basica, acida o neutra?

....

....

12 In 250 mL di una soluzione acquosa sono contenute $2{,}5 \cdot 10^{-4}$ mol di ioni ossidrile. Qual è il pH della soluzione?

A 3,0 B 3,6 C 4,0 D 11 E 8,0

13 The average pH of normal arterial blood is 7.40. At normal body temperature (37 °C), $K_w = 2.4 \cdot 10^{-14}$. Calculate $[H_3O^+]$, $[OH^-]$ and pOH for blood at this temperature.

....

14 In a test of pH levels, a glass of milk was found to have a pH of 6.0. A glass of grape juice had a pH of 3.0. What is the relationship between the pH levels of the milk and grape juice?

A The milk is 1000 times more acidic than the grape juice
B The milk is 3 times more acidic than the grape juice
C The grape juice is 3 times more acidic than the milk
D The grape juice is 1000 times more acidic than the milk

4 La forza degli acidi e delle basi

La forza degli acidi e delle basi in acqua è espressa rispettivamente dalla costante di ionizzazione acida Ka e dalla costante di ionizzazione basica Kb

Acidi forti e acidi deboli

Dato che le reazioni acido-base che ci interessano di più hanno luogo in acqua, è importante stabilire la forza con cui i diversi acidi trasferiscono protoni all'acqua.

L'equazione dell'equilibrio di ionizzazione di un generico acido HA in soluzione acquosa può essere rappresentata nel seguente modo:

$$HA(aq) + H_2O(l) \rightleftarrows H_3O^+(aq) + A^-(aq)$$

Anche in questo caso l'acqua gioca un doppio ruolo: solvente delle specie in equilibrio e generatrice dello ione ossonio. Se si opera in soluzioni relativamente diluite, la concentrazione dell'acqua può essere ritenuta costante e quindi la costante di equilibrio assume la seguente forma:

$$Ka = \frac{[H_3O^+]\,[A^-]}{[HA]}$$

Il valore di Ka è tanto più grande quanto maggiore è la concentrazione delle specie prodotte, H_3O^+ e A^-, cioè quanto più è grande il numero di molecole di HA che si ionizzano. Pertanto il valore di Ka indica la *forza dell'acido*, cioè la sua capacità di cedere protoni all'acqua.

In generale, un acido è tanto più forte quanto più facilmente cede un protone all'acqua, cioè quanto più alto è il valore della **costante di ionizzazione acida Ka**.

Nella ▸ Tabella 1 della pagina seguente sono riportati nomi e formule di alcuni acidi e i rispettivi valori di Ka. I primi sei acidi sono definiti *acidi forti* perché sono tutti più forti dello ione ossonio: in concentrazioni non superiori a circa 1 mol/L l'equilibrio è così spostato a destra che tutte le molecole di acido risultano ionizzate per trasferimento di protoni alle molecole di acqua (▸ Figura 1A). Per poter differenziare tra loro gli acidi forti è necessario studiarne il comportamento con un solvente diverso dall'acqua, per esempio l'acido acetico, che in tal caso si comporta da base. In questa situazione si verifica che l'acido perclorico è più forte dell'acido cloridrico.

Gli acidi che seguono sono classificati come *acidi deboli* perché sono tutti più deboli dello ione ossonio: la forza di questi acidi diminuisce andando verso il basso via via che il valore di Ka diventa sempre più piccolo e l'equilibrio di ionizzazione è sempre più spostato a sinistra. Tanto più il valore di Ka è piccolo, tanto più in soluzione acquosa prevalgono le molecole di acido non ionizzate (▸ Figura 1B).

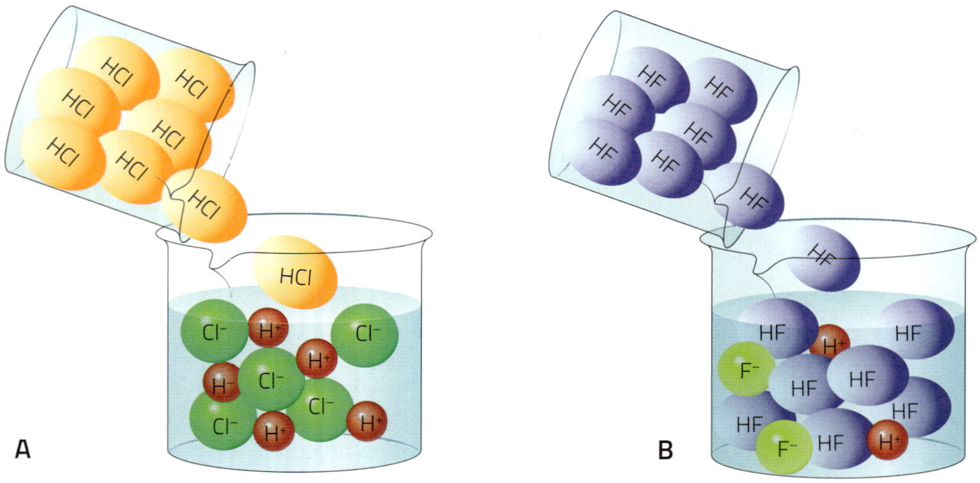

Gli **acidi forti** in soluzione acquosa si ionizzano completamente, mentre gli **acidi deboli** si ionizzano solo parzialmente.

PER SAPERNE DI PIÙ

Acqua minerale: liscia o gassata?

Quando sgorgano dalle sorgenti, le acque minerali possono essere neutre, acide o basiche. Se le acque basiche e neutre vengono gassate, cioè addizionate con anidride carbonica, diventano acide. Questo si spiega in quanto l'anidride carbonica reagisce con l'acqua producendo ioni H_3O^+ in base al seguente equilibrio:

$$CO_2(aq) + 2\,H_2O(l) \rightleftarrows HCO_3^-(aq) + H_3O^+(aq)$$

In questo modo l'acqua si conserva più a lungo perché l'ambiente acido impedisce lo sviluppo di colonie batteriche. Anche l'acqua distillata discioglie l'anidride carbonica presente nell'aria e proprio per questo ha un pH minore di 7.

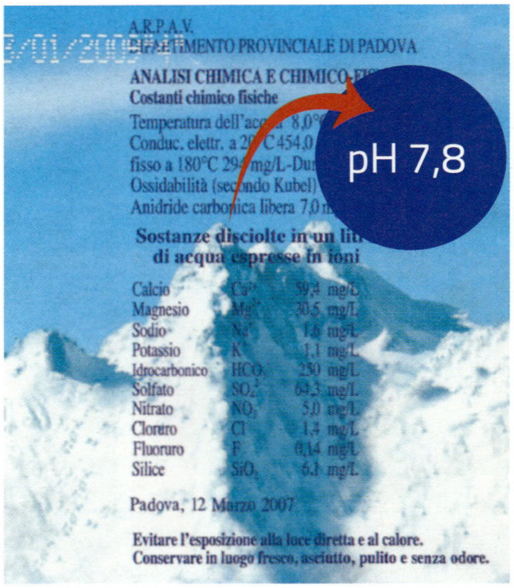

▸ **Figura 1**
A. Tutte le molecole di un acido forte, come l'acido cloridrico, sono completamente ionizzate in acqua.
B. Solo alcune molecole di un acido debole, come l'acido fluoridrico, si ionizzano nell'acqua.

▸ **Tabella 1** Valori della costante di ionizzazione in acqua dei principali acidi, determinati alla temperatura di 25 °C.

Acido	Formula	Ka
acido perclorico	$HClO_4$	
acido iodidrico	HI	
acido bromidrico	HBr	
acido cloridrico	HCl	
acido solforico	H_2SO_4	
acido nitrico	HNO_3	
ione ossonio	H_3O^+	55
acido iodico	HIO_3	$1{,}7 \cdot 10^{-1}$
acido ossalico	$H_2C_2O_4$	$5{,}9 \cdot 10^{-2}$
acido solforoso	H_2SO_3	$1{,}5 \cdot 10^{-2}$
ione idrogenosolfato	HSO_4^-	$1{,}2 \cdot 10^{-2}$
acido fosforico	H_3PO_4	$7{,}5 \cdot 10^{-3}$
acido *d*-tartarico	$H_2C_4H_4O_6$	$1{,}0 \cdot 10^{-3}$
acido citrico	$H_3C_6H_5O_7$	$7{,}1 \cdot 10^{-4}$
acido nitroso	HNO_2	$4{,}6 \cdot 10^{-4}$
acido fluoridrico	HF	$3{,}5 \cdot 10^{-4}$
acido formico	$HCOOH$	$1{,}8 \cdot 10^{-4}$
acido lattico	$HC_3H_5O_3$	$1{,}4 \cdot 10^{-4}$
acido *l*-ascorbico	$H_2C_6H_6O_6$	$7{,}9 \cdot 10^{-5}$
acido benzoico	C_6H_5COOH	$6{,}5 \cdot 10^{-5}$
acido acetico	CH_3COOH	$1{,}8 \cdot 10^{-5}$
acido carbonico	H_2CO_3	$4{,}3 \cdot 10^{-7}$
ione idrogenosolfito	HSO_3^-	$1{,}0 \cdot 10^{-7}$
acido solfidrico	H_2S	$9{,}1 \cdot 10^{-8}$
ione diidrogenofosfato	$H_2PO_4^-$	$6{,}2 \cdot 10^{-8}$
acido ipocloroso	$HClO$	$3{,}0 \cdot 10^{-8}$
acido borico	H_3BO_3	$7{,}3 \cdot 10^{-10}$
acido cianidrico	HCN	$4{,}9 \cdot 10^{-10}$
ione idrogenocarbonato	HCO_3^-	$5{,}6 \cdot 10^{-11}$
ione idrogenosolfuro	HS^-	$1{,}1 \cdot 10^{-12}$
ione idrogenofosfato	HPO_4^{2-}	$2{,}2 \cdot 10^{-13}$

Try yourself

The following diagrams represent aqueous solutions of acids HX, HY, and HZ, with water molecules omitted for clarity. Rank the acids from strongest to weakest. Explain.

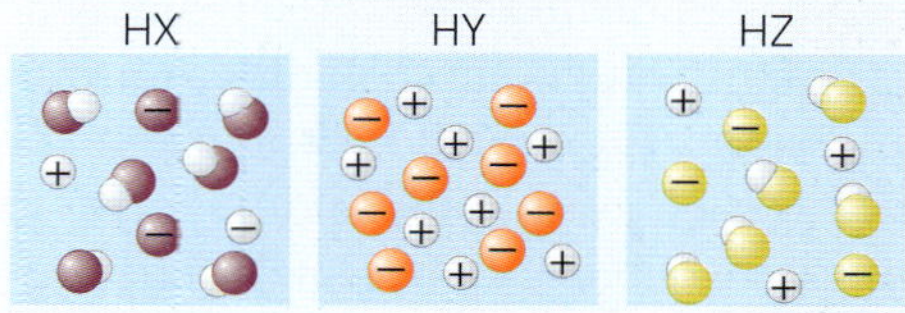

....

....

....

....

La ▸ Tabella 1 è utile perché mostra immediatamente che ciascun acido è più forte di tutti quelli che lo seguono o, viceversa, che ogni acido è più debole di tutti quelli che lo precedono. Nella tabella si vede anche che alcuni acidi possono ionizzarsi liberando in fasi successive più di un protone per molecola: i protoni degli acidi poliprotici non vengono liberati con la stessa forza, come si vede dai diversi valori di Ka.

Per esempio, in acqua l'acido solforico è un acido forte e infatti l'equilibrio di prima ionizzazione di fatto è completamente spostato a destra (si può rappresentare con una sola freccia) e il valore di Ka è molto grande:

$$H_2SO_4(aq) + H_2O(l) \rightarrow H_3O^+(aq) + HSO_4^-(aq)$$

Il secondo protone invece si libera con più difficoltà, perché lo ione HSO_4^- è un acido meno forte di H_2SO_4; infatti il valore di Ka ($1{,}2 \cdot 10^{-2}$) indica che l'equilibrio è spostato a sinistra:

$$HSO_4^-(aq) + H_2O(l) \rightleftarrows H_3O^+(aq) + SO_4^{2-}(aq)$$

Le due equazioni offrono l'occasione per ribadire che il primo equilibrio è completamente spostato a destra perché H_2SO_4 è un acido più forte dello ione H_3O^+ (acido coniugato della base H_2O); viceversa, il secondo equilibrio è spostato a sinistra perché è lo ione H_3O^+ a essere più forte dello ione HSO_4^-.

Basi forti e basi deboli

Gli idrossidi di sodio e di potassio, e più in generale gli idrossidi dei metalli alcalini e alcalino-terrosi, quando si sciolgono in acqua si dissociano completamente liberando ioni OH^- e per questo sono da considerarsi basi forti. Le basi deboli invece sono solitamente sostanze che reagiscono con l'acqua strappando protoni alle sue molecole. Per questo l'equilibrio di una generica base :B in soluzione acquosa può essere rappresentato, come sappiamo, dalla seguente equazione:

$$:B(aq) + H_2O(l) \rightleftarrows OH^-(aq) + BH^+(aq)$$

La forza di una base viene espressa dalla *costante di ionizzazione basica* (*Kb*).

Con un ragionamento simile a quello fatto per gli acidi, la Kb viene definita dalla seguente espressione, ottenuta considerando costante la concentrazione di H_2O:

$$Kb = \frac{[OH^-][BH^+]}{[:B]}$$

In generale, una base è tanto più forte quanto più facilmente acquista un protone dall'acqua, cioè quanto più alto è il valore della **costante di ionizzazione basica Kb.**

Naturalmente anche per le basi è possibile costruire una tabella in cui esse siano disposte in ordine a seconda della loro forza (▶ Tabella 2).

Il significato delle costanti di ionizzazione acida e basica consente un'importante riflessione. Ogni acido, come sappiamo già, ionizzandosi dà origine alla sua base coniugata e tanto più l'acido è forte (cioè la sua Ka è grande), tanto più la base coniugata è debole (cioè la sua Kb deve essere piccola).

Ci deve essere quindi una relazione tra queste due grandezze che tenga conto che i valori di Ka e Kb sono stati ottenuti in soluzione acquosa. Si può dimostrare che la relazione è la seguente:

$$Kb \cdot Ka = Kw$$

Si può dire che, per una data coppia acido-base coniugata, Ka e Kb sono inversamente proporzionali: infatti il loro prodotto è costante ed è proprio uguale a Kw.

▶ **Tabella 2** Valori della costante di ionizzazione in acqua di alcune basi, alla temperatura di 25 °C. Lo ione OH^- deriva dalla dissociazione di basi forti come NaOH o $Ba(OH)_2$.

Base	Formula	Kb
ione ossidrile	OH^-	55
dietilammina	$(C_2H_5)_2NH$	$1{,}0 \cdot 10^{-3}$
etilammina	$C_2H_5NH_2$	$6{,}5 \cdot 10^{-4}$
dimetilammina	$(CH_3)_2NH$	$5{,}4 \cdot 10^{-4}$
metilammina	CH_3NH_2	$3{,}6 \cdot 10^{-4}$
trimetilammina	$(CH_3)_3N$	$6{,}5 \cdot 10^{-5}$
ammoniaca	NH_3	$1{,}8 \cdot 10^{-5}$
idrazina	NH_2NH_2	$1{,}7 \cdot 10^{-6}$
morfina	$C_{17}H_{19}O_3N$	$1{,}6 \cdot 10^{-6}$
nicotina	$C_{10}H_{14}N_2$	$1{,}0 \cdot 10^{-6}$
ossidrilammina	NH_2OH	$1{,}1 \cdot 10^{-8}$
piridina	C_5H_5N	$1{,}8 \cdot 10^{-9}$
anilina	$C_6H_5NH_2$	$4{,}3 \cdot 10^{-10}$
urea	$CO(NH_2)_2$	$1{,}3 \cdot 10^{-14}$
acqua	H_2O	$1{,}8 \cdot 10^{-16}$

Prova tu 1

Lo ione ammonio (NH_4^+) è l'acido coniugato della base ammoniaca.
Determina la Ka dello ione.

....

Calcolo del pH di soluzioni acquose

Come abbiamo già detto nella lezione precedente, il pH di una soluzione può essere ottenuto attraverso misure sperimentali. Puntualizziamo ora come è possibile determinare con buona approssimazione il valore di pH di una soluzione anche attraverso calcoli.

Consideriamo per esempio il caso di una soluzione acquosa di un acido (HA) con concentrazione 0,050 M. L'indicazione «0,050 M» va intesa come «concentrazione nominale» perché non dà alcuna informazione sulla concentrazione delle specie in soluzione; più semplicemente, essa ci dice che la soluzione è stata preparata sciogliendo 0,050 mol di acido per ogni litro di soluzione.

Ora facciamo l'ipotesi che l'acido sia forte, cioè completamente ionizzato: in questo caso ogni mole di acido genera una mole di H_3O^+ e, di conseguenza, la concentrazione degli ioni H_3O^+ vale proprio 0,050 M. Quindi si calcola il pH:

$$pH = -\log [H_3O^+] = -\log 0{,}050 = 1{,}3.$$

Possiamo quindi dare un'indicazione di carattere generale; per determinare con buona approssimazione il pH di una soluzione acquosa di un acido forte monoprotico si calcola il logaritmo negativo della sua concentrazione nominale:

$$pH = -\log [HA]$$

Consideriamo invece il caso in cui HA sia un acido debole; supponiamo, per esempio, di voler calcolare il pH di una soluzione di acido acetico con concentrazione nominale 0,050 M. In questo caso la concentrazione di H_3O^+ è sicuramente molto minore di 0,050 M e per calcolarla occorre considerare l'equilibrio che si stabilisce in acqua e la corrispondente Ka:

$$CH_3COOH(aq) + H_2O(l) \rightleftarrows H_3O^+(aq) + CH_3COO^-(aq)$$

$$Ka = \frac{[H_3O^+]\,[CH_3COO^-]}{[CH_3COOH]} = 1{,}8 \cdot 10^{-5}$$

Considerando trascurabili gli ioni prodotti dall'autoionizzazione dell'acqua, possiamo stabilire la seguente uguaglianza:

$$[H_3O^+] = [CH_3COO^-]$$

Nei casi in cui il valore di Ka è minore di 10^{-4}, si può trascurare la piccola frazione di molecole di acido ionizzate e quindi la concentrazione di CH_3COOH può essere considerata uguale a quella nominale: $[CH_3COOH] = 0{,}050$ M.

In seguito a queste approssimazioni possiamo scrivere:

$$\frac{[H_3O^+]^2}{0{,}050} = 1{,}8 \cdot 10^{-5}$$

$$\text{da cui} \quad [H_3O^+] = \sqrt{9{,}0 \cdot 10^{-7}} = 9{,}5 \cdot 10^{-4}$$

$$pH = -\log\,[H_3O^+] = -\log 9{,}5 \cdot 10^{-4} = 3{,}0$$

Come era prevedibile a parità di concentrazione nominale la soluzione dell'acido debole è meno acida e quindi il suo pH è maggiore di quello dell'acido forte.

Possiamo dunque concludere con una seconda indicazione di carattere generale; la relazione per calcolare, con buona approssimazione, il pH di una soluzione acquosa di un acido debole con concentrazione nominale [HA] è la seguente:

$$\mathbf{pH = -\log \sqrt{Ka\,[HA]}}$$

Sviluppando per le basi considerazioni analoghe a quelle fatte per le soluzioni acide, la relazione per calcolare, con buona approssimazione, il pOH di una soluzione acquosa di una base debole con concentrazione nominale [:B] è la seguente:

$$\mathbf{pOH = -\log \sqrt{Kb\,[:B]}}$$

Nel caso di basi forti, come gli idrossidi dei metalli alcalini, la concentrazione molare degli ioni OH^- corrisponde alla concentrazione nominale della base e il pOH si calcola quindi nel seguente modo:

$$\mathbf{pOH = -\log\,[:B]}$$

Per gli idrossidi dei metalli alcalino-terrosi il calcolo è simile ma occorre ricordare che la concentrazione molare di OH^- è il doppio di quella nominale della base.

Infine se è noto il pOH di una soluzione il corrispondente pH si ottiene rapidamente con il seguente calcolo:

$$\mathbf{pH = 14 - pOH}$$

Prova tu 2

Quale tra i seguenti valori può essere il pH di una soluzione di HCl $1{,}00 \cdot 10^{-8}$ mol/L? Motiva la risposta.

a) 8,00 b) 1,00 c) 6,98

....

....

....

....

....

PER SAPERNE DI PIÙ

Anche le formiche, nel loro piccolo, sono acide

La cartina all indicatore universale su cui passeggiano alcune formiche ci fa capire che questi insetti sono in grado di secernere sostanze a carattere acido. In generale, possiamo dire che le sostanze acide che si trovano negli organismi viventi e che da questi vengono prodotte fanno parte di una categoria di acidi chiamati acidi organici. In particolare le formiche, soprattutto le formiche rosse, producono l'acido il cui nome tradizionale è appunto **acido formico**. Nonostante si tratti di un acido debole, è tra i più forti tra gli acidi organici, più forte dell'acido acetico. È un liquido corrosivo, tossico e in grado di produrre vesciche sulla pelle. L'acido formico accompagna anche le punture delle api e si trova anche nelle ortiche, il cui effetto «urticante» è noto a tutti.

Videolezione in digitale
Calcolare il pH di una soluzione

Esercizi 4 La forza degli acidi e delle basi

1 Considera i valori del pH di una serie di soluzioni di acidi differenti alla stessa concentrazione molare.
Qual è la soluzione dell'acido più debole? Motiva la risposta.

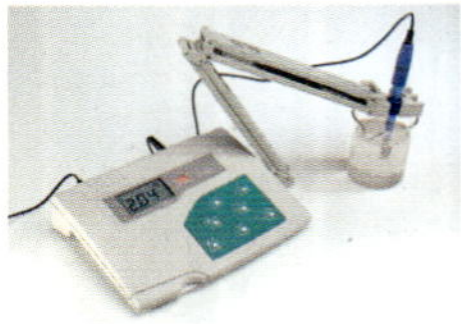

A 2,04

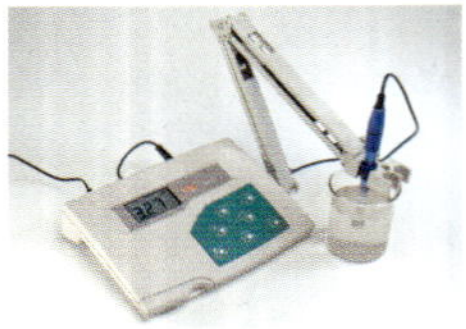

B 3,27

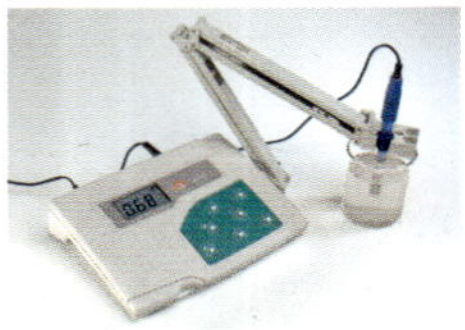

C 0,68

....

....

....

2 HX e HY sono le formule di due generici acidi; quale acido ha la Ka minore?

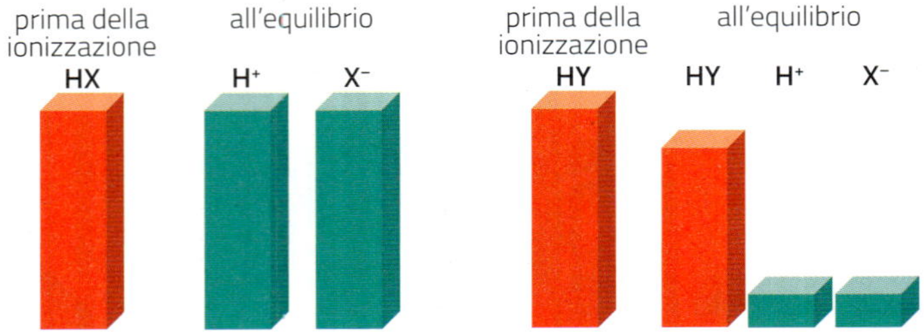

....

3 In relazione alla forza degli acidi e delle basi, indica l'unica affermazione *sbagliata*.

A Gli equilibri acido-base sono spostati verso l'acido e la base più deboli
B Un acido è tanto più forte quanto maggiore è la sua tendenza a cedere un protone all'acqua
C Se un acido è forte anche la sua base coniugata deve essere ugualmente forte
D Un acido è tanto più forte quanto più grande è il valore di Ka
E L'equilibrio di ionizzazione di una base debole è tanto più spostato a sinistra quanto più è piccolo il valore di Kb

4 Il pH di una soluzione di H_3BO_3 0,1 M è maggiore del pH di una soluzione di HNO_2 0,1 M, Motiva questa affermazione in relazione alla costante di ionizzazione acida.

....

....

....

5 In 250 mL di una soluzione acquosa ci sono 0,025 mol di un acido forte monoprotico HA. Calcola il pH della soluzione.

....

6 Calcola il pH di una soluzione dell'acido debole HNO_2 con concentrazione 0,10 mol/L.

....

7 Su una bottiglia che contiene una soluzione è riportata la seguente indicazione: CH_3COOH 0,10 M. Uno studente preleva 100 mL di questa soluzione e ne calcola il pH. Qual è il valore?

A 1 B 2,9 C 2 D 5,7 E 3,5

8 In un becher ci sono 50 mL di una soluzione avente pH = 1,5; in un altro becher ci sono 150 mL di soluzione con pH = 2,1. Sulla base di queste sole informazioni quale affermazione è sicuramente vera?

A L'acido con cui è stata preparata la prima soluzione è più forte di quello presente nella seconda
B L'acido con cui è stata preparata la prima soluzione è più debole di quello presente nella seconda
C La concentrazione nominale della prima soluzione è maggiore della concentrazione della seconda
D La concentrazione nominale della seconda soluzione è maggiore della concentrazione della prima
E Nella prima soluzione la concentrazione degli ioni H_3O^+ è maggiore di quella della seconda soluzione

9 Le seguenti immagini rappresentano due soluzioni acquose di due diversi acidi monoprotici.

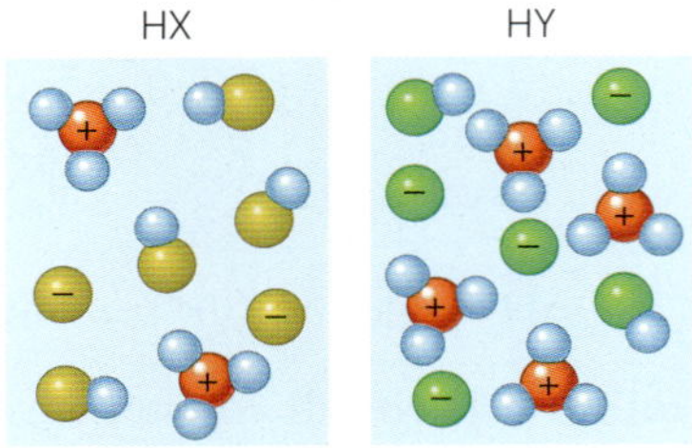

a) Qual è l'acido più forte? ....
b) Qual è la base più forte, X^- o Y^-? ....

10 Un aceto di vino contiene il 7,1% *m/V* di acido acetico. Calcola il pH di questo aceto. ....

11 Considera le soluzioni acquose elencate e ordinale in base al pH crescente.

a) NH_3 0,1 mol/L
b) HNO_3 0,1 mol/L
c) KOH 0,1 mol/L
d) HNO_3 0,001 mol/L
e) $(C_2H_5)_2NH$ 0,1 mol/L

....

12 Il pH di una soluzione 0,056 M di una base debole vale 9,0. Calcola il valore di Kb della base.

A 10^{-9}
B 10^{-5}
C $5{,}6 \cdot 10^{-9}$
D $1{,}8 \cdot 10^{-9}$
E $1{,}8 \cdot 10^{-17}$

13 In 250 mL of solution 0.10 g of sodium hydroxide is present. Calculate the pH of the solution. ....

14 a) Given that Ka for acetic acid is $1.8 \cdot 10^{-5}$ and that for hypochlorous acid is $3.0 \cdot 10^{-8}$, which is the stronger acid?

....

b) Which is the stronger base, the acetate ion or the hypochlorite ion? Explain your answer.

....

c) Calculate the Kb values for CH_3COO^- and ClO^-.

....

15 A particular sample of vinegar has a pH of 2.90. If acetic acid is the only acid that vinegar contains, calculate the concentration of acetic acid in the vinegar. ....

5 Idrolisi e sistemi tampone

Mescolando quantità equivalenti di un acido e di una base non sempre si ottiene una soluzione neutra perché il sale che si forma può dare idrolisi basica o acida

Reazione tra un acido forte e una base forte

Per spiegare ancora meglio che cosa si intende per reazione di neutralizzazione supponiamo di mescolare 25 mL di HNO_3 0,1 M e un ugual volume di NaOH 0,1 M.

Dato che HNO_3 è un acido forte, la sua soluzione contiene, oltre alle molecole di acqua, ioni H_3O^+, ioni NO_3^- e in concentrazione trascurabile ioni OH^-.

La soluzione di NaOH contiene, oltre alle molecole di acqua, ioni Na^+, ioni OH^- nonché una quantità trascurabile di ioni H_3O^+.

La reazione di neutralizzazione scritta in forma ionica è la seguente:

$$H_3O^+(aq) + NO_3^-(aq) + Na^+(aq) + OH^-(aq) \rightleftarrows 2\,H_2O(l) + Na^+(aq) + NO_3^-(aq)$$

Tralasciando gli ioni spettatori l'equazione diviene più semplicemente la seguente:

$$H_3O^+(aq) + OH^-(aq) \rightleftarrows 2\,H_2O(l)$$

Questa equazione rappresenta la reazione inversa di quella di autoionizzazione dell'acqua e pertanto ha una costante di equilibrio molto grande. Dato che nell'esempio considerato gli ioni H_3O^+ derivanti dell'acido e gli ioni OH^- derivanti dalla base sono in numero uguale, la reazione si conclude in una condizione di neutralità: la soluzione risultante contiene soltanto gli ioni H_3O^+ e OH^- liberati dalla autoionizzazione dell'acqua e di conseguenza il pH della soluzione è 7.

Per raggiungere la situazione finale di neutralità è indispensabile che le soluzioni contengano acido e base forti in quantità stechiometricamente equivalenti, tali cioè da fornire ioni H_3O^+ e OH^- in numero uguale (▶ Figura 1).

Tutte le volte che si mescolano le soluzioni di un acido forte e di una base forte in quantità stechiometricamente equivalenti si ottiene una soluzione neutra (pH = 7).

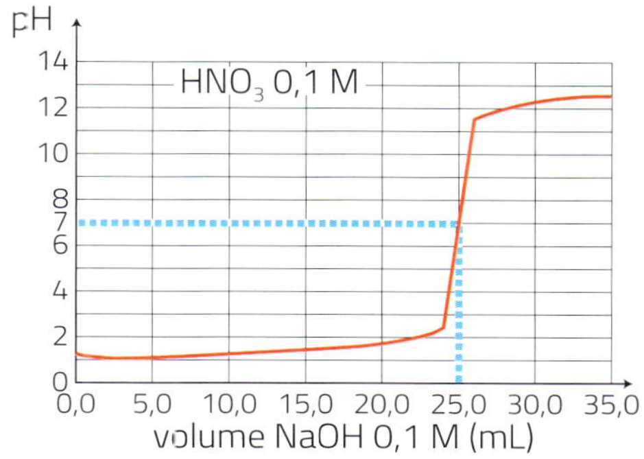

▶ **Figura 1** Una titolazione acido-base può essere eseguita anche misurando progressivamente il pH della soluzione dopo l'aggiunta di volumi noti di soluzione titolante. Il pH aumenta in modo netto soltanto in prossimità del cosiddetto *punto equivalente*, cioè la situazione in cui la quantità di base aggiunta è stechiometricamente equivalente a quella dell'acido. Al punto equivalente il pH è esattamente 7.

Reazione tra un acido e una base che hanno diversa forza

Vediamo ora che cosa accade quando la reazione di neutralizzazione avviene tra una base forte (per esempio NaOH) e un acido debole (per esempio CH_3COOH). Consideriamo anche in questo caso 25 mL di acido con concentrazione 0,1 M; sappiamo già che in soluzione sono presenti, oltre alle molecole di acqua, soprattutto molecole di acido, una piccola quantità di ioni H_3O^+ e CH_3COO^- dovuta alla parziale ionizzazione e una quantità trascurabile di ioni OH^-. Rispetto all'analoga soluzione di HNO_3 la concentrazione degli ioni H_3O^+ quindi è molto più bassa, infatti il pH della soluzione non è 1 come per l'acido nitrico bensì 2,9.

In base a queste informazioni potremmo pensare che sia sufficiente una piccola quantità di NaOH 0,1 M per neutralizzare i pochi ioni H_3O^+ eppure non è così: se si effettua una titolazione si dimostra che anche in questo caso occorre aggiungere lo stesso volume utilizzato per HNO_3, cioè 25 mL di NaOH. Cerchiamo ora di spiegare la ragione di questo fatto. In effetti già le prime gocce di soluzione di NaOH aggiunte contengono una quantità di ioni OH^- probabilmente sufficiente a reagire con i pochi ioni H_3O^+ presenti in soluzione; però quando gli ioni H_3O^+ reagiscono sono sottratti all'equilibrio e di conseguenza, in base al principio di Le Châtelier, il sistema tende a riformarne altri.

Continuando ad aggiungere NaOH l'equilibrio continua a spostarsi verso destra finché tutte le molecole di acido non si saranno ionizzate (▶ Figura 2).

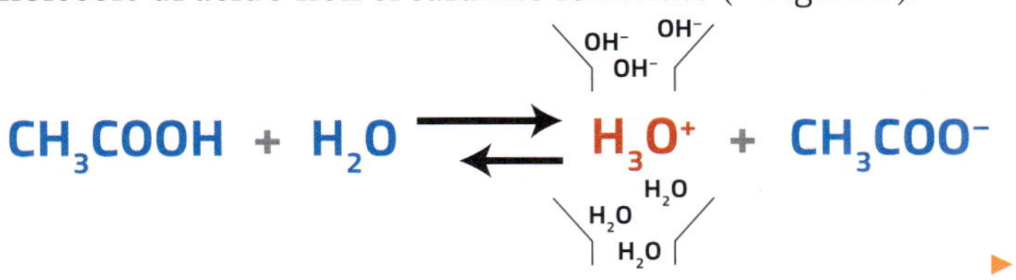

▶ Figura 2

Prova tu 1

Supponi di mescolare 20,0 mL di soluzione di HCl 0,100 M con una soluzione di NaOH 0,200 M. Qual è il volume di soluzione basica che deve essere aggiunto per avere una soluzione neutra?

....

....

....

....

....

....

Video in digitale
La titolazione acido-base

In conclusione, anche per neutralizzare 25 mL di CH_3COOH 0,1 M occorrono 25 mL di NaOH 0,1 M.

In generale, gli acidi deboli, come quelli forti, sono neutralizzati da una quantità stechiometricamente equivalente di base.

Occorre osservare che, a seguito della reazione di neutralizzazione dell'acido acetico descritta sopra, si ottiene una soluzione non più neutra ma basica con un pH prossimo a 8,7 (▶ Figura 3). Per spiegare il risultato consideriamo i prodotti della reazione, acqua e acetato di sodio (CH_3COONa). Lo ione CH_3COO^- derivante dal sale, essendo la base coniugata di un acido debole, è una base sufficientemente forte da stabilire con l'acqua il seguente equilibrio:

$$CH_3COO^-(aq) + H_2O(l) \rightleftarrows CH_3COOH(aq) + OH^-(aq)$$

Anche se questo equilibrio è spostato verso sinistra ($Kb = 5{,}6 \cdot 10^{-10}$), la formazione degli OH^- è sufficiente a modificare l'equilibrio ionico dell'acqua e il pH risulta basico.

Quando un acido debole viene neutralizzato da una quantità stechiometricamente equivalente di base forte si ottiene una soluzione a carattere basico, cioè con $pH > 7$.

In modo del tutto analogo possiamo considerare il caso delle reazioni di neutralizzazione tra un acido forte e una base debole. Anche se la base è debole, la quantità di acido forte necessaria per la neutralizzazione è la stessa di quella che occorrerebbe se la base fosse forte. La soluzione finale, come nel caso precedente, non è neutra dal momento che l'acido coniugato della base debole è sufficientemente forte da reagire con l'acqua facendo aumentare la concentrazione degli ioni H_3O^+.

Quando una base debole viene neutralizzata da una quantità stechiometricamente equivalente di acido forte si ottiene una soluzione a carattere acido, cioè con $pH < 7$.

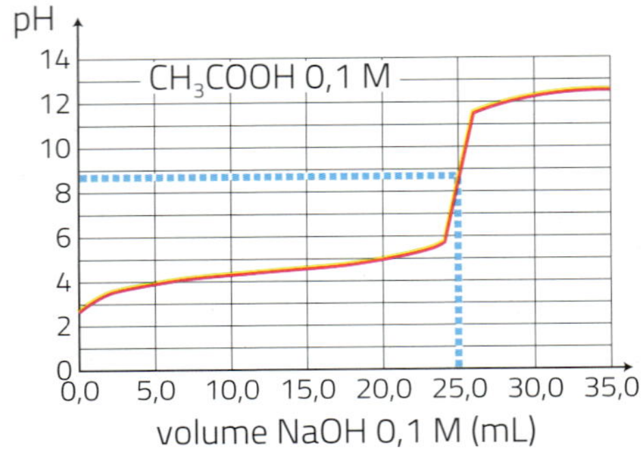

▶ **Figura 3** La curva di titolazione dell'acido debole CH_3COOH ha un andamento simile a quella già vista per l'acido forte HNO_3. A parità di concentrazione nominale iniziale, le differenze che si osservano sono il pH iniziale e il pH al punto equivalente: in entrambi i casi i valori misurati per l'acido debole sono maggiori.

L'idrolisi dei sali

Alcuni sali sciolti in acqua liberano ioni che possono reagire con l'acqua dando luogo a trasferimento di protoni secondo il meccanismo della reazione acido-base e in questo caso si parla di *idrolisi*.

Supponiamo, per esempio, di sciogliere in acqua il nitrito di potassio (KNO_2):

- la soluzione contiene cationi (K^+) che possiamo considerare come originati da una base forte (KOH) e che non possono influenzare l'equilibrio di ionizzazione dell'acqua;
- nella soluzione sono presenti anche gli anioni (NO_2^-) che «derivano» da un acido debole (HNO_2) e quindi si comportano da basi nei confronti dell'acqua influenzandone la neutralità secondo il seguente equilibrio:

$$H_2O(l) + NO_2^- \rightleftarrows OH^-(aq) + HNO_2(aq)$$

L'aumento della concentrazione degli ioni OH^- fa sì che il pH sia maggiore di 7.

Tutti i sali costituiti dal catione di una base forte e dall'anione di un acido debole danno origine in acqua a **idrolisi basica**, cioè danno soluzioni con $pH > 7$.

La concentrazione degli ioni OH^- dipende dalla concentrazione del sale, *Cs*, più precisamente dalla concentrazione degli anioni che il sale libera, e dalla costante di acidità dell'acido debole da cui deriva l'anione.

$$[OH^-] = \sqrt{\frac{Kw}{Ka} Cs}$$

Anche senza effettuare calcoli è facile dedurre che la concentrazione di OH^-, e quindi il pH, è tanto più alta quanto più alta è la concentrazione del sale e quanto più piccolo è il valore di Ka, cioè tanto più debole è l'acido il cui anione è presente nel sale.

Consideriamo ora il caso dei sali formati dall'anione di un acido forte e dal catione di una base debole.

Tutti i sali costituiti dall'anione di un acido forte e dal catione di una base debole danno origine in acqua a **idrolisi acida**, cioè danno soluzioni con $pH < 7$.

Prova tu 2

Considera una soluzione acquosa di ipoclorito di sodio (NaClO) con concentrazione 0,10 mol/L. Calcola il valore del pH.

....

....

La concentrazione degli ioni H_3O^+ può essere calcolata con la seguente relazione:

$$[H_3O^+] = \sqrt{\frac{Kw}{Kb}Cs}$$

Anche in questo caso si può dedurre che la concentrazione degli ioni H_3O^+ è tanto più alta quanto più è basso il valore di Kb, cioè quanto più debole è la base e quanto maggiore è la concentrazione del sale.

In relazione ai sali costituiti da ioni di diversa forza, possiamo dire che se Ka > Kb l'idrolisi del sale dà soluzioni con pH < 7 e se Ka < Kb l'idrolisi del sale dà soluzioni con pH > 7.

Le soluzioni di sali formati da un acido forte e da una base forte sono sempre neutre. Può accadere che anche nel caso di sali formati da un acido debole e da una base debole il pH sia prossimo a 7. Per esempio, nel caso di una soluzione acquosa di acetato di ammonio (CH_3COONH_4) il pH è proprio 7 perché la Ka di CH_3COOH e la Kb di NH_3 sono uguali.

Prova tu 3

Calcola il pH di una soluzione di bromuro di ammonio (NH_4Br) con concentrazione 0,50 M

....

Un freno per il pH: le soluzioni tampone

È facile verificare che il pH dell'acqua distillata cambia sensibilmente quando si aggiungono a essa quantità anche modeste di acidi o di basi forti (▶ Figura 4A). Ci sono invece altri sistemi che sono assai meno sensibili alle aggiunte di un acido o di una base (▶ Figura 4B).

Si chiamano **soluzioni tampone** i sistemi chimici che hanno la caratteristica di conservare quasi inalterato il pH, anche se si aggiungono acidi o basi forti.

Per spiegare come funziona un sistema tampone, consideriamo una soluzione ottenuta sciogliendo in acqua NH_3 e NH_4Cl, cioè una base debole e il suo acido coniugato (NH_4^+) derivante dal sale.

Se al sistema si aggiungono alcune gocce di una soluzione di un acido forte, gli ioni H_3O^+ danno luogo al seguente equilibrio:

$$H_3O^+(aq) + NH_3(aq) \rightleftharpoons NH_4^+(aq) + H_2O(l)$$

Questo equilibrio è spostato a destra: in buona parte gli ioni H_3O^+ derivanti dall'acido forte vengono consumati a favore degli ioni NH_4^+, la cui influenza sul pH è assai meno rilevante. Se invece si aggiungono alcune gocce di una soluzione di base forte, si stabilisce il seguente equilibrio, anche questo assai spostato a destra:

$$OH^-(aq) + NH_4^+(aq) \rightleftharpoons NH_3(aq) + H_2O(l)$$

In altre parole, gli ioni OH^- vengono neutralizzati dagli ioni NH_4^+ e, di conseguenza, non si verificano variazioni apprezzabili di pH.

In generale, un **sistema tampone** è costituito da una soluzione acquosa di una base debole e del suo acido coniugato, oppure da una soluzione acquosa di un acido debole e della sua base coniugata.

I tamponi NH_3/NH_4^+, essendo costituiti da una base debole e da un sale della base debole, sono in grado di tamponare il pH in ambiente basico (pH > 7).

Invece una soluzione tampone che consente di tamponare il pH in campo acido (pH < 7) è costituita da una soluzione di un acido debole, per esempio CH_3COOH, e della sua base coniugata, CH_3COO^-, fornita sciogliendo un sale, come CH_3COONa.

A conclusione di quanto detto, presentiamo le due espressioni che consentono di ricavare il pH di un sistema tampone.

tampone acido

concentrazione nominale dell'acido

$$[H_3O^+] = Ka\frac{[HA]}{[A^-]}$$

concentrazione nominale del sale

tampone basico

concentrazione nominale della base

$$[OH^-] = Kb\frac{[:B]}{[BH^+]}$$

concentrazione nominale del sale

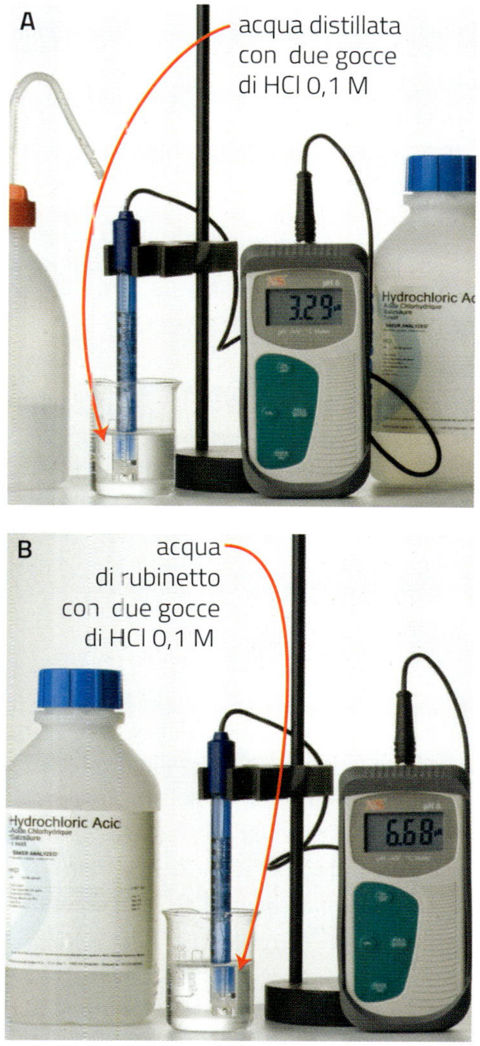

▶ **Figura 4**
A. Il pH dell'acqua distillata, con l'aggiunta dell'acido, varia in modo marcato, di almeno due unità.
B. Il pH dell'acqua di rubinetto non cambia sensibilmente con l'aggiunta dell'acido.

Esercizi 5 Idrolisi e sistemi tampone

1 Se a un acido si aggiunge una base, il pH:

A aumenta sempre
B diminuisce sempre
C non varia
D diventa sempre 7
E diventa sempre maggiore di 7

2 In un becher sono contenuti 50 mL di HCl 0,10 M. Qual è il volume di NaOH 0,20 M necessario per portare a 7 il pH della soluzione?

A 100 mL B 50 mL C 25 mL D 5 mL E 500 mL

3 Seguendo l'esempio della prima riga, completa la tabella relativa al pH di soluzioni preparate con sali:

Sale	Acido da cui deriva	Base da cui deriva	pH della soluzione
KNO_2	HNO_2 debole	KOH forte	> 7
NaF			
$NaNO_3$			
NH_4Cl			

4 Le soluzioni acquose di cianuro di sodio (NaCN) hanno un pH maggiore di 7. Qual è lo ione che altera l'equilibrio di autoionizzazione dell'acqua? Scrivi l'equazione dell'equilibrio acido base che spiega la tua risposta.

....

5 Se si scioglie in acqua il solfato di ammonio si osserva che la soluzione ha un pH minore di 7. Quale altra soluzione occorre aggiungere per creare un sistema tampone con pH maggiore di 7?

....

6 Calcola il pH di una soluzione di KCN la cui concentrazione è 0,250 mol/L.

....

7 In un becher c'è una soluzione 0,1 M di acetato di sodio e in un altro una soluzione 1 M di acetato di potassio. Qual è la soluzione che ha il pH maggiore?

A Nessuna, entrambe le soluzioni saline sono neutre
B La prima, perché Na^+ è una base più forte di K^+
C La seconda, perché Na^+ è una base più debole di K^+
D La prima, perché $[CH_3COO^-]$ è minore
E La seconda, perché $[CH_3COO^-]$ è 10 volte maggiore

8 Quale soluzione aggiunta a 100 mL di HCl 1,0 M *non* causa variazione del pH?

A 100 mL di NaOH 0,1 M
B 1000 mL di acqua distillata
C 100 mL di NH_3 1,0 M
D 100 mL di KOH 1 M
E 50 mL di HNO_3 1,0 M

9 Un sistema tampone viene preparato mescolando 50 mL di una soluzione di CH_3COOH 1,0 M con 50 mL di una soluzione di CH_3COONa 1,0 M. Qual è il pH?

....

10 La neutralizzazione di quale soluzione ha determinato questa curva di titolazione?

A NH_3 0,5 M
B HNO_3 0,1 M
C HCl 0,2 M
D $Ca(OH)_2$ 0,01 M
E NH_3 1 M

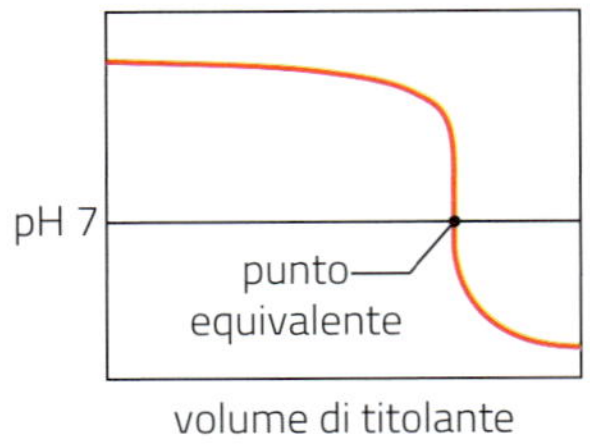

11 Si mescolano 500 mL di CH_3COONa 1 M con 500 mL di HCl 0,5 M. A questo punto disponiamo di un sistema tampone con pH < 7. Spiega come è possibile. (Suggerimento: l'equilibrio $H_3O^+ + CH_3COO^- \rightleftarrows CH_3COOH + H_2O$ ha $K_c > 10^4$)

....

....

12 Calcola il pH di una soluzione che contiene 1,64 g di acetato di sodio (MM = 82,03 g/mol) in 250 mL di soluzione.

....

13 Considera una soluzione 0,1 M di fosfato di potassio e una soluzione 0,1 M di nitrito di sodio. Senza bisogno di effettuare calcoli indica quale soluzione ha il maggiore valore di pH.

A La seconda perché il fosfato di potassio dà idrolisi acida
B Nessuna, il pH è 7 per entrambe le soluzioni
C La seconda perché HNO_2 è un acido monoprotico
D La prima perché la Ka di HPO_4^{2-} è minore di quella di HNO_2
E Non è possibile rispondere se non è noto il volume

14 In un becher ci sono 50 mL di acido acetico 0,2 M; la soluzione viene titolata utilizzando una soluzione 0,2 M di KOH. Qual è il pH della soluzione al punto equivalente?

....

15 A certain buffer is made by dissolving $NaHCO_3$ and Na_2CO_3 in some water. Write equations to show how this buffer neutralizes added H_3O^+ and OH^-.

....

16 «Although gastric juice is normally very acidic, overeating or tension can cause the stomach to produce too much acid and make us suffer from the feelings called heart burn and acid indigestion. The conventional remedy for excess stomach acidity is to ingest a substance that will react with hydrogen ions and reduce their concentration in the stomach. [...] Some antacids are ionic compounds containing the bicarbonate ion. For example, sodium bicarbonate, $NaHCO_3$.»
[From: C. Baird and W. Gloffke, *Chemistry in Your life*, W.H. Freeman and Company, New York, 2003]

Write the equation of the reaction that justifies "the antacid action" of bicarbonate.

....

Mappa di sintesi

LOSAI?

Acidi e basi

Per **la teoria di Arrhenius** un acido in acqua libera ioni H^+ e una base libera ioni OH^-.

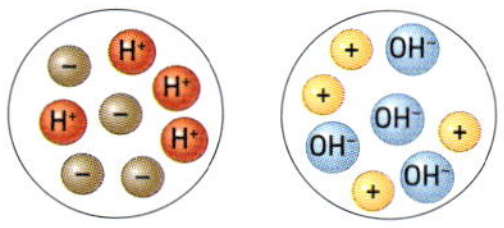

Per la **teoria di Brønsted e Lowry** un acido cede protoni a una base che li acquista.

$HA + :B \rightarrow :A^- + BH^+$

Acidi monoprotici
(HCl - HNO_3)
Liberano un solo ione H^+.

Acidi poliprotici
(H_2SO_4 - H_3PO_4)
Liberano più ioni H^+.

$HA + :B \rightleftarrows :A^- + BH^+$

(base coniugata: $:A^-$; acido coniugato: BH^+)

L'equilibrio acido-base è spostato verso destra o verso sinistra a seconda della maggiore o minore forza dell'acido.

La reazione di neutralizzazione

$H^+(aq) + OH^-(aq) \rightarrow H_2O(l)$

I prodotti della reazione sono l'acqua e un sale, diverso a seconda dell'acido e della base che reagiscono.

In soluzione acquosa gli **acidi forti** si ionizzano completamente, gli **acidi deboli** si ionizzano solo parzialmente.

In soluzione acquosa le **basi forti** si dissociano completamente, le **basi deboli** si ionizzano solo parzialmente.

Le **titolazioni acido-base** consentono di determinare la concentrazione di una soluzione acida o basica.

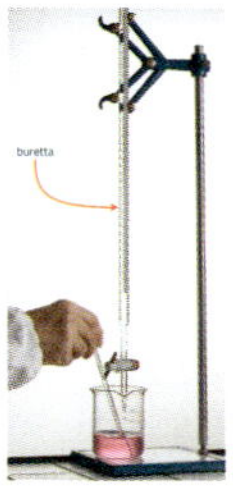

Un acido è tanto più forte quanto maggiore è il valore della **costante di ionizzazione acida**.

$$Ka = \frac{[H_3O^+]\,[A^-]}{[HA]}$$

In generale, gli acidi deboli, come quelli forti, sono neutralizzati da una quantità stechiometricamente equivalente di base:
il pH della soluzione dopo la neutralizzazione dipende dal sale formato.

Una base è tanto più forte quanto maggiore è il valore della **costante di ionizzazione basica**.

$$Kb = \frac{[OH^-]\,[BH^+]}{[:B]}$$

Il pH delle soluzioni acquose

L'autoionizzazione dell'acqua

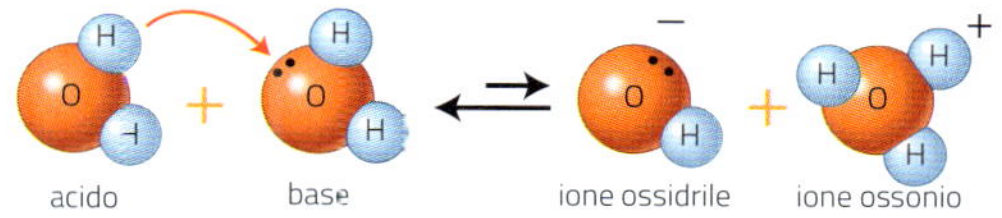

Prodotto ionico dell'acqua (Kw)

$Kw = [H_3O^+]\,[OH^-] = 1{,}0 \cdot 10^{-14}$

L'acqua è un elettrolita debolissimo.

pH e pOH

$pH = -\log [H_3O^+]$ $\quad pOH = -\log [OH^-]$

$pH + pOH = 14$

La scala del pH

$[H_3O^+] > [OH^-]$ $\quad [H_3O^+] = [OH^-]$ $\quad [H_3O^+] < [OH^-]$

Idrolisi basica
Le soluzioni acquose di sali costituiti dal catione di una base forte e dall'anione di un acido debole hanno **pH** > **7**.

Idrolisi acida
Le soluzioni acquose di sali costituiti dall'anione di un acido forte e dal catione di una base debole hanno **pH** < **7**.

Si chiamano **soluzioni tampone** i sistemi chimici che hanno la caratteristica di conservare quasi inalterato il pH, anche se si aggiungono acidi o basi forti.

tampone pH < 7
CH_3COOH/CH_3COONa

tampone pH > 7
NH_3/NH_4Cl

Applicazione delle conoscenze

Problema

Facciamo reagire 50,0 mL di una soluzione acquosa di acido benzoico 0,0200 M con una soluzione di idrossido di sodio con concentrazione 0,0500 M. In particolare vogliamo determinare il pH nelle seguenti situazioni:

- soluzione dell'acido debole
- dopo che le moli di base aggiunte sono quelle stechiometricamente necessarie per neutralizzare l'acido
- dopo che le moli di base aggiunte sono la metà di quelle stechiometricamente necessarie per neutralizzare l'acido

Conoscenze

- Saper calcolare il pH di una soluzione a concentrazione nota di acido debole di cui è nota la Ka
- Saper scrivere e bilanciare l'equazione di una reazione di neutralizzazione acido-base
- Saper stabilire se la soluzione che risulta dopo la completa neutralizzazione è acida o basica e individuare di conseguenza la relazione necessaria per calcolare il pH
- Saper stabilire quali specie chimiche sono presenti in soluzione prima della completa neutralizzazione dell'acido e individuare di conseguenza la relazione necessaria per calcolare il pH

Svolgimento

1. L'acido benzoico, C_6H_5COOH, è un acido debole che si ionizza in acqua secondo il seguente equilibrio:

$$C_6H_5COOH(s) + H_2O(l) \rightleftarrows H_3O^+(aq) + C_6H_5COO^-(aq)$$

Per calcolare il pH della soluzione, conoscendo la costante dell'acido (Ka = $6{,}5 \cdot 10^{-5}$), immettiamo i dati nella seguente relazione:

$$pH = -\log\sqrt{Ka \cdot [HA]} = -\log\sqrt{6{,}5 \cdot 10^{-5} \cdot 0{,}0200} = 2{,}9$$

2. Scriviamo ora l'equazione della reazione di neutralizzazione tra l'acido benzoico e l'idrossido di sodio:

$$C_6H_5COOH + NaOH \rightarrow C_6H_5COONa + H_2O$$

3. Il sale che si forma, il benzoato di sodio, si idrolizza e la soluzione ha pH > 7 perché è costituita dal catione di una base forte e dall'anione di una base debole. Pertanto il pH della soluzione alla fine della reazione si può calcolare con la seguente relazione:

$$[OH^-] = \sqrt{\frac{Kw}{Ka} Cs}$$

Per potere applicare la formula è necessario determinare il valore di Cs. Dall'equazione sappiamo che le moli di acido e le moli di base sono in numero uguale e che si forma un ugual numero di moli di sale che si trovano nel volume che avrà la soluzione a titolazione completata. I calcoli che ora dobbiamo fare sono i seguenti:

- moli iniziali di C_6H_5COOH che vengono neutralizzate da un ugual numero di moli di NaOH:

$$n = C_M \cdot V = 0{,}0200 \text{ mol/L} \cdot 0{,}0500 \text{ L} = 1{,}00 \cdot 10^{-3} \text{ mol}$$

- volume di NaOH 0,0500 M necessario:

$$V = n/C_M = 1{,}00 \cdot 10^{-3} \text{ mol}/\ 0{,}0500 \text{ mol/L} = 0{,}0200 \text{ L}$$

- volume della soluzione al termine della neutralizzazione:

$$50{,}0 \text{ mL} + 20{,}0 \text{ mL} = 70{,}0 \text{ mL}$$

- concentrazione molare del sale C_6H_5COONa:

$$Cs = 1{,}00 \cdot 10^{-3} \text{ mol} / 0{,}0700 \text{ L} = 1{,}43 \cdot 10^{-2} \text{ mol/L}$$

Ora possiamo immettere i dati nella relazione e calcolare il pH:

$$[OH^-] = \sqrt{\frac{1{,}0 \cdot 10^{-14}}{6{,}5 \cdot 10^{-5}} 1{,}43 \cdot 10^{-2}} = 1{,}5 \cdot 10^{-6} \text{ mol/L}$$

$$pOH = -\log 1{,}5 \cdot 10^{-6} \text{ mol/L} = 5{,}8$$

$$pH = 14 - 5{,}8 = 8{,}2$$

4. Per concludere consideriamo la situazione che si crea dopo avere aggiunto 10,0 mL di soluzione di NaOH, cioè la metà del volume necessario per la neutralizzazione: a questo punto è presente ancora la metà della quantità iniziale di acido benzoico e una quantità uguale di base coniugata, lo ione benzoato. Pertanto siamo in presenza di un sistema tampone acido e per calcolare il pH possiamo usare la seguente relazione:

$$[H_3O^+] = Ka \frac{[HA]}{[A^-]}$$

Dato che [HA] e [A⁻] sono uguali, il pH si calcola molto semplicemente:

$$pH = -\log Ka = -\log 6{,}5 \cdot 10^{-5} = 4{,}2$$

Si può quindi concludere che la soluzione è un tampone acido.

SEI PRONTO PER LA VERIFICA?

In 1 ora
Totale 100 punti

1 Secondo la teoria di Brønsted e Lowry, quali specie chimiche si comportano in acqua come basi? **[6 punti]**

A Gli elettroliti che hanno la caratteristica di ionizzarsi producendo ioni H^+

B Le sostanze che hanno la caratteristica di produrre ioni negativi e ioni positivi

C Gli elettroliti che possono strappare un protone alle molecole di acqua

D Gli elettroliti che hanno la caratteristica di fornire ioni OH^-

E Gli elettroliti che liberano ioni H^+ e ioni OH^-

2 Completa la seguente equazione relativa a un equilibrio in cui l'ammoniaca si comporta da base: **[6 punti]**

NH_3 ...... + ... ⇄ SO_4^{2-} ...... + ...

3 Considera il seguente equilibrio acido-base: **[7 punti]**

$$C_2H_5NH_2 + NH_3 \rightleftarrows NH_2^- + C_2H_5NH_3^+$$

Qual è la specie reagente che si comporta da acido?

....

4 Uno studente neutralizza 25 mL di HCl 1,0 M. Un altro studente neutralizza 25 mL di CH_3COOH 1,0 M (Ka = $1{,}8 \cdot 10^{-5}$). Entrambi gli studenti utilizzano una soluzione di NaOH 1,0 M. Qual è il confronto tra le due prove? **[6 punti]**

A Non si può rispondere perché gli acidi hanno diversa forza

B Il primo studente utilizza un volume maggiore di NaOH perché HCl è un acido forte

C Il secondo studente utilizza un piccolissimo volume di NaOH perché CH_3COOH è un acido debole

D Il volume di NaOH necessario per la neutralizzazione è lo stesso nelle due prove

E Il secondo studente utilizza un volume maggiore di NaOH perché l'acido acetico è poliprotico

5 Si devono neutralizzare 20 mL di una soluzione di HCl 0,010 M. Qual è il volume di soluzione di $Ba(OH)_2$ 0,020 M che si deve utilizzare? **[7 punti]**

A 20 mL B 10 mL C 5 mL D 40 mL E 80 mL

6 Perché diluendo 10 volte una soluzione di NaOH il pH diminuisce di una unità? **[7 punti]**

....

....

7 Una soluzione acida con $[H_3O^+] = 0{,}1$ mol/L ha pH = 1.
A 10 mL di questa soluzione si aggiunge acqua fino al volume di 100 mL. Qual è il pH della nuova soluzione? **[8 punti]**

A Ancora 1 perché il pH, non dipendendo dal volume di soluzione, resta uguale al valore iniziale

B Aumenta a 2 perché la soluzione avrà una concentrazione di H_3O^+ pari a 1/10 di quella iniziale

C Scende a 0 perché per aggiunta di acqua si ha una notevole diminuzione dell'acidità della soluzione

D Ancora 1 perché il pH dipende solo dalla quantità iniziale di acido presente e non dipende dall'acqua aggiunta

E Aumenta a 1,1 perché l'aggiunta di acqua causa una piccola diminuzione della concentrazione degli ioni H_3O^+

8 A 25 °C una soluzione acquosa ha un pH = 8.
Qual è la concentrazione degli ioni ossidrile? **[6 punti]**

A $1 \cdot 10^{-14}$ M D 1,0 M

B $1 \cdot 10^{-8}$ M E 8,0 M

C $1 \cdot 10^{-6}$ M

9 L'acido cianidrico (HCN, Ka = $4{,}9 \cdot 10^{-10}$) è un liquido incolore, volatile, tossico e molto infiammabile, con odore caratteristico di mandorle amare. **[8 punti]**
Calcola il pH di una soluzione di HCN 1,0 M.

....

10 Calcola il pH di una soluzione acquosa che contiene acido acetico in concentrazione 1,0 M e acetato di sodio in concentrazione 0,50 M. **[8 punti]**

....

11 In un becher si mescolano 100 mL di HNO_3 0,2 M con 150 mL di KOH 0,2 M. Stabilisci se il pH della soluzione ottenuta è acido o basico. Motiva la risposta. **[9 punti]**

....

....

12 Ordina le soluzioni acquose elencate da quella con il pH più piccolo a quella con il pH più grande. **[7 punti]**

a) NaOH 0,1 M

b) $NaNO_2$ 0,1 M

c) KOH 1 M

d) H_2SO_4 0,1 M

e) NH_4Cl 0,1 M

....

13 What is an Arrhenius acid? **[7 punti]**

A A substance that is water soluble

B A substance with a pH greater than 7

C A substance that releases hydroxide ions in water

D A substance that releases hydrogen ions in water

14 The drawing on the left below represents a buffer composed of equal concentrations of a weak acid, HX, and its conjugate base, X^-. The heights of the columns are proportional to the concentrations of the components of the buffer. **[8 punti]**

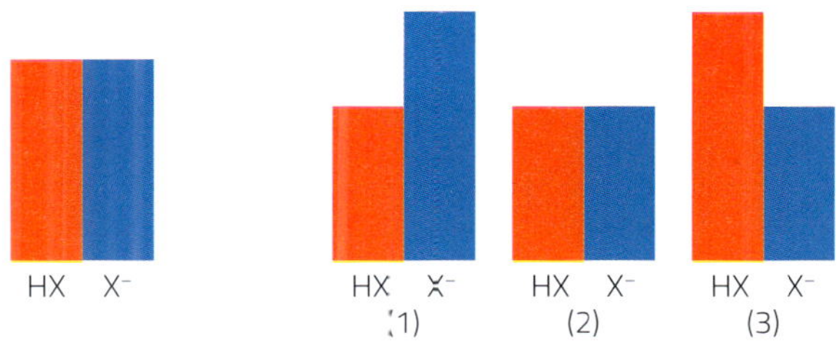

a) Which of the three drawings, (1), (2), or (3), represents the buffer after the addition of a strong acid? ....

b) Which of the three represents the buffer after the addition of a strong base? ....

c) Which of the three represents a situation that cannot arise from the addition of either an acid or a base? ....

Effects of Acid Rain

1. Match each word with its definition

1. Acids ....
2. pH ....
3. Hydrolysis ....
4. Buffer solution ....
5. Bases ....

a. A number related to the concentration of H_3O^+ ions.
b. The process in which the dissolution in water of a salt produces solutions with pH values lower or higher than 7.
c. The chemical species that accept protons from another chemical species.
d. The chemical species that donate protons to another chemical species.
e. Chemical systems that resist a change in pH, even after the addition of strong acids or bases.

2. Read the text and fill in the gaps with the words given

acid – 5.5 – 4 – nutrients – aluminum

Effects of Acid Rain on Fish and Wildlife The ecological effects of .... rain are most clearly seen in aquatic environments, such as streams, lakes, and marshes where it can be harmful to fish and other wildlife. As it flows through the soil, acidic rainwater can leach aluminum from soil clay particles and then flow into streams and lakes. The more acid that is introduced to the ecosystem, the more .... is released.

Some types of plants and animals are able to tolerate acidic waters and moderate amounts of aluminum. Others, however, are acid-sensitive and will be lost as the pH declines. Generally, the young of most species are more sensitive to environmental conditions than adults. At pH 5, most fish eggs cannot hatch. At lower pH levels, some adult fish die. Some acidic lakes have no fish. Even if a species of fish or animal can tolerate moderately acidic water, the animals or plants it eats might not. For example, frogs have a critical pH around ...., but the mayflies they eat are more sensitive and may not survive pH below ....

Effects of Acid Rain on Plants and Trees Dead or dying trees are a common sight in areas effected by acid rain. Acid rain leaches aluminum from the soil. That aluminum may be harmful to plants as well as animals. Acid rain also removes minerals and .... from the soil that trees need to grow.

Critical pH Levels for Aquatic Organisms

Animal	Critical pH Level
Snails	6
Clams	6
Bass	5.5
Crayfish	5.5
Mayfly	5.5
Trout	5
Salamanders	5
Perch	4.5
Frogs	4

This figure illustrates the pH level at which key organisms may be lost as their environment becomes more acidic. Not all fish, shellfish, or the insects that they eat can tolerate the same amount of acid.

At high elevations, acidic fog and clouds might strip nutrients from trees' foliage, leaving them with brown or dead leaves and needles. The trees are then less able to absorb sunlight, which makes them weak and less able to withstand freezing temperatures.

Buffering Capacity Many forests, streams, and lakes that experience acid rain don't suffer effects because the soil in those areas can buffer the acid rain by neutralizing the acidity in the rainwater flowing through it. This capacity depends on the thickness and composition of the soil and the type of bedrock underneath it.
[Tratto da: *www.epa.gov/acidrain/effects-acid-rain*]

3. Now listen and check

4. Answer the following questions

a. For what reason may the lives of frogs be at risk at pH 5?

....

....

b. What effects does acid rain have on soil?

....

....

....

c. What is meant by «Buffering Capacity»?

....

....

....

....

YOUR GLOSSARY

aquatic environments = ambienti acquatici

leach = dilavare

....

....

....

....

....

....

....

....

1 La liofilizzazione

Per tutto il tempo in cui vivono nello spazio gli astronauti consumano anche cibi liofilizzati.

La **liofilizzazione** consente di ottenere cibi facilmente conservabili senza aumentarne la temperatura così che le proteine, le vitamine e tutte le altre sostanze termolabili non subiscano trasformazioni chimiche.

I cibi liofilizzati sono caratterizzati da sapore e proprietà nutritive simili a quelle dei cibi che consumiamo abitualmente e soprattutto sono esenti da contaminazioni batteriche. Per ottenere tutte queste importanti proprietà è necessario togliere tutta l'acqua normalmente presente nel cibo.

Per capire su che cosa si basa la liofilizzazione, consideriamo il *diagramma di stato* dell'acqua (a lato).

Le curve di diverso colore delimitano le zone di esistenza dei tre diversi stati di aggregazione (detti anche *fasi*) dell'acqua.

Ogni punto che si trova su una linea corrisponde alla situazione in cui due diverse fasi sono in equilibrio; pertanto a ogni punto corrisponde la coppia di valori di temperatura e pressione alla quale avviene un cambiamento di stato (o passaggio di fase).

Consideriamo il punto *X*: esso individua lo stato dell'acqua solida a una pressione e a una temperatura particolarmente basse; se questo ghiaccio è riscaldato senza aumentare la pressione fino a varcare la linea di equilibrio azzurra esso si trasforma in vapore. Questa trasformazione è il passaggio decisivo affinché possa avvenire il processo di liofilizzazione.

In pratica occorre suddividere l'alimento in piccole porzioni all'interno di apposite vaschette e portarlo rapidamente a una temperatura tra −30 °C e −40 °C. Un abbassamento rapido della pressione fino a 0,40 mbar facilita il raffreddamento e consente di allontanare per sublimazione la maggior parte dell'acqua. Successivamente l'alimento viene riscaldato non oltre i 30 °C, sempre a pressione bassa, per fare evaporare l'acqua rimasta.

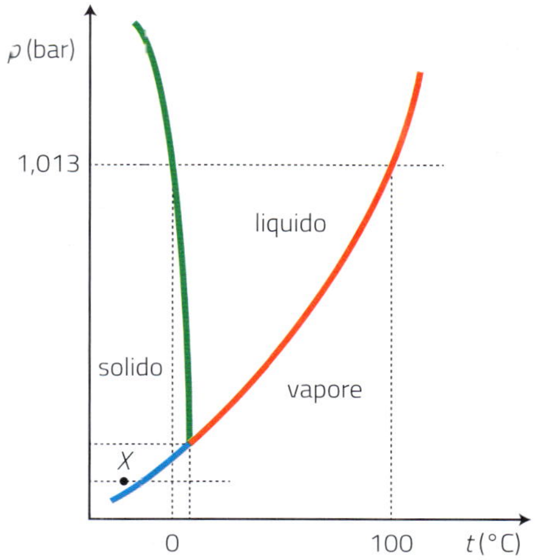

Prepara alcune slide per spiegare:

a. il motivo per cui gli alimenti poveri di acqua si conservano più a lungo;
b. i motivi per cui è necessario portare rapidamente l'alimento a temperature basse, con contemporanea riduzione della pressione;
c. l'andamento delle curve nel grafico, cioè in che modo la temperatura di fusione e la temperatura di ebollizione dell'acqua variano al variare della pressione;
d. in che modo il principio di Le Châtelier consente di interpretare l'allontanamento dell'acqua durante il processo di liofilizzazione.

2 Ghiaccio istantaneo

Navigando su Internet si può trovare questo testo:

«Il ghiaccio istantaneo è un articolo para-farmaceutico di primo soccorso perché dona un sollievo immediato in caso di traumi, contusioni e distorsioni grazie all'azione del freddo intenso e, se utilizzato prontamente, previene anche l'insorgenza di ematomi. Fornito allo stato solido, è contenuto in una busta che lo mantiene nel suo stato fino all'utilizzo. Poiché per avviare la reazione chimica che attiva il ghiaccio istantaneo è necessario colpire la busta per rompere il sacchetto più interno, la busta è monouso. Una volta attivato il processo, la busta di ghiaccio può essere applicata direttamente sulla parte interessata ed ha una capacità raffreddante di circa 30 minuti prima che l'effetto cominci a svanire. Prodotto molto utile per chi pratica attività sportive.»

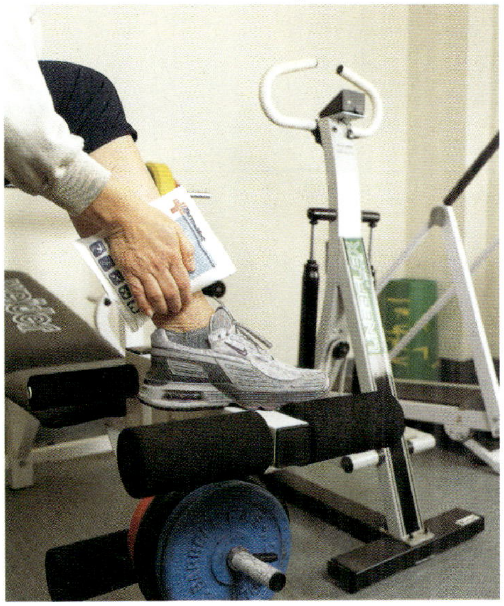

Le buste di ghiaccio istantaneo sono in genere di plastica e contengono, in due diversi comparti, acqua e un sale, per esempio nitrato di ammonio. Premendo sul punto indicato, in seguito al contatto dei due componenti, si manifesta un immediato abbassamento della temperatura.

Utilizza termini scientifici per spiegare:

a. qual è l'errore presente nella descrizione del ghiaccio istantaneo e qual è la trasformazione che avviene a seguito del mescolamento;
b. perché, considerando i fattori termodinamici, la trasformazione avviene;
c. perché il ghiaccio istantaneo è monouso.

3 Acidità totale di un vino

Il testo seguente compare nell'introduzione del metodo ufficiale relativo alla determinazione dell'acidità di un vino.

«L'acidità totale di un vino è la somma degli acidi titolabili allorché si porta il pH a 7 per addizione di una soluzione alcalina a concentrazione nota. Il biossido di carbonio non è compreso nell'acidità totale e pertanto viene allontanato, per aspirazione, prima della titolazione.»

Il risultato si esprime in g/L di acido tartarico, l'acido presente in maggiore quantità.

Calcola l'acidità di un vino sapendo che a seguito della titolazione sono stati ottenuti i dati riportati in tabella.

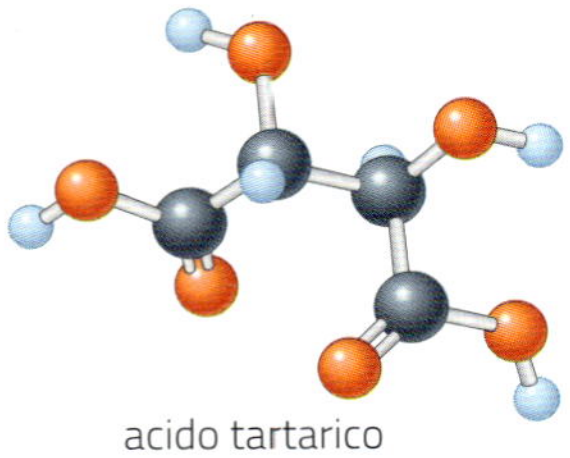

acido tartarico

Dati titolazione	
C_{NaOH}	0,100 mol/L
V_{vino}	20,0 mL
V_{NaOH}	18,6 mL

4 L'acqua di una piscina

Per ridurre rischi igienico-sanitari l'acqua di tutte le piscine deve essere sottoposta a trattamenti di disinfezione.

In base alla normativa vigente i disinfettanti ammessi sono: ozono, cloro liquido, ipoclorito di sodio, ipoclorito di calcio, dicloroisocianurato sodico anidro, dicloroisocianurato sodico biidrato, acido tricloroisocianurico.

Nel caso di prodotti a base di cloro, nella disinfezione assume un ruolo fondamentale la concentrazione di ciò che viene indicato come cloro attivo libero, cioè la concentrazione dell'acido ipocloroso (HClO) e dello ione ipoclorito (ClO^-). Il grafico consente di stabilire il prevalere di una specie o dell'altra di cloro libero, in funzione del pH.

Il pH delle acque trattate deve avere valori compresi tra 6,5 e 7,5. Tali valori di pH, oltre a non essere troppo aggressivi per la cute, garantiscono concentrazioni di cloro libero disponibile a livelli efficaci per la disinfezione.

I correttori di pH che possono essere utilizzati per raggiungere il pH ideale dell'acqua della piscina sono: acido cloridrico, acido solforico, sodio idrossido, sodio bisolfato, sodio bicarbonato.

Il cloro è un gas tossico e molto irritante per le vie aeree anche quando è presente in piccole quantità.

Il cloro attivo combinato è il termine generico usato per indicare i prodotti che si formano a seguito della disinfezione tra cloro attivo libero e inquinanti organici e inorganici a base di azoto. Tra questi le clorammine (NH_2Cl, $NHCl_2$, NCl_3) sostanze volatili, irritanti, responsabili del tipico «odore di cloro» presente nelle piscine.

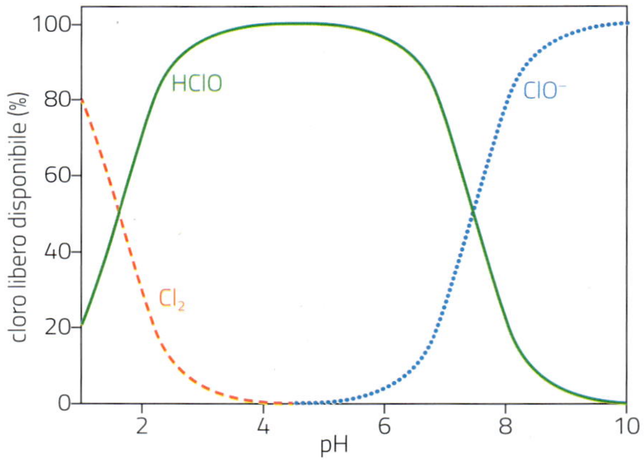

a. Perché a seconda del pH dell'acqua prevale la specie HClO o ClO^-?
b. Quali correttori di pH si possono utilizzare per far aumentare il pH in modo che risulti > 7?
c. In che modo può cambiare il pH a seguito di movimenti turbolenti dell'acqua che ne favoriscono il mescolamento con aria?
d. Perché per motivi di sicurezza è indispensabile evitare il contatto diretto tra l'ipoclorito di sodio e un acido forte?

14 Le trasformazioni elettrochimiche

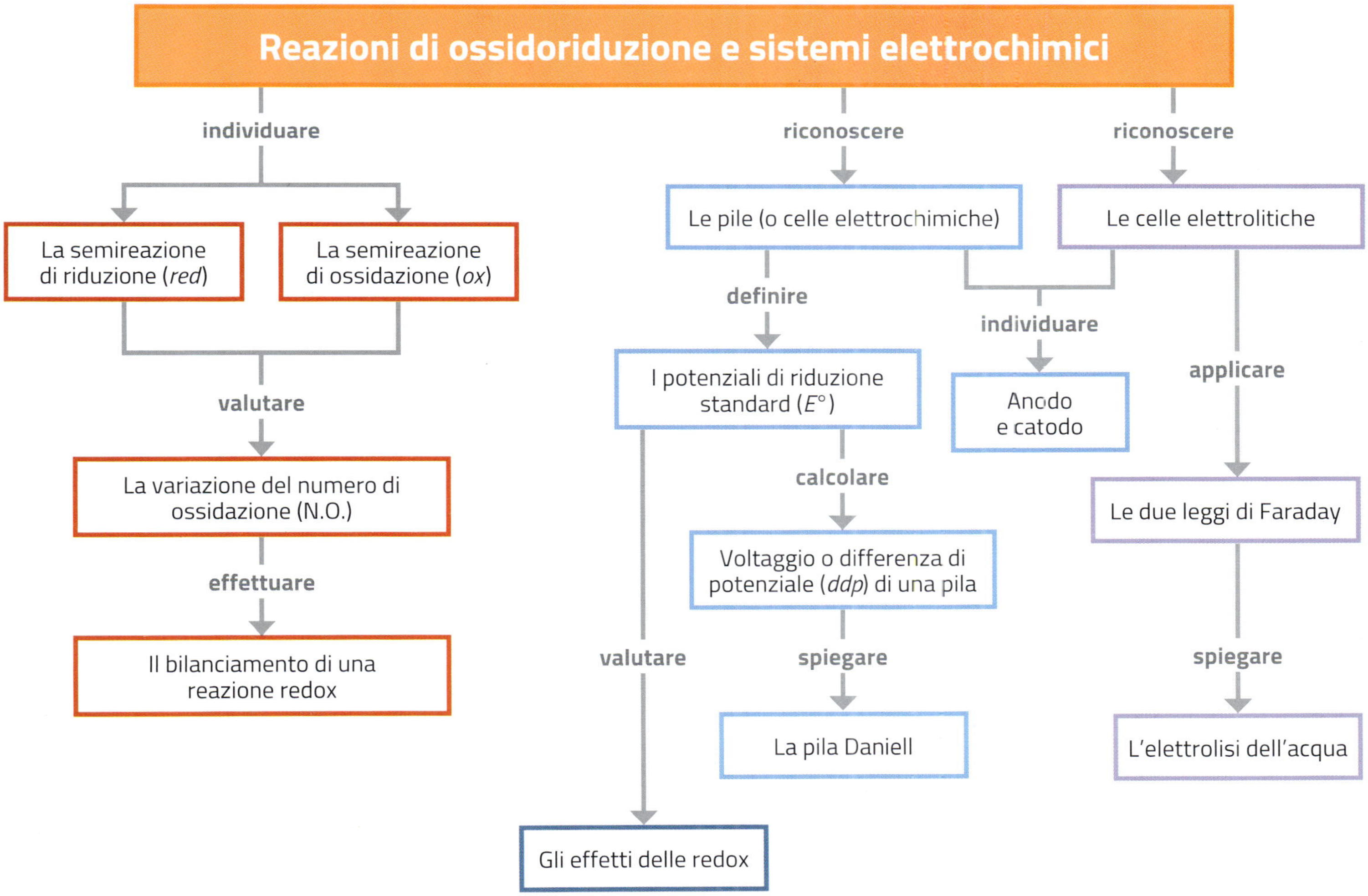

In digitale
SEGUI LA MAPPA

1 Le reazioni di ossidoriduzione

Le reazioni redox comportano un trasferimento di elettroni tra le specie reagenti e determinano una variazione del numero di ossidazione dei loro atomi

Reazioni con trasferimento di elettroni

Prendiamo in considerazione una categoria molto importante di trasformazioni chimiche, le reazioni che avvengono con trasferimento di elettroni.

Consideriamo per esempio i cambiamenti che si osservano nel corso della trasformazione chimica che avviene quando una lamina di rame (Cu) viene immersa in una soluzione acquosa di nitrato di argento ($AgNO_3$) (▶ Figura 1).

▶ **Figura 1** A seguito della trasformazione chimica, sulla lamina di rame si deposita l'argento, sotto forma di fitti aghetti lucenti.

Una soluzione acquosa di nitrato di argento contiene ioni Ag^+ e NO_3^-, ioni che non fanno mutare il colore dell'acqua. La lamina di rame presenta il caratteristico colore rossiccio.

Dopo un po' di tempo si osserva sulla lamina un solido grigio formato da atomi di argento; inoltre, la soluzione assume una colorazione azzurra perché contiene ioni rameici (Cu^{2+}).

Sulla base di queste osservazioni siamo in grado di individuare i reagenti e i prodotti:

reagenti	*prodotti*
$Cu(s)$ e $Ag^+(aq)$	$Cu^{2+}(aq) + Ag(s)$

Questa trasformazione chimica può essere considerata come il risultato di due distinti processi:

$Cu(s) \rightarrow Cu^{2+}(aq) + 2\,e^-$ *cioè ogni atomo di rame cede due elettroni*
$Ag^+(aq) + e^- \rightarrow Ag(s)$ *cioè ogni ione argento acquista un elettrone*

I processi avvengono contemporaneamente e gli elettroni ceduti da una specie (gli atomi di rame) devono uguagliare gli elettroni acquistati dall'altra (gli ioni argento). L'equazione della reazione correttamente bilanciata è pertanto la seguente:

$$Cu(s) + 2\,Ag^+(aq) \rightarrow Cu^{2+}(aq) + 2\,Ag(s)$$

Questa è quindi una reazione che avviene con *trasferimento di elettroni* dagli atomi di rame agli ioni argento.

In generale, le reazioni in cui si verifica un trasferimento di elettroni da una specie chimica a un'altra sono chiamate **reazioni di ossidoriduzione** (o *reazioni redox*).

Videolezione in digitale
Identificare le reazioni di ossidoriduzione (redox)

Le reazioni di ossidoriduzione hanno questo nome proprio perché sono il risultato di due trasformazioni che avvengono contemporaneamente.

- La **semireazione di ossidazione** (***ox***), cioè il processo nel quale una specie chimica cede elettroni e *si ossida*; questa specie viene detta *riducente*.
- La **semireazione di riduzione** (***red***), cioè il processo nel quale una specie chimica acquista elettroni e *si riduce*; questa specie viene detta *ossidante*.

Nel caso dei metalli, questi elementi si trovano nello stato ridotto quando sono presenti come atomi e nello stato ossidato quando sono presenti come ioni (▶ Figura 2).

$$\underset{\text{stato ridotto}}{\text{Met}} \underset{\text{riduzione}}{\overset{\text{ossidazione}}{\rightleftharpoons}} \underset{\text{stato ossidato}}{\text{Met}^{n+}} + n\,e^-$$

▶ **Figura 2** La doppia freccia sottolinea la natura reversibile delle reazioni di ossidoriduzione.

Prova tu 1

Le immagini mostrano la trasformazione chimica che avviene versando granuli di zinco in una soluzione acquosa che contiene ioni rameici. A seguito della reazione la temperatura aumenta.
Scrivi l'equazione della reazione redox e indica il reagente riducente e quello ossidante.

....

Il bilanciamento delle reazioni di ossidoriduzione

Le reazioni di ossidoriduzione non riguardano solo i metalli e i loro ioni ma anche altre specie chimiche. Consideriamo per esempio la reazione rappresentata dalla seguente equazione, scritta in forma ionica:

$$2\,Na(s) + 2\,H_2O(l) \rightarrow 2\,Na^+(aq) + 2\,OH^-(aq) + H_2(g)$$

Ogni atomo di sodio perde un elettrone e si trasforma in ione Na^+, cioè il sodio si ossida (▶ Figura 3). La specie chimica in grado di acquistare elettroni è l'acqua. In casi come questo non è facile stabilire immediatamente quanti elettroni si trasferiscono da una specie all'altra ed è opportuno riferirsi al numero di ossidazione.

Possiamo riscrivere l'equazione della reazione tra sodio e acqua indicando come variano i numeri di ossidazione (N.O.):

il sodio si ossida

$$\overset{0}{2\,Na} + 2\,\overset{+1-2}{H_2O} \rightarrow 2\,\overset{+1}{Na^+} + 2\,\overset{-2+1}{OH^-} + \overset{0}{H_2}$$

l'idrogeno si riduce

▶ **Figura 3** Via via che il sodio reagisce con l'acqua, la soluzione diventa basica. La presenza degli ioni OH^- nella soluzione viene evidenziata dalla colorazione assunta dall'indicatore fenolftaleina.

Il N.O. del sodio aumenta (Na si ossida) mentre il N.O. dell'idrogeno diminuisce (H si riduce). È da notare che solo 2 dei 4 atomi di idrogeno si riducono.

In tutte le reazioni redox si ha una variazione del numero di ossidazione degli atomi che costituiscono le specie reagenti e le specie prodotte. Più precisamente:

- se il N.O. degli atomi di una specie reagente aumenta, significa che questi atomi hanno ceduto elettroni e quindi si sono ossidati;
- se il N.O. degli atomi di una specie reagente diminuisce, significa che questi atomi hanno acquistato elettroni e quindi si sono ridotti.

Consideriamo ora un altro esempio. L'acqua ossigenata è una soluzione acquosa di perossido di idrogeno. La sua concentrazione diminuisce nel tempo perché il perossido di idrogeno si decompone sviluppando ossigeno.

si riduce

$$2\,H_2\overset{-1}{O_2} \rightarrow 2\,H_2\overset{-2}{O} + \overset{0}{O_2}$$

si ossida

In questo caso è lo stesso elemento, l'ossigeno, che si ossida e si riduce; queste particolari reazioni redox sono dette *reazioni di dismutazione*.

Per effettuare il bilanciamento delle equazioni redox in molti casi è opportuno partire proprio dal numero di ossidazione. Pertanto ricordiamo le regole per assegnare il N.O. a un atomo, già presentate nel capitolo 8.

- L'atomo di ossigeno nei composti ha sempre N.O. = −2; fanno eccezione alcuni composti chiamati *perossidi* (N.O. = −1) e OF_2 (N.O. = +2).
- L'atomo di idrogeno nei composti ha sempre N.O. = +1; fanno eccezione i composti binari tra un metallo e l'idrogeno in cui l'idrogeno ha N.O. = −1.
- Se un atomo si lega soltanto con atomi uguali ha N.O. = 0.
- La somma algebrica dei numeri di ossidazione di tutti gli atomi presenti nella formula di un composto deve essere zero.
- La somma algebrica dei numeri di ossidazione degli atomi presenti in uno ione coincide con la carica dello ione.

Videolezione in digitale
- **Bilanciare le ossidoriduzioni con il metodo del trasferimento degli elettroni**
- **Bilanciare le ossidoriduzioni con il metodo delle semireazioni**

L'esempio che segue mostra le fasi di un procedimento che si può utilizzare per bilanciare le equazioni redox.

Esempio

Mostriamo i passaggi che consentono di bilanciare la seguente equazione:

$$\_\_\_\ MnO_2 + \_\_\_\ HCl + \_\_\_\ FeCl_2 \rightarrow \_\_\_\ MnCl_2 + \_\_\_\ H_2O + \_\_\_\ FeCl_3$$

1. Innanzitutto assegniamo a ogni elemento il suo numero di ossidazione per poter determinare quale elemento si ossida e quale si riduce.	red (Mn: +4 → +2) $\overset{+4\ -2}{MnO_2} + \overset{+1-1}{HCl} + \overset{+2-1}{FeCl_2} \rightarrow \overset{+2-1}{MnCl_2} + \overset{+1-2}{H_2O} + \overset{+3-1}{FeCl_3}$ ox (Fe: +2 → +3)
2. Per ogni elemento scriviamo l'equazione che rappresenta la variazione del N.O.: il numero di elettroni acquistati o ceduti corrisponde alla diminuzione o all'aumento del N.O.	red $\overset{+4}{Mn} + 2\,e^- \rightarrow \overset{+2}{Mn}$ ox $\overset{+2}{Fe} \rightarrow \overset{+3}{Fe} + e^-$
3. Procediamo al bilanciamento degli elettroni, affinché quelli ceduti siano numericamente uguali a quelli acquistati; in questo caso è sufficiente moltiplicare per 2 tutte le specie della semireazione di ossidazione.	red $\overset{+4}{Mn} + 2\,e^- \rightarrow \overset{+2}{Mn}$ ox $2\,(\overset{+2}{Fe} \rightarrow \overset{+3}{Fe} + e^-)$
4. Riscriviamo l'equazione riportando i coefficienti stechiometrici delle specie interessate al trasferimento di elettroni.	$\mathbf{1}\ MnO_2 + \ldots\ HCl + \mathbf{2}\ FeCl_2 \rightarrow \mathbf{1}\ MnCl_2 + \ldots\ H_2O + \mathbf{2}\ FeCl_3$
5. Completiamo infine il bilanciamento effettuando il consueto conteggio degli atomi e tralasciando il coefficiente 1.	$MnO_2 + \mathbf{4}\ HCl + 2\ FeCl_2 \rightarrow MnCl_2 + \mathbf{2}\ H_2O + 2\ FeCl_3$

Prova tu 2

Bilancia la seguente equazione di una reazione di ossidoriduzione e indica l'elemento che si ossida e quello che si riduce.

$$H_2S + HNO_3 \rightarrow NO + H_2O + H_2SO_4$$

....

Esercizi 1 Le reazioni di ossidoriduzione

1 In relazione alle semireazioni, indica con una crocetta dove vanno collocati gli elettroni nelle equazioni.

Semireazione	Elettroni tra i reagenti	Elettroni tra i prodotti
ossidazione		
riduzione		

2 Sulla base dell'esempio della prima riga completa le equazioni delle semireazioni.

Ag^+	e^-	→	Ag		red
2 Cl^-		→	Cl_2		
Sn^{4+}		→	Sn^{2+}		

3 Una specie si comporta da ossidante quando:

A cede elettroni
B acquista elettroni
C riduce un'altra specie
D acquista ioni
E si trasforma in un metallo

4 Una reazione redox è una reazione che avviene:

A solo fornendo ai reagenti una sufficiente quantità di energia
B senza che aumenti o diminuisca la temperatura del sistema
C attraverso uno scambio di ioni tra specie chimiche diverse
D attraverso un passaggio di elettroni tra specie chimiche diverse
E attraverso un trasferimento di protoni tra specie chimiche diverse

5 L'equazione seguente descrive una reazione redox:

$$Au^{3+}(aq) + Cu(s) \rightarrow Au^{+}(aq) + Cu^{2+}(aq)$$

Completa le frasi seguenti:

a) Il reagente che si riduce è ....
b) Il reagente che si ossida è ....
c) Il reagente che cede elettroni è ....
d) Il reagente ossidante è ....

6 Completa la tabella riportando il numero di ossidazione del carbonio nei diversi composti.

	CH_4	CO_2	C_6H_6	C_3H_7OH
$N.O._C$				

7 Considera le seguenti formule:

$Cr_2O_7^{2-}$ MnO_4^- NH_4^+ CO_3^{2-} BrO^-

Quale affermazione è *sbagliata*?

A Il N.O. del cromo è +6
B Il N.O. del manganese è +7
C Il N.O. dell'azoto è +4
D Il N.O. del carbonio è + 4
E Il N.O. del bromo è +1

8 Se si immerge una lamina di alluminio in una soluzione che contiene ioni Ni^{2+} avviene una redox. Sapendo che gli ioni alluminio sono trivalenti, scrivi le equazioni delle semireazioni di ossidazione e di riduzione e della reazione complessiva.

....
....
....

9 Individua l'unica equazione che *non* descrive una redox:

A $2\,CO(g) + O_2(g) \rightarrow 2\,CO_2(g)$
B $CaO(s) + CO_2(g) \rightarrow CaCO_3(s)$
C $Fe_2O_3(s) + 3\,CO(g) \rightarrow 2\,Fe(s) + 3\,CO_2(g)$
D $2\,FeCl_3(aq) + SnCl_2(aq) \rightarrow 2\,FeCl_2(aq) + SnCl_4(aq)$
E $C_2H_4(g) + H_2(g) \rightarrow C_2H_6(g)$

10 Bilancia le seguenti equazioni redox indicando per ciascuna quanti elettroni vengono scambiati.

a) .... $Fe(s)$ + ... $HCl\,(aq)$ → .... $FeCl_2(aq)$ + ... $H_2(g)$ ....

b) .... $Al(s)$ + ... $Cu^{2+}(aq)$ → .... $Cu(s)$ + ... $Al^{3+}(aq)$ ....

11 Bilancia le seguenti equazioni redox indicando per ciascuna l'elemento che si ossida e quello che si riduce.

a) .... $KClO_3$ → .... O_2 + ... KCl

....

b) .... As_2O_3 + ... HCl + ... Zn →
.... $ZnCl_2$ + ... H_2O + ... AsH_3

....

12 Considera la seguente equazione redox:

$$FeS + 4\,HNO_3 \rightarrow NO + 2\,H_2O + Fe(NO_3)_3 + S$$

Essa presenta una novità che non abbiamo ancora incontrato: quali sono gli elementi che cambiano il N.O.?

....

13 Bilancia le seguenti equazioni redox e indica il numero totale di elettroni ceduti o acquistati:

a) .... P_4 + ... H_2O → .... H_3PO_4 + ... H_2 ....
b) .... FeO + ... C → .... CO_2 + ... Fe ....
c) .... NH_3 + ... O_2 → .... HNO_3 + ... H_2O ....
d) .... Na + ... H_2O → .... NaOH + ... H_2 ....
e) .... NH_3 + ... O_2 → .... NO_2 + ... H_2O ....
f) .... PH_3 + ... O_2 → .... P_2O_5 + ... H_2O ....
g) .... $Cr_2O_7^{2-}$ + ... H^+ + ... Fe^{2+} →
→ .... Fe^{3+} + ... Cr^{3+} + ... H_2O ....
h) .... MnO_4^- + ... $C_2O_4^{2-}$ + ... H^+ →
→ .... Mn^{2+} + ... CO_2 + ... H_2O ....

14 L'acqua ossigenata reagisce con una soluzione di ioduro di potassio e si formano iodio e acqua. Si può dire che:

A è avvenuta una reazione redox in cui l'ossidante è lo iodio
B è avvenuta una reazione redox in cui lo ione ioduro è la specie ossidante
C la reazione avvenuta non è un'ossidoriduzione
D lo iodio è il solo elemento che cambia numero di ossidazione
E è avvenuta una reazione redox in cui l'elemento che si riduce è l'ossigeno

15 Which change is reduction?

A A decrease in oxidation state
B Gain of oxygen
C Loss of electrons
D Loss of hydrogen

2 Le celle elettrochimiche

In tutte le pile l'energia chimica viene convertita in energia elettrica per effetto di una reazione di ossidoriduzione

Le pile: corrente elettrica dalle reazioni redox

Video in digitale
Le reazioni di ossidoriduzione e le pile

Il trasferimento di elettroni tra due specie chimiche è alla base delle trasformazioni redox che avvengono nei sistemi che erogano corrente elettrica.

In generale, si chiama **pila** o **cella elettrochimica** un sistema che, a seguito di una reazione di ossidoriduzione, trasforma energia chimica in energia elettrica.

Per spiegare il funzionamento di tutte le pile, cioè per capire come avviene la produzione di energia elettrica, presentiamo la pila messa a punto nel 1836 dal fisico inglese J.F. Daniell e che da lui prende il nome (▶ Figura 1).

▶ **Figura 1**

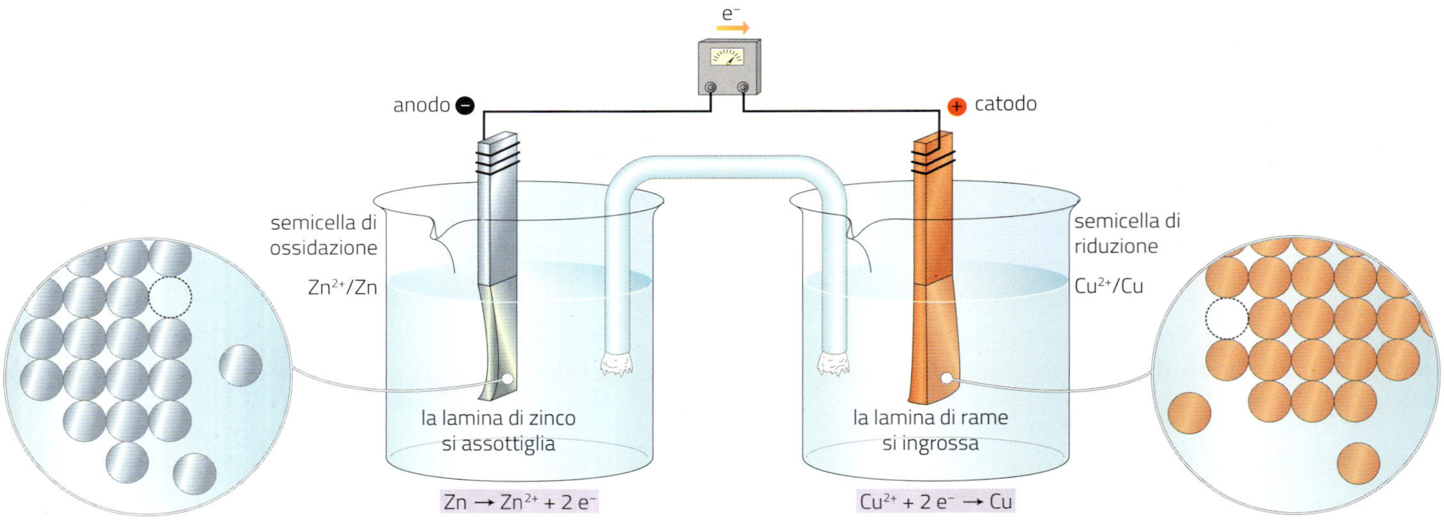

La pila Daniell è costituita da due parti: ognuna di esse si chiama *semicella* (o *semipila*) ed è costituita da una lamina di metallo posta a contatto con una soluzione acquosa contenente i suoi ioni.

- La semicella in cui è presente la lamina di zinco costituisce l'*anodo* della pila e qui avviene la semireazione di ossidazione:

  $$Zn(s) \rightarrow Zn^{2+}(aq) + 2\,e^-$$

  La presenza di elettroni prodotti crea un potenziale elettrico negativo e quindi la lamina di zinco rappresenta il polo negativo (–).
- La semicella in cui è presente la lamina di rame costituisce il *catodo* della pila e qui avviene la semireazione di riduzione:

  $$Cu^{2+}(aq) + 2\,e^- \rightarrow Cu(s)$$

  Il consumo di elettroni crea un potenziale elettrico positivo e quindi la lamina di rame rappresenta il polo positivo (+).

Il trasferimento di elettroni dagli atomi di zinco agli ioni rameici avviene attraverso un collegamento elettrico esterno: si origina quindi una corrente elettrica che viene rilevata da un opportuno strumento.

Possiamo così rappresentare la reazione di ossidoriduzione che avviene nella pila Daniell mettendo in evidenza l'energia prodotta:

$$Zn(s) + Cu^{2+}(aq) \rightarrow Zn^{2+}(aq) + Cu(s) + \textit{energia elettrica}$$

Nella ▶ Figura 1, tra le varie indicazioni, sono anche rappresentate in modo sintetico le due semicelle: Zn^{2+}/Zn e Cu^{2+}/Cu. Questo vale in generale per qualsiasi semicella: si riporta la formula della specie ossidata seguita dalla formula della specie ridotta.

I PROTAGONISTI DELLA SCIENZA

LUIGI GALVANI (1737-1798) E ALESSANDRO VOLTA (1745-1827)

Nel 1791 l'anatomista e fisiologo bolognese Galvani pubblicò un articolo in cui presentava la teoria del fluido elettrico animale: questa teoria si basa sull'osservazione delle rane, che pur decapitate e scuoiate, sono in grado di produrre ampi e prolungati movimenti delle zampe. Questo articolo suscitò l'interesse di numerosi scienziati tra cui l'ingegnere e fisico comasco Volta, il quale ipotizzò che il fluido elettrico fosse indotto dai metalli utilizzati negli esperimenti. I suoi studi successivi lo portarono, nel 1799, a costruire la prima pila. Questa invenzione suscitò così grande scalpore che nel 1801 Napoleone volle premiare Volta a Parigi per questa sua invenzione. In onore di questi due scienziati la cella elettrochimica è anche chiamata *cella voltaica* o *cella galvanica*.

In tutte le pile le due semicelle devono essere collegate tra loro anche dal punto di vista elettrolitico: un modo per realizzare il collegamento è il cosiddetto *ponte salino*. Nella nostra rappresentazione si tratta di un tubo di vetro a forma di U immerso nelle soluzioni delle due semicelle e viene chiamato ponte salino perché contiene una soluzione acquosa molto concentrata di un sale, per esempio il nitrato di potassio (▶ Figura 2).

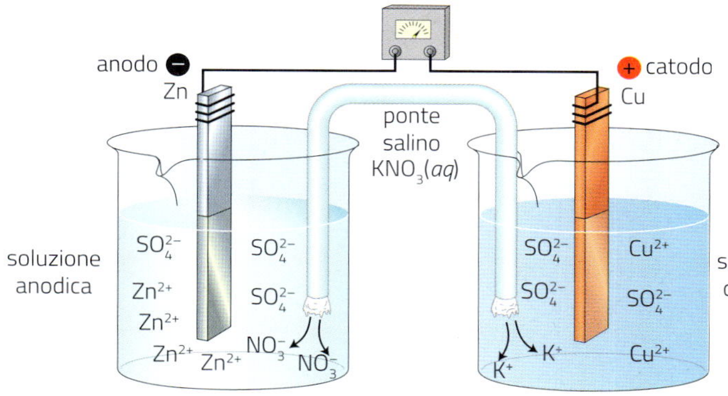

▶ **Figura 2** Per realizzare un ponte salino si possono utilizzare, oltre a KNO_3, anche altri sali purché gli ioni presenti non reagiscano con le specie chimiche che costituiscono la pila.

Durante il funzionamento della pila si viene a creare un eccesso di cariche positive nella semicella di ossidazione (polo negativo) e un eccesso di cariche negative nell'altra (polo positivo). Ciò deriva dal fatto che all'anodo si formano ioni positivi (Zn^{2+}) mentre al catodo scompaiono ioni positivi (Cu^{2+}). Per ristabilire la neutralità elettrica nelle due soluzioni il ponte salino rilascia ioni negativi (NO_3^-) nella soluzione anodica e ioni positivi (K^+) nella soluzione catodica.

Per rappresentare le pile in modo schematico, si scrivono le specie chimiche coinvolte nella reazione redox secondo un ordine stabilito. La pila Daniell, per esempio, viene rappresentata nel seguente modo:

$$(-)Zn/Zn^{2+}//Cu^{2+}/Cu(+)$$

La doppia barra separa la rappresentazione delle due semicelle: a sinistra è rappresentato l'anodo (−) e a destra il catodo (+). In questa rappresentazione per ciascuna semicella si riportano prima la specie chimica reagente e poi quella prodotta.

Un modo semplice per collegare il nome della semicella alla semireazione che avviene è quello di fare riferimento alle lettere con cui iniziano le parole:

ANODO → OSSIDAZIONE
(le parole iniziano con la vocale)

CATODO → RIDUZIONE
(le parole iniziano con la consonante)

Come si vede nella ▶ Figura 3 all'anodo avviene l'ossidazione e al catodo avviene la riduzione:

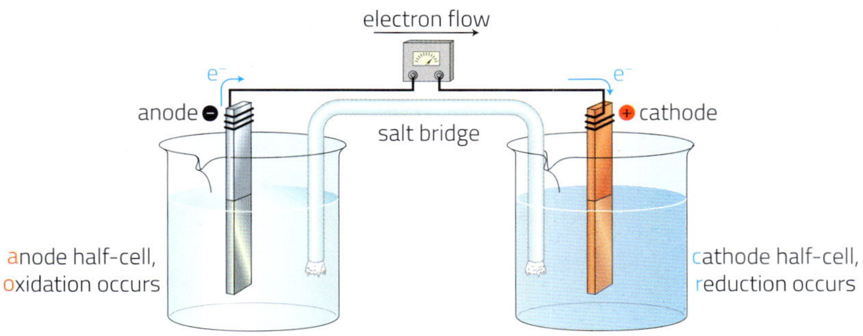

▶ **Figura 3**

Prova tu 1

Rappresenta in modo schematico la pila in cui il magnesio si ossida e gli ioni argento si riducono e scrivi l'equazione della reazione.

....

Un elettrodo di riferimento: l'elettrodo a idrogeno

Le pile possono essere considerate piccoli magazzini di energia chimica in grado di erogare, al momento del bisogno, energia elettrica. Ma che relazione c'è tra le trasformazioni che avvengono agli elettrodi e la capacità della pila di fare circolare la corrente elettrica?

Per dare una risposta a questo interrogativo dobbiamo fare riferimento a una caratteristica che è sempre riportata sull'involucro delle pile, cioè al **voltaggio** della pila (▸ Figura 4).

Il voltaggio di una pila è una grandezza elettrica che esprime la **differenza di potenziale** (***ddp***) tra il potenziale elettrico del catodo (E^+) e quello dell'anodo (E^-) della cella elettrochimica:

$$ddp = E^+ - E^-$$

Utilizzando un opportuno strumento, come per esempio un comune tester, si può misurare la differenza di potenziale tra due semicelle; nel caso della pila Daniell essa vale 1,10 V.

Non è possibile misurare direttamente il potenziale elettrico di una singola semicella per il semplice motivo che la semireazione di riduzione può avvenire soltanto se avviene anche la semireazione di ossidazione. Tuttavia a ogni semicella è stato assegnato un valore di potenziale elettrico scegliendo una semicella come riferimento e assegnando a questa un valore arbitrario.

La semicella scelta come riferimento è l'**elettrodo a idrogeno:** in essa l'idrogeno gassoso (H_2) è a contatto con una soluzione contenente ioni H^+. A questo elettrodo è stato assegnato il valore di potenziale *zero* (▸ Figura 5).

Collegando di volta in volta le diverse semicelle con l'elettrodo a idrogeno e misurando in ogni caso la *ddp* della pila così ottenuta, è possibile determinare il potenziale di ogni semicella.

Consideriamo per esempio la pila ottenuta collegando l'elettrodo a idrogeno con una semicella Cu^{2+}/Cu (▸ Figura 6).

▸ **Figura 4** Una caratteristica delle pile è il voltaggio: esso rappresenta la differenza di potenziale elettrico tra i due poli misurata a circuito aperto.

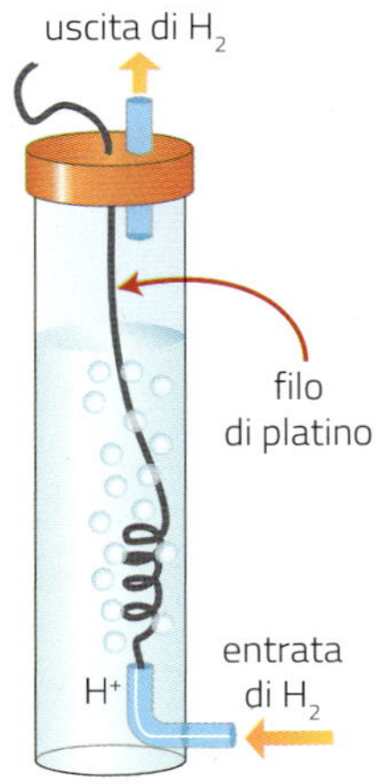

▸ **Figura 5** Nell'elettrodo a idrogeno la semireazione avviene sulla superficie di un metallo inerte, il platino, che assolve anche alla funzione di trasportare gli elettroni coinvolti:

$$2H^+ + 2e^- \rightleftarrows H_2$$

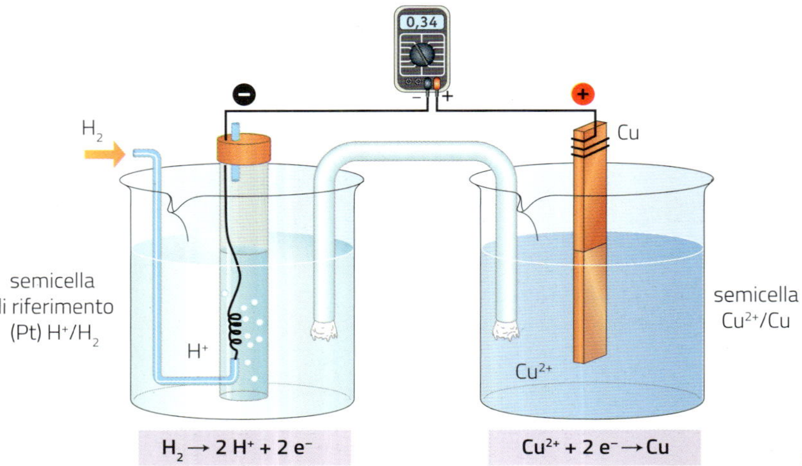

▸ **Figura 6**

In questa pila l'elettrodo di rame funziona da polo positivo mentre quello di idrogeno funge da polo negativo. Collegando in modo opportuno i poli della pila a un tester si misura una *ddp* che vale 0,34 V. Se le polarità del tester non corrispondono a quelle della pila, il display indica un valore di *ddp* negativo.

In base alla definizione di differenza di potenziale, possiamo scrivere:

$$ddp = E^+ - E^- = E_{Cu^{2+}/Cu} - E_{H^+/H_2}$$

Sostituendo, si ha:

$$0{,}34 \text{ V} = E_{Cu^{2+}/Cu} - 0{,}00 \text{ V}$$

Da questa espressione si ricava immediatamente che il potenziale della semicella Cu^{2+}/Cu è 0,34 V.

Prova tu 2

La pila $Zn/Zn^{2+}//H^+/H_2$ ha una *ddp* di 0,76 V. Calcola il potenziale della semicella Zn^{2+}/Zn.

....

....

I potenziali di riduzione standard

Procedendo nel modo descritto è stato possibile ricavare i valori dei potenziali di riduzione di ogni semicella.

Dato che i valori riportati sono stati determinati in situazioni in cui le specie chimiche si trovano nello stato standard ($t = 25$ °C; $p = 1$ bar; $C_M = 1$ mol/L), la tabella è propriamente detta *Tabella dei potenziali di riduzione standard E°* (▶ Tabella 1).

▶ **Tabella 1** Valori di potenziale di riduzione standard E° riportati in ordine decrescente.

	specie ossidata	+	n e⁻	riduzione ⇄ ossidazione	specie ridotta	E° (V)
↑ AUMENTA LA TENDENZA ALLA RIDUZIONE cioè IL POTERE OSSIDANTE ↓ AUMENTA LA TENDENZA ALL'OSSIDAZIONE cioè IL POTERE RIDUCENTE	$F_2(g)$	+	2 e^-	⇄	2 $F^-(aq)$	+ 2,87
	$PbO_2(s) + SO_4^{2-}(aq) + 4\ H^+(aq)$	+	2 e^-	⇄	$PbSO_4(s) + 2\ H_2O(l)$	+ 1,69
	$MnO_4^-(aq) + 8\ H^+(aq)$	+	5 e^-	⇄	$Mn^{2+}(aq) + 4\ H_2O(l)$	+ 1,51
	$Au^{3+}(aq)$	+	3 e^-	⇄	$Au(s)$	+ 1,50
	$Cl_2(g)$	+	2 e^-	⇄	2 $Cl^-(aq)$	+ 1,36
	$O_2(g) + 4\ H^+(aq)$	+	4 e^-	⇄	2 $H_2O(l)$	+ 1,23
	$Br_2(l)$	+	2 e^-	⇄	2 $Br^-(aq)$	+ 1,07
	$NO_3^-(aq) + 4\ H^+(aq)$	+	3 e^-	⇄	$NO(g) + 2\ H_2O(l)$	+ 0,96
	$Pd^{2+}(aq)$	+	2 e^-	⇄	$Pd(s)$	+ 0,95
	2 $Hg^{2+}(aq)$	+	2 e^-	⇄	$Hg_2^{2+}(aq)$	+ 0,92
	$Hg^{2+}(aq)$	+	2 e^-	⇄	$Hg(l)$	+ 0,85
	$Ag^+(aq)$	+	e^-	⇄	$Ag(s)$	+ 0,80
	$Fe^{3+}(aq)$	+	e^-	⇄	$Fe^{2+}(aq)$	+ 0,77
	$I_2(s)$	+	2 e^-	⇄	2 $I^-(aq)$	+ 0,54
	$O_2(g) + 2\ H_2O(l)$	+	4 e^-	⇄	4 $OH^-(aq)$	+ 0,40
	$Cu^{2+}(aq)$	+	2 e^-	⇄	$Cu(s)$	+ 0,34
	$Cu^{2+}(aq)$	+	e^-	⇄	$Cu^+(aq)$	+ 0,15
	$Sn^{4+}(aq)$	+	2 e^-	⇄	$Sn^{2+}(aq)$	+ 0,15
	$HgO(s) + H_2O(l)$	+	2 e^-	⇄	$Hg(l) + 2\ OH^-(aq)$	+ 0,10
	2 $H^+(aq)$	+	**2 e^-**	⇄	**$H_2(g)$**	**0,00**
	$Pb^{2+}(aq)$	+	2 e^-	⇄	$Pb(s)$	– 0,13
	$Sn^{2+}(aq)$	+	2 e^-	⇄	$Sn(s)$	– 0,14
	$Ni^{2+}(aq)$	+	2 e^-	⇄	$Ni(s)$	– 0,26
	$Co^{2+}(aq)$	+	2 e^-	⇄	$Co(s)$	– 0,28
	$PbSO_4(s)$	+	2 e^-	⇄	$Pb(s) + SO_4^{2-}(aq)$	– 0,36
	$Fe^{2+}(aq)$	+	2 e^-	⇄	$Fe(s)$	– 0,45
	$Cr^{3+}(aq)$	+	3 e^-	⇄	$Cr(s)$	– 0,74
	$Zn^{2+}(aq)$	+	2 e^-	⇄	$Zn(s)$	– 0,76
	2 $H_2O(l)$	+	2 e^-	⇄	$H_2(g) + 2\ OH^-(aq)$	– 0,83
	$ZnO(s) + H_2O(l)$	+	2 e^-	⇄	$Zn(s) + 2\ OH^-(aq)$	– 1,22
	$Al^{3+}(aq)$	+	3 e^-	⇄	$Al(s)$	– 1,66
	$Mg^{2+}(aq)$	+	2 e^-	⇄	$Mg(s)$	– 2,37
	$Na^+(aq)$	+	e^-	⇄	$Na(s)$	– 2,71
	$Ca^{2+}(aq)$	+	2 e^-	⇄	$Ca(s)$	– 2,76
	$K^+(aq)$	+	e^-	⇄	$K(s)$	– 2,93
	$Li^+(aq)$	+	e^-	⇄	$Li(s)$	– 3,04

Come si usa la tabella dei potenziali standard

La tabella dei potenziali standard è particolarmente utile perché consente di prevedere rapidamente quale reazione di ossidoriduzione avviene in un sistema elettrochimico: in un sistema elettrochimico la semireazione di riduzione avviene nella semicella con potenziale maggiore.

Supponiamo che una pila sia formata dalle seguenti semicelle: Pb^{2+}/Pb e Zn^{2+}/Zn. Il valore del potenziale di riduzione della coppia Pb^{2+}/Pb (−0,13 V) è maggiore di quello della coppia Zn^{2+}/Zn (−0,76 V), per cui possiamo dire che gli ioni Pb^{2+} hanno maggiore tendenza a ridursi degli ioni Zn^{2+}. Pertanto la reazione redox che avviene è descritta dalla seguente equazione:

$$Pb^{2+}(aq) + Zn(s) \rightarrow Zn^{2+}(aq) + Pb(s)$$

Questa pila può essere così schematizzata:

$$(-)Zn/Zn^{2+}//Pb^{2+}/Pb(+)$$

In alternativa, per individuare la reazione che avviene si può utilizzare un artificio che possiamo chiamare *metodo gamma* descritto nella ▶ Figura 7.

Per calcolare la differenza di potenziale teorica della pila si applica la seguente relazione:

$$ddp = E^{+} - E^{-} = E_{Pb^{2+}/Pb} - E_{Zn^{2+}/Zn} = -0{,}13\ V - (-0{,}76\ V) = 0{,}63\ V$$

Più in generale, la tabella dei potenziali di riduzione standard è utile per sapere se una data reazione di ossidoriduzione può avvenire oppure no.

Per esempio, la tabella può essere utilizzata per comprendere perché solo alcuni metalli vengono corrosi dalle soluzioni acide che, come sappiamo, contengono ioni H^{+}. A tale scopo, esaminiamo il comportamento di due diversi metalli, il ferro e il rame, in una soluzione acida.

Il potenziale della coppia Fe^{2+}/Fe è minore di zero: gli ioni H^{+} si riducono avendo potenziale più alto e di conseguenza il ferro si ossida e viene corroso.

Invece il potenziale della coppia Cu^{2+}/Cu è maggiore di zero e pertanto H^{+} non può ridursi e il rame rimane inalterato.

Per stabilire se un metallo viene corroso da una soluzione acida si può applicare ancora il *metodo gamma*. Si individua la posizione del metallo nella scala e si traccia la «linea gamma» partendo sempre dalla specie riportata in alto a sinistra come mostra la ▶ Figura 8.

Nel caso del ferro (traccia verde) l'equazione che risulta è la seguente:

$$2\ H^{+}(aq) + Fe(s) \rightarrow Fe^{2+}(aq) + H_2(g)$$

Il ferro viene corroso dalle soluzioni acide.

Nel caso del rame (traccia arancione) si ottiene la seguente equazione:

$$Cu^{2+}(aq) + H_2(g) \rightarrow 2\ H^{+}(aq) + Cu(s)$$

Come si vede, si tratta della reazione inversa all'ossidazione del rame, per cui possiamo concludere che il rame non viene corroso dalle soluzioni acide.

In conclusione, solamente i metalli che hanno un valore di potenziale negativo, cioè più basso di quello dello ione H^{+}, vengono ossidati dagli ioni H^{+} e quindi vengono corrosi dagli acidi.

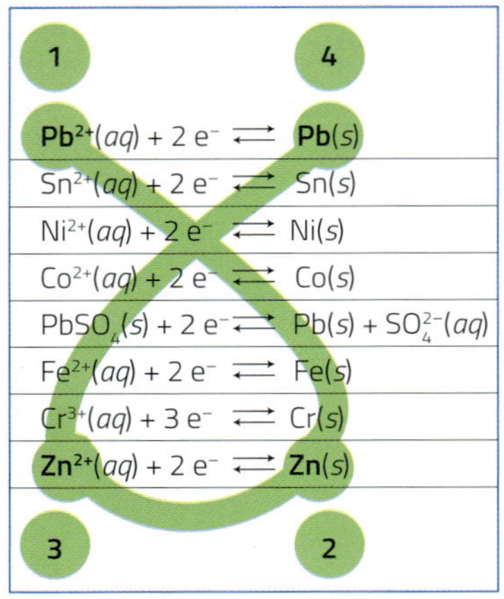

▶ **Figura 7** Per scrivere l'equazione della reazione redox che avviene nella pila $(-)Zn/Zn^{2+}//Pb^{2+}/Pb(+)$ si può utilizzare anche il seguente accorgimento che chiamiamo *metodo gamma*. Si parte dalla specie in alto a sinistra, si traccia una linea come la lettera greca γ e si conclude in alto a destra. Le specie 1 e 2 sono i reagenti mentre le specie 3 e 4 sono i prodotti.

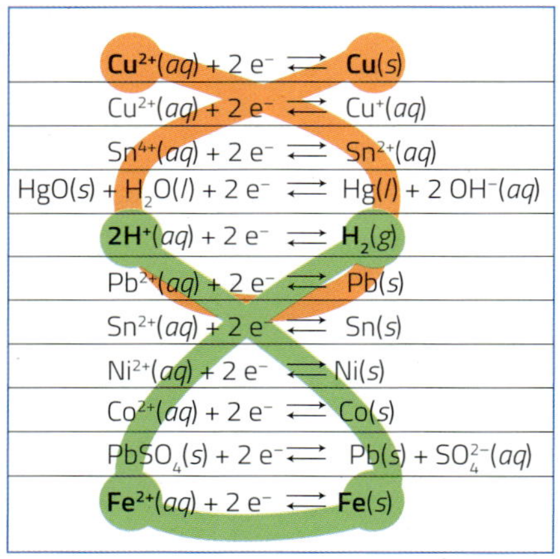

▶ **Figura 8** Quando si usa il *metodo gamma* per scrivere le reazioni redox occorre ricordarsi, dopo aver individuato le coppie, di partire dall'alto a sinistra e terminare in alto a destra.

Prova tu 3

Considera la pila $Cu/Cu^{2+}//Au^{3+}/Au$ e i relativi valori di potenziale di riduzione.

a) Scrivi l'equazione della reazione redox che avviene nella pila.

....

b) Calcola la differenza di potenziale della pila.

....

Esercizi 2 Le celle elettrochimiche

1 Hai a disposizione i seguenti sistemi:

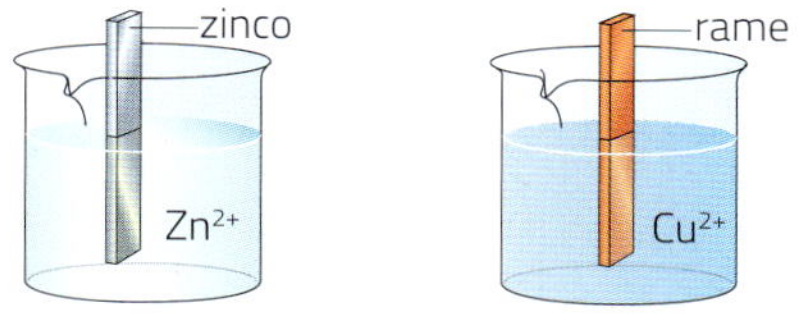

Che cosa occorre per costruire una pila?

....

....

2 Completa le frasi relative alla pila Daniell:

Zn/Zn^{2+} // Cu^{2+}/Cu

a) Il polo negativo della pila è costituito da ....
b) Il polo negativo della pila si chiama ....
c) Al polo .... della pila avviene la semireazione di riduzione.
d) Quando la pila è in funzione la .... della lamina di zinco diminuisce e la massa di quella di rame ....
e) Durante il suo funzionamento la pila trasforma energia .... in energia ....

3 La pila è una cella elettrochimica nella quale:

A avviene una reazione di ossidazione
B avviene una reazione di ossidoriduzione
C avviene una reazione di riduzione
D avviene una reazione esotermica
E avviene una reazione endoenergetica

4 Il voltaggio di una pila misura:

A la differenza di potenziale con l'elettrodo di riferimento
B la corrente che può fare circolare la pila
C la differenza di potenziale tra i due poli della pila
D il numero di elettroni scambiati nella reazione redox
E l'energia liberata nella reazione di ossidoriduzione

5 Qual è il valore della *ddp* di una pila $Fe/Fe^{2+}//Cu^{2+}/Cu$?

A 1,11 V B 0,45 V C 0,79 V D – 0,11 V E 0,11 V

6 Come può essere schematizzata la pila in cui avviene la seguente reazione?

$$Zn(s) + 2Ag^{+}(aq) \rightarrow Zn^{2+}(aq) + 2\ Ag(s)$$

....

7 Scrivi l'equazione della semireazione che avviene al catodo della cella elettrochimica: $Sn/Sn^{2+}//Pd^{2+}/Pd$.

....

8 Se nella pila Daniell si sostituisce l'elettrodo Zn^{2+}/Zn con l'elettrodo Ag^{+}/Ag si ottiene una nuova pila; in questa situazione l'elettrodo di rame ha segno positivo o negativo?

....

9 Quale tra le seguenti specie è il migliore riducente?

A $Co^{2+}(aq)$
B $I_2(s)$
C $Sn^{2+}(aq)$
D $Cu^{2+}(aq)$
E $Ag^{+}(aq)$

10 Osserva la figura in cui è rappresentata una pila:

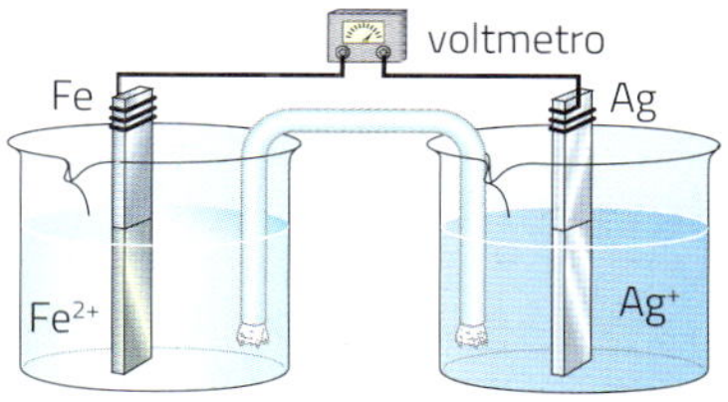

a) Scrivi l'equazione della reazione che avviene all'anodo.

....

b) Scrivi l'equazione della reazione che avviene al catodo.

....

c) Calcola il valore della differenza di potenziale.

....

11 Osserva le quattro immagini:

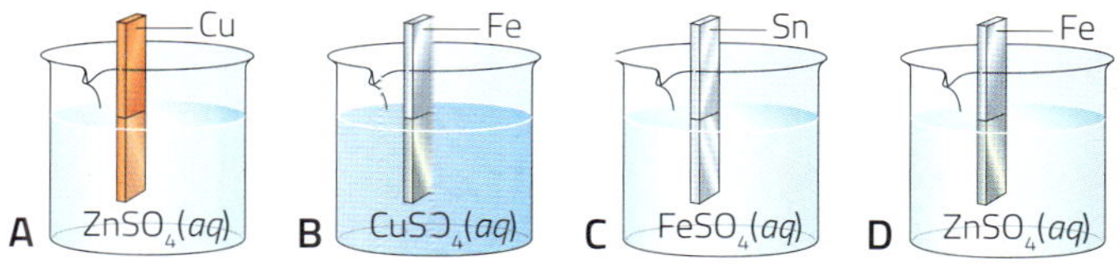

	$E°$ (V)
$Cu^{2+} + 2\ e^{-} \rightarrow Cu$	+0,34
$Sn^{2+} + 2\ e^{-} \rightarrow Sn$	−0,14
$Fe^{2+} + 2\ e^{-} \rightarrow Fe$	−0,45
$Zn^{2+} + 2\ e^{-} \rightarrow Zn$	−0,76

a) Indica l'unico sistema in cui avviene una trasformazione. ....
b) Scrivi l'equazione della redox.

....

12 In base alla tabella dei potenziali standard, indica quale tra le seguenti coppie *non* può dar luogo a una reazione chimica spontanea:

A $Zn(s) + H^{+}(aq)$
B $Ag^{+}(aq) + Fe(s)$
C $Pb^{2+}(aq) + Mg(s)$
D $Li^{+}(aq) + Pb(s)$
E $Cl_2(g) + Br^{-}(aq)$

13 Consider the following table of standard electrode potentials for a series of hypothetical reactions in aqueous solution:

Reduction Half-Reaction	$E°$ (V)
$A^{+}(aq) + e^{-} \rightarrow A(s)$	1.33
$B^{2+}(aq) + 2e^{-} \rightarrow B(s)$	0.87
$C^{3+}(aq) + e^{-} \rightarrow C^{2+}(aq)$	−0.12
$D^{3+}(aq) + 3e^{-} \rightarrow D(s)$	−1.59

a) Which substance is the strongest oxidizing agent? ....
Which is the weakest? ....
b) Which substance is the strongest reducing agent? ....
Which is the weakest? ....
c) Which substance(s) can oxidize C^{2+}? ....

3 L'elettrolisi e le leggi di Faraday

Le celle elettrolitiche sono sistemi elettrochimici in cui avviene una reazione di ossidoriduzione che trasforma energia elettrica in energia chimica

Le celle elettrolitiche

Alcune reazioni redox endoenergetiche che non sono spontanee possono essere realizzate fornendo energia elettrica in un sistema elettrochimico.

Tutte le reazioni redox che vengono provocate dalla corrente elettrica sono dette processi elettrolitici o più semplicemente *elettrolisi*. I sistemi in cui questi processi vengono realizzati prendono il nome di *celle elettrolitiche*.

In generale si chiamano **celle elettrolitiche** i sistemi in cui attraverso una reazione di ossidoriduzione si trasforma energia elettrica in energia chimica.

Un esempio di trasformazione di energia elettrica in energia chimica si realizza nella ricarica di una pila. Essa avviene collegando opportunamente i poli della pila con quelli di un'altra pila, che deve presentare un voltaggio maggiore (▶ Figura 1 e 2).

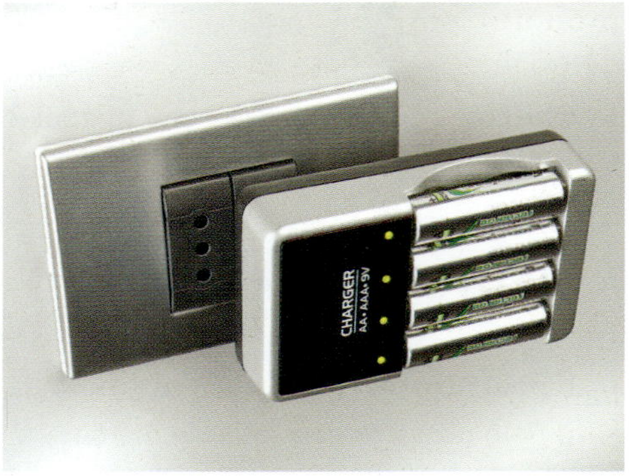

▶ **Figura 1** Come sappiamo, le pile ricaricabili si possono collegare a un dispositivo dotato di spina da introdurre nella rete elettrica. Esso, così come quello della figura 1, consente di applicare ai poli della pila il voltaggio necessario per effettuarne la ricarica.

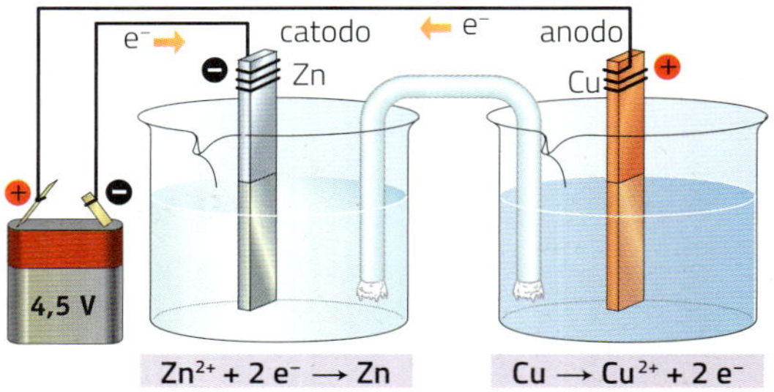

▶ **Figura 2** Occorre osservare che al catodo avviene la riduzione e all'anodo l'ossidazione, come nelle celle elettrochimiche. In questo caso però le polarità dei due elettrodi sono invertite.

Per ricaricare la pila Daniell, si collega il suo polo positivo con il polo positivo di un generatore di corrente continua, come per esempio un'altra pila; analogamente si procede per il polo negativo. Gli elettroni vengono spinti dal generatore verso l'elettrodo di zinco, determinando così la riduzione dello ione Zn^{2+}: questa semicella è ora il catodo del sistema. Contemporaneamente all'altro elettrodo avviene l'ossidazione del rame.

Elettrolisi del cloruro di sodio

Il processo di elettrolisi può essere utilizzato per produrre il sodio, una sostanza elementare che, a causa del suo basso valore di potenziale di riduzione $E°$, non esiste in natura. Se si applica, per mezzo di un generatore di corrente continua, un'adeguata differenza di potenziale ai due elettrodi immersi in cloruro di sodio reso liquido, se ne provoca l'elettrolisi (▶ Figura 3).

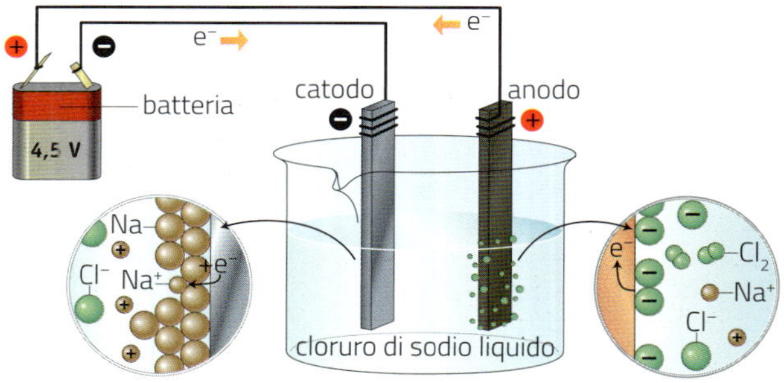

▶ **Figura 3** La figura non rappresenta la reale apparecchiatura ma è utile per evidenziare le trasformazioni che avvengono agli elettrodi.

- All'anodo (+) vengono sottratti gli elettroni e avviene la semireazione di ossidazione:

$$2\,Cl^-(l) \rightarrow Cl_2(g) + 2\,e^-$$

- Al catodo (−) sono inviati gli elettroni che danno origine alla semireazione di riduzione:

$$Na^+(l) + e^- \rightarrow Na(l)$$

- La reazione di ossidoriduzione che avviene nella cella è quindi rappresentata dalla seguente equazione:

$$2\,\mathrm{NaCl}(l) + \textit{energia elettrica} \rightarrow 2\,\mathrm{Na}(l) + \mathrm{Cl_2}(g)$$

Questo processo viene effettuato a livello industriale attraverso l'elettrolisi di NaCl allo stato liquido in una particolare cella, chiamata *cella Downs* (▸ Figura 4). Il sodio prodotto, dopo essere stato separato e raffreddato, deve essere conservato lontano da qualunque specie ossidante perché è fortemente reattivo. Per questo motivo la cella Downs è costruita in modo tale da tenere rigorosamente separati i due prodotti che, se così non fosse, reagirebbero spontaneamente con grande facilità riformando NaCl.

▸ **Figura 4** Rappresentazione schematica della cella Downs.

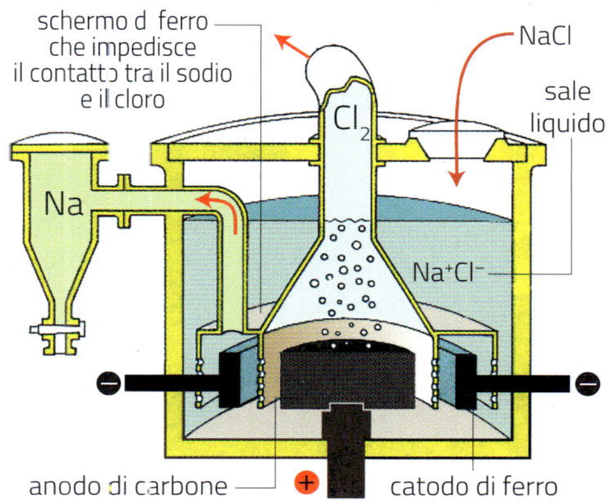

Elettrolisi dell'acqua

Vogliamo ora descrivere un processo elettrolitico particolarmente importante: parliamo dell'*elettrolisi dell'acqua,* che è la scomposizione dell'acqua in ossigeno e idrogeno per mezzo dell'elettricità.

Per realizzare in laboratorio l'elettrolisi dell'acqua si usa di solito un apparecchio chiamato *voltametro di Hoffmann* (▸ Figura 5). Dato che l'acqua distillata è un cattivo conduttore di elettricità, per aumentarne la conducibilità elettrica è necessario aggiungere un opportuno elettrolita, per esempio idrossido di sodio. Si forma così una soluzione in cui, oltre alle molecole di acqua, sono presenti ioni Na^+ e OH^-, e una quantità trascurabile di ioni H^+.

Gli elettrodi collegati al generatore di corrente devono essere conduttori inerti, cioè non devono partecipare alla reazione di ossidoriduzione.

Utilizzando la tabella dei potenziali di riduzione standard possiamo capire quali sono le semireazioni che avvengono agli elettrodi.

Le specie che possono ridursi al catodo (−) sono gli ioni Na^+ ($E° = -2{,}71$ V) o le molecole di acqua ($E° = -0{,}83$ V); delle due, la specie che si riduce è quella che presenta il valore di $E°$ più alto, cioè l'acqua:

catodo (−) red $2\,H_2O(l) + 2\,e^- \rightarrow H_2(g) + 2\,OH^-(aq)$

Le specie che possono ossidarsi vanno ricercate nella colonna di destra della tabella dei potenziali standard: quindi possono ossidarsi gli ioni OH^- ($E° = +0{,}40$ V) o le molecole di acqua ($E° = +1{,}23$ V). In questo caso, trattandosi di valori che rappresentano la tendenza crescente alla reazione di riduzione, dobbiamo concludere che si ossida la specie con $E°$ minore, cioè OH^-:

anodo (+) ox $4\,OH^-(aq) \rightarrow O_2(g) + 2\,H_2O(l) + 4\,e^-$

Si può notare che questa è l'equazione inversa di quella riportata nella tabella dei potenziali, dato che si tratta di una reazione di ossidazione.

Lo ione OH^- dell'elettrolita viene «consumato» all'anodo e contemporaneamente ripristinato al catodo, pertanto l'elettrolita non compare nell'equazione globale del processo elettrolitico; questa si ottiene moltiplicando per 2 tutti i termini della semireazione di riduzione per «pareggiare» gli elettroni, sommando le due semireazioni e semplificando infine i termini uguali:

$$2\,\mathrm{H_2O}(l) + \textit{energia elettrica} \rightarrow 2\,\mathrm{H_2}(g) + \mathrm{O_2}(g)$$

Come mostra la ▸ Figura 5, il volume di gas prodotto al catodo è il doppio di quello prodotto all'anodo. Che si tratti rispettivamente di idrogeno e di ossigeno può essere confermato con prove specifiche.

Prova tu 1

L'idrogeno si può ottenere anche effettuando l'elettrolisi di una soluzione acquosa di acido solforico. Tenendo presente le specie chimiche presenti al catodo, scrivi l'equazione della semireazione che avviene.

....

....

Animazione in digitale
Elettrolisi dell'acqua

Entalpia → H
↳ calore scambiato a P costante
Energia Termica → energia cinetica (associata al moto delle particelle)
REAZ. ESOTERMICA → calore scambiato dal SIST. all'AMB.
ΔH = Σ H prodotti − Σ H reagenti (Σ = SOMMA)
ΔH < 0 → produce calore

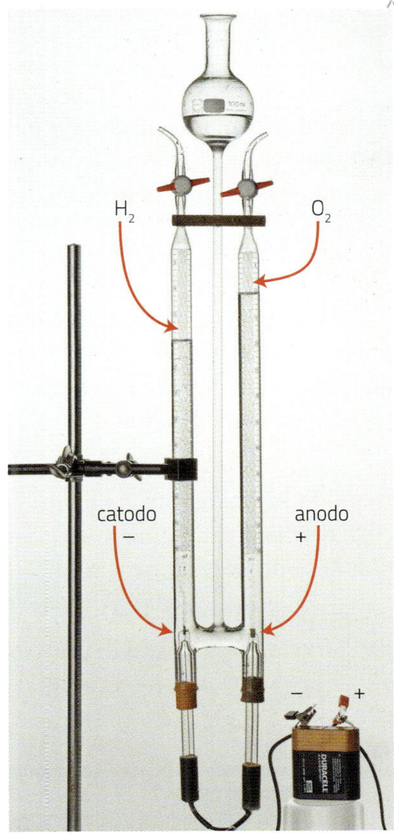

▸ **Figura 5** Elettrolisi dell'acqua con il *voltametro di Hoffmann*. Il voltametro è costruito in modo tale da permettere la raccolta dei gas prodotti.

La prima legge di Faraday

Uno dei primi scienziati a studiare gli aspetti quantitativi nei processi elettrolitici fu il fisico e chimico inglese M. Faraday, che enunciò due importanti leggi.

La **prima legge di Faraday** afferma che la quantità di sostanza che si produce su ciascun elettrodo durante un processo di elettrolisi è direttamente proporzionale alla quantità di carica elettrica che attraversa la cella elettrolitica.

Oggi comprendiamo bene il significato di questa legge perché siamo in grado di descrivere i processi elettrolitici a livello particellare. Consideriamo per esempio la seguente trasformazione:

$$Na^+ + e^- \rightarrow Na$$

Dato che per ridurre un solo ione Na^+ è necessario 1 elettrone, per ottenere 1 mol di atomi di sodio è necessaria 1 mol di elettroni. Pertanto la quantità di carica elettrica necessaria per ottenere 1 mol di sodio (cioè 22,99 g) si può calcolare moltiplicando la carica elettrica di un singolo elettrone ($1{,}60217733 \cdot 10^{-19}$ C) per la costante di Avogadro ($6{,}0221 \cdot 10^{23}$ particelle/mol):

$$1{,}60217733 \cdot 10^{-19}\ \text{C} \times 6{,}0221 \cdot 10^{23} = \mathbf{96\,485\ C}$$

Questa quantità di carica corrisponde quindi alla carica di una mole di elettroni e viene chiamata **costante di Faraday (F)**.

Per calcolare la quantità di carica che viene fornita in un processo elettrolitico occorre fare riferimento alla seguente relazione:

$$Q = I \cdot t$$

carica elettrica in coulomb (C) — tempo in secondi (s) — intensità di corrente in ampere (A)

I processi elettrolitici sono utilizzati anche per ricoprire oggetti con un sottile strato di metallo.

La *galvanostegia* permette di rivestire la superficie di metalli ossidabili, come il ferro, con altri inossidabili come il cromo, il nichel, l'argento e addirittura l'oro. A seconda degli ioni presenti nella soluzione elettrolitica, si effettueranno i processi di cromatura, nichelatura, argentatura e doratura (▶ Figura 6).

La *galvanoplastica* ha lo scopo di rivestire con metalli supporti non metallici. Il metodo è del tutto analogo alla galvanostegia, ma occorre rivestire l'oggetto non conduttore con un sottile strato conduttore, per esempio grafite. La galvanoplastica trova applicazione nel campo dell'arte tipografica e nella realizzazione di oggetti per uso ornamentale.

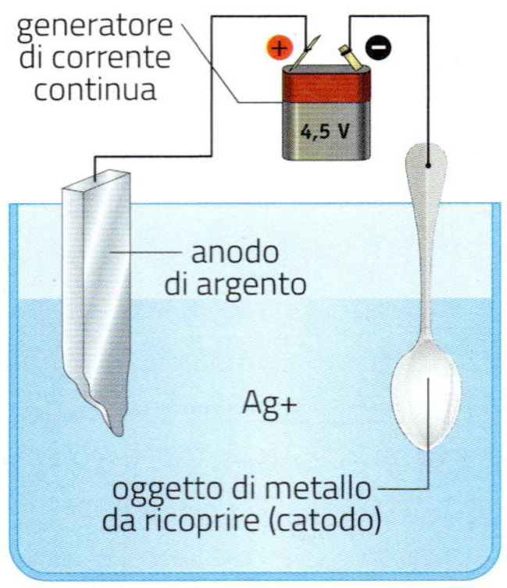

▶ **Figura 6** L'oggetto da argentare costituisce il catodo, mentre l'anodo è costituito da una barretta di argento: entrambi sono immersi in una soluzione acquosa contenente ioni Ag^+. Attraverso il processo elettrolitico ioni Ag^+ si riducono al catodo, mentre atomi di argento si ossidano dall'anodo. Il risultato è che atomi di argento si trasferiscono dall'anodo al catodo.

Esempio

Per ricoprire di argento un determinato oggetto si fa circolare nella cella elettrolitica una corrente costante di 1,5 A per un'ora esatta (3600 s). Vogliamo calcolare la massa di argento che ricopre l'oggetto al termine del processo.

Per prima cosa calcoliamo la quantità di carica elettrica:

$$Q = I \cdot t = 1{,}5\ \text{A} \cdot 3600\ \text{s} = 5{,}4 \cdot 10^3\ \text{C}$$

Dato che lo ione argento ha formula Ag^+, per formare una mole di argento occorre una mole di elettroni, cioè una quantità di carica elettrica pari a 1 F. Per calcolare le moli di argento depositate fornendo $5{,}4 \cdot 10^3$ C scriviamo la seguente proporzione:

$$1\ \text{mol} : 96\,485\ \text{C} = x : 5{,}4 \cdot 10^3\ \text{C} \qquad x = 0{,}056\ \text{mol Ag}$$

Infine calcoliamo la massa di argento moltiplicando le moli per la sua massa molare:

$$m = 0{,}056\ \text{mol} \cdot 107{,}9\ \text{g/mol} = 6{,}0\ \text{g di argento}$$

Prova tu 2

Durante un processo elettrolitico di argentatura di un oggetto si devono depositare al catodo 4,0 g di argento. Sapendo che il valore dell'intensità della corrente che attraversa la cella è pari a 2,0 A, quale deve essere la durata minima del processo elettrolitico?

....

La seconda legge di Faraday

Prima di enunciare la seconda legge di Faraday può essere utile seguire il seguente ragionamento. Se facciamo passare una quantità di carica pari a una mole di elettroni in una cella elettrolitica che contiene ioni bivalenti, come per esempio ioni rameici Cu^{2+}, dobbiamo aspettarci che al catodo si formi soltanto mezza mole di rame. Infatti occorrono 2 elettroni per ridurre uno ione Cu^{2+} e produrre 1 atomo di rame:

$$Cu^{2+} + 2\ e^- \rightarrow Cu$$

È logico quindi che per ottenere una mole di rame occorra una quantità doppia di carica elettrica, cioè 2 F.

In modo del tutto analogo si capisce che facendo passare una mole di elettroni in una cella elettrolitica contenente ioni Al^{3+}, la quantità di alluminio che si deposita al catodo è pari a un terzo della massa di una mole. Infatti, per formare ogni atomo di alluminio sono necessari 3 elettroni:

$$Al^{3+} + 3\ e^- \rightarrow Al$$

La quantità di sostanza che si forma agli elettrodi quando nel circuito passa una mole di elettroni, cioè 1 F, venne indicata da Faraday stesso con il nome di *equivalente elettrochimico*.

Nel caso dell'argento l'equivalente elettrochimico è una quantità che corrisponde a una mole, mentre nel caso del rame corrisponde a mezza mole e nel caso dell'alluminio, infine, corrisponde a un terzo di mole.

La **seconda legge di Faraday** afferma che la stessa quantità di carica elettrica fornita a differenti celle elettrolitiche produce agli elettrodi quantità diverse di sostanza, comunque sempre proporzionali ai rispettivi equivalenti elettrochimici.

PROTAGONISTI DELLA SCIENZA

MICHAEL FARADAY (1791-1867)
Il chimico e fisico inglese Faraday elaborò le leggi fondamentali dell'elettrolisi tra il 1832 e il 1833. Per la loro piena comprensione fu necessario attendere il nuovo secolo con l'elaborazione dei primi modelli atomici. Egli iniziò giovanissimo a seguire le lezioni alla Royal Institution di Londra mentre lavorava come apprendista rilegatore da un libraio. L'interesse per le lezioni gli fece redigere alcuni suoi appunti che fece esaminare al celebre chimico Humphry Davy: questi dopo averli letti gli consigliò di continuare la sua attività di rilegatore. Fortunatamente Faraday non seguì questo consiglio e divenne invece uno dei più famosi scienziati sperimentali del suo tempo.

Prova tu 3

In un processo elettrolitico si depositano al catodo 65,7 g di metallo. Nella cella elettrolitica è stata immessa una quantità di carica pari a 1 F.
Quale potrebbe essere il sale in soluzione?

A $AgNO_3$ B $Au(NO_3)_3$ C $NiCl_2$

PER SAPERNE DI PIÙ

La produzione dell'alluminio
L'alluminio è oggi un metallo molto utilizzato in svariati campi ed è anche uno degli elementi più abbondanti sulla Terra. A causa del suo basso potenziale di riduzione ($E° = -1{,}66$ V), l'alluminio non si trova in natura come tale e per questo motivo è rimasto praticamente sconosciuto fino alla metà del diciannovesimo secolo. Questo elemento è presente invece nei composti che costituiscono molti minerali. Uno di questi, la *bauxite*, contiene come componente fondamentale l'ossido di alluminio, Al_2O_3, chiamato anche *allumina*, che è caratterizzato da un'elevata temperatura di fusione (2050 °C).
Verso il 1890 fu messo a punto un processo elettrolitico in grado di ridurre gli ioni Al^{3+} utilizzando elettrodi di grafite immersi nell'allumina mescolata con altri composti in grado di abbassarne la temperatura di fusione. In particolare si scoprì che l'allumina, opportunamente mescolata con il minerale criolite, un sale doppio di alluminio e sodio (Na_3AlF_6), fonde a una temperatura di circa 1000 °C, molto più bassa della temperatura di fusione dell'allumina. L'idea di utilizzare la criolite in questo processo venne a un giovane studente di chimica statunitense, Charles Martin Hall, che per questa sua idea divenne successivamente ricco e famoso.

Le reazioni che avvengono nella cella sono molto complesse, ma possono essere riassunte nell'equazione seguente:

$$2\ Al_2O_3(l) + 3\ C(s) + \textit{energia elettrica} \rightarrow \rightarrow 4\ Al(l) + 3\ CO_2(g)$$

L'alluminio prodotto in questo modo è puro al 99,5% e si presta per le sue caratteristiche a svariati usi, generalmente sotto forma di lega con altri metalli, soprattutto zinco e manganese.
Ricordiamo infine che la produzione elettrolitica dell'alluminio comporta un alto consumo di energia elettrica, dato che il processo complessivo è fortemente endoenergetico. Infatti, per produrre una lattina di alluminio da 33 cL occorre consumare una quantità di energia maggiore di 1000 kJ, quanta ne serve per tener acceso un faro da 100 W per circa tre ore!
Per questo motivo è auspicabile che si organizzi e che si estenda un efficace sistema per riciclare gli oggetti di alluminio (in particolare le lattine) e quindi per favorire anche in questo modo il risparmio energetico. Vista la grande diffusione delle lattine, la raccolta dell'alluminio è sempre conveniente: ottenere l'alluminio riciclato consente di risparmiare circa il 95% dell'energia necessaria per la produzione dell'alluminio direttamente dalla bauxite.

Per esempio, 40 000 lattine riciclate portano a un risparmio di energia equivalente a 4800 kg di petrolio, diminuendo di 6,5 Mg le emissioni di anidride carbonica.
Il riciclaggio dell'alluminio determina un minore consumo di energia rispetto alla produzione dell'alluminio dai minerali; tuttavia l'energia necessaria per il riciclaggio di una lattina da 33 cL è superiore a quella necessaria per il lavaggio/sterilizzazione di una bottiglia di vetro da 0,7 L. Una sola bottiglia venduta come «vuoto a rendere» utilizzabile in media 40 volte, fornisce la stessa prestazione di circa 120 lattine!

Esercizi 3 L'elettrolisi e le leggi di Faraday

1 Completa il seguente schema:

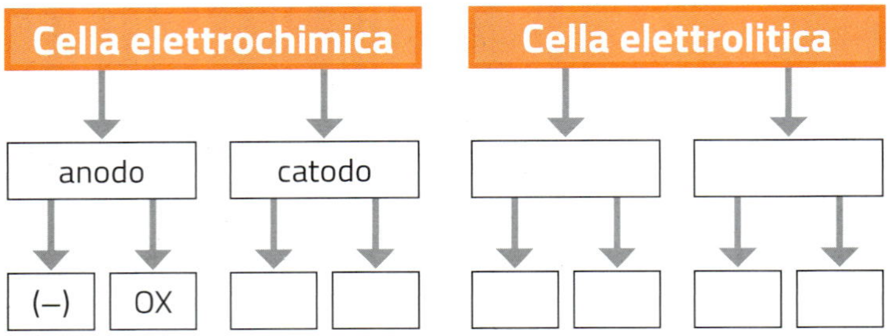

2 A quale quantità di carica elettrica corrisponde 1 F?

A A quella di un elettrone
B Alla massa molare della sostanza
C A quella di 1 mol di elettroni
D A quella di 96 485 elettroni
E A $6{,}022 \cdot 10^{23}$ C

3 Che cosa afferma la seconda legge di Faraday?

A Nelle pile si produce una quantità di corrente elettrica proporzionale al faraday
B Durante l'elettrolisi si formano uguali quantità di sostanza agli elettrodi
C Nelle celle elettrolitiche si formano agli elettrodi quantità di sostanza proporzionali ai rispettivi equivalenti elettrochimici
D Nelle celle elettrolitiche si producono quantità di sostanza proporzionali alla corrente fornita
E Nelle celle elettrolitiche si formano quantità di gas inversamente proporzionali alla superficie degli elettrodi

4 Che cosa accade nel processo di elettrolisi dell'acqua?

A L'energia elettrica è trasformata dal sistema per produrre agli elettrodi idrogeno e ossigeno
B L'energia elettrica viene prodotta perché l'ossigeno cede due elettroni all'idrogeno
C L'energia elettrica trasforma l'acqua in ioni H^+ e ioni OH^-
D L'elettrolita presente decompone l'acqua e si crea una corrente elettrica
E L'energia elettrica viene assorbita dal sistema per neutralizzare l'elettrolita

5 L'immagine si riferisce all'elettrolisi di una soluzione acquosa di KOH.
Scrivi nei riquadri le giuste indicazioni, scegliendole tra le seguenti:
anodo, catodo, (+), (–), ossigeno, idrogeno, batteria

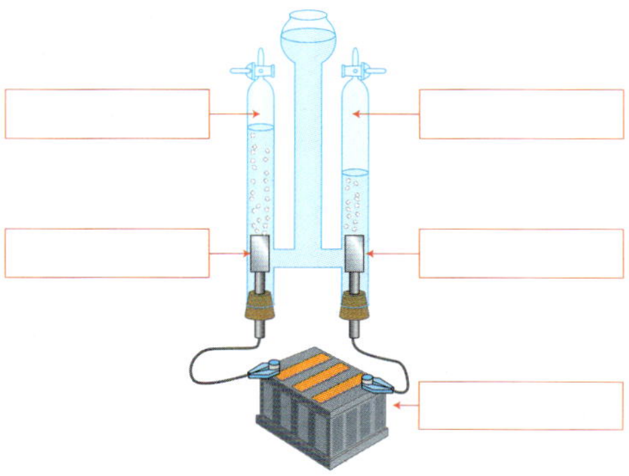

6 Il magnesio viene prodotto per elettrolisi da un sale fuso usando un cella elettrolitica simile a quella in figura.

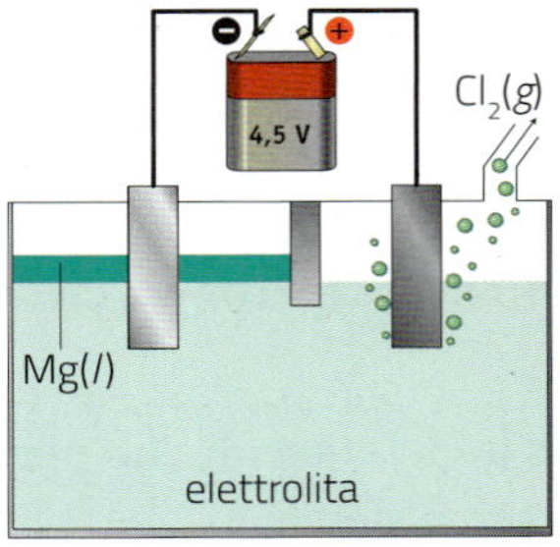

a) Quale sale reso liquido viene utilizzato?

....

b) Quale elettrodo è l'anodo e quale è il catodo?

....

c) Scrivi l'equazione della reazione che avviene al catodo e quella che avviene all'anodo.

....

7 Al catodo di una cella elettrolitica avviene la seguente semireazione: $Ni^{2+} + 2\ e^- \rightarrow Ni$. Qual è la massa di nichel che si deposita al catodo se l'elettrolisi è condotta con corrente costante di 1,3 A per 2,5 h?

....

8 Mediante elettrolisi di $AgNO_3$ devono essere depositati sulla superficie di un oggetto 0,15 g di argento. Calcola quanto tempo è necessario se il processo avviene con un'intensità di corrente costante di 0,50 A.

....

9 Quale delle seguenti affermazioni è corretta sia per una cella elettrochimica sia per una cella elettrolitica?

A Il polo positivo costituisce l'anodo del sistema
B All'anodo avviene la semireazione di ossidazione
C Nel sistema avviene una reazione esoenergetica
D Il sistema trasforma energia elettrica in energia chimica
E Nell'elettrodo negativo avviene la semireazione di riduzione

10 Perché se si fa passare la stessa quantità di carica elettrica in una cella contenente $CoCl_2$ si ottiene una massa di cobalto maggiore di quella che si ottiene da una cella contenente $CoCl_3$?

....

....

11 Electrolysis uses electrical current to:

A speed up a spontaneous reaction
B force a non spontaneous reaction to occur
C stop a spontaneous reaction from proceeding
D heat an endothermic reaction

12 A conclusion from Faraday's second law is that for a given quantity of electricity, as the oxidation number increases the moles of substance produced:

A increase
B are equivalent
C decrease
D are equal to Faraday's constant

13 Consider the electrolysis of a sample of LiBr. When 3.00 F of electricity were passed through the sample, what was the mass of lithium obtained?

A 20.8 g
B 86.8 g
C 261 g
D 6.94 g

4 Le redox nella vita quotidiana

Le reazioni di ossidoriduzione sono alla base del funzionamento delle pile e delle batterie ma sono anche responsabili della corrosione dei metalli

Pile e batterie

Una delle caratteristiche più importanti delle pile è il voltaggio, cioè la differenza di potenziale elettrico (*ddp*) che si può misurare tra i due poli e che dipende dalle semicelle che le costituiscono (▶ Figura 1).

Per disporre di sistemi elettrochimici a voltaggio più elevato si possono *collegare in serie* due o più pile. Il collegamento in serie consiste nel raccordare con un filo conduttore il polo positivo di una cella con quello negativo dell'altra cella. Il voltaggio del sistema così ottenuto è dato dalla somma dei voltaggi delle singole pile.

Le **pile** sono costituite da una sola cella elettrochimica mentre le **batterie** sono generalmente costituite da più celle uguali collegate in serie tra loro.

Occorre ricordare che le pile e le batterie contengono sostanze tossiche e inquinanti: pertanto, una volta esaurite, devono essere depositate negli appositi contenitori di raccolta.

▶ **Figura 1** Le pile dello stesso tipo hanno tutte lo stesso voltaggio indipendentemente dalle loro dimensioni. Una pila più grande contiene una maggiore quantità di reagenti e quindi può erogare una maggiore quantità di carica elettrica.

Pile «usa e getta» e pile ricaricabili

Un aspetto fondamentale che caratterizza pile e batterie riguarda la possibilità che la rezione redox che le caratterizza sia o no reversibile e quindi che il sistema sia o no ricaricabile.

La capostipite delle pile «usa e getta» è la cosiddetta *pila zinco-carbone*, chiamata anche *pila Leclanché*, dal nome dell'ingegnere francese G. Leclanché che la inventò nel 1867.

Le pile «usa e getta» attualmente più diffuse sono le *pile alcaline*, termine che deriva dal fatto che l'elettrolita che collega le due semicelle è l'idrossido di potassio (▶ Figura 2). Queste pile assomigliano chimicamente alla pila Leclanché e infatti presentano lo stesso voltaggio: 1,5 V

Le semireazioni redox che avvengono nella pila alcalina sono le seguenti:

anodo (−) ox

$$Zn(s) + 2\ OH^-(aq) \rightarrow ZnO(s) + H_2O(l) + 2\ e^-$$

catodo (+) red

$$MnO_2(s) + 2\ H_2O(l) + 2\ e^- \rightarrow Mn(OH)_2(s) + 2\ OH^-(aq)$$

Le **pile ricaricabili** quando non erogano più corrente devono essere collegate a una fonte di energia elettrica per ripristinare i reagenti e quindi essere riutilizzate.

Una pila ricaricabile, molto diffusa soprattutto nei computer portatili e in altri dispositivi elettronici, è la *pila a ioni di litio* o più propriamente *batteria a ioni di litio*. Allo stato attuale, queste pile sono tecnologicamente le più avanzate, hanno un'ottima durata e un voltaggio più elevato (3,6 V) (▶ Figura 3).

L'anodo e il catodo sono costituiti da due materiali differenti per poter creare una differenza di potenziale, materiali che devono essere in grado di «ospitare» gli ioni Li^+. I materiali più utilizzati per il catodo sono ossidi di manganese, nichel e cobalto, la cui struttura cristallina presenta canali e spazi all'interno dei quali si inseriscono facilmente gli ioni Li^+. Per l'anodo è molto utilizzata la grafite, che per la sua struttura a strati presenta anche'essa spazi liberi in cui si possono inserire gli ioni Li^+.

Dal momento che gli ioni di litio si legano alla grafite più debolmente che agli ossidi metallici, il loro spostamento verso il catodo è energeticamente favorito(▶ Figura 3A).

Durante il processo di ricarica questa tendenza è invertita mediante l'applicazione di un potenziale elettrico esterno (▶ Figura 3B).

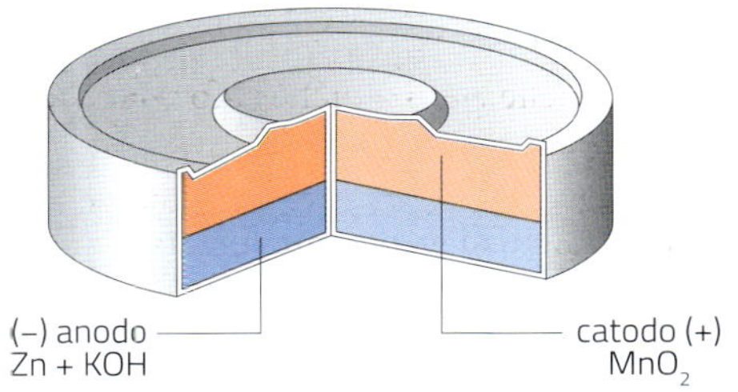

▶ **Figura 2** Rappresentazione schematica di una mini pila alcalina.

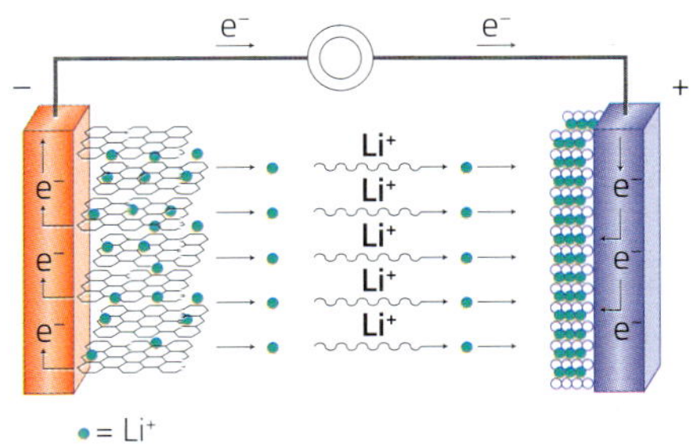

A. Schema di funzionamento della pila quando eroga corrente.

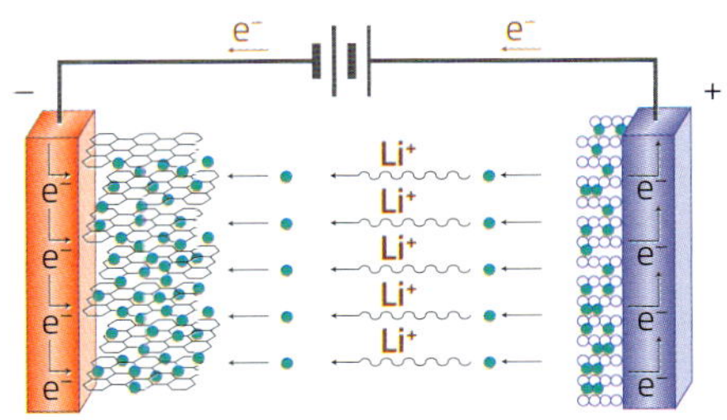

B. Schema di funzionamento della pila quando è in ricarica.

▶ **Figura 3**

La batteria al piombo

Il dispositivo di gran lunga più diffuso ancor oggi per l'avviamento elettrico dei veicoli a motore è la *batteria al piombo*. Parliamo propriamente di batteria perché si tratta di un sistema elettrochimico costituito da tre, sei o più pile uguali (chiamate anche *elementi*) collegate in serie.

Ideata dal fisico francese G. Planté nel 1859, la batteria al piombo ha avuto grande diffusione da quando fu introdotto il motore elettrico per l'avviamento del motore delle automobili. In queste batterie gli *anodi* sono costituiti da lastre di piombo e i *catodi* ancora da lastre di piombo ma ricoperte di diossido di piombo. Queste lastre sono immerse in una soluzione elettrolitica di acido solforico (▸ Figura 4).

Quando la batteria eroga corrente avvengono le seguenti semireazioni:

anodo (−) ox $Pb(s) + SO_4^{2-}(aq) \rightarrow PbSO_4(s) + 2\,e^-$

catodo (+) red $PbO_2(s) + SO_4^{2-}(aq) + 4\,H^+(aq) + 2\,e^- \rightarrow PbSO_4(s) + 2\,H_2O(l)$

La reazione redox complessiva costituisce il *processo di scarica* e può essere riassunta con la seguente equazione globale:

$$Pb(s) + PbO_2(s) + 2\,H_2SO_4(aq) \rightarrow 2\,PbSO_4(s) + 2\,H_2O(l) + \textit{energia elettrica}$$

Ogni pila (o elemento) della batteria presenta una *ddp* di circa 2 V, come si ricava considerando il potenziale di riduzione standard delle due semireazioni:

$$ddp = E^+ - E^- = 1{,}69\ \text{V} - (-0{,}36\ \text{V}) = 2{,}05\ \text{V}$$

Le batterie delle automobili sono formate da sei pile collegate in serie e pertanto il voltaggio totale della batteria è circa 12 V (▸ Figura 5).

Durante la *fase di ricarica* della batteria nel sistema avvengono i processi opposti a quelli che avvengono durante la fase di scarica; in questo modo si riformano l'acido solforico e le sostanze che costituiscono gli elettrodi.

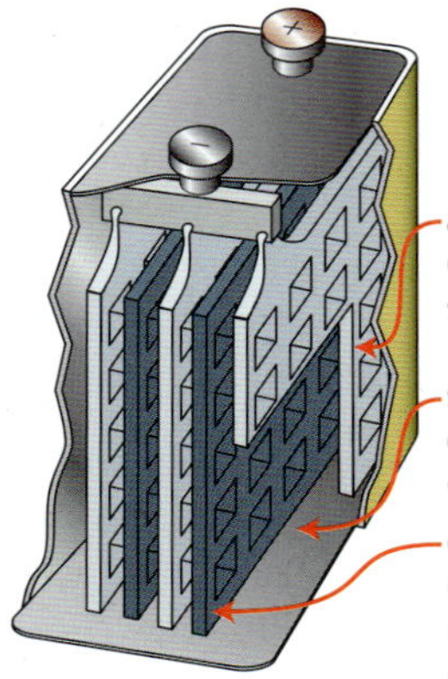

▸ **Figura 4** Rappresentazione schematica degli elementi che costituiscono una batteria al piombo.

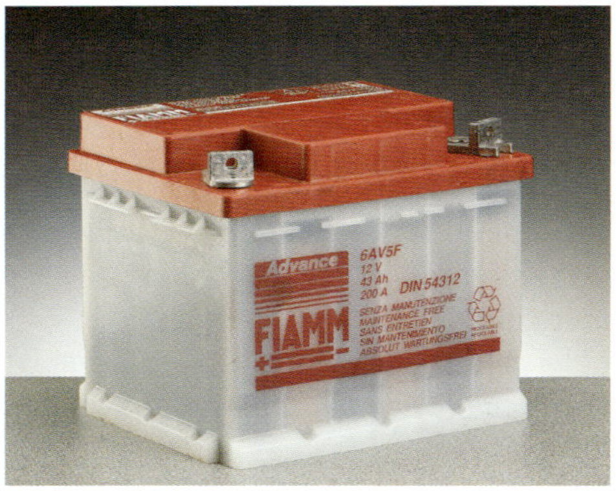

▸ **Figura 5** Sulle batterie devono essere sempre riportate le caratteristiche elettriche del sistema: il *voltaggio* e la *capacità*. Il voltaggio dipende dal numero di pile: esistono batterie da 6 V (3 elementi), da 12 V (6 elementi) e da 24 V (12 elementi). La capacità indica la massima quantità di carica elettrica che la batteria è in grado di erogare.

Le pile a combustibile

La caratteristica che rende originali le *pile a combustibile* (o *fuel cell*) consiste nel fatto che la cella elettrochimica è costituita da un apparato fisso nel quale, con continuità, vengono fatti affluire i reagenti e allontanati i prodotti.

La reazione che avviene in queste celle è la stessa di una «normale» combustione: infatti, uno dei reagenti è un combustibile, cioè una sostanza ossidabile di solito ricca di atomi di idrogeno, e l'altro è l'ossidante, solitamente l'ossigeno, fornito come tale o attraverso l'aria.

Se la reazione avviene in una fuel cell, l'energia chimica è convertita direttamente in energia elettrica e il rendimento della trasformazione è assai più elevato. Nella ▸ Figura 6 è schematizzata una pila a combustibile che funziona con l'idrogeno.

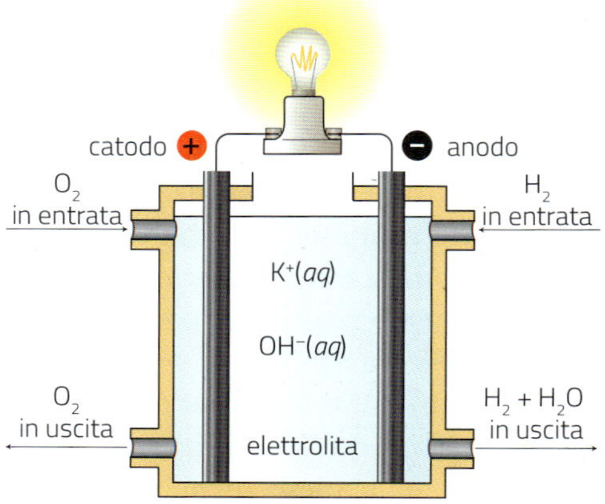

▸ **Figura 6** Nelle pile a combustibile gli elettrodi sono costituiti da un metallo inerte la cui superficie è resa porosa in modo da aumentare la superficie di contatto tra i reagenti; il metallo agisce così da catalizzatore e questo consente di realizzare la combustione a bassa temperatura. L'elettrolita può essere una soluzione basica.

Le semireazioni che avvengono in questa pila sono le seguenti:

anodo (−) ox $H_2(g) + 2\,OH^-(aq) \rightarrow 2\,H_2O(l) + 2\,e^-$
catodo (+) red $O_2(g) + 2\,H_2O(l) + 4\,e^- \rightarrow 4\,OH^-(aq)$

Il processo globale porta alla formazione di acqua:

$$2\,H_2(g) + O_2(g) \rightarrow 2\,H_2O(l) + \textit{energia elettrica}$$

La corrosione del ferro

Un fenomeno molto comune e di grandissima importanza anche economica che riguarda i metalli è quello della **corrosione**.

Per corrosione si intende generalmente il deterioramento dei metalli mediante un processo elettrochimico. Infatti le reazioni di corrosione sono reazioni redox spontanee in cui un metallo si combina con qualche sostanza presente nell'ambiente e viene trasformato in un composto indesiderato.

Anche se la corrosione è un problema serio per molti metalli, ci concentreremo sulle reazioni elettrochimiche spontanee del ferro.

Infatti il fenomeno corrosivo più importante in assoluto è quello che riguarda proprio il ferro, sia per la grandissima diffusione di questo metallo, sia perché l'arrugginimento è un processo progressivo: la ruggine infatti è un materiale poroso e friabile che di solito tende a staccarsi dalla superficie lasciando le zone sottostanti esposte a ulteriore ossidazione e questo spiega il procedere inesorabile della corrosione del manufatto (▶ Figura 7).

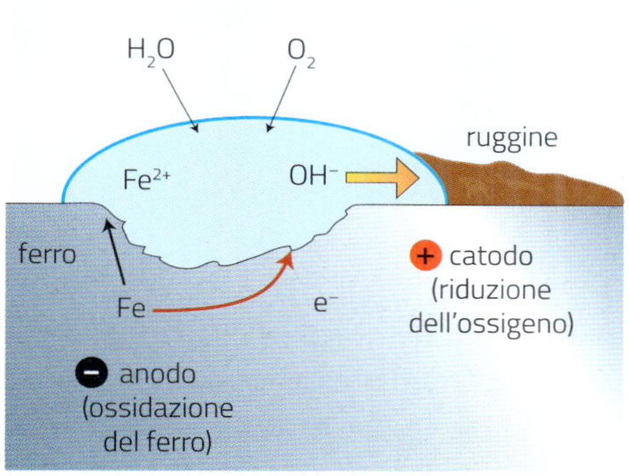

▶ **Figura 7** Rappresentazione schematica del processo elettrochimico che porta alla formazione della ruggine.

La corrosione del ferro avviene perché nel metallo si crea un sistema che si comporta come una cella elettrochimica. Come si può osservare nel disegno della figura 7, sulla superficie del manufatto si creano una zona anodica e una zona catodica. Nella zona anodica si ha l'ossidazione del ferro:

anodo (−) ox $Fe(s) \rightarrow Fe^{2+}(aq) + 2\,e^-$

Gli elettroni si trasferiscono attraverso il metallo verso un'altra zona a contatto con l'aria; questa zona si comporta da catodo ed è qui che avviene la riduzione dell'ossigeno in presenza di acqua:

catodo (+) red $O_2(g) + 2\,H_2O(l) + 4\,e^- \rightarrow 4\,OH^-(aq)$

Gli ioni ferrosi Fe^{2+} vengono a contatto con gli ioni OH^- e formano un composto solido, l'idrossido ferroso, scarsamente solubile in acqua:

$$Fe^{2+}(aq) + 2\,OH^-(aq) \rightarrow Fe(OH)_2(s)$$

L'idrossido ferroso in presenza di ossigeno e acqua si trasforma in ruggine ($Fe_2O_3 \cdot n\,H_2O$), un miscuglio di composti solidi contenenti ioni ferrici Fe^{3+} derivanti dalla ossidazione degli ioni ferrosi Fe^{2+}.

Affinché avvenga la corrosione del ferro occorre quindi che siano presenti contemporaneamente ossigeno e acqua (▶ Figura 8).

$$2\,Fe(s) + O_2(g) + 2\,H_2O(l) \rightarrow 2\,Fe^{2+}(aq) + 4\,OH^-(aq)$$

La corrosione del ferro avviene tanto più rapidamente quanto maggiore è la conducibilità elettrica della soluzione acquosa; per questo la maggiore presenza di elettroliti nell'acqua rende la corrosione del ferro più veloce nei litorali marini, ricchi di salsedine.

▶ **Figura 8** A differenza di quanto avviene nella provetta di destra, nell'altra provetta il chiodo di ferro non è corroso perché è stato immerso in acqua dalla quale è stato eliminato l'ossigeno disciolto. In entrambe le provette un sottile strato di olio impedisce il contatto dei liquidi con l'aria.

La protezione dalla corrosione

È molto importante ricercare metodi che impediscano o rallentino il fenomeno della corrosione. Per proteggere i materiali ferrosi si è soliti ricoprirli di uno strato protettivo: esso può essere costituito da vernice contenente sostanze antiossidanti oppure da particolari metalli come il cromo, lo stagno o lo zinco. In questo modo il ferro (o anche l'acciaio, una lega costituita principalmente da ferro) viene isolato dall'aria e dall'umidità e quindi non può ossidarsi.

Una protezione particolarmente efficace si ottiene ricoprendo con uno strato di zinco i manufatti di ferro; questa operazione, chiamata *zincatura*, può essere ottenuta attraverso un processo elettrolitico oppure per semplice immersione nello zinco liquido. Lo zinco si ossida e il sottile strato di ossido che si forma sulla superficie protegge il metallo da ulteriore corrosione.

La protezione con zincatura ha effetto anche quando il ferro viene messo allo scoperto a causa, per esempio, di una scalfittura. Infatti, dato che lo zinco ($E° = -0{,}76$ V) ha maggior tendenza a ossidarsi rispetto al ferro ($E° = -0{,}45$ V), ogni attacco ossidativo avverrà a spese dello zinco (anodo), che continuerà quindi a proteggere il ferro anche se non lo ricopre più del tutto (▶ Figura 9).

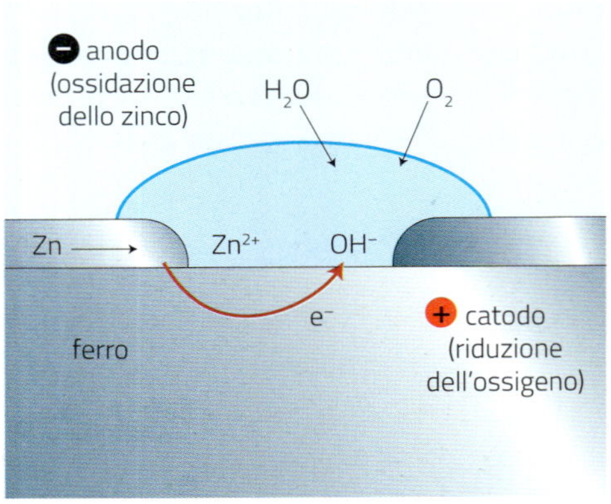

▶ **Figura 9** Lo zinco funziona da anodo e si ossida, mentre il ferro agisce da supporto catodico per la riduzione dell'ossigeno.

I metalli come il magnesio e lo zinco, che hanno una tendenza a ossidarsi maggiore di quella del ferro, vengono utilizzati in diverse situazioni per proteggere quest'ultimo; in particolare il magnesio viene impiegato come *anodo di sacrificio* per serbatoi e tubature interrati, caldaie e scafi delle navi. Per impedire o rallentare la corrosione si può «legare» il ferro con altri elementi. L'acciaio inossidabile, per esempio, è una lega che contiene cromo e nichel; questi metalli formano rivestimenti di ossidi che impediscono l'ossidazione del ferro. Gli oggetti in acciaio inossidabile marcati 18/10 contengono il 18% di cromo e il 10% di nichel.

Non sempre i processi ossidativi sono dannosi; anche l'alluminio si ossida e dà origine a un prodotto, l'ossido di alluminio, che ricopre il metallo con uno strato sottile e aderente preservandolo da ulteriori corrosioni.

La reazione redox in cui l'alluminio si ossida a spese dell'ossigeno che si riduce può essere rappresentata nel modo seguente:

$$4\ Al(s) + 3\ O_2(g) \rightarrow 2\ Al_2O_3(s)$$

La formazione dello strato protettivo di ossido viene realizzata preventivamente in modo omogeneo a livello industriale con un processo elettrolitico chiamato *ossidazione anodica*. Il metallo così trattato è detto *alluminio anodizzato* e trova largo impiego come materiale per esterni perché particolarmente resistente agli attacchi degli agenti atmosferici.

Anche altri metalli meno facilmente ossidabili, come l'argento e il rame, si «difendono» da ulteriori corrosioni formando prodotti che li ricoprono e li proteggono. La superficie degli oggetti di argento imbrunisce per la formazione di sottili strati di solfuro (Ag_2S). Sulla superficie del rame si forma generalmente una patina verdastra di carbonati basici di rame, il cosiddetto verderame (▶ Figura 10).

▶ **Figura 10** Nei manufatti di bronzo è il componente rame che subisce i processi ossidativi.

1 Osserva le immagini:

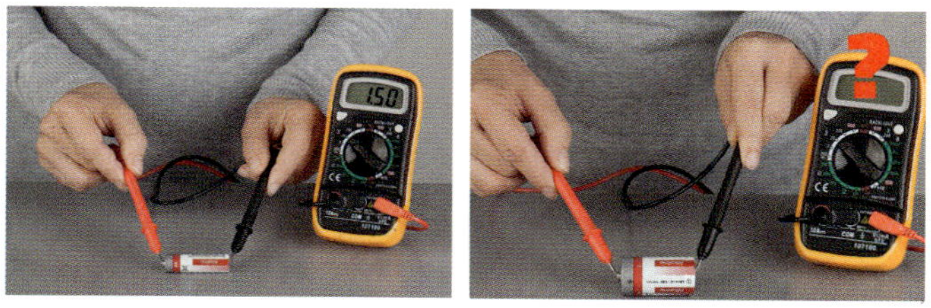

Quale sarà il voltaggio della pila più grande? Maggiore, minore o uguale?

....

2 Osserva l'immagine:

Qual è il voltaggio di una singola pila?

....

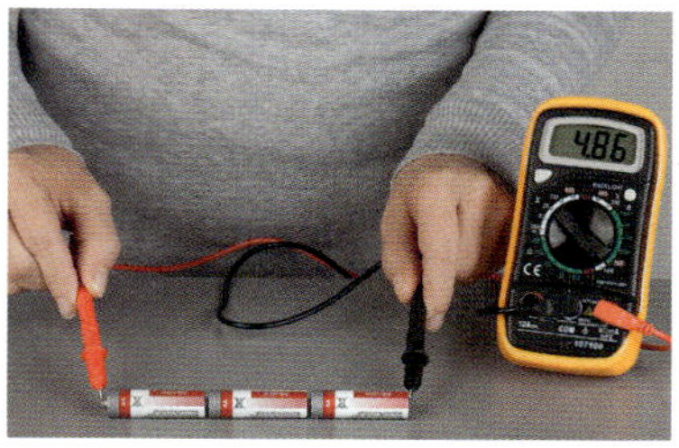

3 Il processo di anodizzazione dell'alluminio è:

A un procedimento per rendere più duro il metallo
B un metodo per purificare il metallo facendolo funzionare da anodo
C un trattamento protettivo che si effettua per ossidazione anodica del metallo
D un trattamento protettivo ottenuto per riduzione elettrolitica del metallo
E un processo di lenta corrosione cui va soggetto il metallo

4 In generale le batterie sono sistemi costituiti da:

A pile uguali collegate in serie
B pile alcaline non ricaricabili
C pile di voltaggio elevato
D pile a combustione
E sei pile collegate in serie

5 La pila a combustione a idrogeno è un sistema elettrochimico che sfrutta:

A la combustione dell'acqua per produrre energia elettrica
B l'elettrolisi dell'acqua per produrre energia elettrica
C l'ossidazione dell'idrogeno per produrre energia elettrica
D la combustione dell'idrogeno per elettrolizzare l'acqua
E l'energia elettrica per ottenere l'elettrolisi dell'acqua

6 A proposito della batteria al piombo indica quali affermazioni sono vere e quali sono false.

a) È un sistema elettrochimico che può generare o accumulare energia elettrica V F
b) Ogni pila è formata da due lamine di piombo; una di queste è ricoperta di PbO_2 V F
c) L'elettrolita del sistema è una soluzione acquosa di H_2SO_4 V F
d) In ogni elemento il polo positivo è costituito da una lamina di solo piombo V F
e) Il voltaggio di ogni elemento della batteria vale 12 V V F

7 Che cosa accade a un tubo di ferro cromato che viene scalfito fino a lasciare scoperto il ferro?

A Si ossidano gli atomi di ferro
B Si riducono gli atomi di ferro
C Si ossidano gli atomi di cromo
D Si riducono gli atomi di cromo
E Nessuna risposta precedente è corretta

8 L'immagine si riferisce all'anodo di sacrificio.

Scrivi l'equazione della semireazione di ossidazione.

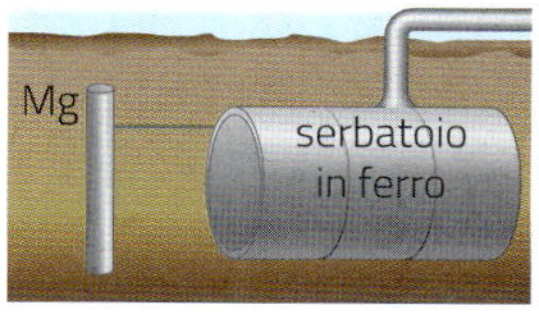

....

9 Un modo per proteggere i manufatti di ferro dalla corrosione è quello di stendere sulla superficie un velo di grasso. Perché è utile questa operazione?

....

....

10 Un nastro di metallo (che può essere di rame, piombo, zinco o alluminio) è stato avvolto intorno a un chiodo di ferro immerso in acqua. Dopo un certo tempo il chiodo di ferro risulta corroso. Sulla base dei potenziali di riduzione, indica di quale metallo potrebbe essere il nastro.

A Cu o Pb
B Zn o Al
C Al o Pb
D Zn o Pb
E Al o Cu

11 Un bullone di nichel con un dado di rame viene immerso in una soluzione diluita di acido cloridrico. Nel sistema si ha una reazione redox.

$Ni^{2+} + 2\,e^- \rightarrow Ni$	$E° = -0{,}26$ V
$2\,H^+ + 2\,e^- \rightarrow H_2$	$E° = 0{,}00$ V
$Cu^{2+} + 2\,e^- \rightarrow Cu$	$E° = +0{,}34$ V
$Cl_2 + 2\,e^- \rightarrow 2\,Cl^-$	$E° = +1{,}36$ V

Scrivi l'equazione della reazione che avviene.

....

12 Per proteggere il ferro dalla corrosione lo si ricopre con uno strato sottile di metallo: meglio lo zinco o lo stagno?

A Zinco perché $E°$ di Zn^{2+} è maggiore di quello di Fe^{2+}
B Stagno perché tende a ossidarsi più facilmente dello zinco
C Zinco perché si ossida meno facilmente del ferro
D Stagno perché il ferro è l'anodo della cella elettrochimica
E Zinco perché il ferro è il catodo della cella elettrochimica

13 In the lead storage battery, the product of both the cathode and anode reactions is:

A $PbSO_4$
B PbO_2
C Pb
D H_2SO_4

14 Which metal is used as a coating on steel to limit corrosion?

A Cu
B Ca
C Au
D Zn

Mappa di sintesi

LOSAI?

Reazioni di ossidoriduzione e sistemi elettrochimici

Semireazione di ossidazione (*ox*)
$Zn(s) \rightarrow Zn^{2+}(aq) + 2\,e^-$
Zn **si ossida**

Semireazione di riduzione (*red*)
$Cu^{2+}(aq) + 2e^- \rightarrow Cu(s)$
Cu^{2+} **si riduce**

Variazione del numero di ossidazione (N.O.)

Ox: N.O. aumenta

$$\overset{0}{2\,Na} + 2\,\overset{+1-2}{H_2O} \rightarrow 2\,\overset{+1}{Na^+} + 2\,\overset{-2+1}{OH^-} + \overset{0}{H_2}$$

Red: N.O. diminuisce

Bilanciamento di una reazione redox
Gli elettroni acquistati e quelli ceduti devono essere in ugual numero.

Ox $Cu(s) \rightarrow Cu^{2+}(aq) + 2\,e^-$
Red $2\,(Ag^+(aq) + e^- \rightarrow Ag(s))$

$Cu(s) + 2\,Ag^+(aq) \rightarrow Cu^{2+}(aq) + 2\,Ag(s)$

Pile (o celle elettrochimiche)
Sistemi in cui, a seguito di una reazione di ossidoriduzione, si trasforma energia chimica in energia elettrica.

Celle elettrolitiche
Sistemi in cui, a seguito di una reazione di ossidoriduzione, si trasforma energia elettrica in energia chimica.

Anodo e catodo
ANODO → OSSIDAZIONE
CATODO → RIDUZIONE

Potenziali di riduzione standard ($E°$)
Ogni semicella è caratterizzata da un valore $E°$ ottenuto assumendo come riferimento l'elettrodo a idrogeno.

Le **leggi di Faraday** stabiliscono la relazione tra la quantità di carica elettrica e la massa di sostanza trasformata agli elettrodi.
La costante di Faraday vale 96 485 C ed è la carica che corrisponde alla massa di un equivalente elettrochimico.

Voltaggio o differenza di potenziale (*ddp*) di una pila

$$ddp = E^+ - E^-$$

Gli effetti delle redox
La corrosione è un processo di deterioramento dei metalli che si ha a seguito di un processo elettrochimico.

La pila Daniell

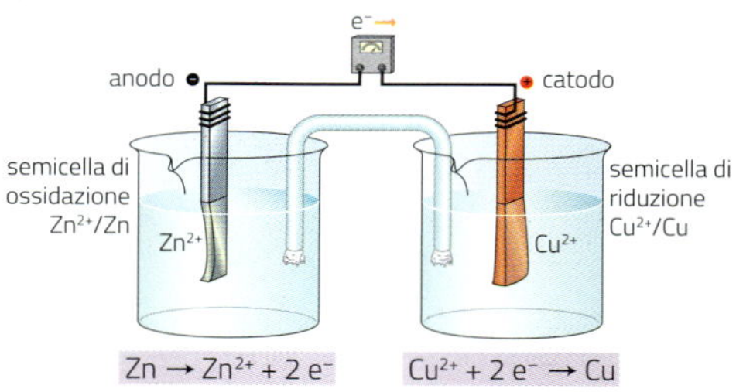

$(-)Zn/Zn^{2+}//Cu^{2+}/Cu(+)$

$ddp = +0{,}34 - (-0{,}76) = 1{,}10\ V$

Elettrolisi dell'acqua

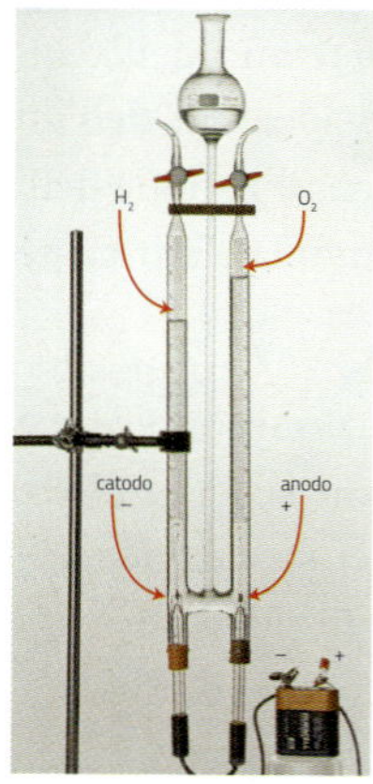

SEI PRONTO PER LA VERIFICA?

In 1 ora
Totale 100 punti

1 Determina il numero di ossidazione che viene assegnato al silicio nel tetrabromuro di silicio ($SiBr_4$). **[4 punti]**

....

2 Considera la seguente equazione:

$$8\ KI + 5\ H_2SO_4 \rightarrow 4\ K_2SO_4 + 4\ I_2 + 4\ H_2O + H_2S$$

Quale elemento si ossida e quale si riduce? **[6 punti]**

....

3 Considera la seguente equazione:

$$CaC_2 + 2\ H_2O \rightarrow Ca(OH)_2 + C_2H_2$$

Quale elemento si ossida e quale si riduce? **[6 punti]**

....

4 In una reazione chimica gli ioni Au^+ si trasformano in atomi. Quale affermazione è corretta riguardo agli ioni Au^+? **[6 punti]**

- A Si sono ossidati
- B Si sono neutralizzati
- C Si sono comportati da ossidanti
- D Si sono comportati da riducenti
- E Hanno cambiato numero atomico

5 Osserva la seguente pila: **[8 punti]**

....
....
....
....

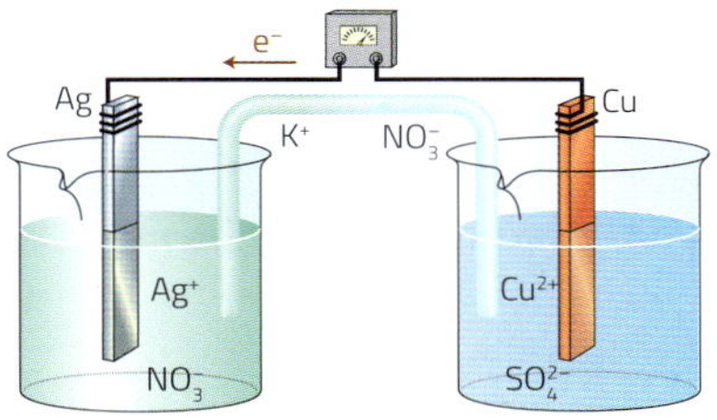

Inserisci nello spazio accanto a ogni semicella le lettere corrispondenti alle seguenti indicazioni:

- a) catodo
- b) anodo
- c) (+)
- d) (−)
- e) semicella ox
- f) semicella red
- g) $Cu \rightarrow Cu^{2+} + 2\ e^-$
- h) $Ag^+ + e^- \rightarrow Ag$

6 Una pila funziona per mezzo della seguente reazione:

$$2\ Cr(s) + 3\ Cu^{2+}(aq) \rightarrow 2\ Cr^{3+}(aq) + 3\ Cu(s)$$

Qual è la semireazione che avviene al catodo? **[6 punti]**

- A Riduzione di $Cu^{2+}(aq)$
- B Riduzione di $Cu(s)$
- C Ossidazione di $Cr^{3+}(aq)$
- D Ossidazione di $Cr(s)$
- E Ossidazione di $Cu(s)$

7 Osserva la seguente pila.

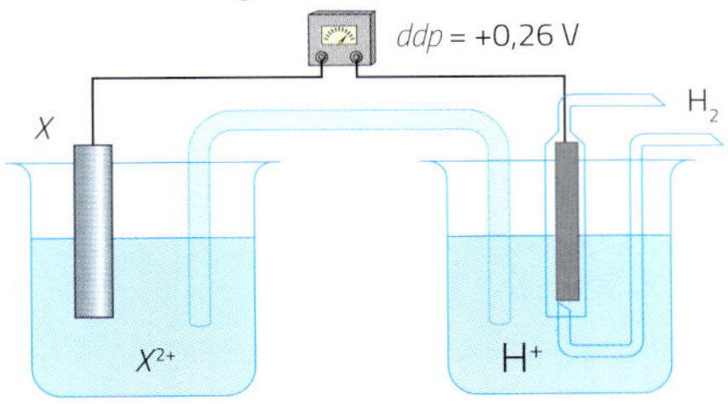

Quale metallo è *X*? .... **[8 punti]**

8 Bilancia le seguenti equazioni di ossidoriduzione indicando per ciascuna l'elemento che si ossida e quello che si riduce. **[8 punti]**

a) .... Br_2 + ... $H_2S \rightarrow$ .... HBr + ... S

....

b) .... CH_4 + ... $H_2O \rightarrow$ .... CO + ... H_2

....

c) .... NH_3 + ... $O_2 \rightarrow$ .... NO + ... H_2O

....

9 Qual è il valore della *ddp* di una pila $Fe/Fe^{2+}//Pb^{2+}/Pb$ in condizioni standard? .... **[6 punti]**

10 In una cella elettrolitica che contiene una soluzione di ioni Cu^{2+} si fa passare una corrente di intensità costante 1,00 A per 10 ore. Qual è la massa di rame che si deposita al catodo? **[8 punti]**

- A 11,9 g
- B 23,7 g
- C $3,53 \cdot 10^{-3}$ g
- D $1,77 \cdot 10^{-3}$ g
- E 31,8 g

11 Le due immagini, in cui non compare il collegamento elettrico esterno, si riferiscono allo stesso sistema: **[8 punti]**

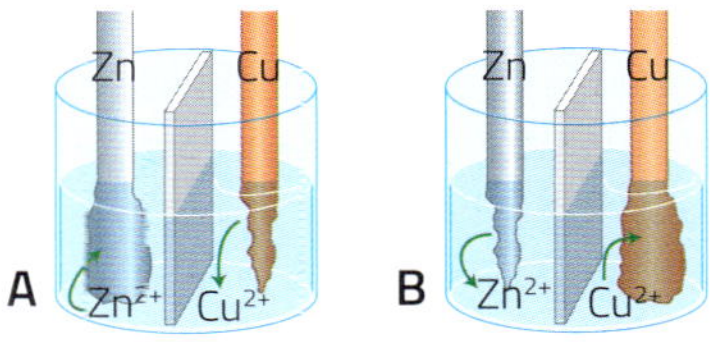

Quale figura mostra una pila e quale un processo di ricarica?

....

12 Uno studente prepara una batteria ricaricabile formata da sei celle elettrochimiche uguali aventi una *ddp* di 1,2 V. Quale voltaggio deve avere il generatore utilizzato per ricaricare la batteria? .... **[6 punti]**

13 Quando la batteria dell'automobile viene ricaricata: **[6 punti]**

- A l'energia chimica si trasforma in energia elettrica
- B il sistema si comporta da elettrolizzatore e forma H_2 e O_2
- C nel sistema elettrochimico vengono invertite le polarità
- D al polo positivo del sistema avviene una reazione di ossidazione
- E nessuna delle affermazioni precedenti è vera

14 In the reaction

$$Mg + ZnCl_2 \rightarrow MgCl_2 + Zn$$

which is true about the magnesium? **[6 punti]**

- A It is oxidized by losing electrons
- B It is oxidized by gaining electrons
- C It is reduced by losing electrons
- D It is reduced by gaining electrons

15 In an alkaline cell the overall cell reaction is as follows:

$$Zn(s) + MnO_2(s) + H_2O(l) \rightarrow ZnO(s) + Mn(OH)_2(s)$$

Which of the following half-reactions is taking place at the cathode? **[8 punti]**

- A $Zn(s) + 2\ OH^-(aq) \rightarrow ZnO(s) + H_2O(l) + 2\ e^-$
- B $Mn(OH)_2(s) + 2\ OH^-(aq) \rightarrow MnO_2(s) + 2\ H_2O(l) + 2\ e^-$
- C $ZnO(s) + H_2O(l) + 2\ e^- \rightarrow Zn(s) + 2\ OH^-(aq)$
- D $MnO_2(s) + 2\ H_2O(l) + 2\ e^- \rightarrow Mn(OH)_2(s) + 2\ OH^-(aq)$

Chemical Reduction

1. Match each word with its definition

1. Galvanic cell ....
2. Cathode ....
3. Anode ....
4. Electrolysis ....
5. Oxidation-reduction reactions ....

a. Chemical reactions involving the transfer of electrons from atoms of one chemical species to atoms of another.
b. A system that converts chemical energy into electrical energy by means of the redox reaction.
c. The pole of an electrochemical system at which the oxidation half-reaction occurs.
d. Electrochemical process due to the flow of electric current.
e. The pole of an electrochemical system at which there is a reduction half-reaction.

2. Read the text and fill in the gaps with the words given

sulfides – oxides – electrolysis – oxidized – reduced

Only a few metals, such as gold, occur in nature as their elements. Most metals are found as their ...., such as Fe_2O_3, or as ternary compounds, such as $FeTiO_3$. .... are also common, particularly in mineral veins where deposition occurred under water-free and oxygen-poor conditions. Slowly, prehistoric humans learned how to transform ores to produce metals for making tools and weapons. Copper could be extracted from its ores by aerial oxidation at temperatures attainable in the primitive hearths that became available about 6000 years ago.

$$2\ Cu_2S(s) + 3\ O_2(g) \rightarrow 2\ Cu_2O(s) + 2\ SO_2(g)$$

$$2\ Cu_2O(s) + Cu_2S(s) \rightarrow 6\ Cu(s) + SO_2(g)$$

It was not until nearly 3000 years ago that higher temperatures could be reached and less readily .... elements, such as iron, could be extracted, leading to the Iron Age. These elements were produced by heating the ore to its molten state with a reducing agent such as carbon. This process is known as smelting. Carbon remained the dominant reducing agent until the end of the nineteenth century, and metals that needed higher temperatures for their production remained unavailable even though their ores were reasonably abundant.

The availability of electric power expanded the scope of carbon reduction because electric furnaces can reach much higher temperatures than carbon-combustion furnaces, such as the blast furnace. Thus, magnesium is a metal of the twentieth century because one of its modes of recovery, the *Pidgeon process*, involves the very high temperature, electrothermal reduction of the oxide by carbon:

$$MgO(s) + C(s) \rightarrow Mg(l) + CO(g)$$

Note that the carbon is .... only to carbon monoxide, the product favoured thermodynamically at the very high reaction temperatures used.

The technological breakthrough in the nineteenth century that resulted in the conversion of aluminium from a rarity into a major construction metal was the introduction of ...., the driving of a nonspontaneous reaction (including the reduction of ores) by the passage of an electric current.

[Tratto da: Shriver & Atkins, *Inorganic Chemistry*, Oxford University Press, 2010]

3. Now listen and check

4. Answer the following questions

a. For each reaction, indicate the reported species that oxidizes and the one that is reduced.

....

....

....

b. What reducing agent was dominant up until the end of the 19th century?

....

c. Why did the production of magnesium only start in the twentieth century?

....

d. How does the aluminium production process differ from the production processes for other metals?

....

YOUR GLOSSARY
ores = minerali
melting = fusione
....
....
....
....
....
....
....
....
....

15 La chimica del carbonio

1. Gli idrocarburi saturi
2. Gli idrocarburi insaturi
3. Gli idrocarburi aromatici
4. La reattività degli idrocarburi
5. Gli idrocarburi alogenati
6. Alcoli e fenoli, tioalcoli e tiofenoli, eteri e tioeteri
7. I composti del gruppo carbonilico
8. I composti organici con l'azoto
9. Dai polimeri naturali ai materiali sintetici

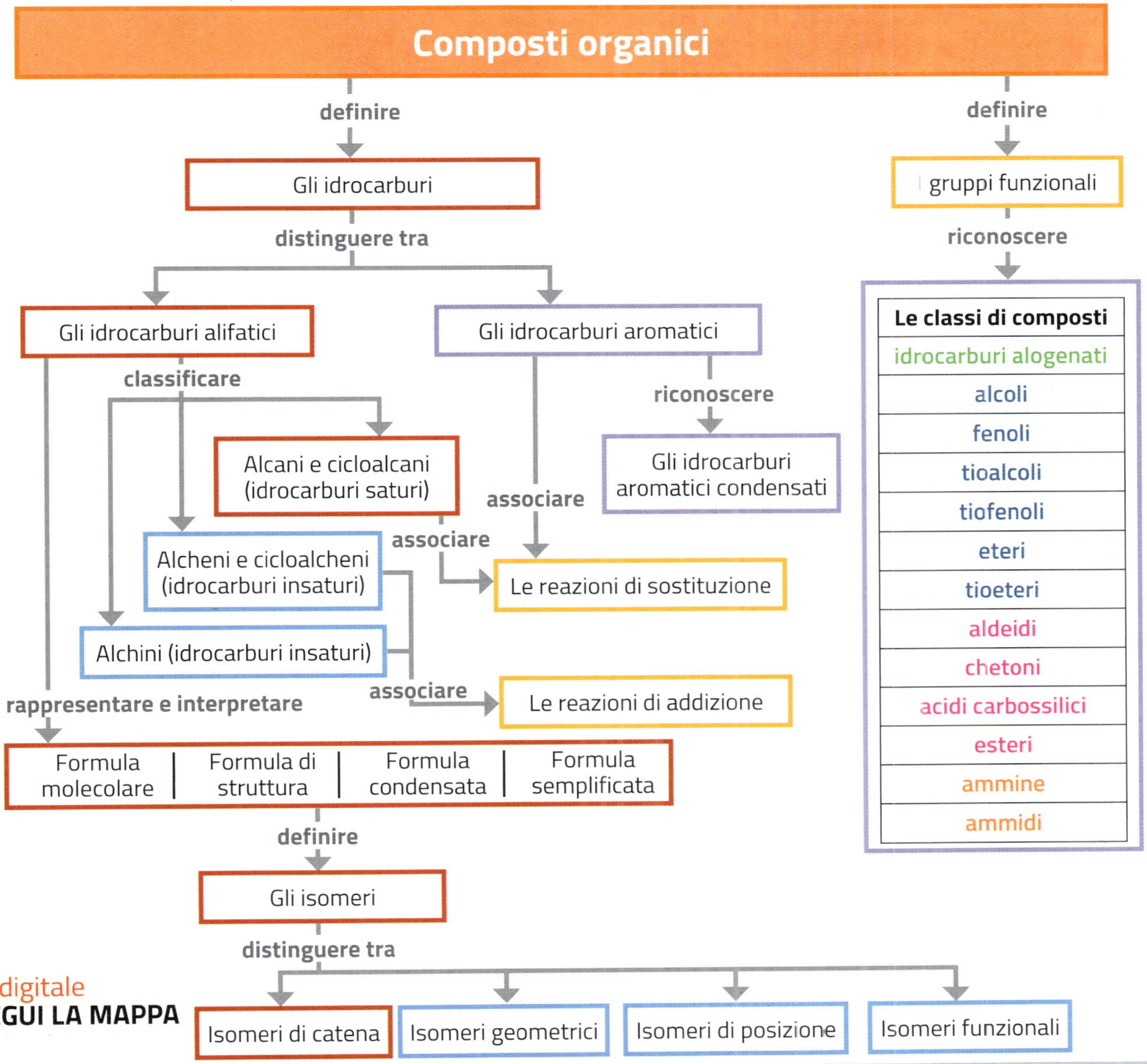

In digitale
SEGUI LA MAPPA

1 Gli idrocarburi saturi

Negli idrocarburi gli atomi di carbonio si legano tra loro formando numerosissimi composti: quelli che contengono solo legami semplici sono detti saturi

Le sostanze organiche

Ancora verso la metà dell'Ottocento i chimici erano convinti che tutte le sostanze dovessero essere divise in due gruppi nettamente distinti; a tale scopo il famoso chimico svedese J.J. Berzelius già nel 1806 aveva proposto di chiamare **sostanze organiche** quelle prodotte dagli organismi viventi per distinguerle dalle *sostanze inorganiche*, tutte le altre.

La divisione era tutt'altro che formale poiché si sosteneva che gran parte dei composti costituenti gli organismi viventi (a eccezione dell'acqua, dei sali minerali e di poche altre sostanze) potessero avere soltanto un'origine naturale ed essere quindi i prodotti dell'attività biologica degli organismi animali e vegetali.

Questo convincimento si indebolì via via che crescevano le conoscenze scientifiche ed entrò in crisi nel 1828 quando il chimico tedesco F. Wöhler, partendo dal cianato di ammonio, NH_4NCO, un composto inorganico, sintetizzò l'urea, $CO(NH_2)_2$, una sostanza organica già nota per essere un costituente dell'urina dei mammiferi.

Successive scoperte fecero comprendere che le leggi della chimica valgono per tutti i tipi di sostanze: quindi possiamo dire che non esiste un confine netto tra sostanze organiche e inorganiche. Tuttavia il nome chimica organica è rimasto nel lessico abituale della comunità scientifica ed è ancora utile per indicare la chimica dei composti del carbonio: essa si occupa di un enorme numero di composti, differenti per struttura e proprietà.

Le **sostanze organiche** sono per la maggior parte costituite da molecole in cui la struttura principale è formata da una catena di atomi di carbonio legati tra loro e con atomi di pochi altri elementi (principalmente idrogeno, e poi azoto, ossigeno, zolfo e fosforo).

Il legame tra atomi di carbonio risulta particolarmente stabile e per questo sul nostro pianeta in tempi passati si formarono grandi quantità di *idrocarburi*, composti formati da carbonio e da idrogeno.

Approfondimento in digitale
Ibridizzazione del carbonio e orbitali molecolari
La teoria degli orbitali molecolari consente di spiegare i diversi legami covalenti tra gli atomi.

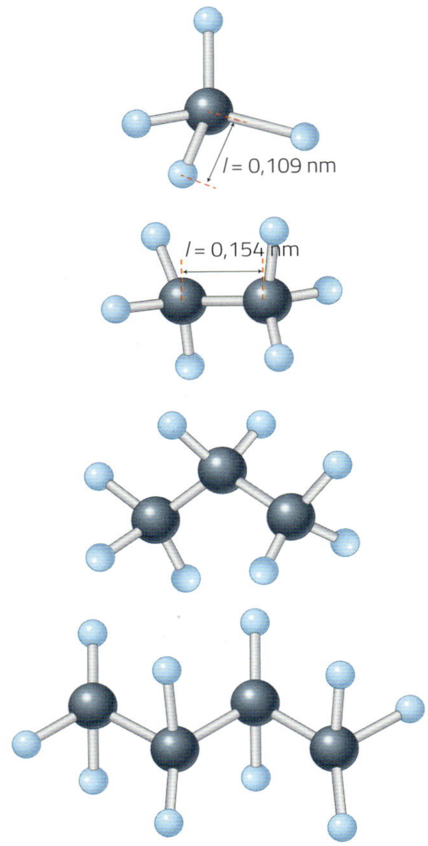

▶ **Figura 1** I modelli molecolari raffigurati evidenziano la caratteristica strutturale comune a tutti gli idrocarburi saturi: ogni atomo di carbonio forma quattro legami covalenti con altri quattro atomi rispettando la *struttura tetraedrica* prevista dalla teoria VSEPR.

Gli idrocarburi saturi: alcani e cicloalcani

Una prima classificazione di questi composti è quella degli **idrocarburi saturi**, chiamati così perché nelle loro molecole sono presenti solo legami covalenti semplici.

Il *metano* è l'idrocarburo saturo più semplice: l'atomo di carbonio è legato a quattro atomi di idrogeno e la molecola presenta una perfetta forma tetraedrica.

L'idrocarburo che contiene due atomi di carbonio legati tra loro si chiama *etano* e ha formula C_2H_6; gli idrocarburi con tre e quattro atomi di carbonio si chiamano rispettivamente *propano*, C_3H_8 e *butano*, C_4H_{10} (▶ Figura 1).

Se si continua ad allungare la catena aggiungendo via via un atomo di carbonio, si ottengono gli idrocarburi che costituiscono la famiglia degli **alcani** (▶ Tabella 1).

Nome	Formula molecolare	Nome	Formula molecolare	Nome	Formula molecolare
metano	CH_4	esano	C_6H_{14}	undecano	$C_{11}H_{24}$
etano	C_2H_6	eptano	C_7H_{16}	dodecano	$C_{12}H_{26}$
propano	C_3H_8	ottano	C_8H_{18}	tridecano	$C_{13}H_{28}$
butano	C_4H_{10}	nonano	C_9H_{20}	tetradecano	$C_{14}H_{30}$
pentano	C_5H_{12}	decano	$C_{10}H_{22}$	pentadecano	$C_{15}H_{32}$

▶ **Tabella 1** Nella tabella sono riportati i nomi dei primi alcani a catena lineare. Ogni composto differisce da quello che lo precede perché contiene un atomo di carbonio e due atomi di idrogeno in più.

Gli alcani elencati nella tabella 1 sono idrocarburi saturi a *catena lineare aperta*, chiamati così perché esistono anche composti in cui gli atomi di carbonio si legano in modo da formare una *catena chiusa*; questi ultimi sono indicati con il termine di idrocarburi saturi ciclici, o più comunemente, *cicloalcani*.

Gli **alcani** hanno formula generale C_nH_{2n+2} mentre i **cicloalcani** hanno formula generale C_nH_{2n}; il nome di tutti gli idrocarburi saturi termina con la desinenza *ano*.

Catene ramificate: gli idrocarburi isomeri

Nella ▸ Figura 2 è presentato il modello di una molecola la cui formula (C_4H_{10}) è quella del butano, ma la sua struttura molecolare non è lineare; infatti soltanto tre atomi di carbonio si succedono uno dopo l'altro, mentre il quarto è legato in modo da creare una *catena ramificata*.

Si comprende che ci troviamo di fronte a un'importante novità: abbiamo due molecole che hanno la stessa formula molecolare ma che presentano una diversa disposizione degli atomi che le costituiscono. Si tratta quindi di due composti diversi con proprietà fisiche diverse e, ovviamente, anche nome diverso (▸ Tabella 2).

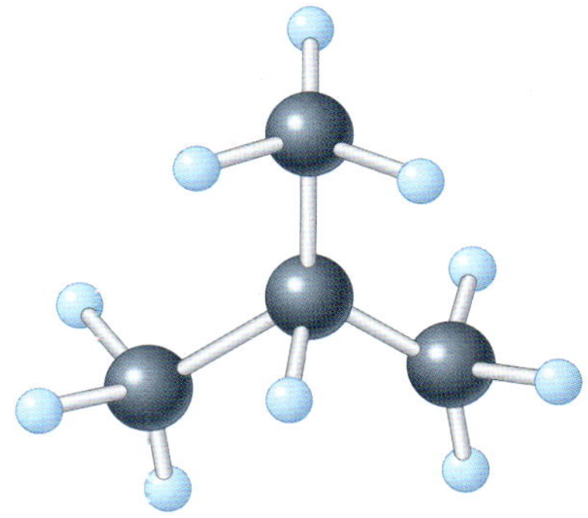

▸ **Figura 2** Rappresentazione di una molecola di metilpropano.

▸ **Tabella 2** Densità e temperature dei passaggi di stato dei due composti con formula C_4H_{10}.

Idrocarburo	*d* (kg/dm³)	t_f (°C)	t_{eb} (°C)
metilpropano	0,549	−159,4	−11,6
butano	0,579	−138,4	−0,5

Quando gli atomi di carbonio sono quattro ci sono solo due modi di legarli tra loro, ma se gli atomi di carbonio che formano il composto diventano cinque, scopriamo che le possibili catene diventano tre. Anche in questo caso, la formula molecolare è sempre la stessa, C_5H_{12}, ma a ogni diversa struttura corrispondono composti con proprietà diverse.

Quindi, quando gli atomi di carbonio che si legano sono più di tre, le catene che si formano possono essere ramificate e ciò determina un aumento del numero di composti che si possono formare.

Questo aspetto tipico dei composti organici viene detto *isomeria*.

In generale, si chiamano **isomeri** i composti che hanno la stessa formula molecolare ma proprietà diverse a causa di una diversa disposizione reciproca degli atomi.

In particolare, i due idrocarburi che corrispondono alla formula molecolare C_4H_{10} e i tre che hanno formula C_5H_{12} sono **isomeri di catena** (o di *struttura*), espressione che sottolinea che i due composti sono diversi perché è diversa la struttura della catena di atomi di carbonio che costituisce l'ossatura della molecola.

Come si intuisce, via via che cresce il numero di atomi di carbonio, aumenta anche il numero di isomeri possibili. Se gli atomi di carbonio dell'idrocarburo saturo sono 10, gli isomeri possibili sono 75 e diventano ben 366 319 quando si legano tra loro 20 atomi di carbonio in tutti i modi diversi!

Prova tu 1

Esistono cinque idrocarburi isomeri aventi formula molecolare C_6H_{14}; uno di questi ha la formula di struttura rappresentata a lato. Scrivi la formula di struttura degli altri quattro isomeri.

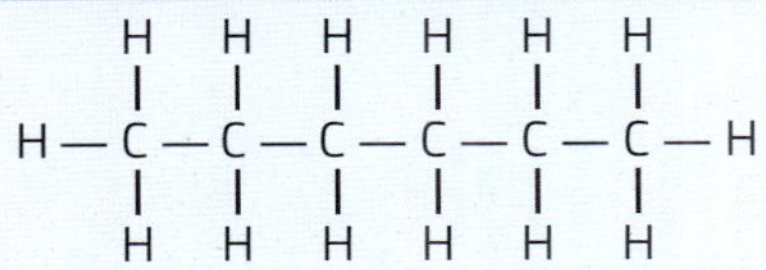

Struttura e proprietà fisiche degli idrocarburi saturi

In quasi tutti gli idrocarburi saturi gli atomi di carbonio presentano una struttura tetraedrica; anche se il legame C — H è debolmente polare, la distribuzione della carica elettrica è complessivamente simmetrica; pertanto, gli idrocarburi saturi sono sostanze apolari (▶ Figura 3).

Le considerazioni sulla struttura molecolare trovano conferma nelle prove di solubilità: quale che sia il loro stato di aggregazione, gli alcani e i cicloalcani di fatto sono insolubili in acqua, mentre si sciolgono in solventi apolari.

Sulla base della apolarità molecolare possiamo prevedere che anche altre proprietà fisiche di questi composti dipendano principalmente dalle forze di dispersione di London; come sappiamo, queste forze aumentano via via che cresce il numero di atomi che costituiscono la molecola, per cui ci aspettiamo che le proprietà cambino gradualmente al crescere delle dimensioni delle molecole. I dati riportati nell'istogramma della ▶ Figura 4 costituiscono una conferma di queste previsioni.

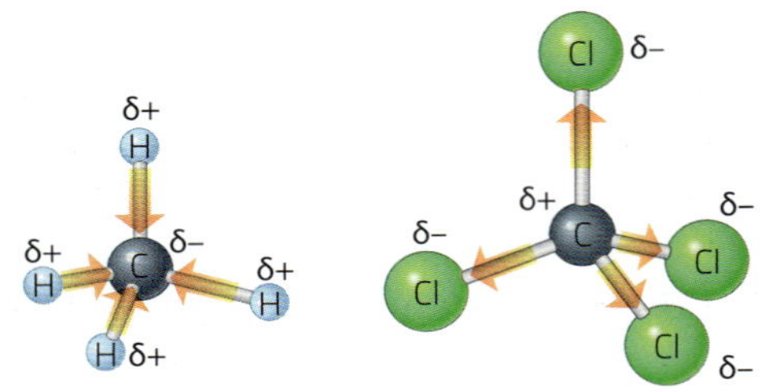

▶ **Figura 3** La struttura regolare provoca una distribuzione simmetrica delle cariche i cui effetti si annullano: entrambe le molecole risultano apolari.

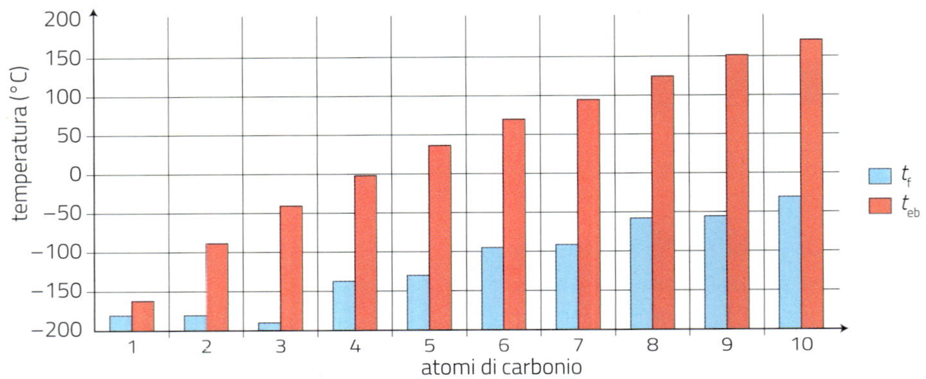

▶ **Figura 4** Le temperature di fusione e di ebollizione degli alcani a catena lineare aumentano con l'aumentare del numero di atomi di carbonio.

Un'altra considerazione interessante può essere fatta osservando i dati riportati nella ▶ Tabella 3 relativa ai tre isomeri con formula molecolare C_5H_{12}: si nota che, anche se il numero di atomi presenti nella molecola è sempre lo stesso, la temperatura di ebollizione diminuisce con l'aumentare delle ramificazioni presenti nella catena.

In generale l'**isomero di catena** con il maggior numero di ramificazioni è quello che presenta la minore temperatura di ebollizione.

Questo significa che le forze intermolecolari sono meno intense via via che aumentano le ramificazioni delle molecole: infatti le ramificazioni della catena determinano una diminuzione della superficie di interazione tra le molecole e di conseguenza una diminuzione delle forze di dispersione intermolecolari. Nella ▶ Figura 5 è mostrato un esempio: tra le molecole lineari di pentano si possono stabilire numerosi punti di contatto; viceversa, le molecole di dimetilpropano sono più tondeggianti e perciò la superficie di contatto è minore.

▶ **Tabella 3** Temperatura di ebollizione degli isomeri con formula C_5H_{12}. Il pentano ha la catena lineare, gli altri due hanno la catena ramificata.

Nome	t_{eb} (°C)
pentano	36
metilbutano	28
dimetilpropano	9,5

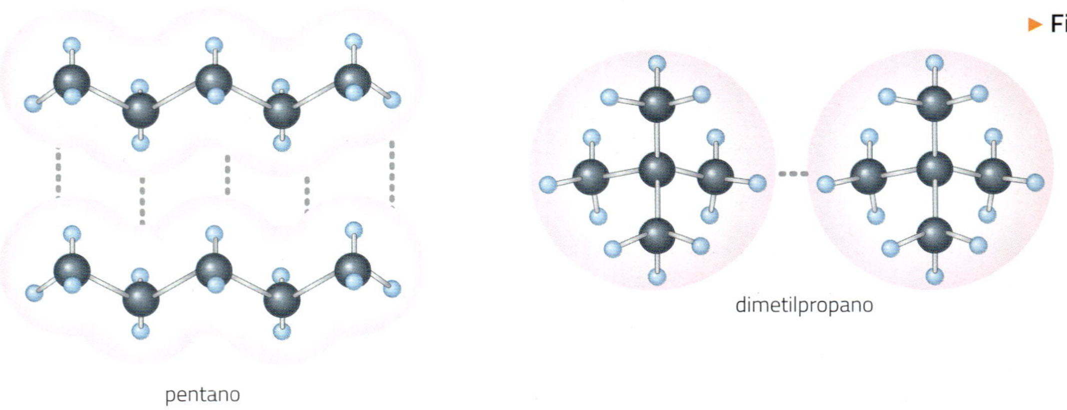

▶ **Figura 5**

Formule e nomi degli idrocarburi saturi

La rappresentazione sul piano delle molecole degli alcani risulta complicata dal fatto che la struttura molecolare si sviluppa nello spazio. Esistono diverse tipologie di rappresentazione in cui si riportano tutti o parte dei legami tra gli atomi costituenti. La scelta di una rappresentazione piuttosto che di un'altra dipende da quante e quali informazioni si desidera comunicare.

Per illustrare queste diverse tipologie consideriamo come esempio il metilbutano, descritto nella ▸ Figura 6 con i modelli a sfere e a sfere compenetrate.

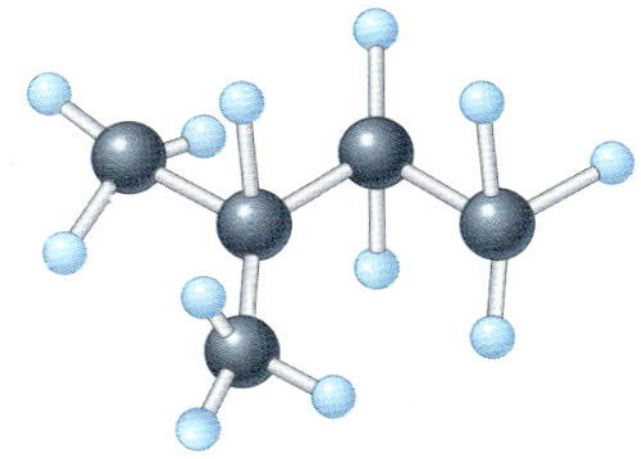

▸ **Figura 6** Modello molecolare del metilbutano.

C_5H_{12}

La **formula molecolare** è detta anche *formula bruta* o *grezza*: indica soltanto quali e quanti atomi sono presenti nella molecola.

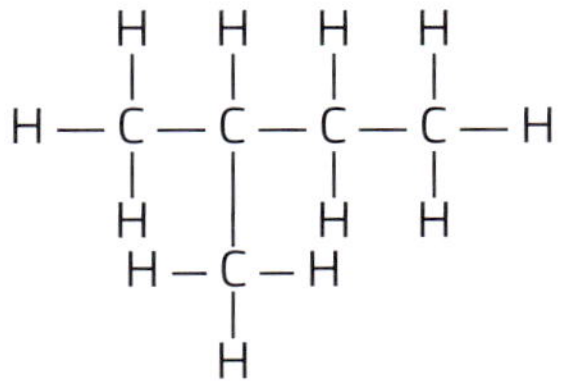

La **formula di struttura** è la tipologia di rappresentazione più completa perché mostra tutti gli atomi e i legami tra gli stessi.

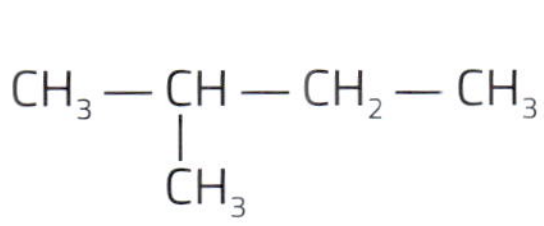

La **formula condensata** mette in evidenza soltanto i legami tra gli atomi di carbonio e riporta gli atomi di idrogeno a essi legati.

La **formula semplificata** mostra soltanto la forma della catena degli atomi di carbonio, indicati a volte con un punto ingrossato.

La necessità di dare un nome a milioni di composti ha portato la IUPAC a sviluppare una lunga serie di regole specifiche per la chimica organica. Le regole relative agli alcani sono molto importanti poiché in base a esse viene costruita la nomenclatura di tutti gli altri composti della chimica del carbonio.

Per quanto riguarda gli alcani è necessario distinguere subito quelli a catena lineare da quelli a catena ramificata. Come sappiamo già, metano, etano, propano e butano sono i nomi degli idrocarburi a catena lineare che hanno rispettivamente uno, due, tre e quattro atomi di carbonio. Il nome degli altri composti è formato da un prefisso, che indica il numero di atomi di carbonio, seguito dalla desinenza *ano*. I prefissi sono del tipo che già conosciamo: penta, esa, epta eccetera. Se invece l'alcano presenta una o più ramificazioni nella catena di atomi di carbonio, il nome si ricava seguendo alcune regole.

Consideriamo per esempio un composto la cui formula condensata è la seguente:

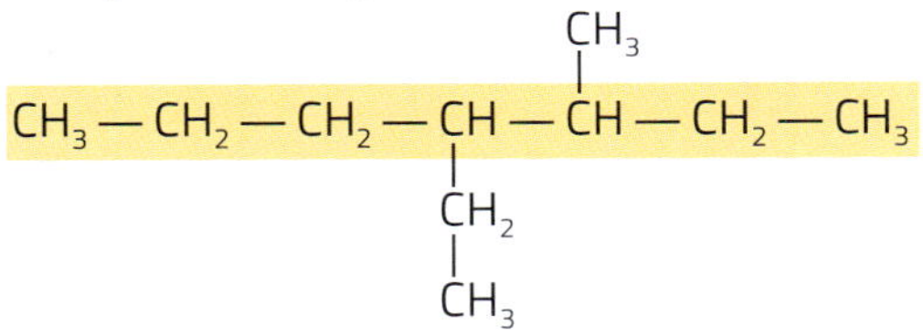

Prima si individua la catena principale, cioè la catena di atomi di carbonio più lunga; l'alcano corrispondente (quello cioè che ha lo stesso numero di atomi di carbonio, in questo caso 7) fornisce la parte finale del nome del composto: -eptano.

Per quanto riguarda le ramificazioni, esse vengono considerate come se fossero un altro alcano a cui è stato sottratto un atomo di idrogeno; il gruppo di atomi che ne risulta è perciò chiamato genericamente *alchile* o **gruppo alchilico**. Il nome specifico di questi gruppi si ricava dal nome del corrispondente alcano sostituendo la desinenza *ano* con la desinenza *ile* (▸ Tabella 4).

Prova tu 2

Considera la seguente formula condensata:

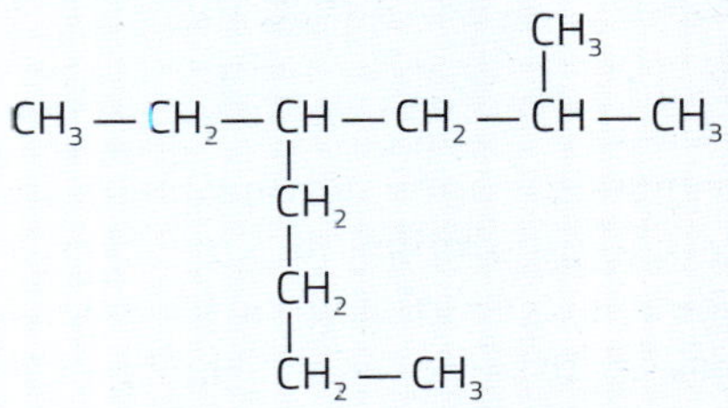

a) Da quanti atomi di carbonio è formata la catena più lunga di questo idrocarburo?

....

b) Qual è la desinenza del nome di questo alcano?

....

▸ **Tabella 4** Formule e nomi dei più comuni gruppi alchilici.

Alcano		Gruppo alchilico		
CH_4	metano	$—CH_3$		metile
$CH_3—CH_3$	etano	$—CH_2—CH_3$	$(—C_2H_5)$	etile
$CH_3—CH_2—CH_3$	propano	$—CH_2—CH_2—CH_3$	$(—C_3H_7)$	propile
		$—CH(CH_3)—CH_3$		1-metiletile (o isopropile)

I due gruppi alchilici con tre atomi di carbonio hanno nomi diversi perché l'atomo di idrogeno che manca si trova in due posizioni della catena non equivalenti (▶ Figura 7).

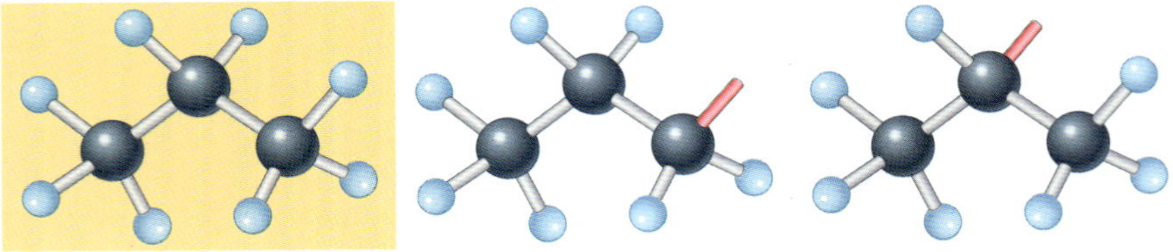

propano propile 1-metiletile (isopropile)

▶ **Figura 7** Nei due modelli dei gruppi alchilici è evidenziato in rosso il legame che collega il gruppo alla catena principale.

Una volta individuati e nominati i gruppi alchilici legati alla catena principale, occorre indicarne la posizione; a tal fine si contrassegnano con un numero progressivo tutti gli atomi di carbonio della catena principale. Tale numerazione viene effettuata iniziando dalla estremità della catena che consente di attribuire i numeri più bassi possibile agli atomi di carbonio a cui sono legati i gruppi alchilici. Nel composto a cui vogliamo assegnare il nome si devono numerare gli atomi della catena partendo da destra:

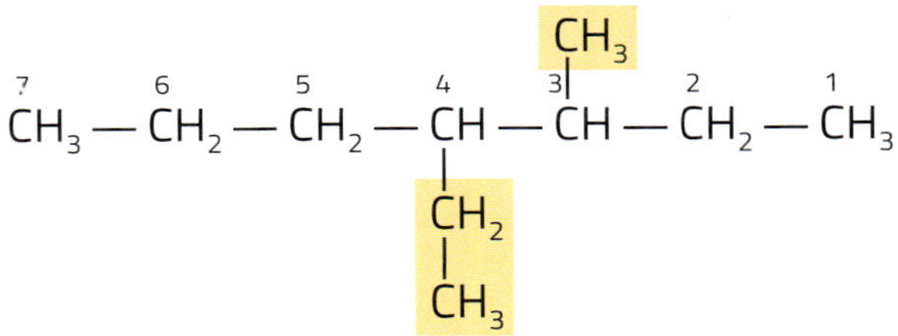

I nomi dei gruppi alchilici evidenziati sono preceduti dal numero che indica l'atomo di carbonio a cui sono legati e sono riportati in ordine alfabetico. Se lo stesso gruppo è presente più volte, il nome si scrive una volta sola e si utilizza un prefisso (di, tri, tetra eccetera) che ne indica il numero. Infine si aggiunge il nome corrispondente alla catena principale. Ora siamo finalmente in grado di scrivere il nome dell'idrocarburo:

4-etil-3-metileptano

In generale, i nomi devono essere scritti senza interruzione e sono separati dai numeri con un trattino, mentre i numeri vengono separati da una virgola.

Per i cicloalcani valgono le stesse regole, alle quali bisogna aggiungere l'obbligo di considerare come catena principale non la più lunga ma quella chiusa. Naturalmente il nome finale viene preceduto dal prefisso *ciclo*. Per esempio:

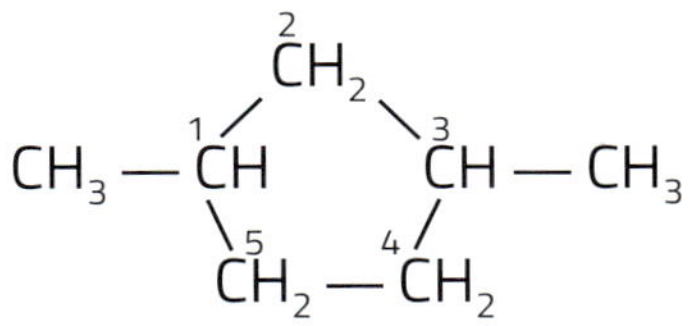

1,3-dimetilciclopentano

Pagine di scienza in digitale
I pionieri del petrolio
Scavare in superficie o raccogliere gli affioramenti oleosi non avrebbe assicurato sufficienti quantitativi d'olio minerale, ma forse c'era un'alternativa: la perforazione.

Prova tu 3

a) Assegna il nome al composto che ha la seguente formula condensata:

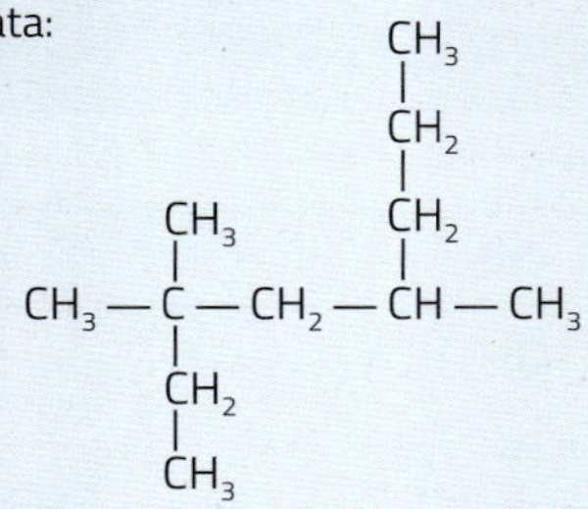

....

....

b) Scrivi la formula semplificata del 2,2,4-trimetilesano.

Esercizi 1 Gli idrocarburi saturi

1 Completa la seguente frase.
Gli idrocarburi sono .... formati da due elementi: .... e ....

2 Considera la seguente formula e completa la frase successiva scegliendo le parole tra quelle indicate di seguito:

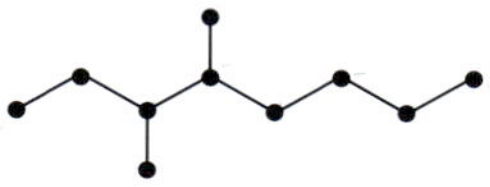

saturo, lineare, condensata, 8, 10, semplificata, ossigeno, idrogeno, ramificata, ciclica

La formula .... rappresenta la molecola di un idrocarburo .... con catena ....; la molecola è formata da .... atomi di carbonio e da 22 atomi di ....

3 Associa i nomi dei seguenti alcani alle rispettive formule semplificate.

a) pentano .... 1. 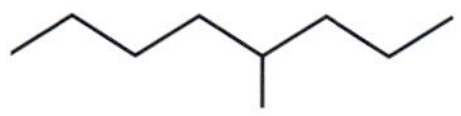

b) 2,4-dimetilpentano .... 2. 

c) 4-metilottano .... 3. 

4 Quale affermazione è vera per due idrocarburi isomeri?

A Hanno la stessa formula di struttura ma diversa formula molecolare
B Hanno le stesse proprietà chimiche ma diversa formula molecolare
C Hanno la stessa formula di struttura e una diversa massa molecolare
D Hanno la stessa formula molecolare e diverse proprietà fisiche
E Nessuna delle affermazioni precedenti è corretta

5 L'istogramma riporta i valori delle temperature di fusione e di ebollizione di due alcani, ottano e pentano.
Quale dei due riguarda l'ottano e perché?
....
....

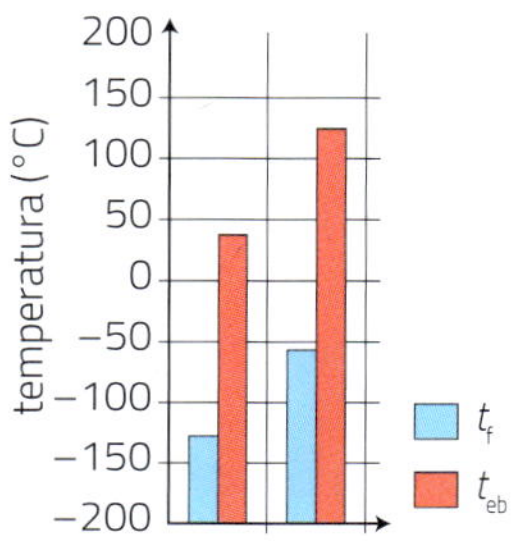

6 In relazione agli idrocarburi saturi indica le affermazioni vere e quelle false.

a) L'atomo di carbonio ha quattro elettroni di legame V F
b) Tutti i legami tra gli atomi sono covalenti V F
c) I legami tra gli atomi hanno tutti la stessa lunghezza V F
d) L'atomo di carbonio è sempre legato a quattro atomi diversi V F
e) L'atomo di carbonio è sempre legato ad almeno un atomo di idrogeno V F
f) In tutti gli idrocarburi saturi il numero di atomi di idrogeno e di carbonio è sempre pari V F

7 Osserva la formula del seguente idrocarburo:

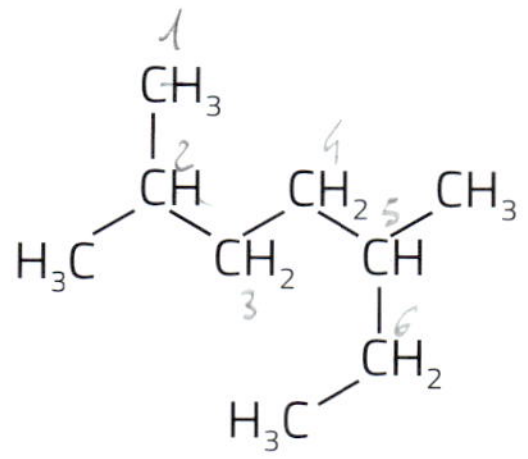

a) Questa è una formula:
A di struttura C semplificata
B condensata
b) Scrivi la formula molecolare: ....
c) Di quale dei seguenti idrocarburi è isomero?

A 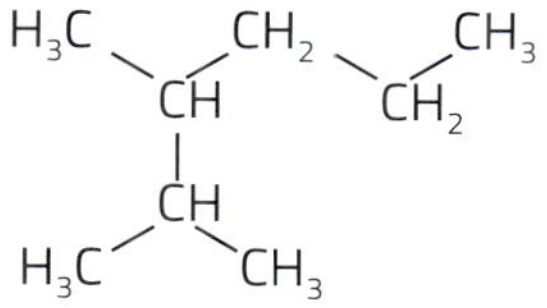

B 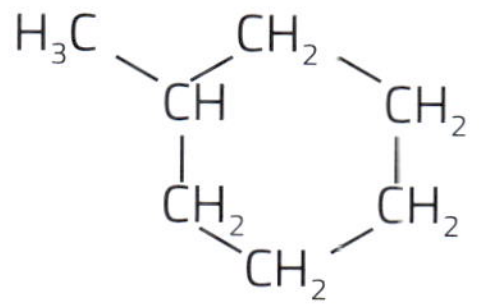

C 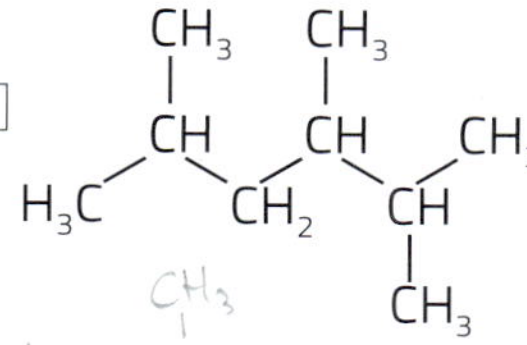

8 Perché la temperatura di ebollizione del nonano è maggiore di quella dell'isomero seguente?

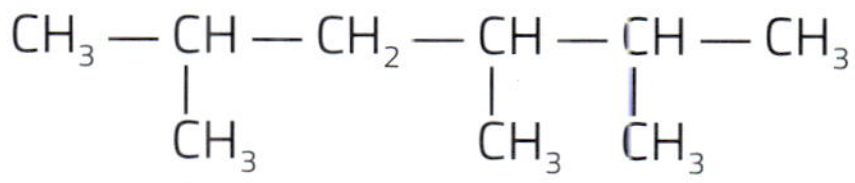

....

9 Perché gli alcani liquidi non si miscelano con l'acqua?
....
....

10 Scrivi la formula condensata del 2-metilpentano.
....

11 Quanti atomi di carbonio ci sono nella molecola di un cicloalcano in cui ci sono anche dodici atomi di idrogeno?
....

12 In base al solo nome devi stabilire quale dei seguenti composti contiene il maggior numero di atomi di idrogeno.

A 2,3-dimetilesano D 2-metilottano
B 1,3,5-trimetilpentano E 3-etilpentano
C ciclononano

13 Answer True or False for the following statements.

a) Organic molecules occur only in nature and cannot be artificially synthesized T F
b) Two hydrocarbons are isomers; therefore they have the same molecular formula and different structure formula T F
c) Butyl is an example of a saturated hydrocarbon T F
d) Propane has not isomers T F

14 Alkanes with formula C_6H_{12} are isomers of:

A hexane C cyclohexane
B methylpentane D dipropane

2 Gli idrocarburi insaturi

Gli idrocarburi in cui almeno due atomi di carbonio sono legati tra loro con un doppio o con un triplo legame sono chiamati idrocarburi insaturi

Alcheni e cicloalcheni

Diversamente dagli alcani e dai cicloalcani, esistono idrocarburi nelle cui molecole ci sono almeno due atomi di carbonio che non sono legati a quattro altri atomi; questi composti sono genericamente chiamati **idrocarburi insaturi**.

Per esempio, l'etene (o etilene secondo il nome tradizionale) è un idrocarburo che ha formula C_2H_4 e quindi nelle sue molecole ci sono due atomi di carbonio come nell'etano ma due atomi di idrogeno in meno (▶ Figura 1).

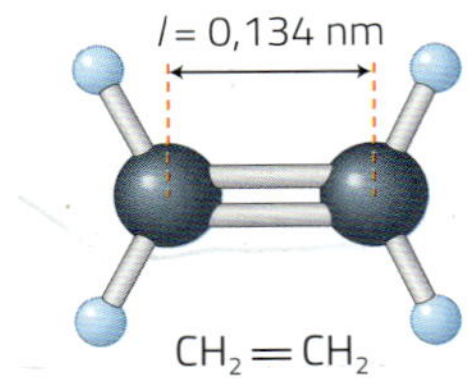

▶ **Figura 1** Le molecole di etene sono planari: la disposizione simmetrica degli atomi dà luogo a una molecola apolare.

In base ai modelli del legame covalente, si può affermare che tra i due atomi di carbonio si forma un doppio legame la cui lunghezza, 0,134 nm, è minore di quella del legame semplice (0,154 nm).

Se alla catena dell'etene si aggiunge un altro atomo di carbonio, si ottiene un idrocarburo che ha formula C_3H_6 e che si chiama propene. In questa molecola ci sono due atomi di carbonio con struttura triangolare (quelli legati con il doppio legame), mentre l'altro atomo di carbonio ha struttura tetraedrica perché forma quattro legami semplici (▶ Figura 2).

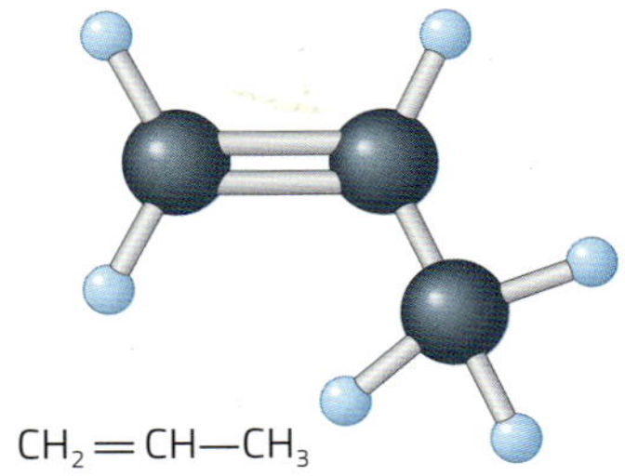

▶ **Figura 2** Modello della molecola di propene.

Se si allunga via via la catena aggiungendo ogni volta un gruppo $—CH_2—$, si individua un'altra famiglia di idrocarburi, gli *alcheni*.

Gli **alcheni** sono idrocarburi insaturi a catena aperta che presentano un doppio legame tra due atomi di carbonio; la formula generale è C_nH_{2n} e il loro nome è caratterizzato dalla desinenza *ene*.

Per assegnare il nome a un alchene che presenta più di 3 atomi di carbonio è necessario precisare in quale posizione si trova il doppio legame; a tal fine si devono numerare gli atomi di carbonio che costituiscono la catena partendo dall'estremità più vicina al doppio legame.

Come esempio supponiamo di dover assegnare il nome al composto rappresentato dalle seguenti formule:

$$\overset{6}{CH_3}-\overset{5}{CH_2}-\overset{4}{CH_2}-\overset{3}{CH}=\overset{2}{CH}-\overset{1}{CH_3}$$

Dato che la catena è formata da sei atomi di carbonio, la desinenza *ene* è preceduta dal prefisso *esa*. Per indicare la posizione del doppio legame si indica il numero del primo dei due atomi di carbonio interessati. Pertanto il nome dell'idrocarburo è 2-esene.

Per sottolineare un altro aspetto che riguarda l'assegnazione del nome a un alchene, vediamo come si deve attribuire il nome all'idrocarburo che ha la seguente formula:

$$\begin{array}{l} \overset{1}{CH_2}=\overset{2}{C}-\overset{3}{CH_2}-\overset{4}{CH_3} \\ \qquad\quad | \\ \qquad\quad CH_2-CH_3 \end{array}$$

In questo caso è importante osservare che la catena di atomi più lunga è formata da cinque atomi di carbonio, ma la catena a cui si deve fare riferimento è comunque quella in cui è presente il doppio legame, ed essa è formata da quattro atomi di carbonio; la numerazione di questa catena inizia da sinistra e individua in posizione 2 una ramificazione formata dal gruppo etile $— C_2H_5$. Pertanto il nome dell'idrocarburo insaturo è 2-etil-1-butene.

Prova tu 1

a) Scrivi la formula condensata del 3-metil-1-pentene.

b) Assegna il nome all'idrocarburo così rappresentato:

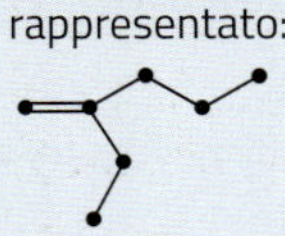

....

La diversa posizione del doppio legame in una catena formata dallo stesso numero di atomi di carbonio rende possibile l'esistenza di due o più composti isomeri. Per esempio, ci sono ben tre alcheni lineari *isomeri di posizione* che corrispondono alla formula C_6H_{12}: 1-esene, 2-esene e 3-esene.

In generale sono **isomeri di posizione** i composti con la stessa formula molecolare nelle cui molecole il doppio legame o un altro gruppo caratteristico è presente in posizioni diverse nella catena.

Nella ▶ Tabella 1 sono riportate le temperature di ebollizione di alcheni a catena lineare aventi tutti il doppio legame in posizione 1.

Prova tu 2

Scrivi le formule semplificate e i nomi degli alcheni lineari isomeri di posizione che corrispondono alla formula molecolare C_5H_{10}.

....

▶ **Tabella 1**

Nome	Formula molecolare	Formula condensata	Temperatura di ebollizione (°C)
etene	C_2H_4	$CH_2{=}CH_2$	−104
propene	C_3H_6	$CH_2{=}CH{-}CH_3$	−47
1-butene	C_4H_8	$CH_2{=}CH{-}CH_2{-}CH_3$	−6
1-pentene	C_5H_{10}	$CH_2{=}CH{-}CH_2{-}CH_2{-}CH_3$	30

Si può osservare che le temperature di ebollizione degli alcheni a catena lineare aumentano all'aumentare della lunghezza della catena e ciò si spiega sulla base delle stesse considerazioni svolte prima a proposito delle proprietà fisiche degli alcani: dato che gli alcheni sono composti apolari, le forze di dispersione di London tra le loro molecole aumentano via via che aumenta il numero di atomi di carbonio.

Esistono anche alcheni che hanno una struttura ciclica. I **cicloalcheni** sono alcheni le cui molecole presentano una catena ciclica; la loro formula generale è C_nH_{2n-2}.

Il cicloesene (C_6H_{10}) è un esempio di cicloalchene (▶ Figura 3).

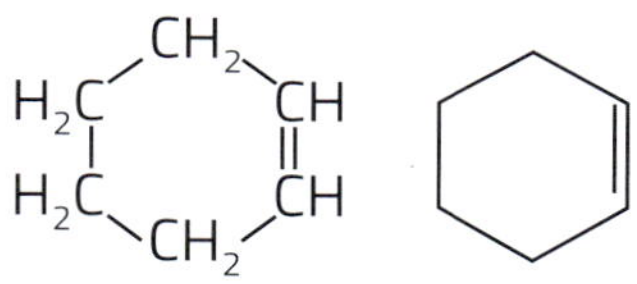

cicloesene

▶ **Figura 3** Formula condensata e semplificata del cicloesene.

Se la catena ciclica è ramificata, per individuare la posizione del gruppo alchilico è necessario numerare la catena partendo da uno dei due atomi legati da un doppio legame in modo da assegnare il numero inferiore.

Consideriamo per esempio il composto che ha la seguente formula:

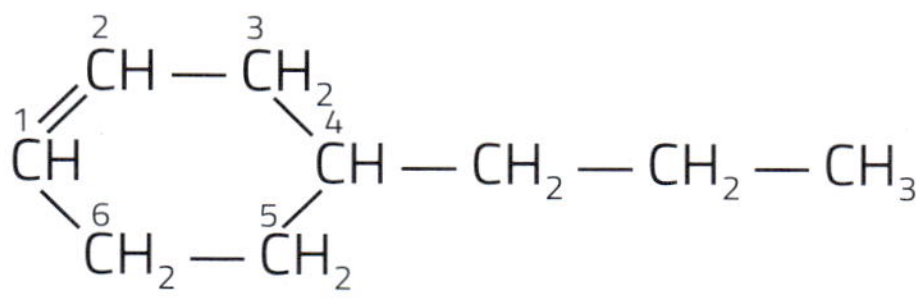

La numerazione della catena in senso orario consente di assegnare il nome del composto: 4-propilcicloesene.

Dieni e polieni coniugati

Gli alcheni che contengono più di un doppio legame tra gli atomi di carbonio sono chiamati genericamente *polieni*; più precisamente vengono denominati come dieni, trieni, tetraeni e così via a seconda del numero di doppi legami presenti nella molecola.

I *dieni* sono gli idrocarburi che presentano due doppi legami. Il più semplice è 1,3-butadiene e la sua formula molecolare è C_4H_6 (▶ Figura 4). Si può notare che la presenza di un altro doppio legame fa diminuire di due il numero degli atomi di idrogeno.

I **dieni** sono idrocarburi insaturi che nelle loro molecole hanno due doppi legami; la loro formula generale è C_nH_{2n-2}.

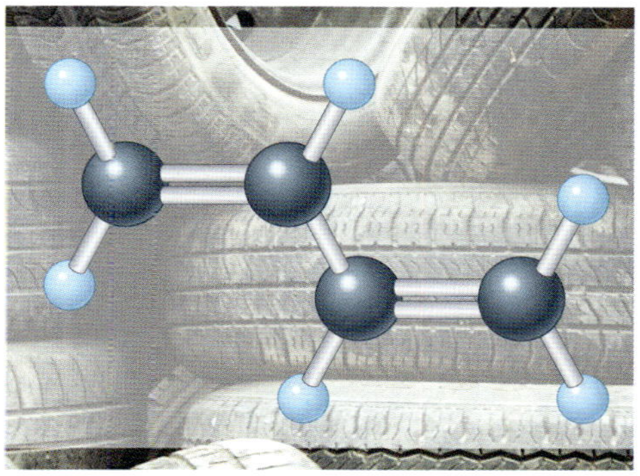

▶ **Figura 4** Il composto 1,3-butadiene è la sostanza base per la preparazione di diversi tipi di gomme sintetiche che trovano impiego nella produzione degli pneumatici.

Nel nome del composto 1,3,5-ottatriene il termine *tri* indica la presenza di tre doppi legami nella molecola, che per questo ha sei atomi di idrogeno in meno rispetto alla molecola dell'ottano.

I **trieni** sono i polieni con tre doppi legami e la loro formula generale è C_nH_{2n-4}.

Esistono composti che presentano una struttura in cui si alternano legami semplici e legami doppi. Per esempio, nel β-carotene è presente una catena di atomi di carbonio in cui si trovano ben undici doppi legami alternati a legami semplici (▶ Figura 5).

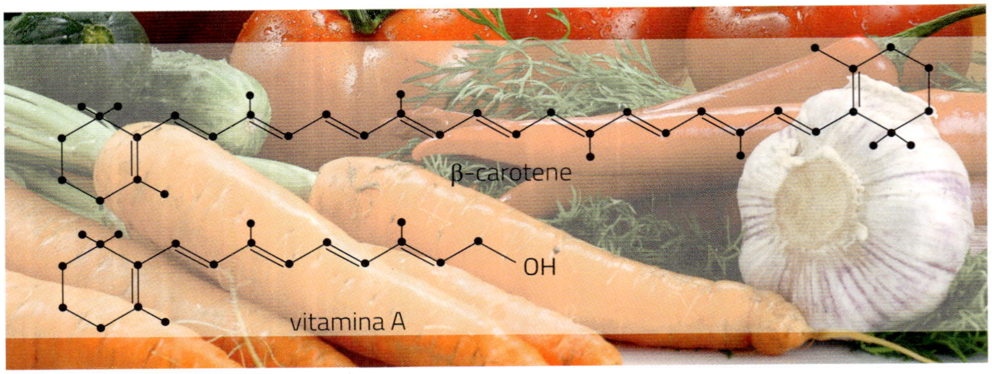

▶ **Figura 5** Il β-carotene, presente nelle carote e in altri ortaggi colorati, viene trasformato nel nostro organismo in vitamina A, un catalizzatore biologico che esercita una funzione essenziale soprattutto durante la fase della crescita.

I composti nella cui catena molecolare si alternano regolarmente legami semplici a doppi legami prendono il nome di **polieni coniugati**.

Gli alchini

Alla famiglia degli idrocarburi insaturi appartengono anche i composti nelle cui molecole si trovano atomi di carbonio legati solamente ad altri due atomi; il più semplice di questi ha formula C_2H_2 e si chiama etino, noto con il nome tradizionale di acetilene (▶ Figura 6).

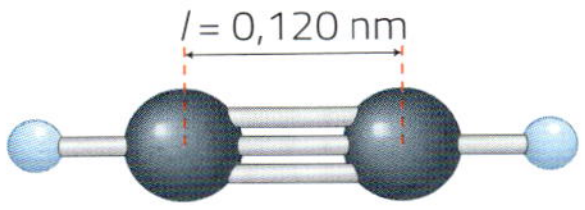

$CH \equiv CH$

▶ **Figura 6** Modello della molecola di etino e relativa formula condensata.

In base al nostro modello di legame covalente tra i due atomi di carbonio si forma un triplo legame; in tal modo si spiega anche il fatto che la molecola ha una struttura lineare e che la lunghezza del triplo legame carbonio-carbonio vale 0,120 nm, cioè inferiore anche a quella del doppio legame.

Gli **alchini** sono idrocarburi insaturi a catena aperta che presentano un triplo legame tra due atomi di carbonio; la formula generale è C_nH_{2n-2} e il loro nome è caratterizzato dalla desinenza *ino*.

Per quel che riguarda la nomenclatura, gli alchini seguono le stesse regole già illustrate a proposito degli alcheni; per esempio, il nome del composto che viene qui rappresentato è 4-metil-1-esino.

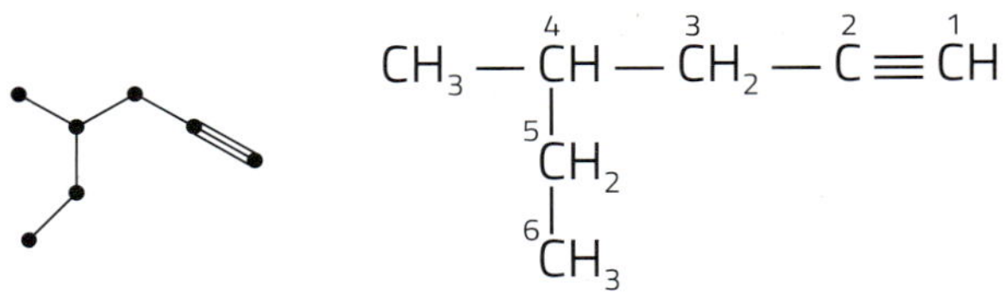

4-metil-1-esino

Prova tu 3

Scrivi la formula condensata del 4-etil-2-eptino.

Gli isomeri geometrici

Sappiamo che la presenza di un legame multiplo in una catena costituita da quattro o più atomi di carbonio può dar luogo a composti isomeri di posizione: 1-butene e 2-butene costituiscono l'esempio più semplice. Possiamo anche osservare che ciascuno di questi due composti è isomero di catena del 2-metilpropene (▶ Figura 7).

1-butene 2-butene 2-metilpropene

▶ **Figura 7** La catena del 2-metilpropene è ramificata e per questo motivo il 2-metilpropene è un isomero di catena degli altri due.

In realtà si conoscono due composti isomeri del 2-butene che hanno diverse temperature di ebollizione e di fusione. Per spiegare questo fatto occorre considerare che gli atomi sono disposti attorno al doppio legame in due modi differenti. Infatti, in un composto i due gruppi metilici con cui inizia e finisce la catena si trovano dalla stessa parte (isomero *cis*) rispetto alla linea del doppio legame, mentre nell'altro composto si trovano da parti opposte (*trans*) (▶ Figura 8).

▶ **Figura 8**

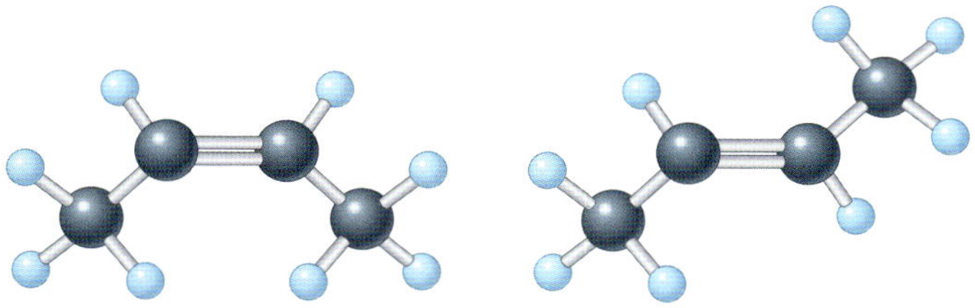

cis-2-butene
$t_f = -138{,}9$ °C $t_{eb} = 3{,}7$ °C

trans-2-butene
$t_f = -105{,}5$ °C $t_{eb} = 0{,}9$ °C

La temperatura di ebollizione più alta dell'isomero *cis* si spiega con il fatto che il suo momento dipolare non è nullo.
In entrambi gli isomeri i quattro atomi legati ai due atomi di carbonio uniti con doppio legame sono costretti a stare sullo stesso piano; in altre parole, il doppio legame costituisce una barriera energetica che impedisce la rotazione, rotazione che invece è possibile quando il legame è semplice (▶ Figura 9).

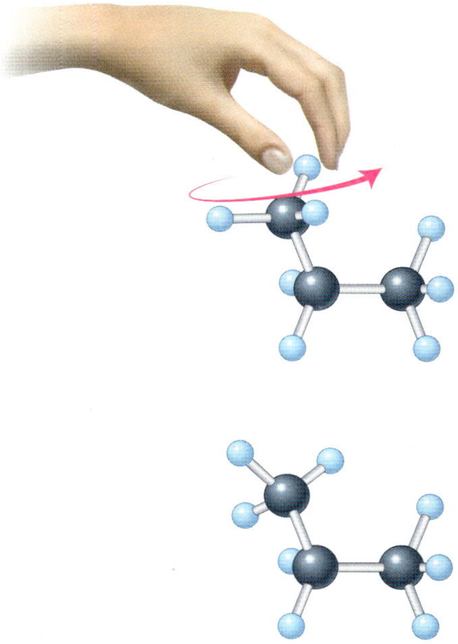

▶ **Figura 9** Negli alcani la rotazione degli atomi attorno a l'asse del legame C—C avviene quasi sempre senza ostacoli.

Si può osservare che nel caso degli alcheni l'isomeria *cis* e *trans* si verifica soltanto se il doppio legame non si trova all'inizio della catena e se i gruppi legati a ciascun atomo di carbonio del doppio legame sono differenti (▶ Figura 10).

▶ **Figura 10**

Le due formule rappresentano due isomeri *cis-trans*. Infatti, ribaltando una delle due, non si ottengono mai formule sovrapponibili.

Le due formule rappresentano lo stesso composto; infatti è sufficiente ribaltare una delle due per avere due formule sovrapponibili.

Questo tipo di isomeria costituisce un'importante novità rispetto all'isomeria di catena e a quella di posizione; infatti negli isomeri *cis* e *trans* i legami reciproci tra gli atomi sono esattamente gli stessi, per cui questi composti differiscono unicamente per la diversa disposizione nello spazio degli atomi. Questo tipo di isomeria è chiamata *stereoisomeria* e, in particolare, gli isomeri *cis* e *trans* sono detti *isomeri geometrici*.

In generale, due composti sono **isomeri geometrici** quando gli atomi delle loro molecole differiscono per la disposizione nello spazio rispetto al doppio legame.

Prova tu 4

Utilizzando la rappresentazione proposta nel testo, spiega perché non esistono gli isomeri *cis* e *trans* del 2-metil-2-butene.

....

....

Esercizi 2 Gli idrocarburi insaturi

1 Associa a ogni formula generica il tipo di idrocarburo:

C_nH_{2n+2} .... 1. alchene
C_nH_{2n-2} .... 2. alchino
C_nH_{2n} .... 3. alcano

2 Scrivi i nomi dei due isomeri di posizione del 1,2-dimetilciclopentano.

....

3 Quale affermazione relativa agli alcheni è *sbagliata*?

A Sono tutti idrocarburi insaturi
B Le molecole sono planari
C La formula generale è uguale a quella dei cicloalcani
D Nella molecola ci sono due atomi legati con doppio legame
E La catena può anche essere ramificata

4 Quanti sono gli alcheni lineari isomeri di posizione che hanno formula molecolare C_7H_{14}? Qual è il loro nome?

....

5 Esistono i due isomeri geometrici del 2,3-dimetil-2-butene? ....

6 Considera i seguenti idrocarburi insaturi:

2-pentino 1,3-pentadiene 2-metil-1-butene

Senza scrivere le formule di struttura stabilisci:

a) quale idrocarburo contiene il maggior numero di atomi di carbonio; ....
b) quale idrocarburo contiene il maggior numero di atomi di idrogeno. ....

7 Quale tra le formule seguenti appartiene sicuramente a un idrocarburo saturo a catena aperta?

A C_4H_8 B C_4H_{10} C C_4H_4 D C_4H_6 E C_2H_2

8 Indica le *due* formule corrispondenti a due isomeri di posizione.

A $CH_2{=}CH{-}CH_2{-}CH_2{-}CH_2{-}CH_3$
B $CH_3{-}CH_2{-}CH_2{-}CH_2{-}C{\equiv}CH$
C $CH_2{=}CH{-}CH(CH_3){-}CH_2{-}CH_3$
D $CH_3{-}CH{=}CH{-}CH_2{-}CH_2{-}CH_3$
E $CH_3{-}CH_2{-}CH{=}CH{-}CH_3$

9 Uno studente ha assegnato il nome ai seguenti alcheni; individua l'unico nome *sbagliato*.

A $CH_3{-}CH{=}CH{-}CH_2{-}CH_3$ 2-pentene
B $CH_3{-}CH_2{-}CH{=}CH_2$ 3-butene
C $CH_2{=}C(CH_3){-}CH_3$ 2-metilpropene
D  cicloesene
E $CH{\equiv}C{-}CH_3$ propino

10 Confrontando l'etene con l'etano individua quali affermazioni sono vere e quali sono false.

a) La lunghezza del legame C—C è uguale in entrambi V F
b) Nelle molecole di etene gli atomi sono tutti sullo stesso piano V F
c) Solo le molecole dell'etene sono apolari V F
d) Solo nelle molecole di etano l'angolo del legame H—C—H vale 109,5° V F

11 Completa la seguente tabella:

Formula	Nome
$CH_3{-}CH(CH_3){-}CH{=}CH{-}CH_3$	....
....	1-pentene
	cis-3-esene
$CH_3{-}CH_2{-}CH{=}C(CH_3)_2$	....

12 Attribuisci il nome al seguente idrocarburo:

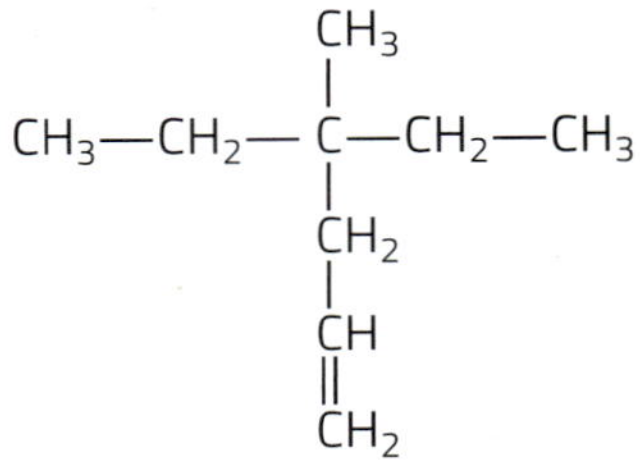

....

13 Costruisci la formula condensata di un alchene legando opportunamente i seguenti gruppi atomici:
CH_3, CH_3, CH_3, CH_2, CH, C.

....

14 Alkenes and alkynes are called unsaturated compounds because:

A they have the maximum number of hydrogen atoms attached to each carbon in the compound
B they have fewer hydrogen atoms attached to the carbon chain than alkanes
C they have more hydrogen atoms attached to the carbon chain than alkanes
D they have more carbon atoms than alkanes
E they have fewer carbon atoms than alkanes

15 What is the name of the unsaturated compound with formula C_3H_6?

A Propane
B Cyclopropane
C Propene
D Propine
E Cyclopropene

3 Gli idrocarburi aromatici

Gli idrocarburi aromatici sono composti che mostrano un comportamento chimico caratteristico dovuto alla delocalizzazione degli elettroni di legame

Il benzene e la delocalizzazione degli elettroni

In base a un criterio di classificazione tradizionale, tutti gli idrocarburi finora presentati sono denominati *idrocarburi alifatici*, con la specificazione cicloalifatici se ci si riferisce a idrocarburi a catena chiusa. Questa classificazione è dettata dal fatto che esistono idrocarburi con proprietà tali da costituire un'altra importantissima categoria, alla quale è stato assegnato il nome di *idrocarburi aromatici*.

Il capostipite degli idrocarburi aromatici è il *benzene*: la sua formula molecolare (C_6H_6) rivela subito che le sue molecole contengono legami multipli. Anche se la formula è molto semplice e pochi sono gli atomi che si legano, la comprensione della struttura della molecola del benzene ha richiesto un lungo lavoro da parte dei chimici del diciannovesimo secolo, tra cui il grande chimico tedesco F.A. Kekulé.

La struttura e le proprietà della molecola del benzene escludono che esso possa essere un idrocarburo insaturo a catena aperta, cioè un polialchene o un polialchino.

Le molecole del benzene infatti presentano una struttura ad anello che ha forma di un esagono regolare in cui ogni atomo di carbonio è legato ad altri due atomi di carbonio e a un atomo di idrogeno. In questo modo ogni atomo di carbonio forma sicuramente tre legami semplici utilizzando solo tre dei suoi quattro elettroni di legame e tutti e dodici gli atomi giacciono nello stesso piano. L'elettrone che non è utilizzato per formare legami è indicato con un puntino (▶ Figura 1).

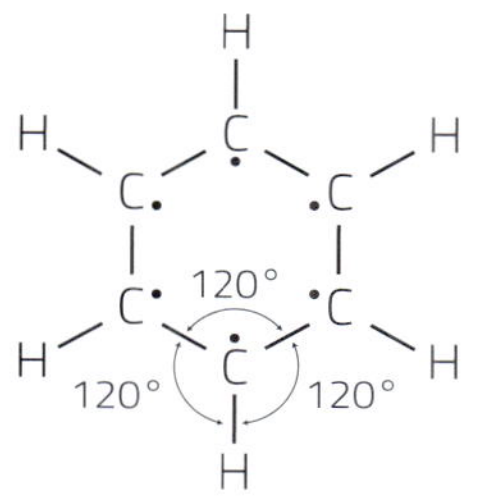

▶ **Figura 1**

In base alla teoria del legame covalente e alla regola dell'ottetto, non è possibile che un elettrone di legame non sia accoppiato e quindi si può pensare che si formi un altro legame covalente accoppiando i due elettroni di due atomi di carbonio adiacenti (▶ Figura 2).

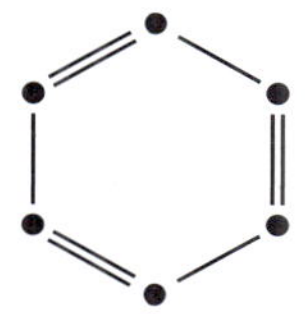

▶ **Figura 2**

La struttura ipotizzata presenta legami semplici e doppi, cioè legami di diversa lunghezza e questo è in contraddizione con la forma della molecola del benzene in cui gli atomi di carbonio si trovano tutti alla stessa distanza.

Per spiegare la struttura del benzene è necessario un ampliamento della teoria del legame covalente: i sei elettroni di legame non formano tre coppie di legame localizzate tra due atomi, ma costituiscono una sorta di anello di carica elettronica che rafforza equamente i sei legami covalenti tra gli atomi di carbonio; infatti la lunghezza del legame tra gli atomi di carbonio (0,140 nm) è intermedia tra quella del legame semplice e quella di un doppio legame (▶ Figura 3).

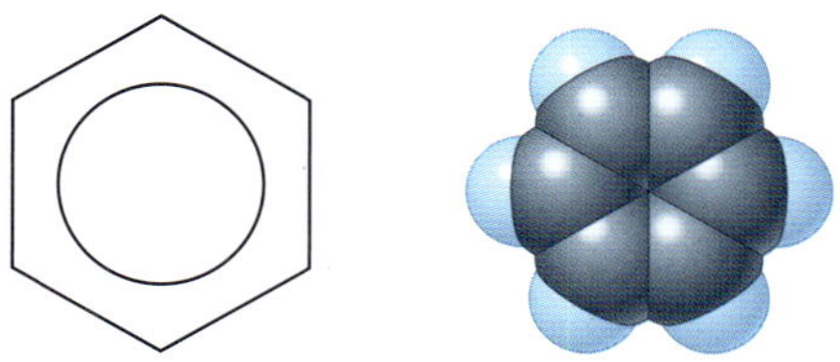

▶ **Figura 3** La formula semplificata della molecola del benzene si scrive senza simboli e disegnando un cerchio dentro a un esagono regolare; in questo modo si indicano i legami che corrispondono alla delocalizzazione elettronica. A destra è riportato un modellino a sfere compenetrate.

Il modello di legame presente negli anelli benzenici viene spiegato con la **delocalizzazione elettronica**: si assume che la carica di sei elettroni di legame possa essere ripartita tra più di due atomi, creando una sorta di corrente di carica elettrica negativa che percorre lo scheletro della molecola.

Tutti gli idrocarburi classificati come **aromatici** sono caratterizzati da un anello benzenico, o una struttura ciclica, in cui la delocalizzazione elettronica è alla base di comportamenti chimici caratteristici.

I PROTAGONISTI DELLA SCIENZA

FRIEDRICH AUGUST KEKULÉ (1829-1896)
Kekulé, dopo aver svolto lavori a Parigi e Londra e insegnato a Heidelberg e a Gand, ricoprì, dal 1865 sino alla sua morte, la carica di direttore dell'Istituto di Chimica di Bonn da lui fondato. Proprio in questa città tedesca nel 1900 fu eretto un monumento in suo ricordo.
Kekulé si concentrò per molti anni sullo studio sperimentale di diversi composti chimici e in particolare del benzene. Contribuì a definire il concetto di valenza e in particolare fu il primo a ipotizzare la tetravalenza del carbonio.

Gli idrocarburi policiclici condensati e gli alchilbenzeni

Gli **idrocarburi aromatici condensati** sono una famiglia di idrocarburi aromatici così detti perché contengono due o più anelli benzenici uniti tra loro per effetto di una o più coppie di atomi in comune.

Il composto più semplice è il naftalene, $C_{10}H_8$ (▶ Figura 4):

▶ **Figura 4**

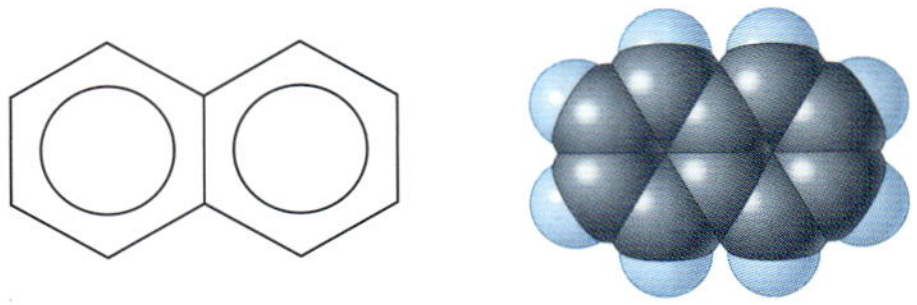

naftalene

▶ **Figura 5** Il difenile è un composto altamente tossico a spiccata azione funghicida; per questo a volte è ancora impiegato per proteggere dalle muffe la buccia degli agrumi. Vista la sua pericolosità, dal 2004 l'Unione Europea ha classificato questo composto non più come additivo alimentare ma come fitofarmaco, e quindi soggetto a maggiori controlli e restrizioni.

Se invece i due anelli benzenici sono legati tra loro con un legame semplice C — C, si ha una molecola chiamata difenile ($C_{12}H_{10}$): il nome deriva da quello del gruppo — C_6H_5, detto *fenile* (▶ Figura 5).

Dalla condensazione di tre anelli benzenici si ottengono due sostanze: antracene e fenantrene; nei benzopireni ci sono ben cinque anelli condensati:

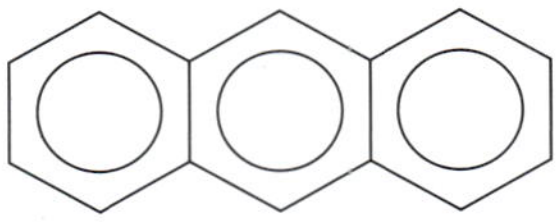

antracene ($C_{14}H_{10}$)

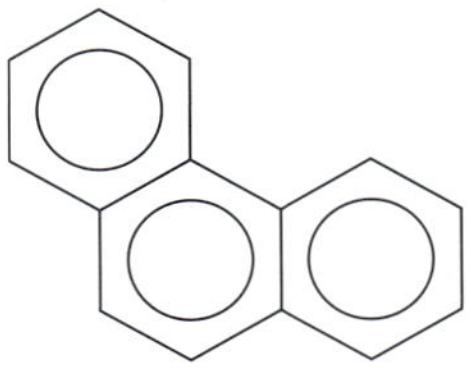

fenantrene ($C_{14}H_{10}$)

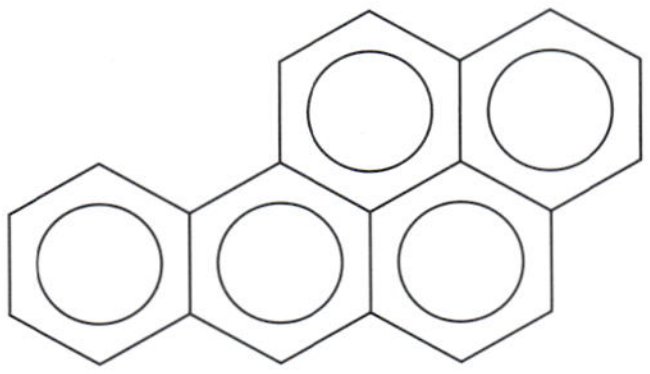

benzo[a]pirene ($C_{20}H_{12}$)

Al naftalene e agli altri idrocarburi aromatici condensati si dà il nome di *idrocarburi policiclici aromatici*; essi vengono identificati anche con l'acronimo IPA e rivestono molta importanza a causa del loro elevato potenziale cancerogeno. Essi sono presenti nel fumo che deriva dalla combustione del tabacco, negli scarichi degli autoveicoli e nelle parti bruciacchiate degli alimenti.

Gli **alchilbenzeni** sono idrocarburi che contengono una parte aromatica, costituita da un anello benzenico, e una parte alifatica che cambia da composto a composto.

Il composto più semplice è il toluene: ogni sua molecola è costituita dall'anello benzenico in cui un atomo di idrogeno è sostituito da un gruppo metile, per cui il suo nome IUPAC è metilbenzene (▶ Figura 6).

$C_6H_5 — CH_3$

fenile metile

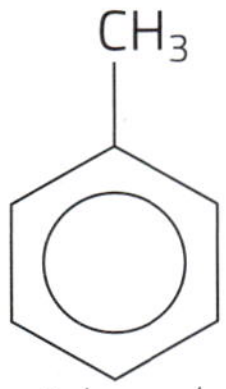

toluene (metilbenzene o fenilmetano)

▶ **Figura 6** In figura sono riportate diverse modalità utilizzate per rappresentare il toluene.

Nel toluene la parte aromatica (che proviene dal benzene) è il gruppo fenile mentre la parte alifatica (che deriva dal metano) è il gruppo metile. Pertanto il toluene può essere indicato anche con il nome di fenilmetano.

Quando i gruppi metilici legati all'anello benzenico sono due, i composti si chiamano xileni; abbiamo usato il plurale poiché a seconda della posizione reciproca dei due gruppi metilici si hanno tre isomeri di posizione (▶ Figura 7).

I tre isomeri dello xilene vengono utilizzati in miscela come solventi per vernici e anche come componenti delle benzine.

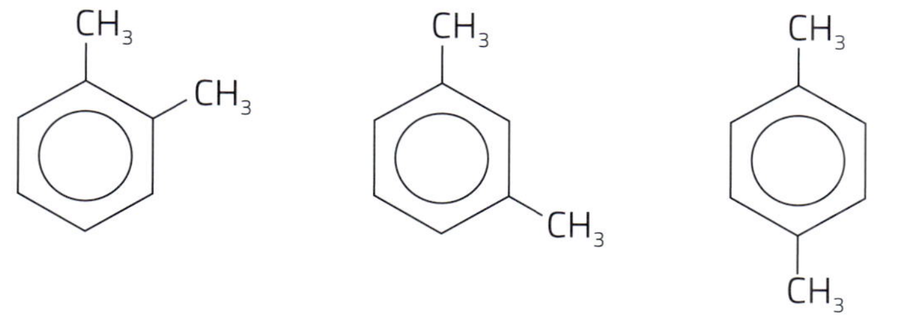

1,2-dimetilbenzene (*orto*-xilene) — 1,3-dimetilbenzene (*meta*-xilene) — 1,4-dimetilbenzene (*para*-xilene)

▶ **Figura 7**

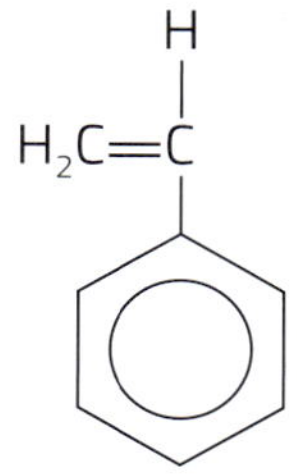

stirene ($C_6H_5-CH=CH_2$)

▶ **Figura 8** Lo stirene deve la sua importanza al fatto di essere la materia prima per la produzione di molti materiali plastici, tra cui il famoso polistirene (più noto con il nome di polistirolo).

Un altro alchilbenzene molto importante è il feniletene o vinilbenzene, più noto con il nome di stirene (▶ Figura 8).

Esercizi 3 Gli idrocarburi aromatici

1 Quale composto ha formula C_6H_6?

A cicloesadiene
B esano
C benzene
D cicloesano
E esino

2 *Quali* dei seguenti modellini corrispondono a un idrocarburo aromatico? Da che cosa puoi riconoscerlo?

A 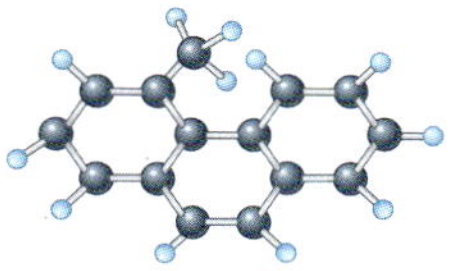

B 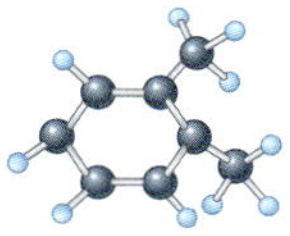

C 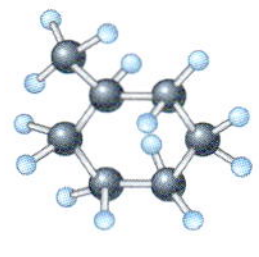

D 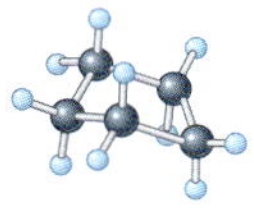

....

3 In relazione ai legami tra gli atomi di carbonio nel benzene, indica le affermazioni vere e quelle false.

a) Hanno tutti la stessa lunghezza V F
b) Sono legami covalenti polarizzati V F
c) Gli atomi si trovano tutti sullo stesso piano V F
d) Gli angoli di legame sono di 120° V F
e) Sono lunghi tutti 0,154 nm V F

4 Quale tra le formule seguenti è relativa alla molecola di un alchilbenzene?

A 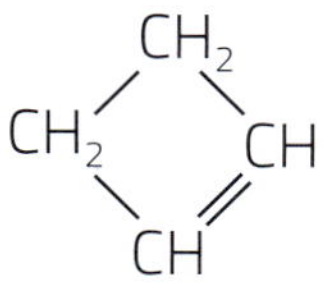

B 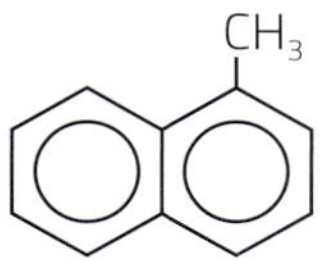

C 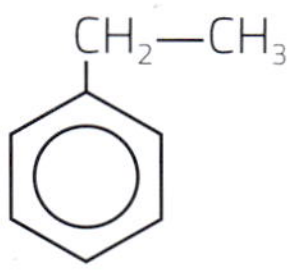

D 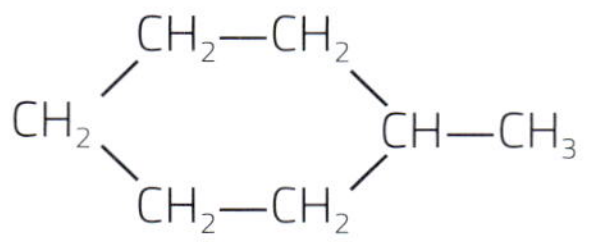

5 Indica il composto che appartiene agli idrocarburi aromatici policiclici.

A Toluene
B Benzene
C Cicloesano
D Fenantrene
E Difenile

6 In relazione alle caratteristiche degli idrocarburi aromatici, quale affermazione è *sbagliata*?

A Il capostipite è il benzene e ha formula C_6H_6
B Ogni atomo di carbonio non è legato a più di un atomo di idrogeno
C Possono essere a catena aperta o a catena chiusa
D L'aromaticità è una proprietà che deriva dalla delocalizzazione degli elettroni di legame
E Negli IPA il numero di atomi di idrogeno non è mai maggiore del numero di atomi di carbonio

7 Qual è il nome del composto che ha la seguente formula?

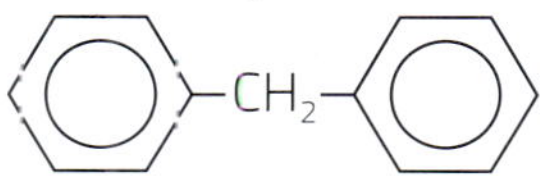

A Naftalene
B Metilnaftalene
C Difenilmetano
D Ditoluene
E 1,1-dicicloesilmetano

8 Nella molecola di 1,3,5-trimetilbenzene quanti sono gli atomi di carbonio?

A 6
B 7
C 3
D 9
E 18

9 Il 1,3,5-esatriene è un polialchene perché nella sua molecola ci sono ben tre doppi legami. Questo composto è isomero del benzene? Motiva la risposta.

....

10 Which of the following compounds have a ring-carbon chain structure?

A C_6H_{14}
B C_6H_{12}
C C_6H_{10}
D C_6H_8
E C_6H_6

11 If benzene were 1,3,5-cycloexatriene why would the carbon-carbon bonds be alternatively long and short?

....

....

12 What kind of organic compounds contains benzene rings as part of their structure?

A Aromatic compounds
B Cycloalkane compounds
C Aliphatic compounds
D Alkane compounds

4 La reattività degli idrocarburi

Il petrolio è una risorsa preziosa perché è la fonte naturale di idrocarburi; essi sono usati come tali o trasformati in altri composti aggiungendo altri elementi

Le fonti degli idrocarburi

Gli idrocarburi sono composti utilizzati in moltissimi campi e in grande quantità. Le fonti di idrocarburi di gran lunga più importanti sono senz'altro il petrolio e il gas naturale che sono estratti dal sottosuolo. Oltre a essere utilizzato ancora in massima parte come fonte primaria di energia, il petrolio alimenta anche un importante settore industriale, la petrolchimica, da cui traggono origine materiali e manufatti che hanno letteralmente rivoluzionato la nostra vita (▶ Figura 1).

Normalmente il petrolio non trova impiego tal quale ma vengono invece utilizzate le differenti miscele di idrocarburi che lo compongono. Ecco perché la prima cosa da fare è quella di effettuare una distillazione frazionata. La distillazione porta a ottenere varie frazioni costituite principalmente da idrocarburi le cui temperature di ebollizione sono comprese in determinati intervalli (▶ Tabella 1).

▶ **Figura 1** Gli oggetti di plastica sono talmente diffusi che ora si pone il problema del loro smaltimento.

▶ **Tabella 1** Frazioni di idrocarburi che si ottengono attraverso la distillazione del petrolio.

Frazione	Intervallo di ebollizione (°C)	Composizione	Usi
gas	fino a 20	da CH_4 a C_4H_{10}	sintesi di altri composti; combustibile
etere di petrolio	20-70	C_5H_{12} e C_6H_{14}	solvente; additivo antigelo per benzina
benzina	70-170	da C_5H_{14} a $C_{10}H_{22}$	combustibile per motori a scoppio
cherosene	170-210	da $C_{11}H_{24}$ a $C_{12}H_{26}$	combustibile per motori d'aereo
gasolio	210-290	da $C_{13}H_{28}$ a $C_{17}H_{36}$	combustibile industriale e per motori diesel
nafta e lubrificanti leggeri	290-400	da $C_{18}H_{38}$ a $C_{25}H_{52}$	combustibile per centrali elettriche; oli lubrificanti
lubrificanti	400-500	alcani superiori	grassi, solidi cerosi; grasso lubrificante
residuo solido			pece o asfalto per manti impermeabili o stradali

Le benzine costituiscono proprio una di queste frazioni; prima però di arrivare nel serbatoio della nostra automobile il liquido ottenuto per distillazione viene sottoposto a un processo chimico che nel linguaggio industriale è detto *reforming* e che ha lo scopo di riorganizzare le catene degli idrocarburi per aumentare la percentuale di idrocarburi ramificati. Infatti, a parità di massa molecolare, gli idrocarburi ramificati, quando vengono bruciati nei motori a scoppio, presentano caratteristiche migliori dei corrispondenti isomeri a catena lineare.

Inoltre, data la crescente richiesta di benzina, si rende necessario convertire frazioni costituite da idrocarburi con maggiore massa molecolare: il processo industriale si chiama *cracking* e, come suggerisce il nome, consiste nella rottura di lunghe catene di idrocarburi per ottenere idrocarburi a catena più corta, proprio quelli che costituiscono la benzina.

Le reazioni degli idrocarburi

C'è una reazione comune a tutti gli idrocarburi, la *reazione di combustione*: il «destino» di molti idrocarburi, infatti, è quello di essere bruciati (▶ Figura 2). La combustione è realizzata per trasformare l'energia chimica presente negli idrocarburi in energia termica, energia meccanica, energia elettrica. Ovviamente si ottengono anche i prodotti della reazione, e cioè diossido di carbonio e acqua. In ogni caso la reazione di combustione va innescata, poiché gli idrocarburi sono composti assai stabili e quindi è necessaria una elevata energia di attivazione.

▶ **Figura 2** Dal tubo di scarico degli autoveicoli alimentati a benzina e a gasolio escono anche piccole particelle di materia; la pericolosità di queste particelle è dovuta anche al fatto che sulla loro superficie sono adsorbite le molecole di sostanze pericolose come gli IPA.

Vogliamo ora mostrare come le caratteristiche strutturali degli idrocarburi si riflettono sulla loro *reattività*. Le reazioni che differenziano il comportamento dei diversi tipi di idrocarburi possono essere classificate in due categorie: le *reazioni di sostituzione* e le *reazioni di addizione*.

Si chiama **reazione di sostituzione** la reazione in cui un atomo di idrogeno di un idrocarburo è sostituito da un altro atomo, o da un gruppo di atomi.

Lo schema generale di una reazione di sostituzione è il seguente:

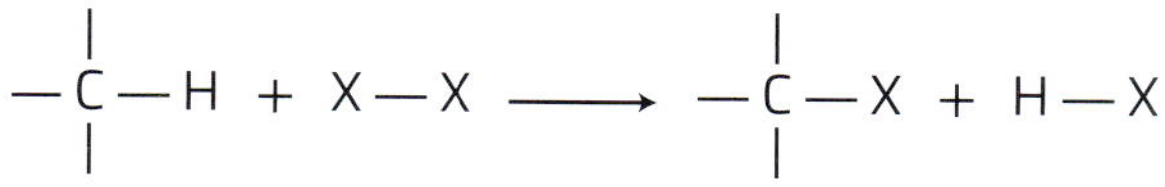

Le reazioni di sostituzione comportano la rottura del legame C — H che è molto stabile e quindi il più delle volte presentano valori di energia di attivazione elevati. Per esempio, la reazione di sostituzione tra l'ottano e il bromo procede rapidamente soltanto in presenza di forti radiazioni luminose (▸ Figura 3):

$$C_8H_{18} + Br_2 \rightarrow C_8H_{17}Br + HBr$$

▸ **Figura 3** La reazione è stata innescata accendendo una fonte luminosa.

Terminata la reazione il colore del bromo è scomparso e la cartina all'indicatore universale evidenzia la formazione di una sostanza acida, in questo caso HBr.

Si chiama **reazione di addizione** la reazione in cui ai due atomi di carbonio dell'idrocarburo insaturo uniti con doppio o triplo legame si legano due atomi (o gruppi di atomi).

Lo schema generale di una reazione di addizione è pertanto il seguente:

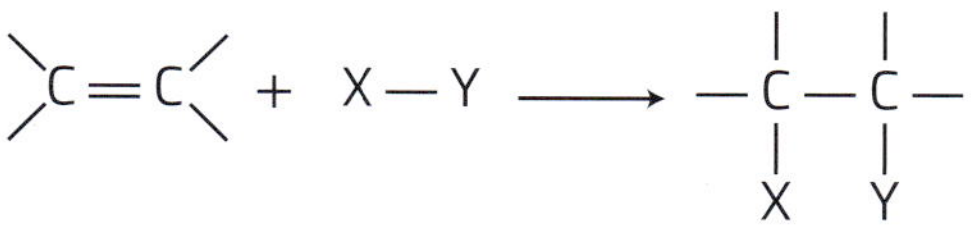

A differenza della reazione di sostituzione, la reazione di addizione del bromo a un alchene procede rapidamente anche in assenza di radiazioni.

Dobbiamo precisare che gli idrocarburi saturi possono dare luogo soltanto a reazioni di sostituzione, mentre gli idrocarburi insaturi possono dare luogo sia alla reazione di addizione sia a quella di sostituzione. In generale gli idrocarburi insaturi sono più reattivi di quelli saturi.

Vogliamo ora sottolineare la netta differenza tra i due tipi di reazione: i reagenti sono sempre due, mentre i prodotti sono due soltanto nella reazione di sostituzione.

Un altro aspetto che caratterizza molte reazioni di sostituzione è la possibile formazione di isomeri; nella reazione tra ottano e bromo, l'atomo di idrogeno che viene sostituito può trovarsi in testa alla catena o in una posizione intermedia. Infatti i prodotti della reazione, detti nel loro insieme bromo derivati, sono il 1-bromoottano, il 2-bromoottano, il 3-bromoottano e il 4-bromoottano, cioè quattro isomeri di posizione. Inoltre, si possono formare più isomeri se la sostituzione interessa due o più atomi di idrogeno formando dibromo e tribromo derivati isomeri.

Gli idrocarburi aromatici danno prevalentemente reazioni di sostituzione pur non essendo idrocarburi saturi. Questo fatto costituisce una delle prove sperimentali a sostegno della teoria della delocalizzazione elettronica e della conseguente stabilità dell'anello benzenico. Se, per esempio, si fa reagire il benzene con il bromo, si osserva che si formano bromobenzene e acido bromidrico:

$$C_6H_6 + Br_2 \rightarrow C_6H_5 — Br + HBr$$

Approfondimento in digitale
Reazioni degli idrocarburi e meccanismi di reazione
Le reazioni degli idrocarburi possono avvenire con meccanismi diversi.

Come cambiano gli idrocarburi: i gruppi funzionali

Per mezzo delle reazioni di sostituzione e di addizione le molecole degli idrocarburi possono essere modificate introducendo nelle catene atomi diversi da quelli di carbonio e di idrogeno e creando così composti che non sono più idrocarburi.

L'introduzione nella molecola dell'idrocarburo di nuovi atomi o gruppi di atomi ne modifica quasi sempre in modo netto e radicale le proprietà fisiche e chimiche.

In generale, un atomo o un gruppo di atomi che all'interno di una molecola caratterizzano un composto come appartenente a una specifica classe prendono il nome di **gruppo funzionale.**

Nelle lezioni successive illustreremo le principali caratteristiche fisiche e chimiche dei composti appartenenti alle diverse classi o famiglie individuate dai gruppi funzionali più significativi.

Esercizi 4 La reattività degli idrocarburi

1 Quale di questi idrocarburi dà più facilmente una reazione di addizione?

A 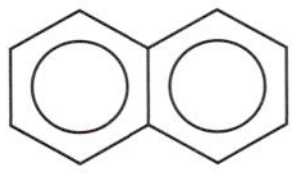

B 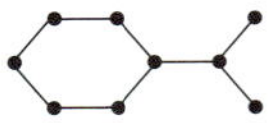

C 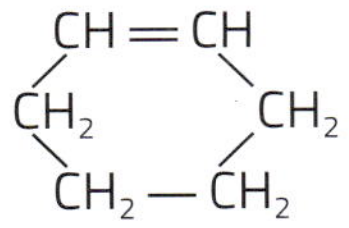

D 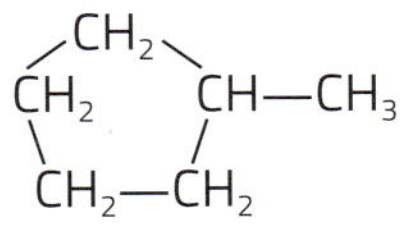

2 Completa la frase mettendo negli appositi spazi le seguenti parole: *cloro, cloridrico, idrocarburo, legame, idrogeno*

La reazione di sostituzione con cloro di un idrocarburo consiste nel rompere il .... tra un atomo di .... e uno di carbonio e formare un legame tra l'atomo di carbonio e l'atomo di .... L'atomo di idrogeno sottratto all'.................... si lega con un altro atomo di cloro e forma acido ....

3 Quale tipo di reazione può essere utilizzata per trasformare un idrocarburo insaturo in un idrocarburo saturo?

....

4 Associa a ciascuna equazione il tipo di reazione.

$C_3H_8 + F_2 \rightarrow C_3H_7F + HF$ ....

$C_7H_{16} + 11\ O_2 \rightarrow 7\ CO_2 + 8\ H_2O$ ....

$C_3H_6 + Cl_2 \rightarrow C_3H_6Cl_2$ ....

1. reazione di combustione
2. reazione di addizione
3. reazione di sostituzione

5 Quale prodotto si ottiene dalla reazione di addizione tra 2-pentene e idrogeno?

A 2-esano
B 2-metilpentano
C pentano
D esano
E 3-metilpentano

6 Quante sono le molecole di acqua che si ottengono dalla combustione di una molecola di idrocarburo saturo?

....

7 Dalla combustione di una mole di un alcano a catena aperta ramificata si formano quattro moli di anidride carbonica. Come si chiama l'idrocarburo? ....

8 Quante molecole di idrogeno sono necessarie per trasformare ogni molecola di benzene in un idrocarburo saturo?

....

9 Se si effettua la reazione di addizione di una molecola di cloro al 1-butene e poi al 2-butene quali prodotti si ottengono?

A Si ottiene un solo prodotto
B Due isomeri di posizione
C Due isomeri di catena
D Due isomeri geometrici
E Questi due composti danno solo reazioni di sostituzione

10 Dalla combustione di una mole di un idrocarburo saturo si ottengono cinque moli di acqua e quattro moli di anidride carbonica. Scrivi la formula molecolare dell'idrocarburo. Quale potrebbe essere il suo nome?

....

11 Per sottolineare la differenza tra reazione di sostituzione e reazione di addizione degli idrocarburi rispondi alle seguenti domande.

a) Per effettuare la reazione di addizione tra una molecola di alchene e bromo quante molecole di bromo occorrono? ....
b) Nella reazione di monosostituzione tra metano e cloro quali sostanze si formano? ....
c) Se si fa reagire cloro con benzene si ottiene C_6H_5Cl o $C_6H_5Cl_2$? ....
d) Quale idrocarburo insaturo dà una reazione di addizione in cui si ottiene il 1,2-dicloroetano? ....
e) Perché la reazione di addizione tra etano e cloro non è possibile? ....
f) Quale reazione è necessaria per trasformare il propene in 2-bromopropene? ....

12 How many products are obtained by the reaction between chlorine and an alkene? ....

13 Which of the following statements is *incorrect*?
Aromatic compounds:

A are planar
B have cyclic formula
C have chemical properties like polyalkenes
D are nonpolar compounds

5 Gli idrocarburi alogenati

Gli idrocarburi alogenati sono una famiglia di composti organici in cui uno o più atomi di alogeno sostituiscono uno o più atomi di idrogeno di un idrocarburo

Nomenclatura e proprietà degli idrocarburi alogenati

Si chiamano **idrocarburi alogenati** o aloidrocarburi i composti in cui uno o più atomi di idrogeno di un idrocarburo sono sostituiti con altrettanti atomi di un alogeno, cioè un elemento del VII gruppo.

Secondo una terminologia ancora in uso questi composti si distinguono in *alogenuri alchilici* e *alogenuri arilici*.

Gli **alogenuri alchilici** talvolta sono indicati con la formula generica R — Alg, dove R indica una catena alifatica aperta o chiusa, satura o insatura e Alg indica un generico alogeno. Le formule che seguono costituiscono alcuni esempi di alogenuri alchilici.

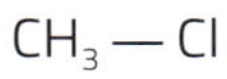

clorometano
(cloruro di metile)

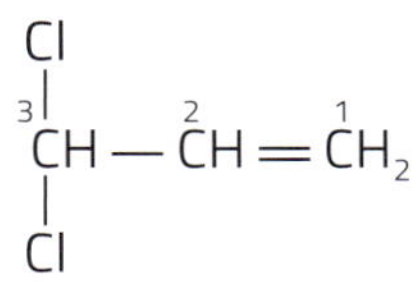

3,3-dicloro-1-propene

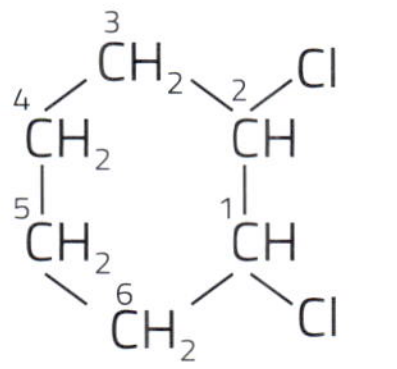

1,2-diclorocicloesano

Le regole per dare il nome a questi composti sono simili a quelle che già conosciamo: per primo viene il nome dell'alogeno preceduto, se necessario, da un numero che identifica l'atomo di carbonio a cui è legato; segue poi il nome dell'idrocarburo da cui ha preso formalmente origine. Se l'idrocarburo è insaturo, il numero che indica la posizione del doppio o del triplo legame va scritto immediatamente prima del nome dell'idrocarburo.

Pur essendo composti che presentano legami covalenti polarizzati, gli alogenuri alchilici sono assai poco solubili in acqua, mentre si dimostrano efficaci solventi dei grassi vegetali e animali (▸ Figura 1).

Gli **alogenuri arilici** sono individuati con la formula generica Ar — Alg e si distinguono per il fatto che l'atomo o gli atomi dell'alogeno sono legati ad atomi di carbonio che fanno parte di un anello aromatico. Le formule che seguono sono quelle di alcuni alogenuri arilici e permettono di individuare le regole di nomenclatura nei casi più semplici.

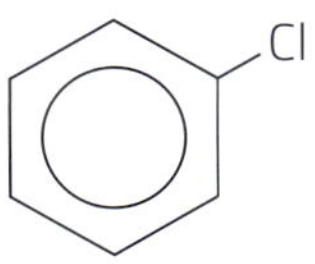

clorobenzene

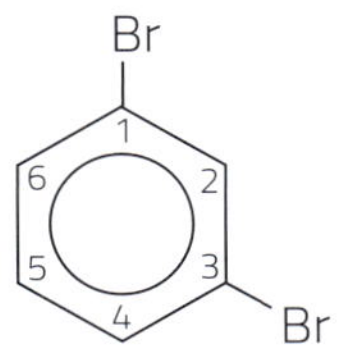

1,3-dibromobenzene

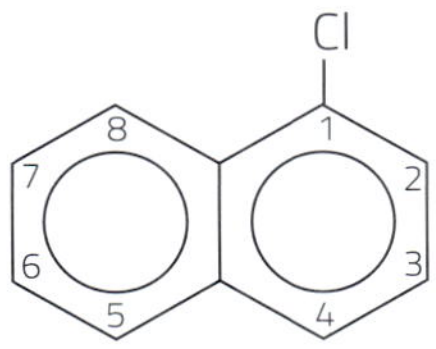

1-cloronaftalene

Una proprietà chimica che accomuna alogenuri alchilici e arilici è la reattività dell'atomo di carbonio al quale è legato l'atomo di alogeno; infatti, dato che fluoro, cloro e bromo sono più elettronegativi del carbonio, il legame covalente C — Alg è polarizzato e l'atomo di carbonio può subire l'attacco di reattivi nucleofili, cioè di atomi o gruppi atomici che vengono attratti da una zona della molecola in cui prevale la carica positiva.

È proprio per questa reattività che i derivati alogenati degli idrocarburi sono composti di grande importanza sia nei processi industriali sia nella pratica di laboratorio; essi vengono qualificati come intermedi, cioè sostanze che servono per preparare altri composti non ottenibili direttamente dagli idrocarburi.

▸ **Figura 1** La *trielina* (1,1,2-tricloroetene) è una sostanza usata per togliere le macchie di grasso dai tessuti. Occorre usarla con attenzione essendo cancerogena e sospettata di provocare alterazioni genetiche.

Prova tu 1

Scrivi la formula condensata del seguente alogenuro alchilico: 2-bromo-3-metilpentano.

Produzione e utilizzazione degli idrocarburi alogenati

Gli alogenuri alchilici non sono presenti in natura, ma si possono ottenere dagli idrocarburi a seguito di una reazione di sostituzione oppure, se l'idrocarburo di partenza è insaturo, attraverso una reazione di addizione; per esempio:

$$\underset{\text{propano}}{CH_3—CH_2—CH_3} + Cl_2 \rightarrow [\underset{\text{2-cloropropano}}{CH_3—\underset{|\atop Cl}{CH}—CH_3} \text{ e } \underset{\text{1-cloropropano}}{Cl—CH_2—CH_2—CH_3}] + HCl$$

$$\underset{\text{propene}}{CH_3—CH=CH_2} + Cl_2 \rightarrow \underset{\text{1,2-dicloropropano}}{CH_3—\underset{|\atop Cl}{CH}—\underset{|\atop Cl}{CH_2}}$$

Le reazioni di sostituzione portano normalmente alla formazione di una miscela di prodotti. Per esempio, dalla clorurazione del metano si può ottenere una miscela formata da percentuali diverse dei seguenti prodotti:

CH_3Cl clorometano o cloruro di metile
CH_2Cl_2 diclorometano
$CHCl_3$ triclorometano o cloroformio
CCl_4 tetraclorometano o tetracloruro di carbonio.

Gli idrocarburi alogenati trovano largo impiego in diversi settori delle attività umane. Essi infatti vengono utilizzati come solventi, come monomeri per la produzione di importanti materie plastiche (per esempio il polivinilcloruro e il teflon) e inoltre sono largamente impiegati a supporto delle attività agricole (▶ Figura 2).

▶ **Figura 2** Gli idrocarburi clorurati trovano largo impiego come *pesticidi*. Questi prodotti (insetticidi, erbicidi eccetera) ci liberano dalle erbacce e da fastidiosi e talvolta dannosi insetti (zanzare, mosche eccetera) ma la loro azione colpisce purtroppo anche altri vegetali e insetti utili. Queste sostanze possono produrre effetti negativi anche sugli esseri umani e devono perciò essere somministrate con cognizione e cautela e, soprattutto, prendendo adeguate misure di protezione.

Prova tu 2

a) Se si effettua la reazione di bromurazione del pentano, quanti composti isomeri con formula $C_5H_{11}Br$ si possono ottenere? ....

b) Se si effettua la reazione di addizione di cloro al *cis*-2-butene, come si chiama il composto ottenuto? ....

PER SAPERNE DI PIÙ

La storia del DDT

Tra gli idrocarburi clorurati utilizzati nelle attività agricole come insetticidi ed erbicidi, il più noto è il DDT (diclorodifeniltricloroetano).

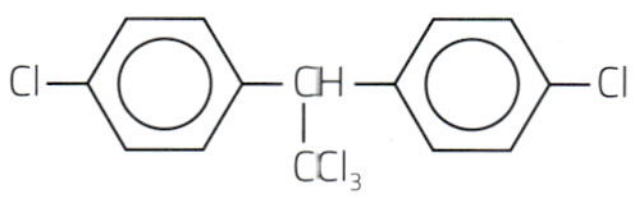

Questo composto fu sintetizzato per la prima volta nel 1874 dal chimico tedesco O. Ziegler ma la sua efficacia come potente insetticida fu dimostrata solo nel 1939, dal chimico svizzero P.H. Muller.

Il DDT entrò in uso negli Stati Uniti nel 1942 e, durante il periodo bellico della seconda guerra mondiale, si dimostrò un potente alleato dell'esercito perché venne utilizzato per sterminare gli insetti responsabili di malattie quali tifo, febbre gialla, malaria.

Nel dopoguerra l'uso del DDT si fece sempre più esteso non solo ai fini di sanità pubblica ma anche come insetticida per proteggere gli alberi, le colture agricole e le derrate alimentari.

Il DDT non è direttamente tossico per le persone ma entra nella catena alimentare ed essendo la sua molecola apolare si accumula nei tessuti adiposi degli animali. La concentrazione aumenta con il procedere della catena alimentare per il fenomeno di *biomagnificazione*: man mano che si sale nella catena alimentare questo composto (o il suo metabolita, diclorodifenildicloroetene) si concentra sempre più, fino a raggiungere dosi potenzialmente pericolose.

Dagli anni '60, in seguito a dubbi nati in seno alla comunità scientifica e a campagne ambientaliste condotte inizialmente negli Stati Uniti e poi in Europa, l'uso del DDT fu fortemente limitato. Dal 1978 una direttiva europea proibì la commercializzazione e l'uso di prodotti per l'agricoltura contenenti DDT e altri insetticidi organoclorurati particolarmente pericolosi. Nel 2001 numerosi Paesi aderirono alla Convenzione di Stoccolma, un trattato globale per regolamentare fortemente l'uso del DDT e di altre sostanze persistenti nell'ambiente. Questo trattato permette comunque la produzione e l'uso del DDT per il controllo dei vettori delle malattie, in particolare della malaria. Forse è utile sottolineare che ancora oggi in Africa questa malattia uccide un milione di persone ogni anno, soprattutto bambini. L'utilizzo del DDT deve però avvenire nel rispetto delle condizioni del trattato e sotto specifiche raccomandazioni dell'OMS.

Esercizi 5 Gli idrocarburi alogenati

1 Associa a ogni formula il nome IUPAC.

a) $C_2H_5{-}Cl$ 1. 1,3-diclorobenzene

b) 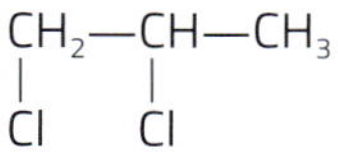 2. 3,3,4,4-tetracloro-1-butene

c) CH_2Cl_2 .... 3. cloroetano

d) 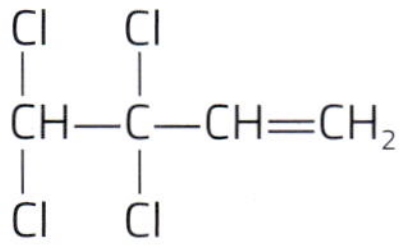 4. 1,2-dicloropropano

e) 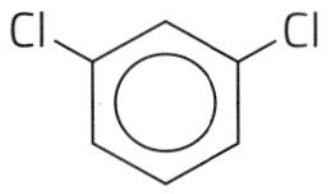 .... 5. diclorometano

2 Quanti atomi di carbonio, quanti atomi di idrogeno e quanti atomi di cloro ci sono in una molecola di 1,4-diclorobenzene? Dovresti essere in grado di rispondere senza scrivere la formula di struttura.

....

3 Completa le seguenti frasi.

a) Nelle molecole degli idrocarburi alogenati sono presenti uno o più atomi di alogeno legati ad atomi di ....

b) Negli idrocarburi alogenati ogni atomo di .... è legato a un solo .... di carbonio

c) Gli idrocarburi alogenati sono chiamati anche ....

d) Se l'atomo di .... è legato a una catena alifatica l'idrocarburo alogenato viene detto anche ....

e) Si chiama .... un composto in cui un atomo di alogeno è legato a un anello aromatico

4 Associa al nome di ogni idrocarburo alogenato il relativo gruppo di appartenenza.

a) 1,3-difluoronaftalene .... 1. alogenuro alchilico

b) 2,4-dicloro-1-butene .... 2. alogenuro arilico

c) 1-bromopropano .... 3. alogenuro alchilico insaturo

5 Come si chiama il composto che si ottiene facendo reagire bromo e 2-esene?

....

6 Attribuisci il nome IUPAC al seguente cloroidrocarburo:

$CH_3{-}CH_2{-}CH_2{-}CHCl{-}CH_2{-}CHCl{-}CH_2{-}CHCl{-}CH_3$

....

7 Scrivi la formula condensata del 3-bromo-2-metilpentano.

....

8 Quale reazione occorre effettuare per preparare il clorobenzene?

A Una reazione di addizione di HCl all'anello benzenico

B Una reazione di sostituzione tra cloro e benzene

C Una reazione di addizione di un atomo di cloro all'anello benzenico

D Una reazione di sostituzione di un atomo di carbonio dell'anello benzenico

E Una reazione di sostituzione tra cloro e cicloesano

9 Completa le seguenti equazioni:

a) $CH_2{=}CH_2 + Br_2 \rightarrow$ ....

b) 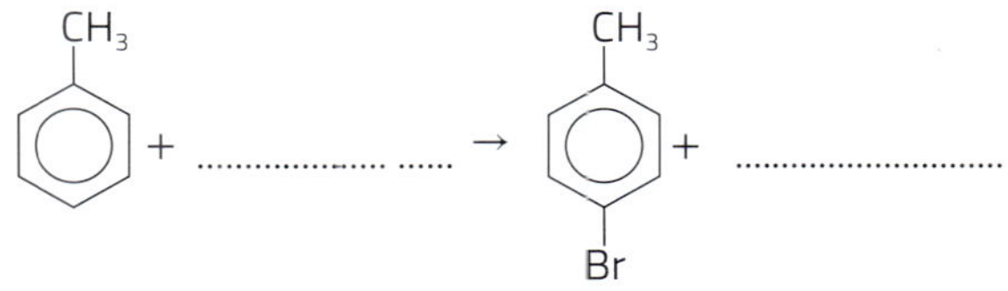

10 Scrivi i nomi di tutti gli isomeri di posizione che si ottengono sostituendo con bromo un solo atomo di idrogeno nella molecola dell'eptano.

....

....

11 Quante molecole biatomiche di cloro sono necessarie per trasformare una molecola di cicloesano in una molecola di esaclorocicloesano? ....

12 Scrivi l'equazione della reazione di addizione di HCl al 1-butene e scrivi la formula condensata di tutti gli isomeri che si formano.

....

....

13 Quale tra le seguenti reazioni consente di preparare il 2,3-diclorobutano?

A Addizione tra cloro e 2-butene

B Sostituzione tra cloro e 2-butene

C Addizione tra cloro e 2-butino

D Sostituzione tra cloro e 2-butino

E Addizione tra HCl e 2-butene

14 Quale tra le seguenti reazioni consente di preparare il 2-clorobutano?

A Addizione tra cloro e 2-butene

B Sostituzione tra cloro e 2-butene

C Addizione tra cloro e 2-butino

D Sostituzione tra cloro e 2-butino

E Addizione tra HCl e 2-butene

15 Why the 1.4-dichlorobutane is not a polar molecule?

....

16 How many hydrogen atoms are there in 1,3,3,5-tetrafluorooctane molecule? ....

6 Alcoli e fenoli, tioalcoli e tiofenoli, eteri e tioeteri

Gli alcoli e i fenoli sono composti che hanno un gruppo —OH legato a una catena alifatica o aromatica. Dalla condensazione di due alcoli si ottengono gli eteri

Alcoli e fenoli: nomi e proprietà

Il gruppo funzionale ossidrilico —OH caratterizza due famiglie di composti organici: gli *alcoli* e i *fenoli*.

Si chiamano **alcoli** i composti in cui il gruppo ossidrilico —OH è legato a una catena idrocarburica alifatica; si chiamano **fenoli** i composti in cui questo gruppo è legato a un anello benzenico. Il loro nome termina con la desinenza *olo*.

Gli alcoli, che vengono indicati con la formula generica R— OH, e i fenoli, la cui formula generica è Ar— OH, presentano proprietà sensibilmente diverse.

Una differenza significativa è il comportamento acido-base in acqua; i fenoli infatti sono decisamente più acidi degli alcoli:

$$R-OH + H_2O \rightarrow H_3O^+ + R-O^- \qquad 10^{-18} < Ka < 10^{-15}$$
$$Ar-OH + H_2O \rightarrow H_3O^+ + Ar-O^- \qquad Ka \approx 10^{-10}$$

In base ai valori di Ka riportati si può affermare che la maggior parte degli alcoli sono meno acidi dell'acqua mentre per i fenoli si può dire esattamente il contrario. In base a questi dati possiamo anche concludere che la base coniugata del fenolo, cioè lo ione fenato Ar — O^-, è una base più debole di un generico ione alcolato R— O^-.

Il benzenolo, C_6H_5OH, è il fenolo più semplice e proprio per questo è più spesso chiamato semplicemente fenolo. Se il gruppo —OH è legato a un atomo di carbonio del naftalene si hanno due isomeri: 1-naftolo e 2-naftolo (▸ Figura 1).

Come si è detto, il nome degli alcoli si ricava sostituendo con la desinenza *olo* l'ultima lettera del nome dell'idrocarburo al quale è legato il gruppo ossidrilico.

Il nome è preceduto da un numero che indica l'atomo di carbonio al quale è legato il gruppo funzionale. La numerazione della catena parte dall'estremità più vicina al gruppo —OH.

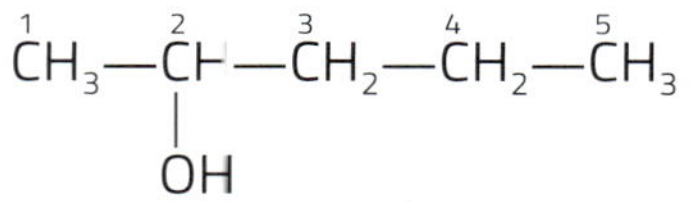
2-pentan*olo*

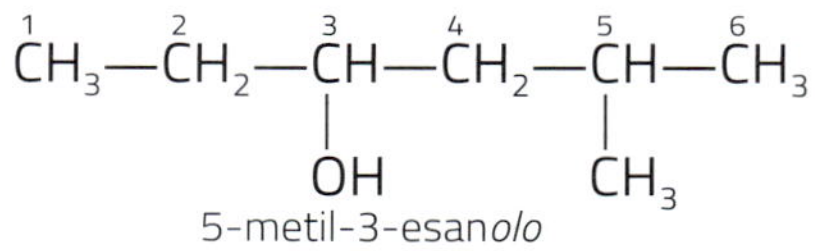
5-metil-3-esan*olo*

Se l'idrocarburo è insaturo, il numero che indica la posizione del gruppo funzionale va scritto immediatamente prima della desinenza *olo*.

$$\overset{4}{C}H_3 - \overset{3}{C}H = \overset{2}{C}H - \overset{1}{C}H_2 - OH \qquad \text{2-buten-1-}olo$$

È utile classificare gli alcoli precisando quanti atomi di carbonio sono legati a quello che porta il gruppo ossidrilico. Si dice che un alcol è primario se l'atomo di carbonio al quale è legato il gruppo —OH si lega a un solo atomo di carbonio. In modo analogo vengono definiti gli alcoli secondari e quelli terziari (▸ Figura 2).

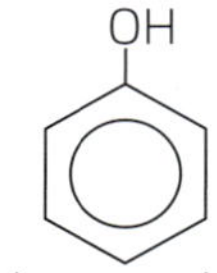
benzenolo

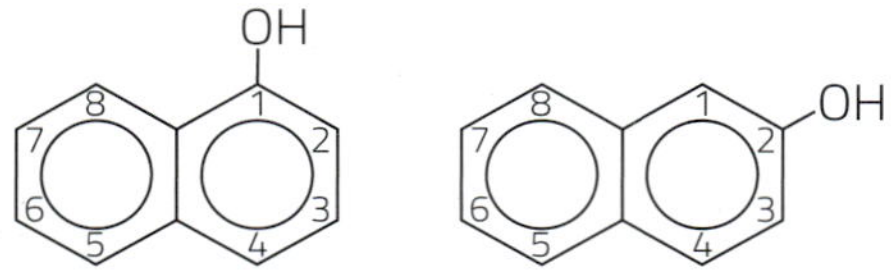
1-naftolo 2-naftolo

▸ **Figura 1** Il benzenolo per le sue proprietà acide viene chiamato anche acido fenico. I naftoli rappresentati con la formula condensata sono i due soli isomeri di posizione.

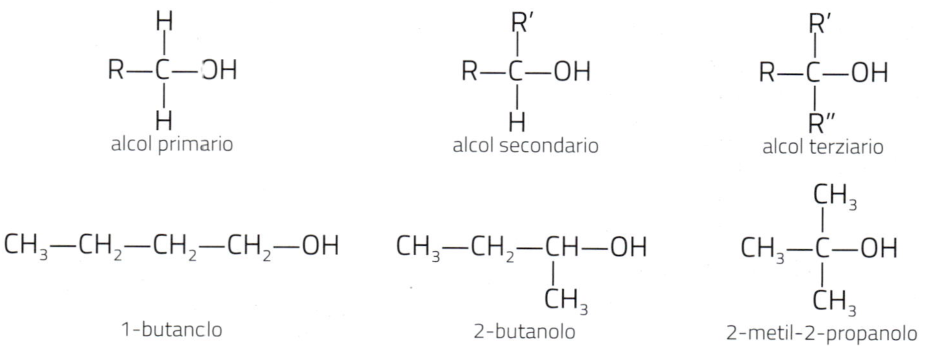

▸ **Figura 2** Come esempio vengono riportate le formule di tre isomeri con formula molecolare C_4H_9OH. I primi due alcoli sono isomeri di posizione ed entrambi sono isomeri di struttura del terzo.

Facciamo ora alcune riflessioni sulle proprietà fisiche degli alcoli.

Gli alcoli hanno una temperatura di ebollizione sempre maggiore di quella degli idrocarburi con massa molecolare simile.

Per esempio, i quattro alcoli isomeri che hanno formula C_4H_9OH e la cui massa molecolare vale 74,12 u hanno temperatura di ebollizione che va da 82 °C a 118 °C, decisamente maggiore di quella del pentano (36 °C) che ha una massa molecolare di 72,15 u. Questo fatto si spiega considerando che il gruppo funzionale —OH contiene un legame fortemente polarizzato in quanto l'ossigeno è assai più elettronegativo dell'idrogeno: tra le molecole degli alcoli pertanto si manifestano forze intermolecolari (legami a idrogeno) che sono senz'altro più intense delle forze di dispersione di London esistenti tra le molecole apolari degli idrocarburi e questo rende plausibile una differenza così vistosa tra le temperature di ebollizione.

La possibilità degli alcoli di formare legami a idrogeno spiega anche la completa miscibilità in acqua di metanolo e di etanolo a differenza degli idrocarburi che, come sappiamo, sono composti apolari e quindi insolubili in acqua.

Il comportamento di etanolo e metanolo con acqua non può essere generalizzato a tutti gli alcoli; non si può dimenticare infatti che in una molecola di alcol, oltre alla zona polare del gruppo ossidrilico, c'è un'altra parte, quella corrispondente alla catena alchilica, che ha carattere apolare. Tenendo presente questo fatto, si può spiegare perché la solubilità in acqua di un alcol diminuisce via via che aumenta la lunghezza della catena degli atomi di carbonio. Infatti già l'alcol 1-butanolo (C_4H_9OH) è scarsamente solubile in acqua. Però se la struttura della catena alchilica è ramificata, la solubilità in acqua dell'alcol aumenta, tanto è vero che l'alcol terziario 2-metil-2-propanolo (C_4H_9OH) è addirittura completamente miscibile.

Produzione e utilizzazione degli alcoli

L'alcol più semplice è il metanolo, CH_3OH; è un composto tossico e, anche se viene ingerito in piccole dosi, può provocare disturbi gravi, cecità e persino la morte. Il metanolo è un importante prodotto dell'industria chimica che può essere ottenuto separando la miscela dei composti che provengono dalla distillazione del legno, ottenuta dal riscaldamento del legno in assenza di aria. Oggigiorno è preparato attraverso una reazione di sintesi tra ossido di carbonio e idrogeno:

$$CO + 2\,H_2 \rightarrow CH_3OH$$

L'alcol più noto è senza dubbio l'etanolo, C_2H_5OH, perché è l'alcol presente in tutte le cosiddette bevande alcoliche: la birra, il vino e i superalcolici; è importante considerare che il consumo eccessivo di prodotti alcolici crea gravi problemi alla salute, e va del tutto evitato in giovane età.

L'etanolo è anche un prodotto industriale usato in gran quantità come tale e come intermedio. Esso è ottenuto dalla reazione di addizione tra etene e acqua catalizzata da acido solforico:

$$CH_2{=}CH_2 + H_2O \rightarrow CH_3{-}CH_2{-}OH$$

La produzione di etanolo avviene anche attraverso il processo di fermentazione di molti prodotti naturali contenenti zuccheri o amido.

Nei Paesi dell'Unione Europea può essere venduto per usi alimentari solo l'alcol ottenuto per fermentazione naturale. Dato che l'attività dei microrganismi, indispensabile per il processo di fermentazione, cessa quando la concentrazione della soluzione alcolica raggiunge valori tra il 14% e il 18%, per ottenere soluzioni alcoliche più concentrate occorre distillare il miscuglio idroalcolico.

L'etanolo inoltre viene impiegato (come tale o in miscela con altre sostanze) per l'igiene domestica e per questo uso viene appositamente denaturato (▶ Figura 3).

Quando è ottenuto dalla fermentazione artificiale delle *biomasse* (canna da zucchero, cereali o cellulosa) viene chiamato *bioetanolo* ed è utilizzato, in miscela con idrocarburi o in alcuni casi da solo, come carburante per autoveicoli.

Prova tu 1

Scrivi la formula condensata e il nome dell'altro alcol con formula C_4H_9OH che è isomero di posizione del 2-metil-2 propanolo. Indica inoltre che tipo di alcol è.

....

....

PER SAPERNE DI PIÙ

Guida senza alcol

La tossicità dell'etanolo è decisamente inferiore a quella del metanolo; tuttavia è noto che se assunto in dosi elevate e lontano dai pasti entra rapidamente in circolo nel sangue e provoca gravi danni prima reversibili, poi irreversibili. Dato che la concentrazione dell'alcol nell'alito espirato è proporzionale al **tasso alcolico** nel sangue, sono stati approntati alcuni semplici e pratici dispositivi che consentono di rilevare rapidamente lo stato e il grado di ebbrezza di una persona.

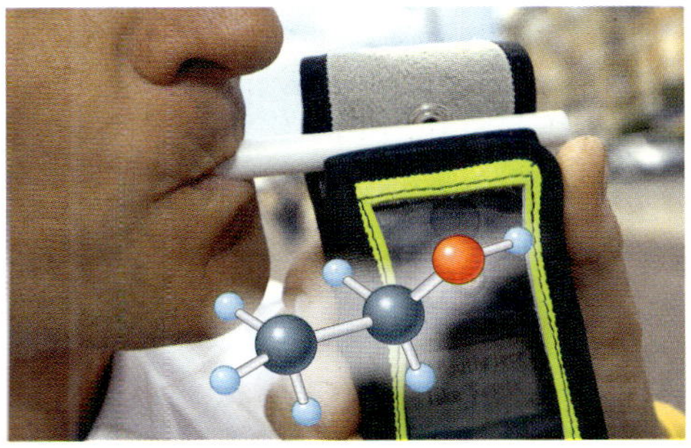

▶ **Figura 3** L'alcol denaturato è costituito principalmente da etanolo a cui sono aggiunte altre sostanze che ne alterano fortemente i caratteri organolettici impedendo così il suo consumo per usi alimentari. Così denaturato ha un costo molto minore perché non è gravato da imposte di Stato.

Polialcoli e polifenoli

I **polialcoli** sono composti alifatici che hanno la caratteristica strutturale di contenere due o più gruppi ossidrilici —OH.

Nel caso in cui i gruppi ossidrilici siano due, i composti sono chiamati *dioli*.

Il diolo più semplice è il 1,2-etandiolo, noto anche come glicole etilenico e largamente usato come anticongelante nei liquidi di raffreddamento dei motori delle automobili.

$$HO-CH_2-CH_2-OH$$ 1,2-etan*diolo*

Dato che i dioli contengono due gruppi —OH, è facile comprendere che possono formare legami a idrogeno: per questo presentano elevata temperatura di ebollizione e buona miscibilità in acqua.

La glicerina è un altro polialcol di straordinaria importanza; il suo nome IUPAC, 1,2,3-propantriolo, indica subito che le sue molecole contengono tre gruppi ossidrilici legati ad altrettanti atomi di carbonio:

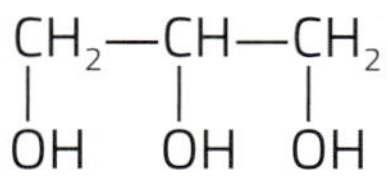

1,2,3-propan*triolo*

La glicerina è molto usata nella preparazione di prodotti per l'igiene della persona ed è anche il composto di partenza per la produzione della nitroglicerina (▶ Figura 4).

I **polifenoli** sono composti aromatici che hanno la caratteristica strutturale di contenere due o più gruppi ossidrilici —OH.

I difenoli sono i composti aromatici più semplici che presentano due gruppi —OH legati all'anello benzenico. In particolare vogliamo citare il difenolo 1,4-diidrossibenzene; questo composto è importante perché può essere ossidato a 1,4-benzochinone e questa reazione di ossidoriduzione costituisce un anello fondamentale della catena di trasformazioni che avvengono durante il processo di fotosintesi clorofilliana (▶ Figura 5).

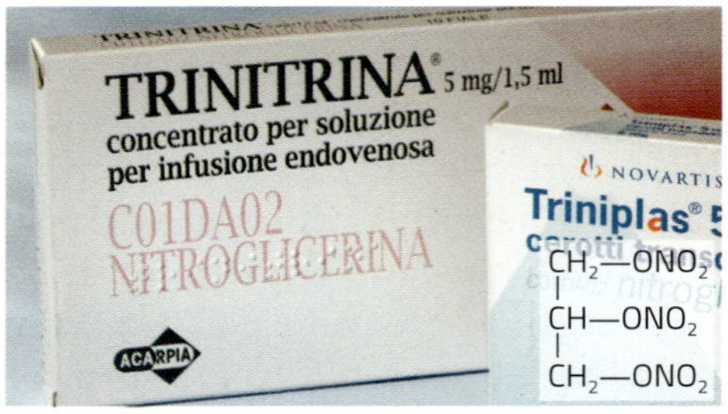

▶ **Figura 4** Tutti sanno che la nitroglicerina è un potente esplosivo, ma probabilmente qualcuno ignora che, per le sue proprietà vasodilatatorie, essa viene utilizzata anche nella preparazione di farmaci coadiuvanti nella terapia contro le malattie del sistema cardiovascolare.

1,4-diidrossibenzene 1,4-benzochinone

▶ **Figura 5** I due composti sono comunemente più noti come idrochinone (sinistra) e chinone (destra).

Le reazioni di condensazione e gli eteri

In chimica organica si chiamano **reazioni di condensazione** le reazioni in cui due (o più) molecole, uguali o diverse, si uniscono per effetto della eliminazione di una (o più) molecole di acqua.

Il prodotto della condensazione di due alcoli è un composto caratterizzato strutturalmente dal fatto che un atomo di ossigeno fa da ponte tra due gruppi alchilici:

$$R-OH + HO-R' \rightarrow R-O-R' + H_2O$$

Per esempio, la condensazione di due molecole di etanolo porta alla formazione di un composto il cui nome IUPAC è etossietano:

$$C_2H_5-OH + HO-C_2H_5 \rightarrow C_2H_5-O-C_2H_5 + H_2O$$

Il nome più comune di questo composto è dietiletere (o etere dietilico) sostanza che è stata usata per molto tempo come anestetico in chirurgia.

In generale, si chiamano **eteri** i composti in cui a un atomo di ossigeno sono legate due catene alchiliche o ariliche.

I gruppi legati all'atomo di ossigeno possono essere uguali come nel dietiletere o anche diversi, come negli esempi che seguono:

$CH_3-O-C_2H_5$ etilmetiletere $C_6H_5-O-CH_3$ fenilmetiletere

Si può osservare che la formula molecolare del dimetiletere (C_2H_6O) è la stessa dell'etanolo. In questi casi si dice che i due composti sono **isomeri funzionali**, dato che sono caratterizzati da gruppi funzionali diversi.

Prova tu 2

Qual è il nome dell'alcol primario a catena lineare che è isomero funzionale del dietiletere?

....

Tioalcoli e tiofenoli

Un altro elemento che possiamo trovare presente nei composti organici è lo zolfo. Dato che questo elemento, come l'ossigeno, appartiene al VI gruppo, moltissimi tra i composti organici ossigenati presentano anche i loro analoghi solforati.

I composti caratterizzati dal gruppo funzionale —SH legato a una catena alchilica sono detti **tioalcoli** o più comunemente *tioli*.

In passato, i tioli venivano detti *mercaptani* (dal latino *corpus mer[curium] captans*, «corpo che trattiene il mercurio»): questi composti infatti reagiscono facilmente sia con il mercurio sia con altri metalli con elevata massa atomica per formare precipitati. Per esempio, il composto $CH_2SH—CHSH—CH_2OH$ fu preparato proprio come antidoto per l'avvelenamento da arsenico e mercurio.

Una proprietà tipica dei tioli è il caratteristico e sgradevole «odore». Per esempio, il 3-metil-1-butantiolo e il 2-buten-1-tiolo sono i principali responsabili del cattivo odore emanato dalle puzzole. L'1-propantiolo si sviluppa quando si taglia una cipolla e il 2-propentiolo è responsabile dell'odore dell'aglio (▶ Figura 6).

▶ **Figura 6** Gli odori caratteristici di cipolla e aglio sono dovuti alla presenza di particolari tioalcoli.

Dato che zolfo e carbonio hanno la stessa elettronegatività, i tioli sono composti assai meno polari dei corrispondenti alcoli: per questo motivo i tioli presentano temperature di ebollizione più basse e una minore solubilità in acqua.

Se il gruppo funzionale —SH è legato a un anello benzenico si hanno i *tiofenoli*.

La nomenclatura dei tioalcoli e dei tiofenoli è del tutto analoga a quella degli alcoli e dei fenoli, con la desinenza *tiolo* al posto di *olo*. Per esempio:

$CH_3—CH_2—SH$
etan*tiolo*
(etilmercaptano)

$CH_3—CH_2—CH_2—CH_2—SH$
1-butan*tiolo*

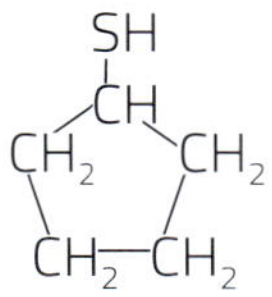

ciclopentan*tiolo*

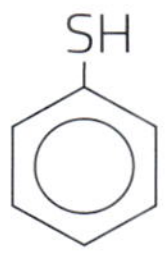

benzen*tiolo*
(tiofenolo)

Per quanto riguarda l'acidità, tioalcoli e tiofenoli sono più acidi dei corrispondenti composti ossigenati e risultano più acidi dell'acqua. In altre parole lo ione etossido ($CH_3CH_2O^-$) è una base più forte dello ione $CH_3CH_2S^-$ (ione etilmercapturo).

Tioeteri

Analogamente ai tioli, esistono anche sostanze che costituiscono i corrispondenti composti solforati degli eteri: si tratta dei cosiddetti *tioeteri* (o solfuri) (▶ Figura 7).

I **tioeteri** sono caratterizzati dal fatto che nelle loro molecole un atomo di zolfo fa da ponte tra due catene alchiliche o ariliche.

Come per gli eteri, prevale ancora la nomenclatura tradizionale. Per esempio:

$CH_3—S—CH_3$
dimetilsolfuro

$CH_3—S—C_6H_5$
fenilmetilsolfuro (tioanisolo)

Un altro gruppo di composti organici solforati è costituito dai disolfuri, in cui sono presenti due atomi di zolfo uniti da un legame covalente.

Questi composti si possono ottenere facilmente per ossidazione dei tioli con acqua ossigenata o iodio. Per esempio:

$$2\,CH_3SH + H_2O_2 \rightarrow CH_3—S—S—CH_3 + 2\,H_2O$$

metiltiolo; dimetildisolfuro

A loro volta i disolfuri possono essere ridotti a tioli per azione dello zinco in presenza di acido acetico. L'interconversione tiolo-disolfuro rappresenta un processo importante a livello biologico, in quanto la formazione di «ponti» disolfuro riesce a stabilizzare la struttura tridimensionale delle proteine. Questo tipo di legame è possibile quindi solo se nella proteina sono presenti amminoacidi solforati.

▶ **Figura 7** Nel corso della prima guerra mondiale furono utilizzate anche sostanze tossiche. Una di queste è l'iprite, dal nome della città belga di Ypres dove fu usata per la prima volta dall'esercito tedesco. La formula mostra che l'iprite è il tioetere del cloroetano.

Esercizi 6 Alcoli e fenoli, tioalcoli e tiofenoli, eteri e tioeteri

1 Associa a ogni formula la famiglia di appartenenza, scegliendo tra quelle elencate sotto.

1. $CH_3—CH_2—CH(OH)—CH(OH)—CH_3$ ....

2. 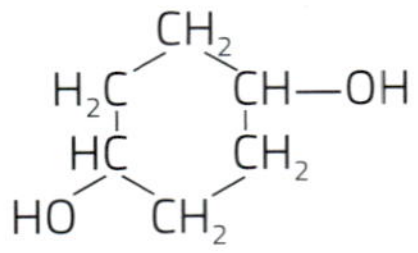 ....

3. 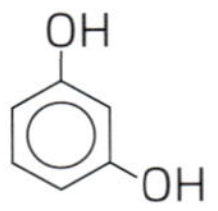 ....

4. $CH_3—CH_2—SH$ ....

5. 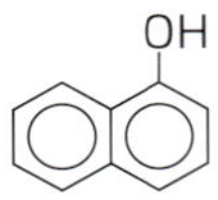 ....

a) diolo
b) naftolo
c) polialcol ciclico
d) polifenolo
e) tioalcol

2 Qual è la differenza fondamentale tra alcoli e fenoli?

....

3 Attribuisci il nome IUPAC al polialcol che ha la seguente formula:

$CH_2(OH)—CH_2—CH_2(OH)$

....

4 Scrivi il nome e la formula del composto che si ottiene dalla reazione di condensazione tra il 1-propanolo e l'etanolo.

....

5 Considera la seguente formula:

$$CH_3—CH_2—CH_2—CH_2—CH_2—OH$$

Devi individuare nel composto:

a) la catena alchilica ....
b) il gruppo funzionale ....
c) la parte polare della molecola ....

Inoltre devi assegnare:

d) il nome del gruppo funzionale ....
e) il nome del composto ....

6 Scrivi la formula condensata del dietiletere.

....

7 Perché il 4-fenil-2-pentanolo non è un fenolo?

....

8 Etanolo e 1-pentanolo sono entrambi alcoli primari. Spiega perché la miscibilità con l'acqua del secondo è minore.

....

....

9 Se nella molecola del propano un atomo di idrogeno è sostituito da un gruppo ossidrilico si ottiene un nuovo composto; indica le affermazioni vere e quelle false.

a) La massa molecolare del nuovo composto è maggiore V F
b) Il numero di atomi di carbonio nel nuovo composto è maggiore V F
c) La temperatura di ebollizione del nuovo composto è maggiore V F
d) La solubilità in acqua del nuovo composto è maggiore V F
e) Il numero di atomi di idrogeno nel nuovo composto è minore V F

10 La temperatura di ebollizione del 1-pentanolo supera di circa 40 °C quella dell'eptano. Questo fatto si spiega considerando che:

A le molecole dell'alcol hanno una massa molecolare maggiore di quelle dell'idrocarburo
B le molecole di 1-pentanolo sono lineari mentre quelle dell'eptano sono ramificate
C le forze intermolecolari tra le molecole di alcol sono superiori a quelle che si hanno nell'idrocarburo
D le molecole di 1-pentanolo si ionizzano e possono formare legami a idrogeno con l'acqua
E le molecole di 1-pentanolo sono apolari mentre quelle dell'eptano sono polari

11 Scrivi le formule condensate e i nomi degli alcoli secondari isomeri di posizione con formula molecolare $C_5H_{11}OH$.

....

....

12 Il 2-metil-2-butanolo è un alcol primario, secondario o terziario?

....

13 Scrivi la formula condensata e il nome del composto che è isomero funzionale del 2-propanolo.

....

14 Treating 3-methyl-1-butene with dilute sulphuric acid is largely unsuccessful as a method for preparing 3-metyl-2-butanol because an isomeric compound is the major product. Write the formula and name of this isomeric compound.

....

15 1,2-propanediol and 1,3-propanediol have higher boiling points than any of the butyl alcohols even though all of the compounds have roughly the same molecular mass. How can you explain this observation?

....

....

7 I composti del gruppo carbonilico

Esistono più classi di composti in cui un atomo di carbonio è legato con un doppio legame a un atomo di ossigeno: aldeidi, chetoni, acidi carbossilici ed esteri

Le aldeidi e i chetoni

Le aldeidi e i chetoni costituiscono due classi di composti caratterizzati dalla presenza del gruppo funzionale carbonilico >C=O.

In questo gruppo funzionale l'atomo di carbonio, a causa del doppio legame con l'ossigeno, presenta una struttura triangolare; ne discende che l'atomo di carbonio e gli altri tre atomi a esso legati si trovano nello stesso piano e formano angoli di legame di circa 120°.

La differenza strutturale tra aldeidi e chetoni nasce ovviamente dagli atomi legati all'atomo di carbonio del gruppo funzionale.

Si chiamano **aldeidi** i composti in cui al gruppo funzionale carbonilico sono legati un atomo di idrogeno e l'atomo di carbonio di una catena idrocarburica; si chiamano **chetoni** i composti in cui al gruppo funzionale carbonilico sono legate due catene idrocarburiche. Le catene idrocarburiche possono essere alifatiche (—R) o aromatiche (—Ar).

Nel caso delle catene alifatiche le aldeidi e i chetoni possono essere rappresentati con le seguenti formule generiche:

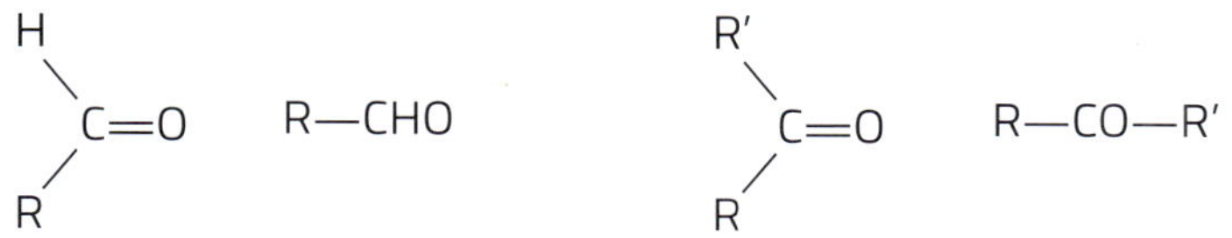

aldeide — chetone

Il nome delle aldeidi alifatiche si ottiene tenendo come base il nome dell'alcano che presenta lo stesso numero di atomi di carbonio, a cui si aggiunge la desinenza *ale*. Nel caso di composti alifatici ciclici la desinenza è *carbaldeide*. Per le aldeidi aromatiche le regole di nomenclatura sono più complesse.

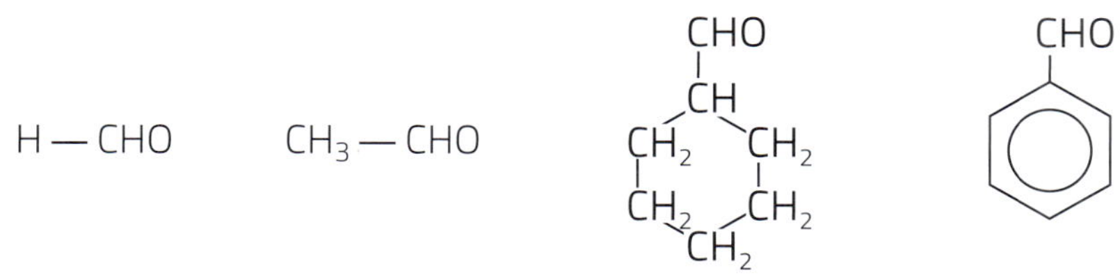

metan*ale* (aldeide formica) — etan*ale* (aldeide acetica) — cicloesanocarbaldeide — fenilmetan*ale* (benzaldeide)

Sotto al nome IUPAC abbiamo indicato tra parentesi anche il nome tradizionale dell'aldeide.

L'aldeide formica (o formaldeide) costituisce uno dei più importanti prodotti di base dell'industria chimica. La sua soluzione acquosa viene chiamata formalina ed essendo un energico antisettico viene tuttora usata, nonostante la sua cancerogenicità, per conservare reperti biologici (▶ Figura 1A).

Alcune aldeidi formate da un numero maggiore di atomi di carbonio (tra 6 e 12) sono caratterizzate da intense profumazioni; possono essere di origine naturale (come il citrale contenuto nella buccia dei limoni e il citronellale presente nell'essenza di citronella) o sintetica e vengono largamente utilizzate nell'industria della cosmesi come «profumazioni di fantasia» (▶ Figura 1B).

Prova tu

Ricordando la regola sulla scelta della catena principale nel caso di composti che presentano un gruppo funzionale, assegna il nome al seguente composto:

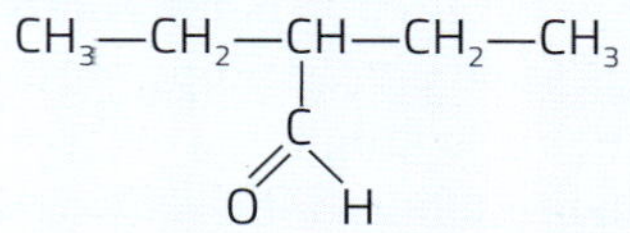

....

▶ Figura 1

Il nome dei chetoni si ottiene scrivendo la radice del nome dell'alcano che presenta lo stesso numero di atomi di carbonio e aggiungendo la desinenza *one*.

Il chetone più semplice ha tre atomi di carbonio e quindi si chiama propanone, ma è assai più noto con il nome tradizionale di acetone.

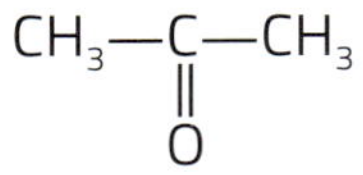

propan*one*

Per i chetoni con più di quattro atomi di carbonio, è necessario precisare la posizione del gruppo carbonilico nella catena; come esempi riportiamo le formule e i nomi di due isomeri di posizione:

$$\overset{1}{CH_3}-\overset{2}{CO}-\overset{3}{CH_2}-\overset{4}{CH_2}-\overset{5}{CH_3} \qquad \overset{1}{CH_3}-\overset{2}{CH_2}-\overset{3}{CO}-\overset{4}{CH_2}-\overset{5}{CH_3}$$

2-pentan*one* 3-pentan*one*

Molti composti carbonilici si ottengono per ossidazione degli alcoli. In particolare, le aldeidi si ottengono dall'ossidazione di alcoli primari:

$$\underset{\text{alcol primario}}{R-CH_2-OH} + \tfrac{1}{2}O_2 \rightarrow \underset{\text{aldeide}}{R-CHO} + H_2O$$

Ossidando invece gli alcoli secondari si ricavano i chetoni:

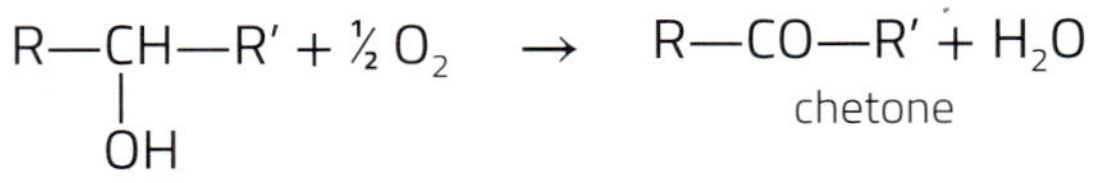

alcol secondario — chetone

Dato che il legame del gruppo carbonilico è polarizzato, le molecole di aldeidi e chetoni contengono una parte polare e quindi i composti carbonilici più semplici (metanale, etanale e propanone) sono completamente miscibili con l'acqua; man mano che aumenta la lunghezza della catena apolare la miscibilità diminuisce, cosicché già il butanale e il butanone sono scarsamente solubili in acqua.

Aldeidi e chetoni hanno temperatura di ebollizione maggiore degli idrocarburi ma inferiore a quella degli alcoli con masse molecolari simili.

Prova tu 1

a) Come si chiama l'aldeide che si può ottenere per ossidazione dell'etanolo?

....

b) Come si chiama l'alcol che occorre ossidare per ottenere l'acetone?

....

Gli acidi carbossilici

Alcuni importanti composti organici sono caratterizzati dalla presenza del gruppo carbonilico associato a un gruppo ossidrilico.

Si chiamano **acidi carbossilici** i composti organici caratterizzati dalla presenza del gruppo funzionale carbossilico —COOH.

Il gruppo carbossilico mostra comportamento acido con l'acqua perché l'atomo di idrogeno può ionizzarsi con relativa facilità (▶ Figura 2).

Come sappiamo, il gruppo —OH è presente anche in alcoli e fenoli, ma è la sua vicinanza con il gruppo >C=O che determina il carattere acido degli acidi carbossilici. Si è potuto osservare che nello ione carbossilato le lunghezze dei legami tra l'atomo di carbonio ed entrambi gli atomi di ossigeno sono uguali. Questo fatto porta a concludere che nella struttura dello ione la carica elettrica negativa è delocalizzata sui tre atomi presenti nello ione carbossilato. La delocalizzazione, come sappiamo, porta a maggiore stabilità: l'anione carbossilato trattiene con più forza il doppietto elettronico e pertanto è una base coniugata più debole dello ione alcolato ($R-O^-$).

Molti acidi carbossilici si ottengono attraverso un processo di ossidazione delle aldeidi.

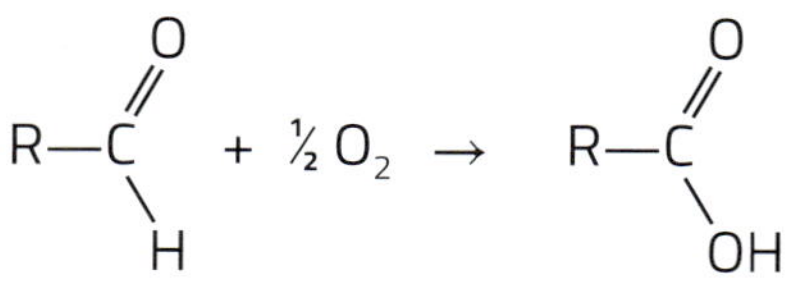

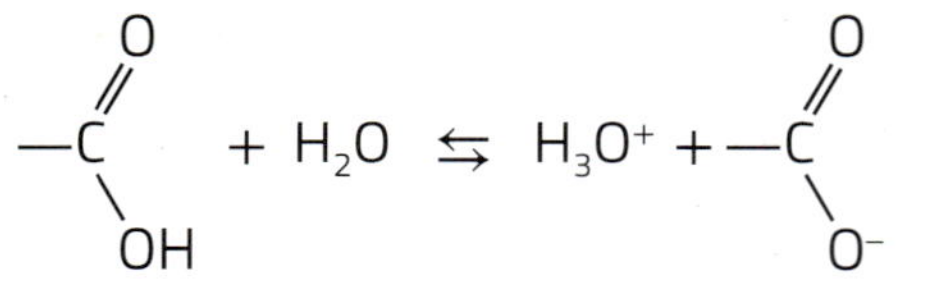

gruppo carbossilico — ione carbossilato

▶ **Figura 2** L'equilibrio di ionizzazione di molti acidi carbossilici è più spostato a destra non solo rispetto agli alcoli ma anche ai fenoli. Questo significa che lo ione carbossilato è una base più debole dello ione alcolato e dello ione fenato.

In base alla nomenclatura IUPAC, il nome degli acidi carbossilici si forma aggiungendo la desinenza *oico* alla radice del nome dell'idrocarburo saturo che ha lo stesso numero di atomi di carbonio.

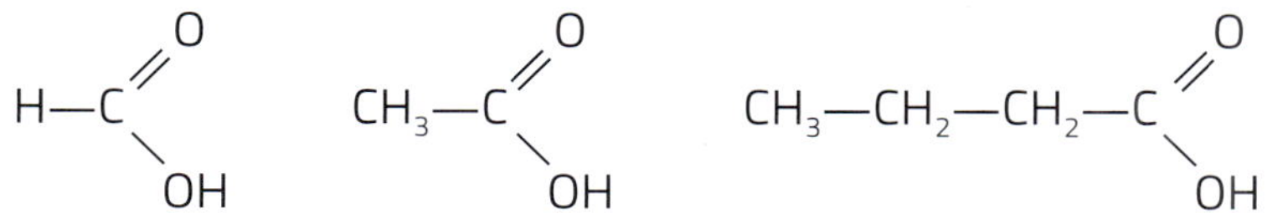

acido metan*oico* (acido formico) — acido etan*oico* (acido acetico) — acido butan*oico* (acido butirrico)

▶ **Figura 3** I tre acidi capronico, caprilico e caprinico presentano, come dicono i nomi stessi, l'inconfondibile odore di certi formaggi caprini e di alcuni formaggi svizzeri.

Molti nomi tradizionali degli acidi carbossilici derivano dai sistemi in cui sono presenti. L'acido etanoico, per esempio, è detto acido acetico perché è presente nell'aceto di vino e l'acido esanoico si chiama anche acido capronico perché si ritrova nel latte di capra inacidito (▶ Figura 3).

Il gruppo funzionale può trovarsi legato anche a un anello aromatico. L'acido carbossilico aromatico più semplice è l'acido benzoico, C_6H_5COOH (▶ Figura 4).

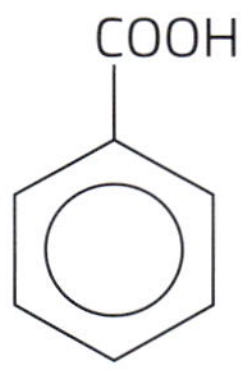

acido benz*oico* (acido benzencarbossilico)

▶ **Figura 4** I benzoati alcalini, cioè i sali di potassio e di sodio dell'acido benzoico, sono conservanti sintetici ammessi dalla legge. Trovano impiego negli alimenti a carattere acido tipo maionese, insalate russe, bibite analcoliche.

Il gruppo carbossilico costituisce sicuramente una parte polare della molecola e pertanto, se la catena a cui è legato il gruppo funzionale contiene un numero limitato di atomi di carbonio, abbiamo acidi solubili in acqua.

Gli acidi costituiti da una lunga catena alchilica hanno la caratteristica di essere untuosi al tatto e anche per questo sono chiamati *acidi grassi*. È importante distinguere gli *acidi grassi saturi* dagli *acidi grassi insaturi*.

L'acido palmitico è un acido grasso saturo mentre l'acido oleico è un acido grasso insaturo perché nella catena alchilica è presente un doppio legame. Se i doppi legami sono due o più, l'acido grasso è polinsaturo, come l'acido linoleico (▶ Figura 5).

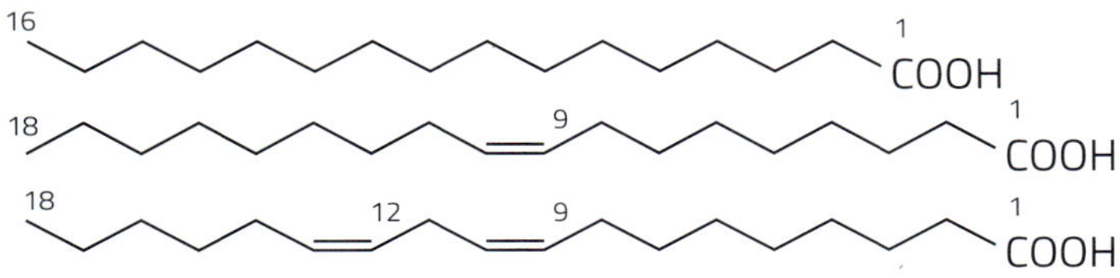

acido palmitico

acido oleico

acido linoleico

▶ **Figura 5** Formule semplificate di tre acidi grassi. Tutti gli acidi grassi di origine biologica hanno un numero pari di atomi di carbonio.

Gli esteri

In opportune condizioni si può fare avvenire una reazione di condensazione tra un alcol e un acido carbossilico; in generale l'equazione di reazione è la seguente:

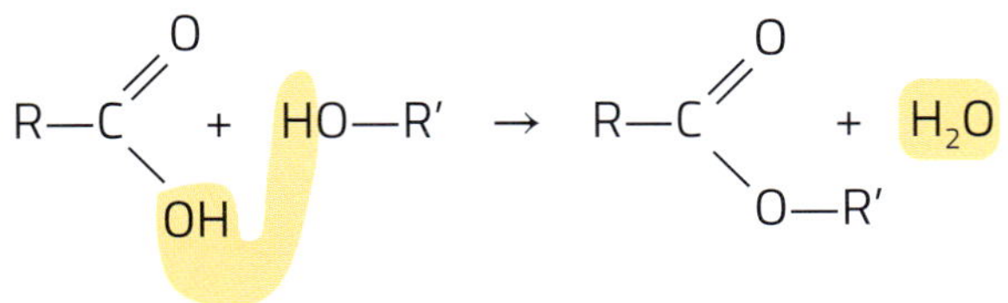

Si tratta di una reazione di condensazione chiamata più specificamente *reazione di esterificazione* perché porta alla formazione di esteri, composti caratterizzati dalla presenza di un nuovo gruppo funzionale. Si è potuto stabilire che l'atomo di ossigeno dell'acqua è quello presente nel gruppo —OH della funzione carbossilica.

In generale, si chiamano **esteri** i composti organici caratterizzati dalla presenza del gruppo funzionale —COO—; a esso sono legate due catene alchiliche o ariliche.

Gli esteri hanno generalmente odori gradevoli, a differenza degli acidi carbossilici da cui derivano (▶ Figura 6).

▶ **Figura 6** Stupisce il cambiamento di sapori e odori che avviene quando un acido carbossilico si trasforma in estere. Per esempio: l'acido butirrico emana uno sgradevole odore di rancido mentre il butirrato di metile contribuisce ai profumi delle mele e degli ananas e il butirrato di etile è presente nelle pesche e negli ananas. Alcuni prodotti alimentari come yogurt e succhi di frutta sono insaporiti con esteri di origine sintetica.

Il nome degli esteri si ottiene sostituendo la desinenza *ico* dell'acido carbossilico di provenienza con la desinenza *ato* e facendo seguire il nome del gruppo alchilico o arilico che deriva dall'alcol. Per esempio, l'estere che ha formula CH_3COOCH_3 si chiama etanoato (o acetato) di metile. La reazione inversa a quella di condensazione si chiama *idrolisi* dell'estere e i prodotti sono un acido carbossilico e un alcol. Per esempio, l'idrolisi dell'acetato di metile produce acido acetico e metanolo:

$$\underset{\text{acetato di metile}}{CH_3\text{—}COO\text{—}CH_3} + H_2O \rightarrow \underset{\text{acido acetico}}{CH_3\text{—}COOH} + \underset{\text{metanolo}}{CH_3\text{—}OH}$$

Esercizi 7 I composti del gruppo carbonilico

1 Associa a ogni formula la classe di appartenenza.

a) $CH_3{-}CH_2{-}CH_2{-}CO{-}CH_3$ ....
b) $CH_3{-}CH_2{-}COO{-}CH_2{-}CH_3$ ....
c) $CH_3{-}CH_2{-}CH_2{-}CH_2{-}COOH$ ....
d) $CH_3{-}CH_2{-}CH_2{-}CH_2{-}CHO$ ....

1. esteri 2. acidi carbossilici 3. aldeidi 4. chetoni

2 Associa a ogni formula il nome del composto.

a) $CH_3{-}CH_2{-}CH_2{-}CO{-}CH_3$ ....
b) $CH_3{-}CH_2{-}COO{-}CH_2{-}CH_3$ ....
c) $CH_3{-}CH_2{-}CH_2{-}CH_2{-}COOH$ ....
d) $CH_3{-}CH_2{-}CH_2{-}CH_2{-}CHO$ ....

1. propanoato di etile 3. 2-pentanone
2. pentanale 4. acido pentanoico

3 Come si chiama il composto che si ottiene per ossidazione del propanale?

A Acido acetico
B Acido propilico
C Acido propanoico
D Propanolo
E Propanoato

4 Come si chiama il prodotto che si ottiene dall'ossidazione del 2-butanolo? ....

5 In relazione alle aldeidi e ai chetoni, indica l'unica affermazione *sbagliata*.

A Il gruppo funzionale si chiama carbonilico
B Il nome delle aldeidi termina con la desinenza *ale*
C Il nome dei chetoni termina con la desinenza *one*
D Nelle aldeidi il gruppo funzionale è legato a un solo atomo di carbonio
E I chetoni si ottengono dalla reazione di ossidazione delle aldeidi

6 Associa a ogni reazione la classe del prodotto che si ottiene.

a) Ossidazione di alcoli secondari ....
b) Ossidazione di aldeidi ....
c) Reazione tra un alcol e un acido carbossilico ....
d) Ossidazione di alcoli primari ....

a) aldeidi b) chetoni c) acidi carbossilici d) esteri

7 Quante molecole di acido palmitico sono necessarie per esterificare completamente una molecola di glicerina? ....

8 Quale affermazione attribuita agli esteri è *sbagliata*?

A Si possono ottenere dalla reazione di condensazione tra un alcol e un acido carbossilico
B Possono dare reazione di idrolisi con acqua dalla quale si formano due composti
C Sono composti in cui sono presenti il gruppo carbossilico e il gruppo ossidrilico
D Nella loro molecola è presente il gruppo funzionale —COO— legato a catene alchiliche o aromatiche
E Possono essere composti saturi o insaturi

9 Scrivi i nomi dei composti che si ottengono idrolizzando il pentanoato di metile. ....

10 L'ossidazione dell'alcol presente nel vino porta alla formazione di acido etanoico. Scrivi l'equazione della reazione.

....

11 Il butanoato di pentile e il pentanoato di butile sono esteri isomeri presenti nella polpa delle mele e delle pere. Quanti atomi di carbonio e quanti di ossigeno sono presenti nei due composti? ....

12 Un acido carbossilico saturo con sei atomi di carbonio forma un estere che ha formula molecolare $C_{11}H_{22}O_2$. Scrivi nome e formula condensata dell'alcol primario con cui ha reagito.

....

13 Come si chiama il chetone che ha formula bruta $C_6H_{12}O$ e ha il gruppo funzionale in posizione 2? ....

14 Scrivi l'equazione della reazione che porta alla formazione dell'etanoato di butile.

....

....

15 Name this substance: CH_3COOH.

A Methyl acetate
B Ethyl acetate
C Ethanoic acid
D Propanoic acid
E Butanone

16 Which compound in each of the following pairs listed has the higher boiling point?

a) Pentanal and 1-pentanol ....
b) 2-pentanone and 2-pentanol ....
c) Pentane and pentanal ....
d) Benzaldehyde and phenol ....

8 I composti organici con l'azoto

In molti composti organici l'azoto può far parte di un gruppo funzionale (ammine e ammidi) o può partecipare alla costruzione di una struttura ciclica

Le ammine

Nelle molecole delle ammine è sempre presente un atomo di azoto: esso è legato ad almeno un atomo di carbonio e ad altri atomi di carbonio e/o di idrogeno.

In generale, si chiamano **ammine** i composti che presentano un atomo di azoto legato a uno, a due o a tre atomi di carbonio appartenenti a catene alchiliche o ariliche.

Si possono quindi avere tre gruppi di ammine a seconda di quanti sono gli atomi di carbonio legati all'atomo di azoto:

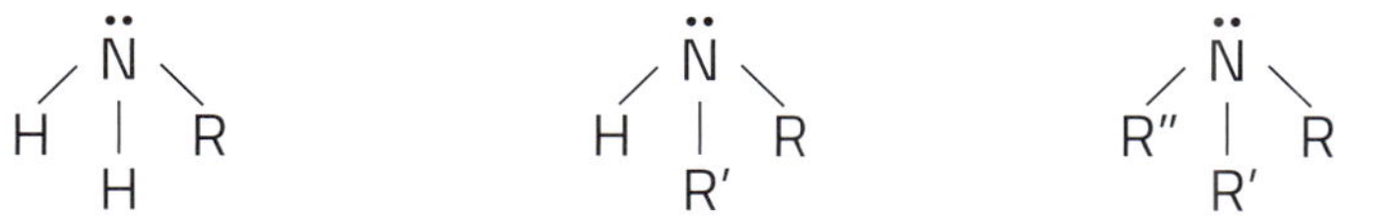

ammina primaria — ammina secondaria — ammina terziaria

Il nome delle ammine si ottiene aggiungendo la desinenza *ammina* al nome dei gruppi alchilici o degli anelli aromatici legati all'atomo di azoto. Per esempio, l'ammina secondaria $(CH_3)_2NH$ si chiama dimetilammina.

L'esempio più noto di una ammina aromatica primaria è quello della fenilammina, $C_6H_5—NH_2$, chiamata più spesso anilina (▶ Figura 1).

Un'ammina «passata alla storia» si chiama 1,6-diamminoesano e infatti nella sua formula sono presenti due gruppi amminici: $NH_2—(CH_2)_6—NH_2$; fu proprio questa sostanza che, assieme all'acido adipico, servì nel 1928 a preparare una delle prime fibre sintetiche, il nylon 6,6.

Le ammine sono composti meno polari degli alcoli, dato che l'azoto è meno elettronegativo dell'ossigeno. La coppia di elettroni che l'atomo di azoto non impegna in legami conferisce a molte ammine la proprietà di comportarsi da basi; la basicità di una ammina dipende dai gruppi legati all'azoto; la dimetilammina, per esempio, è più basica della metilammina che a sua volta è più basica dell'ammoniaca come mostrano i valori di Kb riportati nella tabella 2 del capitolo 13.

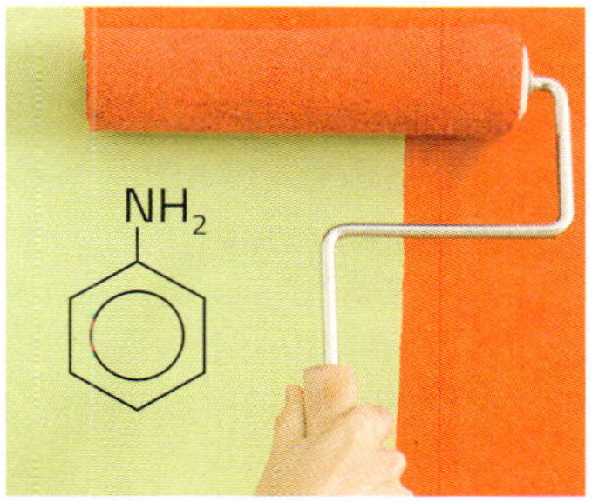

▶ **Figura 1** L'anilina è un composto sicuramente tossico e cancerogeno. Viene prodotto a livello industriale perché è un intermedio fondamentale nella preparazione dei coloranti sintetici.

Le ammidi

Esistono composti che contengono nello stesso gruppo funzionale sia l'atomo di azoto sia quello di ossigeno. Questi composti sono chiamati *ammidi*.

In generale, si chiamano **ammidi** i composti che sono caratterizzati dalla presenza del gruppo funzionale ammidico $—CONH_2$.

Il nome delle ammidi più semplici si ottiene aggiungendo al nome dell'idrocarburo corrispondente la desinenza *ammide*.

acet*ammide* (etan*ammide*) — benz*ammide*

Molto spesso le ammidi sono identificate con nomi propri ormai entrati in uso: per esempio una diammide è conosciuta come urea.

L'urea ha molteplici usi: viene usata sia come componente dei fertilizzanti (perché contiene un'alta percentuale di azoto) sia come materia prima nella produzione di materiali plastici (per esempio, le schiume poliuretaniche) e fibre sintetiche (per esempio fibre ignifughe) (▶ Figura 2).

▶ **Figura 2** Oltre alla preparazione di resine poliuretaniche, un uso che sta assumendo sempre più importanza è quello nel campo dell'antinquinamento. L'urea viene utilizzata come componente principale di un additivo utilizzato per abbattere gli ossidi di azoto presenti nelle emissioni dovute a combustioni di impianti industriali (abbattimento di NO_x in impianti di incenerimento urbano, posizionato nei post-combustori), e si sta affermando anche nei veicoli pesanti a **motore diesel**.

I composti eterociclici

Molte molecole di interesse biologico presentano strutture caratterizzate da catene chiuse nelle quali sono presenti uno o più atomi diversi dal carbonio.

In generale, i composti ciclici nel cui anello sono presenti, oltre agli atomi di carbonio, anche atomi di elementi diversi sono detti **composti eterociclici**.

Le molecole della piridina, per esempio, sono formate da un anello aromatico in cui è presente un atomo di azoto che conferisce proprietà basiche alla sostanza.

L'azoto ha cinque elettroni di legame: due vengono utilizzati per formare i legami covalenti con gli atomi di carbonio, uno contribuisce a formare il sistema di elettroni delocalizzati che rende aromatica la molecola di piridina e i rimanenti due elettroni costituiscono un doppietto libero che rende la molecola di questa sostanza più basica dell'acqua ($Kb = 1{,}8 \cdot 10^{-9}$).

Quando nel ciclo esatomico gli atomi di azoto sono due, si ha una sostanza con spiccata basicità, la pirimidina. Esistono anche composti eterociclici con anelli costituiti da cinque atomi(▶ Figura 3 e 4).

Il doppietto elettronico dell'atomo di azoto presente nella molecola del pirrolo prende parte, assieme ai quattro elettroni forniti dagli atomi di carbonio, alla formazione del sistema di elettroni delocalizzati e pertanto il pirrolo non mostra proprietà basiche ed è considerato un composto aromatico.

La molecola dell'imidazolo contiene invece due atomi di azoto di cui uno con un doppietto di elettroni libero e per questo motivo l'imidazolo ha proprietà basiche.

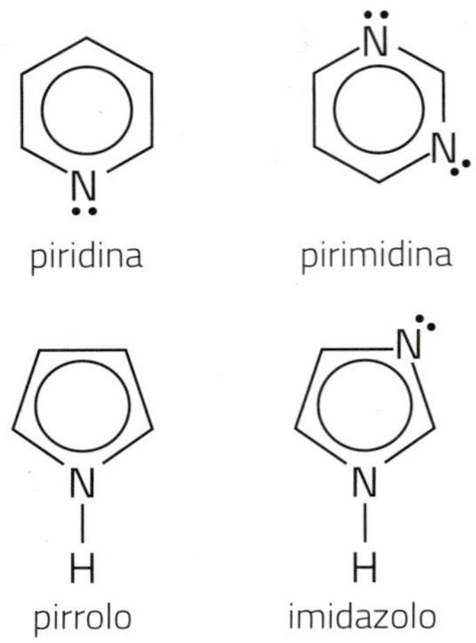

▶ **Figura 3**

▶ **Figura 4** Nelle foglie del tabacco è presente la nicotina; questa sostanza presenta nella sua molecola l'anello della piridina.

Esercizi 8 I composti organici con l'azoto

1 Quale delle seguenti formule rappresenta un'ammina primaria?

A 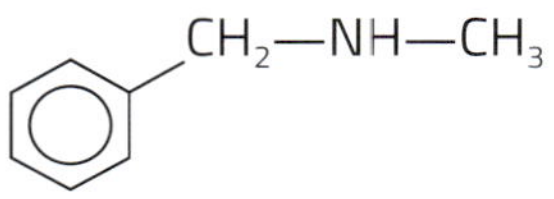

B $(CH_3)_3N$

C $CH_3—CH(NH_2)—CH_2—CH_3$

D $CH_3—CH_2—CH_2—NH—CH_3$

E $CH_3—CH_2—CH_2—NH—CH_2OH$

2 In relazione ai composti organici con l'azoto, indica l'affermazione *sbagliata*.

A L'urea è una diammide

B Le ammine contengono azoto e ossigeno

C Al gruppo funzionale delle ammidi possono legarsi gruppi alchilici o arilici

D Le ammidi contengono azoto e ossigeno

E $R—NH_2$ è un'ammina primaria

3 Molte ammine nell'acqua si comportano da basi. A che cosa si può attribuire questa proprietà?

....

....

4 A proposito dei composti eterociclici indica le affermazioni vere e quelle false.

a) Hanno tutti una catena ciclica esaatomica V F

b) Alcuni composti eterociclici azotati sono basici V F

c) Il pirrolo è un composto aromatico perché la sua molecola contiene 6 elettroni delocalizzati V F

d) Tutti i composti eterociclici azotati contengono un solo atomo di azoto V F

e) In questi composti c'è sempre un atomo di azoto legato a un anello aromatico V F

5 Per spiegare il comportamento basico della metilammina in acqua uno studente ha scritto la seguente equazione:

$$CH_3NH_2 + H_2O \rightarrow CH_4NH_2^+ + OH^-$$

Quale errore ha commesso lo studente?

....

6 Scrivi l'equazione dell'equilibrio acido-base che si forma sciogliendo la etilammina in acqua.

....

7 This substance $CH_3—CH_2—NH—CH_2—CH_3$ is:

A a primary amine

B a secondary amine

C a tertiary amine

D an amide

9 Dai polimeri naturali ai materiali sintetici

Studiando alcuni polimeri naturali i chimici hanno aperto la strada alla produzione di una grande quantità di elastomeri, plastiche e resine sintetiche

Un polimero naturale: la gomma

Lo studio e le ricerche sui materiali di origine naturale portano a comprendere il rapporto tra la loro struttura particellare e le proprietà chimico-fisiche; su questa base è possibile progettare e realizzare (in laboratorio prima e a livello industriale poi) materiali nuovi.

Per esempio, gli scienziati hanno scoperto che le proprietà della gomma naturale che si ricava dal lattice di alcune piante derivano da una struttura chimica macromolecolare costituita da lunghe catene alchiliche (▶ Figura 1).

▶ **Figura 1** Incidendo il tronco delle piante della famiglia delle euforbiacee si ottiene un liquido lattiginoso che è una sospensione di grassi e resine in acqua. Da questo liquido, riscaldato e sottoposto ad altri trattamenti, si ottiene la *gomma naturale*.

In generale si chiamano **polimeri** le macromolecole formate da un elevato numero di molecole più semplici legate tra loro, chiamate **monomeri**.

Le macromolecole che formano la gomma sono chimicamente uguali ma di diversa lunghezza, dato che sono costituite da un numero diverso di monomeri, in media circa 15 000. La formula che segue rappresenta in forma condensata la struttura di una macromolecola della gomma in cui è evidenziato il monomero:

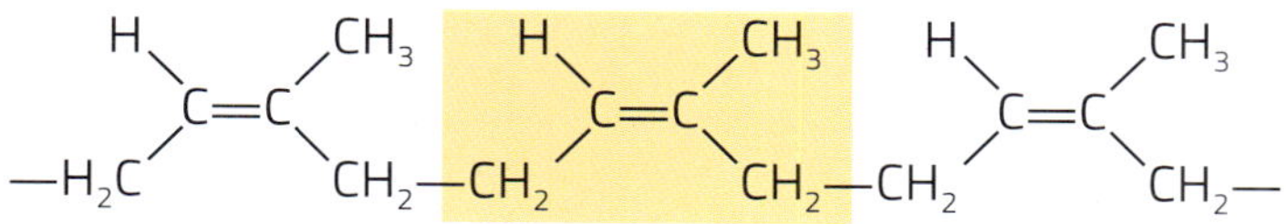

I chimici sono riusciti a produrre artificialmente la struttura della gomma naturale per mezzo di un particolare processo chiamato **reazione di polimerizzazione**. In questo modo si uniscono tra loro le molecole del 2-metil-1,3-butadiene, un diene chiamato anche isoprene:

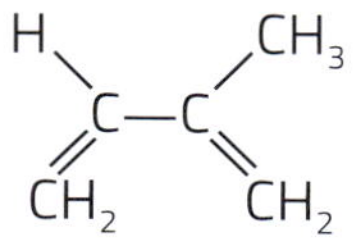

isoprene

La reazione di polimerizzazione che avviene tra le molecole insature di isoprene corrisponde a una serie successiva di reazioni di addizione e viene perciò chiamata *reazione di poliaddizione*; anche altri tipi di polimeri si ottengono facendo reagire monomeri con legami insaturi attraverso una reazione di poliaddizione.

I polimeri sintetici

Gli studi sulla struttura della gomma naturale hanno aperto la strada alla preparazione di molti altri tipi di materiali plastici che, dato che si ottengono attraverso reazioni di sintesi, sono anche chiamati materiali sintetici.

In generale i polimeri sintetici sono caratterizzati da una struttura ottenuta da una reazione di polimerizzazione.

Quando un polimero è formato da due o più monomeri diversi si usa il termine *copolimero*. Per esempio, il polietilentereftalato (PET) è un copolimero formato da due monomeri: glicole etilenico e acido tereftalico (▶ Figura 2). In questo caso la reazione che avviene tra i due monomeri è una reazione di condensazione e quindi si ha anche la formazione di acqua. Dato che entrambi i monomeri presentano due gruppi funzionali, si ha l'unione di più molecole di monomeri e quindi si parla in generale di *reazione di policondensazione*.

▶ **Figura 2** Le bottiglie di plastica che usiamo in grande quantità sono generalmente in PET.

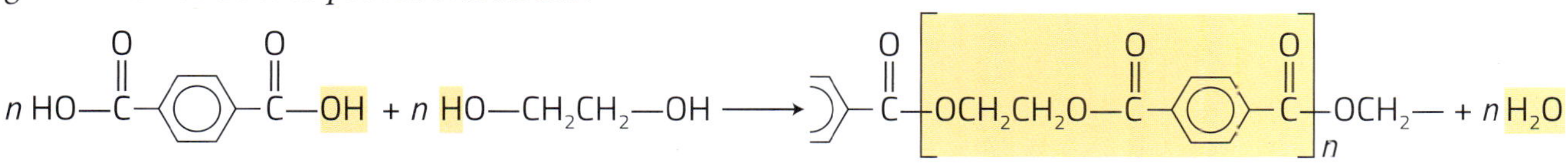

acido tereftalico — glicole etilenico — polietilentereftalato (PET)

Nella ▸ Tabella 1 abbiamo riportato il nome di alcuni dei più noti polimeri, la sigla con cui sono indicati e i principali campi di impiego; inoltre abbiamo riportato la formula del monomero o dei monomeri necessari per la loro preparazione.

▸ **Tabella 1** Nome e uso delle principali materie plastiche.

Polimero	Monomero/i	Usi
polietilene (PE)	$CH_2{=}CH_2$	fogli e pellicole, recipienti a perdere, giocattoli, stoviglie
polipropilene (PP)	$CH_3{-}CH{=}CH_2$	fibre, parti di automobili, imballaggi, rivestimenti ignifughi
polivinilcloruro (PVC)	$CH_2{=}CHCl$	tubi, rivestimenti, confezioni per alimenti
polistirene (PS)	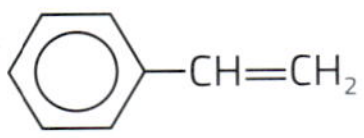	giocattoli, contenitori, confezioni per alimenti; come polistirolo espanso per imballaggi e isolanti
polivinilacetato (PVAc)	$CH_2{=}CH{-}COO{-}CH_3$	vernici, adesivi, tubi, gomma da masticare
politetrafluoroetilene (PTFE)	$CF_2{=}CF_2$	rivestimenti per padelle, isolanti elettrici, tubi anticorrosione, tessuti in gore-tex
poliuretano (PU)	$OCN{-}R{-}NCO + HO{-}R'{-}OH$	prodotti espansi e rigidi, vernici
polietilentereftalato (PET)		fibre tessili, bottiglie, pellicole fotografiche
policarbonato (PC)	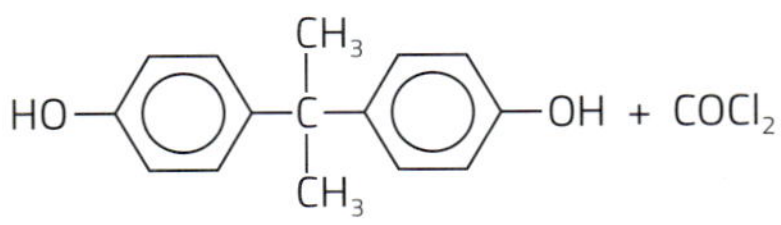	materiale di stampaggio in sostituzione di metalli e leghe (cuscinetti, bronzine, ingranaggi, caschi di protezione); in sostituzione del vetro come lastre trasparenti; nell'imballaggio come pellicole; nell'elettronica come componente esterno isolante delle apparecchiature
poliaramidi (kevlar)	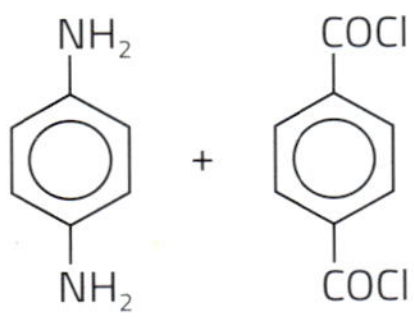	giubbotti antiproiettile, elmetti, scafi di canoe, tubi per impianti idraulici

Le materie plastiche che contengono il gruppo funzionale ammidico sono chiamate in generale *poliammidi* e la più famosa è senza dubbio il nylon 6,6.

Il nome di questo materiale sintetico che ha svariati impieghi deriva dai reagenti che si usano per prepararlo: 1,6-diamminoesano e acido 1,6-esandioico (o acido adipico).

$$n\,NH_2{-}(CH_2)_6{-}NH_2 + n\,HO{-}\overset{\overset{\displaystyle O}{\|}}{C}{-}(CH_2)_4{-}\overset{\overset{\displaystyle O}{\|}}{C}{-}OH + \ldots \rightarrow$$

1,6-diamminoesano (esametilendiammina) — acido 1,6-esandioico (acido adipico)

$$\rightarrow {-}\overset{\overset{\displaystyle O}{\|}}{C}{-}\left[NH{-}(CH_2)_6{-}NH{-}\overset{\overset{\displaystyle O}{\|}}{C}{-}(CH_2)_4\right]_n{-}\overset{\overset{\displaystyle O}{\|}}{C}{-} + n\,H_2O$$

nylon 6,6

La civiltà della plastica

L'enorme diffusione delle materie plastiche sintetiche ha creato anche alcuni gravi problemi, primo fra tutti quello del loro smaltimento. Infatti molti polimeri sintetici non sono biodegradabili, cioè, una volta abbandonati nel terreno, non vengono trasformati dai microrganismi in sostanze compatibili con i cicli naturali e inoltre talvolta contengono metalli pesanti molto tossici. Proprio per questo sta diventando ecologicamente necessaria la raccolta e la riutilizzazione delle materie plastiche; già dal 1988 esistono in Italia leggi che disciplinano lo smaltimento dei rifiuti e che istituiscono un consorzio obbligatorio per la loro raccolta e il loro riciclo.

Le materie plastiche che non vengono separate attraverso la raccolta differenziata possono finire assieme ad altri rifiuti negli *impianti di termovalorizzazione*. Nella combustione dei materiali plastici contenenti cloro (come il PVC) si forma acido cloridrico, una sostanza che non deve essere liberata nell'atmosfera (▶ Figura 3).

Anche per questo si è puntato sullo sviluppo della produzione della *bioplastica*, un materiale che deriva da materie prime rinnovabili o che è biodegradabile o che ha entrambe le proprietà.

L'origine della bioplastica risale al 1926, quando il ricercatore francese M. Lemoigne, studiando il *bacillus megaterium*, si accorse come in condizioni specifiche di basse concentrazioni di sostanze nutritive (azoto, ossigeno e fosforo) e contestuale alta concentrazione di carbonio, gli enzimi batterici bloccassero la sintesi proteica e iniziassero a produrre un biopolimero con struttura chimica simile a quella dei polimeri ricavati dal petrolio.

La scoperta di Lemoigne è stata trascurata per molti decenni, ma l'aumento del prezzo del petrolio negli anni '70 e la maggiore attenzione per l'impatto ambientale causato dalla indistruttibilità della plastica ha fatto riconsiderare la bioplastica.

A partire dagli anni '80 vengono così prodotte bioplastiche utilizzando materie prime vegetali rinnovabili annualmente, per esempio l'amido di mais.

▶ **Figura 3** Nei moderni impianti di termovalorizzazione i fumi devono essere trattati in modo da neutralizzare le sostanze acide formatesi dalla ossidazione.
Inoltre, la temperatura della combustione è controllata in modo che non si formi diossina, una sostanza velenosissima anche a basse concentrazioni.

Esercizi 9 Dai polimeri naturali ai materiali sintetici

1 Associa a ciascun polimero la formula del monomero usato per produrlo.

a) Polietene	1. $CF_2{=}CF_2$
b) Polistirene	2. $C_6H_5CH{=}CH_2$
c) Polivinilcloruro	3. $CH_2{=}CH_2$
d) Politetrafluoroetilene	4. $CH_2{=}CHCl$

2 La polimerizzazione è una reazione:

A in cui si formano molti isomeri di catena o di posizione
B a cui partecipano composti che hanno molti gruppi funzionali
C in cui le molecole che reagiscono (i monomeri) devono essere tutte uguali
D in cui molte molecole si uniscono insieme per formare una macromolecola
E che degrada le materie plastiche in unità più semplici, i monomeri

3 Il polipropilene è un polimero che si ottiene dal monomero propene. Scrivi la formula condensata del monomero e un tratto della catena lineare del polimero.

....

4 Osserva la catena che rappresenta un tratto di una macromolecola:

$$-CH_2-\underset{\displaystyle Cl}{\underset{|}{CH}}-CH_2-\underset{\displaystyle Cl}{\underset{|}{CH}}-CH_2-\underset{\displaystyle Cl}{\underset{|}{CH}}-CH_2-\underset{\displaystyle Cl}{\underset{|}{CH}}-CH_2-\underset{\displaystyle Cl}{\underset{|}{CH}}-$$

Come si chiama la molecola che costituisce il monomero usato per preparare questa macromolecola? ....

5 Considera la seguente equazione di reazione:

$$n\ CH_2{=}\underset{\displaystyle C_6H_5}{\underset{|}{CH}} \rightarrow -CH_2-\underset{\displaystyle C_6H_5}{\underset{|}{CH}}-CH_2-\underset{\displaystyle C_6H_5}{\underset{|}{CH}}-CH_2-\underset{\displaystyle C_6H_5}{\underset{|}{CH}}-$$

A quale tipo di reazione di polimerizzazione corrisponde?

....

Come si chiama il polimero ottenuto?

....

6 In relazione ai polimeri e alle reazioni di polimerizzazione, indica l'affermazione *sbagliata*.

A I polimeri sono macromolecole formate da un gran numero di unità più semplici
B La poliaddizione e la policondensazione sono le tipiche reazioni di polimerizzazione
C Il PET è un polimero che deriva dalla condensazione di due monomeri differenti
D In tutte le reazioni di polimerizzazione si formano una o più molecole di acqua
E Il nylon è un polimero che si ottiene da una reazione di policondensazione

7 A quale classe di composti organici appartiene il monomero che è utilizzato per la produzione del polivinilacetato?

A Alcheni
B Acidi carbossilici
C Esteri
D Chetoni
E Eteri

8 Polymers are long chains which are made up of many molecules known as monomers. These monomers can be anything from amino acids, to alkenes, to alcohols. What all polymers have in common is the type of bond which holds their monomers together. What type of bond is this?

A An ionic bond
B A covalent bond
C A metallic bond
D A hydrogen bond

9 Teflon is an addition polymer of 1,1,2,2-tetrafluoroethene. Write the equation for the structure of the polymer.

....

Mappa di sintesi

LOSAI?

Composti organici

Sono composti costituiti da molecole in cui la struttura principale è formata da una catena di atomi di carbonio legati tra loro e con atomi di pochi altri elementi (oltre all'idrogeno, l'azoto, l'ossigeno, lo zolfo e il fosforo)

Idrocarburi
(composti costituiti solo da carbonio e idrogeno)

Idrocarburi alifatici
Le molecole possono essere a catena aperta (lineare o ramificata) e/o a catena chiusa

Alcani e cicloalcani
saturi
(legami semplici **C — C**)
Formula generale:
alcani C_nH_{2n+2}
cicloalcani C_nH_{2n}

Alcheni e cicloalcheni
insaturi
(doppio legame **C ═ C**)
Formula generale:
alcheni C_nH_{2n}
cicloalcheni C_nH_{2n-2}

Alchini
insaturi
(triplo legame **C ≡ C**)
Formula generale: C_nH_{2n-2}

Idrocarburi aromatici
(delocalizzazione elettronica)

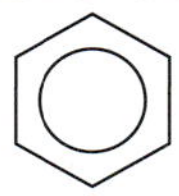

Idrocarburi aromatici condensati (IPA)

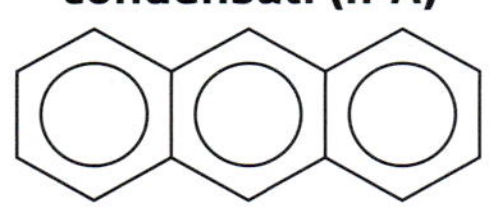

Reazioni di sostituzione

$$-\overset{|}{\underset{|}{C}}-H + X-X \longrightarrow -\overset{|}{\underset{|}{C}}-X + H-X$$

Reazioni di addizione

$$>C=C< + X-Y \longrightarrow -\overset{|}{\underset{X}{C}}-\overset{|}{\underset{Y}{C}}-$$

Formula

molecolare	di struttura	condensata	semplificata
C_6H_{14}	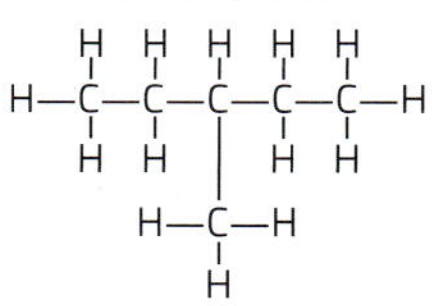	$CH_3-CH_2-CH(CH_3)-CH_2-CH_3$	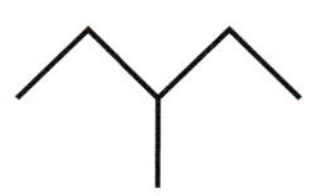

Gruppi funzionali
Un atomo o un gruppo di atomi presenti nella molecola che conferiscono al composto proprietà chimiche caratteristiche

Classi di composti	Gruppo funzionale
idrocarburi alogenati	R — Alg
alcoli	R — OH
fenoli	Ar — OH
tioalcoli	R — SH
tiofenoli	Ar — SH
eteri	R — O — R′
tioeteri	R — S — R′
aldeidi	R — C(═O) — H
chetoni	R(R′)C ═ O
acidi carbossilici	R — C(═O) — OH
esteri	R — C(═O) — O — R′
ammine primarie	$R-NH_2$
ammidi	$R-C(=O)-NH_2$

Gli isomeri
Sono composti che hanno la stessa formula molecolare ma proprietà diverse

Isomeri di catena
è diverso il modo di succedersi degli atomi di carbonio che formano la catena

Isomeri geometrici
è diversa la disposizione dei gruppi intorno agli atomi uniti con doppio legame

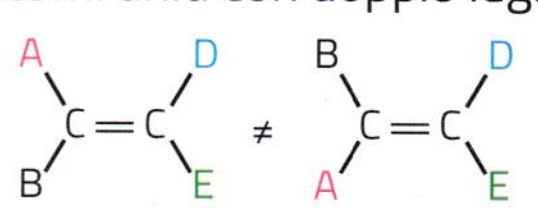

Isomeri di posizione
è diversa la posizione nella catena di un doppio legame o di un gruppo funzionale

Isomeri funzionali
è diversa la classe di appartenenza del composto
CH_3-CH_2-OH
CH_3-O-CH_3

SEI PRONTO PER LA VERIFICA?

In 1 ora
Totale 100 punti

1 Un composto ha la seguente formula semplificata: **[7 punti]**

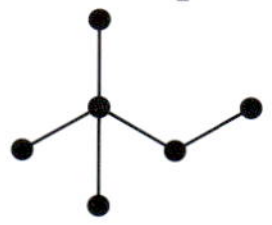

Quali delle seguenti caratteristiche possono essere attribuite al composto?

- A Insaturo
- B Saturo
- C Ciclico
- D Alifatico
- E A catena ramificata
- F Aromatico
- G Dà solo reazioni di addizione
- H A catena aperta

2 Scrivi la formula condensata del 3,4-dimetileptano. **[5 punti]**

....

3 Come si chiama l'idrocarburo saturo con catena chiusa che ha formula C_9H_{18}? .... **[4 punti]**

4 Scrivi accanto ad ognuno dei seguenti composti la classe di appartenenza: **[6 punti]**

a) 2-pentene ....
b) pentanale ....
c) pentanoato di etile ....
d) 3-cloropentano ....
e) 3-pentanolo ....

5 Associa a ogni equazione il tipo di reazione: **[6 punti]**

a) $CH_3COOH + C_2H_5OH \rightarrow CH_3COOC_2H_5 + H_2O$ ....
b) $C_3H_8 + 5\,O_2 \rightarrow 3\,CO_2 + 4\,H_2O$ ....
c) $CH_3CH{=}CH_2 + Br_2 \rightarrow CH_3CHBr{-}CH_2Br$ ....
d) 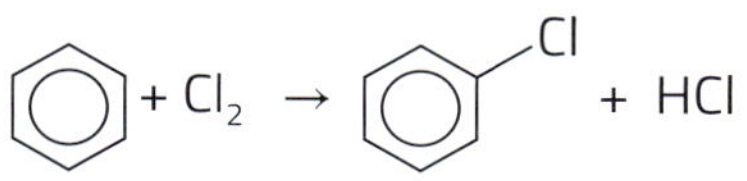

....
e) $nCH_2{=}CH_2 \rightarrow (-CH_2-CH_2-CH_2-CH_2-)_n$ ....

1. combustione
2. addizione
3. esterificazione
4. polimerizzazione
5. sostituzione

6 Che cosa devono avere in comune due composti organici per essere definiti isomeri? **[4 punti]**

....

7 Quale di questi composti è insaturo? **[5 punti]**

- A $CH_3-CH_2-CO-CH_3$
- B $CH_3-C(=O)-OH$
- C 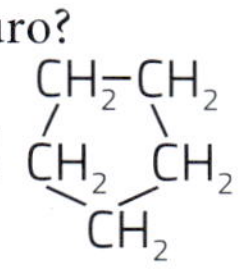

- D $CH_3-CH{=}CH-CH_3$

8 Si forma più anidride carbonica dalla combustione di una mole di esano o dalla combustione di una mole di benzene? **[7 punti]**

....

....

9 Scrivi la formula condensata e il nome dell'alcol da cui si può ottenere per ossidazione il 2-pentanone. **[6 punti]**

....

10 Il 3-pentanolo è un alcol secondario o terziario? **[5 punti]**

....

11 Quale delle seguenti formule identifica un composto che è un isomero funzionale del metilpropiletere? **[6 punti]**

- A $CH_3-CH_2-CH_2-CHO$
- B $CH_3-CH_2-CH(OH)-CH_3$
- C $CH_3-CH_2-CO-CH_3$
- D $CH_3-CH_2-O-CH_2-CH_3$
- E $CH_3-CH_2-CH_2-CH_3$

12 Un acido carbossilico saturo nella cui molecola sono presenti 6 atomi di carbonio forma un estere che ha formula molecolare $C_8H_{16}O_2$. Come si chiama l'alcol con il quale è avvenuta la reazione di condensazione? .... **[7 punti]**

13 In relazione alla molecola del benzene, quale affermazione è *sbagliata*? **[6 punti]**

- A I legami C—C hanno tutti la stessa lunghezza
- B È formata da 12 atomi che si trovano nello stesso piano
- C L'angolo di legame C—H—C è di 109,5°
- D I legami C—C sono più lunghi del legame C=C dell'etene
- E Gli atomi di carbonio sono tutti sullo stesso piano

14 Come si chiama il composto che si ottiene per ossidazione del butanale? **[4 punti]**

- A Butanone
- B Acido butilico
- C Acido butanoico
- D 2-butanolo
- E Butanoato

15 A temperatura ambiente l'etanolo è una sostanza liquida mentre il propano si trova allo stato aeriforme. Come si può spiegare questo fatto? **[6 punti]**

- A La massa molecolare dell'etanolo è molto maggiore di quella del propano
- B Solo tra le molecole dell'etanolo sono presenti legami a idrogeno
- C Le molecole del propano sono più ramificate di quelle dell'etanolo
- D Tra le piccole molecole di propano non sono presenti forze di dispersione
- E Le forze di dispersione tra le molecole di propano sono maggiori

16 Completa la seguente equazione che descrive la reazione di preparazione del triclorometano: **[5 punti]**

........CH_4 + ...C_2 → .... + ...

17 During a condensation polymerization reaction, many monomers join together. What is lost when two monomers join together via a condensation reaction? **[6 punti]**

- A Carbon dioxide
- B Hydrogen
- C Hydrochloric acid
- D Water
- E Alcohol

18 The following general equation describes a method for preparing the amides:

$$R-COO-R' + NH_3 \rightarrow R-COO-NH_2 + R'-OH$$

If the ester reagent is ethyl propanoate, what is the name amide produced? .... **[5 punti]**

Biofuels

1. Match each word with its definition

1. Alkanes ....
2. Alkenes ....
3. Functional group ....
4. Alcohols ....
5. Aldehydes ....

a. An atom or group of atoms characterizing an organic compound and allowing its classification.
b. Saturated hydrocarbons with open chains and general formula C_nH_{2n+2}.
c. Compounds containing the hydroxyl functional group (—OH) bound to a carbon atom in an aliphatic chain.
d. Compounds containing the carbonyl functional group with a hydrogen atom attached to it —CHO.
e. Unsaturated hydrocarbons with open chain, double carbon-carbon bonds and general formula C_nH_{2n}

2. Read the text and fill in the gaps with the words given

petroleum – sugars – alcohol – vegetable oils – crude oil

Biofuels are transportation fuels like ethanol and biodiesel that are made from biomass materials. These fuels are usually blended with .... fuels (gasoline and diesel fuel), but they can also be used on their own. Using ethanol or biodiesel means less gasoline and diesel fuel is burned, which can reduce the amount of .... imported from other countries. Ethanol and biodiesel are also cleaner-burning fuels than pure gasoline and diesel fuel.

What is ethanol?

Ethanol is an .... fuel made from the .... found in grains like corn, sorghum, and barley.
U.S. Department of Agriculture research geneticists study switchgrass as a source of ethanol.
Other sources of sugars to produce ethanol include:

- sugar cane
- sugar beets
- potato skins
- rice
- yard clippings
- tree bark
- switchgrass

Most of the fuel ethanol used in the United States is distilled from corn. Scientists are working on ways to make ethanol from all parts of plants and trees rather than just grain. Farmers are experimenting with fast-growing woody crops such as small poplar and willow trees and switchgrass to see if they can be used to produce ethanol.

Ethanol is blended with gasoline

Nearly all of the gasoline now sold in the United States is about 10% ethanol by volume. Any gasoline-powered engine in the United States can use E10 (gasoline with 10% ethanol), but only specific types of vehicles can use mixtures with fuel containing more than 10% ethanol. [...]

What is biodiesel?

Biodiesel is a fuel made from ...., fats, or greases – such as recycled restaurant grease. Biodiesel fuel can be used in diesel engines without changing the engine. Pure biodiesel is non-toxic, biodegradable, and produces lower levels of most air pollutants than petroleum-based diesel fuel. Biodiesel is usually sold as a blend of biodiesel and petroleum-based diesel fuel. A common blend of diesel fuel is B20, which is 20% biodiesel.

[Tratto da: http://www.eia.gov/energyexplained/index.cfm?page=biofuel_home]

3. Now listen and check

4. Answer the following questions

a. How is the majority of fuel ethanol in the United States currently obtained?

....

b. What common characteristic must the «materials» from which ethanol is produced have?

....

c. What is the difference between diesel fuel and biodiesel?

....

....

YOUR GLOSSARY

....
....
....
....
....
....

16 Molecole per la vita

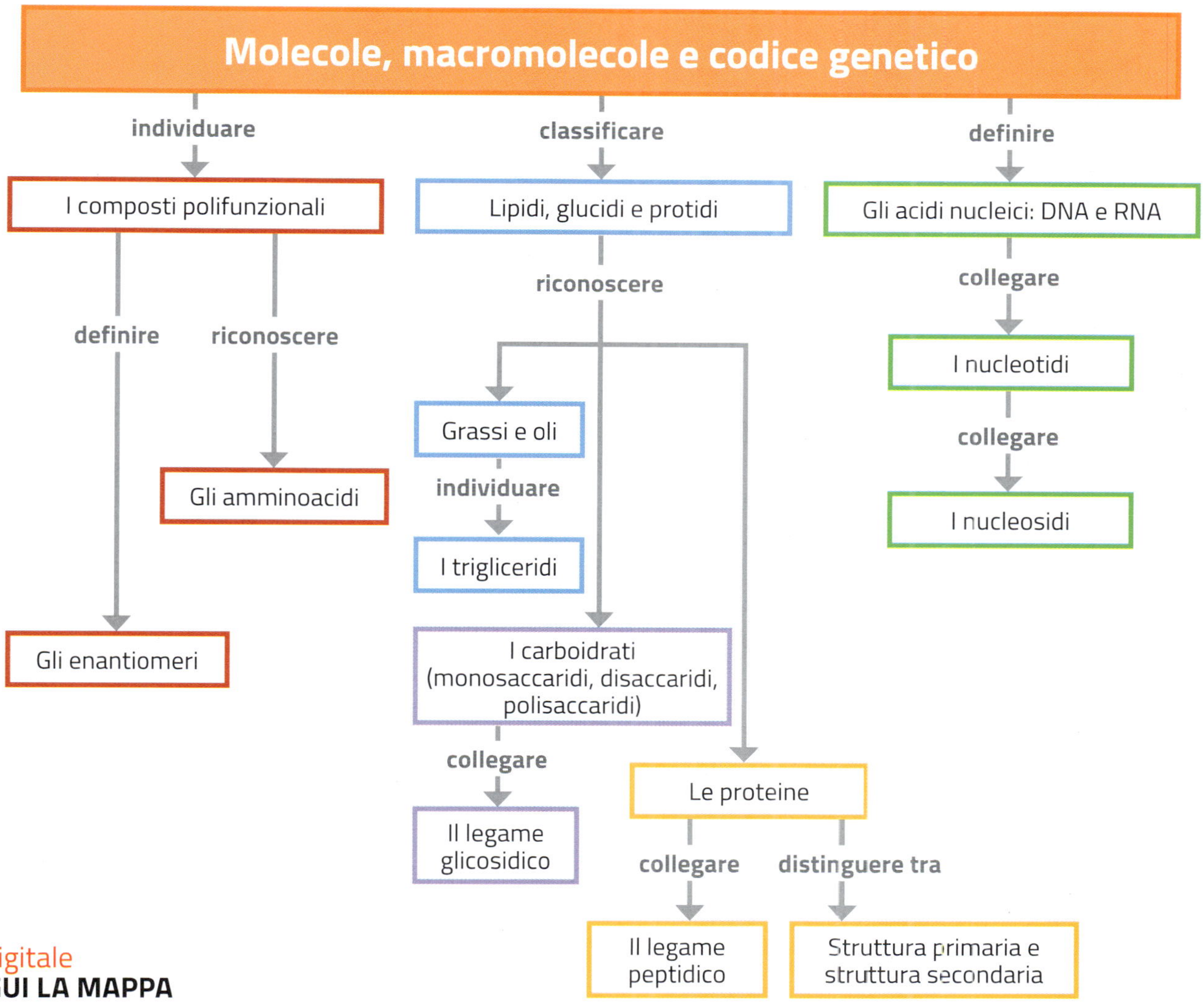

In digitale
SEGUI LA MAPPA

1 I composti polifunzionali

Soprattutto nel mondo degli organismi viventi sono presenti molti composti del carbonio che contengono due o più gruppi funzionali

Gli idrossiacidi

Si chiamano **composti polifunzionali** i composti del carbonio in cui sono presenti due o più gruppi funzionali (▶ Figura 1).

La diversa posizione reciproca dei gruppi funzionali gioca spesso un ruolo importante sulle proprietà del composto al punto da divenire discriminante a livello biologico. Per fare solo un esempio: tutte le api producono l'acido 10-idrossi-2-decenoico e solo l'ape regina secerne invece un suo isomero di posizione, l'acido 9-idrossi-2-decenoico, che consente alle api operaie di individuarla.

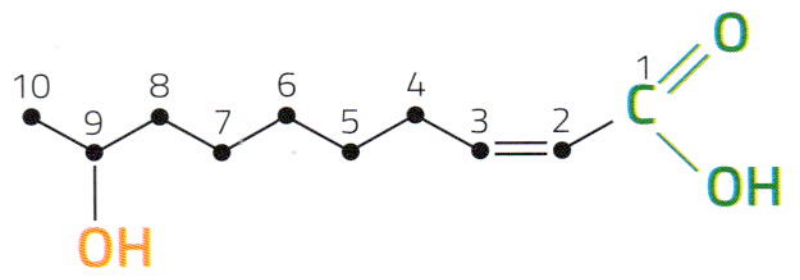

acido 9-idrossi-2-decenoico

▶ **Figura 1** Dai semi della *vanilla planifoglia*, famiglia delle orchidacee, si estrae una nota sostanza aromatica, la *vanillina* (4-idrossi-3-metossibenzaldeide).

Tra i composti polifunzionali più diffusi ci sono gli *idrossiacidi*.

Gli **idrossiacidi** sono composti organici in cui sono presenti sia il gruppo funzionale ossidrilico sia il gruppo carbossilico.

Anche l'acido salicilico (acido 2-idrossibenzoico) viene prodotto in modo naturale nel mondo vegetale e deve il suo nome proprio al fatto che può essere estratto dalla corteccia delle piante di salice.

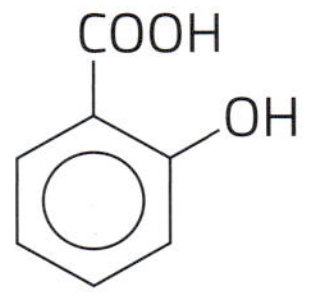

acido salicilico

Oggi l'acido salicilico è una sostanza prodotta a livello industriale perché è un intermedio della preparazione dell'acido acetilsalicilico (acido 2-acetilossibenzoico). Questo composto è bifunzionale: infatti è un estere che presenta ancora il gruppo funzionale carbossilico. L'acido acetilsalicilico costituisce il principio attivo di molti farmaci (▶ Figura 2).

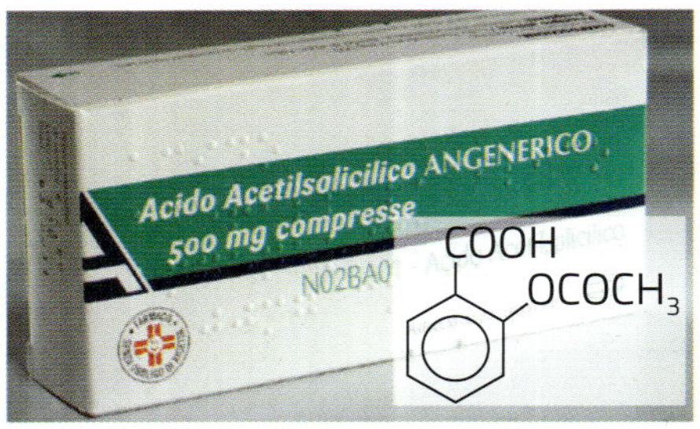

▶ **Figura 2**

Un altro composto bifunzionale largamente diffuso è l'acido citrico (acido 2-idrossi-1,2,3-propantricarbossilico): le sue molecole contengono un solo gruppo ossidrilico e ben tre gruppi carbossilici; tuttavia esso è un acido debole che si trova anche nel sangue. Come è noto l'acido citrico impartisce al succo di molti frutti, particolarmente quello degli agrumi, il caratteristico sapore asprigno (▶ Figura 3).

▶ **Figura 3** L'acido citrico è presente non solo in molti frutti ma anche in tutti i tessuti animali e riveste un ruolo biologico fondamentale nel ciclo degli acidi tricarbossilici, ovvero nel ciclo di Krebs (un ciclo metabolico di importanza fondamentale in tutte le cellule che utilizzano ossigeno nel processo della respirazione cellulare).

Prova tu 1

Quanti e quali gruppi funzionali sono presenti nella molecola di vanillina?

....

I chetoacidi

Si chiamano **chetoacidi** i composti organici in cui sono presenti sia il gruppo carbossilico sia il gruppo carbonilico che caratterizza i chetoni.

Un esempio è costituito dall'acido piruvico o acido 2-ossopropanoico.

Quando i tessuti muscolari sono coinvolti in sforzi intensi e prolungati e in concomitanza con la scarsità di ossigeno nel sangue, l'acido piruvico viene ridotto ad acido lattico, un idrossiacido il cui nome IUPAC è acido 2-idrossipropanoico.

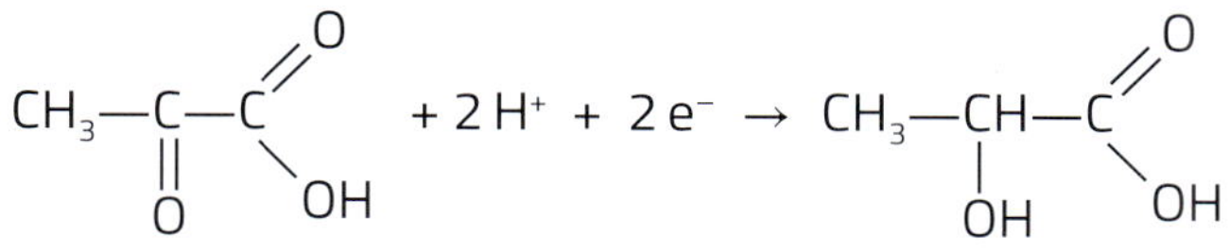

acido 2-ossopropanoico (acido piruvico)

acido 2-idrossipropanoico (acido lattico)

Sembra che uno dei fattori responsabili dell'affaticamento sia proprio il progressivo accumulo di acido lattico nei muscoli (▶ Figura 4). Il dolore dovuto allo sforzo scompare quando l'acido lattico viene «riassorbito», cioè quando in condizioni di ossigenazione normale la reazione redox si inverte e si riforma l'acido piruvico.

Molecole allo specchio: gli enantiomeri

Anche se nelle molecole dell'acido lattico non sono presenti doppi legami tra atomi di carbonio si conoscono due stereoisomeri di questo composto, cioè due composti che differiscono unicamente per la diversa disposizione nello spazio degli atomi. In questo caso però non si tratta di isomeri geometrici; come mostra la ▶ Figura 5, abbiamo due molecole che sono una l'immagine speculare dell'altra e pertanto sono diverse perché non sono sovrapponibili.

▶ **Figura 5**

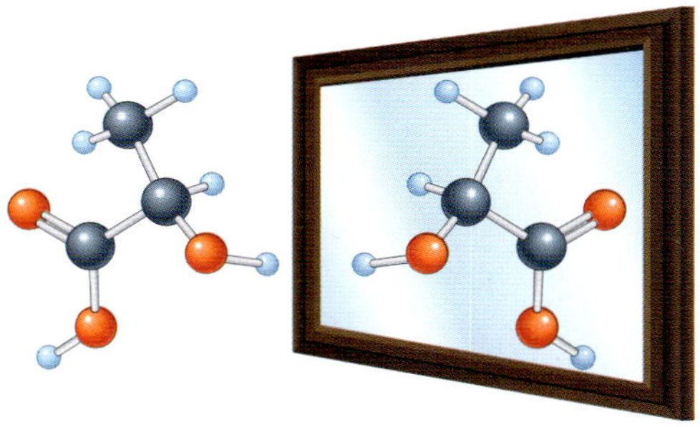

Due stereoisomeri le cui molecole non sono sovrapponibili perché una è l'immagine speculare dell'altra costituiscono una coppia di **enantiomeri**.

Per comprendere meglio che cosa caratterizza questi stereoisomeri, osserviamo che nella molecola dell'acido lattico c'è un atomo di carbonio al quale sono legati quattro gruppi diversi; è presente cioè un atomo di *carbonio asimmetrico*. È proprio questo atomo che determina la **chiralità** della molecola, cioè la possibilità che ne esista un'altra che corrisponde alla sua immagine speculare (▶ Figura 6).

Le molecole dei due enantiomeri dell'acido lattico presentano un centro chirale e quindi non sono sovrapponibili (▶ Figura 7).

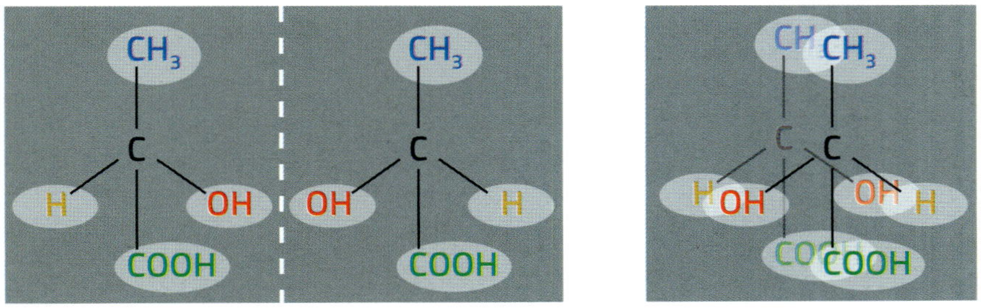

▶ **Figura 7**

▶ **Figura 4** Il dolore muscolare che si percepisce durante uno sforzo fisico è dovuto all'accumulo di acido lattico nei muscoli.

Prova tu 2

Scrivi la formula condensata di un chetoacido dicarbossilico: l'acido ossobutandioico.

....

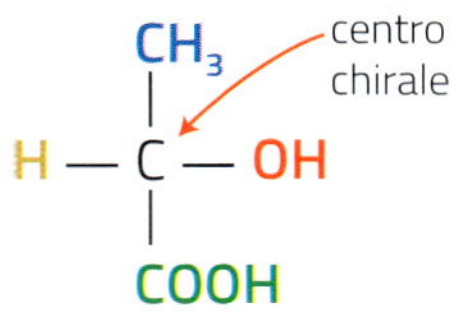

▶ **Figura 6** La formula di struttura mette in evidenza l'atomo di carbonio asimmetrico, quello legato a quattro gruppi differenti.

È importante sottolineare che, diversamente dagli altri casi di composti isomeri, tutte le proprietà fisiche dei due enantiomeri sono le stesse. La sola caratteristica che li distingue è la capacità di ruotare in versi opposti il piano della luce polarizzata. Proprio per questo si dice che le sostanze chirali sono *otticamente attive.*

L'acido lattico che si forma nei muscoli è l'isomero individuato con il nome L-(+)-lattico (levogiro), mentre nella fermentazione acida del latte si forma anche l'isomero D-(−)-lattico (destrogiro).

Per separare due enantiomeri si ricorre spesso alla reazione con altre sostanze enantiomere, proprio come si può utilizzare una mano per distinguere quale dei due guanti è il destro e quale è il sinistro (▶ Figura 8).

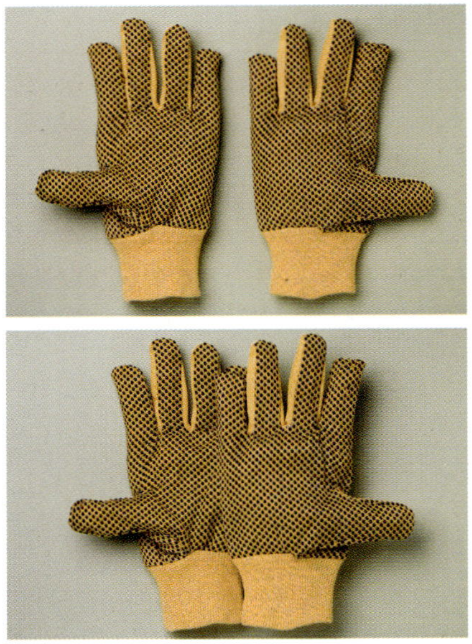

▶ **Figura 8** Anche le mani e i piedi sono esempi di coppie di oggetti che hanno la proprietà di essere uno l'immagine speculare dell'altro e quindi non sono sovrapponibili. Per convincersi di questa proprietà si può provare a sovrapporre un paio di guanti o un paio di scarpe.

Prova tu 3

Osserva le formule di due molecole:

$CH_3—CH_2—CH(CH_3)—CH_2—CH_2—CH_3$ $\qquad$ $CH_3—CBr_2—CH_2—CH_3$

Individua la molecola che presenta un centro chirale motivando la risposta.

....

....

Gli amminoacidi

Si chiamano **amminoacidi** i composti polifunzionali che contengono sia il gruppo funzionale amminico sia quello carbossilico.

Nel linguaggio comune il termine amminoacido si riferisce ai composti che costituiscono i monomeri della sintesi proteica, cioè agli amminoacidi di tipo α: ciò significa che i due gruppi funzionali sono legati allo stesso atomo di carbonio (▶ Figura 9).

Approfondimento in digitale
Attività ottica e polarimetro
Dalle pinzette di Pasteur al polarimetro: la separazione delle sostanze otticamente attive.

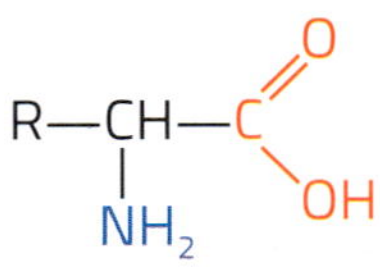

▶ **Figura 9**

Gli amminoacidi che servono per la sintesi proteica sono 20 e sono tutti di tipo α. La formula specifica di ogni amminoacido dipende ovviamente dal gruppo R. Nel caso in cui R è un atomo di idrogeno si ha la *glicina*: l'atomo di carbonio non è un centro chirale e l'amminoacido non è otticamente attivo.

Se R è un radicale metilico si ha l'*alanina*. L'alanina e tutti gli altri amminoacidi α hanno un atomo di carbonio asimmetrico e si presentano in natura solamente in una delle due forme enantiomere.

Tabella in digitale
Gli amminoacidi

Le molecole di due amminoacidi, la *cisteina* e la *metionina*, presentano anche l'atomo di zolfo nella loro struttura.

Infine, otto di essi, *fenilalanina*, *isoleucina*, *leucina*, *lisina*, *metionina*, *treonina*, *triptofano* e *valina*, sono detti **amminoacidi essenziali** perché l'organismo umano non riesce a sintetizzarli e pertanto devono essere introdotti nel nostro organismo assumendo in modo corretto cibi proteici.

Negli amminoacidi di tipo α la vicinanza tra il gruppo amminico e quello carbossilico rende possibile lo scambio di un protone tra i gruppi e quindi la formula diventa:

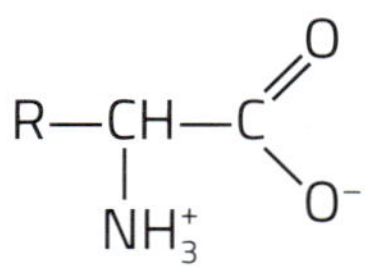

Per effetto di questa struttura si forma un *composto ionico dipolare* o *zwitterione* (dal tedesco Zwitterion, che significa proprio ione ibrido) che, tra l'altro, ben si accorda con gli elevati punti di fusione degli α-amminoacidi e con la loro scarsa solubilità in solventi apolari.

La struttura molecolare dell'amminoacido dipende dal valore di pH: la forma rappresentata a sinistra prevale in ambiente acido mentre quella scritta a destra è assunta in ambiente basico.

ambiente acido

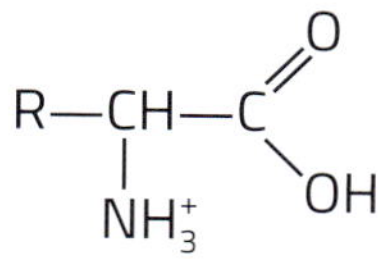

ambiente basico

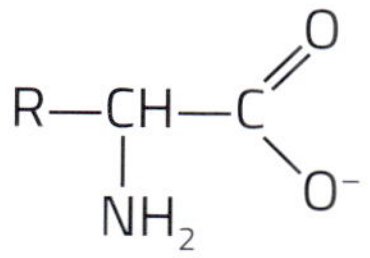

Si definisce *punto isoelettrico* di un amminoacido il valore di pH al quale è stabile la forma ionica dipolare in cui la carica elettrica complessiva è zero. Il punto isoelettrico è caratteristico di ogni amminoacido poiché dipende da come è costituito —R.

Esercizi 1 I composti polifunzionali

1 Individua le *due* classi di composti che presentano un solo gruppo funzionale.

- A Poliidrossialdeidi
- B Chetoacidi
- C Acidi policarbossilici
- D Amminoacidi
- E Polifenoli
- F Idrossiacidi

2 In relazione agli stereoisomeri chiamati enantiomeri, quale affermazione è *sbagliata*?

- A Due enantiomeri hanno la stessa formula bruta
- B Possiedono almeno un atomo di carbonio asimmetrico
- C I composti enantiomeri sono otticamente attivi
- D Tutti i composti polifunzionali sono enantiomeri
- E Due molecole enantiomere non sono sovrapponibili

3 L'acido succinico ($HOOC—CH_2—CH_2—COOH$) è un composto polifunzionale?

....

4 Quale amminoacido *non* presenta un centro chirale?

A 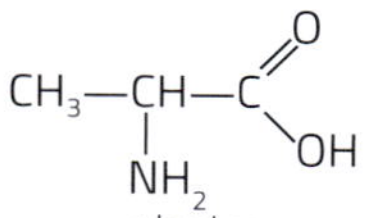
alanina

B 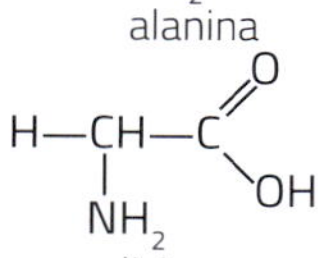
glicina

C 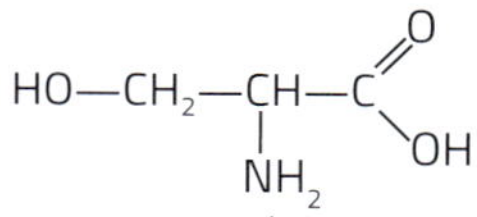
serina

D 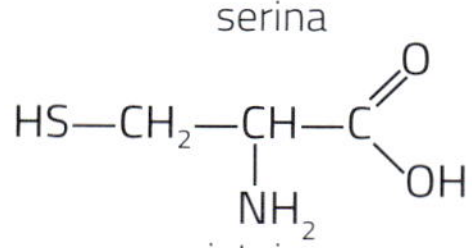
cisteina

5 Quali gruppi funzionali sono presenti nella molecola dell'acido 2-ossobutanoico? ....

6 Sottolinea l'opzione corretta.
Due stereoisomeri le cui molecole non sono ***uguali/sovrapponibili*** perché una è l'immagine speculare dell'altra costituiscono una coppia di ***enantiomeri/isomeri cis-trans***.

7 Considera la formula dell'acido 2-idrossipropanoico:
$CH_3CH_2CHOH—COOH$
Perché esistono due isomeri ottici di questo composto?

....

8 Spiega che cosa occorre verificare per affermare che un atomo di carbonio è asimmetrico.

....

....

9 Considera la formula dell'acido citrico:

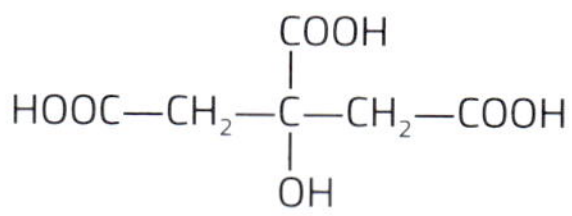

In base alla formula puoi affermare che l'acido citrico è:

- A un composto basico perché contiene il gruppo ossidrilico
- B un composto bifunzionale perché contiene due gruppi funzionali diversi
- C un ossiacido che ha la proprietà di essere solubile nell'acqua
- D un acido fortissimo perché contiene ben tre gruppi carbossilici
- E un alcol che presenta eccezionalmente proprietà acide

10 In relazione agli amminoacidi distingui le affermazioni vere e quelle false.

a) Gli amminoacidi essenziali si ottengono dalle proteine contenute in molti alimenti V F
b) Tutti gli amminoacidi contengono un atomo di carbonio asimmetrico V F
c) Tutti gli amminoacidi contengono sempre due gruppi funzionali diversi V F
d) Sono otto gli amminoacidi che il nostro organismo non riesce a sintetizzare V F
e) Sono soltanto otto gli amminoacidi che contengono anche atomi di zolfo V F

11 La gliceraldeide (2,3-diidrossipropanale) è un composto bifunzionale; la formula della molecola si può ricavare da quella della glicerina sostituendo un gruppo ossidrilico con un gruppo aldeidico. Scrivi la formula condensata della gliceraldeide e stabilisci se essa contiene atomi di carbonio asimmetrici.

....

12 Why would you think that the compound 2-chloro-2-propanol is chiral?

....

13 What are the requirements for the four groups attached to a carbon atom in order for it to be a chiral center?

....

14 Classify each of the following objects as to whether it is chiral (C) or not chiral (NC).

a) A screwdriver ....
b) A baseball bat ....
c) A tennis shoe ....
d) A hammer ....

2 I lipidi

I trigliceridi (oli e grassi) sono lipidi che rivestono un ruolo fondamentale nella nostra alimentazione

Lipidi di particolare importanza: i trigliceridi

I grassi e gli oli sono nutrienti fondamentali per il nostro organismo e fanno parte di una più vasta categoria di composti che sono chiamati **lipidi**.

La struttura chimica di questi composti può essere molto diversa, ma in ogni caso essa è caratterizzata da lunghe catene di idrocarburi o da anelli benzenici e questo fatto fa sì che i lipidi siano insolubili in acqua e si sciolgano soltanto in solventi apolari come etere e cloroformio (▸ Figura 1).

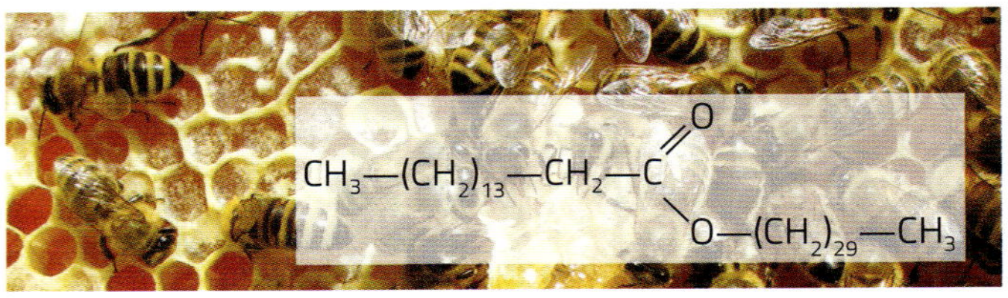

▸ **Figura 1** I lipidi sono sostanze di origine naturale, animale o vegetale, con funzioni biologiche molto diverse: troviamo infatti steroidi (come il colesterolo), fosfolipidi (i costituenti delle pareti cellulari), cere (come quella prodotta dalle api), ormoni, lipoproteine e altri composti ancora. La formula si riferisce al palmitato di miricile ($C_{15}H_{31}COOC_{30}H_{61}$) il componente principale (circa 70%) della cera d'api.

I composti lipidici che costituiscono la gran parte dei nutrienti grassi del nostro organismo appartengono alla classe degli esteri e sono detti *trigliceridi*.

I **trigliceridi** sono chiamati così perché traggono origine dalla reazione di condensazione tra una molecola di glicerina e tre molecole di acidi grassi:

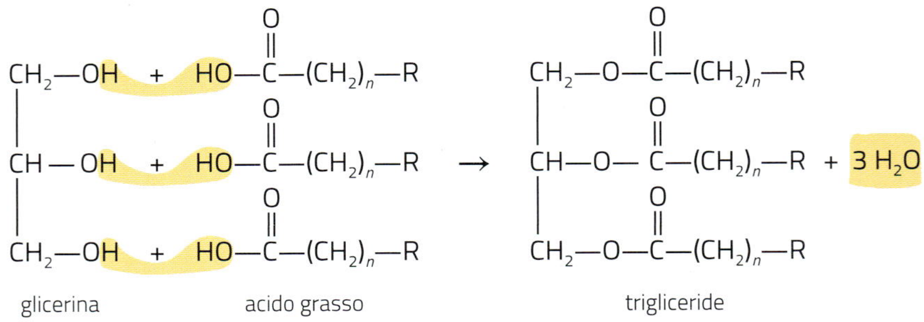

Dall'equazione si capisce che se cambia l'acido grasso che esterifica la glicerina si ottengono trigliceridi diversi. Le proprietà fisiche dei grassi animali e vegetali dipendono strettamente dalla composizione chimica dei diversi trigliceridi che li costituiscono. Infatti alcuni trigliceridi sono solidi a temperatura ambiente e si chiamano semplicemente *grassi*, altri invece, che sono liquidi, sono detti *oli*.

Il diverso stato fisico trae origine dal numero di doppi legami presenti nelle molecole degli acidi grassi che costituiscono i trigliceridi: i grassi sono costituiti in prevalenza da trigliceridi di acidi grassi saturi mentre gli oli sono formati prevalentemente da trigliceridi di acidi grassi insaturi (▸ Tabella 1).

Alimento	Lipidi totali (%)	Acidi grassi saturi (%)	Acidi grassi insaturi (%)
burro	83	51	32
strutto	99	40	59
margarina vegetale	80	27	53
olio di palma	100	47	53
olio d'oliva extravergine	100	15	85
olio di girasole	100	12	88
olio di mais	100	15	85

▸ **Tabella 1** Composizione di alcuni alimenti lipidici. Da notare che pur chiamandosi così, l'olio di palma è costituito dal 47% di acidi grassi saturi quasi come il burro.

Prova tu

Quanti grammi di burro sono necessari per avere la stessa quantità di acidi grassi insaturi presenti in 10 g di olio extravergine di oliva?

....

La differenza tra grassi e oli si può spiegare considerando che gli acidi grassi insaturi di origine biologica presentano una stereoisomeria di tipo *cis*, come rappresentato nella ▸ Figura 2; questa struttura molecolare determina una geometria spaziale tale da impedire alle molecole dei trigliceridi di impacchettarsi e questo fa sì che le forze intermolecolari siano più deboli rispetto a quelle che uniscono i trigliceridi formati da acidi grassi saturi.

La maggioranza dei trigliceridi di origine vegetale, essendo formati prevalentemente da acidi insaturi, sono liquidi a temperatura ambiente. La scienza medica è orientata a ritenere che un'alta concentrazione nel sangue di trigliceridi formati da acidi grassi saturi sia potenzialmente pericolosa, cioè possa provocare nel tempo gravi difficoltà alla circolazione sanguigna. Proprio per questo si consiglia di ridurre il consumo di alimenti ricchi di grassi di origine animale, dato che questi contengono una maggiore percentuale di acidi grassi saturi.

Gli oli di origine vegetale possono dare la *reazione di idrogenazione* che è una reazione di addizione in cui la catena insatura dell'acido grasso si trasforma in una catena satura:

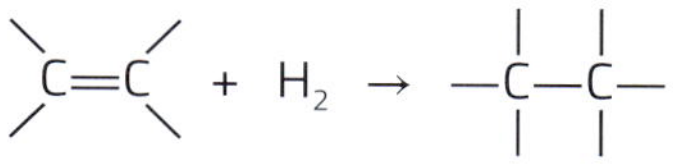

Dalla reazione infatti si ottiene un trigliceride saturo, caratterizzato quindi da una più alta temperatura di fusione. Idrogenando, per esempio, la trioleina ($t_f = -17$ °C) si ottiene la tristearina che fonde a 33 °C. In base alla miscela di oli di partenza e regolando opportunamente il grado di avanzamento della reazione, si possono ottenere i *grassi idrogenati* utilizzati per margarine e altri prodotti alimentari.

Un'altra importante trasformazione industriale dei trigliceridi è la *reazione di idrolisi* con basi alcaline (NaOH o KOH): in questo modo si ottengono i *saponi*.

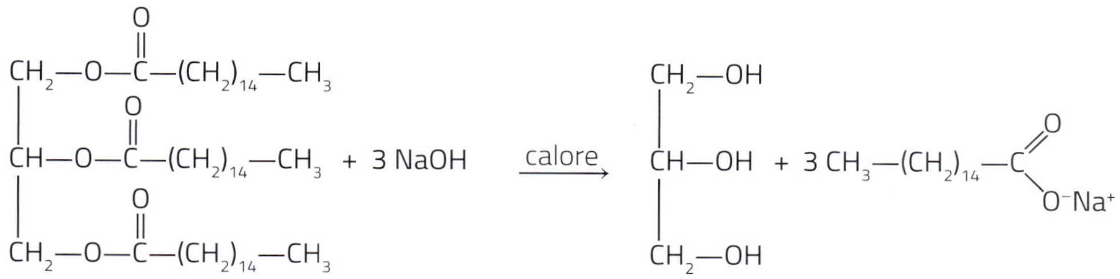

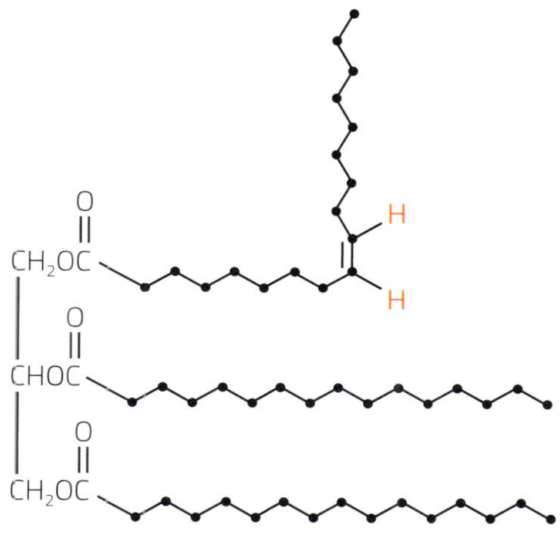

▸ **Figura 2** La formula rappresenta una molecola di dipalmitoleato di glicerile. Nella formula vengono rappresentati gli atomi di idrogeno del doppio legame della molecola di acido oleico per evidenziare la struttura di tipo *cis*.

Esercizi 2 I lipidi

1 Completa la seguente frase:
glicerina + ... acidi grassi → ....

2 In relazione ai trigliceridi, quale affermazione è *sbagliata*?

A Sono composti appartenenti alla famiglia dei lipidi
B Si ottengono per reazione tra glicerina e acidi grassi
C Possono essere solidi o liquidi a temperatura ambiente
D Sono tutti costituiti da molecole apolari
E Presentano tre diversi gruppi funzionali

3 Quale tipo di reazione occorre per trasformare un trigliceride insaturo e liquido in un trigliceride saturo e solido?

A Una idrolisi acida
B Una idrolisi basica
C Una esterificazione con acidi grassi saturi
D Una reazione di idrogenazione
E Una reazione di condensazione

4 Quali sono i prodotti dell'idrolisi del tripalmitato di glicerina? ....

5 Quale caratteristica molecolare differenzia i trigliceridi saturi dai trigliceridi insaturi?

....

....

6 Per preparare un sapone si deve:

A neutralizzare un acido grasso con una base
B condensare una molecola di alcol con una di acido grasso
C idrolizzare un trigliceride con un idrossido alcalino
D esterificare un acido grasso con un idrossido alcalino
E idrogenare un trigliceride insaturo fino a renderlo solido

7 The triglycerides that are generally liquid at room temperature are known as:

A oils
B solids
C fats
D none of these

3 I glucidi

I glucidi, componenti essenziali nell'alimentazione umana, comprendono una grande varietà di composti, formati da carbonio, idrogeno e ossigeno

Monosaccaridi e disaccaridi

Un dato che si può leggere nel referto delle analisi del sangue è la *glicemia*: essa esprime la concentrazione del glucosio nel sangue. Il glucosio è un composto che appartiene alla famiglia dei **glucidi** o **carboidrati**.

Anche se oggi alcuni glucidi sono ottenuti artificialmente, la maggior parte di essi deriva da processi biologici relativi al mondo animale o vegetale. Infatti molti organismi vegetali sono in grado di «organicare» il carbonio presente nell'atmosfera come CO_2 attraverso la fotosintesi. I carboidrati vengono classificati in glucidi semplici o zuccheri (*monosaccaridi* e *disaccaridi*) e glucidi macromolecolari (*polisaccaridi*).

I due **monosaccaridi** più comuni sono il glucosio e il fruttosio:

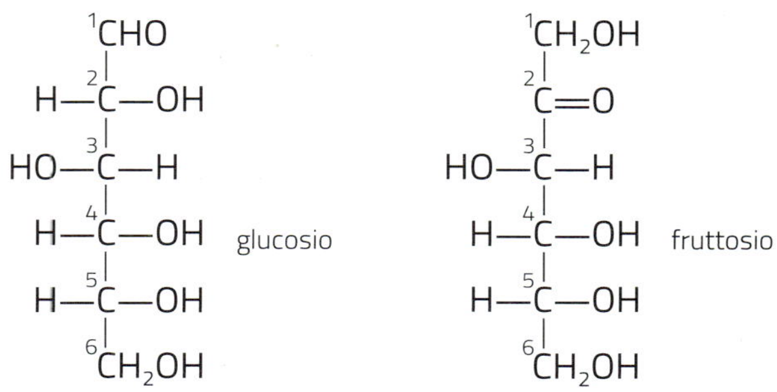

Dal punto di vista strutturale si può osservare che si tratta di composti polifunzionali: più precisamente, il glucosio è una poliidrossialdeide e il fruttosio è un poliidrossichetone (▸ Figura 1). Glucosio e fruttosio sono classificati anche come zuccheri *esosi*: questo termine indica che nella molecola ci sono sei atomi di carbonio. Dato che nel glucosio è presente il gruppo funzionale aldeidico e nel fruttosio quello chetonico, il primo zucchero è un *aldoesoso* e il secondo è un *chetoesoso*.

Osserviamo anche che glucosio e fruttosio hanno la stessa formula molecolare ($C_6H_{12}O_6$), si tratta quindi di due isomeri. Essi presentano proprietà diverse, tra cui il potere dolcificante: il fruttosio, costituente principale del miele, è molto più dolce del glucosio ed è presente in molti frutti, come per esempio nell'uva. Sono state preparate anche sostanze sintetiche (come aspartame, saccarina e ciclammato) caratterizzate da un potere dolcificante maggiore di quello del fruttosio. Il loro uso però andrebbe limitato a regimi dietetici e/o in presenza di patologie particolari.

Esistono anche monosaccaridi formati da quattro atomi di carbonio, come l'eritrosio, o da cinque atomi, come il ribosio, che è un aldopentoso, da cui si forma il deossiribosio, una molecola fondamentale nella struttura del DNA.

Lo zucchero sicuramente più famoso e diffuso è il saccarosio, $C_{12}H_{22}O_{11}$, che si ottiene dalla lavorazione della canna coltivata nei paesi tropicali o dalla barbabietola (▸ Figura 2).

Il saccarosio, che ha un potere dolcificante maggiore di quello del glucosio ma minore di quello del fruttosio, fornisce proprio questi due zuccheri quando subisce la reazione di idrolisi:

$$\underset{\text{saccarosio}}{C_{12}H_{22}O_{11}} + H_2O \rightarrow \underset{\text{glucosio}}{C_6H_{12}O_6} + \underset{\text{fruttosio}}{C_6H_{12}O_6}$$

Per questo motivo si dice che il saccarosio è un *disaccaride*.

I disaccaridi sono composti in cui un atomo di ossigeno fa da ponte tra due molecole di monosaccaridi; il legame che si forma a seguito di una reazione di condensazione tra due molecole di monosaccaridi viene chiamato **legame glicosidico**.

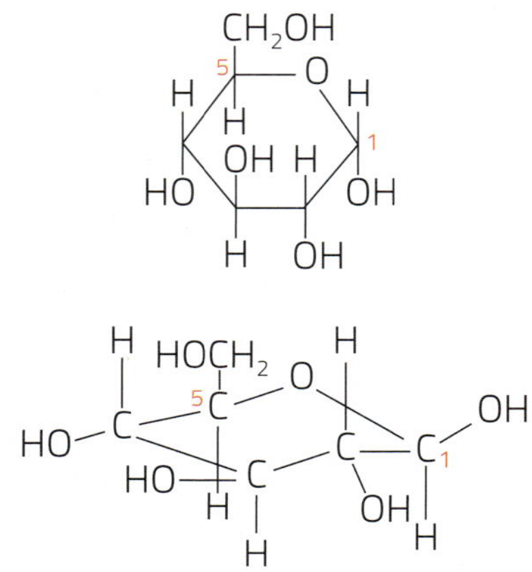

▸ **Figura 1** Le molecole dei glucidi possono essere rappresentate in modi diversi. La figura mostra la molecola del glucosio.

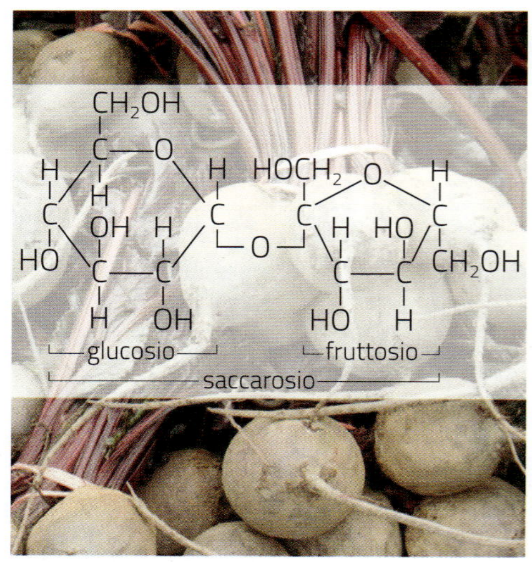

▸ **Figura 2** La *barbabietola* può essere coltivata anche in zone del pianeta a clima temperato. La sua polpa può arrivare a contenere fino al 20% di saccarosio, che viene estratto con acqua calda.

Nel caso del lattosio, il disaccaride presente nel latte dei mammiferi, il legame glicosidico unisce una molecola di glucosio e una di galattosio (▶ Figura 3).

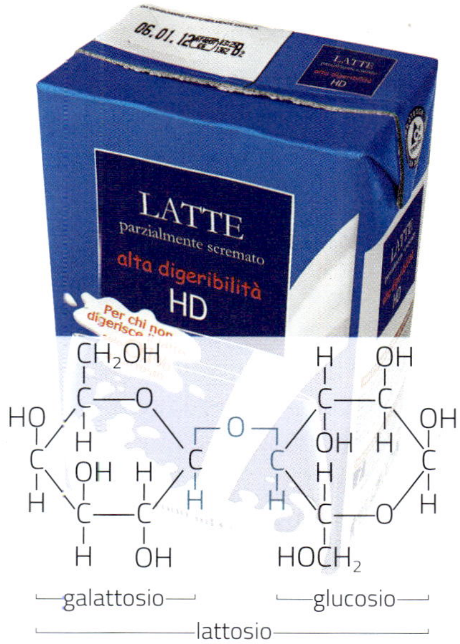

▶ **Figura 3** Se l'organismo non produce a sufficienza l'enzima lattasi, indispensabile per la rottura del legame glicosidico, è necessario ricorrere ad alimenti sostitutivi del latte, come yogurt e formaggi, oppure a un latte speciale, detto HD (*High Digestibility*), in cui l'idrolisi del lattosio è già stata effettuata artificialmente.

I polisaccaridi

Attraverso legami glicosidici si possono unire insieme anche un numero molto grande di molecole di monosaccaridi.

I composti macromolecolari che derivano dalla polimerizzazione naturale del glucosio (*amido*, *cellulosa* e *glicogeno*) si chiamano **polisaccaridi**.

L'**amido** costituisce il «magazzino» in cui le piante accumulano la loro riserva di energia chimica; esso è il costituente principale dei cereali e dei legumi.

Il **glicogeno** è per gli animali ciò che l'amido è per le piante: è anch'esso un polimero del glucosio ma più ramificato. Esso viene immagazzinato nel fegato e nei muscoli: nel fegato per garantire sempre la giusta concentrazione di glucosio nel sangue e nei muscoli come fonte immediata di energia.

La **cellulosa** costituisce la principale unità strutturale delle piante; anch'essa è formata da unità di glucosio ma l'orientamento spaziale del legame glicosidico è tale da conferire alle macromolecole una struttura lineare. Tra queste si formano numerosi legami a idrogeno e in questo modo si ottengono strutture fibrose che contribuiscono a costituire gli organismi vegetali (▶ Figura 4).

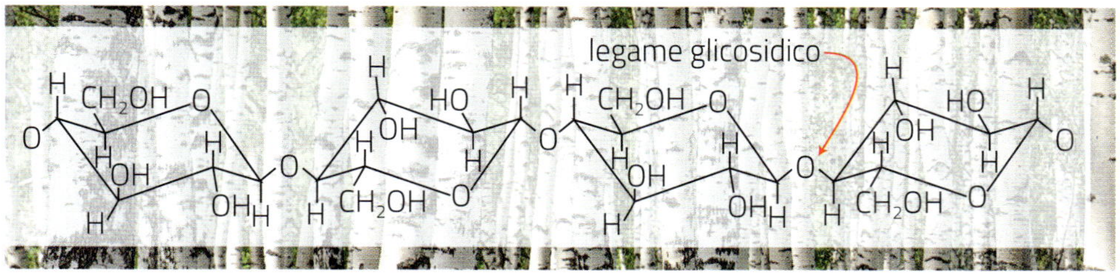

▶ **Figura 4**

Gli animali erbivori, tra cui i ruminanti, producono un enzima in grado di idrolizzare i legami glicosidici della cellulosa e di liberare così molecole di glucosio.

Anche nell'alimentazione umana devono essere presenti cibi che contengono una certa quantità di cellulosa, indicata come «fibra» sulle confezioni alimentari.

Esercizi 3 I glucidi

1 I glucidi sono composti ternari. Da quali elementi sono costituiti? ....

2 In relazione ai carboidrati, indica l'affermazione *sbagliata*.

A Il glicogeno è prodotto dal corpo umano per creare una riserva energetica

B La cellulosa è un polisaccaride del glucosio di origine vegetale

C Il saccarosio è un disaccaride formato da una molecola di glucosio e una di fruttosio

D L'amido è un polisaccaride di origine naturale che fornisce energia al nostro organismo

E I monosaccaridi hanno un potere dolcificante minore dei disaccaridi

3 La cellulosa è un polimero di origine naturale. Come si chiama il monomero da cui è formata? Come si chiama il legame che unisce le molecole di monomero?

....

4 In relazione al glucosio e al fruttosio individua le affermazioni vere e quelle false.

a) Nelle loro molecole è presente il legame glicosidico V F

b) Sono composti polifunzionali V F

c) Sono classificati come monosaccaridi V F

d) Hanno lo stesso potere dolcificante V F

e) Sono composti isomeri V F

5 Il mannosio è un monosaccaride esoso. Disegna la struttura ad anello e indica gli atomi di carbonio asimmetrici.

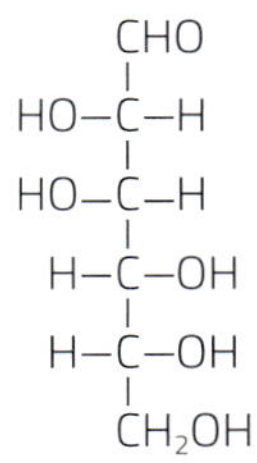

....

....

....

....

....

6 What kinds of sugars are found in disaccharide lactose?

A Fructose and galactose

B Glucose and galactose

C Glucose and fructose

D Fructose and fructose

E Glucose and glucose

7 The carbohydrate that provides support in plants is called:

A glycogen B cellulose C glucose D sucrose

4 Le proteine

Le proteine sono macromolecole costituite da un numero enorme di amminoacidi e si differenziano a seconda della sequenza con cui si succedono i diversi amminoacidi

Il legame peptidico

Le **proteine** o **protidi**, macromolecole presenti in tutte le cellule viventi, sono costituite dalla successione di unità, gli amminoacidi, che possono cambiare per tipo e per numero. Le proteine sono state (e sono!) molecole decisive per l'evoluzione della vita nel nostro pianeta e la loro infinita e straordinaria varietà è dovuta alla diversa combinazione di un ristretto numero di molecole semplici, soltanto venti amminoacidi.

Per unire due molecole di amminoacidi è necessaria una reazione di condensazione:

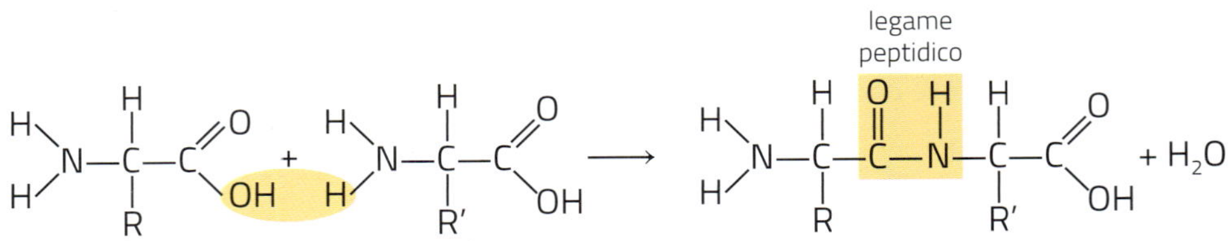

La molecola che si forma dall'unione di due amminoacidi si chiama *dipeptide* e il legame che si ottiene si chiama **legame peptidico**.

Il dipeptide è ancora una molecola dotata di due gruppi funzionali terminali: il gruppo amminico e il gruppo carbossilico. Pertanto questa molecola può dare a sua volta due reazioni di condensazione. Attraverso queste reazioni la catena di amminoacidi si accresce via via fino a formare un *polipeptide*, cioè una catena in cui le unità costituenti possono variare da alcune decine fino ad alcune migliaia.

Prova tu

Spiega perché la reazione di condensazione tra alanina e glicina può portare alla formazione di due diversi dipeptidi.

....

....

....

....

....

....

....

La struttura delle proteine

Di solito una proteina è formata da più di due amminoacidi, ma non necessariamente sono presenti tutti i venti amminoacidi noti. Inoltre ogni proteina è caratterizzata da una sequenza caratteristica di amminoacidi che ne costituisce la *struttura primaria* (▶ Figura 1).

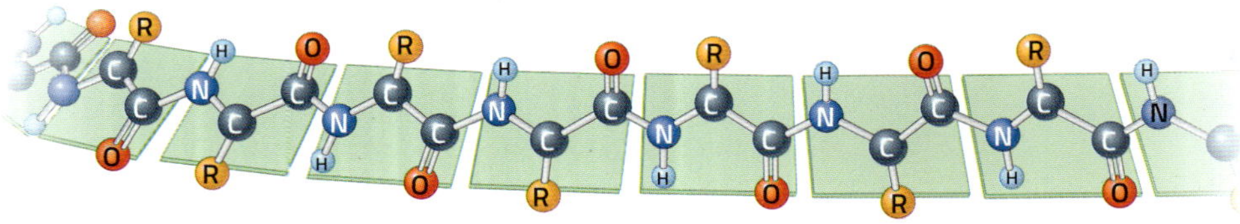

▶ **Figura 1** La struttura primaria è costituita dalla catena formata da più unità di amminoacidi differenti. I gruppi R sono le parti caratteristiche delle molecole di ciascun amminoacido e conferiscono alla catena proteica proprietà specifiche.

Anche i diversi gruppi R che differenziano e caratterizzano gli amminoacidi sono decisivi per stabilire legami chimici tra parti diverse della stessa catena proteica e quindi contribuiscono a determinare la *struttura secondaria* della proteina e le funzioni a cui è destinata (▶ Figura 2).

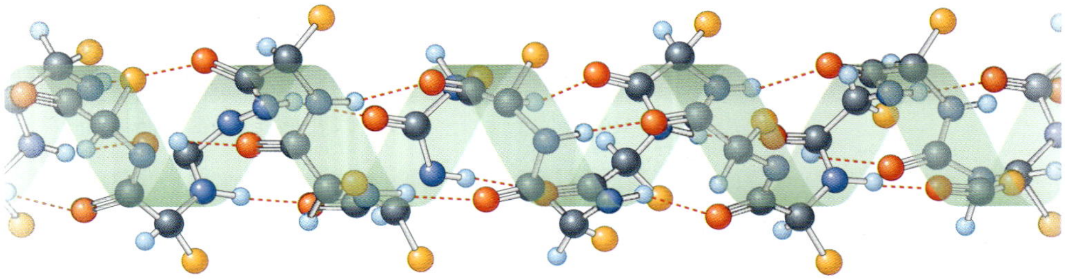

▶ **Figura 2** Nella figura è rappresentata la struttura secondaria a elica di una proteina. La catena si presenta ripiegata a causa della formazione di legami a idrogeno (rappresentati dai trattini rossi).

Possiamo dire che la vita è dotata di una sorta di «alfabeto proteico» formato da un numero di amminoacidi (20) che è soltanto di poco inferiore alle lettere dell'alfabeto e quindi non ci si meraviglia che sia così grande il numero di «parole peptidiche» che la vita ha imparato a scrivere.

Quando gli alimenti proteici giungono nello stomaco avviene la demolizione della struttura proteica: attraverso l'idrolisi dei legami peptidici vengono messi in libertà gli amminoacidi che costituiscono la proteina in modo che nelle cellule, con l'intervento del DNA, essi possano essere utilizzati per preparare le nuove proteine, quelle necessarie ai fabbisogni dell'organismo. Per questo si dice che le proteine degli alimenti contribuiscono alla funzione plastica, cioè alla costruzione e al rinnovo dei tessuti dell'organismo vivente.

Esercizi 4 Le proteine

1 Scegli l'alternativa corretta.
La molecola che si forma dall'unione di due amminoacidi si chiama ***dipeptide/proteina*** e il legame che si ottiene si chiama **legame *glicosidico/legame peptidico*.**

2 Completa la seguente frase scegliendo tra le parole riportate sotto.
Le proteine sono .... costituite da un numero enorme di molecole di .... e la loro struttura .... è costituita dalla sequenza con cui si succedono i diversi ....

molecole, peptidi, macromolecole, dipeptidi, secondaria, amminoacidi, primaria

3 In relazione alle proteine indica le affermazioni vere e quelle false.
a) Tutte le proteine contengono sempre tutti i 20 amminoacidi V F
b) Gli amminoacidi sono i monomeri necessari per formare le proteine V F
c) Le proteine dell'organismo umano sono costituite dagli otto amminoacidi essenziali V F
d) Le proteine ingerite sono utilizzate tal quali per costruire i tessuti del nostro organismo V F
e) Le proteine si formano attraverso una reazione di policondensazione tra amminoacidi V F

4 Che cosa si intende con il termine polipeptide?
A Una molecola formata da due amminoacidi
B Una molecola formata da centinaia di proteine
C Una molecola formata da tutti gli amminoacidi essenziali
D Una molecola formata da migliaia di molecole dello stesso amminoacido
E Una molecola formata da moltissime molecole di amminoacidi

5 Che cosa si intende per struttura secondaria di una proteina?
A Il numero di amminoacidi essenziali che costituiscono la catena proteica
B La sequenza degli amminoacidi che costituiscono la catena proteica
C Il numero dei tipi di amminoacidi che costituiscono la catena proteica
D La forma assunta dalla proteina a causa dei legami tra parti diverse della catena proteica
E La funzione biologica specifica svolta dalla catena proteica

6 Una molecola di dipeptide si forma attraverso un legame che unisce:
A un atomo di carbonio a un atomo di azoto di due amminoacidi
B un atomo di carbonio a un atomo di carbonio di due amminoacidi diversi
C un atomo di azoto a un altro atomo di azoto di due amminoacidi
D un atomo di idrogeno a un atomo di azoto di due amminoacidi
E un atomo di ossigeno a un altro atomo di ossigeno di due amminoacidi

7 Considera le formule di due amminoacidi:

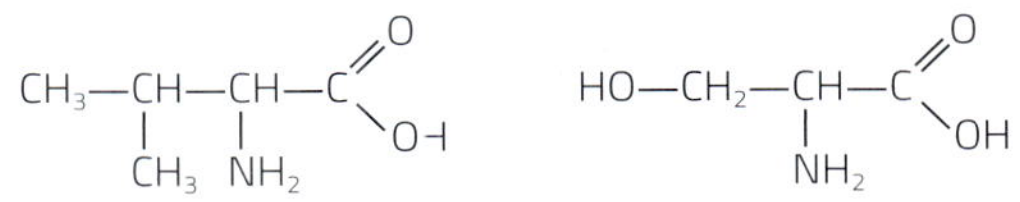

valina serina

Scrivi la formula del prodotto della reazione di condensazione tra i due amminoacidi nel caso in cui il gruppo amminico della valina reagisca con il gruppo carbossilico della serina.

....

8 The primary structure of a protein is determined by:
A the hydrogen bond between amino acids
B the sequence of amino acids in the protein
C the hydrogen bonding in the molecule
D the way amino acids coil around themselves

9 Proteins are polymers of:
A amino acids
B glucose
C lipids
D sucrose

5 Le macromolecole del codice genetico

Lo sviluppo della moderna biologia molecolare parte dalla scoperta della struttura del DNA, la macromolecola in cui è scritto il codice genetico

Il DNA

Due scienziati, l'inglese F. Crick e lo statunitense J.D. Watson, ebbero il merito di individuare la struttura della molecola di DNA (**d**eoxyribo**n**ucleic **a**cid). Questa è la sigla di un acido nucleico presente in ogni cellula e che, assieme a un altro acido nucleico, individuato con la sigla RNA (**r**ibo**n**ucleic **a**cid), è alla base dei processi di riproduzione genetica e quindi della trasmissione della vita.

Seguiremo ora l'esempio dei bambini che di fronte a un giocattolo nuovo e affascinante cominciano a smontarlo per vedere come è fatto e per capire come funziona. Andiamo dunque a scomporre la «costruzione» di Crick e di Watson (▸ Figura 1).

La ▸ Figura 2 mostra le fasi dell'operazione di smontaggio del DNA e i «pezzi» via via ottenuti:

$$\text{acido nucleico} \xrightarrow{H_2O} \text{nucleotidi}$$

$$\downarrow$$

$$\text{nucleotide} \xrightarrow[OH^-]{H_2O} \text{nucleoside} + H_3PO_4$$

$$\downarrow$$

$$\text{nucleoside} \xrightarrow[OH^-]{H_2O} \text{monosaccaride} + \text{base eterociclica}$$

▸ **Figura 1** Watson (a destra) e Crick esaminano il modello di DNA da loro costruito a Cambridge nel 1953. A quell'epoca Watson aveva 25 anni e Crick «già» 37!

▸ **Figura 2**

Il **DNA** (acido deossiribonucleico) è costituito da macromolecole formate da un gran numero di unità strutturali (i nucleotidi) che si ripetono, come nelle proteine.

Consideriamo ora in dettaglio ogni componente del DNA cominciando dalle molecole di monosaccaride e di base eterociclica ottenute per idrolisi: le molecole di monosaccaride sono tutte uguali mentre le molecole di base sono di quattro tipi diversi. Il monosaccaride presente nel DNA è un aldopentoso, esattamente il 2-deossiribosio, che deriva dal ribosio:

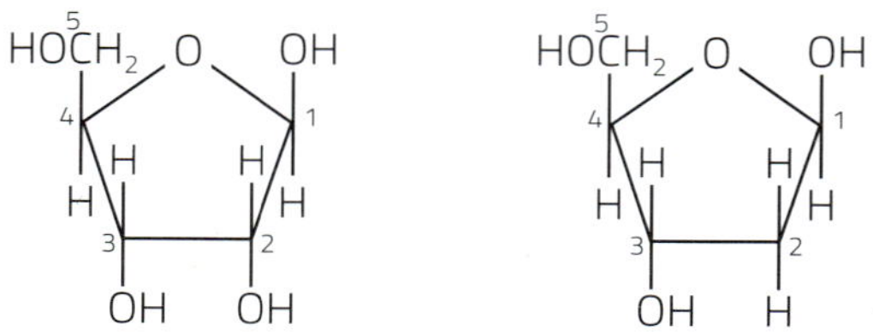

ribosio — 2-deossiribosio

Le quattro basi presenti nel DNA sono basi eterocicliche, dato che le loro molecole presentano sempre strutture cicliche contenenti atomi di carbonio e di azoto. La lettera con cui si abbrevia il nome della base si rivelerà un espediente utile quando dovremo rappresentare la complessa struttura del DNA.

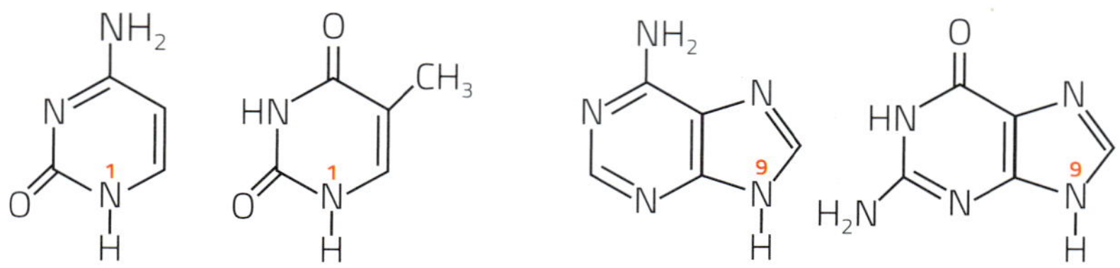

citosina (C) — timina (T) — adenina (A) — guanina (G)

pirimidine — purine

Nella struttura di citosina e timina compare un solo anello; queste basi fanno parte della classe delle pirimidine. Invece, adenina e guanina presentano due anelli e fanno parte della classe delle purine. Le basi puriniche formano legami a idrogeno con le basi pirimidiniche: A può legarsi solo con T, G può legarsi solo con C (▸ Figura 3).

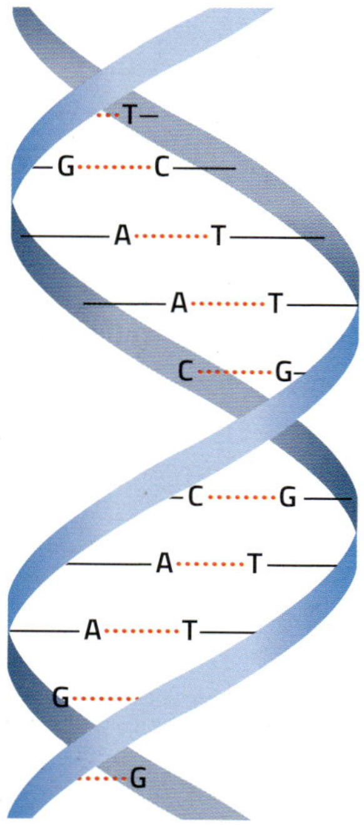

▸ **Figura 3** Il legame si forma tra basi che si trovano su filamenti diversi del DNA.

La struttura del DNA

Con le informazioni acquisite siamo ora in grado di «rimontare» la molecola di DNA. Le basi e il monosaccaride sono stati ottenuti per idrolisi, quindi occorre una reazione di condensazione per riunirli e formare i nucleosidi.

La reazione avviene con eliminazione di una molecola di acqua. Timina e citosina, le basi pirimidiniche, hanno un atomo di idrogeno legato all'atomo di azoto 1 dell'anello: esso si combina con il gruppo ossidrilico legato all'atomo di carbonio 1 del 2-deossiribosio per formare una molecola di acqua.

I nucleosidi originati dalle due basi pirimidiniche sono due, e due sono anche i nucleosidi delle basi puriniche, adenina e guanina. In questo caso la condensazione avviene tra l'atomo di idrogeno legato all'atomo di azoto 9 e lo stesso gruppo ossidrilico del 2-deossiribosio.

I **nucleosidi** sono i composti che si formano dalla reazione di condensazione di un monosaccaride con una base eterociclica.

Nella ▸ Figura 4 riportiamo le equazioni che descrivono le reazioni da cui si ottengono due dei quattro nucleosidi: uno da una pirimidina e uno da una purina.

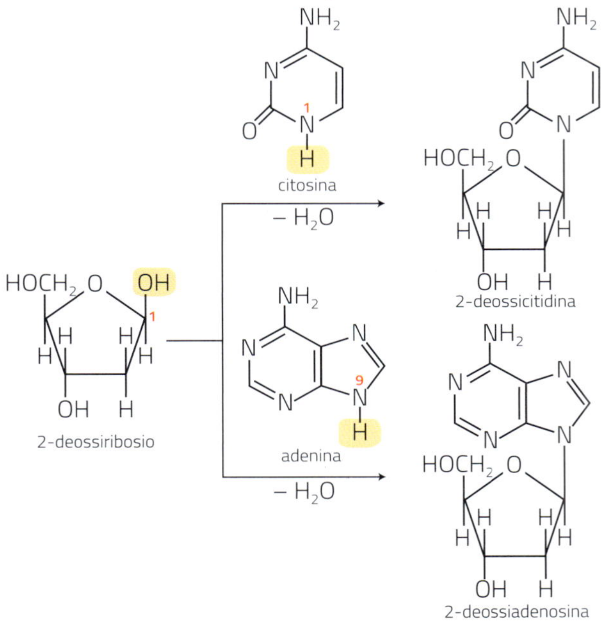

▸ **Figura 4** Nella figura sono evidenziati gli atomi di idrogeno e il gruppo OH coinvolti nelle reazioni di condensazione. Gli altri due nucleosidi ottenuti da timina e guanina si chiamano 2-deossiguanosina e 2-deossitimidina.

Abbiamo così ottenuto le unità strutturali del DNA, i nucleosidi, ma per unirle tra loro occorre l'acido fosforico. Lo schema di smontaggio del DNA di figura 2 mostra che l'acido fosforico si forma assieme al nucleoside a seguito della reazione di idrolisi di un nucleotide. Pertanto per unire l'acido fosforico al nucleoside dobbiamo compiere l'operazione inversa, cioè la reazione di esterificazione tra una molecola di nucleoside e una di acido fosforico, ottenendo così la molecola di *nucleotide*. Per esempio:

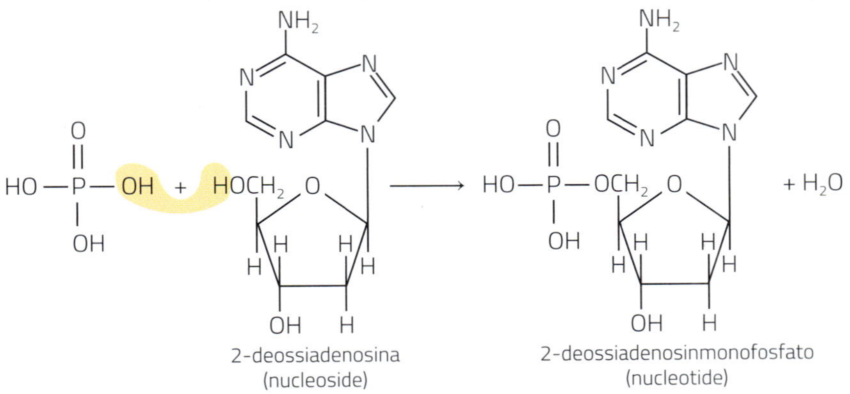

I **nucleotidi** sono le unità ripetitive degli acidi nucleici (DNA e RNA). Sono costituiti da un nucleoside e da un gruppo fosfato.

L'acido fosforico è triprotico e perciò può esterificare altri gruppi ossidrilici: è proprio questa possibilità che consente all'acido di unire tra loro, attraverso una doppia reazione di esterificazione, due molecole di nucleosidi creando una sorta di «ponte fosfato» tra l'atomo di carbonio 3 e l'atomo di carbonio 5 di due nucleosidi diversi:

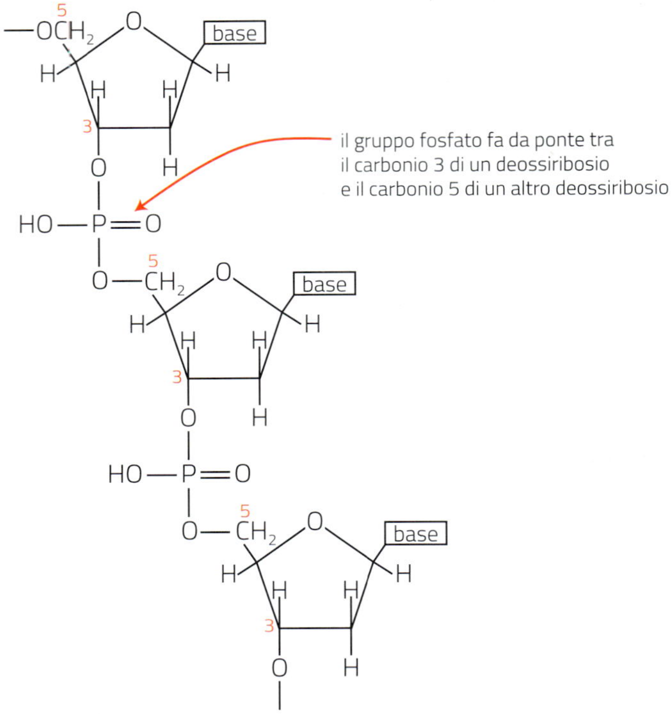

Dato che il DNA è formato da molte unità (alcune migliaia) di nucleotidi, possiamo in definitiva limitarci a schematizzare la sua struttura in questo modo:

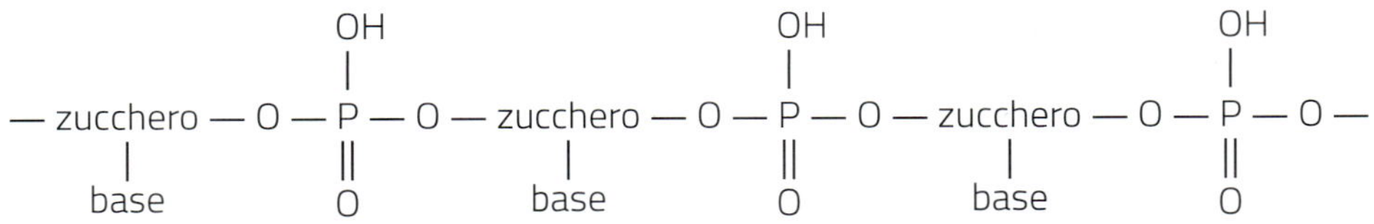

Osserviamo che nella catena ogni gruppo fosfato presenta ancora una funzione acida dovuta alla presenza di un atomo di idrogeno e questo spiega il nome: acido deossiribonucleico.

Un altro acido nucleico fondamentale per la sintesi proteica è l'acido ribonucleico (RNA). Le sue molecole sono molto simili a quelle di DNA al punto che possiamo rapidamente elencare le differenze: il monosaccaride non è 2-deossiribosio ma ribosio; la seconda differenza riguarda una sola delle quattro basi: l'uracile sostituisce la timina(▶ Figura 5).

Acidi nucleici e codice genetico

Gli elementi costitutivi della catena del DNA sono stati dunque individuati e «rimontati» tra loro, ma siamo certi di avere collegato le unità di nucleotide nel modo giusto? In altre parole siamo certi di avere ricostruito proprio il modello di Crick e Watson?

In effetti è necessario riprodurre l'esatta sequenza dei nucleotidi dato che le loro molecole non sono uguali: esse contengono infatti sempre 2-deossiribosio e acido fosforico ma la base eterociclica che è legata allo zucchero può cambiare. Per esempio, i nucleotidi potrebbero essere disposti in modo che i primi 10 seguano l'ordine ATTGCATGCC e ciò porterebbe ad una molecola di DNA diversa da quella in cui i primi dieci nucleotidi fossero invece disposti secondo la sequenza ATTCGTACCG.

I PROTAGONISTI DELLA SCIENZA

ROSALIND ELISE FRANKLIN (1920-1958)
La biofisica britannica Franklin è stata una dei massimi esperti nello studio della struttura dei cristalli. Nel 1951 fu chiamata a lavorare presso la Biophysical Unit del Medical Research del King's College a Londra: lì applicò le sue conoscenze allo studio della molecola del DNA riuscendo per prima a individuare e fotografare la sua forma a elica. Questa immagine fu utilizzata a sua insaputa da Crick e Watson e risultò decisiva per la costruzione del modello di DNA a doppia elica. Il ruolo essenziale della Franklin nella scoperta della doppia elica del DNA venne riconosciuto troppo tardi. Infatti, solo nel 1968 Watson pubblicò «*La doppia elica*», testo nel quale espose la sua versione della scoperta del DNA e nel quale parla della Franklin nei seguenti termini: «*Poiché le mie impressioni sul suo conto dal punto di vista scientifico e personale [...] furono all'inizio spesso sbagliate, voglio dire qui [...] che eravamo giunti ad apprezzare profondamente la sua onestà e la sua generosità, rendendoci conto, troppo tardi, delle lotte che una donna intelligente deve affrontare per essere accettata nel mondo scientifico*».

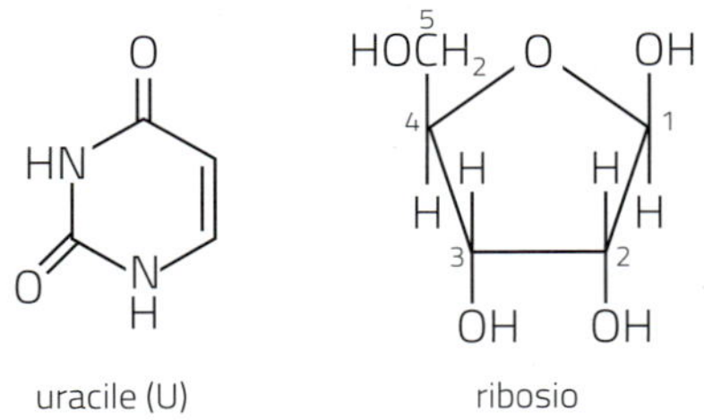

▶ **Figura 5** L'uracile e il ribosio entrano nella composizione dell'acido ribonucleico.

È proprio la sequenza dei nucleotidi che costituisce il **codice genetico**.

Possiamo provare a immaginare a quale enorme varietà di molecole di DNA possono dar luogo anche soltanto quattro tipi diversi di base. Deve essere ben chiaro che ogni molecola di DNA è caratterizzata dalla sequenza con cui si succedono le basi eterocicliche lungo la catena; in altre parole, l'espressione DNA si limita a identificare in modo generico la molecola che contiene le informazioni genetiche, dato che soltanto se si precisa una ben determinata successione di nucleotidi, e quindi una determinata molecola di DNA, vengono individuate esattamente le informazioni genetiche da trasmettere (attraverso le molecole di RNA) nella costruzione delle proteine e nella riproduzione della cellula.

Ma la catena di nucleotidi che abbiamo costruito non è ancora capace di comunicare un messaggio tanto importante; il percorso che abbiamo presentato per mettere in fila i pezzi che la costituiscono non è terminato proprio perché non abbiamo ancora spiegato dove si «nasconde» la capacità intrinseca di contenere informazioni in grado di replicare la vita (▶ Figura 6). Ma questo è un altro capitolo di un altro libro nel quale, oltre alle parole degli scienziati, occorre ascoltare anche quelle dei filosofi e dei teologi.

▶ Figura 6

Esercizi 5 Le macromolecole del codice genetico

1 Individua la base che *non* si trova nel DNA.

A Citosina
B Uracile
C Timina
D Adenina
E Guanina

2 Quali sono i componenti di un nucleotide?

A Due nucleosidi e una base eterociclica
B Due monosaccaridi e acido fosforico
C Due basi eterocicliche e un disaccaride
D Un monosaccaride, un disaccaride e un nucleoside
E Un nucleoside e acido fosforico

3 Quali sono le sostanze che si formano dalla reazione di esterificazione tra acido fosforico e un nucleoside?

A Acqua e base azotata
B Acqua e nucleotide
C Base azotata e acqua
D Acqua e deossiribosio
E Uracile e ribosio

4 Che cosa differenzia il DNA di una persona da quello di un'altra?

A Le basi azotate che costituiscono i nucleotidi
B Il tipo di zucchero che costituisce i nucleotidi
C Le molecole di acido fosforico non neutralizzato presenti nella catena di nucleotidi
D La sequenza con cui si alternano ribosio e deossiribosio
E La sequenza dei nucleotidi che costituiscono la catena

5 Quante molecole di acido fosforico sono necessarie per unire due molecole di nucleosidi?

....

6 In relazione ai monosaccaridi che costituiscono DNA e RNA individua l'affermazione *sbagliata*.

A I loro nomi sono deossiribosio e ribosio
B Sono entrambi aldosi
C Non sono isomeri
D Sono entrambi esosi
E Sono legati a basi eterocicliche

7 Completa lo schema che mostra le tre fasi dello smontaggio di un acido nucleico:

acido nucleico $\xrightarrow{H_2O}$ ....

.... $\xrightarrow[OH^-]{H_2O}$ nucleoside + ...

nucleoside $\xrightarrow[OH^-]{H_2O}$ .... + ...

8 Nella 2-deossitimidina quale base è presente?

A Adenina
B Purina
C Uracile
D Timina
E Citidina

9 La differenza fra i nucleosidi derivanti dall'idrolisi di RNA rispetto a quelli derivanti da DNA è la seguente.

A Quelli derivanti da RNA non possono contenere timina e ribosio, ma uracile e deossiribosio
B Quelli derivanti da RNA non possono contenere uracile e deossiribosio, ma timina e ribosio
C Quelli derivanti da RNA contengono uracile, ribosio e fosfato anziché timina, deossiribosio e fosfato
D Quelli derivanti da RNA contengono soltanto uracile e ribosio mentre quelli derivanti da DNA contengono anche timina e deossiribosio
E Quelli derivanti da RNA contengono uracile e ribosio anziché timina e deossiribosio

10 Which error is present in the following sentence? Complete hydrolysis of a DNA nucleotide furnishes:

a) a heterocyclic base, either a purine or pyrimidine
b) a five-carbon monosaccharide, either ribose or 2-deoxy-ribose
c) a phosphate ion

....

Pagine di scienza L'annuncio di una scoperta sensazionale

Crick e Watson

Desideriamo suggerire una struttura per il sale dell'acido deossiribonucleico (DNA). Tale struttura presenta caratteristiche originali, di notevole interesse biologico. [...] Questa struttura ha due catene elicoidali, ciascuna avvolta a spirale sullo stesso asse.

(Watson, Crick, *Molecular Structure of Nucleic Acids, Nature*, vol. 171, n. 4356, 25 Aprile 1953, pagg. 737-738)

Nel febbraio del 1953 due giovani ricercatori, il fisico inglese Francis Crick e il biologo statunitense James Watson, erano finalmente riusciti a riunire i pezzi della soluzione di un problema che scienziati di tutto il mondo cercavano da tempo di risolvere: il modello della struttura molecolare dell'acido deossiribonucleico (DNA), il portatore del codice genetico, cioè la molecola in grado di trasmettere i caratteri ereditari.

Infatti il 2 aprile 1953 Crick e Watson annunciavano al mondo intero i risultati della loro ricerca con l'articolo «Molecular structure of nucleic acids - A Structure for Deoxyribose Nucleic Acid», apparso sulla rivista scientifica *Nature*.

Un tassello fondamentale per scoprire la struttura fisica della molecola di DNA venne dagli studi di diffrazione a raggi X. Gli studi di diffrazione erano di pertinenza del King's College di Londra, e dalle immagini ottenute si capiva che il DNA dovesse avere una struttura cristallina regolare. Furono due gli scienziati impegnati in queste ricerche: il biologo neozelandese naturalizzato britannico Maurice Wilkins e soprattutto la biofisica britannica Rosalind Elise Franklin.

Per costruire il loro famoso modello di DNA a doppia elica Crick e Watson avevano bisogno di un fondamento sperimentale. Wilkins segretamente mostrò a Watson un'immagine della forma B idrata del DNA, la ormai celebre foto 51 (▶ Figura A), realizzata dalla Franklin, nella quale si vede chiaramente la forma di un'elica. Nel 1962 Crick, Watson e Wilkins ricevettero il premio Nobel per la medicina e la fisiologia per la loro scoperta sul DNA, mentre la Franklin, morta nel 1958, non poté avere questo riconoscimento perché i premi Nobel, per statuto, possono essere assegnati solo a scienziati viventi.

Riportiamo di seguito quasi integralmente la traduzione del famoso articolo di Crick e Watson.

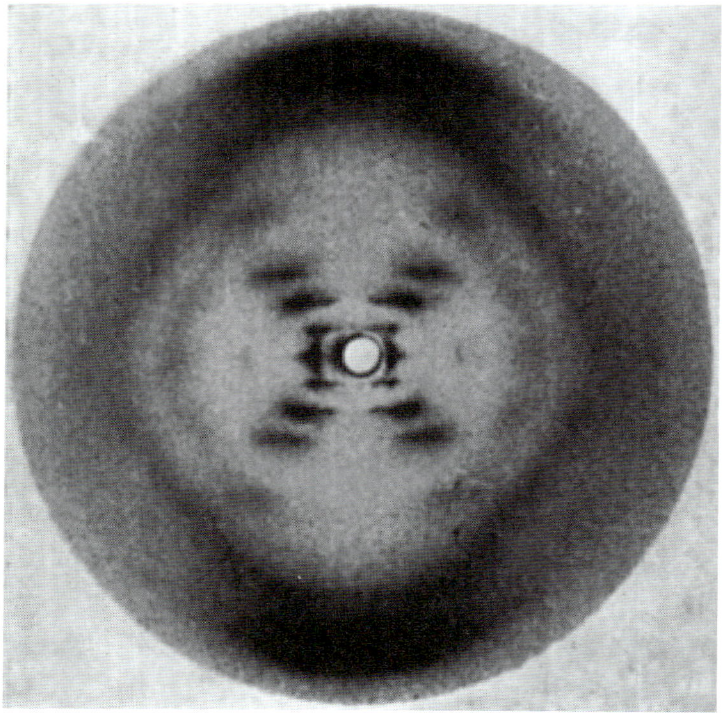

▶ **Figura A** La foto 51.

Struttura molecolare degli acidi nucleici

Una struttura per gli acidi nucleici è stata già proposta da Pauling e Corey. Questi Autori gentilmente ci hanno fornito il loro manoscritto prima della pubblicazione. Il loro modello consiste in tre catene attorcigliate, con i gruppi fosfato vicini all'asse della fibra, e le basi all'esterno. Secondo noi, questa struttura non è soddisfacente per due ragioni: (1) Riteniamo che il materiale che dà i diagrammi ai raggi X sia il sale, non l'acido libero. Senza gli atomi acidi di idrogeno non è chiaro quali forze possano mantenere stabile la struttura, considerando specialmente che i fosfati in prossimità dell'asse, carichi negativamente, si respingono a vicenda. (2) Alcune tra le distanze di van der Waals appaiono essere troppo esigue.

Un'altra struttura a tre catene è stata inoltre suggerita da Fraser (in stampa). Nel suo modello i fosfati sono all'esterno e le basi all'interno, tenute assieme da legami idrogeno. Questa struttura, come

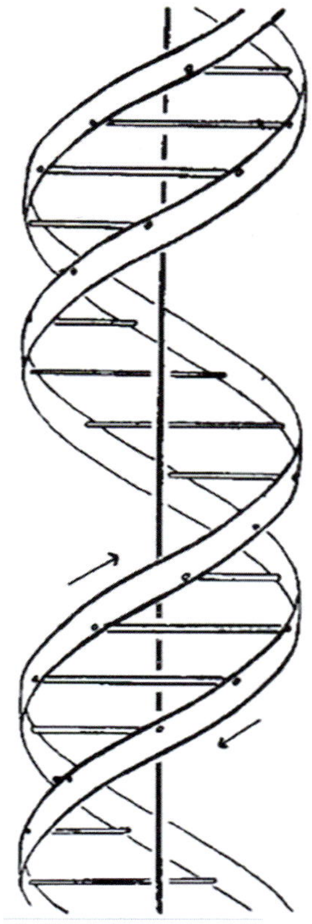

descritta, è abbastanza maldefinita, e per tale motivo non la commentiamo.

Desideriamo proporre una struttura radicalmente diversa per il sale dell'acido deossiribonucleico. Questa struttura ha due catene elicoidali, ciascuna avvolta a spirale sullo stesso asse.

Abbiamo fatto le solite ipotesi chimiche, cioè che ciascuna catena consista di gruppi diesterici fosfato uniti a residui di b-D-deossiribofuranosio mediante legami 3´, 5´. Le due catene (ma non le loro basi) sono correlate da una diade perpendicolare all'asse della fibra. Entrambe le catene presentano un andamento elicoidale destrorso, ma a causa della presenza della diade, le sequenze degli atomi nelle due catene vanno in direzioni opposte. Ciascuna catena ricorda approssimativamente il modello N. 1 di Furberg, cioè le basi si trovano all'interno dell'elica e i fosfati all'esterno. La configurazione dello zucchero e degli atomi ad esso vicini è aderente alla «configurazione standard» di Furberg, essendo lo zucchero grossolanamente perpendicolare alla base a esso legata. È presente un residuo su ciascuna catena ogni 3,4 Å nella direzione-z. Abbiamo assunto un angolo di 36° tra residui adiacenti sulla stessa catena, cosicché la struttura si ripete dopo 10 residui su ciascuna catena, cioè dopo 34 Å. Poiché i fosfati sono all'esterno, i cationi hanno un facile accesso a essi.

Si tratta di una struttura aperta, con un contenuto d'acqua piuttosto elevato. Con un minore contenuto acquoso ci si attende un inclinamento delle basi che permetterebbe alla struttura di diventare più compatta.

La caratteristica originale della struttura è rappresentata dal modo con cui le due catene sono tenute assieme dalle basi puriniche e pirimidiniche. I piani delle basi sono perpendicolari all'asse della fibra. Esse sono unite a coppie, una singola base su una catena unita mediante legami idrogeno a una singola base sull'altra catena, in modo tale che le due basi giacciono fianco a fianco con coordinate-z identiche. Affinché il legame possa avvenire, una base della coppia deve essere una purina e l'altra una pirimidina. I legami idrogeno sono formati come segue: purina posizione 1 con pirimidina posizione 1; purina posizione 6 con pirimidina posizione 6.

Se assumiamo che nella struttura le basi si presentino solamente nelle loro forme tautomeriche più plausibili (cioè, nella configurazione chetonica e non enolica), si trova che solamente coppie specifiche di basi si possono legare. Queste coppie sono: adenina (purina) con timina (pirimidina), e guanina (purina) con citosina (pirimidina).

In altre parole, se una adenina è un membro della coppia, su una qualsiasi delle due catene, allora in base a queste supposizioni, l'altro membro deve essere una timina; lo stesso per guanina e citosina. La sequenza delle basi su una singola catena non sembra essere limitata in alcun modo. Tuttavia, se possono essere formate solo specifiche coppie di basi, ne consegue che, data la sequenza di basi su una catena, la sequenza sull'altra catena viene determinata automaticamente.

Sperimentalmente è stato determinato che il rapporto fra la quantità di adenina e timina e il rapporto fra guanina e citosina sono sempre molto vicini all'unità per l'acido deossiribonucleico.

È probabilmente impossibile costruire questa struttura con lo zucchero ribosio al posto del deossiribosio, poiché l'atomo in più di ossigeno comporterebbe un contatto di van der Waals troppo ravvicinato.

I dati ai raggi X precedentemente pubblicati sull'acido deossiribonucleico non sono sufficienti per testare rigorosamente la nostra struttura. Per quanto si possa dire finora, la struttura è grosso modo compatibile con i dati sperimentali, ma essa deve ritenersi ancora non dimostrata finché non verificata da risultati più rigorosi. Alcuni di questi sono presentati nelle comunicazioni che seguono. Noi non eravamo al corrente dei dettagli dei risultati presentati qui sotto quando abbiamo ideato la nostra struttura, la quale si basa principalmente se non interamente su dati sperimentali pubblicati e su argomenti di stereochimica.

Non è sfuggito alla nostra attenzione il fatto che l'appaiamento specifico che abbiamo postulato suggerisce immediatamente un possibile meccanismo di copiatura del materiale genetico.

I dettagli completi della struttura compresi i parametri scelti per la sua costruzione, assieme a un insieme di coordinate per gli atomi, verranno pubblicati in altra sede. [...]

dal sito: http://www.fisicamente.net/FISICA/index-923.htm
(Traduzione italiana a cura del prof. Alberto Turco)

Mappa di sintesi

LOSAI?

Molecole, macromolecole e codice genetico

I **composti polifunzionali** sono composti organici in cui sono presenti due o più gruppi funzionali:

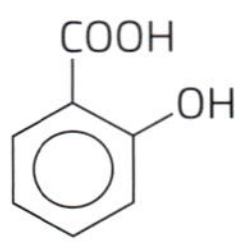

idrossiacido

Gli **amminoacidi** contengono sia il gruppo funzionale amminico sia quello carbossilico.

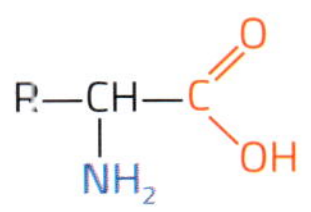

Gli **enantiomeri** sono stereoisomeri costituiti da molecole che sono l'una l'immagine speculare dell'altra e pertanto non sono sovrapponibili.

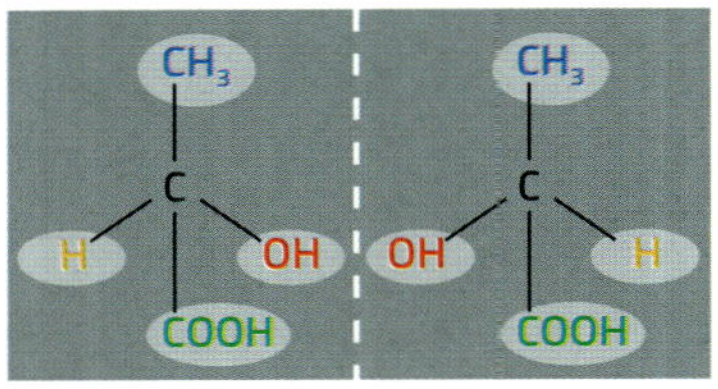

Lipidi, **glucidi** e **protidi** sono i nutrienti fondamentali per l'organismo.

I **grassi** e gli **oli** fanno parte di una più vasta categoria di composti che sono chiamati lipidi.

I **trigliceridi** traggono origine dalla reazione di condensazione tra una molecola di glicerina e tre molecole di acidi grassi:

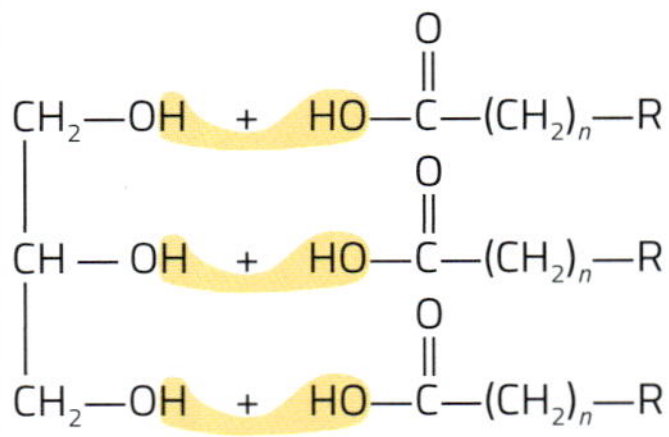

I **carboidrati** vengono classificati in glucidi semplici o zuccheri (monosaccaridi e disaccaridi) e glucidi macromolecolari (polisaccaridi). Sono polisaccaridi l'amido, la cellulosa e il glicogeno.

Il **legame glicosidico** è il legame che si forma a seguito della reazione di condensazione tra due molecole di monosaccaridi.

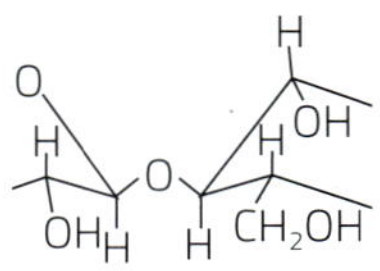

Acidi nucleici:
DNA (acido deossiribonucleico)
RNA (acido ribonucleico)

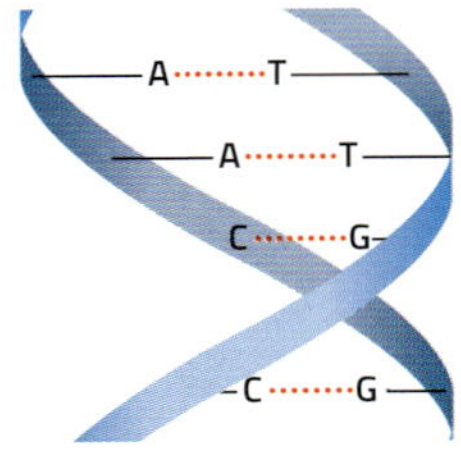

I **nucleotidi** sono le unità ripetitive degli acidi nucleici. Sono costituiti da un nucleoside e da un gruppo fosfato.

I **nucleosidi** sono i composti che si formano dalla reazione di condensazione di un monosaccaride con una base eterociclica.

Le **proteine** o protidi sono macromolecole presenti in tutte le cellule viventi e sono costituite dalla successione di unità, gli amminoacidi.

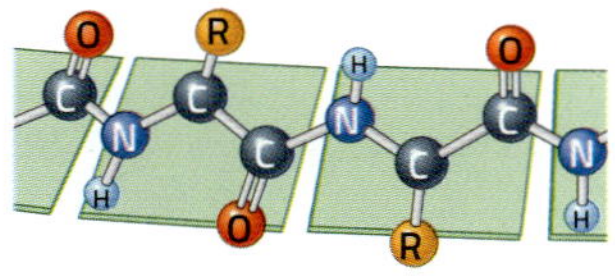

Il **legame peptidico** è il legame che si forma a seguito della reazione tra il gruppo carbossilico e il gruppo amminico di due amminoacidi.

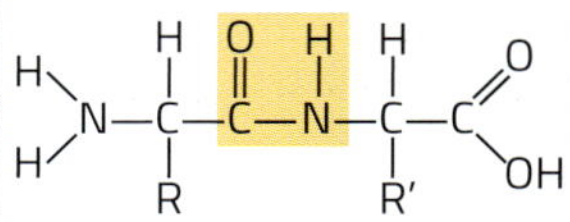

La **struttura primaria** di una proteina è costituita dalla sequenza degli amminoacidi che la compongono.
La **struttura secondaria** di una proteina discende dai legami chimici tra parti diverse della stessa catena proteica.

SEI PRONTO PER LA VERIFICA?

In 1 ora
Totale 100 punti

1 Completa la tabella indicando accanto a ogni sostanza le molecole che si ottengono dalla sua idrolisi: **[8 punti]**

amido	....
polipeptide	....
trioleato di glicerina	....
2-deossicitidina	....

2 L'immagine è relativa a: **[5 punti]**

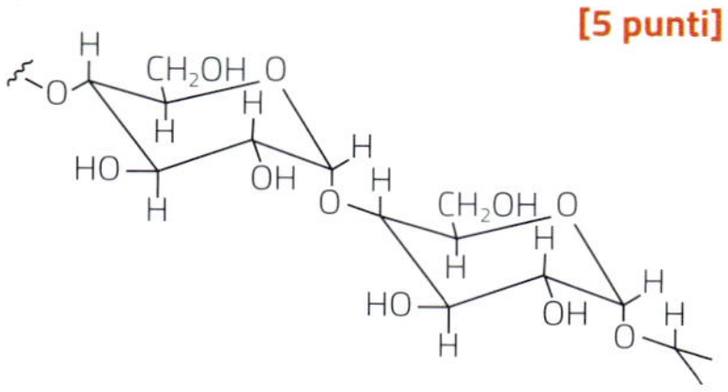

A un trigliceride
B un polisaccaride
C una proteina
D un nucleoside
E un acido grasso

3 Quale delle seguenti sostanze *non* contiene atomi di azoto? **[7 punti]**

A 2-deossiadenosina
B Un dipeptide
C Un nucleotide
D Galattosio
E Emoglobina

4 Scrivi la formula condensata dell'acido grasso che si ottiene idrogenando un acido grasso monoinsaturo che è formato da 14 atomi di carbonio. **[7 punti]**

.... ovvero ....

5 Con una reazione di idrogenazione totale dell'acido α-linolenico ($C_{18}H_{30}O_2$) si ottiene l'acido stearico. Scrivine la formula molecolare. **[7 punti]**

....

6 Come si chiama il legame che si forma tra il gruppo carbossilico della glicina e il gruppo amminico della alanina? **[5 punti]**

A Glicosidico
B Peptidico
C Lipidico
D Estereo
E Fosfolipidico

7 Considera le seguenti formule: **[8 punti]**

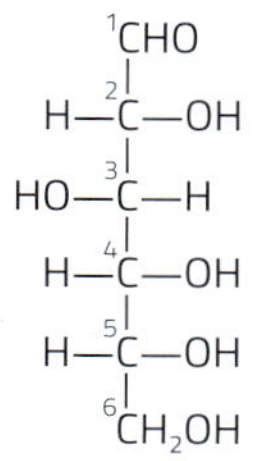

glucosio

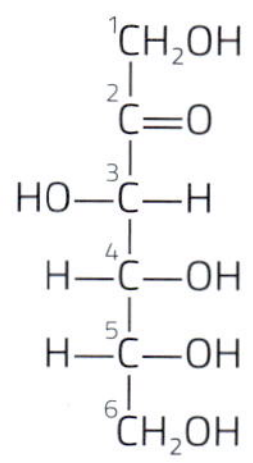

fruttosio

Ci sono più atomi di carbonio asimmetrici nella molecola di fruttosio o in quella di glucosio? **[7 punti]**

....

8 L'acido palmitico è un acido grasso che ha formula $C_{15}H_{31}COOH$. Pertanto il tripalmitato di glicerina è un grasso saturo o insaturo? **[7 punti]**

....

9 In uno zwitterione qual è l'atomo che è caricato positivamente? **[8 punti]**

....

10 La formula dell'acido lattico è la seguente: **[8 punti]**

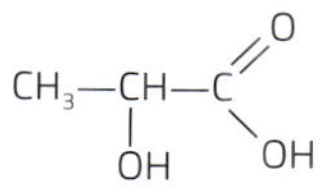

Indica le affermazioni vere e quelle false.

a) È un composto bifunzionale V F
b) Nella molecola ci sono due gruppi funzionali —OH V F
c) L'atomo di carbonio del gruppo carbossilico è il centro chirale V F
d) Il dolore muscolare che provoca scompare se viene ossidato ad acido piruvico V F

11 Scrivi la formula dei due amminoacidi che si ottengono dalla reazione di idrolisi di un dipeptide che ha la seguente formula: **[8 punti]**

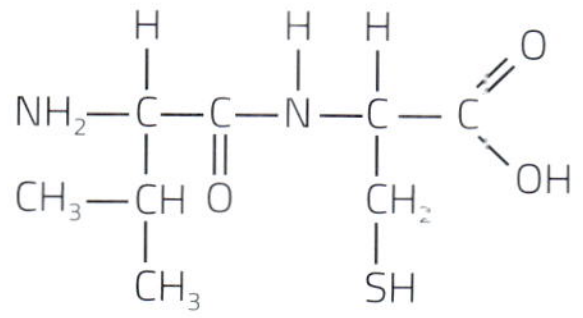

12 Tutti gli amminoacidi che partecipano alla sintesi proteica sono di tipo α. Questa precisazione significa che: **[7 punti]**

A il gruppo amminico precede quello carbossilico
B il gruppo amminico è legato all'atomo di carbonio del gruppo carbossilico
C il gruppo amminico è legato a un atomo di carbonio asimmetrico
D i due gruppi funzionali sono legati allo stesso atomo di carbonio
E nessuna delle affermazioni precedenti è corretta

13 The group of compounds known as carbohydrates received their general name because of early observations that they often have the formula $C_x(H_2O)_y$, that is, they appear to be «hydrates of carbon». **[8 punti]**

a) What are the values of *x* and *y* in glucose and in sucrose?

....

b) Why is *x* different from *y* in sucrose?

....

....

14 In animals, specialized cells called adipocytes synthesize and store triglycerides. The adipose tissue is most abundant in the abdominal cavity and subcutaneous layer. Men have a fat content of about 21%, women about 26%. This fat content is sufficient to enable us to survive starvation for 2-3 months. By contrast, glycogen can provide one day's energy needs. **[7 punti]**

a) Calculate the mass of fat tissue present in your body.

....

b) Which type of compound is glycogen?

....

CLIL Chemistry highlights

Healthy diet

1. Match each word with its definition

1. Hydroxy acids ....
2. Proteins ....
3. Carbohydrates or sugars ....
4. Triglycerides ....
5. Amino acids ....

a. Fats obtained by the esterification reaction between glycerine and one or more fatty acids.
b. Polyfunctional compounds which contain the hydroxyl (—OH) functional group, with a carboxyl (—COOH) functional group.
c. Chains of amino acids in sequence.
d. Organic compounds containing both an amino ($—NH_2$) and a carboxyl (—COOH) group.
e. Organic compounds containing the aldehyde or carbonyl group together with the hydroxyl functional group (—OH).

2. Read the text and fill in the gaps with the words given

unsaturated – sodium – saturated – starchy – sugars

Consuming a healthy diet throughout the lifecourse helps prevent malnutrition in all its forms as well as a range of non-communicable diseases and conditions. But the increased production of processed food, rapid urbanization and changing lifestyles have led to a shift in dietary patterns. People are now consuming more foods high in energy, fats, free sugars or salt/......................, and many do not eat enough fruit, vegetables and dietary fibre such as whole grains.
The exact make-up of a diversified, balanced and healthy diet will vary depending on individual needs (e.g. age, gender, lifestyle, degree of physical activity), cultural context, locally available foods and dietary customs. But basic principles of what constitute a healthy diet remain the same.

For adults A healthy diet contains:

- Fruits, vegetables, legumes (e.g. lentils, beans), nuts and whole grains (e.g. unprocessed maize, millet, oats, wheat, brown rice).
- At least 400 g (5 portions) of fruits and vegetables a day. Potatoes, sweet potatoes, cassava and other .... roots are not classified as fruits or vegetables.
- Less than 10% of total energy intake from free sugars which is equivalent to 50 g (or around 12 level teaspoons) for a person of healthy body weight consuming approximately 2000 calories per day, but ideally less than 5% of total energy intake for additional health benefits. Most free .... are added to foods or drinks by the manufacturer, cook or consumer, and can also be found in sugars naturally present in honey, syrups, fruit juices and fruit juice concentrates.

- Less than 30% of total energy intake from fats. .... fats (e.g. found in fish, avocado, nuts, sunflower, canola and olive oils) are preferable to .... fats (e.g. found in fatty meat, butter, palm and coconut oil, cream, cheese, ghee and lard). Industrial trans fats (found in processed food, fast food, snack food, fried food, frozen pizza, pies, cookies, margarines and spreads) are not part of a healthy diet.
- Less than 5 g of salt (equivalent to approximately 1 teaspoon) per day and use iodized salt.

[Tratto da: *http://www.who.int/mediacentre/factsheets/fs394/en/*]

3. Now listen and check

4. Answer the following questions

a. It is preferable to consume which types of cereal?

....

....

b. Which salt is indicated as the best?

....

....

c. Give examples of «free sugars» normally added to foods and beverages.

....

....

YOUR GLOSSARY

non-communicable diseases = malattie non trasmissibili

....

COMPITI DI REALTÀ

1 Le proprietà delle sostanze

Nella tabella sono rappresentate le molecole di tre sostanze organiche.

Modello molecolare	Formula condensata	Nome	MM	t_f	t_e	Solubilità in acqua
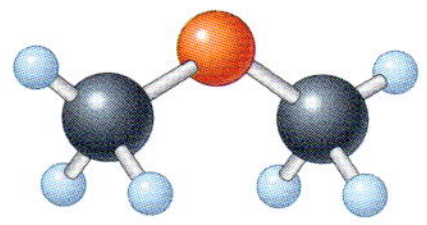						
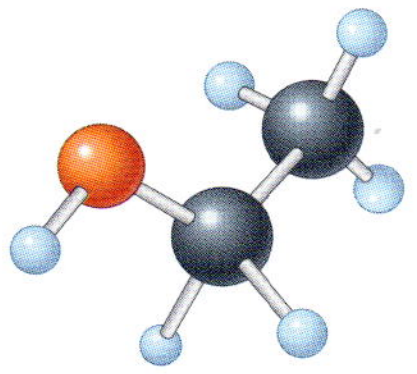						
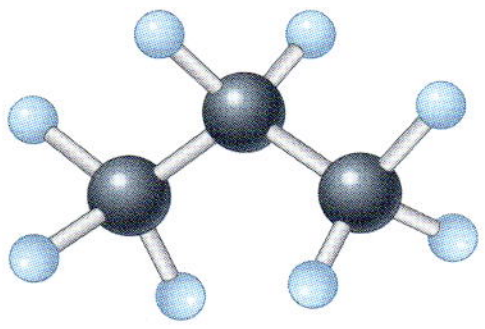						

a. Completa la tabella riportando tutte le richieste mancanti.
b. Indica se i tre composti sono isomeri.
c. Spiega perché i tre composti hanno proprietà fisiche così diverse.
d. Perché è possibile stabilire un confronto tra queste proprietà?

2 È vero che i nitrati e i nitriti sono cancerogeni?

I nitrati e i nitriti vengono utilizzati come conservanti e aggiungono sapore e colore alle carni lavorate. L'Agenzia Internazionale per la Ricerca sul Cancro (**IARC**), organo dell'Organizzazione Mondiale della Sanità, ha classificato i nitrati e i nitriti ingeriti come *probabilmente cancerogeni per gli esseri* umani (Gruppo 2A).
I nitrati e i nitriti di per sé non sono cancerogeni, ma possono andare incontro, sia a causa dell'azione del metabolismo sia attraverso la cottura, a una serie di trasformazioni chimiche che li convertono in N-nitrosammine, composti che invece sono considerati cancerogeni.
I nitrati si trovano naturalmente in diversi alimenti, tra cui le verdure (bietole, sedano, rape, spinaci), e nell'acqua potabile. Di per sé, i nitrati sono innocui. Possono però essere convertiti in nitriti dall'azione delle ghiandole salivari nella bocca. I nitriti, a loro volta, possono combinarsi con altre molecole, le ammine, presenti negli alimenti ricchi di proteine come carne, salumi, formaggi, a formare le **N-nitrosammine**, che sono invece cancerogene.
La formazione di nitrosammine avviene spontaneamente nell'organismo umano: nell'ambiente fortemente acido dello stomaco i nitriti si convertono in acido nitroso, che a sua volta si combina facilmente con le ammine a dare le nitrosammine. Anche la **cottura** ad alte temperature, come la frittura, favorisce la conversione di nitriti in nitrosammine.
I nitriti sono utilizzati come conservanti perché sono essenziali a impedire lo sviluppo di microorganismi patogeni potenzialmente molto pericolosi, tra cui il *Clostridium botulinum* che causa il botulino.
Le attuali normative di legge che regolano l'uso dei nitriti come additivi alimentari sono basate sul principio che consente il loro utilizzo **in piccole quantità** per i cibi in cui il rischio per la salute di una possibile contaminazione da botulino è molto maggiore del rischio di aumentare la probabilità di tumore. In ogni caso, il limite massimo di nitrito ammissibile per la legge italiana è di 150 milligrammi per chilogrammo di prodotto alimentare.
L'assunzione alimentare prolungata di grandi quantità di nitriti è associata con un aumento del rischio di sviluppo del cancro allo stomaco e del cancro all'esofago. Andrebbero quindi evitati o fortemente ridotti i cibi contenenti nitrito di potassio (E249), nitrito di sodio (E250) e nitrato di potassio (E252), presenti soprattutto nella carne in scatola, negli insaccati e nelle carni lavorate. Infine, alcuni antiossidanti come la vitamina C (E300) e suoi derivati,

come l'ascorbato di sodio (E301) e l'ascorbato di potassio (E303) inibiscono la formazione di nitrosammine da nitrati e nitriti e per questo vengono spesso sfruttati in abbinamento nell'industria alimentare.

Tratto da *http://www.airc.it/cancro/disinformazione/additivi-conservanti-alimentari/*

a. Quali reazioni chimiche trasformano i nitrati in acido nitroso?

b. La reazione di formazione delle nitrosammine in ambiente fortemente acido può essere così schematizzata:

$$H{-}O{-}N{=}O + H^+ \rightarrow N{=}O^+ + H_2O$$
$$N{=}O^+ + R_2NH \rightarrow R_2N{-}NO + H^+$$

Quali ammine partecipano alla reazione?

c. Perché la vitamina C e i suoi derivati inibiscono la formazione di nitrosammine?

3 Bioplastica

Il termine bioplastica comprende tutte le famiglie di materiali plastici originati da biomassa (bio-based), biodegradabili o entrambi.

Il termine bio-based significa che il materiale o il prodotto è totalmente o parzialmente derivato da biomassa (piante). La biomassa utilizzata nelle bioplastiche deriva, per esempio, da mais, canna da zucchero o cellulosa.

Il termine biodegradabile invece si riferisce al processo chimico durante il quale i microrganismi presenti nell'ambiente trasformano i materiali in sostanze naturali come acqua, anidride carbonica e biomassa (senza l'uso di additivi artificiali). Il processo di biodegradazione è influenzato dalle condizioni ambientali (es. luogo e temperatura), dal materiale e dall'applicazione (Fonte: *en.european-bioplastics.org)*

Per illustrare questo tipo di classificazione la *European Bioplastics* ha introdotto un modello a due assi in cui possono essere inseriti tutti i tipi di plastica, e le loro combinazioni. Tale modello è riportato in ▸ Figura 1.

Secondo questa classificazione vengono identificati quattro tipi di plastica, distinti sull'asse orizzontale in plastica biodegradabile e plastica non-biodegradabile e sull'asse verticale in plastica derivata da fonti rinnovabili o da materiali petrolchimici.

I quattro gruppi di plastiche che ne derivano sono:

- Plastiche non-biodegradabili di origine petrolchimica, tra cui le plastiche tradizionali (es. PE, PP, PET)
- Plastiche biodegradabili di origine naturale, cioè plastiche originate da biomassa e aventi la proprietà di biodegradare (es. PLA, PHA, derivati dell'amido)
- Plastiche biodegradabili di origine petrolchimica, cioè plastiche che possono biodegradare ma sono prodotte a partire da fonti fossili (es. PBAT, PBS, PCL)
- Plastiche non biodegradabili derivate da fonti rinnovabili, cioè plastiche prodotte a partire dalla biomassa ma che non possiedono la proprietà di biodegradare (es. bio-PE, Biobased PET)

Costruisci 3 slide per rispondere alle seguenti domande.

a. Il processo di biodegradazione avviene quando i microrganismi presenti nell'ambiente (per esempio batteri, funghi, alghe) riconoscono la plastica come cibo, dunque la consumano e la digeriscono. La biodegradazione può avvenire in condizioni aerobiche o anaerobiche. Quale differenza esiste tra i due processi e quali prodotti si ottengono nei due casi?

b. Spiega le differenze esistenti tra i polimeri contrassegnati con le sigle PE e bio-PE.

c. L'acido polilattico (PLA) è un poliestere alifatico prodotto per policondensazione di acido lattico (ricavato da amido di mais con il metodo della fermentazione batterica). Indica quali sono le caratteristiche di questo polimero e rappresentane la formula.

▸ **Figura 1**

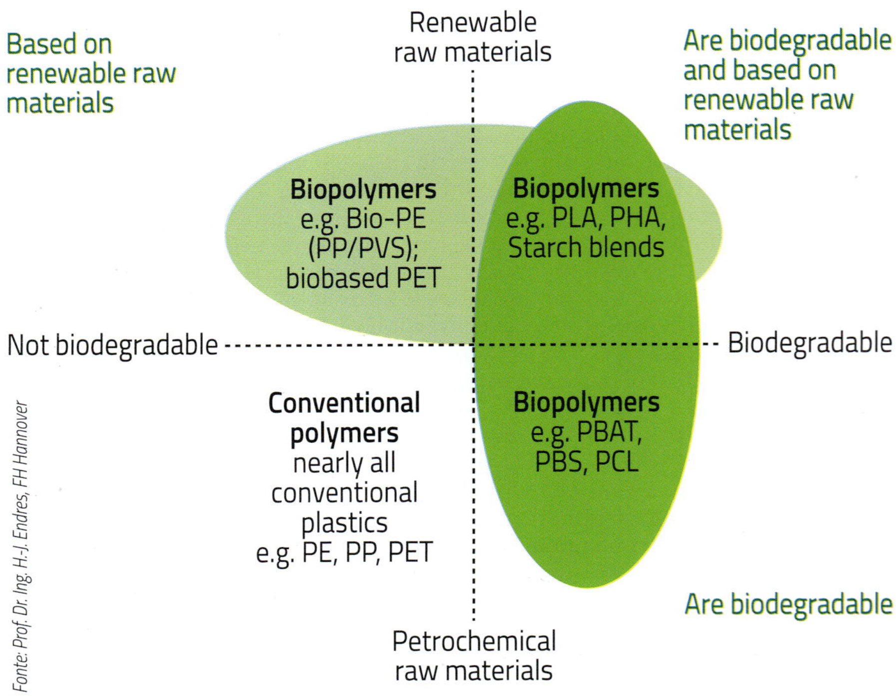

Fonte: Prof. Dr. Ing. H.-J. Endres, FH Hannover

Appendice

Soluzioni dei *Prova tu* e dei *Sei pronto per la verifica*

Capitolo 1

Prova tu

Pagina 3

a) Chiuso **b)** Qualitativa **c)** Massa **d)** Kilogrammo

Pagina 7

a) bromo boro calcio radon meitnerio bromo

b) ronda-radon sindaco-scandio lodigiano-gadolinio

Sei pronto per la verifica? pagina 17

1 **C**

2 **C E**

3 **A C D**

4 **A**

5 Evaporazione, ebollizione, condensazione

6 Le molecole si staccano dal solido e diventano libere di occupare tutto lo spazio a disposizione

7 Le particelle nel ghiaccio sono tutte uguali mentre nell'acciaio, un miscuglio omogeneo, vi sono particelle diverse

8 **B**

9 **E**

10 Se le due lettere sono entrambe maiuscole si tratta di una formula, se la prima è maiuscola e la seconda è minuscola si tratta di un simbolo

11 **A B D G**

12

Situazione	Stato di aggregazione iniziale	Passaggio di stato	Stato di aggregazione finale
Ghiaccio secco	solido	sublimazione	aeriforme
Sudore sulle mani	liquido	evaporazione	aeriforme
Cubetti di ghiaccio in un bicchiere	solido	fusione	liquido
Lava nel mare	liquido	solidificazione	solido

13 **B**

14 **a)** **F** **b)** **T** **c)** **T** **d)** **F** **e)** **F** **f)** **F** **g)** **T**

Capitolo 2

Prova tu

Pagina 22

1 La minor quantità di sostanza raggiunge più rapidamente la temperatura di fusione; per lo stesso motivo anche la sosta termica ha una durata minore.

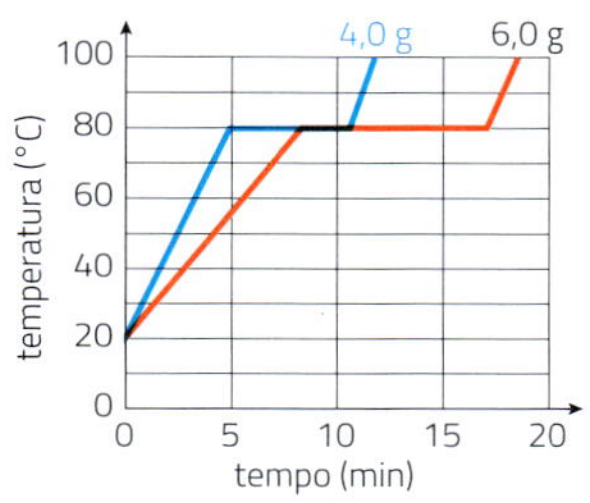

2 Benzene o etanolo. Entrambe le sostanze hanno temperature di ebollizione compatibili con il valore indicato nell'ambito degli errori sperimentali.

Pagina 27 48

Sei pronto per la verifica? pagina 31

1 I 2 kg di glicerina richiedono 350 kJ ma la temperatura di fusione è fissa, cioè 18 °C

2 **E**

3 **B**

4 **a)** Y **b)** 40 °C **c)** Fusione **d)** Nel tratto da 4 a 8 min (sosta termica) **e)** Sì, nella curva di X non si individuano le temperature fisse pertanto l'identificazione della sostanza non è possibile **f)** Nel punto più alto della curva al tempo 12 min

5 **a)** **C** **b)** **A** **c)** **D**

6 **a)** 96,09 u **b)** 223,21 u **c)** 92,09 u

7

Stato iniziale	$t_1 = 21$ °C	$p_1 = 156$ bar
Stato finale	$t_2 = 35$ °C	$p_2 = 163$ bar

8 303 K o 30 °C

9

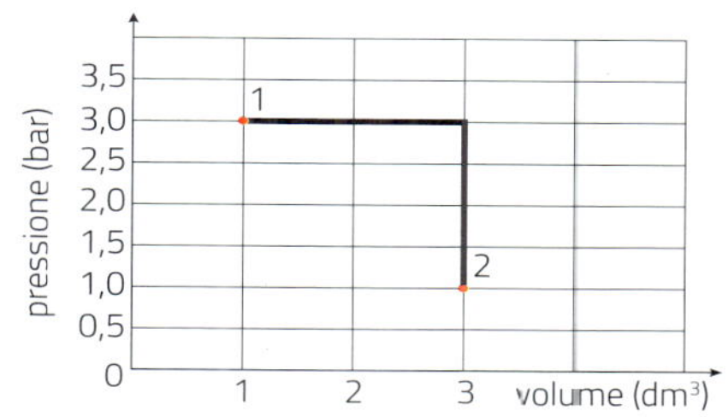

Aumenta durante la trasformazione isòbara e poi diminuisce durante la trasformazione isocòra

10 **C**

11 **A**

12 **A**

Capitolo 3

Prova tu

Pagina 34 2,4 g

Pagina 35 **2)** 120 g; **3)** 50%

Pagina 36 Sì, con la stessa massa di rame (per esempio 0,50 g) si combinano quantità di cloro una il doppio dell'altra (0,25 g nel composto A e 0,50 g nel composto B)

Pagina 38 Una trasformazione chimica. Il cambiamento di colore della soluzione

Pagina 39 $C_2H_6O_2$

Sei pronto per la verifica? pagina 45

1 **a)** **V** **b)** **F** **c)** **V** **d)** **F** **e)** **F** **f)** **F**

2 $MM_{glicina} = 75,07$ u; C: 32,00%; H: 6,714%; N: 18,66%; O: 42,63%

3 $m_{Ti}/m_O = 1,49$

4 **a)** $m_C/m_H = 4,78$ **b)** 17,3%

5 **a)** $C + H_2O \rightarrow H_2 + CO$ **b)** 20 g

6 $m_K = 0,781$ g; $m_{Cl} = 0,709$ g

7 **a)** $1\ Al_2O_3 + 3\ H_2SO_4 \rightarrow 1\ Al_2(SO_4)_3 + 3\ H_2O$
b) $1\ C_4H_9OH + 6\ O_2 \rightarrow 4\ CO_2 + 5\ H_2O$
c) $2\ Al + 6\ HClO_4 \rightarrow 2\ Al(ClO_4)_3 + 3\ H_2$
d) $2\ Fe(OH)_3 + 3\ CO_2 \rightarrow 1\ Fe_2(CO_3)_3 + 3\ H_2O$

8 **a**) Nel solfuro di nichel **b**) $m_{Ni}/m_S = 1{,}83$
c) $m_{Zn} = 67{,}1$ g; $m_S = 32{,}9$ g

9 **a**) Un po' più di 100 kg **b**) Circa 0,9

10 $m_C/m_O = 0{,}7506$

11 **B D**

12 **D**

Capitolo 4

Prova tu

Pagina 50 $2{,}9 \cdot 10^{-8}$ N, repulsiva

Pagina 51 $9{,}06 \cdot 10^{8}$ elettroni

Pagina 52 1837 volte

Pagina 59 1,5 g

Pagina 61 Perché cambiano gli atomi

Pagina 66 $Be(g) + Ei' \rightarrow Be^{+}(g) + e^{-}$
$Be^{+}(g) + Ei'' \rightarrow Be^{2+}(g) + e^{-}$
$Be^{2+}(g) + Ei''' \rightarrow Be^{3+}(g) + e^{-}$
$Be^{3+}(g) + Ei'''' \rightarrow Be^{4+}(g) + e^{-}$

Pagina 67 Due elettroni completano il primo livello e gli altri tre si sistemano nel secondo

Pagina 71 $n = 4, l = 3, m = -3$; $n = 4, l = 3, m = -2$; $n = 4, l = 3, m = -1$; $n = 4, l = 3, m = 0$; $n = 4, l = 3, m = 1$; $n = 4, l = 3, m = 2$; $n = 4, l = 3, m = 3$

Pagina 73 32

Pagina 74 **3**) Nell'orbitale $4d$

4)
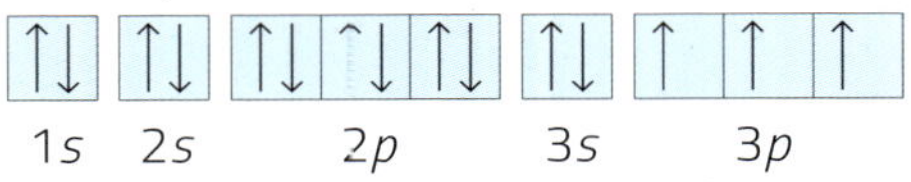

5) $1s^2\,2s^2\,2p^6\,3s^2\,3p^6\,4s^2\,3d^{10}\,4p^6\,5s^2\,4d^{10}\,5p^2$

Sei pronto per la verifica? pagina 77

1 $F = 3{,}6 \cdot 10^{-8}$ N

2 La repulsione tra le bacchette

3 $Q_2 = -3{,}6 \cdot 10^{-17}$ C

4 **C**

5 **a**) **V** **b**) **F** **c**) **F** **d**) **F** **e**) **V** **f**) **V**

6

Simbolo isotopo	A	Z	Numero neutroni	Numero elettroni
$^{29}_{14}Si$	29	14	15	14
$^{80}_{35}Br$	80	35	45	35
$^{19}_{9}F$	19	9	10	9

7 $^{234}_{90}Th$

8 47

9 Rosso

10 **D**

11 **E**

12 **a**) $^{43}K + ^{1}_{1}p \rightarrow ^{44}Ca$
b) $^{210}Po \rightarrow ^{206}Pb + 2\,^{1}_{1}p + 2\,^{1}_{0}n$

13 Quattro

14 0,098 g

15 **a**) $As \rightarrow 1s^2\,2s^2\,2p^6\,3s^2\,3p^6\,4s^2\,3d^{10}\,4p^3$ **b**) Sono 3 e si trovano nei tre orbitali $4p$

16 **B**

17 **B**

18 $6{,}57 \cdot 10^{14}$ Hz

Capitolo 5

Prova tu

Pagina 82 **1**) **a**) «3° periodo – gruppo 17» **b**) Z = 5, boro
2) platino, Pt, «6° periodo – gruppo 10»

Pagina 85
L'europio (Eu) si trova nelle righe in basso, si può indicare solo il periodo. È un metallo, solido a temperatura ambiente. La sua struttura elettronica è: Eu ⇒ [Xe] $6s^2\,4f^7$

Pagina 86 $4\,Na(s) + O_2(g) \rightarrow 2\,Na_2O(s)$

Pagina 87 $2K(s) + Cl_2(g) \rightarrow 2KCl(s)$

Pagina 90
Perché gli elettroni dell'ultimo livello del cloro si collocano più distanti dal nucleo rispetto a quelli del fluoro

Pagina 92
Al gruppo 6; se fosse del gruppo 2 la formula sarebbe XH_2

Sei pronto per la verifica? pagina 95

1
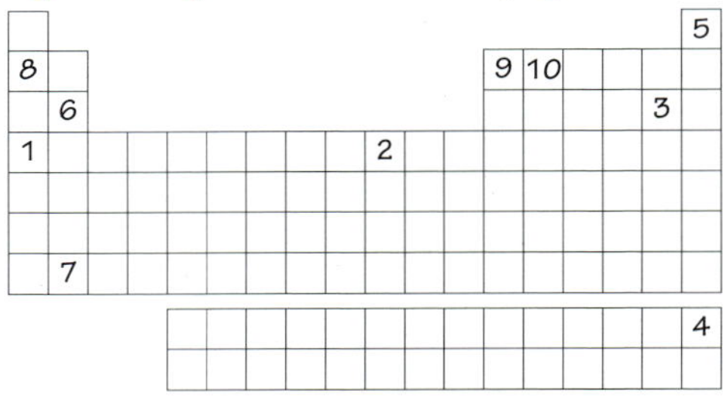

2 **a**) **V** **b**) **V** **c**) **F** **d**) **F** **e**) **F**

3 **a**) 4 **b**) 3 **c**) 1 **d**) 2

4 Alluminio

5 Quattro, due nel 1° e due nel 2° livello

6 Gruppo 2 oppure gruppo 16

7 Metalli alcalino-terrosi

8 **a**) 3 e 7 **b**) 3 e 6 **c**) 5 **d**) 2, 3, 4 e 7 **e**) 4 **f**) 1 **g**) 9 **h**) 1 **i**) 1, 5, 6 e 8

9

Nome	Z	Configurazione elettronica
zirconio	40	[Kr] $5s^2\,4d^2$
polonio	84	[Xe] $6s^2\,4f^{14}\,5d^{10}\,6p^4$

10 **C**

11 **C**

12 **a**) Cl_2 **b**) Na **c**) Sb **d**) Ar

Capitolo 6

Prova tu

Pagina 99 [Ne] $3s^2\ 3p^3$, [Ne] $3s^2\ 3p^6$, cioè [Ar]

Pagina 101 K_2S

Pagina 103

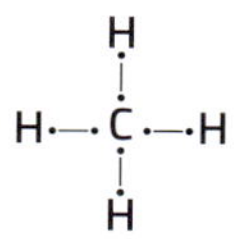

Pagina 105 C—O

Sei pronto per la verifica? pagina 116

1 **b**, **d**, **a**

2

Simbolo	Z	Configurazione elettronica	Elettroni di legame
Al	13	[Ne] $3s^2\ 3p^1$	3
Ge	32	[Ar] $4s^2\ 3d^{10}\ 4p^2$	4
Se	34	[Ar] $4s^2\ 3d^{10}\ 4p^4$	6
Bi	83	[Xe] $6s^2\ 5d^{10}\ 4f^{14}\ 6p^3$	5

3 **a**) **V** **b**) **V** **c**) **F** **d**) **F** **e**) **V**

4 **a**) 4 **b**) 3, 12 **c**) 10 **d**) 5 **e**) 5 **f**) 4 **g**) 1

5 Xeno

6 Gli elettroni completano l'ottetto e non sono disponibili per i legami

7 **D**

8 **D**

9 **a**) 7 **b**) 1 **c**) 5

10 **C**

11

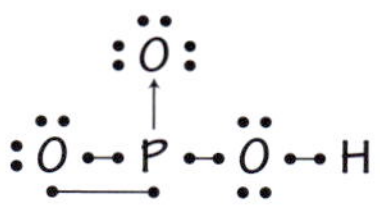

12 **C**

13 **a**) Tutti e cinque **b**) legame O–H

14

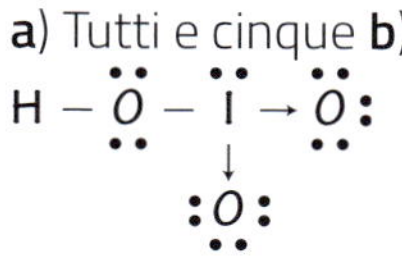

15 **C**

16 **D**

17 1:2

18 **a**) composto ionico **b**) fragilità **c**) legame ionico

19

Simbolo	Da solo		Quando si lega		
	Elettroni di legame	Simbolo di Lewis	Cede o acquista	Configurazione assunta	Carica assunta
K	1	• K	cede 1 elettrone	:Ar:	+1
Li	1	• Li	cede 1 elettrone	:He	+1
Cl	7	:Cl•	acquista 1 elettrone	:Ar:	−1
Sr	2	•Sr•	cede 2 elettroni	:Kr:	+2

20 **C**

21 Electronegativity

22 **D**

23 **a**) covalent **b**) ionic **c**) ionic **d**) covalent **e**) ionic **f**) ionic

Capitolo 7

Prova tu

Pagina 123 Triangolare

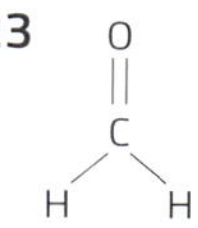

Pagina 128
Le molecole di BH_3 sono apolari perché hanno una forma triangolare in cui gli effetti delle polarizzazioni dei legami si annullano

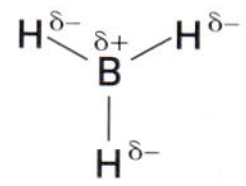

Pagina 131 Perché le sue molecole hanno massa molecolare minore e sono apolari

Pagina 134 HOOH

Pagina 137
La lampadina a destra è più luminosa perché la soluzione è più concentrata, cioè contiene più ioni nell'unità di volume e quindi conduce meglio la corrente.

Sei pronto per la verifica? pagina 141

1 **A E**

2 Piramidale e triangolare

3 **E**

4 **C**

5 **a**) **F** **b**) **V** **c**) **V** **d**) **V** **e**) **F**

6 Polare

7 **a**) **V** **b**) **F** **c**) **F** **d**) **V**

8 **a**) H_2Se **b**) Angolare **c**) Polare

9 $HI(g) + H_2O(l) \rightarrow H_3O^+(aq) + I^-(aq)$

10 **C**

11 **B**

12 **C**

13 **A E**

14 **D**

Capitolo 8

Prova tu

Pagina 148 CH_4: N.C. = –4; C_6H_6: N.O. = –1;
C_2H_4: N.O. = –2; CH_3COOH: N.O. = 0

Pagina 150 As_2O_5 anidride arsenica

Pagina 153 **2**) diidrossido di rame (IUPAC) e idrossido rameico (tradizionale)
3) acido tetraossoclorico (VII) e acido perclorico

Pagina 154 HBO_2 acido metaborico
$H_4B_2O_5$ acido piroborico H_3BO_3 acido ortoborico
$H_2Cr_2O_7$ HIO_4

Pagina 157 fosfato → acido fosforico → H_3PO_4 → PO_4^{3-}
ferroso → Fe^{2+} (N.O. = +2, quello più basso)
$Fe_3(PO_4)_2$

Pagina 159 **a**) $4\ Cs + O_2 \rightarrow 2\ Cs_2O$ **b**) $FeO + H_2O \rightarrow Fe(OH)_2$
c) $B_2O_3 + 3\ H_2O \rightarrow 2\ H_3BO_3$

Pagina 161 **a**) Si forma una sostanza solida
b) Reazione di precipitazione
c) $MgCl_2(aq) + 2\ AgNO_3(aq) \rightarrow 2\ AgCl(s) + Mg(NO_3)_2(aq)$

Sei pronto per la verifica? pagina 163

1 **a**) 8 **b**) 6 **c**) – **d**) 2 **e**) – **f**) – **g**) 3, 9 **h**) 4, 5 **i**) 1, 7
2 **a**) 2 **b**) 4 **c**) 3 **d**) 6 **e**) 1 **f**) 5
3 **B E**
4 **a**) +2 **b**) XO
5 **a**) 4 **b**) 2 **c**) 5 **d**) 1 **e**) 3 **f**) 6
6 Idrossidi
7 H_3PO_4
8 **B D**
9 $2\ Fe(OH)_3 + 3\ CO_2 \rightarrow (1)\ Fe_2(CO_3)_3 + 3\ H_2O$
Tri-triossocarbonato (IV) di diferro; carbonato ferrico
10 Manganato ferroso
11 $Li_2O + CO_2 \rightarrow Li_2CO_3$
12 Sei
13 $N.O._{Cl}$ = +5; clorato ferrico
14 Carbonato di magnesio, $MgCO_3$
15 $Al(NO_3)_3$
16 **B**
17 **E**
18 **D**

Capitolo 9

Prova tu

Pagina 167
a) La sua formula e le masse atomiche degli elementi costituenti **b**) 0,14 mol

Try yourself $6.022 \cdot 10^{24}$ atoms

Pagina 168 **2**) **a**) 57 L **b**) 57 L
3) 701 L

Pagina 170 **a**) Solfato di cerio **b**) 30 g/100 g di acqua

Pagina 171 490 g

Pagina 172 C_m = 0,400 mol/L

Pagina 175 2,26 g di NH_3

Pagina 176 **a**) 0,11 kg **b**) 40 mL

Pagina 178 1,08 °C

Sei pronto per la verifica? pagina 183

1 No, 4 mol di etanolo occupano un volume di 233 mL
2 Il latte non è una sostanza
3 **A C**
4 Deve utilizzare 1 kg di solvente, non 1 L
5 30 mol
6 **C**
7 233 mol
8 **a**) La prima, poiché presenta l'abbassamento crioscopico minore **b**) La temperatura di solidificazione è minore di 0 °C
9 La percentuale di carbonio presente nella carbonella
10 **A**
11 Le molecole di propano sono più numerose perché hanno una massa molecolare minore
12 4,27 L (0,188 mol di CO_2)
13 1,4 mol
14 **B**
15 Il fosfato di calcio
16 8.0 mol
17 5.83 g

Capitolo 10

Prova tu

Pagina 187 No, nel termosifone più grande c'è una maggiore quantità di acqua e quindi è contenuta più energia termica

Pagina 188 Il latte deve essere dello stesso tipo e trovarsi alla stessa temperatura

Pagina 194 **a**) $q = 2{,}50\ kg \cdot 4{,}184\ kJ/(kg \cdot °C) \cdot 2{,}12\ °C = 22{,}2\ kJ$
b) 28,7 kJ

Pagina 195 **2**) 479 kJ
3) 1,7 MJ

Pagina 198 $C(s) + 2\ H_2(g) \rightarrow CH_4(g)$

Pagina 199 $\Delta H° = [-110{,}53 + 3(0)] - [-74{,}81 - 241{,}82] = +206{,}10\ kJ$

Sei pronto per la verifica? pagina 211

1 **B**

2 Perché 1 kcal vale 4,184 kJ

3 **a)** **F** **b)** **V** **c)** **V** **d)** **F** **e)** **V**

4 $\Delta H°$ = −413,82 kJ

5 **a)** 2,5 · 104 kJ **b)** 20 °C

6 28 kJ/mol

7 **D**

8 Si calcola il $\Delta H°$ che risulta +467,9 kJ; la reazione è endotermica

9 I minerali di uranio e i combustibili fossili, cioè gas naturale, petrolio e carbone

10 $\Delta H = -296{,}83$ kJ

11 **a)** **F** **b)** **F** **c)** **V** **d)** **F** **e)** **V** **f)** **V**

12 **E**

13 **a)** Yes, to the water **b)** The products of combustion have less internal energy than the fuel mixture

14 **B**

Capitolo 11

Prova tu

Pagina 216 $4{,}3 \cdot 10^{-3}$ mol/(L · min) o $7{,}1 \cdot 10^{-5}$ mol/(L · s)

Pagina 217 Scaldare i due liquidi reagenti, agitare il sistema eterogeneo per aumentare la superficie di contatto, aumentare la concentrazione della soluzione di NaOH.

Pagina 219

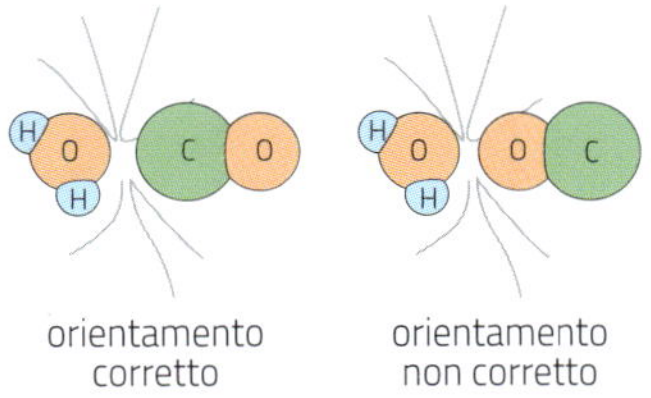

Pagina 222 $NO + O_2 + \cancel{NO_3} + NO \rightarrow \cancel{NO_3} + 2\ NO_2$

Pagina 225 Maggiore, infatti a 100 °C vale circa 101 kPa, cioè quanto la pressione atmosferica

Pagina 228 $8{,}5 \cdot 10^3$ (L/mol)^2

Pagina 230 $K_c = 2{,}7$; il dato è adimensionale

Pagina 231 $1{,}3 \cdot 10^{-5}$ mol/L

Pagina 235 Ad alta pressione perché a destra c'è un minore numero di molecole di sostanze aeriformi

Sei pronto per la verifica? pagina 239

1 Sì, perché passando da (d) ad (e) la composizione del sistema non cambia

2 **a)** L'energia chimica dei prodotti è maggiore di quella di reagenti **b)** 40 kJ/mol **c)** Dal grafico non si può dire

3 **D**

4 **a)** 0,00750 mol/(L · min) **b)** 0,0375 mol/L

5 Dato che Q_c vale 0,13 mol/L, prevale la reazione diretta

6 **E**

7 **D**

8 La prima, dato che la concentrazione dei reagenti si annulla

9 0.25 L/mol

10 **1)** a **2)** d

Capitolo 12

Prova tu

Pagina 244 Perché a 25 °C (temperatura dello stato standard) il metanolo è un liquido mentre il metano è un gas

Pagina 247 ΔS_{amb} è maggiore di zero perché la reazione è esotermica

Pagina 249 Deve essere esotermica ($\Delta S_{amb} > 0$) poiché avviene anche in presenza di un ΔS_{sist} trascurabile (non cambia il numero di molecole in fase gassosa)

Pagina 250 Fattori contrastanti: la reazione è esotermica ($\Delta S_{amb} > 0$); diminuiscono le molecole in fase gassosa ($\Delta S_{sist} > 0$). La reazione può avvenire, dipende dalla temperatura

Pagina 251 $\Delta G°$ = + 86,1 kJ ; la reazione non può avvenire perché $\Delta G°$ è positivo

Sei pronto per la verifica? pagina 255

1 **a)** Negativo **b)** Negativo **c)** Negativo **d)** Zero

2 **D**

3 **B C E**

4 Sicuramente $\Delta S_{sist} > 0$ dato che $\Delta S_{amb} < 0$

5 ossido di sodio < acido acetico < anidride solforosa

6 **a)** < 0 **b)** < 0 **c)** < 0

7 **C**

8 **B**

9 $\Delta H > 0$ e $\Delta S > 0$

10 $\Delta G°$ = −38,2 kJ (infatti $\Delta H°$ = −38,1 kJ, $\Delta S°$ = 0,33 J/K)

11 ΔG = −40,1 kJ (infatti $\Delta H°$ = −24,7 kJ, $\Delta S°$ = 15,37 J/K)

12 **a)** **F** **b)** **V** **c)** **V**

13 Sì, perché entrambi i fattori sono favorevoli: $\Delta S_{sist} > 0$ e $\Delta S_{amb} > 0$

14 **C**

Capitolo 13

Prova tu

Pagina 258 $Ca(OH)_2(s) \xrightarrow{\text{acqua}} 2\ OH^-(aq) + Ca^{2+}(aq)$

Pagina 259 $HClO_4(aq) + LiOH(aq) \rightarrow H_2O(l) + LiClO_4(aq)$
$H^+(aq) + ClO_4^-(aq) + Li^+(aq) + OH^-(aq) \rightarrow H_2O(l) + Li^+(aq) + ClO_4^-(aq)$
$H^+(aq) + OH^-(aq) \rightarrow H_2O(l)$

Pagina 260 C_M = 0,016 mol/L

Pagina 263 $NH_4^+ + NH_2O^-$
$NH_2^- + CH_3NH_3^+$

Pagina 264 Ha descritto un comportamento acido;
$HSO_3^-(aq) + H_2O(l) \rightleftarrows H_2SO_3(aq) + OH^-(aq)$
acido coniugato base coniugata

Pagina 267 **a**) in B **b**) in A

Pagina 271 HY > HZ > HX; starting with equal numbers of molecules, all are ionized in HY, three are ionized in HZ, whilst in HX only two are ionized.

Pagina 272 $5{,}6 \cdot 10^{-10}$

Pagina 273 La risposta corretta è la c: la concentrazione di HCl è tanto bassa da influenzare poco l'equilibrio di ionizzazione dell'acqua ed il pH risulta di poco inferiore a 7. Di certo non può essere 8, valore caratteristico di una soluzione basica.
La formula pH = –log [HA] può essere utilizzata solo per soluzioni con concentrazione maggiore di $1{,}0 \cdot 10^{-5}$ mol/L.

Pagina 275 10,0 mL (la concentrazione della soluzione di NaOH è il doppio di quella di HCl, la quantità di base stechiometricamente equivalente alle moli di acido si trova in un volume di soluzione che è la metà)

Pagina 276 $[OH^-] = 1{,}8 \cdot 10^{-4}$ pH = 10
Pagina 277 $[H_3O^+] = 1{,}7 \cdot 10^{-5}$ pH = 4,8

Sei pronto per la verifica? pagina 281

1 **C**

2 $NH_3 + HSO_4^- \rightleftarrows SO_4^{2-} + NH_4^+$

3 NH_3

4 **D**

5 **C**

6 Perché la concentrazione degli ioni OH^- diminuisce di 10 volte

7 **B**

8 **C**

9 pH = 4,7

10 pH = 4,4

11 Il pH è sicuramente basico perché le moli di base forte sono di più delle moli di acido forte

12 d, e, b, a, c

13 **D**

14 **a**) 3 **b**) 1 **c**) 2

Capitolo 14

Prova tu

Pagina 287

riducente ossidante
$Zn(s) + Cu^{2+}(aq) \rightarrow Zn^{2+}(aq) + Cu(s) + E$

Pagina 288

+1−2 +1+5−2 +2−2 +1−2 +1+6−2
$3\,H_2S + 8\,HNO_3 \rightarrow 8\,NO + 4\,H_2O + 3\,H_2SO_4$
S si ossida e N si riduce

Pagina 291 $(-)Mg/Mg^{2+}/\!/Ag^+/Ag(+)$; $Mg(s) + 2\,Ag^+(aq) \rightarrow$
$\rightarrow Mg^{2+}(aq) + 2\,Ag(s)$

Pagina 292 $ddp = E^+ - E^-$; $0{,}76\ V = 0{,}00\ V - E_{Zn^{2+}/Zn}$
$E_{Zn^{2+}/Zn} = -0{,}76\ V$

Pagina 294 **a**) $2\,Au^{3+}(aq) + 3\,Cu(s) \rightarrow 2\,Au(s) + 3\,Cu^{2+}(aq)$
b) *ddp* = 1,16 V

Pagina 297 Le specie chimiche in competizione al catodo sono H_2O e H^+; si riduce H^+ perché il suo potenziale di riduzione è maggiore: $2\,H^+ + 2\,e^- \rightarrow H_2$

Pagina 298 30 min ($1{,}8 \cdot 10^3$ s)

Pagina 299 **B**

Sei pronto per la verifica? pagina 307

1 +4, poiché il silicio è l'elemento meno elettronegativo

2 Si ossida lo iodio, si riduce lo zolfo

3 Nessun elemento cambia il N.O., non si tratta di una redox

4 **C**

5 a, c, f, h, b, d, e, g

6 **A**

7 Nichel

8 **a**) $Br_2 + H_2S \rightarrow 2\,HBr + S$
bromo si riduce; zolfo si ossida

b) $CH_4 + H_2O \rightarrow CO + 3\,H_2$
idrogeno si riduce; carbonio si ossida

c) $4\,NH_3 + 5\,O_2 \rightarrow 4\,NO + 6\,H_2O$
ossigeno si riduce; azoto si ossida

9 0,32 V

10 **A**

11 B rappresenta la pila e A il processo di ricarica

12 Maggiore di 7,2 V

13 **D**

14 **A**

15 **D**

Capitolo 15

Prova tu

Pagina 311

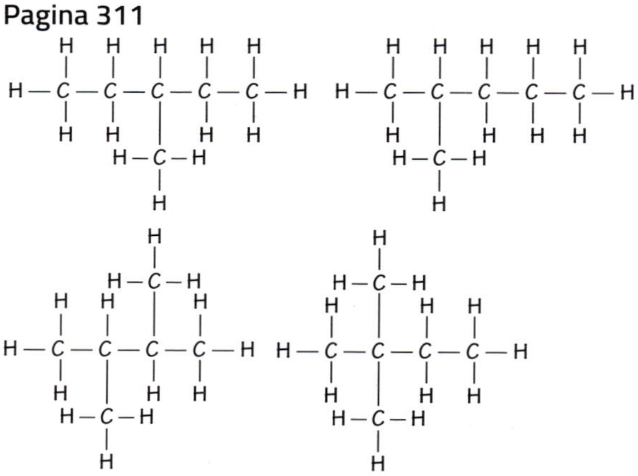

Pagina 313 **a**) Otto **b**) -ottano

Pagina 314 **a**) 3,3,5-trimetilottano; la catena più lunga non è quella orizzontale

b) 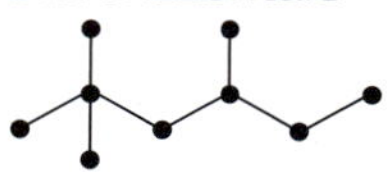

Pagina 316 a) 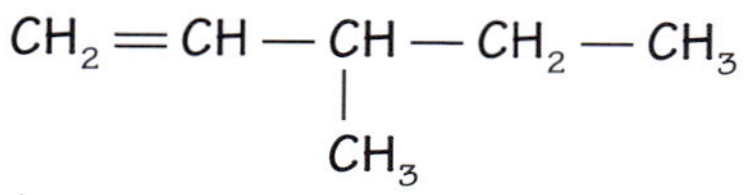

b) 2-etil-1-pentene

Pagina 317 

1-pentene 2-pentene

Pagina 318 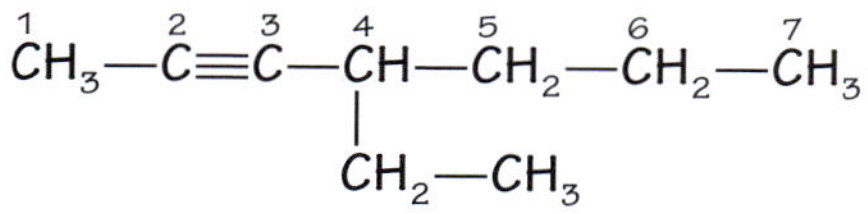

Pagina 319 Perché all'atomo di carbonio 2 della catena sono legati due gruppi CH_3

Pagina 327 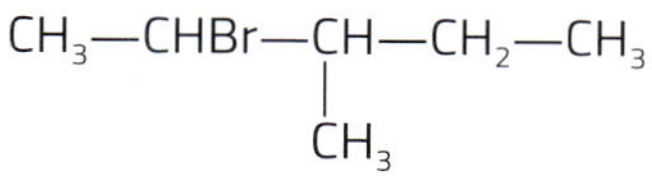

Pagina 328 **a**) Tre **b**) 2,3-diclorobutano

Pagina 331 2-metil-1-propanolo, si tratta di un alcol primario

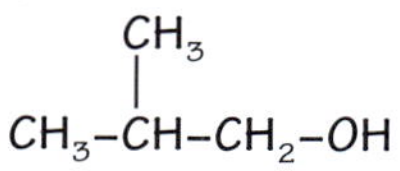

Pagina 332 1-butanolo

Pagina 335 2-etilbutanale

Pagina 336 **a**) etanale **b**) 2-propanolo

Sei pronto per la verifica? pagina 345

1 **B D E H**

2 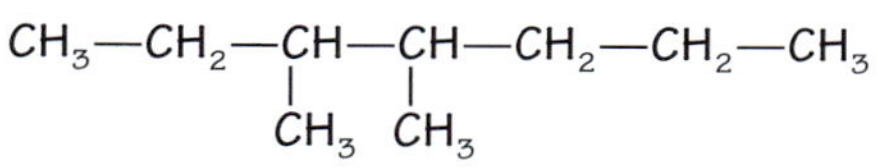

3 ciclononano

4 **a**) alchene **b**) aldeide **c**) estere **d**) aloidrocarburo **e**) alcol

5 **a**) 3 **b**) 1 **c**) 2 **d**) 5 **e**) 4

6 Devono avere la stessa formula molecolare

7 **D**

8 La stessa quantità, perché gli atomi di carbonio sono sei in entrambe le molecole

9 CH_3—CHOH—CH_2—CH_2—CH_3; 2-pentanolo

10 Secondario

11 **B**

12 etanolo

13 **C**

14 **C**

15 **B**

16 $CH_4 + 3\ Cl_2 \rightarrow CHCl_3 + 3\ HCl$

17 **D**

18 Propilammide

Capitolo 16

Prova tu

Pagina 348 3: quello degli alcoli, quello delle aldeidi e quello degli eteri.

Pagina 349 HOOC–CO–CH_2–COOH

Pagina 350 La prima perché l'atomo di carbonio 3 della catena principale è asimmetrico.

Pagina 352 27 g

Pagina 356 Il dipeptide che si forma tra il gruppo carbossilico dell'alanina e il gruppo amminico della glicina è diverso dal dipeptide che si forma tra il gruppo carbossilico della glicina e il gruppo amminico dell'alanina.

Sei pronto per la verifica? pagina 365

1

amido	glucosio
polipeptide	amminoacidi
trioleato di glicerina	acico oleico e glicerina
2-deossicitidina	2-deossiribosio e citosina

2 **B**

3 **D**

4 CH_3—$(CH_2)_{12}$—COOH ovvero $C_{13}H_{27}COOH$

5 $C_{18}H_{36}O_2$

6 **B**

7 In quella di glucosio: quattro; tre in quella di fruttosio

8 Saturo

9 L'atomo di azoto

10 **a**) **V** **b**) **F** **c**) **F** **d**) **V**

11 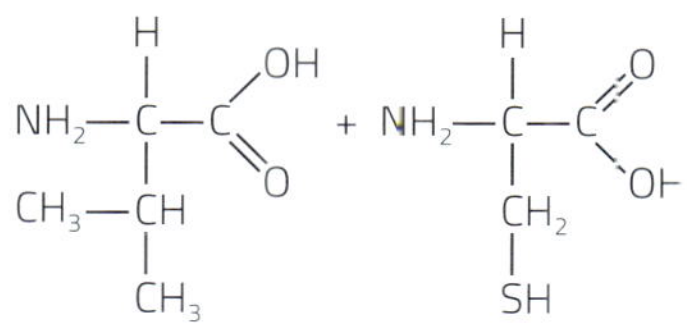

12 **D**

13 **a**) $x = y = 6$ in glucose; $x = 12$ and $y = 11$ in sucrose **b**) Because a water molecule is eliminated in the condensation reaction between glucose and fructose.

14 **b**) A glucose polymer

I simboli dei materiali pericolosi

In base al nuovo regolamento CE n. 1272/2008 relativo alla classificazione, all'etichettatura e all'imballaggio delle sostanze e delle miscele, entrato in vigore il 20 gennaio 2009 negli Stati membri dell'Unione Europea, i simboli sono suddivisi secondo la seguente classificazione prevista dalla normativa:

a) pericoli fisici;
b) pericoli per la salute;
c) pericoli per l'ambiente.

Di seguito sono riportati tutti i simboli e le annotazioni che consentono di capire meglio la pericolosità associata all'uso di un dato prodotto.

PARTE 1: PERICOLI FISICI		
Simbolo	**Classificazione**	**Note**
bomba che esplode 	Esplosivi instabili; esplosivi; sostanze e miscele autoreattive; perossidi organici.	**Sostanza esplosiva**: sostanza (o miscela di sostanze) solida o liquida in grado di per sé tramite reazione chimica di produrre gas a temperatura, pressione e velocità tali da arrecare danni all'ambiente circostante. Sono incluse le sostanze pirotecniche anche quando non emettono gas. **Sostanza autoreattiva**: una sostanza o miscela liquida o solida termicamente instabile, che può subire una decomposizione fortemente esotermica, anche in assenza di ossigeno (aria).
fiamma 	Gas, aerosol, liquidi e solidi infiammabili; sostanze e miscele autoreattive; liquidi e solidi piroforici; sostanze e miscele autoriscaldanti; sostanze e miscele che a contatto con l'acqua emettono gas infiammabili; perossidi organici.	**Gas infiammabile**: gas con un campo di infiammabilità con l'aria a 20 °C e a una pressione normale di 101,3 kPa. **Liquido infiammabile**: liquido avente un punto di infiammabilità non superiore a 60 °C. Per **punto di infiammabilità** si intende la temperatura più bassa (corretta alla pressione normale di 101,3 kPa) alla quale l'applicazione di una sorgente di accensione provoca l'accensione dei vapori di un liquido in condizioni di prova specifiche. **Solido infiammabile**: solido facilmente infiammabile o che può provocare o favorire un incendio per sfregamento. **Liquido piroforico**: un liquido che, anche in piccole quantità, può infiammarsi in meno di cinque minuti quando entra in contatto con l'aria. **Solido piroforico**: un solido che, anche in piccole quantità, può infiammarsi in meno di cinque minuti quando entra in contatto con l'aria.
fiamma su cerchio 	Gas, liquidi e solidi comburenti.	**Gas comburente**: un gas o una miscela di gas capace, in genere per apporto di ossigeno, di provocare o favorire più dell'aria la combustione di altre materie. **Liquido comburente**: una sostanza o miscela liquida che, pur non essendo di per sé necessariamente combustibile, può – generalmente cedendo ossigeno – causare o favorire la combustione di altre materie. **Solido comburente**: una sostanza o miscela solida che, pur non essendo di per sé necessariamente combustibile, può – generalmente cedendo ossigeno – causare o favorire la combustione di altre materie.
bombola per gas 	Gas compressi; gas liquefatti; gas liquefatti refrigerati; gas disciolti.	**Gas**: sostanza che a 50 °C ha una tensione di vapore superiore a 300 kPa o è completamente gassosa a 20 °C alla pressione normale di 101,3 kPa.
corrosione 	Corrosivo per i metalli.	

PARTE 2: PERICOLI PER LA SALUTE		
Simbolo	Classificazione	Note
teschio e tibie incrociate 	Tossicità acuta per via orale, per via cutanea, per inalazione (Categorie 1, 2, 3).	
corrosione 	Corrosione cutanea; gravi lesioni oculari.	**Corrosione della pelle**: la produzione di lesioni irreversibili della pelle, quali una necrosi visibile attraverso l'epidermide e nel derma a seguito dell'applicazione di una sostanza di prova per una durata massima di 4 ore. **Grave lesione oculare**: una lesione dei tessuti oculari o un grave deterioramento della vista conseguente all'applicazione di una sostanza di prova sulla superficie anteriore dell'occhio, non totalmente reversibili entro 21 giorni dall'applicazione.
punto esclamativo 	Tossicità acuta per via orale, per via cutanea, per inalazione (Categoria 4); irritazione cutanea; irritazione oculare; sensibilizzazione cutanea; tossicità specifica per organi bersaglio – esposizione singola (Categoria 3); irritazione delle vie respiratorie; narcosi.	**Irritazione della pelle**: la produzione di lesioni reversibili della pelle a seguito dell'applicazione di una sostanza di prova per una durata massima di 4 ore. **Irritazione oculare**: alterazione dell'occhio conseguente all'applicazione di sostanze di prova sulla superficie anteriore dell'occhio, totalmente reversibile entro 21 giorni dall'applicazione. **Sostanza sensibilizzante della pelle**: una sostanza che, a contatto con la pelle, provoca una reazione allergica. La definizione di «sostanza sensibilizzante della pelle» è equivalente a «sostanza sensibilizzante per contatto».
pericolo per la salute 	Sensibilizzazione delle vie respiratorie; mutagenicità sulle cellule germinali; cancerogenicità; tossicità per la riproduzione; tossicità specifica per organi bersaglio – esposizione singola; tossicità specifica per organi bersaglio – esposizione ripetuta (Categorie 1, 2); pericolo in caso di aspirazione.	**Mutageno**: un agente che comporta un aumento del verificarsi di mutazioni in popolazioni di cellule e/o di organismi. **Mutazione**: un'alterazione permanente della quantità o della struttura del materiale genetico in una cellula.

PARTE 3: PERICOLI PER L'AMBIENTE		
Simbolo	Classificazione	Note
ambiente 	Pericoloso per l'ambiente acquatico: pericolo acuto e pericolo cronico (Categorie 1,2).	

Nomi, simboli e masse atomiche degli elementi

I valori delle masse atomiche, secondo le raccomandazioni IUPAC (*International Union of Pure and Applied Chemistry*) sono arrotondati alla quarta cifra significativa, con un intervallo di incertezza ±1, fatta eccezione per alcuni elementi, per i quali sono indicate incertezze maggiori. Per gli elementi radioattivi è indicata tra parentesi la massa dell'isotopo più diffuso.

Elemento	Simbolo	Massa atomica (u)
afnio	Hf	178,5
alluminio	Al	26,98
americio	Am	(243,1)
antimonio	Sb	121,8
argento	Ag	107,9
argo	Ar	39,95
arsenico	As	74,92
astato	At	(210,0)
attinio	Ac	(227,0)
azoto	N	14,01
bario	Ba	137,3
berillio	Be	9,012
berkelio	Bk	(247,1)
bismuto	Bi	209,0
bohrio	Bh	(272,0)
boro	B	10,81
bromo	Br	79,90
cadmio	Cd	112,4
calcio	Ca	40,08
californio	Cf	(252,1)
carbonio	C	12,01
cerio	Ce	140,1
cesio	Cs	132,9
cloro	Cl	35,45
cobalto	Co	58,93
copernicio	Cn	(278,0)
cripton	Kr	83,80
cromo	Cr	52,00
curio	Cm	(247,1)
darmstadio	Ds	281,0
disprosio	Dy	162,5
dubnio	Db	(268,0)
einsteinio	Es	(252,1)
elio	He	4,003
erbio	Er	167,3
europio	Eu	152,0
fermio	Fm	(257,1)
ferro	Fe	55,85

Elemento	Simbolo	Massa atomica (u)
flerovio	Fl	(289,0)
fluoro	F	19,00
fosforo	P	30,97
francio	Fr	(223,0)
gadolinio	Gd	157,3
gallio	Ga	69,72
germanio	Ge	72,63 ± 0,03
hassio	Hs	(270,0)
idrogeno	H	1,008
indio	In	114,8
iodio	I	126,9
iridio	Ir	192,2
itterbio	Yb	173,1
ittrio	Y	88,91
lantanio	La	138,9
laurenzio	Lr	(260,1)
litio	Li	6,941 ± 0,002
livermorio	Lv	(293,0)
lutezio	Lu	175,0
magnesio	Mg	24,31
manganese	Mn	54,94
meitnerio	Mt	(276,0)
mendelevio	Md	(256,1)
mercurio	Hg	200,6
molibdeno	Mo	95,96
neodimio	Nd	144,2
neon	Ne	20,18
nettunio	Np	(237,0)
nichel	Ni	58,69
niobio	Nb	92,91
nobelio	No	(259,1)
olmio	Ho	164,9
oro	Au	197,0
osmio	Os	190,2
ossigeno	O	16,00
palladio	Pd	106,4
piombo	Pb	207,2
platino	Pt	195,1

Elemento	Simbolo	Massa atomica (u)
plutonio	Pu	(239,1)
polonio	Po	(210,0)
potassio	K	39,10
praseodimio	Pr	140,9
promezio	Pm	(144,9)
protoattinio	Pa	(231,0)
radio	Ra	(226,0)
radon	Rn	(222,0)
rame	Cu	63,55
renio	Re	186,2
rodio	Rh	102,9
roentgenio	Rg	(280,0)
rubidio	Rb	85,47
rutenio	Ru	101,1
rutherfordio	Rf	(267,0)
samario	Sm	150,4
scandio	Sc	44,96
seaborgio	Sg	(271,0)
selenio	Se	78,96 ± 0,03
silicio	Si	28,09
sodio	Na	22,99
stagno	Sn	118,7
stronzio	Sr	87,62
tallio	Tl	204,4
tantalio	Ta	180,9
tecnezio	Tc	(98,91)
tellurio	Te	127,6
terbio	Tb	158,9
titanio	Ti	47,87
torio	Th	232,0
tulio	Tm	168,9
tungsteno	W	183,8
uranio	U	238,0
vanadio	V	50,94
xeno	Xe	131,3
zinco	Zn	65,38 ± 0,02
zirconio	Zr	91,22
zolfo	S	32,07

Indice analitico

A

B

C

D

E

F

G

H

I

J

K

L